배관기능사 필기

최종만 · 김세철 · 하용범 공저

일진사

머리말

배관 기술은 우리나라 산업 발전 속도에 발맞추어 점차적으로 선진화, 대형화, 다양화되어 가고 있으며 각종 장비나 기기 등 설비 시스템을 구성하는 기본 요소들은 점점 더 자동화, 컴퓨터화 되어 가고 있다.

배관 설비는 급·배수, 통기 및 급탕설비, 냉난방 및 공기조화설비, 가스설비 등 건축배관설비와 석유화학공업배관 등 각종 산업배관설비 현장에서의 프로세스 배관, 유틸리티 배관 등 플랜트설비로 구분되는데, 인간들의 일상생활 및 산업설비와 매우 밀접하므로 배관 분야를 담당할 기능 인력에 대한 수요가 끊임없이 증가할 것으로 예상된다.

이 책은 배관기능사 필기시험을 준비하는 수험생들의 실력 배양 및 합격에 도움이 되고자 새롭게 개정된 출제기준을 적용하여 다음과 같은 특징으로 구성하였다.

첫째, 새로운 출제 기준에 따라 반드시 알아야 하는 핵심 이론을 과목별로 이해하기 쉽도록 일목요연하게 정리하였다.

둘째, 2013년 이전까지의 기출문제를 철저히 분석하여 적중률 높은 예상문제를 수록하였으며, 각 문제마다 상세한 해설을 곁들여 이해를 도왔다.

셋째, 부록에는 과년도 출제문제와 CBT 실전 테스트를 수록하여 줌으로써 출제 경향을 파악하고 실전에 대비할 수 있도록 하였다.

끝으로 이 책으로 배관기능사 필기시험을 준비하는 수험생 여러분께 합격의 영광이 함께 하길 바라며, 이 책이 나오기까지 여러모로 도와주신 모든 분들과 도서출판 **일진사** 직원 여러분께 깊은 감사를 드린다.

저자 씀

배관기능사 출제기준 (필기)

직무 분야	건설	중직무 분야	건설배관	자격 종목	배관기능사	적용 기간	2025.1.1 ~ 2027.12.31

○ 직무 내용 : 건축배관 설비(급배수, 통기 및 급탕, 냉난방 및 공기조화설비, 가스설비 등)와 플랜트 설비(프로세스 배관, 유틸리티 배관 등)를 제도, 시공 및 유지 보수하는 직무이다.

검정방법	객관식	문제 수	60	시험시간	1시간

필기 과목명	문제 수	주요 항목	세부 항목	세세 항목
배관시공 및 안전관리, 배관공작 및 재료, 배관제도	60	1. 설비 유지 관리	1. 배관 기초 계산	1. 온도 및 열량 계산 2. 길이, 체적 및 압력 계산 3. 유속 및 유량 계산
		2. 설비 배관 공사	1. 위생 배관 시공	1. 급수 배관 2. 급탕 배관 3. 오·배수 및 통기 배관
			2. 공조 배관 시공	1. 공조 배관
			3. 난방 배관 시공	1. 난방 배관
			4. 가스 배관 시공	1. LPG 배관 2. LNG 배관 3. 기타 가스 배관
		3. 보일러 설비 설치	1. 특수 배관 시공	1. 보일러 배관 2. 열교환기 배관 3. 석유화학공업 배관 4. 기송 및 압축공기 배관
		4. 배관 부대 장치 시공	1. 지지장치 설치	1. 배관 지지장치
			2. 단열 시공	1. 보온 및 피복재료 2. 방청도료 3. 패킹재료 4. 배관단열

필기 과목명	문제 수	주요 항목	세부 항목	세세 항목
		5. 배관 검사	1. 배관 검사	1. 배관의 검사방법 2. 배관의 점검 및 보수방법 3. 세정제 및 세정법
		6. 배관 시공 안전관리	1. 배관 안전관리	1. 안전일반 2. 배관작업 안전 3. 용접작업 안전
		7. 배관 작업	1. 배관 공구 및 기계	1. 수공구와 측정공구 2. 배관공작용 공구 및 기계
			2. 배관 작업	1. 금속관의 이음 2. 비철금속관의 이음 3. 비금속관의 이음 4. 이종관의 이음 5. 용접 및 절단
		8. 배관 재료 준비	1. 배관 재료 준비	1. 금속관 및 이음쇠 2. 비철금속관 및 이음쇠 3. 비금속관 및 이음쇠 4. 신축관 이음쇠 5. 밸브와 트랩 6. 기타 부속 재료
		9. 배관 도면 해독	1. 배관 도면 해독	1. 재료 기호 2. 배관 및 용접 기호 3. 선의 종류 4. 투상법 및 도형의 표시방법 5. 체결용 기계요소 표시방법 6. 배관 재료 산출

차 례

제1편 배관공작 및 재료

제1장 배관공작

1. 배관공작용 공구 및 기계 ·········· 12
   - 1-1 강관공작용 공구 및 기계 ········ 12
   - 1-2 기타 관용 공구 ············ 13
   - 1-3 관공작용 측정공구 ·········· 14
   - ● 예상문제 ················ 15
2. 관의 접합 및 벤딩 ············ 20
   - 2-1 강관의 접합 및 벤딩 ········ 20
   - 2-2 주철관 접합 ············ 22
   - 2-3 동관의 접합 및 벤딩 ········ 22
   - 2-4 연관의 접합 및 벤딩 ········ 24
   - 2-5 PVC관의 접합 및 벤딩 ······ 24
   - 2-6 석면 시멘트관(에터니트관의 접합) 25
   - 2-7 철근 콘크리트관의 접합 ······ 25
   - 2-8 도관의 접합 ············ 25
   - ● 예상문제 ················ 26
3. 용접 일반 ·················· 35
   - 3-1 용접 개론 ·············· 35
   - 3-2 가스 용접 ·············· 36
   - 3-3 가스 절단 ·············· 39
   - 3-4 아크 용접 ·············· 41
4. 특수 용접 ·················· 46
   - 4-1 서브머지드 아크 용접 ········ 46
   - 4-2 불활성 가스 아크 용접 ······ 47
   - 4-3 탄산가스 아크 용접 ········ 48
   - 4-4 기타 특수 용접 ············ 49
   - ● 예상문제 ················ 50

제2장 배관재료

1. 관재료 ···················· 73
   - 1-1 강관 ·················· 73
   - 1-2 주철관 ················ 75
   - 1-3 비철금속관 ············ 76
   - 1-4 비금속관 ·············· 78
   - ● 예상문제 ················ 81
2. 관 연결용 부속 ·············· 88
   - 2-1 강관용 ················ 88
   - 2-2 주철관 이형관(주철관용 연결부속) 90
   - 2-3 동관 연결부속 ············ 91
   - 2-4 PVC관 연결부속 ·········· 93
   - ● 예상문제 ················ 94
3. 신축 이음 ·················· 98
   - 3-1 설치 목적 ·············· 98
   - 3-2 종류 및 특징 ············ 98
   - ● 예상문제 ················ 100
4. 밸브・트랩 및 스트레이너 ······ 103
   - 4-1 밸브 ·················· 103
   - 4-2 트랩 ·················· 106
   - 4-3 스트레이너 ············ 108
   - ● 예상문제 ················ 109
5. 배관용 보온재 ·············· 114
   - 5-1 보온재 ················ 114
   - 5-2 보온재의 종류(재질에 따른 분류) 114
   - ● 예상문제 ················ 118
6. 패킹제・방청재료 ············ 122
   - 6-1 패킹제 ················ 122
   - 6-2 방청용 도료 ············ 123
   - ● 예상문제 ················ 125

제2편   배관시공 및 안전관리

제1장   배관 기초 이론

1. 열에 관한 기초 이론 ······················ 130
   - 1-1 온도 ······································ 130
   - 1-2 열과 일 ································· 130
2. 물에 관한 기초 이론 ······················ 132
   - 2-1 물의 성질 ······························ 132
   - 2-2 물에 관한 기초 원리 ··············· 132
   - 2-3 압력의 측정 ··························· 135
   - 2-4 관내 마찰 손실수두의 계산 ······ 135
   - • 예상문제 ··································· 138

제2장   급배수 및 위생설비시공

1. 급수 설비 ······································ 143
   - 1-1 급수 배관법 ··························· 143
   - 1-2 사용 수량과 관지름 ················ 145
   - 1-3 펌프 ······································ 145
   - 1-4 급수배관과 펌프 설비시공 ········ 148
   - • 예상문제 ··································· 150
2. 급탕 설비 ······································ 156
   - 2-1 급탕 방법 ······························ 156
   - 2-2 급탕배관 시공법 ····················· 158
   - • 예상문제 ··································· 160
3. 배수 및 통기 설비 ························· 163
   - 3-1 배수 트랩의 설치 ···················· 163
   - 3-2 통기 배관법 ··························· 163
   - 3-3 배수의 유속과 구배 ················ 164
   - 3-4 변기의 세정 방식 ···················· 165
   - 3-5 배수 및 통기 배관 시공법 ········ 165
   - 3-6 위생 도기 ······························ 166
   - 3-7 각종 위생 기구의 설치 ············ 167
   - 3-8 배설물 정화조 ························ 167
   - • 예상문제 ··································· 169

제3장   공조 배관

1. 난방 설비 ······································ 175
   - 1-1 난방 방식의 분류 ···················· 175
   - 1-2 증기 난방법 ··························· 175
   - 1-3 온수 난방법 ··························· 177
   - 1-4 방사 난방법 ··························· 178
   - 1-5 방열기 ··································· 179
   - 1-6 보일러 ··································· 180
   - 1-7 난방 배관시공 ························ 183
   - • 예상문제 ··································· 188
2. 공기 조화 및 냉동 설비 ················· 199
   - 2-1 공기 조화 설비의 종류 ············ 199
   - 2-2 냉동 장치 ······························ 200
   - 2-3 공기 조화 및 냉동배관 ············ 201
   - • 예상문제 ··································· 203

제4장   가스 배관 설비

1. 가스의 공급방법 ···························· 209
   - 1-1 저압공급 ································ 209
   - 1-2 중압공급 ································ 209
   - 1-3 고압공급 ································ 209
2. 가스 공급 시설 ······························ 210
   - 2-1 가스 홀더 ······························ 210
   - 2-2 정압기 ··································· 210
3. 가스 도관의 재료 ·························· 211
4. 가스 도관의 접합 ·························· 212
5. 가스 배관 시공 ······························ 212
   - • 예상문제 ··································· 213

제5장   산업(플랜트) 배관 설비

1. 열교환기 배관시공법 ······················ 218
   - 1-1 개요 ······································ 218

1-2 형식 구조별 분류 ·················· 218
1-3 열교환기의 재료 ·················· 220
1-4 열교환기 배관시공 ················ 220
2. 석유화학 공업배관 설비 ················ 220
   2-1 관의 종류 ························ 220
   2-2 금속재료의 부식 및 방식재료 ······ 221
   2-3 석유화학 공업 배관시공 ·········· 222
3. 기송 및 압축공기 배관 설비 ············ 226
   3-1 기송 배관 ························ 226
   3-2 압축공기 배관 설비 ·············· 227
   ● 예상문제 ··························· 230

2-2 전처리 작업 및 도장시공 ·········· 243
2-3 배관의 보온공사(단열 방법) ······· 243
3. 배관의 세정제 및 세정법 ··············· 245
   3-1 기계적 세정방법 ·················· 245
   3-2 화학적 세정방법 ·················· 246
4. 배관설비 검사 ························· 247
   ● 예상문제 ··························· 248

제6장 배관 지지 및 방청

1. 배관 지지쇠의 사용법 ·················· 242
   1-1 배관 지지쇠 ······················ 242
2. 배관의 방청 및 단열법 ················· 243
   2-1 배관의 방청 ······················ 243

제7장 안전위생에 관한 사항

1. 산업 안전관리의 개론 ·················· 255
2. 재료, 기계, 공구의 취급안전 ··········· 256
3. 폭발성 및 유해성 유해물질의 취급안전 ·· 258
4. 화재, 사고 응급처치 ··················· 259
   4-1 화재사고의 응급처치 ·············· 259
   4-2 사고 응급처치 ···················· 260
5. 배관용접 시공 시 안전사항 ············ 262
   ● 예상문제 ··························· 265

제3편   배관제도

제1장 제도의 통칙

1. 제도의 통칙 ··························· 276
   1-1 제도의 정의 ······················ 276
   1-2 제도의 규격 ······················ 276
   1-3 도면의 종류 ······················ 277
   1-4 제도 용구 ························ 277
   1-5 도면의 크기와 척도 ·············· 279
   1-6 선과 문자 ························ 280
   ● 예상문제 ··························· 283

제2장 투상도법

1. 투상도법 ······························ 286
   1-1 투상도의 종류와 도법 ············ 286
2. 제도에 쓰이는 투상법 ·················· 287
   2-1 정투상도법 ······················· 287
   2-2 국부투상법 ······················· 289
   2-3 부투상에 의한 방법 ·············· 289
   2-4 회전도시법 ······················· 290
   2-5 전개도시법 ······················· 290

3. 직선의 정투상도 ·········· 290
• 예상문제 ·········· 291

제3장 재료기호 및 표시방법

1. 기계 재료기호 ·········· 297
2. 재료기호의 표시 ·········· 297
3. 철강 및 비철금속 기계재료의 기호 ·········· 299
4. 볼트·너트의 종류와 호칭방법 ·········· 300
5. 나사의 종류와 표시방법 ·········· 300
6. 작은나사의 호칭법 ·········· 301
7. 나사못의 호칭법(KS B 1321) ·········· 301
8. 핀의 호칭법(KS B 1320) ·········· 301
• 예상문제 ·········· 302

제4장 스케치도 작성법, 표제란 및 부품도

1. 스케치의 기본사항 ·········· 305
   1-1 스케치의 필요성과 원칙 ·········· 305
   1-2 스케치의 용구 ·········· 305
   1-3 형상의 스케치법 ·········· 306
2. 스케치도와 제작도 작성순서 ·········· 306
   2-1 스케치도의 작성순서 ·········· 306
   2-2 제작도 작성순서 ·········· 306
   2-3 표제란 ·········· 307
3. 부품표 ·········· 307
4. 부품번호 ·········· 308
• 예상문제 ·········· 309

제5장 도면 해독

1. 치수 기입법 ·········· 312
   1-1 치수 표시 ·········· 312
   1-2 높이 표시 ·········· 312

2. 배관도면 표시법 ·········· 312
   2-1 관의 도시법 ·········· 312
   2-2 유체의 종류·상태·목적 표시 기호 · 313
   2-3 유체의 유동방향 ·········· 313
   2-4 관의 굵기, 종류 ·········· 313
   2-5 압력계·온도계 ·········· 314
   2-6 관의 접속 상태 ·········· 314
   2-7 관 연결방법 도시기호 ·········· 315
   2-8 관의 입체적 표시 ·········· 315
   2-9 밸브 및 계기의 표시 ·········· 315
   2-10 배관도에 많이 사용되는 일반기호· 316
   2-11 투영에 의한 배관도시 ·········· 318
   • 예상문제 ·········· 319

제6장 용접도면의 해독

1. 용접 기호 ·········· 326
   1-1 기본 기호 ·········· 326
   1-2 보조 기호 ·········· 327
   1-3 도면상 기호의 위치 ·········· 328
   • 예상문제 ·········· 329

제7장 기타 관련 도면 해독

1. 판금 및 제관 도면 해독 ·········· 333
   1-1 전개법의 종류 및 방법 ·········· 333
2. 덕트의 기본 기호 ·········· 335
   2-1 덕트의 기본 기호 ·········· 335
3. 철골구조물 도면의 해독 ·········· 337
   3-1 철골구조 치수기입 일반법칙 ·········· 337
   3-2 철골구조물 형강의 종별기호 및 표시 방법 ·········· 339
   3-3 철골구조의 볼트·너트·리벳 표시 방법 ·········· 339
   • 예상문제 ·········· 342

부록1 과년도 출제문제

- 2013년 시행문제 ··· 350
- 2014년 시행문제 ··· 369
- 2015년 시행문제 ··· 390
- 2016년 시행문제 ··· 408

부록2 CBT 실전 테스트

- CBT 실전 테스트 (1) ··· 428
- CBT 실전 테스트 (2) ··· 438
- CBT 실전 테스트 (3) ··· 449
- CBT 실전 테스트 (4) ··· 458
- CBT 실전 테스트 (5) ··· 469
- CBT 실전 테스트 (6) ··· 478
- CBT 실전 테스트 (7) ··· 488
- CBT 실전 테스트 (8) ··· 498
- CBT 실전 테스트 (9) ··· 508

Part 01

배관공작 및 재료

제1장 배관공작

제2장 배관재료

Chapter 01 배관공작

1 배관공작용 공구 및 기계

1-1 강관공작용 공구 및 기계

(1) 강관공작용 공구

① 파이프 커터(pipe cutter) : 관을 절단할 때 사용한다.
② 쇠톱(iron saw) : 관절단용 공구로서 톱날 끼우는 구멍(fitting hole)의 간격에 따라 크기를 나타낸다.
③ 파이프 리머(pipe reamer) : 관 절단 후 생기는 거스러미(burr)를 제거한다.
④ 수동용 나사 절삭기(pipe threader) : 관 끝에 나사를 절삭하는 수공구이다.
⑤ 파이프 렌치(pipe wrench) : 관접속부의 부속류의 분해, 조립 시에 사용하며 크기는 입을 최대로 벌려놓은 전장으로 표시한다.
⑥ 파이프 바이스 : 관의 절단, 나사 절삭, 조립 시에 관을 고정할 때 쓰이는 바이스로서 크기는 고정 가능한 관경의 치수로 표시한다.
⑦ 수평 바이스 : 강관 등의 조립 작업을 쉽게 하기 위해 관을 고정할 때 사용하며 크기는 조(jaw)의 폭으로 표시한다.
⑧ 해머 : 못, 핀, 볼트, 쐐기 등을 박거나 뺄 때에 사용되며, 자루를 제외한 머리부의 무게에 따라 구분된다.
⑨ 줄(file) : 금속 및 비금속 관을 깎거나 표면을 매끈하게 다듬질할 때 쓰인다.
⑩ 정(chisel) : 정은 평정, 평홈정, 홈정으로 나눈다.

(2) 강관공작용 기계

① 동력 나사절삭기 : 오스터식, 호브식, 다이헤드식이 있으며 그중 다이헤드식은 관의 절단, 나사 절삭, 거스러미(burr) 제거 등의 일을 연속적으로 해내기 때문에 현장에서 가장 많이 사용되고 있다.
② 핵 소잉 머신(hack sawing machine) : 관 또는 환봉을 동력에 의해 톱날이 상하 왕복운동을 하며 절단하는 기계이다.

③ 고속 숫돌절단기 : 두께 0.5~3 mm 정도의 넓은 원판의 숫돌을 고속 회전시켜서 관을 절단하는 기계이다.
④ 파이프 가스 절단기(pipe gas cutting machine) : 수동식과 자동식이 있다.
⑤ 파이프 벤딩 머신(pipe bending machine)
  (가) 램식(ram type) : 현장용으로 많이 쓰인다.
  (나) 로터리식(rotary type) : 공장에서 동일 모양의 벤딩된 제품을 다량 생산할 때 적합하다.
⑥ 그라인딩 머신(grinding machine) : 배관용 공구나 공작물을 연마하는 기계로서 수동식, 이동식 및 벤치식이 있다.
⑦ 드릴링 머신(drilling machine) : 공작물에 구멍을 뚫거나 뚫린 구멍을 크게 넓힐 때 사용되며 수동식, 이동식 및 벤치식이 있다.
⑧ 관세척기(pipe and drain cleaning machine) : 세면기, 욕조 등의 배수, 화장실의 오수, 공업용 관의 폐수 또는 하수 등의 막힌 배관을 뚫어주는 장비이다.
⑨ 코어드릴(core drill) : 각종 설비, 건축공사, 전기공사 등 현장에서 관을 연결하기 위한 슬리브를 삽입할 수 있도록 콘크리트 구멍을 뚫어주는 작업을 하는 기계이다.

1-2 기타 관용 공구

(1) 연관용 공구
① 봄볼 : 분기관 따내기 작업 시 주관에 구멍을 뚫어낸다.
② 드레서 : 연관 표면의 산화물을 깎아낸다.
③ 벤드벤 : 연관을 굽힐 때나 펼 때 사용한다.
④ 턴핀 : 접합하려는 연관의 끝부분을 소정의 관경으로 넓힌다.
⑤ 맬릿 : 턴핀을 때려 박거나 접합부 주위를 오므리는 데 사용한다.

(2) 동관용 공구
① 토치 램프 : 납땜이음, 구부리기 등의 부분적 가열용으로 쓰인다.
② 사이징 툴 : 동관의 끝부분을 원으로 정형한다.
③ 플레어링 툴 세트 : 동관의 압축접합용에 사용한다.
④ 튜브 벤더 : 동관 벤딩용 공구이다.
⑤ 익스팬더 : 동관의 관끝 확관용 공구이다.
⑥ 튜브 커터 : 동관 (소구경관) 절단용 공구이다.
⑦ 리머 : 동관 절단 후 관의 내외면에 생긴 거스러미를 제거한다.

⑧ T-뽑기 : 동관의 분기관 접합을 위해 주관에 구멍을 낼 때 사용된다.

(3) 주철관용 공구

① 납용해용 공구 세트 : 냄비, 파이어포트(firepot), 납물용 국자, 산화납 제거기 등이 있다.
② 클립(clip) : 소켓 접합 시 용해된 납물의 비산을 방지한다.
③ 링크형 파이프 커터 : 주철관 전용 절단공구이다.
④ 코킹 정 : 소켓 접합 시 코킹(다지기)에 사용하는 정이다.

(4) PVC관용 공구

① 가열기 : PVC 관의 접합 및 벤딩을 위해 관을 가열할 때 사용한다.
② 열풍 용접기(hot jet welder) : PVC 관 접합 및 수리를 위한 용접 시 사용한다.
③ 파이프 커터 : PVC 관 전용으로 쓰이며 관을 절단할 때 쓰인다.
④ 리머 : PVC 관 절단 후 관 내면에 생긴 거스러미를 제거한다.

1-3 관공작용 측정공구

① 자(rule) : 직선 치수 측정에 사용된다.
② 디바이더(divider) : 두 점 간의 거리측정, 측정값의 이동과 자눈금과의 비교, 원호, 반지름, 원그리기 등에 사용된다.
③ 캘리퍼스(caliperse) : 지름이나 거리의 측정, 설정한 치수나 크기를 자의 눈금과 같이 표준이 되는 것과 비교하는 데 사용되며, 외경용과 내경용이 있다.
④ 직각자(square) : 공작물의 직각도와 정확도를 시험할 때 사용된다.
⑤ 조합자(combination set) : 직각자에 분도기를 더한 것으로 측정자가 원하는 대로 각도를 임의로 조정, 측정할 수 있는 구조로 되어 있다.
⑥ 버니어 캘리퍼스 : 본척의 끝에 있는 두 개의 평행한 조(jaw) 사이에 공작물을 끼우고 부착된 부척(vernier)의 눈금에 의해서 본척의 눈금보다 적은 치수를 읽을 수 있게 한 실용적인 측정기이다.
⑦ 수준기(level) : 배관의 수평을 맞출 때 사용되는 측정기이다.

예·상·문·제

1. 다음 바이스에 관한 설명 중 잘못된 것은?
① 파이프 바이스의 크기는 고정 가능한 관경의 치수로 표시한다.
② 벤치 바이스의 크기도 고정 가능한 관경의 치수로 나타낸다.
③ 현장용으로 적당한 파이프 바이스는 가반식이다.
④ 파이프 바이스는 호칭번호 No.0~4까지 5종이다.

해설 벤치 바이스(평바이스)는 그 크기를 조의 폭으로 결정한다. 파이프 바이스의 호칭번호별 사용관경을 표로 나타내면 다음과 같다.

No.	#0	#1	#2	#3	#4
사용 관경	6 A~50 A	6 A~65 A	6 A~90 A	6 A~115 A	50 A~150 A

2. 다음 중 쇠톱날의 크기를 나타내는 것으로 가장 적당한 것은? [기출문제]
① 전체 길이
② 톱날의 폭
③ 톱날의 두께
④ 양단구멍(fitting hole) 간의 거리

3. 관의 절단 후 절단부에 생기는 버(거스러미)를 제거하는 공구는?
① 파이프 리머   ② 파이프 커터
③ 쇠톱   ④ 오스터

해설 관의 절단 후 생기는 버(burr)는 유수 저해, 유량 감소의 원인을 초래하므로 파이프 리머(pipe reamer)나 둥근줄 등으로 제거해야 한다.

4. 다음 중 파이프 바이스의 크기를 나타낸 것은 어느 것인가? [기출문제]
① 최대로 물릴 수 있는 관경 치수
② 조의 폭
③ 조의 길이
④ 바이스의 전장

해설 파이프 바이스는 관의 절단, 나사절삭, 조립 시 관을 고정하는 장비로 고정식(일반 작업대용)과 가반식(현장용)이 있다.

5. 다음 중 수동용 나사절삭기의 형식이 아닌 것은? [기출문제]
① 리드형   ② 오스터형
③ 비버형   ④ 라쳇형

해설 수동용 나사절삭기의 형식은 ①, ②, ③으로 분류된다.

6. No. 107의 오스터형 오스터의 사용 가능한 관경은? [기출문제]
① 8 A~32 A   ② 15 A~50 A
③ 40 A~80 A   ④ 65 A~100 A

해설 오스터형 오스터의 호칭번호별 사용관경
㉠ No 102 : 8 A~32 A
㉡ No 104 : 15 A~50 A
㉢ No 105 : 40 A~80 A
㉣ No 107 : 65 A~100 A

7. 다음 중 파이프 렌치의 크기를 표시하는 것은? [기출문제]
① 호칭번호
② 조를 맞대었을 때의 전길이
③ 최소로 물릴 수 있는 관의 지름
④ 사용할 수 있는 최대의 관을 물릴 때의 전길이

정답 1. ② 2. ④ 3. ① 4. ① 5. ④ 6. ④ 7. ④

8. 다음 중 강관공작용 공구에 관한 설명으로 틀린 것은? [기출문제]
① 파이프 바이스의 크기는 고정 가능한 관경의 치수로 나타낸다.
② 관을 절단할 때 쓰이는 공구에는 파이프 커터와 쇠톱 등이 있다.
③ 파이프 렌치에는 보통형, 강력형, 리드형이 있다.
④ 파이프 리머는 관절단 후 관단면의 안쪽에 생기는 거스러미를 제거하는 공구이다.

9. 다음은 배관용 공구에 대한 규격표시 방법을 설명한 것이다. 틀린 것은? [기출문제]
① 쇠톱 : 피팅 홀(fitting hole)의 간격
② 파이프 렌치 : 입을 최대로 벌려놓은 전체 길이
③ 수평 바이스 : 최대로 물릴 수 있는 관의 크기
④ 해머 : 머리의 무게

10. 파이프 바이스의 사용범위(mm)와 호칭 번호가 잘못 짝지워진 것은? [기출문제]
① 6~50 mm : 0번   ② 6~65 mm : 1번
③ 6~90 mm : 2번   ④ 6~150 mm : 3번

11. 다음 중 동력 나사절삭기가 아닌 것은 어느 것인가? [기출문제]
① 오스터식(oster type)
② 체인식(chain type)
③ 다이 헤드식(die head type)
④ 호브식(hob type)

12. 다이헤드식 파이프 드레딩 머신(pipe threading machine)으로 할 수 없는 작업은? [기출문제]
① 나사내기 작업   ② 절단작업
③ 접합작업   ④ 리머작업

해설 파이프 드레딩 머신은 다이헤드식 동력 나사절삭기를 영문표기한 것이다.

13. 동력 나사절삭기에 관한 다음 설명 중 잘못된 사항은? [기출문제]
① 다이헤드식은 관의 절단, 나사절삭 및 거스러미 제거의 기능을 모두 갖고 있다.
② 동력 나사절삭기는 호브식, 다이헤드식, 램식으로 분류된다.
③ 호브식 동력 나사절삭기에 사이드 커터를 함께 장착하면 관의 나사절삭과 절단을 동시에 할 수 있다.
④ 가장 간단하여 운반이 쉽고 관지름이 적은 곳에 사용되는 것은 오스터식이다.

14. 다음 동력 나사절삭기의 종류 중 관의 절단, 나사절삭, 거스러미 제거 등의 작업을 연속적으로 할 수 있으며, 현장에서 가장 많이 사용하는 것은? [기출문제]
① 오스터식   ② 리드식
③ 호브식   ④ 다이헤드식

15. 다음 호브식 동력 나사절삭기에 대한 설명으로 잘못된 것은? [기출문제]
① 나사절삭용 전용기계이다.
② 호브를 저속으로 회전시키면 이에 따라 관은 어미나사와 척의 연결에 의해 1 회전하면서 1 피치만큼 이동, 나사가 절삭된다.
③ 이 기계에 호브와 사이드 커터를 함께 장착하면 관의 나사절삭과 절단을 동시에 할 수 있다.
④ 관의 절단, 나사절삭, 거스러미 제거 등의 일을 연속적으로 해냄으로써 현장용으로 매우 적합하다.

정답 8. ③   9. ③   10. ④   11. ②   12. ③   13. ②   14. ④   15. ④

해설 ④는 다이헤드식 동력 나사절삭기에 대한 설명이다.

16. 다음 중 날이 고정된 프레임이 크랭크에 의 왕복운동을 하여 파이프를 절단하는 것으로 무게가 가볍고 구조가 간단하여 현장휴대용에 주로 이용되는 절단기는? [기출문제]
① 관 상용 절단기
② 커팅 휠 절단기
③ 포터블 소잉 머신
④ 고정식 소잉 머신

17. 공업배관 부품의 용접이음부를 가공할 때 사용하는 공구가 아닌 것은? [기출문제]
① 마킹 테이프   ② 직선자, 직각자
③ 가스절단기   ④ 오스터

18. 두께 0.5~3 mm 정도의 얇은 연삭원판을 고속회전시켜 재료를 절단하는 공작용 기계는 무엇인가? [기출문제]
① 동력 나사절삭기   ② 기계톱
③ 고속 숫돌절단기   ④ 가스절단 토치

19. 다음 강관 벤딩용 기계에 관한 설명 중 잘못된 것은?
① 램식은 가반식이므로 현장용으로 적당하다.
② 동일 모양의 굽힘을 다량생산하는 데 적당한 것은 로터리식이다.
③ 램식은 관에 모래를 채우는 대신 심봉을 넣고 구부린다.
④ 로터리식은 두께에 관계없이 강관, 동관, 스테인리스관 등도 구부릴 수 있다.

해설 관에 모래를 채우는 대신 심봉을 넣어야 하는 것은 로터리식(rotary type)이다. 램식은 유압에 의해 작동하는 것이 대부분인데 유압펌프, 전동기(수동식에서는 수동레버), 구부림 형틀(center former, end former), 공기빼기 구멍(air vent) 등으로 구성되어 있고 수동식과 동력식이 있다.

20. 다음은 강관을 구부릴 때 쓰는 공구의 종류이다. 틀린 것은? [기출문제]
① 파이프 벤더
② 유압식 벤더
③ 롤러식 벤더
④ 앵글 벤더

21. 다음 중 로터리 벤딩 머신의 주요 구성품이 아닌 것은? [기출문제]
① 성형틀   ② 심봉
③ 클램프   ④ 리머

22. 관세척기에 대한 설명 중 틀린 것은?
① 파이프의 막힌 곳을 뚫어주는 기계이다.
② 공업용 파이프, 폐수 또는 하수관, 보일러 세척에 적합하다.
③ 주위의 시설물에 많은 손상을 끼쳐 불편하다.
④ 작업 시 경제적이고 간단히 작업을 할 수 있다.

해설 관세척기는 주위의 시설물에 전혀 손상을 주지 않는다.

23. 동관의 끝부분을 정확한 치수의 원형으로 정형하기 위해 사용되는 공구는? [기출문제]
① 맬릿
② 사이징 툴
③ 봄 볼
④ 턴핀

정답 16. ③ 17. ④ 18. ③ 19. ③ 20. ④ 21. ④ 22. ③ 23. ②

24. 구리관의 플레어 접합은 호칭지름 몇 mm 이하의 관을 접합할 때 이용하는가? [기출문제]
① 20 mm ② 35 mm
③ 50 mm ④ 85 mm

25. 다음의 동관접합 공구 중 관끝을 나팔모양으로 만드는 데 쓰이는 공구는? [기출문제]
① 사이징 툴
② 익스팬더
③ 토치 램프
④ 플런저

26. 동관의 끝을 넓혀 슬리브를 만들 때 사용되는 공구는? [기출문제]
① 사이징 툴
② 익스팬더
③ 익스트랙터
④ 플레어링 툴

27. 다음 중에서 동관(구리관)접합과 관계없는 것은? [기출문제]
① 사이징 툴(sizing tool)
② 익스팬더(expander)
③ 플레어 공구(flaring tool)
④ 오스터(oster)

해설 ④는 강관접합용 공구이다.

28. 동관(銅管)의 단부(端部)를 정확한 사이즈의 원형으로 정형(整形)하기 위해 사용되는 공구는? [기출문제]
① 맬릿
② 사이징 툴
③ 봄볼
④ 턴핀

29. 다음 중 용도가 다른 공구는?
① 벤드벤
② 사이징 툴
③ 익스팬더
④ 튜브벤더

해설 ①은 연관용 공구이고, ②, ③, ④는 모두 동관용 공구이다.

30. 연관용 공구가 아닌 것은? [기출문제]
① 봄볼
② 드레서
③ 사이징 툴
④ 턴핀

31. 다음 배관용 공구 중 연관의 구부림용 공구는? [기출문제]
① 봄볼
② 로터리 벤더
③ 맬릿
④ 벤드벤

32. 다음 배관용 공구 중 연관 표면의 산화물을 제거하는 것은? [기출문제]
① 봄볼
② 벤드벤
③ 맬릿
④ 드레서

33. 이음하려는 연관의 끝부분에 끼우고 나무해머로 때려서 나팔모양으로 넓히는 데 사용하는 공구는? [기출문제]
① 봄볼
② 드레서
③ 벤드벤
④ 턴핀

정답 24. ① 25. ④ 26. ② 27. ④ 28. ② 29. ① 30. ③ 31. ④ 32. ④ 33. ④

34. 주철관용 공구에 대한 용도 설명으로 잘못된 것은? [기출문제]
① 파이어포트(firepot) : 납용해용
② 클립 : 소켓 접합 시 용융 납의 비산 방지용
③ 천공기 : 분기 시 주철관에 구멍뚫기용
④ 코킹정 : 소켓 이음 시 얀(yarn) 또는 납의 빼내기용

해설 코킹정은 소켓 이음시 얀(yarn) 또는 납의 다지기용으로 사용된다.

35. 다음 중 두 점 간의 거리 측정, 측정값의 이동, 자눈금과의 비교, 원호, 반지름, 원그리기 등에 사용되는 측정용 공구는?
① 캘리퍼스
② 접기자
③ 조합자
④ 디바이더

36. 조합자로 할 수 없는 일은? [기출문제]
① 각도 측정
② 깊이 및 두께 측정
③ 길이 측정
④ 직각도 측정

해설 조합자는 콤비네이션 세트(combination set)라고도 통용된다.

37. 다음 중 버니어 캘리퍼스의 용도를 잘못 말한 것은? [기출문제]
① 안지름 측정
② 바깥지름 측정
③ 깊이나 두께 측정
④ 원호 및 원그리기

해설 버니어 캘리퍼스는 '노기스'라고도 한다.

38. 서피스 게이지를 사용하여 공작물 표면을 측정한 후 바늘의 보관 방법은? [기출문제]
① 수직으로 세워둔다.
② 바늘을 게이지에서 떼어내어 보관한다.
③ 아무렇게나 방치해도 무관하다.
④ 바늘의 위에 하중을 지닌 해머를 올려놓는다.

정답 34. ④ 35. ④ 36. ② 37. ④ 38. ②

2 관의 접합 및 벤딩

2-1 강관의 접합 및 벤딩

(1) 나사접합(소구경관용 접합방법)
① 관의 절단
② 나사절삭 및 조립
③ 관의 길이 산출법 : 배관도면에서는 관의 중심선을 기준으로 모든 치수가 표시된다.
  • 강관나사 접합 시 : 아래 그림에서 배관의 중심선 길이를 L, 관의 실제길이를 l, 부속의 끝 단면에서 중심선까지의 치수를 A, 나사가 물리는 길이를 a라 할 때, $L = l + 2(A - a)$의 공식을 이용한다. 이때 관의 실제길이를 구하는 공식은 $l = L - 2(A - a)$으로 된다. 즉,
  관의 실제 절단길이 = 전체길이 - 2(부속의 중심길이 - 관의 삽입길이)

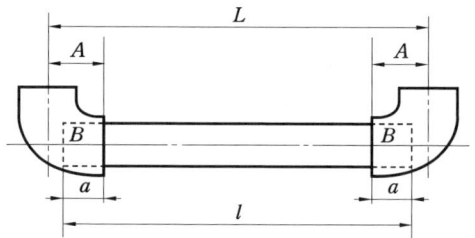

배관용 탄소강 강관의 호칭별 바깥지름

관의 호칭 (A)	(B)	바깥지름 (mm)	관의 호칭 (A)	(B)	바깥지름 (mm)
6	1/8	10.5	80	3	89.1
8	1/4	13.8	90	$3\frac{1}{2}$	101.6
10	3/8	17.3	100	4	114.3
15	1/2	21.7	125	5	139.8
20	3/4	27.2	150	6	165.2
25	1	34.0	175	7	190.7
32	$1\frac{1}{4}$	42.7	200	8	216.3
40	$1\frac{1}{2}$	48.6	225	9	241.8
50	2	60.5	250	10	267.4
65	$2\frac{1}{2}$	76.3	300	12	318.5

(2) 용접접합
가스용접에 의한 방법과 전기용법에 의한 방법이 있다. 용접가공 방법에 따라 맞대기 이음과 슬리브 이음이 있다.

(3) 플랜지 접합

관 끝에 용접접합 또는 나사접합을 하고, 양 플랜지 사이에 패킹을 넣어 볼트로 연결시키는 접합법이다. 배관 중간이나 밸브, 펌프, 열교환기, 각종 기기의 접속 및 기타 보수, 점검을 위하여 관의 해체, 교환을 필요로 하는 곳에 많이 사용된다.

(4) 강관 벤딩

① 벤딩 방법의 분류

　(가) 수동 벤딩 ─┬─ 냉간 벤딩 ─┬─ 수동 롤러에 의한 방법(현장용)
　　　　　　　　 │　　　　　　 └─ 냉간용 벤더에 의한 방법
　　　　　　　　 └─ 열간 벤딩 : 800~900℃까지 가열하여 굽힌다.

　(나) 기계 벤딩 ─┬─ 로터리식 벤더에 의한 방법
　　　　　　　　 └─ 램식 벤더에 의한 방법

② 벤딩 길이의 산출방법

　(가) 90°, 45° 벤딩 및 360° 벤딩 곡선길이 산출방법

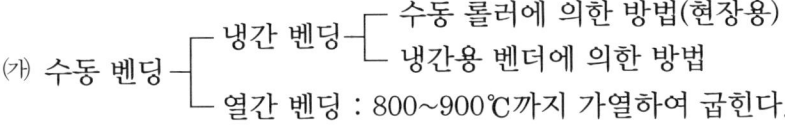

$$공식 : 90° = 1.5 \times \frac{D}{2} + \frac{1.5 \times \frac{D}{2}}{20}$$

$$공식 : 45° = \left(1.5r + \frac{1.5r}{20}\right) \times \frac{1}{2} \quad \text{또는} \quad 90° = 1.5r + \frac{1.5r}{20}$$

　여기서, D : 지름, r : 반지름

　(나) 180° 벤딩 및 360° 벤딩 곡선길이 산출방법

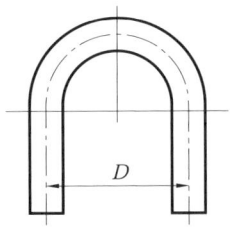 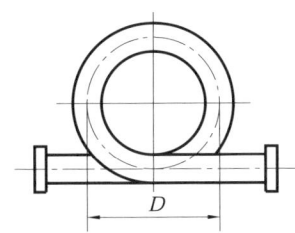

공식 : $180° = 1.5D + \dfrac{1.5D}{20}$

공식 : $360° = 3D + \dfrac{3D}{20}$

㈐ 특수각 벤딩 곡선길이 산출방법 : 45°, 90°, 180°, 360° 외에 임의의 각도로 구부릴 때 곡선의 길이는 임의의 각도를 x 라 할 때

공식 $L = \dfrac{B\,90°}{90} \times x$ 의 식에 대입하여 계산한다.

2-2 주철관 접합

(1) 소켓 접합 (socket joint)
관의 소켓부에 납과 얀(yarn)을 넣는 접합방식이다.

(2) 플랜지 접합 (flanged joint)
고압배관, 펌프 등의 기계 주위에 이용된다.

(3) 기계적 접합 (mechanical joint)
150 mm 이하의 수도관용으로 소켓접합과 플랜지 접합의 장점을 취한 방법이다.

(4) 빅토릭 접합 (victoric joint)
빅토릭형 주철관을 고무링과 칼라(누름판)를 사용하여 접합하는 방법이다.

(5) 타이톤 접합 (tyton joint)
타이톤 접합은 원형의 고무링 하나만으로 접합하는 방법이다.

(6) 노 허브 접합 (no hub joint)
스테인리스강 커플링과 고무링만으로 쉽게 접합할 수 있는 방법이다.

2-3 동관의 접합 및 벤딩

(1) 플레어 접합 (flare joint ; 압축 접합)
기계의 점검, 보수 또는 관을 분해할 경우를 대비한 접합 방법이다.

(2) 용접 접합

동관의 용접은 연납(soldering) 용접과 경납(brazing) 용접으로 나누어지며, 모두 모세관 현상을 이용한 겹침 용접으로 동관 접합의 대부분에 이용되고 있다.

연납 용접과 경납 용접의 비교

구분	연납 용접	경납 용접
용접재	연납(50/50, 95/5, 94/4)	인동납(B Cup), 은납(B Ag)
용접온도(℃)	200~300	700~850
가열방법	프로판, LP가스 토치나 전기가열기	산소-아세틸렌가스 토치
특성	• 작업이 쉽다. • 강도가 약하다.	• 강도가 강하다. • 과열되면 관의 손상을 초래한다.
용도	• 온도 및 사용압력이 낮은 곳(120℃ 이하) • 소구경관 용접 시($1\frac{1}{2}''$ 이하)	• 고온 및 사용압력이 높은 곳 • 특수한 조건

① 연납 용접(soldering ; 납땜 접합) : 용제(flux) 주입 시 적당량의 용제를 발라주어야 한다.

> **참고** 시공 순서
> 관절단 → 관 끝을 원형으로 정형 → 관지름 확장 → 산화물 제거 → 용제 주입 → 납을 녹여 접합
> (튜브 커터, (사이징 툴)   (익스팬더)   (샌드 페이퍼)   (페이스트,
> 쇠톱)   크림 플라스탄)

② 경납 용접(brazing) : 방사난방 시 온수관 접합 및 진동이 심한 곳에 사용된다. 450℃ 이상의 온도에서 땜납을 녹여 동관을 용접하는 방식으로 서로 다른 모재를 결합 가능하며 연납 용접보다 강한 접속부를 생성한다.

(3) 분기관 접합(branch pipe joint)

상용압력 2 MPa 정도까지의 배관용으로 관의 중간에서 이음쇠를 사용하지 않고 지관을 따내는 접합방법이다.

(4) 동관 벤딩(bending for copper pipe)

동관용 벤더를 사용하는 냉간법과 토치 램프에 의한 열간법이 있다. 냉간법의 경우 곡률반지름은 굽힘 반지름의 4~5배 정도로 하며 열간 벤딩 시에는 600~700℃의 온도로 가열해 준다.

2-4 연관의 접합 및 벤딩

(1) 플라스탄 접합(plastann joint)
플라스탄 합금(Pb 60%+Sn 40%, 용융점 232℃)에 의한 접합방법이다.

(2) 살붙임납땜 접합(성금납땜)
양질의 땜납을 녹여(260℃ 내외) 녹은 납물을 접합부에 부착, 응고시키는 접합방법이다.

(3) 연관 벤딩
모래를 채우거나 심봉을 관 속에 넣어 토치 램프로 가열해 가며 구부린다. 벤딩 시 가열온도는 100℃ 전후이다.

2-5 PVC관의 접합 및 벤딩

(1) 경질 염화비닐관의 접합 및 벤딩
① 냉간 접합법
  ㈎ 나사접합 : 금속관과의 연결부 접합법에 이용된다.
  ㈏ 냉간삽입 접합(TS joint) : 접착제를 발라 상온에서 접합하는 방법이다.
② 열간 접합법
  ㈎ 일단법 : 50 mm 이하의 소구경관용으로 열가소성, 복원성, 용착성을 이용한다.
  ㈏ 이단법 : 65 mm 이상의 대구경관용으로 쓰인다.
③ 플랜지 접합법 : 대구경관의 접합 및 관 분해조립의 필요성이 있을 때 이용된다.
④ 테이퍼 코어 접합법(taper core joint) : 50 mm 이상의 대구경관용으로 강도가 약한 플랜지 접합을 보완하기 위해 이용된다.
⑤ 용접법 : 대구경관의 분기접합, 조각내어 구부리기, 부분적 수리 등에 이용된다.
⑥ 경질 염화비닐관의 벤딩 : 호칭지름 20 mm 이하의 관은 모래 충전이 불필요하고 25 mm 이상의 관에는 필히 모래를 채운 후 가열, 벤딩한다.

(2) 폴리에틸렌관의 접합
① 용착 슬리브 접합 : 관끝의 외면과 부속의 내면을 동시에 가열, 용융시켜 접합한다.
② 테이퍼 접합 : 50 mm 이하의 소구경 수도관용으로 폴리에틸렌관 전용의 포금제

테이퍼 조인트를 사용하여 접합한다.

③ 인서트 접합 : 50 mm 이하의 폴리에틸렌관 접합용으로 가열 연화한 인서트를 끼우고 물로 냉각하여 클램프로 조인다.

2-6 석면 시멘트관 (에터니트관의 접합)

(1) 기볼트 접합
2개의 플랜지와 고무링, 1개의 슬리브로 되어 있다.

(2) 칼라 접합
주철제의 특수칼라를 사용하여 접합하는 방법이다.

(3) 심플렉스 접합
석면 시멘트제 칼라와 2개의 고무링으로 접합시공한다.

2-7 철근 콘크리트관의 접합

(1) 칼라 접합
철근 콘크리트제 칼라로 소켓을 만든 후 콤포를 채워 접합하는 방법이다.

(2) 모르타르(mortar) 접합
접합부에 모르타르를 발라 접합하는 방법이다.

2-8 도관의 접합

관과 관 사이의 접합부에 마 (yarn)를 압입하고 모르타르를 바르는 방법과 모르타르만 사용하여 접합하는 방법이 있다.

예·상·문·제

1. 강관의 나사접합에 대한 설명이다. 다음 중 틀린 것은? [기출문제]
① 나사부의 길이는 규정 이상으로 크게 하지 않는다.
② 나사는 가능한 한 깊게 나사가 나게 한다.
③ 나사용 패킹을 바를 때는 나사의 끝에서 $\frac{2}{3}$ 정도까지만 바른다.
④ 불완전 나사부만 남을 때까지 파이프 렌치로 조인다.

2. 그림과 같이 관규격 20 A로 이음 중심 간의 길이를 300 mm로 할 때 직관길이 l 은 얼마로 하면 좋은가? (단, 20 A의 90° 엘보는 중심선에서 단면까지의 거리가 32 mm이고 나사가 물리는 최소길이가 13 mm이다.) [기출문제]

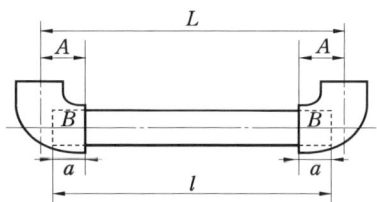

① 282 mm ② 272 mm
③ 262 mm ④ 252 mm

해설 배관의 중심선 길이 L, 관의 실제길이를 l, 부속의 끝단면에서 중심선까지의 치수를 A, 나사가 물리는 길이를 a 라 하면,
$L = l + 2(A - a)$
∴ 실제 절단길이 $l = L - 2(A - a)$
식에 대입하여 풀면
$l = 300 - 2(32 - 13) = 262$ mm

3. 호칭지름 15 A인 강관으로 양쪽에 90° 엘보와 45° 엘보를 사용해서 중심선의 길이를 200 mm로 조립하고자 할 때 관의 실제 소요 길이는? (나사의 물림길이는 13 mm이다.)
① 152 mm ② 164 mm
③ 178 mm ④ 200 mm

해설 호칭지름 15 A 강관용 90° 엘보와 45° 엘보 중심에서 단면까지의 거리는 각각 27 mm와 21 mm이다. 문제 5번에서 표시된 A의 값이 서로 다르므로 $l = L - 2(A - a)$의 공식에 대입해서 풀 수는 없다. 이때에는 따로 따로 계산해서 합해주면 된다.

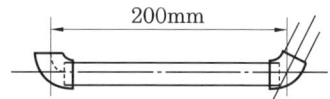

90° 엘보쪽에서의 여유부분 치수는
$27 - 13 = 14$ mm
45° 엘보쪽에서의 여유부분 치수는
$21 - 13 = 8$ mm
∴ $l = 200 - (14 + 8) = 178$ mm

4. 호칭지름 20 A인 강관을 2개의 45° 엘보를 사용해서 그림과 같이 연결하고자 한다. 밑변과 높이가 똑같이 150 mm라면 빗변 연결부분의 관의 실제 소요길이는 얼마인가? (단, 물림 나사부의 길이는 15 mm로 한다.)

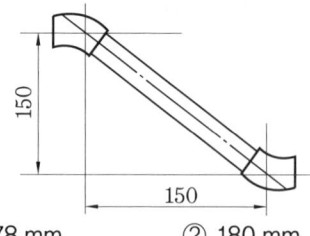

① 178 mm ② 180 mm
③ 192 mm ④ 212 mm

해설 피타고라스(Pythagoras) 정리에 의해 빗변의 중심길이 $L = 150\sqrt{2} ≒ 212$ mm, 20 A 강관 45° 엘보의 A의 길이는 25 mm이므로,

정답 1. ② 2. ③ 3. ③ 4. ③

$$l = L - 2(A-a)$$
$$= 212 - 2(25-15) = 192\,\text{mm}$$

5. 그림과 같이 직육방체의 대각선방향으로 관을 이음하였을 때 $l_1(AD)$, $l_2(CD)$, $l_3(BC)$의 길이가 각각 400 mm, 300 mm, 200 mm라고 하면 대각선 길이 $l(AB)$은? [기출문제]

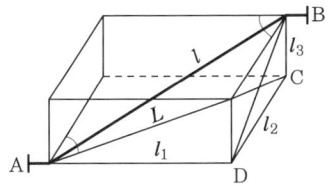

① 447.2 mm ② 538.5 mm
③ 553.2 mm ④ 590.8 mm

해설 l_1과 l_2의 빗변의 길이(L)는
$$L = \sqrt{l_1^2 + l_2^2} = \sqrt{(400)^2 + (300)^2}$$
$$= 500\,\text{mm}$$
따라서, 대각선의 길이(l)는
$$l = \sqrt{L^2 + l_3^2} = \sqrt{l_1^2 + l_2^2 + l_3^2}$$
$$= \sqrt{(400)^2 + (300)^2 + (200)^2}$$
$$\fallingdotseq 538.5\,\text{mm}$$

6. 강관의 슬리브 용접 이음 시 슬리브의 길이는 관지름의 몇 배 정도가 적당한가? [기출문제]
① 1.2~1.7배 ② 2.0~2.5배
③ 2.5~3.0배 ④ 2.2~2.7배

7. 강관 접합방법 중 슬리브 용접접합을 설명한 것으로 틀린 것은? [기출문제]
① 분해할 경우가 많은 경우에 사용한다.
② 상향용접은 공장에서, 하향용접은 현장에서 하는 것이 능률적이다.
③ 슬리브의 길이는 파이프지름의 1.2~1.7배가 적당하다.
④ 특수배관용 삽입용접식 이음쇠를 사용하며 스테인리스강 배관이음에 사용한다.

해설 분해할 경우가 많은 때에는 플랜지 접합 (flanged joint)을 이용하는 것이 바람직하다.

8. 일반적으로 관의 지름이 크고 분해할 필요가 있는 경우에 사용되는 파이프 이음으로 가장 적합한 것은? [기출문제]
① 턱걸이 이음 ② 플랜지 이음
③ 유니언 이음 ④ 신축 이음

9. 강관의 플랜지 이음 시 주의사항으로 틀린 것은? [기출문제]
① 고무, 아스베스트 등을 패킹으로 사용한다.
② 플랜지를 죄는 볼트 전부를 처음과 같은 힘으로 가볍게 조여 나간다.
③ 스패너로 대각선 방향으로 조금씩 조인다.
④ 패킹의 양면에 그리스 같은 기름을 발라 두면 관을 떼어낼 때 매우 불편하다.

해설 패킹의 양면에 그리스 같은 기름을 발라 두면 관을 떼어낼 때 편리하다.

10. 다음 중 플랜지 이음에 대한 설명으로 틀린 것은? [기출문제]
① 플랜지 접촉면에는 기밀을 유지하기 위해 패킹을 사용한다.
② 플랜지 이음은 영구적인 이음이다.
③ 일반적으로 관지름이 큰 경우와 압력이 많이 걸리는 경우 사용한다.
④ 패킹 양면에 그리스 같은 기름을 발라두면 분해 시 편리하다.

해설 플랜지 이음은 필요시 분해 결합이 가능한 반영구적인 이음이다.

11. 다음 중 강관의 열간 구부림 시 가열온도로 적합한 온도는? [기출문제]

정답 5. ② 6. ① 7. ① 8. ② 9. ④ 10. ② 11. ③

① 500~600℃　② 600~700℃
③ 800~900℃　④ 1000~1100℃

12. 파이프 벤더로 굽힘할 때의 주의사항으로 틀린 것은? [기출문제]
① 기계의 굽힘능력 이상의 관을 굽히지 않는다.
② 긴 관을 굽힐 때는 회전방향에 따라 급속히 굽힌다.
③ 관이 미끄러지면 굽힘을 중단하고 재조정한다.
④ 굽힘각도 조절판에 각도 세팅하는 것을 잊지 않도록 확인한다.

13. 강관의 굽힘(bending)가공에 속하지 않는 것은? [기출문제]
① 수동 롤러에 의한 굽힘
② 해머로 타격하여 굽힘
③ 가열 후 수작업에 의한 굽힘
④ 벤딩 머신에 의한 굽힘

14. 15 A 강관을 R 200으로 360°굽힘하고자 할 때의 굽힘부 길이(mm)는? [기출문제]
① 1050 mm　② 1260 mm
③ 2520 mm　④ 3200 mm

해설 $L = 3D + \dfrac{3D}{20}$
$= 3 \times 400 + \dfrac{3 \times 400}{20} = 1260 \text{ mm}$

15. 호칭지름 20 A의 강관을 곡률반지름 200 mm로서 120°의 각도로 구부릴 때 곡선의 길이는 얼마인가? [기출문제]
① 약 390 mm　② 약 405 mm
③ 약 420 mm　④ 약 435 mm

해설 특수한 각 (45°, 90°, 180°, 360°) 외에 임의의 각도로 구부릴 때 곡선의 길이는 임의의 각도를 x라 할 때 $L = \dfrac{B\,90°}{90} x$의 공식에 대입하면 된다.

$\therefore L = \dfrac{1.5R + \dfrac{1.5R}{20}}{90} \times 120$

$= \dfrac{1.5 \times 200 + \dfrac{1.5 \times 200}{20}}{90} \times 120$

$= 420 \text{ mm}$

16. 로터리 벤더(rotary bender)에 의한 강관굽힘 작업 시 결함사항 중 관이 미끄러지는 원인을 잘못 열거한 것은? [기출문제]
① 압력조정이 너무 빡빡하다.
② 클램프나 관에 기름이 묻었다.
③ 관의 고정이 잘못 되었다.
④ 받침쇠의 모양이 나쁘다.

17. 파이프 벤더로 관을 굽힐 때 주름이 생기는 이유 중 틀린 것은? [기출문제]
① 벤딩 롤러의 홈이 관경보다 크다.
② 관이 미끄러졌다.
③ 벤딩 롤러의 홈이 관경보다 작다.
④ 너무 천천히 굽혔다.

18. 유압 파이프 벤더 작업 시 관의 모양이 타원형으로 되는 원인이 아닌 것은? [기출문제]
① 받침쇠가 너무 들어가 있다.
② 받침쇠와 관의 안지름의 간격이 크다.
③ 재질이 부드럽고 두께가 얇다.
④ 굽힘 반지름이 너무 작다.

해설 ④는 관이 파손되는 원인 중 하나이다.

19. 다음 접합방법 중에서 주철관의 접합에 적당하지 못한 것은? [기출문제]
① 소켓 접합　② 기계적 접합

정답 12. ②　13. ②　14. ②　15. ③　16. ④　17. ④　18. ④　19. ④

③ 빅토릭 접합　　④ 플라스턴 접합

해설 플라스턴 접합은 연관의 접합 방법 중 하나이다.

20. 주철관의 소켓 이음에 관한 설명 중 옳지 않은 것은? [기출문제]
① 납물을 부어 넣을 때 클립(clip)을 소켓 측면에 밀착시켜 설치한다.
② 납물을 2~3회에 넣지 않고 단번에 넣는다.
③ 마(yarn)를 넣는 것은 이음부에 굴요성을 주기 위함이다.
④ 코킹을 할 때는 끌의 얇은 날부터 순차적으로 한다.

21. 주철관의 접합에서 마(yarn)를 감는 길이는 수도관의 경우에는 삽입길이의 $\frac{1}{3}$ 정도가 알맞다. 배수관의 경우에 삽입길이는 다음 중 어느 정도가 가장 적합한가? [기출문제]
① $\frac{1}{3}$　　② $\frac{2}{3}$
③ $\frac{3}{3}$　　④ $\frac{5}{3}$

22. 주철관의 소켓 접합 시 얀을 삽입하는 이유로 다음 중 가장 적합한 것은? [기출문제]
① 납의 이탈 방지
② 납과 물의 직접접촉 방지
③ 외압의 완화
④ 납량의 보충

해설 얀은 납과 물의 직접접촉을 하지 못하도록 함으로써 누수를 방지하기 위해 삽입해 준다.

23. 주철관 소켓 접합에서 납물을 접합부에 붓는 이유는? [기출문제]
① 얀의 이탈 방지　② 누수 방지
③ 내식성 증가　　④ 동파 방지

24. 다음은 주철관의 코킹 시공상의 주의사항이다. 바르지 못한 항목은?
① 얀을 관둘레에 고르게 감는다.
② 납은 충분히 가열하고 산화납을 제거한다.
③ 1회에 전량 채울 수 있도록 한다.
④ 관에 수분이 있어도 상관없다.

해설 주철관의 소켓 접합 시 시행하는 코킹 작업에 관한 시공 시 주의사항을 열거한 것으로 매 시험마다 출제빈도율이 높은 문제이다. 특히 배관 안전관리 문제로도 자주 출제되니 잘 숙지해 주기 바란다.

25. 굽힘성이 풍부하고 다소의 굴곡에도 누수가 없으며 작업이 간편하여 수중에서도 용이하게 접합할 수 있는 주철관의 접합법은 어느 것인가? [기출문제]
① 소켓 접합　　② 기계적 접합
③ 빅토릭 접합　④ 플랜지 접합

26. 주철관의 메커니컬 조인트(mechanical joint)에 대한 설명이다. 틀린 것은? [기출문제]
① 일본 동경도 수도국에서 창안한 방법이다.
② 수중작업도 용이하다.
③ 소켓 접합과 플랜지 접합의 장점만을 택하였다.
④ 작업은 간단하나 다소의 굴곡이 있어도 누수된다.

해설 메커니컬 조인트(mechanical joint)란 기계적 접합을 일컫는 것이며 일본에서 지진과 외압에 견딜 수 있도록 창안해 낸 주철관의 접합법이다. 이 접합법은 다소의 굴곡이 있다 해도 누수되지 않는다는 큰 장점을 지니고 있다.

정답 20. ③　21. ②　22. ②　23. ①　24. ④　25. ②　26. ④

27. 고무링과 누름판 역할을 하는 칼라를 사용하여 접합하는 주철관의 가스 배관용 이음방식은 무엇인가? [기출문제]
① 타이톤 접합 ② 빅토릭 접합
③ 기계적 접합 ④ 플랜지 접합

28. 주철관의 빅토릭 접합에 관한 설명이다. 틀린 것은? [기출문제]
① 고무링과 금속제 칼라가 필요하다.
② 칼라는 관경 350 mm 이하이면 2개의 볼트로 죄어 준다.
③ 관경이 400 mm 이상일 때는 칼라를 4등분하여 볼트를 죄어 준다.
④ 압력의 증가에 따라 누수됨이 더 심하게 되는 결점을 지니고 있다.

해설 빅토릭 접합(victoric coupling)은 압력이 증가함에 따라 고무링이 더욱더 관벽에 밀착하여 누수를 막는 작용을 한다.

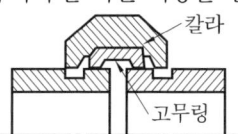

29. 다음 중 주철관 접합에 관한 설명으로 틀린 것은? [기출문제]
① 소켓 접합 시 녹은 납은 단 한번에 주입한다.
② 플랜지 이음 시 볼트는 대각선 방향으로 균형 있게 조여준다.
③ 타이톤 접합은 원형의 고무링 하나만으로 접합하는 방법이다.
④ 빅토릭 접합은 압력의 증가에 따라 누수가 심하게 되는 결점을 지니고 있다.

30. 다음은 동관의 접합 방법을 열거한 것이다. 아닌 것은? [기출문제]
① 플레어 접합 ② 납땜 접합
③ 플랜지 접합 ④ 메커니컬 접합

31. 지름 20 mm 이하의 동관을 이음할 때 또는 기계의 점검, 보수, 기타 관을 떼어내기 쉽게 하기 위한 동관의 이음방법은? [기출문제]
① 플레어 이음 ② 슬리브 이음
③ 플랜지 이음 ④ 사이징 이음

해설 플레어 이음은 고정쇠 이음이라고도 하며 강관의 유니언에 의한 접합과 동일한 방법이라고 생각해도 좋다.

32. 구리관의 플레어 접합은 호칭지름 몇 mm 이하의 관을 접합할 때 이용하는가? [기출문제]
① 20 mm ② 35 mm
③ 50 mm ④ 85 mm

33. 다음 중 동관의 납땜접합에 필요하지 않은 것은? [기출문제]
① 얀(yarn)
② 사이징 툴(sizing tool)
③ 플라스턴(plastann)
④ 익스팬더(expander)

34. 구리관, PVC관, 폴리에틸렌관 등의 소켓이음에서 접합부의 삽입길이는 관지름의 몇 배 정도인가? [기출문제]
① 0.7~1.0배 ② 2.0~2.5배 정도
③ 1.5배 ④ 2.5~3.0배 정도

35. 다음 중 동관 벤딩 시 적당한 가열온도는 얼마인가? [기출문제]
① 400~500℃ ② 600~700℃
③ 800~900℃ ④ 900~1000℃

해설 동관의 열간 벤딩 시에는 적열의 정도가

정답 27. ② 28. ④ 29. ④ 30. ④ 31. ① 32. ① 33. ① 34. ③ 35. ②

분간하기 어려워 과열로 녹기 쉬우니 세심한 주의가 요구된다.

36. 프레스 공구를 사용하여 취부용 그립조 (grip jaw)의 홈에 이음쇠의 볼록 부분이 꼭 끼도록 한 후 전기스위치를 넣으면 조가 이음쇠에 밀착되어 압착되어 이음이 완료되는 스테인리스관의 이음방법은? [기출문제]
① 노허브 이음   ② 몰코 이음
③ 빅토릭 이음   ④ MR 이음

해설 스테인리스관은 급수용, 난방용 등에 효과적으로 사용되고 있는 관으로 최근에는 온수온돌 난방관에 많이 이용되고 있다.
 몰코 이음은 유압식 압착공구를 이용하여 스테인리스관과 이음쇠를 접합하는 방식이다. 관접합 작업 시에는 몰코 이음쇠 내부에 고무링을 채우고 나서 관을 이음쇠에 삽입한 후, 압착공구로 이음쇠를 압착시킴으로써 간단하게 접합을 완료할 수 있는 방법이다. 이 방법은 관의 신축을 잘 흡수한다는 이점이 있으나 접합작업에 숙련을 요한다.

37. 다음은 연관 접합 방법의 종류를 열거한 것이다. 아닌 것은? [기출문제]
① 만다린 접합   ② 플라스턴 접합
③ 수전 소켓 접합 ④ 플랜지 접합

해설 연관의 접합방법에는 플라스턴 접합과 살붙임 납땜 접합의 2가지 방법이 있다. 플라스턴 접합에는 ①, ③의 방법 외에 직선 접합, 맞대기 접합, 분기관 접합 등이 있다.

38. 기둥 속이나 벽속에 배관된 연관의 끝에 수도꼭지를 달거나 수전 소켓을 이음하는 방법으로 관끝을 90°로 구부려 가공하여 플라스턴 이음하는 접합방법은? [기출문제]
① 참블 접합

② 만다린(원앙새) 접합
③ 수전 소켓의 접합
④ 분기 접합 또는 지관 접합

39. 연관의 플라스턴 접합 시 사용되는 플라스턴 합금의 성분함량은? [기출문제]
① Pb 30 %, Sn 70 %
② Pb 60 %, Sn 40 %
③ Pb 60 %, Zn 40 %
④ Pb 40 %, Zn 60 %

40. 연관이음에 쓰이는 플라스턴 접합의 설명으로 틀린 것은? [기출문제]
① 플라스턴의 용융점이 232℃이다.
② 주석(Sn) 50 %와 납(Pb)이 50 %인 땜납이다.
③ 이음 형식에는 수전소켓의 접합, 만다린 접합, 직선 접합, 소켓 접합, 맞대기 접합 등이 있다.
④ 수전소켓의 접합은 급수전, 지수전 등의 소켓을 연관에 접합하는 방법이다.

41. 연관의 플라스턴 접합 시 사용되는 플라스턴 합금의 용융온도는? [기출문제]
① 232℃   ② 327℃
③ 400℃   ④ 470℃

42. 땜납은 납(Pb)과 주석(Sn)의 합금으로 납의 양이 38 %, 주석의 양이 62 %일 때 가장 낮은 용융온도를 가지게 되며, 이 점을 공정점이라 부르는데 이때의 공정점의 온도는 몇 ℃ 정도인가? [기출문제]
① 150℃   ② 183℃
③ 232℃   ④ 327℃

정답 36. ② 37. ④ 38. ② 39. ② 40. ② 41. ① 42. ②

해설 납의 용융점(D)은 327℃, 주석의 용융점(E)은 232℃이지만 합금이 되어 있고 주석의 양이 증가함에 따라 용융점은 낮게 되어 납이 38.1%, 주석이 61.9%가 되는 합금상태의 용융점(B)은 주석의 용융점보다 낮은 183℃로 되며, 또다시 주석의 양이 많아지면 합금의 용융점은 반대로 높게 된다. 이때 용융점이 가장 낮은 점(B)을 공정점(共晶点)이라 한다.

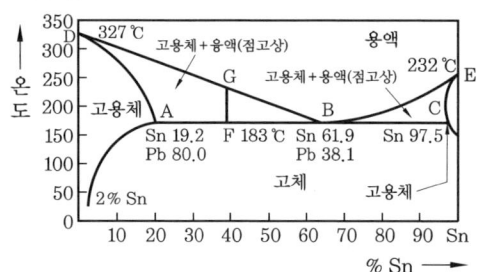

땜납 상태도

43. 납 파이프를 굽히고자 할 때 적합한 가열온도는? [기출문제]
① 80℃
② 100℃
③ 180℃
④ 200℃

44. 대구경관의 접합 및 관분해 조립의 필요성이 요구될 때 이용되는 경질 염화비닐관의 이음방법은? [기출문제]
① 나사 접합
② 용접법
③ 플랜지 접합
④ 열간 삽입 접합

45. 관지름 50 mm 이상의 대구경관용으로 강도가 약한 플랜지 접합을 보완하기 위해 이용되는 경질 염화비닐관의 접합 방법은 어느 것인가? [기출문제]
① 냉간 삽입 접합
② 열간 삽입 접합
③ 플랜지 접합
④ 테이퍼 코어 접합

46. 경질 염화비닐관에서 TS식 조인트 냉간 접합법에서의 3가지 접착효과에 해당되지 않는 것은? [기출문제]
① 유동 변형
② 소성 변형
③ 일출 변형
④ 변형 삽입

해설 TS식 조인트(taper sized joint)는 호칭지름에 따라 $\frac{1}{25} \sim \frac{1}{37}$의 테이퍼가 져 있고 관 외면과 조인트 내면에 접착제를 바르면 접착면에 약 0.1 mm의 팽윤층(澎潤層)을 만들므로 바르기 전과 비교하면 관 바깥지름은 0.1 mm 작아지고 부속의 안지름은 0.1 mm 커진 것과 다를 바가 없어 접착제를 바르지 않고 접합할 때 이상으로 깊이 삽입 가능하며 이를 유동 삽입이라 한다. 그 외에 변형 삽입과 일출(溢出)접합의 3가지 접착효과에 의해 접착강도가 유지된다.

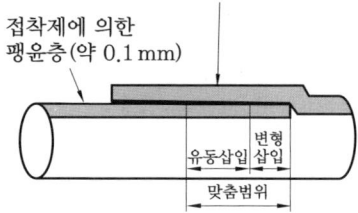

47. 경질 염화비닐관의 삽입접합 시 20 A 관 지름의 표준 삽입길이는 얼마인가? [기출문제]
① 15 mm
② 20 mm
③ 35 mm
④ 40 mm

해설 표준 삽입길이(단위 : m/m)

호칭지름	10	13	16	20	25	30	40	50
삽입길이	20	25	30	35	40	45	60	70
호칭지름	65	80	100	125	150	200	250	300
삽입길이	80	90	110	135	160	180	230	290

48. 염화 비닐 파이프의 냉간접합 시 주의사항으로 틀린 것은? [기출문제]

정답 43. ② 44. ③ 45. ④ 46. ② 47. ③ 48. ③

① 접합면은 깨끗이 한다.
② 파이프 끝은 직각으로 절단한다.
③ 접착제를 바르는 길이는 파이프 외경의 반지름 길이 이하로 한다.
④ 접착제를 바르고 삽입하여야 접착제를 바르지 아니하였을 때보다 더 깊이 삽입할 수 있다.

49. 지름이 큰 PVC관(경질 염화비닐관)의 용접접합에 가장 적합한 것은? [기출문제]
① 토치 램프   ② 가스 토치
③ 열풍 용접기   ④ 압축 용접기

50. 다음 중 비닐 용접기 사용상 주의점이 아닌 것은? [기출문제]
① 전기 용접용 헬멧을 사용한다.
② 노즐 선단은 모재와 3~5 mm 정도 유지한다.
③ 용접봉은 하단부만 녹여서 용착시킨다.
④ 용접봉은 용접면에 대해 70~80° 정도가 좋다.

해설 비닐 용접기는 열풍 용접기를 말하며 용접봉은 용접면에 70~80° 정도의 각도로 되고 용접기 노즐부의 용접면에 45° 정도의 각도를 유지하며 용접면에 3~5 mm 거리를 두고 나선형으로 돌리면서 용접한다.

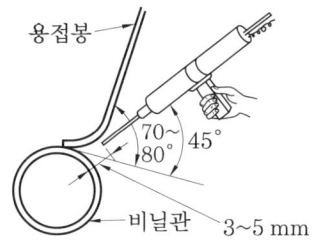

51. 다음 중 폴리에틸렌관의 이음 시 슬리브 너트와 캡 너트를 사용하여 누수를 방지하는 이음방법은? [기출문제]

① 플랜지 이음
② 용착 슬리브 이음
③ 인서트 이음
④ 테이퍼 조인트 이음

52. 폴리부틸렌관은 주로 어떤 이음방식이 쓰이는가? [기출문제]
① 미끄럼 이음   ② 에이컨 이음
③ 파형 이음   ④ 플러그 이음

해설 에이컨관이라고도 하는 폴리부틸렌을 원료로 하여 제조된 관으로 온수온돌 배관, 화학배관용으로 사용되는 관재료이다.

53. 경질 염화비닐관의 열간 벤딩 시 가열온도는 몇 ℃ 정도가 적당한가? [기출문제]
① 100℃   ② 130℃
③ 150℃   ④ 180℃

54. 파이프 공작 및 시공에 대한 설명 중 틀린 것은? [기출문제]
① 주철 파이프나 염화비닐 파이프는 파이프 커터로 절단할 수 있다.
② 25 A 이상의 파이프용 나사의 산수는 25.4 mm에 대하여 11산이다.
③ 강관을 용접하면 누설의 염려가 없고 접합부의 강도가 좋다.
④ 플랜지 결합용 볼트는 한쪽부터 순차적으로 결합하는 것이 좋다.

해설 ④ 플랜지 결합용 볼트는 균등하게 대각선상으로 결합하는 것이 좋다.

55. 다음에서 에터니트관의 접합법에 해당되지 않는 것은? [기출문제]
① 기볼트 접합   ② 칼라 접합
③ 심플렉스 접합 ④ 테이퍼 접합

정답 49. ③ 50. ① 51. ④ 52. ② 53. ② 54. ④ 55. ④

해설 에터니트관은 석면 시멘트관의 통칭이다. 기볼트 접합법은 흄관(원심력 철근 콘크리트관)의 접합에도 이용된다.

56. 다음 중 2개의 플랜지와 2개의 고무링과 1개의 슬리브로 석면 시멘트관을 이음하는 방법은 무엇인가? [기출문제]
① 슬리브 이음
② 기볼트 이음
③ 턴 앤드 그루브 이음
④ 심플렉스 이음

57. 심플렉스 접합에 관한 다음 설명 중 틀린 것은? [기출문제]
① 석면 시멘트관의 접합법에 들어간다.
② 석면 시멘트제 칼라와 2개의 고무링을 사용하여 접합한다.
③ 사용압력은 1.05 MPa 이상이고 굽힘성과 내식성이 우수하다.
④ 접합 시공 시 두 관 사이의 간격은 10 mm 이상 떼어둔다.

해설 심플렉스 접합(simplex joint) 시공 시 두 관 사이의 간격은 5~10 mm 정도 떼어두면 프릭션 풀러(friction puller) 등을 사용하여 접합한다. 이때 관 외상에 특히 주의한다.

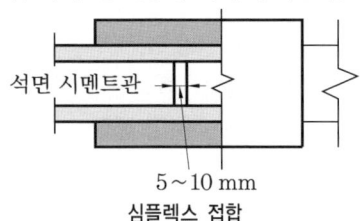
심플렉스 접합

58. 다음 중 철근 콘크리트관의 옥외 배수관의 접합법은? [기출문제]
① 모르타르 접합   ② 칼라 접수
③ 기볼트 접수   ④ 나사 접합

해설 모르타르 접합이란 접합부에 모르타르(mortar)를 발라 접합하는 것으로서 모르타르는 되직하게 반죽한 것을 사용한다. 옥외 배수관의 철근 콘크리트관은 소켓관이므로 모르타르 접합을 한다.

59. 콘크리트관 이음은 소켓 부분의 관 주위에 시멘트, 모르타르를 채움으로써 완성된다. 주의할 점으로 틀린 것은? [기출문제]
① 관의 밑부분에 정성껏 모르타르를 다져 넣는다.
② 관 내면에 삐져 나온 모르타르를 깨끗이 청소한다.
③ 얀을 1 cm 정도 다져넣고 모르타르를 채운 다음 나무조각으로 잘 다진다.
④ 모르타르를 바른 후 즉시 되메우기 작업을 하면서 충격에 주의한다.

60. 하수배관에서 콘크리트관이 많이 사용되고 있다. 다음 중 콘크리트관의 이음이 아닌 것은? [기출문제]
① 콤포 이음(compo joint)
② 몰코 이음(molco joint)
③ 심플렉스 이음(simplex joint)
④ 턴 앤드 글로브 이음(T & G joint)

61. 도관 이음 시 관과 소켓 사이에 채워주는 것은? [기출문제]
① 모래   ② 시멘트
③ 석면   ④ 모르타르

62. 도관 이음을 한 후 바로 통수할 필요가 있을 때에는 모르타르에 무엇을 첨가하여야 하는가? [기출문제]
① 소결제   ② 냉결제
③ 응결제   ④ 급결제

3 용접 일반

3-1 용접 개론

용접이란 재료의 한 부분을 용융 또는 반용융 상태로 가열 또는 압착하여 접합하는 방법이다.

(1) 용접의 장점과 단점

장 점	단 점
① 자재 절약	① 재질의 변질
② 공수(工數)의 감소	② 잔유응력의 존재
③ 성능과 수명 향상	③ 품질검사의 곤란
④ 효율, 강도 증가	④ 저온취성 파괴 발생
⑤ 수밀, 기밀 유지	⑤ 모양의 변형과 수축 용이
⑥ 중량의 경감	

(2) 용접법의 종류

① 융접 (fusion welding) ② 압접 (pressure welding)
③ 납땜 (soldering and brazing)

(3) 용접 자세

① 아래보기 자세 (flat position) ② 수직 자세 (vertical position)
③ 수평 자세 (horizontal position) ④ 위보기 자세 (over head position)

(4) 용접 이음의 형식

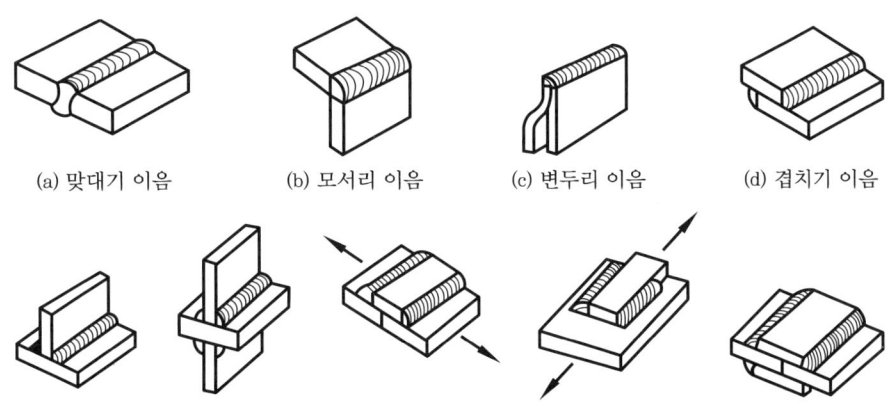

(a) 맞대기 이음 (b) 모서리 이음 (c) 변두리 이음 (d) 겹치기 이음
(e) T이음 (f) 십자 이음 (g) 전면 필릿 이음 (h) 측면 필릿 이음 (i) 양면 덮개판 이음

3-2 가스 용접

(1) 가스 용접의 장·단점

장 점	단 점
① 응용범위가 넓다.	① 불꽃의 온도와 열효율이 낮다.
② 비교적 가열, 조절이 자유롭다.	② 폭발의 위험성이 크고 용접금속의 탄화 및 산화의 염려가 많다.
③ 운반이 편리하다.	③ 가열범위가 커서 용접응력이 크고 가열시간이 오래 걸린다.
④ 설비비가 싸다.	④ 효율적인 용접이 어렵다.
⑤ 유해광선이 아크용접보다 적게 발생된다.	

(2) 산소·아세틸렌의 성질

① 산소의 성질
 (가) 무색, 무미, 무취이다.
 (나) 산소 자신은 연소하지 않고 다른 물질의 연소를 돕는 지연성 가스이다.
 (다) 융점은 $-219\,°C$, 비점은 $-183\,°C$

② 아세틸렌의 성질
 (가) 카바이드(CaC_2)와 물을 혼합하여 제조한다.
 (나) 순수한 것은 무취, 무색이나 불순물의 포함 시 냄새가 난다.
 (다) 아세틸렌은 406~408°C에서 자연발화되고 505~515°C에서 폭발한다.
 (라) 용해 아세틸렌은 고압용기 내에 다공물질과 아세톤을 흡수시키고 아세틸렌가스를 용해시킨 것이다.

(3) 가스 용접 장치

① 산소 용기(oxygen cylinder)
 (가) 산소병의 크기는 보통 5000 L, 6000 L, 7000 L의 3종류가 있으며 산소병에는 보통 35°C에서 150기압의 고압산소가 채워져 있다.
 (나) 용기재료의 구비 조건
  ㉮ 내식성, 내마찰성이 좋아야 한다.
  ㉯ 경량이고 충분한 강도를 가져야 한다.

② 아세틸렌 용기(acetylene cylinder) : 아세틸렌병 안에는 아세톤을 흡수시킨 목탄, 규조토 등의 다공성 물질이 가득 차 있고 이 아세톤에 아세틸렌가스가 용해되어 있다. 용해 아세틸렌은 15°C에서 1.5 MPa으로 충전되어 있으며 아세틸렌 용기의 크기는 15 L, 30 L, 50 L의 3종류가 있다.

③ 아세틸렌 발생기
  (가) 아세틸렌가스의 압력에 따라
    ㉮ 저압식 : 수주 700 mm 까지(발생가스 압력 0.007 MPa)
    ㉯ 중압식 : 수주 700~1300 mm (발생가스 압력 0.007~0.13 MPa)
  (나) 발생방법에 따라 주수식, 침지식, 투입식이 있다.
  (다) 발생기의 구조에서 기종의 유무에 따라 무기종식, 유기종식이 있다.
④ 청정기 : 발생기에서 발생된 아세틸렌이 함유하고 있는 불순물[인화수소(PH_3), 황화수소(H_2S), 규화수소(SiH_4), 암모니아(NH_3)] 등을 청정할 때 쓰인다.
⑤ 안전기 : 발생기로 가스가 역류 또는 역화하는 것을 막는 데 사용하며 스프링식과 수봉식이 있다.
⑥ 압력 조정기 : 산소나 아세틸렌 용기 내의 높은 압력의 가스를 필요한 압력으로 감압하는 기기를 압력 조정기라 한다.
⑦ 토치 (torch) : 용기 또는 발생기에서 보내진 아세틸렌가스와 산소를 일정한 혼합 가스로 만들고, 이 혼합 가스를 연소시켜 불꽃을 형성해서 용접작업에 사용하도록 한 기구를 토치 또는 가스용접기라 한다.
  (가) 토치의 종류
    ㉮ 저압식 토치(low pressure torch) : 1개의 팁에 1개의 적당한 인젝터로 되어 있는 불변압식(독일식)과 인젝터 부분에 니들 밸브가 있어서 유량과 압력을 조정할 수 있는 가변압식(프랑스식)이 있다.
    ㉯ 중압식 토치(medium pressure torch) : 아세틸렌 압력이 0.007~0.105 MPa 범위에서 사용되는 토치이다.
    ㉰ 고압식 토치 : 용해 아세틸렌 또는 고압 아세틸렌 발생기용으로 사용되는 것으로 드물게 사용되고 있다.
  (나) 토치의 크기 : 용접용 토치는 크기에 따라서 대중소형으로 구분되고 있다.
  (다) 팁의 능력
    ㉮ 프랑스식 : 1시간 동안 표준불꽃으로 용접하는 경우 아세틸렌의 소비량으로 나타낸다.
    ㉯ 독일식 : 강판의 용접을 기준으로 해서 팁이 용접하는 판두께로 나타낸다.
⑧ 용접용 호스 (hose) : 가스 용접에 이용되는 도관에는 고무호스와 강관이 널리 쓰이며 고무호스는 짧은 거리(5 m 정도)에서 사용되고 있다.

(4) 가스 용접 재료

① 용접봉 (gas welding rods for mild steel) : 보통 맨 용접봉이지만 아크 용접봉과 같

이 피복된 용접봉도 있고 때로는 용제(flux)를 관의 내부에 넣은 복합 심선을 사용할 때도 있다. 용접봉의 길이는 1000 mm로서 동일하다.
② 용제(flux) : 연강 이외의 모든 합금이나 주철, 알루미늄 등의 가스용접에는 용제를 사용해야 한다.
③ 가스 용접봉과 모재와의 관계 : 용접봉 지름은 모재 두께에 따라 결정되며 다음 관계식에 의한다.

$$D = \frac{T}{2} + 1$$

여기서, D : 용접봉 지름, T : 판두께

(5) 산소-아세틸렌가스 용접법

① 전진법(foreward method) : 보통 토치를 오른손에, 용접봉을 왼손에 잡고 토치의 팁을 우에서 좌로 이동하는 방법으로 5 mm 이하의 얇은 판이나 변두리용접에 사용된다.
② 후진법(back hand method) : 좌에서 우로 토치를 이동하는 방법으로 가열시간이 짧아 과열되지 않으며 용접 변형이 적고 속도가 크다. 두꺼운 판 및 다층용접에 사용된다.

(6) 불꽃 조정

① 불꽃의 종류
  (가) 표준불꽃 (중성불꽃) : 산소와 아세틸렌의 혼합비율이 1 : 1인 것, 일반 용접용
  (나) 탄화불꽃 (아세틸렌 과잉불꽃) : 불완전연소로 인해 불꽃의 온도가 낮다.
  (다) 산화불꽃 (산소 과잉불꽃) : 황동, 구리합금 용접용, 가장 온도가 높은 불꽃
② 불꽃과 피용접 금속과의 관계

불꽃의 종류	용접할 금속
표준불꽃	연강, 반연강, 주철, 구리, 청동, 알루미늄, 아연, 납, 모넬메탈, 은, 니켈, 스테인리스강, 토빈청동 등
산화불꽃	황동, 구리합금 등
탄화불꽃	스테인리스강, 스텔라이트, 모넬메탈, 알루미늄 등

3-3 • 가스 절단

(1) 가스 절단의 종류

① 가스 절단

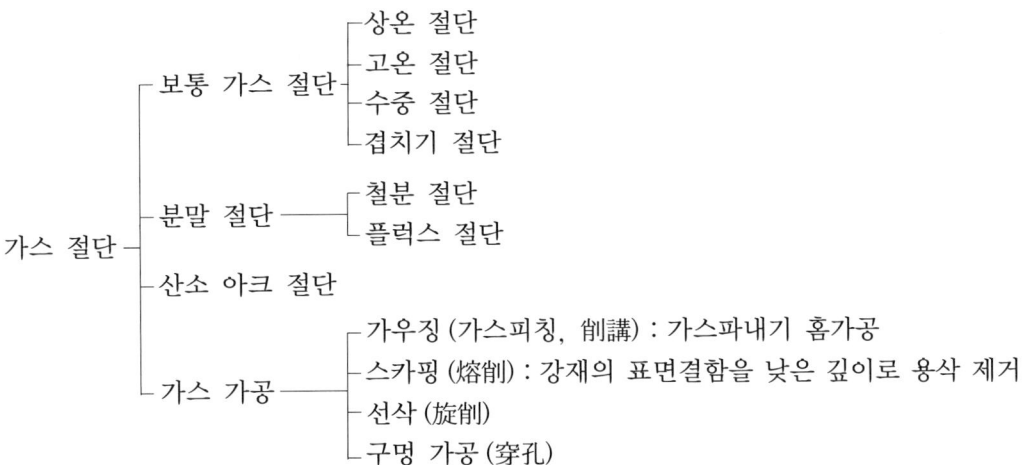

② 아크 절단

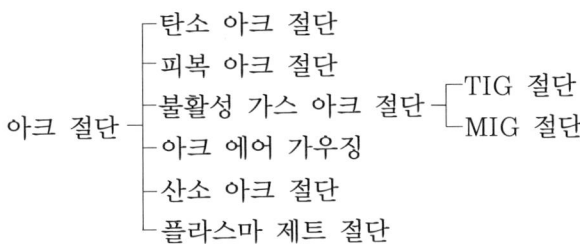

(2) 절단의 원리

① 가스 절단 : 강의 절단에서 절단부를 예열불꽃으로 가열하여 모재가 불꽃의 연소 온도에 도달했을 때(약 800~900℃) 고순도의 고압가스를 분출시켜 산소(O_2)와 철 (Fe)과의 화학반응을 이용하는 절단방법이다.

② 아크 절단 : 아크 절단은 아크의 열로서 모재를 용융시켜 절단하는 방법으로 압축 공기나 산소 등을 이용하여 용융금속을 밀어내면 더욱 능률적이다.

(3) 가스 절단 장치

① 가스 절단 장치의 구성 : 가스 절단 장치는 절단 토치, 산소 및 연소가스용 호스 (hose), 압력조정기 및 가스병으로 구성되어 있다.

② 절단 토치와 팁
  ㈎ 저압식 토치 : 아세틸렌의 게이지 압력이 0.007 MPa 이하이며 가변압식과 불변압식이 있다.
  ㈏ 중압식 토치 : 아세틸렌의 게이지 압력이 0.007~0.04 MPa의 것이며 팁 혼합식과 토치 혼합식이 있다.
  ㈐ 팁과 그 종류 : 팁은 두 가지 가스를 이중으로 된 동심원의 구멍에서 분출하는 동심형과 따로 분출하는 이심형이 있다.

③ 자동 가스 절단기
  ㈎ 직선 절단기
  ㈏ 형절단기(shape cutting machine)
  ㈐ 반자동 가스 절단기
  ㈑ 전자동 가스 절단기

④ 가스 절단 방법
  ㈎ 드래그 (drag) : 드래그는 가스 절단면에 있어서 절단기류의 입구점에서 출구점 사이의 수평거리를 말한다.

절단 모재의 두께와 표준 드래그

모재의 두께(mm)	12.7	25.4	51	51~152
드래그 길이(mm)	2.4	5.2	5.6	6.4

  ㈏ 절단속도 : 절단속도는 가스 절단의 좋고 나쁨을 판정하는 데 주요한 요소이며 절단속도에 영향을 미치는 인자로는 산소 압력, 모재 온도, 산소 순도, 팁의 모양과 크기에 따라서 달라진다.
  ㈐ 팁거리 : 팁거리는 예열불꽃의 백심끝이 모재 표면에서 약 1.5~2.0 mm 위에 있을 정도가 좋다.
  ㈑ 가스 절단 조건
    ㉮ 절단재료의 산화 연소온도가 절단재료의 용융점보다 낮아야 한다.
    ㉯ 산화물의 용융온도는 절단재료의 용융온도보다 낮아야 한다.
    ㉰ 생성된 산화물은 유동성이 좋아야 한다.

(4) 산소절단
① 수동 절단법 : 예열불꽃을 표준불꽃으로 조정하고 절단선의 왼쪽 끝을 가열하여 표면이 약 900℃가 되었을 때 절단산소 밸브를 약간 빨리 열면서 절단한다.

② 소형 자동 절단기에 의한 절단 : 레일(rail)을 강판의 절단선에 따라 평행하게 놓고 팁이 똑바로 절단선 위로 주행할 수 있도록 한다.

(5) 산소 - LP가스 절단

① LP가스 : LP가스는 석유나 천연가스를 적당한 방법으로 분류하여 제조한 것으로서 공업용에는 프로판(propane)이 대부분을 차지한다.
② 산소 대 프로판 가스의 혼합비 : 산소와 아세틸렌 때의 1 : 1에 비하면 4.5배의 많은 산소를 필요로 한다.
③ 프로판 가스용 절단팁
  ㈎ 토치의 혼합실을 크게 하여 팁에서도 충분히 혼합할 수 있게 설계한다.
  ㈏ 예열불꽃의 구멍을 크게 하고 개수를 많이 하여 불꽃이 불려 꺼지지 않게 한다.
  ㈐ 팁끝은 슬리브(sleeve)를 약 1.5 mm 정도 가공면보다 길게 한다.

3-4 아크 용접

(1) 피복 아크 용접의 원리

직류 또는 교류의 전압을 걸고 아크 용접봉과 모재 사이에 전류를 통하면 강한 빛과 열을 내는 아크가 발생한다. 아크의 강한 열을 약 6000℃로 만들어 용접봉을 녹이고, 금속이 용융되어 녹은 모재와 융합하여 용착금속을 만든다. 연강, 스테인리스강, 비철금속, 주철 및 표면경화된 재료 등의 용도로 쓰인다.

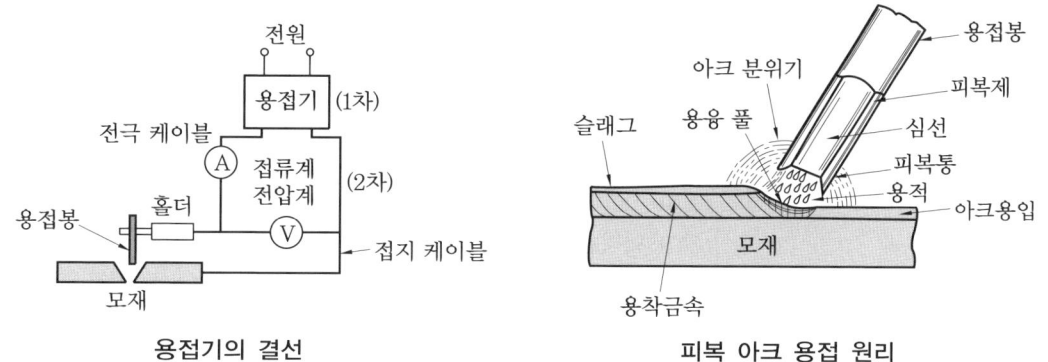

용접기의 결선   피복 아크 용접 원리

(2) 극성(polarity)

직류 용접기를 사용할 경우에 고려해야 할 성질로서 일반적으로 열의 분배는 (+)극쪽에 70 %, (-)극쪽에 30 % 정도가 된다고 한다. 극성에는 정극성(straight polarity ; DCSP)과 역극성(reverse polarity ; DCRP)이 있다.

① 아크 용접기의 종류
  ㈎ 교류(AC) 용접기 : 가동 철심형, 가동 코일형, 탭 전환형, 가포화 리액터형
  ㈏ 직류(DC) 용접기 : 전동 발전형, 엔진 구동형, 정류기형
    ㉮ 교류 아크 용접기(AC arc welding machine) : 교류 용접기의 취급사항은 다음과 같다.
      • 정격사용률 이상 사용하면 과열되어 소손이 생긴다.
      • 2차측 단자의 한쪽과 용접기 케이스는 반드시 접지를 한다.
      • 접점개폐기 접촉, 가동부분, 냉각팬을 점검하고 주유를 한다.
    ㉯ 직류 아크 용접기(DC arc welding machine)

종 류	성 능
발전형 (전동발전형, 엔진구동형)	① 완전한 직류를 얻는다 (전동형, 엔진형). ② 옥외나 교류전원이 없는 장소에서 사용 (엔진형) ③ 회전하므로 고장나기가 쉽고 소음을 낸다 (엔진형). ④ 구동부, 발전기부로 되어 고가이다 (전동형, 엔진형). ⑤ 보수와 점검이 어렵다 (전동형, 엔진형).
정류기형	① 소음이 나지 않는다. ② 취급이 간단하고 염가이다. ③ 교류를 정류하므로 완전한 직류를 얻지 못한다. ④ 정류기 파손에 주의(세렌 80℃, 실리콘 150℃ 이상에서 파손) ⑤ 보수 점검이 간단하다.

  ㈐ 직류 아크 용접기와 교류 아크 용접기의 비교

비교되는 항목	직류 용접기	교류 용접기
① 아크의 안정	우수	약간 불안 (1초간 50~60회 극성교차)
② 극성 이용	가능	불가능 (1초간 50~60회 극성교차)
③ 비피복 용접봉 사용	가능	불가능 (1초간 50~60회 극성교차)
④ 무부하 (개로)전압	약간 낮음 (60 V가 상한값)	높음 (70~90 V가 상한값)
⑤ 전격의 위험	적음	많음 (무부하전압이 높기 때문)
⑥ 구조	복잡	간단
⑦ 유지	약간 어려움	쉬움
⑧ 고장	회전기에는 많음	적음
⑨ 역률	매우 양호	불량
⑩ 가격	비싸다 (교류의 몇 배)	싸다
⑪ 소음	회전기는 많고 정류기는 적음	적음 (구동부가 없기 때문)
⑫ 자기쏠림 방지	불가능	가능 (자기쏠림이 거의 없다)

(3) 용융금속의 이행 형식
① 단락형(short circuiting transfer) : 그림과 같이 용접봉과 모재의 용융금속이 용융

지에 접촉하여 단락되고 표면장력의 작용으로서 모재에 이행하는 방법으로 연강 나체용접봉, 박피복봉을 사용할 때 많이 볼 수 있다.
② 스프레이형(spray transfer) : 피복제 일부가 가스화되어 맹렬하게 분출하여 용융금속을 소립자로 불어내는 이행 형식
③ 글로블러형(globular transfer) : 비교적 큰 용적이 단락되지 않고 이행하는 형식

(4) 아크 쏠림(아크 블로)과 방지책

아크 쏠림(arc blow) 현상은 아크가 한 방향으로 강하게 불리어 아크의 방향이 흔들려서 불안정하게 되는 현상으로 주로 직류에서 발생된다.

① 아크 쏠림 발생 시 현상
　㈎ 아크가 불안정하다.
　㈏ 용착금속 재질이 변화한다.
　㈐ 슬래그 섞임 및 기공이 발생된다.

② 아크 쏠림 방지책
　㈎ 직류용접을 하지 말고 교류용접을 이용할 것
　㈏ 모재와 같은 재료조각을 용접선에 연장하도록 가용접할 것
　㈐ 접지점을 용접부에서 멀리할 것
　㈑ 긴 용접 시 후퇴법을 이용하여 용접할 것
　㈒ 짧은 아크를 이용할 것

(5) 용접기의 특성

① 수하 특성
　㈎ 부하전류가 증가하면 단자전압이 저하하는 특성이다.
　㈏ 피복 아크 용접에 필요한 특성이다.

② 정전압 특성
　㈎ 수하 특성과 반대되는 성질이다.
　㈏ 부하전류가 변하여도 단자전압은 거의 변화하지 않는 특성으로 CP 특성이라고도 한다.
　㈐ 용융속도가 일정하고 균일한 용접비드를 얻을 수 있다.

③ 사용률

$$사용률(d) = \frac{아크\ 발생시간(T_a)}{아크\ 발생시간(T_a) + 정지시간(T_o)} \times 100\%$$

　㈎ 보통사용률 : 정격 2차전류로 용접하는 경우의 사용률을 말한다.

(나) 허용사용률 = $\dfrac{정격\ 2차\ 전류^2}{실제의\ 용접전류^2}$ ×정격사용률(%)

- 역률 = $\dfrac{소비전력(kW)}{전원입력(kVA)}$ ×100 %
- 효율 = $\dfrac{아크\ 출력(kW)}{소비전력(kVA)}$
- 전원입력 = 무부하 전압×아크 전류
- 아크 출력 = 아크 전압×전류

(6) 아크 용접부의 결함과 원인

아크 용접부의 주된 결함과 원인

명 칭	상 태	주 원인
오버랩 (over-lap)	용융금속이 모재와 융합되어 모재 위에 겹쳐지는 상태	모재에 대해 용접봉이 굵을 때, 운봉속도가 느릴 때, 용접전류가 낮을 때, 용접봉 유지각도 불량, 모재가 과랭되었을 때
슬래그 섞임 (slag inclusion)	녹은 피복제가 용착금속 표면에 떠있거나 용착금속 속에 남아있는 현상	운봉방법의 불량, 전층 슬래그 제거 불완전, 전류가 적을 때, 용접이음 부적당, 슬래그 냉각이 빠를 때, 봉의 운봉각도 부적당, 운봉속도가 느릴 때, 아크 길이가 길 때
기공 (blow hole)	용착금속 속에 남아 있는 가스로 인한 구멍(가스의 집)	용접전류 과대, 용접봉에 습기가 많을 때, 가스용접 시의 과열, 모재에 불순물 부착, 모재에 습기가 있을 때
언더컷 (under-cut)	용접선 끝에 생기는 작은 홈	용접전류 과대, 아크 길이가 너무 길 때, 용접속도가 빠를 때, 용접봉이 모재 두께에 비례해서 클 때, 모재 과열 시
피트 (pit)	용접비드 표면층에 스패터로 인한 흠집	모재 가운데 탄소, 망간 등 합금원소가 많을 때, 습기가 많거나 기름, 녹, 페인트가 묻었을 때, 후판 또는 급랭되는 용접의 경우
스패터 (spatter)	용접 중 비산하는 용융금속의 부착	전류가 높을 때, 용접봉에 습기가 있을 때, 아크 길이가 길 때, 아크쏠림이 클 때
용입불량	완전 깊은 용착이 되지 않은 상태	이음설계의 결함 (홈각도가 작을 때), 용접속도가 너무 빠를 때, 용접전류가 낮을 때, 용접봉 선택 불량

(7) 아크 용접봉(arc electrode)

직류용접기에 많이 쓰이는 비피복 용접봉과 직류, 교류 겸용의 피복 용접봉이 있다.
① 피복제의 역할
  (가) 아크 안정
  (나) 용접금속 보호
  (다) 용융점이 낮은 슬래그 생성
  (라) 용착금속의 탈산정련 작용

⑴ 용착금속에 필요한 원소 보충   ⑽ 용착금속의 유동성 증가
⑷ 용적의 미세화 및 용착효율 상승 ⒤ 용착금속의 급랭 방지
⑶ 전기절연 작용

② 용착금속 보호방식
  ⑴ 슬래그 생성식 : 피복제에 슬래그화 하는 물질을 첨가시켜 용접부의 대기와의 화학반응을 방지하는 방식이다.
  ⑵ 가스 발생식 : 일산화탄소, 수소, 탄산가스 등의 환원성가스나 불활성가스에 의해 용착금속을 보호하는 방식이다.
  ⑶ 반가스 발생식 : 가스 발생식과 슬래그 생성식을 혼합사용하는 방식이다.
  ⑷ 연강용 피복 아크 용접봉의 종류와 특성

용접봉 종류	피복제 계통	X선 성능	작업성	주 용도	용착금속 보호방법
일미나이트계	E4301	우수	용입이 깊으며 비드가 깨끗하고 일반 용접에 가장 많이 사용	조선, 건축, 교량, 차량 및 강구조물	슬래그 생성식
라임티탄계	E4303	양호	용입은 중간이며 깨끗하고 박판에 좋다.	일미나이트와 같은 용도의 박판용	슬래그 생성식
고셀룰로오스계	E4311	양호	용입이 깊으며 비드가 거칠고 스패터가 많다.	슬래그가 적어 배관공사에 적당	가스 발생식
고산화티탄 (루틸계)	E4313	양호	용입이 얕으며 슬래그가 적고 인장강도가 크며 박판에 좋다.	주로 다듬용접 및 박판용 경구조물	반가스 발생식
저수소계 (라임계)	E4316	비드 시작부 불량 나머지 우수	스패터가 적으며 유황이 많고 고탄소강 및 균열이 심한 부분에 사용	기계적 성질 및 내균열성이 우수하여 후판, 중고탄소강에 사용, 특수 운봉법 사용	슬래그 생성식
철분 산화티탄계	E4324	양호	스패터가 적으며 비드가 깨끗하다.	외관이 양호하며 능률이 좋은 용접을 할 수 있다.	슬래그 생성식
철분 저수소계	E4326	우수	용입은 중간이며 비드가 깨끗하다.	기계적 성질 및 내균열성이 대단히 우수하여 후판, 중고탄소강 용접에 적합	슬래그 생성식
철분 산화철계	E4327	양호	용입이 깊으며 비드가 깨끗하고 작업성이 우수하다.	아래보기, 수평 필릿 용접 전용, 조선, 건축용	슬래그 생성식
특수계	E4340		지정 작업	용도에 따라 다르다.	

(마) 용접봉 표시기호 (electrode indication symbol)

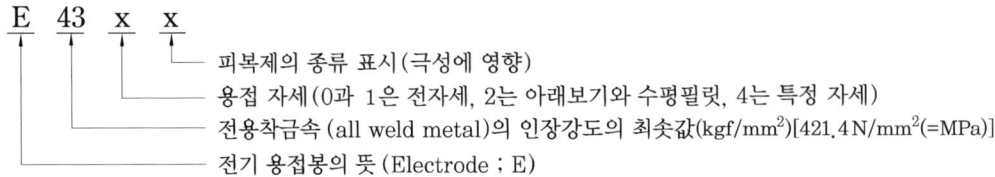

(8) 아크 용접 용구
① 보호기구 : 핸드 실드, 헬멧, 용접용 장갑, 앞치마, 팔덮개, 발덮개 등
② 작업용 기구 : 홀더(holder), 정, 와이어 브러시, 슬래그 해머 등

(9) 아크 용접 작업
① 전류의 세기 : 전류가 세면 스패터링이 많고 용융속도도 빨라지며 언더컷이 발생하기 쉽고 전류가 약하면 용입불량, 오버랩의 발생이 쉽다.
② 아크의 길이 : 아크의 전압은 아크의 길이에 비례한다. 아크의 길이는 보통 2~3 mm 정도가 적당하다.
③ 아크 용접 작업방법
　(가) 모재 표면에 부착되어 있는 녹, 스케일, 수분, 페인트, 기름 등을 완전하게 제거해야 한다.
　(나) 다층 용접 시는 슬래그를 완전히 제거해야 한다.
　(다) 잘 건조된 용접봉을 선택한다.
④ 운봉법(motion of electrode tip) : 용접봉의 운봉법에는 직선법과 위빙법(weaving method)이 있다.

4 특수 용접

4-1 서브머지드 아크 용접 (submerged arc welding)

잠호 용접이라고도 하며, 용접봉보다 먼저 용제를 용접부에 쌓고 그 속에서 아크를 발생시켜 용접을 행하며 일반 용접 외에 선박, 강관, 압력 탱크, 차량 등의 용접에 이용된다.

(1) 용접기의 구조
심선을 보내는 장치, 전압 제어상자, 접촉 팁(contact tip) 및 그의 부속품을 일괄하여 용접 헤드(welding head)라 한다.

제1장 배관공작 47

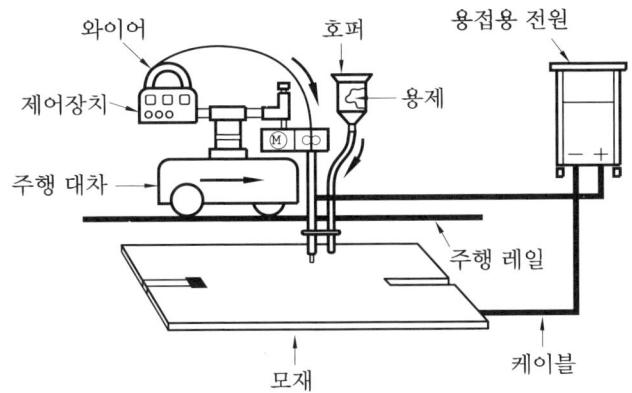

서브머지드 아크 용접기의 구조

(2) 용접용 재료
① 와이어 : 와이어는 코일상의 금속선으로 와이어 릴에 감겨져 있으며 사용할 때에는 그 한 끝을 조종하여 사용한다.
② 용제 : 서브머지드 아크 용접에 사용되는 용제는 분말상의 입자로서 광물성 물질을 가공하여 만든다.

4-2 불활성 가스 아크 용접(inert gas arc welding)

아르곤(Ar)이나 헬륨(He) 등과 같은 고온에서도 금속과 반응하지 않는 불활성 가스를 유출시키면서 심선과 모재 사이에 아크를 발생시켜 용접한다. TIG 용접(텅스텐의 심선, 3 mm 미만의 박판용)과 MIG 용접(심선은 용접 모재와 동일한 금속을 사용하며 3 mm 이상의 후판용)의 두 가지 종류가 있다.

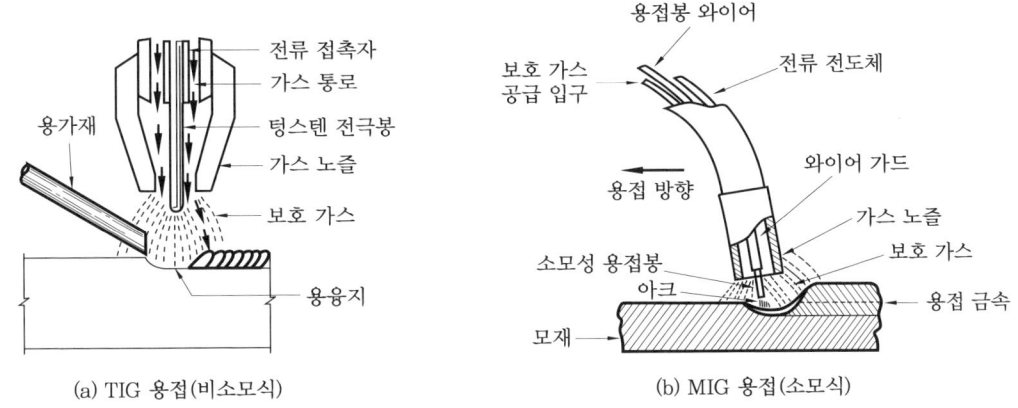

불활성 가스 아크 용접의 원리

(1) 불활성 가스 텅스텐 아크 용접(TIG 용접)

불활성 가스 텅스텐 아크 용접법(inert gas tungsten arc welding, TIG)은 텅스텐 전극봉을 사용하여 발생시킨 아크로 용접봉을 녹이면서 용접하는 방법으로 비용극식 또는 비소모식 불활성 가스 아크 용접법이라 한다.

(2) 불활성 가스 금속 아크 용접(MIG 용접)

불활성 가스 금속 아크 용접법 (inert gas metal arc welding, MIG)은 용가재인 전극 와이어를 연속적으로 보내어 아크를 발생시키는 방법으로서 용극 또는 소모식 불활성 가스 아크 용접법이라 한다.

4-3 탄산가스 아크 용접 (carbon dioxide arc welding)

탄산가스 아크 용접(CO_2 arc welding)은 MIG 용접의 불활성 가스 대신에 탄산가스(CO_2)를 사용하는 것으로 용접 장치의 기능과 취급은 MIG 용접 장치와 거의 동일하다.

(1) 종류

① 토치 작동 형식에 의한 분류
- 수동식(토치 수동)
- 반자동식(용극식, 송선 자동, 토치 수동)
- 전자동식(토치 자동)

② 순 탄산가스 아크법 : 네덜란드의 필립스(Philips)사 특허로 일본에서 널리 사용한다.

③ 혼합 가스법 : 혼합 가스법 중 탄산가스(약 75 %)와 산소(약 25 %)의 혼합 가스를 사용하는 CO_2-O_2 아크법이 미국, 일본 등에서 널리 이용되고 있다.

④ 탄산가스 용제법 : 와이어 또는 탄산가스 중에 용제를 포함시킨 방법으로 용제가 들어 있는 와이어(flux cored wire)를 사용하는 방법이 널리 쓰이고 있다.
   (개) 용도 : 철도, 차량, 건축, 조선, 전기기계, 토목기계
   (내) CO_2 농도에 따른 인체의 영향 : 두통(3~4 %), 위험(15 % 이상), 치명적(30 % 이상)

4-4 기타 특수 용접

그 밖의 특수 용접법으로는 원자 수소 아크 용접, 아크 스터드 용접, 테르밋 용접, 일렉트로 슬래그 용접, 전자 빔 용접, 초음파 용접, 고주파 용접, 마찰 용접, 일렉트로 가스 용접, 플라스마 제트 용접, 레이저 빔 용접 등이 있다.

예·상·문·제

1. 용접의 장점이 아닌 것은?
① 제품 두께가 얇아 자재가 절약된다.
② 응력 집중에 대하여 대단히 민감하다.
③ 가공 공정수가 생략된다.
④ 성능과 수명의 향상을 기한다.

2. 다음은 용접의 단점을 열거한 것이다. 틀린 것은?
① 재질이 변한다.
② 잔류응력이 존재한다.
③ 저온취성 파괴가 발생한다.
④ 모양이 변형되어 수축이 곤란하다.

3. 용접법의 3분류법에 속하지 않는 것은?
① 단접   ② 압접
③ 융접   ④ 납땜

4. 다음 중 융접에 속하지 않는 것은?
① 아크 용접
② 테르밋 용접
③ 저항 용접
④ 일렉트로 슬래그 용접

5. 용접과 납접의 차이점을 설명한 것 중 옳은 것은?
① 융접은 용제를 필요로 하지만 납접은 필요 없다.
② 융접은 열원으로 전기와 가스 이외는 사용할 수 없지만 납접은 전기, 가스, 숯 등을 이용할 수 있다.
③ 융접은 모재와 용가재가 동시에 녹지만 납접은 모재는 녹지 않고 용가재만 녹는다.
④ 융접에는 저항용접이 속하고 납접에는 연납땜이 속한다.

> **해설** 융접의 열원으로는 전기, 가스 이외에 테르밋 용접에서와 같이 테르밋 반응열을 이용하는 경우도 있다.

6. 납땜에 관한 정의를 옳게 내린 것은?
① 모재의 접합부위를 가열시킨 후 그 용융부에 용가재를 첨가하여 접합하는 방법이다.
② 모재를 용융시키지 않고 따로 용융금속을 접합부에 넣어 그 금속을 녹여 접합시키는 방법이다.
③ 접합부를 상온상태 그대로 또는 적당한 온도로 가열한 후 기계적 압력을 가해 접합하는 방법이다.
④ 아크의 열로서 모재를 절단한 후 압축공기를 이용하여 접합한다.

7. 접합부를 상온상태 그대로 또는 적당한 온도로 가열한 후 기계적 압력을 가해 접합하는 방법은?
① 압접   ② 융접
③ 솔더링   ④ 브레이징

8. 다음 중 용접 시 가접을 하는 이유로 가장 적당한 것은? [기출문제]
① 용접자세를 일정하게 하기 위하여
② 제품의 치수를 크게 하기 위하여
③ 용접 중의 변형을 방지하기 위하여
④ 응력집중을 크게 하기 위하여

정답 1. ② 2. ④ 3. ① 4. ③ 5. ③ 6. ② 7. ① 8. ③

9. 용접 자세에는 4가지가 있다. 옳게 짝지어진 것은?
① 직립, 원둘레, 수평, 옆보기
② 필릿, 맞대기, 겹치기, 아래보기
③ 아래보기, 수직, 수평, 위보기
④ 아래보기, 위보기, 45° 상향, 하향

10. 모재를 수평에 대해 45° 또는 90° 이하가 되도록 기울여 설치하고 용접선이 수평이 되게 용접하는 자세는?
① 아래보기 자세　② 수직 자세
③ 수평 자세　　　④ 위보기 자세

11. 다음에서 기계적 접합에 들어가지 않는 것은?
① 용접　　　② 리벳
③ 핀　　　　④ 코터

해설 금속 및 비금속의 접합법에는 기계적 접합과 야금적 접합방법이 있으며 야금적 접합에는 납땜, 용접, 단접 등이 있다.

12. 다음 사항은 용접용 가스가 갖추어야 할 조건이다. 해당되지 않는 것은? [기출문제]
① 불꽃의 온도가 높을 것
② 연소속도가 빠를 것
③ 용융금속과 화학반응을 일으킬 것
④ 발열량이 클 것

13. 다음 용접용 가스 중 가연성 가스가 아닌 것은?
① 산소　　　　② 아세틸렌
③ 프로판　　　④ 수소

해설 산소는 다른 연소물의 연소를 도와주는 지연성 가스이다.

14. 산소에 대한 다음 설명 중 틀린 것은?
① 무색, 무미, 무취로 중량은 공기보다 무겁다.
② 가연성 가스와 혼합 점화하면 폭발 연소한다.
③ 융점은 −219℃이며 비점은 −183℃이다.
④ 스스로 탈 수 있는 성질이 있다.

15. 다음 아세틸렌 가스에 관한 설명 중 잘못된 것은? [기출문제]
① 순수한 카바이드 1 kg에서 발생되는 아세틸렌 가스의 양은 348 L이다.
② 탄소, 수소의 화합물이므로 화학적으로 매우 안정해서 폭발의 염려가 없다.
③ 구리나 수은과 접촉하면 폭발의 염려가 있으므로 작업자는 특별히 주의한다.
④ 아세틸렌은 아세톤에 매우 잘 용해된다.

16. 산소가 없더라도 아세틸렌 가스가 자연 폭발하는 온도는? [기출문제]
① 348℃ 이상　　② 406~408℃
③ 505~515℃　　④ 780℃ 이상

해설 아세틸렌 가스의 자연발화 온도는 406~408℃이고, 자연폭발 온도는 505~515℃ 정도이다.

17. 다음 중 아세틸렌과 화합한 예민한 폭발물질이 아닌 것은? [기출문제]
① 아세틸렌-아세톤　② 아세틸렌-은
③ 아세틸렌-동　　　④ 아세틸라이드

해설 아세틸렌 가스는 구리 또는 구리합금(62 % 이상의 구리), 은(Ag), 수은(Hg) 등과 접촉하면 폭발성 화합물을 생성한다.

18. 아세틸렌과 혼합되어도 폭발위험성이 없

정답　9. ③　10. ③　11. ①　12. ③　13. ①　14. ④　15. ②　16. ③　17. ①　18. ③

는 것은? [기출문제]
① 산소　　　② 공기
③ 탄소　　　④ 인화수소

19. 다음은 산소병의 크기를 열거한 것이다. 아닌 것은?
① 5000 L　　② 6000 L
③ 7000 L　　④ 8000 L

해설 산소병의 크기에는 5000 L, 6000 L, 7000 L의 세 가지가 있다.

20. 산소 봄베는 몇 MPa의 수압시험에 정기적으로 합격하여야 하는가?
① 10 MPa　　② 15 MPa
③ 20 MPa　　④ 25 MPa

21. 내용적 40 L인 산소병에 15 MPa로 충전을 하였는데 사용도중 산소조정기의 압력계가 3 MPa 나타냈다면 사용한 산소량은 얼마인가? [기출문제]
① 6000 L　　② 4800 L
③ 4200 L　　④ 1200 L

22. 다음 중 아세틸렌 용기의 크기로 잘못 열거된 것은?
① 15 L　　② 30 L
③ 40 L　　④ 50 L

23. 6000 L의 아세틸렌이 들어있는 병의 무게가 25 kg이면 빈병의 무게는 몇 kg인가? (단, 15℃ 1기압 시 1 kg의 아세틸렌이 기화하면 약 900 L가 된다.) [기출문제]
① 약 18.3 kg　　② 약 15.4 kg
③ 약 12.5 kg　　④ 약 10.2 kg

24. 용해 아세틸렌 용기 내에 들어있지 않은 것은?
① C_2H_2　　② H_2
③ 규조토　　④ 아세톤

25. 다음은 용해 아세틸렌 사용 시 유의하여야 할 사항이다. 틀린 것은?
① 직사광선을 쪼이지 말 것
② 용기 밸브는 전용 핸들로 $\frac{1}{4} \sim \frac{1}{2}$ 회전 개방 사용한다.
③ 화기로부터 5 m 이상 떨어지게 할 것
④ 가스사용은 내부압력이 완전히 없을 때까지 사용한다.

해설 용기 내는 약 0.01 MPa 정도의 잔압을 남겨 둔다.

26. 다음 중 아세틸렌 발생기의 종류가 아닌 것은? [기출문제]
① 침지식　　② 투입식
③ 주수식　　④ 발생식

27. 비교적 다량의 아세틸렌 가스를 발생시킬 경우에 주로 사용되며 많은 물에 카바이드를 조금씩 넣어 주는 형식의 발생기는?
① 침지식 발생기　　② 투입식 발생기
③ 기압식 발생기　　④ 주수식 발생기

28. 침지식 아세틸렌 발생기에 관한 설명 중 틀린 것은?
① 투입식과 주수식의 중간형에 속한다.
② 소형의 것에 많이 쓰이고 과잉발생의 결점이 있다.
③ 구조가 간단하며 가스의 발생량이 자동적으로 조절 가능하다.

정답 19. ④　20. ④　21. ②　22. ③　23. ①　24. ②　25. ④　26. ④　27. ②　28. ④

④ 급수의 자동조절, 슬래그의 제거 등이 간단하여 각 용량에 널리 쓰인다.

해설 ④는 주수식 발생기에 관한 설명이다.

29. 아세틸렌 가스발생기에서 저압식 발생기의 압력은?
① 0.007 MPa 이하   ② 0.007~0.04 MPa
③ 0.007~0.13 MPa   ④ 0.13 MPa

해설 저압식 가스발생기는 0.007 MPa 이하의 압력을 지니고 있어야 한다.

30. 순수한 카바이드(CaC_2) 1 kg에서 발생되는 가스의 양은?
① 290 L   ② 348 L
③ 448 L   ④ 528 L

31. 카바이드에서 발생하는 아세틸렌을 청정해야 되는 가장 주된 이유는? [기출문제]
① 유화수소를 함유하고 있으므로
② 질소를 함유하고 있으므로
③ 산소를 함유하고 있으므로
④ 탄소를 함유하고 있으므로

해설 아세틸렌 발생 시 유화수소가 생성되므로 유화수소는 용접부 및 기기를 부식시킨다.

32. 수봉식 안전기의 사용법으로 틀린 것은?
① 항상 수직으로 걸어 놓고 작업한다.
② 1개의 안전기에는 1개의 토치만을 사용한다.
③ 유효수주는 25 mm 이상 항상 유지한다.
④ 수평으로 걸어 놓고 작업하는 것이 정상적이다.

33. 가스 용접기에서 프랑스식 토치의 팁의 번호는 무엇으로 나타내는가? (단, 표준불꽃으로 용접할 경우) [기출문제]
① 1시간당 아세틸렌의 소비량을 L로 표시
② 1분간의 아세틸렌의 소비량을 L로 표시
③ 1분간의 산소소비량을 L로 표시
④ 1시간당 아세틸렌과 산소 혼합가스의 소비량을 L로 표시

34. 독일식 가스 용접기 팁의 번호는 무엇으로 나타내는가?
① 연강판의 용접가능한 판두께
② 산소분출구의 모양
③ 아세틸렌 분출구의 모양
④ 산소통로의 니들 밸브의 지름

35. 가스 토치 안에서 역화를 일으켰을 때의 조치 중 틀린 것은? [기출문제]
① 우선 아세틸렌 콕을 막는다.
② 우선 산소 콕을 막는다.
③ 긴급조치 후 역화 원인을 조사하고 팁의 소제 또는 조임정도를 검사한다.
④ 긴급조치 후 산소를 다소 분출시켜 팁을 물 속에 넣어 팁을 냉각시킨다.

36. 중압식 토치(medium pressure torch)는 아세틸렌 가스의 압력이 얼마의 범위에서 사용되는 토치인가?
① 0.007 MPa 이하
② 0.007~0.105 MPa
③ 0.201~0.305 MPa
④ 0.305~0.402 MPa

37. 연강용 가스 용접봉 "GA 43"에서 43이 나타내는 뜻은? [기출문제]
① 연신율

정답 29. ① 30. ② 31. ① 32. ④ 33. ① 34. ① 35. ② 36. ② 37. ②

② 인장강도
③ 전단강도
④ 용접봉의 건조온도

38. 가스 용접봉에 대하여 기술한 것 중 틀린 것은? (단, 모재는 연강이다.) [기출문제]
① 인(P), 유황(S) 등을 포함하지 않은 것으로 선정할 것
② 탄소(C)의 함유량은 아크용접보다 다소 많은 것을 사용할 것
③ 망간(Mn), 규소(Si) 등이 많이 포함된 것은 사용하지 말 것
④ 용접봉에 대한 규격은 KS D 규격에 규정되어 있다.

39. 가스 용접에서 용제를 사용하는 이유는?
① 모재의 용융온도를 낮게 하기 위하여
② 용접 중 산화물 등의 유해물을 제거하기 위하여
③ 침탄이나 질화작용을 돕기 위하여
④ 용접봉의 용융속도를 느리게 하기 위하여

해설 용제 사용 시 산화물의 용융온도를 낮게, 산화물 제거, 친화력 증가 등의 목적이 있다.

40. 가스 용접에서 용제에 대한 설명이 잘못된 것은? [기출문제]
① 연강의 용접에는 산화철 자신이 어느 정도 용제의 작용을 하기 때문에 보통 용제를 쓰지 않는다.
② 연강 용접 시 충분한 용제작용을 돕기 위해 붕사, 규산, 나트륨 등이 사용된다.
③ 주철에는 중탄산소다, 탄산소다, 붕사 등이 사용된다.
④ 구리와 구리합금에는 주로 붕사가 사용된다.

41. 다음 중 고탄소강, 특수강, 주철 등의 가스 용접에 사용되는 용제는?
① 탄산나트륨, 붕산
② 플루오르화나트륨, 규산나트륨
③ 염화칼륨, 염화나트륨
④ 황산칼륨, 염화리튬

42. 가스 용접봉의 지름(D)과 모재의 두께(T)의 관계식은?
① $D = T$ ② $D = \dfrac{T}{2} + 1$
③ $D = T + 1$ ④ $2D = T$

43. 산소 아세틸렌 용접에서 얇은 판의 용접에 적당한 방법은? [기출문제]
① 전진법   ② 후진법
③ 직진법   ④ 사진법

해설 전진법은 용접 토치를 오른쪽에서 왼쪽으로 진행시키며 용접하는 방법이며 후진법은 왼쪽에서 오른쪽으로 토치를 진행시키며 용접하는 방법이다.

44. 가스 용접 시 토치를 좌에서 우로 이동하는 방법으로 일명 우진법이라고도 하며 용접변형이 적고 용접속도가 크며 가열시간이 짧아 과열이 되지 않으며 두꺼운 판(5 mm 이상) 및 다층 용접에 사용되는 용접법은? [기출문제]
① 전진법   ② 후진법
③ 정진법   ④ 대칭법

45. 아세틸렌 가스 중에 포함되면 용접부가 취성을 가지며, 다공질로 되는 불순물은 어느 것인가? [기출문제]
① 인화수소(PH_3)   ② 탄화수소(CH_4)
③ 암모니아(NH_3)   ④ 규화수소(SiH_4)

정답 38. ② 39. ② 40. ② 41. ① 42. ② 43. ① 44. ② 45. ①

46. 산소 아세틸렌의 중성불꽃 중 백심부분의 색깔은? [기출문제]
① 회백색   ② 빨강색
③ 담백색   ④ 노랑색

47. 탄화불꽃이 사용되는 금속은?
① 알루미늄, 스테인리스강
② 황동
③ 연강, 주철
④ 아연, 납

해설 황동 → 산화불꽃, 연강, 주철 → 중성불꽃

48. 산소-아세틸렌 가스 용접을 이용하여 접합하는 것이 가장 적합한 금속은? [기출문제]
① 경강   ② 알루미늄
③ 황동   ④ 스테인리스강

49. 다음 중 용접부에 생기는 잔류응력을 없애는 제일 적합한 방법은? [기출문제]
① 담금질을 한다.   ② 뜨임을 한다.
③ 풀림을 한다.   ④ 불림을 한다.

해설 잔류응력(residual stress)의 경감법에는 여러 가지가 있으나 용접순서의 적정용접 후의 전체풀림(annealing), 국부풀림, 기계적 처리법, 불꽃에 의한 저온응력 제거법 및 피닝(peening) 등의 처리를 하면 국부응력의 절감에 효과가 있다.

50. 다음 절단종류 중에서 가스 절단의 종류가 아닌 것은? [기출문제]
① 상온 절단   ② 고온 절단
③ 탄소 아크 절단 ④ 수중 절단

해설 ③은 아크 절단의 종류 중 하나이다.

51. 다음은 분말절단(powder cutting)에 관한 사항이다. 틀린 것은?
① 철, 비철 등의 금속뿐만 아니라 콘크리트 절단에까지 이용된다.
② 분말에는 철분을 주제로 하는 것 외에 나트륨에 탄산염 및 중탄산염을 주제로 하는 용제분말이 사용된다.
③ 쇳가루를 사용한 절단과 용제를 사용한 절단을 비교하면 용제절단은 절단산소가 희석되는 일이 없고 분출의 모양도 덜 교란되기 때문에 절단산소의 소비가 적다.
④ 분말은 계속하여 일정한 양이 공급될 수 있도록 하며, 약간 습기를 가져야만 좋은 절단면을 얻을 수 있다.

52. 강재 표면에 깊고 둥근 가스절단 토치와 비슷한 토치를 사용하여 홈을 파는 작업은?
① 가우징   ② 스카핑
③ 산소창 절단 ④ 분말 절단

53. 다음 중 가우징 작업에 있어서 홈의 깊이와 나비의 비가 알맞은 것은?
① 1:1~1:3   ② 1:2~2:4
③ 1:5~1:7   ④ 1:3~1:8

해설 비율은 1:1~1:3 정도이고, 사용 가스의 압력은 팁의 크기에 따라 다르지만 보통 산소의 경우로 0.3~0.7 MPa, 아세틸렌의 경우 0.02~0.03 MPa가 널리 쓰인다.

54. 다음 중 강재 표면의 탈탄층 또는 홈을 제거하기 위하여 이용되는 작업은? [기출문제]
① 산소창 절단   ② 스카핑
③ 가스 가우징   ④ 피닝

55. 다음 중 용제(flux)분말 절단에 주로 사용되는 것은?

정답 46.① 47.① 48.③ 49.③ 50.③ 51.④ 52.① 53.① 54.② 55.①

① 스테인리스강 ② 주강
③ 주철 ④ 연강

해설 산화막을 형성하고 절단이 곤란한 금속에 용제분말 절단법을 이용한다.

56. 아크 열로 용융시킨 금속을 압축공기를 연속적으로 불어넣어 금속표면에 홈을 파는 방법은?
① 아크 에어 가우징(arc air gouging)
② 분말절단(powder cutting)
③ 스카핑(scarfing)
④ 산소창 절단(oxygen lance cutting)

57. 비철금속 절단에 바람직한 절단은?
① 산소-아세틸렌 절단
② 산소-프로판 절단
③ 아크 절단
④ 산소-수소 절단

해설 강 또는 합금강에는 가스 절단, 비철금속에는 분말가스 또는 아크 절단이 이용된다.

58. 다음 중 탄소 아크 절단 시 수랭식 홀더를 사용하는 경우는?
① 200 A 이하 ② 300 A 미만
③ 300 A 이상 ④ 500 A 이상

해설 탄소 아크 절단을 실시할 때 전류가 300 A 미만에서는 보통의 홀더를 사용해도 좋으나 300 A 이상의 경우에는 수랭식 홀더를 사용하는 것이 좋다.

59. 다음 중 탄소 아크 절단하는 데 쓰이는 극성은? [기출문제]
① 직류 역극성
② 직류 정극성
③ 교류

④ 극성에 관계없이 사용

60. 가스 절단이 연속적으로 될 수 있는 이유 중 맞는 것은?
① 예열을 하기 때문에
② 산화 시 연소하면서 발열하기 때문에
③ 가스가 가열되므로
④ 토치 구조가 적당하기 때문에

해설 철 1 kg 연소 시 철의 65 %가 FeO가 되었을 때 약 750 kcal의 발열을 가져오므로 연속가열이 된다.

61. 가스 절단에서 예열온도가 어느 정도 되었을 때 산소를 불어내는가?
① 200~300℃ ② 400~500℃
③ 600~700℃ ④ 800~900℃

62. 그림과 같이 가스 절단면에 있어서 절단기류의 입구점과 출구점 사이의 진행방향에서 측정한 수평거리를 의미하는 용어는? [기출문제]

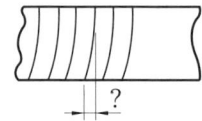

① 엔드 탭(end tap) ② 슬래그(slag)
③ 노치(notch) ④ 드래그(drag)

63. 다음 그림은 가스 절단 후 생기는 모양 (drag : 절단된 줄 흔적)을 나타낸 것이다. 드래그의 길이 BC는 주로 절단속도, 산소 소비량 등에 의하여 변한다. 그러면 드래그는 대체로 판두께의 얼마를 표준으로 하고 있는가?

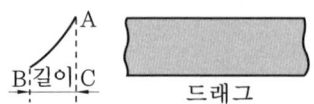

① $\dfrac{1}{2}$ ② $\dfrac{1}{3}$
③ $\dfrac{1}{5}$ ④ $\dfrac{1}{10}$

해설 가스 절단 시 드래그를 없애려면 산소압력을 높이고 속도를 적당히 한다.

64. 다음 중 대형 강관의 가스 절단 작업대의 재료로 가장 적합한 것은? [기출문제]
① 시멘트 벽돌 ② 철판
③ 콘크리트 ④ 내화벽돌

65. 가스 절단 토치를 저압식과 중압식 토치로 구분하려 할 때 어떤 압력을 기준으로 정하는가? [기출문제]
① 아세틸렌 사용압력
② 산소 사용압력
③ 예열가스 사용압력
④ 절단산소 사용압력

66. 가스 절단 시 사용되는 예열불꽃은 어느 불꽃으로 조정되어야 절단 시에는 중성불꽃이 되는가? [기출문제]
① 탄화불꽃 ② 약한 탄화불꽃
③ 표준불꽃 ④ 약한 산화불꽃

67. 다음 중 가스 절단기에 관한 설명으로 틀린 것은?
① 절단용 토치는 산소 및 아세틸렌의 공급방법에 따라 동심형과 분리형으로 분류된다.
② 99.5 % 이상의 순도를 가진 산소라야 좋은 절단을 할 수 있다.
③ 절단 아세틸렌의 소비량은 절단용 산소의 $\dfrac{1}{20}$ 정도이다.

④ 절단용으로 많이 쓰이는 가스는 아세틸렌, 프로판, 프로필렌 등이다.

해설 절단작업 시 절단 아세틸렌의 소비량은 절단용 산소의 약 $\dfrac{1}{10}$ 정도이며 박판에서는 이보다 약간 많고 후판에서는 적어진다.

68. 절단 토치 형식 중 동심형에 해당하는 형식은?
① 독일식 ② 프랑스식
③ 미국식 ④ 영국식

해설 이심형은 독일식이다.

69. 동심형 프랑스식 절단기로 절단할 때의 특성으로 알맞은 것은? [기출문제]
① 직선절단에 용이하다.
② 자유곡선 절단이 용이하다.
③ 곡선절단이 빠르고 비드가 아름답다.
④ 토치가 2개로 접속되므로 직선 절단작업에 매우 능률적이다.

70. 연강판 가스 절단에서 예열불꽃과 모재와의 거리는 얼마가 적합한가? [기출문제]
① 0 mm 이내 ② 2 mm 내외
③ 6 mm 이상 ④ 10 mm 내외

해설 팁 거리는 예열불꽃의 백심 끝이 모재 표면에서 약 1.5~2.0 mm 위에 있을 정도면 좋으나 팁 거리가 너무 가까우면 절단면의 윗모서리가 용융하고, 또 그 부분이 심하게 타는 현상이 일어나게 된다.

71. 다음 중 가스 절단 시 가장 깨끗한 절단면을 얻기 위하여 산소압력을 얼마 정도로 하는 것이 제일 좋은가? [기출문제]
① 0.01 MPa 이하
② 0.2 MPa 이하

③ 0.3 MPa 이하
④ 0.6 MPa 이하

72. 가스 절단 방법 중에서 옳지 못한 것은?
① 예열불꽃은 표준불꽃을 사용한다.
② 예열불꽃의 백심은 강재표면에서 2~3 mm 정도로 떼어서 한다.
③ 절단부의 표면이 용융상태가 되었을 때 고압 산소밸브를 연다.
④ 토치는 강재표면에 대해 보통 직각으로 유지한다.

해설 용융상태 시 산소밸브를 열면 절단부의 기슭(모서리)이 녹아 내린다.

73. 절단불꽃에서 예열불꽃이 지나치게 압력이 높아 불꽃이 세어지면 어떤 결과가 생기는가?
① 절단면이 깨끗하다.
② 절단면이 아주 거칠다.
③ 기슭이 녹아 둥글게 된다.
④ 절단속도를 느리게 할 수 있다.

해설 모재가 과열되어 기류에 의해 모서리가 둥글게 녹아 내린다.

74. 다음 중 가스 절단으로 가장 절단이 잘 되는 것은?
① 연강   ② 주철
③ 비철금속   ④ 스테인리스

75. 다음 중 절단이 이용되지 않는 것은?
① 강판의 가공
② 철판의 용단
③ 평삭이나 깎아내기
④ 비철금속의 가공

해설 비철금속은 절단이 어렵거나 곤란하다.

76. 산소 절단 시 모재의 끝부분이 녹아내리며 가운데 구멍이 생기는 원인은? [기출문제]
① 고압산소의 압력이 높을 때
② 예열온도가 높을 때
③ 팁의 청소가 불량할 때
④ 절단속도가 빠를 때

77. 다음은 가스 절단에 영향을 미치는 요소이다. 틀린 것은? [기출문제]
① 팁의 크기와 모양
② 산소압력
③ 아세틸렌의 압력
④ 절단재의 재질

해설 가스 절단에 영향을 미치는 요소는 ①, ②, ④ 외에 절단 주행속도, 절단재의 두께, 절단재의 표면상태, 사용가스, 산소의 순도, 예열불꽃의 세기, 예열온도, 팁의 거리 및 각도 등이다.

78. 절단면 근처의 경화 및 조직에 관한 사항 중 잘못된 것은? [기출문제]
① 절단면 근처의 경화는 모재층의 탄소함유량, 니켈함유량이 높을수록 현저하다.
② 열영향부의 조직은 마텐자이트와 미세한 펄라이트의 혼합조직이다.
③ 절단면에서 먼 부분은 과열조직을 나타낸다.
④ 고탄소강에서는 과공석의 시멘타이트가 마텐자이트 조직 바탕의 입계에서 석출된다.

해설 열영향부의 조직은 절단면에 가까운 부분에서는 과열조직을 나타낸다.

79. 일반적으로 가스 절단으로 강의 절단이 가능한 판두께는?
① 3~300 mm   ② 6~20 mm
③ 25~170 mm   ④ 4~800 mm

정답 72. ③ 73. ③ 74. ① 75. ④ 76. ① 77. ③ 78. ③ 79. ①

해설 산소절단은 일반적으로 강의 가스 절단에서는 3~300 mm의 절단이 쉽게 이루어지나 주철 10 % 이상의 크롬을 포함하는 스테인리스강 비철금속에는 유효하지 못하다.

80. 다음 중 가스 절단 장치의 구성요소가 아닌 것은? [기출문제]
① 절단 토치 ② 압력 조정기
③ 용접 홀더 ④ 가스 봄베

81. 자동절단이 곤란한 형태는?
① 긴 물체의 직선절단
② V형 홈
③ X형 홈
④ 불규칙한 곡선

해설 짧은 선, 불규칙한 곡선 절단은 비경제적이며 자동절단이 곤란하다.

82. 수동식 가스 절단기로 철판을 절단하고자 한다. 이때 모재의 두께가 9 mm, 절단 팁구 멍의 지름이 0.8~1.0 mm이고 산소의 압력이 0.15~0.2 MPa이라면 이 절단기에 적합한 아세틸렌 압력은? [기출문제]
① 0.01 MPa ② 0.02 MPa
③ 0.03 MPa ④ 0.04 MPa

83. 전자동 가스 절단기의 일반적인 절단속도는?
① 100~1000 mm/min
② 50~100 mm/min
③ 300~400 mm/min
④ 500~600 mm/min

해설 일반적으로 100~1000 mm/min의 절단 속도를 갖는다.

84. 절단용 가스 중 발열량이 가장 높은 가스는?
① 아세틸렌 ② 프로판
③ 수소 ④ 메탄

해설 ②는 발열량이 크기 때문에 두꺼운 판 절단 시 효과적이다.

85. 아세틸렌 가스보다 프로판 가스가 절단가스로 많이 사용되고 있는 이유가 아닌 것은?
① 절단면이 거칠지 않고 곱다.
② 슬래그가 쉽게 떨어진다.
③ 얇은 판재의 절단속도가 빠르다.
④ 폭발범위가 좁다.

해설 아세틸렌과 프로판의 비교

아세틸렌	프로판
① 점화하기 쉽다. ② 중성불꽃을 만들기 쉽다. ③ 절단 개시까지 시간이 빠르다. ④ 표면 영향이 적다. ⑤ 박판 절단 시는 빠르다.	① 절단상부 기슭이 녹는 것이 적다. ② 절단면이 미세하여 깨끗하다. ③ 슬래그 제거가 쉽다. ④ 포갬 절단속도가 아세틸렌보다 빠르다. ⑤ 후판 절단 시에는 아세틸렌보다 빠르다.

86. 다음 중 교류용접기에 들지 않는 것은?
① 가동철심형 ② 가동코일형
③ 탭전환형 ④ 정류기형

87. 용접기에 관한 설명 중 직류용접기와 비교한 교류용접기의 장점은?
① 고장이 적고 자기쏠림이 없다.
② 무부하전압이 낮아 전력 위험이 적다.
③ 아크가 안정되어 박판용접이 용이하다.
④ 극성을 바꾸면 열분배가 잘 된다.

정답 80. ③ 81. ④ 82. ① 83. ① 84. ② 85. ③ 86. ④ 87. ①

88. 다음은 각종 교류 아크 용접기에 대한 설명이다. 틀린 것은?
① 교류 아크 용접기는 용접봉의 품질개선에 의하여 수요가 격증하고 있다.
② 교류 아크 용접기는 보통 1차 측을 100 V, 2차 측의 무부하전압은 감전을 피하기 위하여 50 V 이하로 만들어져 있다.
③ 구조는 변압기와 같고 리액턴스에 의하여 수하특성, 누설자속(leakage magnetic flux)에 의하여 전류를 조절한다.
④ 교류 아크 용접기는 가격이 싸고 구조도 비교적 간단하다.
해설 교류 아크 용접기는 보통 1차 측을 200 V의 동력선에 접속하고, 2차 측의 무부하전압은 70~80 V가 되도록 만들어져 있다.

89. 다음은 극성(polarity)에 대한 사항이다. 틀린 것은?
① 전자의 충격을 받는 양극이 음극보다 발열량이 크다.
② 역극성(reverse polarity : DCRP)일 때에는 용접봉의 용융이 늦고 모재의 용입은 깊어진다.
③ 정극성의 표시기호는 DCSP이다.
④ 직류 아크 용접의 극성은 용접봉 심선의 재질, 피복제의 종류, 용접이음의 모양, 용접자세 등에 따라 적절히 선정된다.
해설 일반적으로 전자의 충격을 받는 양극이 음극보다 발열량이 크므로 정극성일 때에는 용접봉의 용융이 늦고 모재의 용입은 깊어지며 반대로 역극성일 때에는 용접봉의 용융속도는 빠르고 모재의 용입은 얕아진다.

90. 전기용접부의 전극 결선상태에 따른 정극성과 역극성 중 정극성의 특성으로 올바른 것은? [기출문제]
① 모재의 용입이 얕다.
② 비드 폭이 넓다.
③ 비철금속에만 적합하다.
④ 용접봉의 녹음이 느리다.

91. 모재가 두꺼워 용입이 깊으며, 봉이 늦게 녹고 비드 폭이 좁아 일반적으로 그 사용범위가 넓은 직류용접의 극성은? [기출문제]
① 정극성 ② 역극성
③ 탭 전환성 ④ 리액팅성

92. 직류용접기에서 정극성의 용접기로 용접을 하면 용접깊이가 어떻게 되는가? [기출문제]
① 작업요령에 따라 다르다.
② 직류 정극성에 의한 용입이 깊다.
③ 직류 역극성에 의한 용입이 깊다.
④ 용접깊이는 같다.

93. 다음 중 직류용접기에 들지 않는 것은?
① 전동발전형 ② 가동철심형
③ 엔진구동형 ④ 정류기형
해설 ㉠ 전동발전형 : 유도전동기로 직류를 얻는다.
㉡ 엔진구동형 : 가솔린 또는 디젤 엔진으로 직류를 얻는다.
㉢ 정류기형 : Se(셀렌) 또는 실리콘 정류기를 사용하여 얻는다.

94. 다음 중 직류용접기의 특징은 어느 것인가? [기출문제]
① 중량, 용량이 적고 고장이 적으며 자기쏠림이 없다.
② 무부하전류가 낮으므로 전격의 위험이 적다.
③ 아크가 불안정하다.

정답 88. ② 89. ② 90. ④ 91. ① 92. ② 93. ② 94. ②

④ 용접기가 싸고 취급이 용이하다.

95. 다음 용접기 중에서 원격조정(remote control)을 할 수 있는 용접기는? [기출문제]
① 탭전환용 용접기
② 가동코일형 용접기
③ 가동철심형 용접기
④ 가포화 리액터형 용접기

96. 다음 보기의 용접기는 무엇을 설명하는 것인가? [기출문제]

〈보기〉
(가) 소음이 적다.
(나) 취급이 간단하고, 염가이다.
(다) 정류기 파손에 주의(셀렌: 80℃, 실리콘: 150℃ 이상에서 파손)하여야 한다.
(라) 교류를 정류하므로 완전한 직류를 얻지 못한다.

① 정류기형 용접기
② 엔진구동형 용접기
③ 가동철심형 용접기
④ 가동코일형 용접기

97. 다음 중 직류용접기가 쓰이는 곳으로 틀린 것은?
① 박판 용접
② 경합금 및 스테인리스강 용접
③ 불활성가스 아크 용접
④ 중량이 큰 구조물 용접

98. 다음 중 아크 용접 시 아크를 계속 일으켜 용접이 계속 유지될 수 있도록 하는 데 필요한 전압은? [기출문제]
① 10~20 V
② 20~30 V
③ 40~50 V
④ 50~70 V

99. 용접용 케이블에서 용접기 용량이 300 A일 때 1차측 케이블의 지름은?
① 5.5 mm
② 8 mm
③ 14 mm
④ 20 mm

해설

용접기 용량	200 A	300 A	400 A
1차측 케이블	5.5 mm	8 mm	14 mm
2차측 케이블	50 mm²	60 mm²	80 mm²

100. 다음은 고속도 사진기로 용착현상을 관찰한 것이다. 이에 속하지 않는 것은?
① 입적 이행형
② 스프레이 이행형
③ 핀치 효과형
④ 자기 불림형

해설 용융금속 이행형식
㉠ 단락형(입적 이행형): 봉과 모재와의 용융금속이 서로 기계적인 접촉을 하여 단락이 되며 표면장력의 도움을 받아 이행하는 방법으로 용융금속은 큰 용적이 되어 이행한다. 연강용 비피복용이 대표적인 예이다.
㉡ 스프레이형: 피복제의 연소에서 발생되는 가스폭발 시 용융금속이 작은 입자가 되어 이행한다.
㉢ 핀치 효과형: 용접봉의 원주 도체에 전류가 흐르면 전류소자 사이에 흡인력이 작용하여 원주의 지름이 가늘게 오므라드는 경향이 생겨 봉끝의 용융금속은 작게 되어 봉 끝에서 떨어져 나간다.

101. 용융금속이 옮겨가는 상태를 3종류로 분류한 것이 아닌 것은? [기출문제]
① 단락형
② 글로불러형
③ 스프레이형
④ 맨형

102. 다음 중 스패터(spatter)의 발생원인이 아닌 것은?
① 아크길이가 길 때
② 운봉각도 부적당
③ 용접전류 과대

정답 95. ④ 96. ① 97. ④ 98. ② 99. ② 100. ④ 101. ④ 102. ④

④ 아크길이가 짧을 때

103. 아크 용접할 때 블로 홀 등의 발생으로 용접부의 표면에 작은 홈이 나타나는 현상은?
① 언더컷   ② 오버랩
③ 피트   ④ 치핑

104. 전기용접 시 생기는 결함과 원인과의 관계에서 잘못 설명된 것은?
① 오버랩 – 저용접속도
② 스패터 – 고전압, 고속도일 때
③ 용입불량 – 고전류, 고속도일 때
④ 언더컷 – 고전류, 고속도일 때

해설 용입불량은 저전류, 저속도일 때 발생한다.

105. 다음 용접결함 중 보수할 때 결함 끝부분을 드릴로 구멍을 뚫어 정지구멍을 만들고 보수하는 결함은? [기출문제]
① 기공(blow hole)
② 균열(crack)
③ 언더컷(undercut)
④ 오버랩(overlap)

106. 용접에서 모재의 열 영향부가 경화할 때 비드 끝단에 일어나기 쉬운 균열은 어느 것인가? [기출문제]
① 루트 균열(root crack)
② 토 균열(toe crack)
③ 비드 아래 균열(under bead crack)
④ 은점(fish eye)

107. 전기용접 시 홀더 또는 바이스의 접속이 불안전할 때의 장해를 열거한 것 중 가장 관계가 적은 것은? [기출문제]
① 전력손실 과대   ② 케이블 손상
③ 아크의 불안정   ④ 슬래그의 혼입

108. 용접전류가 너무 많을 때 일어나는 현상으로서 다음 중 제일 적합한 것은?
① 용입 부족   ② 모재터짐
③ 언더컷   ④ 용착강이 터짐

109. 용접봉의 피복제는 발생한 아크에 의해 분해하여 여러 가지 작용을 하는데, 다음 중 이에 해당되지 않는 것은?
① 중성 또는 환원성의 분위기를 만든다.
② 용접봉의 냉각속도를 늦춘다.
③ 융해입자를 미세화시킨다.
④ 심선보다 빨리 녹아 아크 운반을 돕는다.

110. 다음 설명 중 용접봉의 피복제 역할이 아닌 것은? [기출문제]
① 용착 효율을 높인다.
② 응고와 냉각속도를 빠르게 한다.
③ 파형이 고운 비드로 만든다.
④ 전기 절연작용을 한다.

111. 다음 중 연강 아크용접봉의 규격이 아닌 것은?
① 2.0 mm   ② 3.2 mm
③ 5.2 mm   ④ 5.5 mm

해설 심선의 지름(mm) : 1.0, 1.4, 2.0, 2.6, 3.2, 4.0, 4.5, 5.0, 5.5, 6.0, 6.4, 7.0, 8.0, 9.0, 10.0

112. 다음은 피복 아크용접봉의 심선에 대한 설명이다. 맞지 않는 것은? [기출문제]
① 심선은 대체로 모재와 동일한 재질의 것이 많이 쓰인다.
② 전기로, 평로 등에 의한 강괴로부터 열간

정답 103. ③ 104. ③ 105. ② 106. ① 107. ④ 108. ③ 109. ④ 110. ② 111. ③ 112. ③

압연하여 제조된다.
③ 심선은 용접금속의 강도를 높이기 위하여 극히 고탄소이다.
④ 심선은 용착금속의 균열을 방지하기 위하여 황, 인, 구리 등의 불순물을 적게 한다.

해설 연강용 피복용접봉의 심선은 주로 저탄소 림드강(low carbon rimmed steel)이 사용되는데, 인 또는 황과 같은 유해성분이 적은 것이어야 한다. 인이나 황 등의 함유량이 많으면 기계적 성질이 나빠진다.

113. 다음 중 용접봉의 종류와 용도와의 관계가 잘못 짝지워진 것은?
① 일미나이트계 – 일반기기 및 구조물용
② 고산화티탄계 – 박판용
③ 저수소계 – 중요 구조물의 고급용접용
④ 고셀룰로오스계 – 후판용

해설 고셀룰로오스계 용접봉은 전자세 용접용으로 박판용접에 가장 적당하나 습기를 띠기 쉽고 기공이 생기는 등의 결점이 있다.

114. 다음은 고셀룰로오스계(high cellulose type E4311) 용접봉에 관한 사항이다. 틀린 것은 어느 것인가?
① 피복제 중에 유기물(셀룰로오스)을 약 30% 정도 이상 포함하고 있다.
② 피복의 두께가 두꺼우며 슬래그의 양이 극히 많아서 아래보기 또는 수평자세 또는 넓은 곳의 용접에 작업성이 좋다.
③ 아크가 스프레이형이고 용입도 좋으나 스패터가 많다.
④ 비드 표면의 파형(ripple)이 거칠다.

해설 이 용접봉은 피복의 두께가 얇으며, 슬래그의 양이 극히 적어서 수직 또는 위보기 자세 또는 좁은 틈의 용접에 작업성이 좋다.

115. 저수소계 용접봉의 특징과 용도에 대한 설명 중 부적당한 것은? [기출문제]
① 피복제가 흡습하기 쉬우므로 건조해서 사용해야 한다.
② 다른 용접봉에 비해 기계적 성질이 양호하다.
③ 고장력강, 고탄소강 용접에 쓰인다.
④ 용착 금속 보호식으로 가스 발생식에 속한다.

해설 가스 발생식에 쓰이는 용접봉의 대표적인 예는 고셀룰로오스계 용접봉을 들 수 있다.

116. 연강용 피복 아크 용접봉의 심선의 탄소 함유량이 저탄소강인 이유는? [기출문제]
① 용융금속이 옮겨지는 것을 촉진하기 위하여
② 용접 중 스패터의 양을 적게 하기 위하여
③ 용접금속의 균열을 방지하기 위하여
④ 비드를 아름답게 하기 위하여

117. 아크 용접봉 표시 기호 E43XY에서 43이 뜻하는 것은?
① 용착금속의 인장강도
② 용접자세
③ 아크 용접봉의 약어
④ 아크 사용 시 사용전류

해설 E43XY는 아크 용접봉 규격을 표시하는 방법이다.
- E : 전기용접봉의 약어
- 43 : 전 용착금속의 최저 인장강도(kgf/mm^2) [421.4 N/mm^2(= MPa)]
- X : 용접자세
- Y : 피복제의 계통

118. 연강관을 용접하는 용접봉의 표시에서 E4313이 있다. 여기에서 1은 다음 중 어느

정답 113. ④ 114. ② 115. ④ 116. ③ 117. ① 118. ②

것인가? [기출문제]
① 우리나라에서 개발한 용접봉이다.
② 전자세로 용접할 수 있다.
③ 아래보기 또는 수평용접이 된다.
④ 아래보기만 안 된다.

119. 아크 용접에 대한 설명 중 맞는 것은?
① 피복 아크 용접에서 피복제는 심선의 녹을 막아주는 일을 한다.
② 아크는 되도록 길게 하는 것이 용접 결과가 좋다.
③ 두꺼운 판의 용접에는 직류 정극성을 사용한다.
④ 교류용접기는 전격의 위험이 적다.

해설 직류 정극성은 모재에 (+), 용접봉에 (-)극을 연결할 때를 말하며 용접봉을 (+), 모재를 (-)로 하였을 때에는 역극성이라고 한다.

120. 다음은 용융금속 이행형식에 관한 설명이다. 잘못된 것은?
① 피복 아크 용접봉에 가장 많이 채택되는 형식은 스프레이형이다.
② MIG 용접이나 서브머지드 용접에 사용되는 형식은 핀치 효과형이다.
③ 고셀룰로오스계 용접봉의 이행형식은 스프레이형이다.
④ 연강용 비피복형은 핀치 효과형의 대표적인 예이다.

해설 연강용 비피복용은 단락형의 대표적인 예이다.

121. 용접전원에 흐르는 전류가 증가해도 전압이 항상 일정한 특성은?
① 상승 특성   ② 정전압 특성
③ 수하 특성   ④ 무부하 특성

해설 정전압특성은 주로 자동용접에, 수하특성은 수동용접에 이용된다.

122. 수동 아크 용접기는 어떤 특성으로 구성되어 있는가? [기출문제]
① 정전류 특성 및 수하 특성
② 상승 특성 및 수하 특성
③ 정전압 특성 및 정전류 특성
④ 정전압 특성 및 상승 특성

123. 다음 그림은 아크 용접기의 어떤 성질을 설명한 것인가? [기출문제]

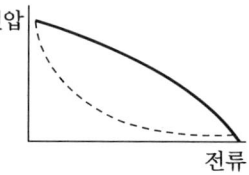

① 저항에 의한 수하 특성
② 상승 특성
③ 정전압 특성
④ 리액턴스에 의한 수하 특성

해설 수하특성이란 교류용접기에서 전류 증가와 함께 전압이 감소하는 성질을 말한다.

124. 아크의 주요 특성 중 교류 아크에서 보호가스에 의하여 순간적으로 꺼졌던 아크가 다시 일어나는 특성은? [기출문제]
① 자기제어 특성   ② 전압회복 특성
③ 절연회복 특성   ④ 부저항특성

125. 아크 쏠림 현상 발생 시 대책으로 맞지 않는 것은?
① 접지점을 용접부에서 멀리 둔다.
② 아크 길이를 짧게 한다.
③ 직류 대신 교류를 사용한다.
④ 용접봉은 굵은 것을 사용한다.

정답 119. ③ 120. ④ 121. ② 122. ① 123. ① 124. ③ 125. ④

해설 아크 쏠림 발생의 주원인은 전류가 흐르는 도체 주변의 자장이 비대칭으로 생기기 때문이다.

126. 다음 중 아크 용접기의 용량은 무엇으로 정하는가?
① 개로전압　　② 정격 2차전류
③ 정격사용률　　④ 무부하전압

127. 용접전류 160 A, 전압 30 V인 때의 전력은 몇 kW인가?
① 4.8 kW　　② 4.2 kW
③ 5.6 kW　　④ 6.8 kW

해설 전압에 전류를 곱한 것이 전력이므로
$W = 160\,A \times 30\,V = 4800\,W = 4.8\,kW$

128. 정격 2차 전류 200 A, 정격사용률 40 %인 아크 용접기로 150 A의 용접전류 사용 시 허용사용률은?
① 50 %　　② 60 %
③ 70 %　　④ 80 %

해설 허용사용률(%)
$= \dfrac{정격\ 2차\ 전류^2}{실제\ 용접전류^2} \times 정격사용률$
$= \dfrac{200^2}{150^2} \times 0.4 ≒ 0.7$

129. AW-200, 무부하전압 80 V, 아크 전압 30 V인 교류용접기를 사용할 때 역률과 효율은 얼마인가? (단, 내부손실은 4 kW) [기출문제]
① 역률 62.5 %, 효율 60 %
② 역률 30 %, 효율 25 %
③ 역률 75.5 %, 효율 55 %
④ 역률 80 %, 효율 70 %

해설 ㉠ 아크 출력 = 30 V × 200 A = 6 kVA
㉡ 전원입력 = 80 V × 200 A = 16 kVA

따라서, 역률 = $\dfrac{6+4}{16} \times 100 = 62.5\,\%$
효율 = $\dfrac{6}{6+4} \times 100 = 60\,\%$

130. 아크 용접에서 슬래그 잠입을 막기 위한 방법으로 적합하지 않은 것은? [기출문제]
① 아크 길이를 길게 한다.
② 적합한 용접봉을 선택한다.
③ 용접전류를 약간 높게 한다.
④ 비드 끝에서 크레이터 처리를 잘 한다.

131. 다음 중 스패터(spatter)의 원인이 아닌 것은? [기출문제]
① 용접봉에 습기가 있을 때
② 모재가 과랭되었을 때
③ 아크 길이가 길 때
④ 전류가 높을 때

132. 전기용접 시 생기는 결함 중 언더컷의 발생원인은 어느 것인가? [기출문제]
① 전압이 낮고 용접속도가 빠를 때
② 전압이 높고 용접속도가 느릴 때
③ 전류와 전압이 높고 용접속도가 빠를 때
④ 용접속도가 낮을 때

133. 다음 중 용접전류가 적을 때 발생하는 현상이 아닌 것은?
① 오버랩　　② 아크의 불안정
③ 언더컷　　④ 용입 부족

134. 전기용접 시 용접부의 기공(blow hole)의 원인으로 볼 수 없는 것은? [기출문제]
① 용접부가 급랭될 때
② 이음의 구속이 크고 용접속도가 늦을 때

정답 126. ②　127. ①　128. ③　129. ①　130. ①　131. ②　132. ③　133. ③　134. ①

③ 아크길이와 전류값 등이 부적당할 때
④ 아크 속에 수소 또는 일산화탄소가 너무 많을 때

135. 다음은 피복 아크 용접작업 시 용접봉 각도에 대한 사항이다. 틀린 것은?
① 용접봉 각도란 용접봉이 모재와 이루는 각도를 말한다.
② 용접봉 각도는 진행각(lead angle)과 작업각(work angle)으로 나눈다.
③ 진행각은 용접봉과 이음방향에 나란하게 세워진 수직평면과의 각도로 표시한다.
④ 용접봉 각도(angle of electrode)에 따라 용접품질이 좌우되는 수가 있다.
[해설] ③ 작업각에 대한 설명이다.

136. 아크 길이가 길 경우 나타나는 현상으로 바른 것은? [기출문제]
① 아크가 불안정하다.
② 비드 모양이 깨끗하지 않다.
③ 쇳물방울이 떨어져 용착이 곤란하다.
④ 용입이 얕아진다.

137. 전기용접 시 아크 길이가 길어질 때 아크전압은 어떻게 되는가? [기출문제]
① 낮아진다.
② 높아진다.
③ 높아졌다가 낮아진다.
④ 그대로이다.

138. 일정길이의 용접선에 대해 충분한 강도를 나타내고자 할 때 고려할 사항 중 틀린 것은 어느 것인가?
① 접합부에서는 가능한 한 모멘트가 작용되지 않도록 하고 만일 작용할 때는 적당

히 보강해 준다.
② 국부적인 열 집중을 방지하고 재질의 변화를 적게 한다.
③ 용접이음의 형식과 응력집중의 관계를 항상 고려하여 가능하면 이음을 대칭으로 한다.
④ 필릿 용접은 그렇게 많은 결함을 동반하지 않으므로 맞대기 용접보다는 효과적이다.
[해설] 필릿 용접(fillet welding)은 여러 가지 결함이 있으므로 될 수 있는 한 형강을 이용하여 맞대기 용접을 해준다.

139. 다음은 용접순서를 나타낸 것이다. 잘못된 것은? [기출문제]
① 수축이 작은 이음이 큰 이음보다 먼저 용접을 한다.
② 이음부가 많을 때에는 작은 블록에서 점점 커다란 블록으로 잇는다.
③ 제작공정수와 잔류응력 감소 등의 관점에서 용접순서를 정한다.
④ 용접선 방향에 굽힘을 없애려면 중립축에 대하여 용접으로 인한 수축력 모멘트 합이 0이 되도록 순서를 잡는다.

140. 수직용접의 상진법에 적합한 운봉법은?
① 원형   ② 부채꼴 모양
③ 타원형   ④ 백스텝
[해설] 운봉법

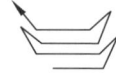

141. 용접 시 변형을 방지하기 위해 비드 배

치순서를 변경하는 방법 중 틀린 것은?
① 스킵법 ② 백스텝법
③ 스킵 블록법 ④ 위빙법

해설 비드 배치순서를 변경하는 방법에는 다음과 같이 4종류가 있다.
㉠ 백스텝법   ㉡ 스킵 블록법
5 4 3 2 1   2 5 3 4 1
㉢ 스킵법   ㉣ 전진법
1 4 2 5 3

142. 용접작업 시 지그를 사용할 경우의 장점을 열거한 것이다. 아닌 것은? [기출문제]
① 열응력이 작아진다.
② 효과적인 작업이 가능하다.
③ 제품의 정도가 균일하다.
④ 작업시간을 단축시킨다.

143. 다음 중 용접이음의 효율을 맞게 나타낸 식은?(단, η : 효율 (%)) [기출문제]
① $\eta = \dfrac{\text{시편의 인장강도}}{\text{모재의 인장강도}} \times 100$
② $\eta = \dfrac{\text{시편의 전단강도}}{\text{모재의 전단강도}} \times 100$
③ $\eta = \dfrac{\text{모재의 전단강도}}{\text{시편의 전단강도}} \times 100$
④ $\eta = \dfrac{\text{모재의 인장강도}}{\text{시편의 인장강도}} \times 100$

144. 다음 중 용접 후 생기는 잔류응력의 경감법에 들어가지 않는 것은?
① 응력제거 열처리 ② 완전풀림
③ 고온응력 제거법 ④ 기계적 처리법

해설 잔류응력을 줄이는 방법에는 ①, ②, ③의 방법 외에 저온응력 제거법 및 피닝 등이 있다.

145. 피닝법(peening method)을 옳게 설명한 것은?
① 용접 후 모재를 두드려 변형을 교정하는 법
② 용접부의 냉각속도를 느리게 하는 방법
③ 용접홈의 간격이 벌어지거나 오므라드는 것을 방지하는 법
④ 용접 직후 비드가 고온일 때 비드를 두드려 변형을 교정하는 법

해설 피닝은 치핑 해머로 가볍게 때려주는 것으로 잔류응력의 절감, 변형 교정 및 균열 방지 등에 그 목적이 있다.

146. 아크 용접에서 아크의 크기에 따라 영향을 받는 인자에는 다음과 같은 것이 있다. 아크가 너무 길 때 생기는 결과 중 틀린 것은?
① 아크가 불안정하다.
② 용착이 깊게 된다.
③ 아크 열의 손실이 생긴다.
④ 용접부의 금속조직이 취약하게 되어 강도가 감소된다.

147. 용접 후 시행하는 기계적인 파괴시험법의 종류에 들지 않는 것은?
① 인장시험 ② 굽힘시험
③ 충격시험 ④ 압축시험

해설 기계적인 파괴시험법에는 ①, ②, ③ 외에 피로시험과 경도시험이 있다.

148. 다음 중 비파괴 검사법이 아닌 것은 어느 것인가? [기출문제]
① 초음파 탐상법 ② X선 탐상법
③ 파면검사법 ④ 침투검사법

해설 비파괴시험 검사법에는 ①, ②, ④ 외에 전기적 시험법, γ선 투과시험법, 자분 탐상법 등이 있다.

149. 용접 후 시험하는 비파괴 검사법의 종류를 열거한 것 중 아닌 것은? [기출문제]
① 육안검사
② 방사선투과 검사
③ 굽힘검사
④ 침투탐상 검사

150. 다음 중 방사선 투과시험으로 조사할 수 있는 것은? [기출문제]
① 원소의 종류   ② 조직상태
③ 기공의 유무   ④ 열영향부분

151. 용접시험편 균열부의 길이는 어떠한 방법으로 측정하는가? [기출문제]
① 충격시험법
② 피로시험법
③ 굴곡시험법
④ 압축시험법

152. 다음은 용접설계상의 예시들이다. 부적합한 것은? [기출문제]
① 필릿 용접은 여러 가지 결함이 있으므로 되도록 형강을 이용하여 맞대기 용접을 한다.
② 이음부분의 홈모양은 응력 및 변형을 억제하기 위해 용착력을 크게 할 수 있는 모양을 선택한다.
③ 판두께에 대한 적당한 치수를 선택하고 불필요한 보강 덧붙임을 제거한다.
④ 큰 구조물의 설계는 공장용접을 많이 하고 현장용접을 적게 하도록 한다.

153. 맞대기 용접을 한 것을 $P=5000\text{ N}$의 하중으로 잡아당겼다면 인장응력은 몇 N/mm^2인가?

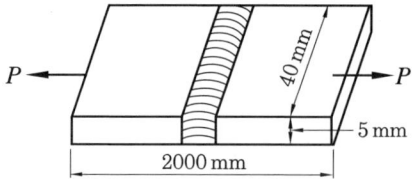

① 25 N/mm²   ② 30 N/mm²
③ 35 N/mm²   ④ 40 N/mm²

[해설] $\sigma = \dfrac{P}{A} = \dfrac{P}{bh} = \dfrac{5000}{40 \times 5}$
$= 25 \text{ N/mm}^2 (\text{MPa})$

154. 용제를 사용하는 전자동 용접방식의 하나로 모재 용접부에 미세한 가루 모양의 용제를 공급관을 통하여 공급하고, 그 속에 전극 와이어를 넣어 와이어 끝과 모재 사이에서 아크를 발생시키는 용접은?
① 일렉트로 슬래그 용접
② 테르밋 용접
③ 서브머지드 아크 용접
④ 불활성 가스 아크 용접

155. 서브머지드 아크 용접의 용접 속도는 수동 용접의 몇 배가 되는가?
① 5~8배   ② 7~10배
③ 10~20배   ④ 20~25배

[해설] 서브머지드 아크 용접의 용접 속도는 수동 용접의 10~20배나 되므로 능률이 높다.

156. 다음은 서브머지드 용접기의 전류 용량으로 구별한 것이다. 틀린 것은?
① 1200 A   ② 4000 A
③ 300 A   ④ 900 A

[해설] 용접기를 전류 용량으로 구별하면 최대 전류 4000 A, 2000 A, 1200 A, 900 A 등의 종류가 있다.

157. 다음 중 비용극식에 해당하는 용접은?
① MIG 용접 ② TIG 용접
③ 아크 용접 ④ 서브머지드 용접

158. 다음은 서브머지드 아크 용접의 와이어 지름이다. 틀린 것은?
① 2.0 mm ② 2.4 mm
③ 2.6 mm ④ 4.0 mm

해설 와이어의 지름은 2.0, 2.4, 3.2, 4.0, 5.6, 6.4, 8.0 mm 등으로 분류된다.

159. 서브머지드 용접 시 아크 길이가 길면 일어나는 현상은?
① 용입은 낮고 폭이 넓어진다.
② 오버랩이 발생한다.
③ 용입이 깊어진다.
④ 비드가 좋아진다.

해설 아크의 길이가 길면 전달 열이 확산되어 용입이 낮고 넓어진다.

160. 서브머지드 아크 용접에서 받침쇠를 사용하지 않는 경우 루트 간격은 얼마인가?
① 0.5 mm 이하 ② 0.8 mm 이하
③ 1.0 mm 이상 ④ 1.2 mm 이상

해설 • 홈각도 : ±5°
• 루트 간격 : 0.8 mm 이하
• 루트면 : ±1 mm

161. 다음은 서브머지드 아크 용접의 용제이다. 틀린 것은?
① 용융형 용제 ② 소결용 용제
③ 혼성형 용제 ④ 첨가형 용제

해설 ㉠ 용융 용제(fusion flux) : 광물성 원료를 고온(1300℃ 이상)으로 용융한 후 분쇄하여 적당한 입도로 만든 것으로 유리와 같은 광택이 난다.
㉡ 소결 용제(sintered flux) : 광물성 원료를 용융되기 전 800~1000℃의 고온으로 소결하여 만든 것이다.
㉢ 혼성 용제(bonded flux) : 분말성 원료에 고착제를 가하여 비교적 저온(300~400℃)에서 건조하여 제조한다.

162. 용제(flux)가 필요한 용접법은?
① MIG 용접 ② 원자 수소 용접
③ CO_2 용접 ④ 서브머지드 용접

163. 다음 중 불활성 가스(inert gas) 아크 용접에 주로 사용되는 가스는?
① CO_2 ② CO
③ Ne ④ He

해설 불활성 가스에는 Ar, He, Ne 등 여러 종류가 있으나 용접에 쓰이는 것은 Ar과 He이다.

164. 다음 중 불활성 가스 아크 용접법의 장점이 아닌 것은?
① 산화하기 쉬운 금속의 용접에 용이하다.
② 모든 자세 용접이 용이하며 고능률이다.
③ 피복제와 플럭스가 필요 없다.
④ 전극은 2개 이상이다.

해설 불활성 가스 아크 용접 시 전극은 1개 이상 사용할 수 없다.

165. 불활성 가스 아크 용접을 하는 데 가장 적당하지 않은 것은?
① 주강 ② 스테인리스강
③ 알루미늄 ④ 내열강

해설 불활성 가스 아크 용접은 알루미늄 등의 경합금, 구리 및 구리 합금, 스테인리스강의 용접에 많이 사용된다.

정답 157. ② 158. ③ 159. ① 160. ② 161. ④ 162. ④ 163. ④ 164. ④ 165. ①

166. TIG 용접기의 전극 재료는?
① 연강봉 ② 용접용 와이어
③ 텅스텐봉 ④ 탄소봉

해설 텅스텐(tungsten) : 원소 기호 W, 비중 19.24, 융점 3400℃이고 강에 첨가하여 내열강, 고속도강을 만들며 전구나 진공관의 필라멘트에도 이용된다. 융점이 높은 성질을 이용하여 TIG 용접의 전극봉으로 사용한다.

167. 다음은 TIG 용접 토치에 대한 설명이다. 틀린 것은?
① 용접 토치는 텅스텐 전극을 가지고 있다.
② 용접 토치에 전류를 통하면 아르곤 가스, 냉각수가 흐른다.
③ 토치의 크기는 사용 전류에 따라 80 A에서 500 A 정도까지 몇 단계로 나누고 있다.
④ 소전류의 전류를 가진 것은 공랭식으로 경량이고 300 A 이상은 수랭식이다.

해설 TIG 용접 토치는 100 A 이상이 수랭식이다.

168. 다음은 텅스텐 전극의 수명을 길게 하는 방법이다. 틀린 것은?
① 과소 전류를 피한다.
② 모재와 용접봉과의 접촉에 주의한다.
③ 과대 전류를 피한다.
④ 용접 후 전극온도가 약 100℃로 될 때까지 가스를 흘려 보호한다.

해설 용접 후 전극온도가 약 300℃로 될 때까지 가스를 흘려 보호해야 한다.

169. 불활성 가스 텅스텐 아크 용접에서 전자방사 능력이 현저하게 뛰어나고 아크 발생이 용이하며 불순물 부착이 적고 전극의 소모가 적어 직류정극성에는 좋으나 교류에는 좋지 않은 것으로 주로 강, 스테인리스강, 동합금 용접에 사용되는 전극봉은?
① 순 텅스텐 전극봉
② 토륨 텅스텐 전극봉
③ 니켈 텅스텐 전극봉
④ 지르코늄 텅스텐 전극봉

170. 다음 중 불활성 가스 금속 아크 용접법(inert gas metal arc welding)의 상품명으로 불리지 않는 것은?
① 에어 코매틱 용접법
② 아르고노트 용접법
③ 필러 아크 용접법
④ 유니언 멜트 용접법

해설 MIG 용접의 상품명으로는 에어 코매틱 용접법, 시그마 용접법, 필러 아크 용접법, 아르고노트 용접법 등이 있다.

171. 다음은 MIG 용접에 대한 설명이다. 틀린 것은?
① MIG 용접용 전원은 직류이다.
② MIG 용접법의 전원은 정전압 특성의 직류아크 용접기이다.
③ 와이어는 가는 것을 사용하여 전류 밀도를 높이며 와이어는 일정한 속도로 보내주고 있다.
④ 링컨 용접법(Lincoln welding)이라고 불린다.

해설 링컨 용접법은 서브머지드 아크 용접법이다.

172. 청정작용이 큰 불활성 가스는?
① Ar ② He
③ Ne ④ CO

해설 He 사용은 용접 속도를 빠르게 하거나 위보기 용접 시 효과적이다.

정답 166. ③ 167. ④ 168. ④ 169. ② 170. ④ 171. ④ 172. ②

173. TIG 용접의 I형 맞대기 용접에 적용 가능한 모재 두께는?
① 3 mm까지   ② 6 mm
③ 5 mm   ④ 10 mm 이상

해설 TIG 용접의 적용 가능한 모재는 3mm 미만이며, 3mm 이상이면 MIG 용접이 효과적이다.

174. TIG 용접의 V형 맞대기 용접에 적용 가능한 두께는?
① 4~10 mm   ② 6~20 mm
③ 20~25 mm   ④ 25 mm 이상

175. MIG 용접의 전류밀도는 TIG 용접에 비해 몇 배 정도인가?
① 2배   ② 3~4배
③ 4~6배   ④ 6~8배

해설 MIG 용접의 전류밀도는 피복 아크 용접의 6~8배, TIG 용접의 2배 정도이다.

176. 다음은 MIG 용접의 특성이다. 틀린 것은?
① 모재 표면의 산화막에 대한 클리닝 작용을 한다.
② 전류밀도가 매우 높고 고능률이다.
③ 아크의 자기제어 특성이 있다.
④ MIG 용접기는 수하 특성 용접기이다.

해설 MIG 용접기는 정전압 특성 또는 상승 특성의 직류 용접기이다.

177. MIG 용접의 적당한 아크 길이는?
① 2~3 mm   ② 4~5 mm
③ 6~8 mm   ④ 9~10 mm

해설 MIG 용접의 아크 길이는 약 6~8 mm가 적당하며, 가스 노즐의 단면과 모재와의 간격은 12 mm가 좋다.

178. MIG 용접에 주로 사용되는 전원은?
① 교류
② 직류
③ 직류 교류 병용
④ 상관없다.

해설 전류밀도를 크게 하기 위해 직류를 사용하며, 비피복 와이어를 쓰기 때문에 직류를 사용한다.

179. TIG 용접의 전극봉에서 전극의 조건으로 잘못된 것은?
① 고용융점의 금속
② 전자방출이 잘되는 금속
③ 전기 저항률이 높은 금속
④ 열전도성이 좋은 금속

180. 다음은 불활성 가스 아크 용접법의 장점이다. 틀린 것은?
① 용제를 필요로 하지 않으며 용접 후 슬래그 또는 잔류용제를 제거하기 위한 기계적 또는 화학적 처리가 불필요하므로 작업이 간단하다.
② 아크가 안정되고 스패터(spatter)가 적으며 조작이 용이하다.
③ 전자세 용접이 가능하고 열이 분산하므로 용접 능률이 높다.
④ 용착부는 다른 아크 용접 또는 가스 용접에 비하여 연성, 강도, 기밀성 및 내열성이 일반적으로 우수하다.

해설 불활성 가스 아크 용접은 전자세 용접이 가능하고 열의 집중이 좋으므로 용접 능률이 높다.

181. 다음 중 탄산가스 아크 용접의 장점이 아닌 것은?

정답 173. ①   174. ②   175. ①   176. ④   177. ③   178. ②   179. ③   180. ③   181. ②

① 산화나 질화가 없다.
② 슬래그 섞임이 발생한다.
③ 산소 함유량이 적어 은점(fish eye) 결함이 없다.
④ 용제 사용이 적다.

해설 용제 사용이 적어 슬래그 섞임 발생은 거의 없다.

182. 다음 중 CO_2 가스 아크 용접이 적용되는 금속은?
① Al
② Cu
③ 황동
④ 킬드 및 세미킬드강

183. 이산화탄소 아크 용접에 사용되는 전원 또는 특성은?
① 교류나 직류
② 교류 또는 수하 특성
③ 직류 정전압 또는 상승 특성
④ 교류 정전압 또는 정전압 특성

184. 다음은 이산화탄소 아크 용접법의 특징에 대한 설명이다. 틀린 것은?
① 가는 선재의 고속도 용접이 가능하여 용접 비용이 수동 용접에 비하여 비싸다.
② 필릿 용접 이음에서는 종래의 수동 용접에 비하여 깊은 용입을 얻을 수 있다.
③ 가시 아크이므로 시공에 편리하다.
④ 필릿 용접 이음의 정적강도, 피로강도 등이 수동 용접에 비하여 매우 좋다.

해설 CO_2 용접의 용접 비용은 수동 용접에 비하여 싸다.

185. 이산화탄소(CO_2) 아크 용접기의 특성으로 맞는 것은?
① 정전압 특성
② 정전류 특성
③ 수하 특성
④ 부특성

해설 수동 용접에 필요한 특성으로 부특성, 수하 특성, 정전류 특성, 자동 및 반자동 용접에 필요한 특성으로는 상승 특성, 정전압 특성(자기제어 특성)이 있다.

186. CO_2 가스 용접에서 스패터의 주원인이 아닌 것은?
① 아크 전압이 높을 때
② 모재 과열 시
③ 아크가 안정할 때
④ 용접전류가 낮을 때

187. 이산화탄소 아크 용접의 저전류 영역(약 200 A 이하)에서 팁과 모재 간의 거리는 약 몇 mm 정도가 가장 적합한가?
① 5~10
② 10~15
③ 15~20
④ 20~25

해설 이산화탄소 아크 용접에서 팁과 모재와의 거리는 200 A 이하에서는 10~15 mm, 200 A 이상에서는 15~25 mm가 적당하다.

정답 182. ④ 183. ③ 184. ① 185. ① 186. ③ 187. ②

Chapter 02 배관재료

1 관재료

관재료는 재질별로 다음과 같이 분류할 수 있다.
① 철금속관 : 강관, 주철관
② 비철금속관 : 동관, 연관, 알루미늄관, 스테인리스관
③ 비금속관 : PVC관, 석면 시멘트관, 철근 콘크리트관, 도관

1-1 강관 (steel pipe)

(1) 용도
물, 공기, 유류, 가스, 증기 등의 유체배관에 쓰인다.

(2) 분류
① 재질상 분류
 (가) 탄소강 강관
 (나) 합금강 강관
 (다) 스테인리스 강관
② 탄소강 강관의 제조법상 분류
 (가) 가스 단접관
 (나) 이음매 없는 관 (seamless관)
 (다) 전기저항 용접관
 (라) 아크용접관

(3) 특징
① 연관, 주철관에 비해 가볍고 인장강도도 크다.
② 내충격성, 굴요성이 크다.
③ 관의 접합작업이 용이하다.
④ 연관, 주철관보다 가격이 저렴하다.

> **참고** 스케줄 번호(schedule No.) : 관의 두께를 나타내는 번호로 다음 계산식에 의해 알아낸다.
>
> 스케줄 번호(Sch. No.) $= 1000 \times \dfrac{P}{S}$
>
> 여기서, P : 사용압력(MPa)
>
> S : 허용응력(MPa), 허용응력 $= \dfrac{\text{인장강도(MPa)}}{\text{안전율}}$

(4) 강관의 종류

① 배관용 강관

  (가) 배관용 탄소강 강관 (SPP)

   ㉮ 사용압력이 낮은 증기, 물, 기름, 가스 및 공기 등에 사용한다.

   ㉯ 가스관이라고도 한다.

  (나) 압력배관용 탄소강 강관 (SPPS) : 350℃ 이하, 압력 980 kPa 이상 9.8 MPa까지의 보일러 증기관 또는 수압관이나 유압관의 배관에 사용된다.

  (다) 고압배관용 탄소강 강관 (SPPH)

   ㉮ 350℃ 이하에서 사용압력이 9.8 MPa 이상의 고압배관용, 관경 6~168.3 mm 정도이나 특별한 규정이 없다.

   ㉯ 암모니아 합성배관, 내연기관의 연료분사관, 화학공업의 고압배관에 사용 (10 MPa 이상)한다.

  (라) 고온배관용 탄소강 강관 (SPHT) : 350℃ 이상 온도의 배관용(350~450℃)으로 쓰이며, 관의 호칭은 호칭지름과 스케줄 번호에 의한다.

  (마) 배관용 아크 용접 탄소강 강관 (SPW)

   ㉮ 사용압력 1 MPa의 낮은 증기, 물, 기름, 가스 및 공기 등의 배관용으로 쓰이며 호칭지름 350~1500 A (17종)까지 있다.

   ㉯ 일반수도관 (1.5 MPa 이하), 가스수송관 (1 MPa 이하)으로 나뉜다.

  (바) 배관용 합금강 강관 (SPA) : 주로 고온도의 배관용으로 쓰인다.

  (사) 배관용 스테인리스 강관 (STS×TP) : 내식용, 내열용 및 고온배관용, 저온배관용에도 사용된다.

  (아) 저온배관용 강관 (SPLT) : 빙점 이하, 특히 저온도 배관용으로 사용된다.

② 수도용 강관

  (가) 수도용 아연도금 강관 (SPPW)

   ㉮ 정수두 100 m 이하의 급수배관용으로 주로 쓰인다.

   ㉯ SPP관에 아연을 도금하여 내구성, 내식성을 증가시킨 관이다.

(나) 수도용 도복장 강관(STPW) : 정수두 100 m 이하의 급수배관용이다.

③ 열전달용 강관
(가) 보일러 · 열교환기용 탄소강 강관(STBH)
(나) 보일러 · 열교환기용 합금강 강관(STHA)
(다) 보일러 · 열교환기용 스테인리스 강관(STS×TB) : 관의 내외에서 열의 수수를 행함을 목적으로 하는 장소에 사용된다. 보일러의 수관, 연관, 과열관, 공기예열관, 화학공업, 석유공업의 열교환기, 가열로관 등에 사용한다.
(라) 저온 열교환기용 강관(STLT) : 빙점 이하의 특히 낮은 온도에서 관의 내외에서 열의 수수를 행하는 열교환기관, 콘덴서관 등에 쓰인다.

④ 구조용 강관
(가) 일반 구조용 탄소강 강관(STK) : 토목, 건축, 철탑, 발판, 지주 등의 구조물용
(나) 기계 구조용 탄소강 강관(STKM) : 기계, 자동차, 자전거, 가구, 기구 등의 기계 부품용
(다) 기계 구조용 합금강 강관(SCM-TK) : 기계, 자동차, 그 밖의 기계 부품용

1-2 주철관 (cast iron pipe)

(1) 용도
급수관, 배수관, 통기관, 케이블 매설관, 오수관, 가스공급관, 광산용 양수관, 화학공업용 배관 등에 사용한다.

(2) 분류
① 재질별 분류
(가) 일반 보통주철관
(나) 고급주철관
(다) 구상흑연 주철관

② 용도별 분류
(가) 수도용
(나) 배수용
(다) 가스용
(라) 광산용

(3) 특징
① 내구력이 크다.
② 내식성이 강해 지중매설 시 부식이 적다.
③ 다른 관보다 강도가 크다.

(4) 종류 및 용도
① 수도용 수직형 주철관 : 보통압관과 저압관이 있으며, 최대사용 정수두는 보통압관이 75 m 이하, 저압관이 45 m이다.
② 수도용 원심력 사형주철관 : 재질이 균일하고 강도가 크며 고압관(최대사용 정수두 100 m 이하), 보통압관(75 m 이하) 및 저압관(45 m 이하)의 세 가지로 나눈다.
③ 수도용 원심력 금형주철관 : 고압관(최대사용 정수두 100 m 이하)과 보통압관(75 m 이하)으로 분류된다.
④ 원심력 모르타르 라이닝 주철관 : 주철관 내벽의 부식을 방지할 목적으로 관 내면에 모르타르를 바른(라이닝) 관이다.
⑤ 수도용 원심력 덕타일 주철관(구상 흑연주철관) : 보통주철(회주철)과 같이 관의 수명이 길며, 강관과 같이 강도와 인성을 가지고 있다. 또한, 내식성이 좋으며 가요성, 충격에 대한 연성·가공성이 우수하다.
⑥ 배수용 주철관 : 건물 내의 오수 및 잡배수용으로 쓰이며 내압이 거의 없어 관두께가 일반용보다 얇다.

1-3 비철금속관

(1) 동관
① 종류
㈎ 터프 피치동 : 동 중의 산소함량이 0.02~0.05 % 정도, 순도 99.9 % 이상이 되도록 전기동을 정제한 것으로 전기전도성이 뛰어나나 고온의 환원성 분위기에서 수소취화 현상을 일으킨다.
㈏ 인탈산동 : 전기동 중의 산소를 인을 써서 제거한 것으로 산소는 0.01 % 이하로 제거되나 대신 인이 잔류하게 된다. 용접용으로 적합하며 일반 배관재료로 사용된다.
㈐ 무산소동 : 산소를 최대한으로 제거하고 잔류되는 탈산제도 없는 동으로 순도는 99.96 % 이상이고 특성 또한 터프 피치동과 인탈산동의 성질을 동시에 갖고 있으며 전자기기 제작용으로 사용된다.

② 용도 및 특징
  ㈎ 용도 : 열교환기용 관, 급수관, 압력계관, 급유관, 냉매관, 급탕관 기타 화학공업용에 쓰인다.
  ㈏ 장점
    ㉮ 유연성이 커서 가공하기가 쉽다.
    ㉯ 내식성, 열전도율이 크다.
    ㉰ 마찰저항 손실이 적다.
    ㉱ 무게가 가볍다.
    ㉲ 가공성이 매우 좋다.
    ㉳ 매우 위생적이다.
  ㈐ 단점
    ㉮ 외부충격에 약하다.
    ㉯ 값이 비싸다.

> **참고** 동관의 표준치수는 K, L, M형의 3가지이다.
> ① K : 의료배관
> ② L : 의료배관, 급·배수배관, 급탕배관, 냉·난방배관, 가스배관
> ③ M : L형과 같다.

(2) 연관

① 성질
  ㈎ 부식성이 적다.
  ㈏ 산에는 강하지만 (내산성), 알칼리에는 약하다 (콘크리트 속에 직접 매설하면 침식된다).
  ㈐ 전연성이 풍부하고 굴곡이 용이하다.
  ㈑ 신축성이 매우 좋다.
  ㈒ 관의 용해나 부식을 방지한다 (바닷물, 수돗물, 천연수).
  ㈓ 중량이 크다 (비중 11.3).
  ㈔ 초산이나 진한 염산에 침식되며 증류수, 극연수에 다소 침식되는 경향이 있다.
② 용도 : 수도관, 기구배수관, 가스배관, 화학공업용의 배관에 사용된다.
③ 종류
  ㈎ 수도용 연관 : 사용 정수두 75 m 이하의 수도용에 사용하며 강도와 내구성이 좋다.

㈏ 일반용(공업용) 연관 : 1종(화학공업용), 2종(일반용), 3종(가스용)
㈐ 배수용 연관 : 상온에서 벤딩가공과 관 확관이 쉽기 때문에 트랩과 배수관, 대변기와 오수관, 세정관과 기구연결관에 사용된다.
㈑ 경연관 : 관의 길이는 3 m이며, 화학공업에 사용하는 경질연관이다.

(3) 알루미늄관
동 다음으로 전기 및 열전도율이 높으며 전연성이 풍부하고 가공성도 좋으며 내식성이 뛰어나 열교환기, 선박, 차량 등 특수용도에 사용된다.

(4) 주석관
화학공장, 양조장 등에서 알코올, 맥주 등의 수송관으로 사용된다.

1-4 비금속관

(1) PVC관 (Polyvinyl Chloride pipe ; PVC)
물, 유류, 공기 등의 배관에 사용된다.
① 경질 염화비닐관 : 사용온도 50~70℃ 정도, 사용압력은 490 kPa 정도이며 수도, 가스, 배수, 오수, 약품 수송, 전선관 등에 사용된다.
　㈎ 장점
　　㉮ 내식, 내산, 내알칼리성이 크다.
　　㉯ 전기의 절연성이 크다.
　　㉰ 열의 불양도체 : 열전도도는 철의 $\frac{1}{350}$
　　㉱ 가볍고 강인하다.
　　㉲ 배관가공(굴곡, 접합, 용접)이 쉽다.
　　㉳ 가격이 저렴하고 시공비도 적게 든다.
　㈏ 단점
　　㉮ 저온 및 고온에서 강도가 약하다.
　　㉯ 열팽창률이 심하다.
　　㉰ 충격 강도가 작다.
　　㉱ 용제에 약하다.

② 폴리에틸렌관(polyethylene pipe ; PE)
  ㈎ 장점
    ㉮ 염화비닐관보다 가볍다.
    ㉯ 상온 시에도 유연성이 풍부해 긴 관의 운반도 가능하다.
    ㉰ 내충격성, 내한성이 좋다.
    ㉱ 내열성, 보온성이 염화비닐관보다 우수하다.
  ㈏ 단점
    ㉮ 화력에 극히 약하다.
    ㉯ 유연해서 관면에 외상을 받기 쉽다.
    ㉰ 장기간 일광에 바래면 노화한다.
    ㉱ 인장강도가 작다(염화비닐관의 $\frac{1}{5}$ 정도).

③ 폴리부틸렌관(polybuthylene pipe ; PB)
  ㈎ 용도 : 온돌난방배관, 식수 및 온수배관, 농업 및 원예용 배관, 화학배관 등
  ㈏ 특징
    ㉮ 강하고 가벼우며 내구성이 강하다.
    ㉯ 자외선에 대한 저항성과 화학작용에 대한 저항성 등이 우수하다.
    ㉰ 곡률반지름을 관경의 8배까지 굽힐 수 있다.
    ㉱ 일반 관보다 작업성이 우수하다.
    ㉲ 신축성이 양호하여 결빙에 의한 파손이 적다.
    ㉳ 나사 및 용접 배관을 하지 않고 관을 연결구에 삽입하여 그래브 링(grab ring)과 O-링에 의한 특수접합을 할 수 있다.

④ 가교화 폴리에틸렌관(cross-linked polyethylene pipe ; XL관)
  ㈎ 용도 : 수도용 및 온수난방용으로 사용온도 범위는 −40~95℃이다.
  ㈏ 특징
    ㉮ 일명 엑셀 온돌파이프라고도 한다.
    ㉯ 동파, 녹, 부식이 없고 스케일이 생기지 않는다.
    ㉰ 기계적 특성, 내화학성이 우수하다.
    ㉱ 가볍고 신축성이 좋고, 용접이음이 불필요하다.
    ㉲ 유연성이 있어 배관 시공이 용이하다.
    ㉳ 관의 길이가 길고 가격이 저렴하다.
    ㉴ 특수한 장비나 기술이 불필요하고, 시공 및 운반비가 저렴하여 경제적이다.
    ㉵ 내열성이 우수하므로 녹아터지는 현상이 없으며, 내한성이 우수하다.

(2) 석면 시멘트관(eternit pipe)

① 용도 : 수도용, 가스용, 배수용, 공업용수관 등의 매설관에 사용된다.
② 특징
   ㈎ 재질이 치밀하고 강도도 강하다.
   ㈏ 내식성, 내알칼리성이 크다.
   ㈐ 비교적 고압에도 잘 견딘다.

(3) 철근 콘크리트관

옥외 배수관(단거리 부지 하수관) 등에 사용된다.

(4) 원심력 철근 콘크리트관(hume pipe)

상하수도, 배수로 등에 많이 사용되며 보통 압관과 압력관의 두 종류가 있는데 현장에서 흄관으로 통용된다.

(5) 도관(clay pipe)

두께에 의해 보통관(농업용), 후관(도시 하수관용), 특후관(철도용 배수관)으로 나눌 수 있으며 빗물 배수관에 많이 사용된다.

예·상·문·제

1. 다음은 강관에 대한 설명이다. 잘못된 것은 어느 것인가?
① 연관, 주철관에 비해 무겁고 인장강도도 작다.
② 굴요성이 풍부하며 접합작업도 쉽다.
③ 충격에 강인하다.
④ 연관, 주철관에 비해 값이 저렴하다.

2. 강관은 흑관과 백관으로 나눈다. 백관은 흑관과 같은 재질이지만 관 내외면에 Zn 도금을 하였다. 그 이유는?
① 부식 방지를 위해서
② 외관상 좋게 하려고
③ 내마모성의 증대를 위해
④ 내충격성의 증대를 위해

3. 다음 관 중 매설 시 부식에 가장 영향이 많은 것은? [기출문제]
① 백관   ② 흑관
③ 주철관 ④ 흄관

4. 압축공기 배관에서 사용압력 30 MPa 이상에는 무슨 관을 사용하는가?
① 단접강관   ② 전기용접관
③ 이음매 없는 강관 ④ 특수용접 강관

해설 이음매 없는 강관(seamless pipe)은 통쇠 파이프로 통용되며 고압에 잘 견디기 때문에 압축공기 배관 등에 사용된다.

5. 사용압력이 7.84 MPa, 관의 안전율을 고려한 허용응력이 102.9 MPa일 때의 스케줄 번호(Sch.No.)는 얼마인가?

① 60   ② 80
③ 100   ④ 120

해설 $\text{Sch. No.} = 1000 \times \dfrac{P(\text{사용압력})}{S(\text{허용응력})}$
$= 1000 \times \dfrac{7.84}{102.9} = 76.19 \text{ mm}$
$\fallingdotseq 80$

6. 강관의 스케줄 번호는 다음 중 무엇을 결정하는가? [기출문제]
① 파이프의 안지름 ② 파이프의 바깥지름
③ 파이프의 두께   ④ 파이프의 길이

7. 350℃ 이하에서 사용압력이 980 kPa 이하의 증기, 물, 가스, 공기, 기름 등의 각종 유체를 수송하는 배관이며, 일명 가스관이라고 하는 관은? [기출문제]
① 배관용 탄소강관
② 압력배관용 탄소강관
③ 고압배관용 탄소강관
④ 고온배관용 탄소강관

8. 배관용 탄소강관을 표시하는 배관재료 기호는? [기출문제]
① SPP   ② SPPW
③ SPPS   ④ SPPH

9. 배관용 탄소강 강관(SPP)의 사용압력은 몇 kPa 이하인가?
① 490 kPa   ② 980 kPa
③ 4900 kPa   ④ 9800 kPa

10. 다음 중 온도 350℃ 이하에서 사용압력이 주로 1~10 MPa까지 작용하는 보일러의

정답 1. ① 2. ① 3. ② 4. ③ 5. ② 6. ③ 7. ① 8. ① 9. ② 10. ②

증기관, 유압관, 수압관용으로 가장 적합한 것은? [기출문제]
① 배관용 탄소강관
② 압력배관용 탄소강관
③ 고압배관용 탄소강관
④ 고온배관용 탄소강관

11. 압력배관용 탄소강관에 대한 KS 도시기호는? [기출문제]
① SPP ② SPHT
③ SPPH ④ SPPS

12. 압력배관용 탄소강 강관은 최고 몇 MPa까지 사용할 수 있는가? [기출문제]
① 9.8 MPa 이하 ② 980 MPa 이하
③ 150 MPa 이하 ④ 200 MPa 이하

13. 고압배관용 탄소강 강관의 KS 재료기호 표시로서 맞는 것은? [기출문제]
① SPLT ② SPS
③ SPPS ④ SPPH

14. 고압배관용 탄소강 강관의 제조는 어떤 강이 쓰이는가? [기출문제]
① 림드강 ② 세미킬드강
③ 킬드강 ④ 합금강

15. 고압배관용 탄소강 강관(SPPH)의 사용 용도가 아닌 것은?
① 암모니아 합성배관
② 내연기관의 연료분사관
③ 화학공업의 고압배관
④ 일반 건축물의 배수관

해설 일반 건축물의 배수관에는 주철관 및 배수용 PVC관(VG_2관)이 사용된다.

16. 다음 강관의 종류와 KS 규격기호를 짝지은 것 중 알맞은 것은? [기출문제]
① SPHT : 고압배관용 탄소강관
② SPPH : 고온배관용 탄소강관
③ SPPS : 압력배관용 탄소강관
④ STHA : 저온배관용 탄소강관

해설 ①은 고온배관용 탄소강관, ②는 고압배관용 탄소강관, ④는 보일러·열교환기용 합금강 강관의 표시기호이다.

17. 배관용 강관의 KS 기호 중 고온배관용 탄소강관은? [기출문제]
① SPHT ② SPPS
③ STHW ④ SPPH

18. 강관의 표시기호 중 배관용 합금강관은?
① SPPH ② SPHT
③ SCM-TK ④ SPA

해설 ①은 고압배관용 탄소강 강관, ②는 고온배관용 탄소강 강관, ③은 기계 구조용 합금강 강관의 표시기호이다.

19. 다음 중 옥내 수도용 강관으로서 가장 적당한 것은? [기출문제]
① SPP ② SPPS
③ SPPW ④ SPW

해설 ①은 배관용 탄소강 강관, ②는 압력배관용 탄소강 강관, ③은 수도용 아연도금 강관, ④는 배관용 아크용접 탄소강 강관을 나타낸다.

20. LPG 탱크용 배관, 냉동기 배관 등의 빙점 이하의 온도에서만 사용되며 두께를 스케줄번호로 나타내는 강관의 KS 표시기호는?
① SPP ② SPA
③ SPLT ④ SPHT

정답 11. ④ 12. ① 13. ④ 14. ③ 15. ④ 16. ③ 17. ① 18. ④ 19. ③ 20. ③

21. 보일러·열교환기용 탄소강 강관을 표시하는 KS 기호는? [기출문제]
① STB ② STBH
③ STPG ④ SGPW

22. 정수두 100 m 이하의 급수배관용으로 쓰이는 수도용 도복장 강관의 KS 표시기호는 어느 것인가? [기출문제]
① SPPW ② STPW
③ SPW ④ STH

23. 내식용, 내열용 및 고온, 저온배관용에 사용되는 강관은? [기출문제]
① 압력배관용 탄소강 강관
② 고온배관용 탄소강 강관
③ 배관용 스테인리스 강관
④ 배관용 합금강 강관

해설 스테인리스관(stainless pipe)은 이음매 없는 관(seamless pipe)과 용접관의 두 종류가 있으며 고도의 내식, 내열성을 지니므로 화학공장, 실험실, 연구실 등의 특수배관에 사용되고 있다.

24. 구조용 강관의 종류가 아닌 것은?
① STK ② STKM
③ SCM-TK ④ STBH

해설 구조용 강관은 STK(일반 구조용 탄소강 강관), STKM(기계 구조용 탄소강 강관), SCM-TK(기계 구조용 합금 강관)이 있으며, STBH는 보일러·열교환기용 탄소강 강관으로서 열전달용이다.

25. 다음 중 냉간 완성 아크 용접관의 기호는?
① -E-C ② -B-C
③ -A-C ④ -S-C

해설 ㉠ -E-C : 냉간 완성 전기저항 용접관
㉡ -B-C : 냉간 완성 단접관
㉢ -S-C : 냉간 완성 이음매 없는 관

26. 다음 중 주철관의 특징에 해당되는 것은 어느 것인가? [기출문제]
① 화학공장용 배관에 쓰이고 내열성이 크다.
② 내구력이 풍부하여 부식이 작으나 무겁다.
③ 가스, 공기배관에 쓰이며 단접관, 용접관, 인발관의 3종으로 분류된다.
④ 열전도율이 커서 열교환기에 사용된다.

27. 주철관의 종류 중 제작 시 원심력을 이용하고 모래를 사용하여 만든 관은? [기출문제]
① 원심력 덕타일 주철관
② 원심력 금형 주철관
③ 원심력 모르타르 라이닝관
④ 원심력 사형 주철관

28. 수도, 가스 등의 지하매설용 관으로 적당한 것은?
① 강관 ② Al관
③ 주철관 ④ 황동관

해설 주철관은 내식성이 뛰어나 지중 매설용으로 많이 쓰인다.

29. 가스나 수도 등의 지하매설관에 가장 적당한 것은? [기출문제]
① 연관 ② 주철관
③ 황동관 ④ 알루미늄관

30. 수도용 입형(수직관) 보통주철관에 대한 설명 중 틀린 것은? [기출문제]
① 최대 사용 정수두는 45 m와 75 m 2종류가 있다.
② 소켓형 및 플랜지형이 있다.

③ 주형(모래형)을 세워놓고 주조한 관이다.
④ 관길이는 5 m, 10 m를 표준으로 한다.

31. 수도용 원심력 모래형 주철관은 고압용은 수두 100 m이고, 저압용은 수두 45 m 이하이다. 보통압용은 얼마인가? [기출문제]
① 80 m ② 75 m
③ 70 m ④ 60 m

32. 최대사용압력 441.32 kPa(45 mAq)의 수압에 사용되는 수도용 수직형 주철관은? [기출문제]
① 고압관 ② 보통압관
③ 저압관 ④ 특고압관
[해설] 수도용 수직형 주철관은 최대사용압력 735.52 kPa(75 mAq)의 보통압관과 최대사용압력 441.32 kPa(45 mAq)인 저압관의 2종류이다.

33. 모래형으로 만든 주형을 돌리면서 녹은 선철을 흘려 넣고 원심력을 이용하여 주조하는 주철관은? [기출문제]
① 수도용 주철관 이형관
② 수도용 세로형 주철관
③ 수도용 원심력 금형주철관
④ 수도용 원심력 모래형 주철관

34. 수도용 원심식 사형주철관의 종류 표시가 맞는 것은?
① 고압관 : H ② 보통압관 : A
③ 저압관 : LL ④ 중압관 : C
[해설] 수도용 원심 사형주철관은 고압관 : B, 보통압관 : A, 저압관 : LA의 3종류가 있다.

35. 원심력 모르타르 라이닝 주철관은 주로 원심력 모래형 및 원심력 금형주철관 내면에 모르타르를 라이닝한 것이다. 가장 주된 이유는 어느 것인가? [기출문제]
① 부식 방지 ② 내마모성 증대
③ 가요성 감소 ④ 가공성 증대

36. 다음 중 동관의 종류가 아닌 것은?
① 타프피치동 ② 인탈산동
③ 무산소동 ④ 전기소동

37. 다음 중 동관의 용도로 적당치 못한 것은 어느 것인가? [기출문제]
① 냉매관 ② 급유관
③ 열교환기용 관 ④ 배수관

38. 다음 중 전선의 터미널, 열교환기용 튜브, 압력계 관, 급유관, 냉매관 등에 많이 사용되는 관은? [기출문제]
① 알루미늄관 ② 주석관
③ 이음매 없는 동관 ④ 배관용 탄소강관

39. 다음은 동관에 관한 설명이다. 틀린 것은 어느 것인가? [기출문제]
① 전기 및 열전도율이 좋다.
② 산성에는 내식성이 강하고 알칼리성에는 심하게 침식된다.
③ 가볍고 가공이 용이하며 동파되지 않는다.
④ 전연성이 풍부하고 마찰저항이 적다.
[해설] 동관은 알칼리성에는 내식성이 강하나, 산성에는 심하게 침식된다.

40. 동관이나 황동관은 극연수에 잘 침식된다. 이것을 방지하기 위한 적합한 방법은 어느 것인가? [기출문제]

정답 31. ② 32. ③ 33. ④ 34. ② 35. ① 36. ④ 37. ④ 38. ③ 39. ② 40. ①

① 관 내외면에 주석을 도금한다.
② 녹 방지용 페인트칠을 한다.
③ 관 내외면에 아연을 도금한다.
④ 관 내면에 방식액을 발라준다.

41. 다음은 연관의 성질을 설명한 것이다. 틀린 것은? [기출문제]
① 산에 강하지만 알칼리에 약하며 부식성이 적다.
② 전연성이 풍부하며 굴곡이 용이하나 가로배관에는 휘기 쉽다.
③ 비중이 높아 매우 무거우나 반면 신축에 견딘다.
④ 초산, 진한 염산에 침식되지 않으나 극연수에는 다소 침식된다.

해설 초산이나 진한 염산에 침식되며 증류수, 극연수에 다소 침식되는 경향이 있다.

42. 다음 관재료 중 유연하며 전연성이 풍부한 관은?
① 강관   ② 주철관
③ 연관   ④ 플라스틱관

해설 전연성이란 전성과 연성을 말하는 것으로 전성은 넓게 펼칠 수 있는 성질을 말하며 연성이란 길이방향으로 늘릴 수 있는 성질을 말한다.

43. 연관의 용도로 잘못 열거된 것은?
① 수도의 인입분기관
② 화학공업 및 가스 배관용
③ 열교환기용
④ 기구배수관

해설 ③은 동관의 용도 중의 하나이다.

44. 다음 중 상온에서 벤딩 가공과 확관이 쉽

기 때문에 트랩과 배수관, 대변기와 오수관, 세정관과 기구연결관에 사용하는 관은?
① 배수용 연관   ② 수도용 연관
③ 공업용 연관   ④ 경연관

45. 알루미늄관의 성질에 관한 설명 중 틀린 것은? [기출문제]
① 화학성분의 종류에 따라 1, 2, 3종이 있고, 다시 연질과 경질로 나눈다.
② 비중은 2.7이며, 가볍고 전연성이 풍부하여 가공성이 좋다.
③ 내식성이 뛰어나 열교환기, 선박, 차량, 항공기 등에 사용한다.
④ 내식성이 나빠 건축배관이나 화학공업 배관재료로는 사용할 수 없다.

해설 Al관은 내식성이 뛰어나고 동 다음으로 전기 및 열전도율이 좋다.

46. 다음은 관의 특성을 설명한 것이다. 틀린 것은? [기출문제]
① 동관은 초산, 황산 등에 심하게 침식된다.
② 연관은 전연성이 풍부하고, 특히 다른 금속관에 비해 내식성이 풍부하다.
③ 알루미늄관은 알칼리에 강하고 특히 해수에 강하다.
④ 주철관은 내식성, 내마모성이 우수하고 다른 금속관에 비해 특히 내구성이 뛰어나다.

47. 염화비닐관의 용도가 아닌 것은?
① 수도용   ② 화학공업 배관용
③ 가스도관용   ④ 증기배관용

48. 다음 중 경질 염화비닐관의 특성으로서 틀린 것은?

정답 41. ④ 42. ③ 43. ③ 44. ① 45. ④ 46. ③ 47. ④ 48. ③

① 내식성 및 전기절연성이 크다.
② 가공성이 용이하다.
③ 열팽창률이 강관의 10배 정도 크다.
④ 한랭, 고온배관에는 부적합하다.

해설 경질 염화비닐관은 열팽창률이 강관의 7~8배 정도 크다.

49. 다음은 경질 염화비닐관에 관한 설명이다. 잘못된 것은?
① 약품수송용으로는 부적합하다.
② 전기절연성도 크고 열전도율은 철의 $\frac{1}{350}$ 이다.
③ 굴곡, 접합 및 용접가공이 용이하다.
④ 열에 약하고 충격강도도 작다.

해설 경질 염화비닐관은 내식성, 내산, 내알칼리성이 크기 때문에 약품수송용으로 적합하다.

50. 다음 중 합성수지관의 종류가 아닌 것은 어느 것인가? [기출문제]
① 폴리에틸렌관
② 폴리부틸렌관
③ 가교화 폴리에틸렌관
④ 염화비닐 알루미늄 도금관

51. 다음은 합성수지관의 일반적 특성을 설명한 것이다. 다음 중 틀린 것은? [기출문제]
① 가소성이 크고 가공이 용이하다.
② 내수(耐水), 내유(耐油), 내열성이 금속에 비하여 높다.
③ 비중이 작고 강인하며, 투명 또는 착색이 자유롭다.
④ 전기의 절연성이 좋다.

52. 폴리에틸렌관에 대한 설명이다. 틀린 것은 어느 것인가? [기출문제]

① 유백색의 폴리에틸렌관은 직사일광을 쬐면 표면이 산화하여 황색으로 변한다.
② 인장강도는 경질 염화비닐관에 비하여 작지만 파괴압력은 크다.
③ 유연성 때문에 충격에는 강하지만 외부에 상처를 받기 쉽다.
④ 제조방법은 에틸렌가스와 산소를 촉매로 한 중합체이다.

해설 폴리에틸렌관은 일반용과 수도용이 있으며, 화학적 성질이나 전기적 성질은 경질 염화비닐관보다 좋은 편이다. 여러 가지 장점도 있지만 인장강도가 작아 파괴압력이 경질 염화비닐관의 약 $\frac{1}{5}$ 정도밖에 안 된다는 결점도 지니고 있다.

53. 가교화 폴리에틸렌관(XLPE)의 특징으로 맞지 않는 것은? [기출문제]
① 동파, 녹, 부식이 없고 스케일이 생기지 않는다.
② 가볍고 유연성이 있어 배관시공이 용이하다.
③ 시공 시 특수한 장비와 기술이 필요하다.
④ 내열성, 내한성이 우수하다.

54. 에터니트관(eternit pipe)은 무슨 관을 말함인가? [기출문제]
① 석면 시멘트관
② 철근 콘크리트관
③ 원심력 철근 콘크리트관
④ 도관

해설 이탈리아의 에터니트 회사에서 만들었다 하여 석면 시멘트관에 회사명을 칭한 것이다.

55. 주철 파이프보다 부식에 강하고 충격에 약한 파이프로서 수도, 가스의 배수, 배기 파

정답 49. ① 50. ④ 51. ② 52. ② 53. ③ 54. ① 55. ③

이프로 사용되는 것은? [기출문제]
① 강관
② 동관
③ 석면 시멘트 파이프
④ 알루미늄 파이프

56. 다음 중 일명 흄관(Hume pipe)이라고 하는 관은? [기출문제]
① 석면 시멘트관
② 원심력 철근 콘크리트관
③ 폴리에틸렌관
④ 도관

57. 다음 비금속관에 대한 설명 중 틀린 것은 어느 것인가? [기출문제]
① 석면 시멘트관을 에터니트관이라고도 하며, 석면과 시멘트를 중량비 1 : 5로 혼합하여 만든다.
② 원심력 철근 콘크리트관은 보통압관과 압력관이 있다.
③ 경질 염화비닐관은 비중이 1.43으로 알루미늄의 $\frac{1}{4}$, 철의 $\frac{1}{10}$ 정도로 대단히 가볍고 운반과 취급에 편리하다.
④ 도관의 종류에는 두께에 의해 보통관, 후관, 특후관이 있다.

2 관 연결용 부속

2-1 강관용

나사 결합형과 용접형이 있고 나사 결합형은 가단주철제와 강관제가 있다.

(1) 나사 결합형
① 나사 결합형의 사용처별 분류
  (개) 배관의 방향을 바꿀 때 : 엘보, 벤드
  (내) 관을 도중에서 분기할 때 : T, Y, 크로스
  (대) 동경관을 직선결합할 때 : 소켓, 유니언, 니플
  (래) 이경관의 연결 : 이경 소켓, 이경 엘보, 이경 티, 부싱
  (매) 관 끝을 막을 때 : 플러그, 캡
  (배) 플랜지 부착기기에 접합할 때 : 플랜지

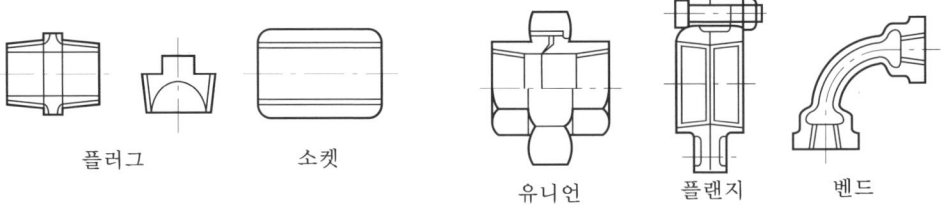

나사 결합형 연결부속

② 연결부속의 크기 표시방법
  (개) 지름이 같은 경우 : 호칭지름으로 표시한다.
  (내) 지름이 2개인 경우 : 지름이 큰 것을 첫 번째, 작은 것을 두 번째의 순서로 한다.
    예 32×25
  (대) 지름이 3개인 경우 : 동일중심선 위 또는 평행중심선 위에 있는 구멍 중에서 큰 것을 첫 번째, 작은 것을 두 번째, 나머지를 세 번째로 한다.
    예 32×32×25
  (래) 지름이 4개인 경우 : 지름이 큰 것을 첫 번째, 이것과 동일 또는 평행중심선 위에 있는 것을 두 번째, 나머지 2개 중에서 지름이 큰 것을 세 번째, 작은 것을 네 번째로 한다.
    예 $50 \times 25 \times 25 \times 20 \left(2 \times 1 \times 1 \times \dfrac{3}{4}\right)$

(2) 용접형

맞대기 용접용 연결부속은 사용압력이 비교적 낮은 증기, 물, 기름, 가스, 공기 등 일반배관의 맞대기 용접용으로 사용된다. 장반경 엘보의 굽힘 반지름은 강관 호칭지름의 1.5배, 단반경 엘보의 굽힘 반지름은 강관의 호칭지름과 같다.

(3) 플랜지

플랜지 연결법은 관 끝에 용접이음 또는 나사이음을 하고, 양 플랜지 사이에 패킹을 넣어 볼트로 연결시키는 방법이다.

① 용도 : 배관 중간이나 밸브, 펌프, 열교환기, 각종 기기의 접속 및 기타 보수, 점검을 위해서 관의 해체, 교환을 필요로 하는 곳에 많이 사용된다.
② 재질 : 강판, 주철, 주강, 단조강, 청동, 황동이 있다.
   ㈎ 청동 플랜지(황동 플랜지) : 호칭압력 1.6 MPa
   ㈏ 주철 플랜지 : 호칭압력 2 MPa
   ㈐ 몰리브덴강 (크롬-몰리브덴강) : 호칭압력 3 MPa 이상
③ 플랜지의 호칭압력 : 0.2, 0.5, 1.0, 1.6, 2, 3, 4, 6.3 MPa의 8가지 단계가 있다.
④ 플랜지의 모양 : 원형, 타원형(소구경관), 사각형
⑤ 패킹 시트의 모양 : 전면, 대평면, 소평면, 삽입형, 홈형 시트

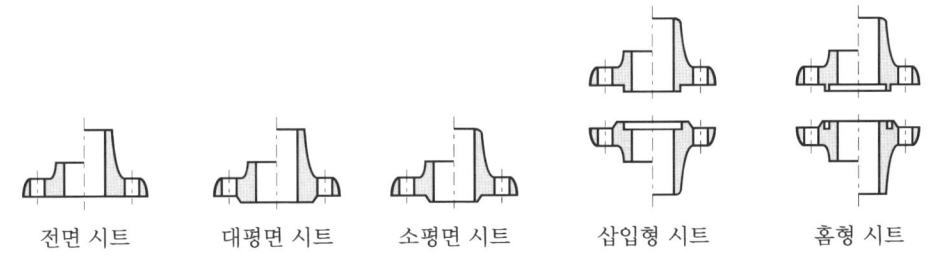

패킹 시트의 형상

   ㈎ 전면 시트 : 호칭압력 1.6 MPa 이하에 사용된다.
   ㈏ 대평면 시트 : 호칭압력 6.3 MPa 이하에 사용되며 연질 패킹용으로 적당하다.
   ㈐ 소평면 시트 : 호칭압력 1.6 MPa 이상에 사용되며 경질 패킹용으로 적당하다.
   ㈑ 삽입 시트 : 호칭압력 1.6 MPa 이상에 사용되며 소평면 시트보다 크게 기밀을 요할 때 사용된다.
   ㈒ 홈 시트 (채널형) : 호칭압력 1.6 MPa 이상에 사용되며 위험성이 있는 유체 배관, 매우 기밀을 요하는 배관에 사용된다.

⑥ 플랜지의 관 부착법에 따른 분류(관과의 이음방법)
    ㈎ 소켓 용접형(슬립 온 : slip on)
    ㈏ 맞대기 용접형(웰드 넥 : weld neck)
    ㈐ 나사 결합형
    ㈑ 삽입 용접형
    ㈒ 블라인드형
    ㈓ 랩 조인트(lapped joint)

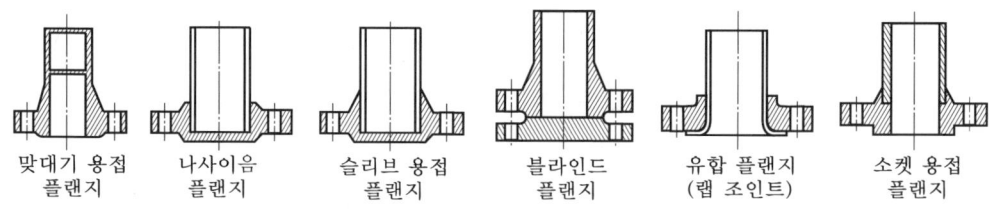

맞대기 용접 플랜지 / 나사이음 플랜지 / 슬리브 용접 플랜지 / 블라인드 플랜지 / 유합 플랜지 (랩 조인트) / 소켓 용접 플랜지

플랜지의 부착 형태별 종류

⑦ 플랜지용 볼트 너트 : 배관 플랜지용 볼트에는 머신 볼트와 스터드 볼트가 있다.
    ㈎ 머신 볼트 : 탄소강으로 만들며 상온·저압력하의 유체용으로 쓰인다.
    ㈏ 스터드 볼트 : 스테인리스 합금강으로 되어 있으며 −30~400℃의 비교적 고온도, 고압력하의 유체용으로 쓰인다.
⑧ 플랜지용 개스킷 : 플랜지 접합부로부터의 누설을 방지하기 위해 쓰이는 패킹제이다.

2-2 주철관 이형관 (주철관용 연결부속)

(1) 수도용 주철관 이형관

수도에 사용하는 주철관 이형관은 이음부의 모양에 따라 레드 이음관, 기계식 이음관, 플랜지 이음관으로 나누며 최대사용 정수두는 75 m 이하이나, 호칭지름 500 mm 이하의 것은 최대사용 정수두 100 m의 고압관에도 사용할 수 있다.

① 분기점인 경우 : T형관, +자관, Y관
② 배관이 굴곡할 때 : 각종 곡관
③ 지름이 다른 경우 : 편락관(테이퍼관)
④ 기설배관에서 분기관을 낼 때 : 이음관, 플랜지 소켓관, 플랜지관
⑤ 소화전을 장치하는 곳 : 소화전관

⑥ 배관의 중심선을 약간 어긋나게 할 때 : 을(乙)자관
⑦ 배관의 끝 : 캡, 플러그, 마개 플랜지
⑧ 저수지의 유입구 또는 유출구 : 나팔관

(2) 배수용 주철관 이형관

건물 내에 오수 배수관을 배관할 때 사용하는 이형관으로서 오수가 원활하게 흐르고 연결부에서 오물이 막히는 것을 방지하기 위한 것이다.

배수용 주철관의 종류

구 분	종 류
곡관	90° 짧은 곡관, 90° 긴 곡관, 60° 곡관, 45° 곡관, $22\frac{1}{2}°$ 곡관
Y관	Y관, 양Y관, 이형Y관, 이형 양Y관, 90° Y관, 90° 양Y관, 이형 90° Y관, 이형 90° 양Y관
T관	배수T관, 이형 배수T관, 통기T관, 이형 통기T관
기타	확대관, U트랩, 이음관
연관이음용	Y관, 이형Y관, 배수T관, 이형 배수T관, 이형관의 플랜지

2-3 동관 연결부속

(1) 플레어 연결부속(flared tube fitting)

플레어 연결부속은 황동제로서 주로 플레어 접합에 이용되며 분리, 재결합 등이 쉽다.

(2) 동합금 주물 연결부속(cast bronze fitting)

동합금 주물 연결부속은 청동주물로 연결부속 본체를 만들고 관과의 접합부분을 기계가공으로 다듬질한 것이다.

(3) 순동 연결부속(copper wrought fitting)

순동 연결부속에는 엘보, 티, 커플링(coupling), 소켓(슬리브), 줄임 소켓 등이 있다. 이것은 냉온수배관은 물론 도시가스, 의료용 산소 공급배관 등 각종 건축용 동관의 접합에 널리 사용되고 있다.

(4) 각종 연결부속의 치수 및 형태

동관용 연결부속의 형태

종 류	기 호	접합부 기호	단면 형상	실 물
어댑터	AD	C×F		
		C×M		
유니언	U	C×F		
		C×M		
니플	–	–		
소켓	–	–		
티	T	C×C×F		
		F×F×F		
90° 엘보	90E	C×F		
		C×M		
		F×F		

연결부속의 기호 (ANSI)

기 호	설 명
C	연결부속 내에 동관이 들어가는 형태로서 이음이 되도록 만들어진 용접용 부속의 끝부분
FTG	연결부속의 바깥지름이 동관의 안지름 치수에 맞게 만들어진 부속의 끝부분
F	나사가 안으로 난 나사이음용 부속의 끝부분
M	나사가 밖으로 난 나사이음용 부속의 끝부분이며 F, M은 ANSI의 규정에 의한 표준 관용테이퍼 나사(PT)를 기준으로 한다.

2-4 • PVC관 연결부속

(1) 수도용 경질 염화비닐관 연결부속
① 열간접합용과 냉간접합용이 있다.
② 용도에 따라 소켓, 엘보, 티 등과 수도꼭지를 설치하기 위한 수전 소켓, 수전 엘보, 수전티가 있다.
③ 열간접합용에는 갑형과 을형이 있다.

> **참고** ① 갑형 : 관 또는 연결부속을 가열하여 접합하는 연결부속이다.
> ② 을형 : 접합부분을 미리 가열가공하여 성형한 슬리브 연결부속이다.
> ※ 열간접합형은 최근 TS식 냉간접합용 연결부속의 개발로 거의 사용하지 않는다.

④ 냉간접합용에는 TS식, 편수칼라식, H식이 있다. TS식과 편수칼라식은 상온에서 접합부의 내면과 관끝의 외면에 PVC 전용 접착제를 칠하여 삽입함으로써 접합하는 방식이며, H식은 선삭가공을 필요로 하기 때문에 거의 사용하지 않는다.

(2) 일반용 경질 염화비닐관 연결부속
① VG_2관(얇은 관)의 접합에 사용하는 냉간삽입식 연결부속이다. 이때 VG_2관은 배수 및 통기관에 사용한다.
② 이 연결부속은 오수가 잘 흐르고 오물이 막히지 않도록 곡률 반지름을 크게 만든 것이다.
③ 분기 및 합류부분에 Y관 또는 90°관을 사용하여 배수가 잘 되도록 되어 있다.

(3) 폴리에틸렌관 연결부속
① 제조방법 및 용도 : 사출성형기에 의하여 제조되며 수도용이나 일반용 폴리에틸렌관에 공동으로 사용할 수 있다 (1종 : 연질관, 2종 : 경질관).
② 연결부속의 종류 : 소켓, 이경 소켓, 엘보, 티, 캡, 수전 소켓(갑, 을형), 수전 엘보, 유니언 소켓 등이 있다.

예·상·문·제

1. 4가지 방향으로 분기 시 사용할 수 있는 관연결용 부속은 어느 것인가? [기출문제]
① 티   ② 마이터
③ 벤드 ④ 크로스

2. 같은 지름의 관을 직선으로 이을 때 사용하는 부속품이 아닌 것은? [기출문제]
① 소켓(socket)   ② 유니언(union)
③ 니플(nipple)   ④ 부싱(bushing)

해설 동경관을 직선연결할 경우 : 소켓, 유니언, 니플

3. 다음 중 이경관의 연결부속이 아닌 것은?
① 리듀서   ② 줄임 엘보
③ 부싱   ④ 니플

4. 다음 배관용 연결부속 중 분해조립이 가능하도록 하려면 무엇을 설치하면 되는가?
① 엘보, 티   ② 리듀서, 부싱
③ 유니언, 플랜지 ④ 캡, 플러그

해설 유니언은 후일 배관 도중에서 분기 증설할 때나 배관의 일부를 수리할 때 분해조립이 가능해 편리하며 주로 관경 50A 이하의 소구경관에 사용하고 그 이상의 대구경관에는 플랜지를 사용한다.

5. 다음 중 배관의 끝을 막을 때 사용되는 강관용 연결부속으로 짝지어진 것은?
① 소켓, 니플   ② 플러그, 캡
③ 엘보, 티   ④ 리듀서, 부싱

6. 다음 중 연결부속의 크기를 표시하는 방법으로 틀린 것은?
① 지름이 같은 경우에는 호칭지름으로 표시한다.
② 지름이 2개인 경우 지름이 큰 것을 첫번째, 작은 것을 두 번째의 순서로 한다.
③ 지름이 3개인 경우에는 동일중심선 위 또는 평행중심선 위에 있는 구멍 중에서 큰 것을 첫 번째, 작은 것을 두 번째, 나머지를 세 번째로 한다.
④ 지름이 4개인 경우 큰 것을 첫 번째, 작은 것을 두 번째, 평행선과 중심선 위에 있는 것을 세 번째, 나머지 2개 중에서 지름이 큰 것을 네 번째로 한다.

해설 ② 지름이 다른 엘보 50×25(2′×1′)
③ 지름이 다른 티 50×50×25(2′×2′×1′)
④ 지름이 4개인 경우에는 지름이 가장 큰 것을 첫 번째, 이것과 동일 또는 평행중심선 위에 있는 것을 두 번째, 나머지 2개 중에서 지름이 큰 것을 세 번째, 작은 것을 네 번째로 한다.
예 크로스 50×25×25×20 $\left(2′×1′×1′×\dfrac{3}{4}\right)$

7. 용접결합형 엘보의 곡률 반지름은 롱(L)이 강관 호칭지름의 몇 배이며 쇼트(S)는 또한 몇 배인가? [기출문제]
① 롱(L)이 강관 호칭지름의 2배, 쇼트(S)는 강관 호칭지름의 1배
② 롱(L)이 강관 호칭지름의 1.5배, 쇼트(S)는 강관 호칭지름의 0.5배
③ 롱(L)이 강관 호칭지름의 1.5배, 쇼트(S)는 강관 호칭지름의 1.0배
④ 롱(L)이 강관 호칭지름의 2배, 쇼트(S)는 강관 호칭지름의 0.7배

정답 1. ④ 2. ④ 3. ④ 4. ③ 5. ② 6. ④ 7. ③

8. 롱 엘보(long elbow)의 곡률반지름은 관지름의 몇 배가 되는가? [기출문제]
① 1.0배 ② 1.5배
③ 2.0배 ④ 3.0배

9. 관의 지름이 크고 가끔 분해할 필요가 있을 때 사용되는 관이음은?
① 신축 이음
② 플랜지 이음
③ 턱걸이 이음
④ 벤드 이음

10. 호칭압력 1.6 MPa 이하의 플랜지에 사용하며 주철제 및 동합금제 플랜지에 적합한 플랜지 개스킷 시트 형상은? [기출문제]
① 전면 시트
② 대평면 시트
③ 삽입형 시트
④ 소평면 시트

해설 ②, ③, ④는 모두 호칭압력 1.6 MPa 이상에 사용된다.

11. 다음 패킹 시트의 종류 중 고압위험성이 있을 때 적당한 것은? [기출문제]
① 홈 시트
② 소평면 시트
③ 대평면 시트
④ 삽입 시트

해설 관플랜지의 패킹 시트(packing seat)는 위의 4가지 외에 전면 시트를 포함하여 모두 5가지이다. 홈 시트는 채널형 시트라고도 하며 호칭압력 1.6 MPa 이상의 위험성이 있고 극히 기밀을 요할 때 쓰인다.

12. 긴 테이퍼의 목이 있고 2 MPa 이상의 압력에 사용되는 고온·고압용 플랜지는 어느 것인가? [기출문제]
① 슬립 온형(slip on type)
② 웰드 넥형(weld neck type)
③ 블라인드형(blind type)
④ 랩 조인트형(lapped joint type)

13. 다음은 플랜지를 관부착법에 따라 분류한 것이다. 아닌 것은? [기출문제]
① 소켓 용접형(slip on)
② 맞대기 용접형(weld neck)
③ 나사결합형
④ 편심형

해설 플랜지는 ①, ②, ③ 외에 블라인드형, 삽입용접형, 랩형 등으로 나뉜다.

14. 후일 증설할 계획은 있으나 당장은 그 라인을 사용할 필요가 없을 경우, 관의 끝에 유체의 흐름을 차단할 목적으로 부착하는 플랜지의 형식은? [기출문제]
① 블라인드형
② 웰드 넥형
③ 랩형
④ 인서트형

15. 수도용 주철관 이형관의 최대사용 정수두는 얼마인가?
① 70 m 이하
② 75 m 이하
③ 80 m 이하
④ 100 m 이하

16. 다음 수도용 주철관 이형관에서 배관의 중심선을 약간 어긋나게 할 때 어떤 이형관을 쓰는가?

정답 8. ② 9. ② 10. ① 11. ① 12. ② 13. ④ 14. ① 15. ② 16. ①

① 을(乙)자관 ② 소화전관
③ 나팔관 ④ 캡

17. 다음 그림은 주철제 이형관에서 무엇의 기호인가?

① 기계식이음 소켓 T형관
② 플랜지 T형관
③ 레드 이음 소켓 T형관
④ 레드 이음 +자관

해설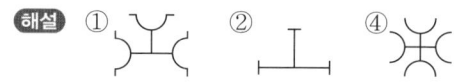

18. 다음 중 레드 이음 소켓 편락관의 주철제 이형관의 기호는?

① 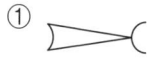 ②
③ 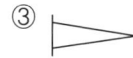 ④

해설 ② 기계식 이음 소켓 편락관, ③ 플랜지 편락관, ④ 레드 이음 소화전관

19. 다음 중 배수용 주철이형관 곡관의 종류가 아닌 것은?
① 90° 짧은 곡관
② 45° 긴 곡관
③ 60° 곡관
④ $22\frac{1}{2}°$ 곡관

해설 배수용 주철이형관 곡관에는 ①, ③, ④ 외에 90° 긴 곡관, 45° 곡관 등을 들 수 있다.

20. 다음 중 사용 도중 분리할 필요가 있는 곳 또는 물기가 많거나 물을 제거할 수 없어 용접접합이 어려울 때, 화재의 위험 등으로 용접접합을 할 수 없는 곳에 이용되는 동관용 이음쇠는?
① 플레어 이음쇠(flared tube fitting)
② 동합금 주물 이음쇠(cast bronze fitting)
③ 동관 이음쇠(copper wrought fitting)
④ TS식 이음쇠

21. 다음 중 순동 이음쇠의 종류에 해당되지 않는 것은?
① 유니언 ② 엘보
③ 티 ④ 소켓

해설 유니언은 강관용 이음쇠의 종류에 들어간다.

22. 다음 동관의 각종 이음형태에서 ANSI 규격에 규정된 이음쇠의 기호 중 "C"는?
① 이음쇠 내에 동관이 들어가는 형태
② 이음쇠의 바깥지름이 동관의 안지름치수에 맞게 만들어진 이음쇠의 끝부분
③ 나사가 안으로 난 나사이음용 이음쇠의 끝부분
④ 나사가 밖으로 난 나사이음용 이음쇠의 끝부분

해설 ② FTG, ③ F, ④ M

23. 다음 중 경질 염화비닐관의 냉간용 이음쇠의 형식이 아닌 것은? [기출문제]
① TS식
② 편수칼라식
③ H식
④ HI식

24. 다음 일반용 경질 염화비닐관 연결부속에 관한 설명 중 틀린 것은?

정답 17. ③ 18. ① 19. ② 20. ① 21. ① 22. ① 23. ④ 24. ①

① VG₂관의 접합에는 열간삽입식 연결부속이 사용된다.
② 배수 및 통기관에 사용되는 이음쇠는 VG₂관용 이음쇠이다.
③ 연결부속은 오수가 잘 흐르고 오물이 막히지 않도록 곡률반지름을 크게 한다.
④ 분기 및 합류부분에 Y관 또는 90° Y관을 사용하여 배수가 잘 되도록 한다.

해설 ① VG₂관의 접합에는 냉간삽입식 연결부속이 사용된다.

25. 다음 폴리에틸렌관 이음쇠에 관한 설명 중 잘못된 것은?

① 대부분 사출성형기로 제조한다.
② 소켓, 엘보, 티, 수전 소켓 등이 있다.
③ 수도용이나 일반용 폴리에틸렌관에 쓰인다.
④ 경질관인 1종과 연질관인 2종으로 나뉜다.

26. 다음 중 동관 이음쇠의 종류가 아닌 것은 어느 것인가?

① 플레어 이음쇠
② 동합금 주물 이음쇠
③ 순동 이음쇠
④ TS식 이음쇠

해설 ④는 냉간접합용으로 쓰이는 수도용 경질 염화비닐관 연결부속이다.

3 신축 이음 (expansion joint)

3-1 설치 목적

관 내에 온수, 냉수, 증기 등이 통과할 때에 고온과 저온에 따른 관의 팽창, 수축이 생기며 온도차가 커짐에 따라 배관의 팽창수축도 더욱 커져서 관, 기구 등을 파손 또는 구부릴 수 있는데 이런 현상을 막기 위해 직선배관 도중에 신축 이음을 설치한다.

3-2 종류 및 특징

(1) 슬리브형

단식과 복식이 있고 50 A 이하의 것은 나사 결합식, 65 A 이상의 것은 플랜지 결합식이다. 슬리브와 본체 사이에 패킹을 넣어 물 또는 압력 9.8 MPa 정도의 포화증기 및 공기, 가스, 기름 등의 배관에 사용되는데 미끄럼형 이음쇠(slip type joint)라고도 한다.

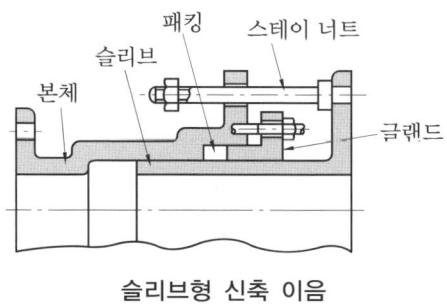

슬리브형 신축 이음

(2) 벨로스형(bellows type)

① 온도변화에 따른 관의 신축을 벨로스(bellows)의 변형에 의해 흡수시키는 구조로서 팩리스(packless) 신축 이음쇠라고도 한다.
② 벨로스형 이음쇠의 특징
　(개) 미끄럼 내관(sleeve)을 벨로스로 싸고 슬리브의 미끄럼에 따라 벨로스가 신축하기 때문에 패킹이 없어도 유체가 새는 것을 방지할 수 있다.
　(내) 설치장소가 작고 응력이 생기지 않으며 누설이 없다.
　(대) 고압배관에는 부적당하다.

③ 진공관 또는 온도 80℃ 이하에 사용되며, 저압배관일 때에는 고무제 벨로스를 사용할 수 있으나 고무는 기름에 침식되므로 기름 수송 배관에는 저압이라도 스테인리스제를 사용하는 것이 좋다.

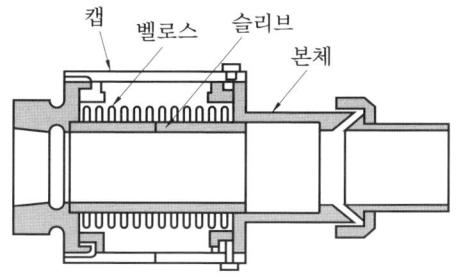

벨로스형 신축 이음

(3) 루프형 (loop type)

① 강관 또는 동관을 루프(loop) 모양으로 구부려서 그 구부림을 이용하거나 관 자체의 가요성(可撓性)을 이용하여 배관의 신축을 흡수하는 것으로 신축 곡관이라고도 한다.
② 특징
  ㈎ 설치장소가 넓다.
  ㈏ 고압에 잘 견디며 고장이 적고 고온고압용 옥외 배관에 많이 사용한다.
  ㈐ 관의 곡률반지름은 보통 관지름의 6배 이상이다.

(4) 스위블형 (swivel type)

① 스윙식이라고도 하며, 주로 증기 및 온수난방용 배관에 사용한다.
② 특징
  ㈎ 2개 이상의 엘보를 사용하여 이음부의 나사회전을 이용해서 배관의 신축을 흡수한다.
  ㈏ 굴곡부에서 압력강하를 가져오고 신축량이 큰 배관에서는 나사접합부가 헐거워져 누수의 원인이 된다.
  ㈐ 설비비가 싸고 쉽게 조립해서 만들 수 있다.

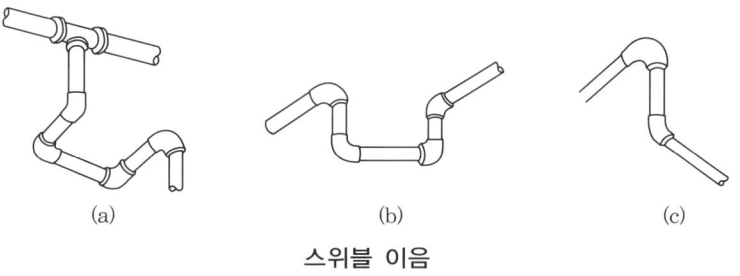

스위블 이음

예·상·문·제

1. 다음 중 신축 조인트의 종류가 아닌 것은 어느 것인가? [기출문제]
① 슬리브형 ② 오리피스형
③ 벨로스형 ④ 루프형

2. 관이음에서 신축 이음(expansion joint)을 사용하는 가장 중요한 목적은? [기출문제]
① 압력조절 및 방향전환
② 온도차로 생기는 신축의 흡수
③ 배관축의 변위조정
④ 진동원과 배관과의 완충

3. 강관 신축 이음은 직관 몇 m마다 설치해주는 것이 좋은가?
① 10 m ② 20 m
③ 30 m ④ 40 m

해설 강관 신축 이음은 직관 30 m마다 1개소씩 설치하고 경질 염화비닐관은 10~20 m마다 1개소씩 설치한다.

4. 다음은 슬리브형 신축 이음의 설명이다. 맞지 않는 것은?
① 일명 미끄럼형 이음쇠(slip type joint)라고 한다.
② 물 또는 압력 9.8 MPa 정도의 포화증기, 공기, 가스, 기름 등의 배관 이음으로 사용된다.
③ 보통 호칭지름 50 A 이하는 주철 이음쇠이다.
④ 65 A 이상은 주철제이다.

해설 호칭지름 50 A 이하는 포금제의 나사형 이음쇠이다.

5. 다음 신축 이음쇠 중 패킹을 필요로 하는 것은? [기출문제]
① 벨로스형 신축 이음쇠
② 루프형 신축 이음쇠
③ 스위블형 신축 이음쇠
④ 슬리브형 신축 이음쇠

해설 ④를 일명 미끄럼형 신축 이음쇠라고도 한다.

6. 신축 이음 중 물 또는 압력 0.8 MPa 이하의 포화증기 및 공기, 가스, 기름 등의 배관에 사용되는 이음은?
① 벨로스형 이음
② 슬리브형 이음
③ 스윙형 이음
④ 루프형 이음

7. 일명 팩리스 신축 이음(packless expansion joint)이라고도 하며, 단식과 복식으로 나눌 수 있는 신축 이음은? [기출문제]
① 벨로스 신축 이음
② 슬리브 신축 이음
③ 루프 신축 이음
④ 스위블 신축 이음

8. 벨로스형(bellows type) 신축 이음쇠에 관한 설명으로 올바른 것은? [기출문제]
① 강관 또는 동관을 파형으로 주름을 잡아 아코디언과 같이 만든 것이다.
② 단식만 있고 50 A 이하의 것은 나사 결합식, 65 A 이상은 플랜지 결합식이다.
③ 신축길이는 벨로스의 산수피치 등에 따

정답 1. ② 2. ② 3. ③ 4. ③ 5. ④ 6. ② 7. ① 8. ④

라 0~300 mm 정도이다.
④ 설치공간을 넓게 차지하지 않으며 누설이 없으나, 고압배관에는 부적당하다.

해설 미끄럼 내관을 벨로스가 싸고 있으며 패킹이 없어도 유체가 새지 않고 가능한 한 재료는 스테인리스강을 사용하는 것이 좋다.

9. 고압증기의 옥외 배관에 많이 사용되며 장소를 많이 차지하는 신축 곡관이라고도 하는 신축 이음은? [기출문제]
① 슬리브형 ② 벨로스형
③ 루프형 ④ 스위블형

10. 루프(loop)형 신축 이음의 설명 중 맞는 것은? [기출문제]
① 루프형은 설치장소가 좁은 곳에 사용한다.
② 관의 곡률반지름은 보통 관지름의 4~5배로 한다.
③ 신축의 흡수에 따른 응력이 생긴다.
④ 관을 주름잡아 구부릴 경우에는 곡률반지름을 관지름의 6배로 할 수 있다.

해설 루프형은 설치장소가 넓은 곳에 설치하며, 신축에 따른 응력이 생기고, 관을 주름잡아 구부릴 경우에는 곡률반지름을 관지름의 2~3배로 한다.

11. 신축곡관이라고도 하며 곡률반지름은 관지름의 6배 이상으로 하며 고온고압의 옥외 배관에 사용하므로 다른 신축 이음에 비하여 설치공간을 많이 차지하는 신축 이음쇠는 어느 것인가? [기출문제]
① 루프형(loop type) 신축 이음쇠
② 슬리브형(sleeve type) 신축 이음쇠
③ 벨로스형(bellows type) 신축 이음쇠
④ 스위블형(swivel type) 신축 이음쇠

12. 다음 중 배관 신축 이음의 허용길이가 가장 큰 것은?
① 루프형 ② 슬리브형
③ 벨로스형 ④ 팩리스형

해설 신축 이음의 허용길이가 큰 순서대로 나열하면 루프형>슬리브형>벨로스형의 순이다. 벨로스형을 팩리스형(packless type)이라고도 한다.

13. 신축관 이음에서 내고압성이 크고, 응력을 가장 많이 받을 수 있는 신축관은? [기출문제]
① 벨로스형 ② 슬리브형
③ 루프형 ④ 스위블형

14. 루프형 신축 이음의 굽힘 반지름은 사용되는 관지름의 몇 배 이상으로 하는가?
① 1배 ② 3배
③ 4배 ④ 6배

15. 스윙식이라고도 하며 주로 증기 및 온수 난방용 배관에서 2개의 엘보를 사용하여 이음부의 나사 회전을 이용, 배관의 신축을 흡수하는 신축 이음쇠는?
① 벨로스식 ② 루프식
③ 슬리브식 ④ 스위블식

16. 저압증기의 분기점에 2개 이상의 엘보를 사용하는 신축 이음은? [기출문제]
① 슬리브형
② 벨로스형
③ 스위블형
④ 볼조인트형

정답 9. ③ 10. ③ 11. ① 12. ① 13. ③ 14. ④ 15. ④ 16. ③

17. 다음 스위블(swivel)형 이음의 설명 중 맞지 않는 것은?
① 스위블 이음은 스윙 이음이라고도 한다.
② 주로 증기 및 온수난방용 배관에 사용한다.
③ 2개 이상의 엘보를 사용하여 이음부의 나사회전을 이용해서 배관의 신축을 이음부에 흡수시킨다.
④ 스위블 이음의 굴곡부에서의 압력강하 및 신축은 누설의 우려가 없다.

해설 스위블 이음은 굴곡부에서 압력강하를 가져오고 신축량이 너무 큰 배관에는 나사이음부가 헐거워져 누설의 우려가 있다는 결점이 있다.

18. 다음 관이음 중 수축과 팽창에 의한 신축을 조절하기 위하여 설치하는 것은? [기출문제]
① 리턴 벤드
② 플랜지
③ 유니언
④ 스위블 조인트

19. 다음은 신축 이음에 관한 설명이다. 틀린 것은?
① 2개 이상의 엘보를 사용하여 관을 접합하는 이음이 슬리브형 신축 이음이다.
② 루프형은 응력을 수반하나 고압에 잘 견뎌 고압증기의 옥외 배관에 사용된다.
③ 벨로스형은 설치면적이 크지 않고 응력도 생기지 않는다.
④ 슬리브형은 50 A 이하의 것은 나사 결합식이고 65 A 이상의 것은 플랜지 결합식이다.

해설 ①은 스위블 이음(swivel type)에 관한 설명이다. 스위블 이음은 나사의 회전에 의해 관 신축을 흡수하는 이음으로 온수나 저압 증기 배관 분기점 등에 사용된다.

20. 스위블 이음으로 흡수할 수 있는 신축의 크기는 회전관의 길이에 따라 정하는데, 직관의 길이 30 m에 대하여는 회전관을 몇 m 정도로 조립하면 되는가?
① 1 m
② 2 m
③ 1.5 m
④ 2.5 m

정답 17. ④   18. ④   19. ①   20. ③

4 밸브·트랩 및 스트레이너

4-1 밸브 (valve)

(1) 글로브 밸브 (globe valve, stop valve)
① 글로브 밸브
  (가) 주로 유량조정용으로 사용된다.
  (나) 50 A 이하는 포금제의 나사결합형, 65 A 이상은 밸브, 밸브 시트는 포금제, 본체는 주철제의 플랜지형으로 되어 있다.
  (다) 유체의 흐름방향과 평행하게 밸브가 개폐된다.
② 앵글 밸브 (angle valve) : 직각으로 굽어지는 장소에 사용한다. 엘보와 글로브 밸브를 조합한 것이며 유체의 저항을 막는다.
③ 니들 밸브 (needle valve) : 밸브의 디스크 모양을 원뿔모양으로 바꿔서 유체가 통과하는 평면이 극히 작은 구조로 되어 있으며, 특히 유량이 적거나 고압일 때에 유량조절을 누설없이 정확히 행할 목적으로 사용된다.

(2) 슬루스 밸브 (sluice valve, gate valve)
배관용으로 가장 많이 사용되는 밸브로서 유로개폐용으로 주로 쓰인다.
① 유체의 흐름에 따른 관내 마찰저항 손실이 적다.
② 찌꺼기(drain)가 체류해서는 안 되는 난방배관용에 적합하며, 유량조절용으로는 부적합하다.
③ 종류
  (가) 바깥나사식(50 A 이하의 관용)
  (나) 속나사식(65 A 이상의 관용)
④ 단점 : 유량조절에는 적당하지 않기 때문에 완전히 막고 사용하거나 완전히 열고 사용한다.

(3) 체크 밸브 (check valve)
① 유체의 흐름방향을 한 방향으로만 흐르게 하고 역류를 방지하는 목적에 사용된다.
② 종류
  (가) 리프트식 : 수평배관용
  (나) 스윙식 : 수직, 수평배관용
③ 펌프 흡입관 하부에 사용되는 풋 밸브 (foot valve)도 체크밸브(역지변)의 일종이다.

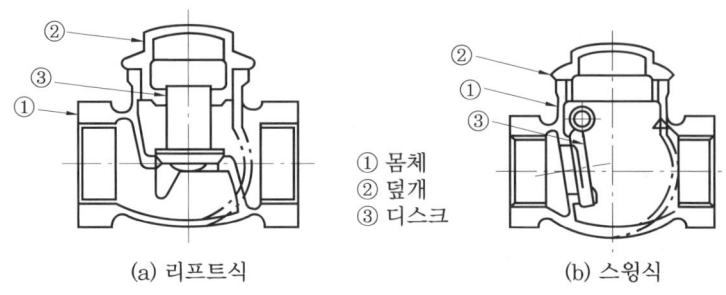

체크 밸브

(4) 콕 (cock)
① 유로를 급속히 개폐할 수 있다.
② 기밀 유지가 어려워 고압 대용량에는 적당하지 않다.
③ 구조 : 회전밸브의 일종으로 원통 또는 원뿔에 구멍을 뚫고 축의 주위를 90° 회전 함에 따라 개폐하는 것으로 플러그 밸브(plug valve)라고도 한다.

(5) 안전밸브 (safety valve)
① 안전밸브의 종류
　㈎ 중추식 : 정치 보일러용으로 중추의 중량에 의하여 분출압력을 조절한다.
　㈏ 레버식 : 추와 레버를 이용하여 추의 위치에 따라 분출압력을 조절하나, 고압용으로는 적당하지 못하다.
　㈐ 스프링식 : 스프링의 탄성에 의하여 분출압력을 조절하고, 종류가 다양하여 가장 많이 사용된다. 종류는 형식에 따라 단식, 복식, 이중식으로 나눈다.

(6) 감압 밸브 (pressure reducing valve)
① 종류
　㈎ 작동방법에 따라 ─ 피스톤식
　　　　　　　　　　　├ 다이어프램식
　　　　　　　　　　　└ 벨로스식

　㈏ 구조에 따라 ─ 스프링식
　　　　　　　　　└ 추식

② 설치 목적 : 감압 밸브는 고압과 저압관 사이에 설치하여 고압 측 유체의 압력을 필요한 압력으로 낮추어주는 밸브이다. 이 밸브는 압력 제어방식에 따라 자력식과 타력식으로 나누기도 한다.

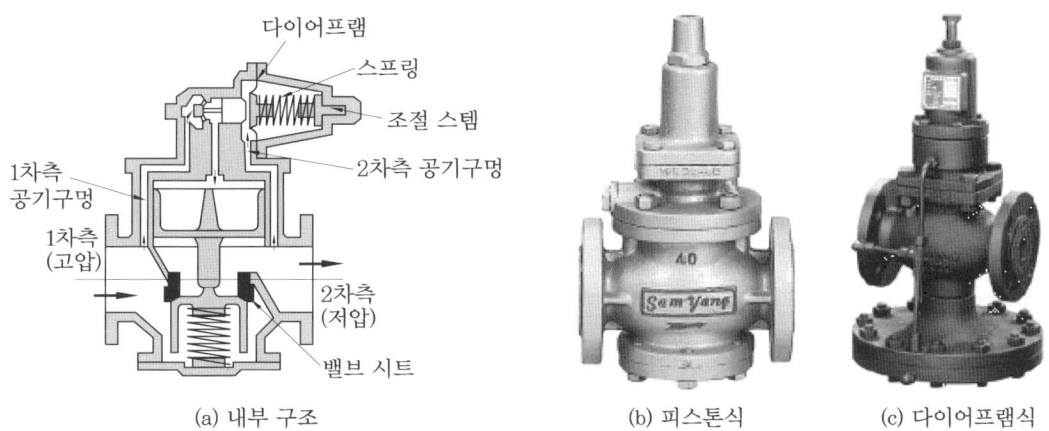

감압 밸브

(7) 솔레노이드 밸브 (전자변, solenoid valve)

① 안전 및 제어장치이다. 예를 들어 보일러의 압력 차단스위치, 저수위 경보기, 화염검출기, 송풍기 등의 작동여부에 따라 작동하며 응급 시에 연료를 차단하여 보일러를 안전하게 하고 휴지 시에도 연소실 내에 연료 누입을 막아 미연소가스 발생을 방지한다.
② 종류 : 파일럿식과 연료용으로 많이 쓰이는 직동식이 있다.

전자 밸브

(8) 공기빼기 밸브 (air vent valve)

① 배관라인의 유체 속에 섞인 공기, 그 밖의 기체가 유체에서 분리, 체류하게 됨으로써 유량을 감소시키는 현상을 제거해 주기 위해 장치하는 밸브이다.
② 공기빼기 밸브는 난방장치에 주로 사용된다.

(9) 볼 탭 (ball tap)

탱크 속에 물을 공급할 때 급수구에 설치하여 탱크 내의 수위 상승과 하강을 부력에 의해 조절해 주는 밸브이다.

(10) 수전

① 일반용 : 급수, 급탕관의 끝에 연결하여 물의 흐름을 개폐하거나 유량을 조절하는 일을 한다.
② 지수전
 ㈎ 갑지수전 : 급수장치의 수량조절용으로 쓰인다.

(나) 을지수전 : 공공수도와 부지경계점의 지하수도 분기관에 설치하여 급수장치 전체의 통수를 제한한다.

③ 분수전 : 급수소관에서 40 mm 이하의 급수관을 분기할 때 사용하며 분수전은 불단수식 천공기로 급수소관의 물을 멈추게 하지 않고 설치할 수 있다.

4-2 트랩 (trap)

트랩의 분류는 다음과 같다.
① 작동원리에 따라 : 기계식, 온도조절식, 열역학적 트랩
② 압력에 따라 : 저압용, 중압용, 고압용, 초고압용
③ 용도에 따라 : 증기용, 배수용
④ 접속방식에 따라 : 나사식, 플랜지형, 소켓형

(1) 증기 트랩 (steam trap)

방열기의 환수구 또는 배관의 아랫부분에 응축수가 모이는 곳에 설치하고 방열기나 증기관 속에 생긴 응축수 및 공기를 증기로부터 분리하여 증기는 통과시키지 않고 응축수만 환수관으로 배출시키며 수격작용 등도 방지할 수 있다.

① 열동식 트랩
 (가) 구조 : 본체 속에 인청동 또는 스테인리스강의 얇은 판으로 만든 원통에 주름을 많이 잡은 벨로스(bellows)를 넣고 그 내부에 휘발성이 큰 액체를 봉입한 것으로 벨로스 상부는 고정되고 하부는 아래, 위로 움직일 수 있는 구조로 되어 있다.
 (나) 특징 : 저온의 공기도 통과시키며 에어 리턴(air return)식이나 진공환수식 증기배관의 방열기나 관말 트랩에 사용된다 (0.1 MPa 이하의 저압 배관에 사용).

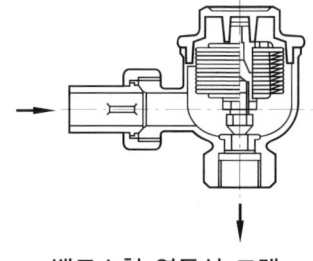

벨로스형 열동식 트랩

② 버킷 트랩 (bucket trap)
 (가) 구조 : 부력을 이용한 밸브를 개폐하며 간헐적으로 응축수를 배출하는 구조이다.
 (나) 특징
  ㉮ 고압, 중압의 증기 환수관용으로 쓰인다.
  ㉯ 형식은 상향식과 하향식이 있다.
  ㉰ 환수관을 트랩보다 높은 위치로 배관할 수 있다.

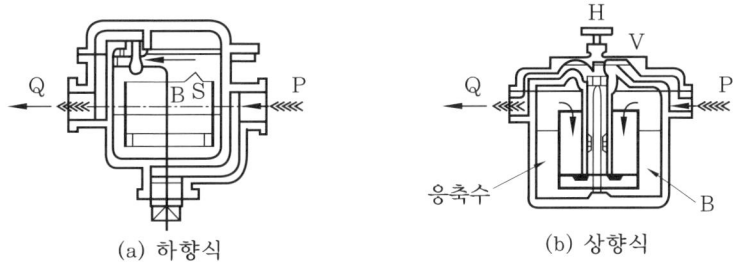

버킷 트랩

③ 플로트 트랩(float trap, 다량 트랩)
  (가) 구조 : 트랩 속에 응축수가 고이면 플로트가 올라가 밸브를 열고 응축수가 환수구로 배출되며, 응축수가 배출되면 다시 플로트는 내려가고 밸브가 닫혀 증기의 배출을 방지한다.
  (나) 특징
    ㉮ 저압증기용 기기부속 트랩이다.
    ㉯ 다량의 응축수를 처리하는 곳에 사용된다.
    ㉰ 상향식 버킷 트랩과 같이 공기의 배출능력이 없어서 열동식 트랩을 병용하여 사용한다.
④ 충동증기 트랩(충격식 트랩, impulse steam trap)
  (가) 구조 : 높은 온도의 응축수는 압력이 낮아지면 증발하는데 이때 증발로 인하여 생기는 부피의 증가를 밸브의 개폐에 이용한 것이다.
  (나) 특징
    ㉮ 디스크 트랩(disk trap)이라고도 한다.
    ㉯ 응축수의 양에 비하여 극히 소형이다.
    ㉰ 고압, 중압, 저압의 어느 곳에나 사용한다.
⑤ 수봉 트랩
  (가) 구조 : U자관에 물을 가득 채워서 사용하는 것이다.
  (나) 특징 : 주로 저압증기관에 사용한다.

(2) 배수 트랩

하수관 및 건물 내의 배수관에서 발생하는 해로운 가스를 실내로 침입하는 것을 방지하기 위한 수봉식 기구이다.

① 관 트랩
  (가) S 트랩 : 위생기구(세면기, 대변기, 소변기)를 바닥에 설치된 배수 수평관에 접속할 때에 사용된다.
  (나) P 트랩 : 벽면에 매설하는 배수 수직관에 접속할 때 사용한다.

㈐ U 트랩 : 가옥 트랩 또는 메인 트랩(main trap)으로서 건물 안의 배수 수평 주관 끝에 설치하여 하수구에서 해로운 가스가 건물 안으로 침입하는 것을 방지한다.

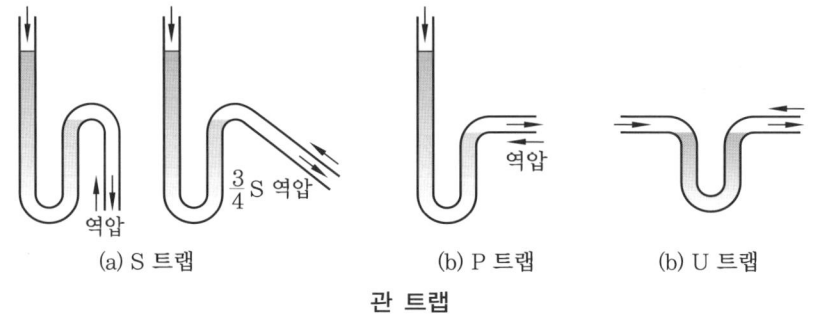

관 트랩

② 박스 트랩(box trap)

㈎ 드럼 트랩(drum trap) : 요리장의 개숫물 배수에 사용한다.
㈏ 벨 트랩(bell trap) : 주로 바닥면의 배수에 사용하는 트랩이다.
㈐ 가솔린 트랩(gasoline trap) 용도 : 기름 또는 휘발유를 많이 취급하는 자동차의 차고나 공장 등의 바닥 배수에 사용한다.
㈑ 그리스 트랩(grease trap) 특징 : 호텔, 여관, 식당, 주택 등 요리장에서 배수 중에 흘러 들어간 지방질이 배수관에 흘러 들어가기 전에 제거된다.

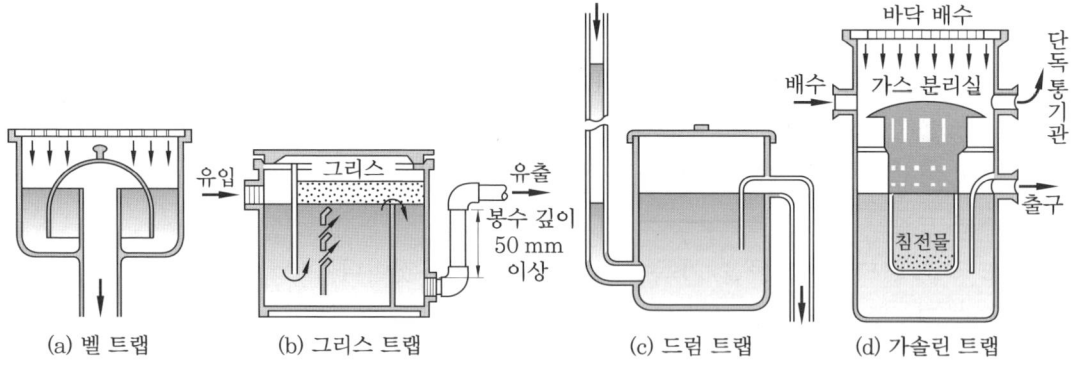

박스 트랩

4-3 • 스트레이너(strainer)

증기, 물, 유류 배관 등에 설치되는 밸브, 기기 등의 앞에 설치하여 관 내의 불순물을 제거하는 데 사용하는 여과기로 형상에 따라 Y형, U형, V형 등이 있다.

예·상·문·제

1. 다음 밸브의 역할에 대한 설명 중 가장 관계가 먼 것은? [기출문제]
① 유체의 유량 조절
② 유체의 방향 전환
③ 유체의 흐름 단속
④ 유체의 종류 변화

2. 유체의 유동방향과 밸브 시트(valve seat)가 평행으로 움직이면서 유로의 간격을 조절하여 유량을 조절하는 밸브는? [기출문제]
① 다이어프램 밸브 ② 리프트 밸브
③ 회전 밸브 ④ 버터플라이 밸브

3. 다음 옥형변에 관한 설명 중 틀린 것은?
① 유체의 저항이 크다.
② 관로 폐쇄 및 유량 조절용에 적당하다.
③ 게이트 밸브라고 통용된다.
④ 50 A 이하는 나사결합형, 65 A 이상은 플랜지형이 일반적이다.

[해설] 옥형변은 스톱 밸브 또는 글로브 밸브라고 통용된다. 경량이고 값이 싸며 고온 고압용에는 주강 또는 합금강제가 많다. ③의 게이트 밸브는 사절변의 통용어이다.

4. 슬루스 밸브(sluice valve)를 일명 무엇이라고 하는가?
① 게이트 밸브(gate valve)
② 앵글 밸브(angle valve)
③ 글로브 밸브(globe valve)
④ 체크 밸브(check valve)

5. 밸브가 유체의 흐름에 직각으로 미끄러져 개폐되며, 완전히 열렸을 때 마찰저항이 적은 밸브는? [기출문제]
① 콕 밸브 ② 게이트 밸브
③ 글로브 밸브 ④ 체크 밸브

[해설] 슬루스 밸브를 게이트 밸브 또는 사절변이라고도 하며 유체의 흐름을 단속한다.

6. 사절변에 관한 다음 설명 중 틀린 것은?
① 찌꺼기(drain)가 체류해서는 안 되는 배관 등에 적합하다.
② 속나사식과 바깥나사식이 있다.
③ 유체의 흐름에 따른 마찰저항 손실이 적다.
④ 유량의 조절용으로 적합하다.

[해설] 사절 밸브는 슬루스 밸브 또는 게이트 밸브라고도 하는 밸브이며 핸들을 회전함에 따라 밸브 스템이 상하운동하는 바깥나사식(50 A 이하용)과 핸들을 회전함에 따라 밸브 스템은 상하운동하지 않고 밸브 시트만 상하운동하는 속나사식(65 A 이상용)이 있다.

7. 밸브를 지나는 유체의 흐름방향을 직각으로 바꿔주는 밸브는? [기출문제]
① 체크 밸브 ② 앵글 밸브
③ 슬루스 밸브 ④ 니들 밸브

8. 밸브 몸체와 디스크 사이에 틈새가 있어 밸브 측면의 마찰이 적고 열팽창의 영향을 받지 않아 밸브의 개폐가 용이한 밸브는 어느 것인가? [기출문제]
① 더블 디스크 게이트 밸브
② 스모렌스키 체크 밸브
③ 패럴렐 슬라이드 밸브

정답 1. ④ 2. ② 3. ③ 4. ① 5. ② 6. ④ 7. ② 8. ③

④ 니들 밸브

9. 다음 중 체크 밸브에 대한 설명으로 옳은 것은? [기출문제]
① 체크 밸브는 유체의 역류를 방지한다.
② 리프트식은 수직배관에만 사용된다.
③ 스윙식은 수평배관에만 쓰인다.
④ 체크 밸브는 구조에 따라 스프링식과 중추식으로 분류된다.

해설 ② 리프트식은 수평배관에만 사용된다.
③ 스윙식은 수평, 수직배관에 쓰인다.
④ 체크 밸브는 구조에 따라 스윙식과 리프트식으로 분류된다.

10. 밸브 시트의 고정핀을 축으로 회전하여 개폐되므로 수평, 수직 어느 배관에도 사용할 수 있는 체크 밸브는? [기출문제]
① 스윙형　　② 해머리스형
③ 풋형　　　④ 리프트형

11. 유체를 일정 방향으로만 흐르게 하고 역류하는 것을 방지하는 데 사용하는 밸브는 어느 것인가? [기출문제]
① 체크 밸브　　② 슬루스 밸브
③ 글로브 밸브　　④ 콕

해설 ①은 역류방지용, ②는 유로개폐용, ③은 유량조절용, ④는 유로의 급속개폐용

12. 버킷 트랩을 사용하여 응축수를 위로만 배출하고자 할 때 트랩 출구에 부착하는 밸브로 가장 적합한 것은? [기출문제]
① 감압 밸브　　② 게이트 밸브
③ 온도조절 밸브　　④ 체크 밸브

13. 다음 밸브에 관한 설명 중 맞는 것은 어느 것인가? [기출문제]
① 글로브 밸브는 완전 개폐형으로 되어 있다.
② 게이트 밸브는 유량조절용으로 쓰인다.
③ 리프트식 체크 밸브는 주철관 이형관에 쓰인다.
④ 콕(cock)은 유체의 흐름을 급속 개폐시키고자 할 때 사용된다.

14. 다음 중에서 콕의 장점은? [기출문제]
① 기밀을 유지하기 쉽다.
② 개폐가 빠르다.
③ 고압 대유량에 적합하다.
④ 대유량 수송에 적당하다.

15. 콕(cock)은 몇 회전 돌리면 완전히 열렸다 닫혔다 하는가? [기출문제]
① $\frac{1}{4}$ 회전　　② $\frac{1}{2}$ 회전
③ 1회전　　④ 2회전

16. 규정압력 이상에서 작동하는 밸브는?
① 팽창 밸브　　② 버터플라이 밸브
③ 안전밸브　　④ 슬루스 밸브

해설 안전밸브는 배관계 내에서의 과잉압력으로부터 위험을 방지하는 데 목적이 있고 증기배관, 압축공기 탱크, 압력수탱크, 수압기 등 압력을 많이 받는 배관계에 주로 사용된다.

17. 조절 밸브 등에 의해 감압되는 경우 조절 밸브의 불완전한 작동에 대한 위험을 방지하고자 조절 밸브의 하측에 어느 것을 부착하여야 가장 좋은가? [기출문제]
① 에어 체임버(air chamber)
② 안전밸브(safety valve)

③ 콕(cock)
④ 역지변(check valve)

18. 다음 중 안전밸브의 종류가 아닌 것은?
① 중추식　　② 지렛대식
③ 스프링식　　④ 이동식

해설 안전밸브에는 중추식, 지렛대식, 스프링식이 있다.

19. 감압 밸브를 일명 무슨 밸브라 하는가?
① 압력조정 밸브　② 온도조절 밸브
③ 전자 밸브　　　④ 안전밸브

해설 감압 밸브를 일명 압력조정 밸브라 하며 고압관과 저압관 사이에 설치하고 고압측의 압력변동에 관계없이 자동적으로 제어되는 밸브이다.

20. 감압 밸브에 대한 설명으로 옳지 않은 것은?
① 고압증기를 저압증기로 전환한다.
② 부하 측의 압력을 일정하게 유지한다.
③ 부하변동에 따른 증기의 소비량을 줄인다.
④ 감압 밸브의 입구측에 압력계와 안전밸브를 설치할 수 있게 한다.

해설 감압 밸브의 출구측에 압력계와 안전밸브를 설치한다.

21. 다음 중 감압 밸브를 작동방법에 따라 구분한 것이 아닌 것은?
① 피스톤식　　② 다이어프램식
③ 벨로스식　　④ 스프링식

해설 감압 밸브는 구조에 따라 스프링식과 중추식으로 나누어지기도 한다.

22. 다음 중 밸브의 디스크 모양을 원뿔 모양으로 바꾸어서 유체의 통과량이 작고, 고압일 때에도 유량 조절을 기밀 없이 하는 밸브는?
① 앵글 밸브(angle valve)
② 슬루스 밸브(sluice valve)
③ 니들 밸브(needle valve)
④ 글로브 밸브(glove valve)

23. 산 화학약품 수송배관에서 유체를 차단하는 데 사용되며, 저항이 극히 작은 밸브는 어느 것인가? [기출문제]
① 플랩 밸브　　② 플러그 밸브
③ 다이어프램 밸브　④ 체크 밸브

24. 긴급 연료 차단 밸브라 하기도 하며 안전장치이자 제어장치의 역할을 하는 밸브는?
① 솔레노이드 밸브　② 감압 밸브
③ 슬루스 밸브　　　④ 안전밸브

해설 일명 솔레노이드 밸브 또는 전자 밸브라하며, 종류에는 파일럿식과 직동식이 있다.

25. 다음 중 열교환기나 가열기 등에 사용하며 기구 속의 유체온도를 자동적으로 조절하는 밸브는?
① 압력조정 밸브　② 온도조정 밸브
③ 안전밸브　　　④ 슬루스 밸브

해설 온도조정 밸브는 벨로스나 다이어프램이 작동하여 밸브를 개폐하고 기구 속에 유입되는 유체의 온도를 조절한다.

26. 다음 중 냉동배관용 밸브로 쓰이지 않는 것은?
① 냉매 밸브　　② 팽창 밸브
③ 지수전　　　④ 전자 밸브

해설 ① 냉매 밸브 : 냉매스톱 밸브라고 할 수 있으며 글로브 밸브의 일종이다.

정답　18. ④　19. ①　20. ④　21. ④　22. ③　23. ③　24. ①　25. ②　26. ③

② 팽창 밸브 : 냉동부하의 증발온도에 따라 증발기로 들어가는 냉매량을 조절한다.
④ 전자 밸브 : 솔레노이드 밸브(solenoid valve)라고도 하며 팽창 밸브 앞에서 냉동기의 압축기가 정지하고 있을 때에 냉매액이 증발기 내에 유입되는 것을 방지한다.

27. 방열기 및 배관 중 높은 곳에 설치하는 밸브는?
① 안전밸브
② 감압 밸브
③ 온도조절 밸브
④ 에어 벤트 밸브

해설 에어 벤트 밸브(air vent valve)란 공기빼기 밸브를 말하며, 배관계 내의 공기를 배출하는 역할을 담당하고 단구와 쌍구 2종이 있다.

28. 다음 중 원통형의 몸체 속에서 밸브봉을 축으로 하여 평판이 회전함으로써 개폐가 되는 밸브는?
① 콕
② 버터플라이 밸브
③ 감압 밸브
④ 안전밸브

해설 버터플라이 밸브는 저압용의 밸브로서 널리 사용된다.

29. 옥상탱크, 물받이탱크, 대변기의 세정 탱크 등의 급수구에 장착하며 부력에 의해 자동적으로 밸브가 개폐되는 것은?
① 공기빼기 밸브
② 볼 탭
③ 지수전
④ 전자 밸브

해설 볼 탭(ball tap)은 구전 또는 부자변으로 불린다.

30. 수도 본관에서 관지름 40 mm 이하의 급수관을 따낼 때 쓰는 수전은?

① 분수전
② 지수전
③ 플러시 밸브
④ 볼 탭

31. 고압난방의 관끝 트랩 및 기구 트랩 또는 저압 난방기구 트랩에 많이 사용되는 것은?
① 실폰 트랩
② 버킷 트랩
③ 플로트 트랩
④ 박스형 트랩

해설 버킷 트랩은 상향식과 하향식이 있으며 고압, 중압의 증기배관에 많이 쓰이고 있다.

32. 증기 트랩의 역할을 바르게 설명한 것은?
① 배관 하부에서 발생한 악취의 역류 방지
② 응축수는 통과시키지 않고 증기만 환수관으로 배출
③ 증기는 통과시키지 않고 응축수만 환수관으로 배출
④ 증기관 내 찌꺼기를 걸러서 배출

33. 증기관 및 환수관의 압력차가 있어야 응축수를 배출하고 고압, 중압의 증기관에 적합하며 상향식 및 하향식이 있고 환수관을 트랩보다 위쪽에 배관할 수도 있는 트랩은? [기출문제]
① 플로트 트랩(float trap)
② 벨로스 트랩(bellows trap)
③ 그리스 트랩(grease trap)
④ 버킷 트랩(bucket trap)

34. 증기관이 길어져 응축수가 많을 때 사용하고 구조상 공기를 함께 배출하지 못하므로 열동식 트랩과 같이 설치하는 트랩은? [기출문제]
① 충동 증기 트랩
② 버킷 트랩
③ 플로트 트랩
④ 방열기 트랩

해설 플로트 트랩은 다량(多量) 트랩이라고도 하며 저압, 중압의 공기가열기, 열교환기 등에서 다량의 응축수 처리 시 사용된다.

정답 27. ④ 28. ② 29. ② 30. ① 31. ② 32. ③ 33. ④ 34. ③

35. 다음 트랩 중 구조는 소형이나 저압, 중압, 고압 어느 곳에나 사용할 수 있으며 처리하는 응축수의 양도 많으나 구조상 증기가 다소 새는 결점이 있는 트랩은? [기출문제]
① 방열기 트랩
② 플로트 트랩
③ 버킷 트랩
④ 임펄스 증기트랩

해설 ④는 충동 증기 트랩의 영문 표기이다.

36. 높은 온도의 응축수는 압력이 낮아지면 증발하는데 이때 증발로 인해 생기는 부피의 증기를 밸브의 개폐에 이용한 증기 트랩은 어느 것인가? [기출문제]
① 버킷 트랩
② 열동식 트랩
③ 플로트 트랩
④ 충동 증기 트랩

해설 ④는 실린더 속의 온도 변화에 따라 연속적으로 밸브가 개폐되는 소형의 증기 트랩으로 디스크 트랩이라고도 한다.

37. 다음 중 관 트랩의 종류가 아닌 것은?
① S 트랩   ② P 트랩
③ U 트랩   ④ V 트랩

해설 ① S 트랩 : 세면기, 대변기, 소변기 등의 위생기구를 바닥에 설치된 수평배관에 설치한다.
② P 트랩 : 벽면에 매설하는 배수 수직관에 접속할 때 사용한다.
③ U 트랩 : 가옥 트랩 또는 메인 트랩으로서 건물 내의 배수 수평주관의 끝에 설치, 가스가 건물 안에 침입하는 것을 방지한다.

38. 메인 트랩(main trap)이라고도 하며, 건물 안의 배수 수평주관 끝에 설치하는 가옥 트랩은? [기출문제]
① P 트랩   ② 그리스 트랩
③ U 트랩   ④ 벨 트랩

39. 다음 배수 트랩의 종류 중 상자형이 아닌 것은? [기출문제]
① 벨 트랩   ② 메인 트랩
③ 가솔린 트랩   ④ 그리스 트랩

해설 ②는 관 트랩 중의 하나이다.

40. 요리장의 배수에 섞여 있는 지방분이 배수관에 부착되어 관이 막히는 것을 방지하기 위하여 설치하는 트랩은? [기출문제]
① 사이먼 트랩   ② 플로트 트랩
③ 가솔린 트랩   ④ 그리스 트랩

해설 ④는 호텔, 여관, 식당, 주택 등 요리장용으로 많이 쓰인다.

41. 증기, 물, 기름배관 등에서 관 내의 찌꺼기를 제거하려면 무엇을 장치하는가?
① 증기 트랩   ② 배니 밸브
③ 스트레이너   ④ 신축 이음

42. 다음 중 스트레이너의 형식에 들어가는 것은? [기출문제]
① B형   ② V형
③ Z형   ④ X형

해설 스트레이너는 형상에 따라 Y형, U형, V형으로 나뉜다.

정답 35. ④ 36. ④ 37. ④ 38. ③ 39. ② 40. ④ 41. ③ 42. ②

5 배관용 보온재

5-1 보온재

(1) 보온재의 구비 조건
① 보온능력이 크고 열전도율이 작을 것
② 비중이 작을 것
③ 장시간 사용온도에 견디며 변질되지 않을 것
④ 다공질이며 기공이 균일할 것
⑤ 시공 시 용이하고 확실하게 사용할 수 있을 것
⑥ 흡습·흡수성이 적을 것

(2) 보온재의 종류
① 재질에 따라
　㈎ 유기질 보온재 ┐
　㈏ 무기질 보온재 ┘ 다공질에 의한 전도·대류에 의해서 열전도율이 감소된다.
　㈐ 금속질 보온재 : 복사에 의한 열전달이 방지된다.
② 안전 사용온도에 따라
　㈎ 저온용 : 우모 펠트, 양모, 닭털, 쌀겨, 톱밥, 탄화코르크, 면, 폼류
　㈏ 상온용 : 탄산마그네슘, 유리솜, 규조토, 암면, 광재면, 석면
　㈐ 고온용 : 펄라이트, 규산칼슘, 세라믹 파이버

5-2 보온재의 종류 (재질에 따른 분류)

(1) 유기질 보온재(증기설비 보온재로 사용하지 않음)
① 펠트류 : 양모, 우모를 이용하여 펠트상으로 제작한 것으로 곡면 등에도 시공이 가능하다.
　㈎ 안전 사용온도 : 100℃ 이하
　㈏ 특징
　　㉮ 습기 존재하에서 부식, 충해를 받는다.

㈎ 방습 처리가 필요하다.

㈐ 아스팔트로 방습한 것은 -60℃까지의 보랭용에 사용할 수 있다.

② 텍스류 : 톱밥, 목재, 펄프를 원료로 해서 압축판 모양으로 제작한 것이다.

㈎ 안전 사용온도 : 120℃ 이하

㈏ 용도 : 실내벽, 천장 등의 보온 및 방음

③ 폼류 : 경질 폴리우레탄폼, 폴리스티렌폼, 염화비닐폼(사용온도 80℃ 이하) 등이 있다.

④ 탄화 코르크 : 코르크 입자를 금형으로 압축 충전하고 300℃ 정도로 가열 제조한다. 방수성을 향상시키기 위하여 아스팔트를 결합한 것을 탄화 코르크라 하며 우수한 보온·보랭재이다.

㈎ 안전 사용온도 : 130℃ 이하

㈏ 용도 : 냉장고, 건축용 보온·보랭재, 배관 보랭재, 냉수·냉매 배관, 냉각기, 펌프 등의 보랭용

(2) 무기질 보온재

① 탄산마그네슘 보온재 : 염기성 탄산 마그네슘(85 %)에 석면을 15 % 정도 혼합한 것, 물반죽 또는 보온판, 보온통으로 사용된다.

㈎ 안전 사용온도 : 250℃ 이하

㈏ 특징

㉮ 석면 혼합 비율에 따라 열전도율이 좌우된다.

㉯ 300℃ 정도에서 탄산분, 결정수가 없어진다.

② 유리 섬유(glass wool) : 용융 유리를 압축공기나 원심력을 이용하여 섬유 형태로 제조, 보온대, 보온통, 판 등으로 성형된다.

㈎ 안전 사용온도 : 300℃ 이하 (방수처리된 것 600℃)

㈏ 특징

㉮ 흡음률이 높다.

㉯ 흡습성이 크기 때문에 방수처리를 해야 한다.

㉰ 보랭·보온재로 냉장고, 일반건축의 벽체, 덕트 등에 사용한다.

③ 폼 글래스(발포초자) : 유리 분말에 발포제를 가하여 가열 용융시켜 발포융착시킨 것으로 판상, 관상으로 제조되고 보온·보랭제로 사용되며 기계적 강도가 크고 흡습성이 작다.

④ 규조토질 보온재 : 규조토 건조분말에 석면 또는 삼여물을 혼합한 것으로 물반죽 시공을 한다.

(가) 안전 사용온도
  ㉮ 석면 사용 시 : 500℃
  ㉯ 삼여물 사용 시 : 250℃
(나) 특징
  ㉮ 열전도율이 다른 보온재보다 크다.
  ㉯ 시공 후 건조시간이 길다.
  ㉰ 철사망 등 보강재를 사용해야 한다.

⑤ 석면 보온재(아스베스트) : 사교암의 클리소 타일(백색)이나 각섬암계의 아모사이트 석면(갈색)을 보온재로 사용, 석면사로 주로 제조되며 패킹, 석면판, 슬레이트 등에 사용된다.
(가) 안전 사용온도 : 400℃ 이하
(나) 특징
  ㉮ 진동을 받는 부분에 사용된다.
  ㉯ 800℃ 정도에서 강도, 보온성이 감소된다.
  ㉰ 곡관부, 플랜지부 등에 많이 사용된다.

⑥ 암면 보온재(rock wool) : 안산암, 현무암, 석회석 등의 원료 암석을 전기로에서 1500~2000℃ 정도로 용융시켜 원심력 압축공기 또는 압축 수증기로 날려 무기질 분자구조로만 형성하여 섬유상으로 만든 것이다.
(가) 용도 : 400℃ 이하의 관, 덕트, 탱크 보온재로 적합하다.
(나) 특징
  ㉮ 흡수성이 적다.
  ㉯ 풍화의 염려가 없다.
  ㉰ 알칼리에는 강하나 강산에는 약하다.

⑦ 광재면 : 용광로 슬래그를 이용해서 암면 제조방법과 같이 하여 제조한다. 특징은 암면과 비슷하다.

⑧ 규산칼슘 보온재 : 규산질 재료, 석회질 재료, 암면 등을 혼합하여 수열반응시켜 규산칼슘을 주원료로 한 결정체 보온재이다.
(가) 안전 사용온도 : 650℃
(나) 특징
  ㉮ 압축강도가 크다.
  ㉯ 곡강도가 높고 반영구적이다.
  ㉰ 내수성이 크다.
  ㉱ 내구성이 우수하다.

㈑ 시공이 편리하다.
　㈐ 용도 : 고온 공업용에 가장 많이 사용된다. 제철, 발전소, 선박, 화학공업용 탑류, 고온배관 등에 쓰인다.
⑨ 마스틱의 용도와 특징 : 보온, 보랭재를 옥외에 시공하였을 경우 보온, 보랭을 외부의 화학적 또는 물리적 자극에서 보호하기 위하여는 내구성 및 기계적 강도가 뛰어난 물질로 피복해 주어야 하며 이러한 조건에 적합한 물질을 마스틱(mastic)이라고 한다.
　㈎ 용도 : 보온외장, 공조덕트 외장, 연기배관 보호용, 송풍 덕트용, 소음방지용, 전력·석유화학 공장의 정류탑, 보일러, 탱크용, 연기배관, 원유 탱크, 냉동실, 냉장고의 내벽 코팅재 등에 사용된다.
　㈏ 특징
　　㉮ 시공이 간편하여 능률적인 보온, 보랭, 외장재로 쓰인다.
　　㉯ 방수, 방습성이 우수하다.
　　㉰ 내식성, 내구력이 크다.
　　㉱ 사용온도 범위가 넓다.
　　㉲ 내충격성이 크다.
　　㉳ 내화학약품성이 크다.

(3) 금속질 보온재

금속 특유의 복사열에 대한 반사특성을 이용하여 보온효과를 얻는 것으로 대표적인 것은 알루미늄 박(泊)을 들 수 있다.

① 알루미늄 박(泊) : 알루미늄 박 보온재는 판 또는 박(泊)을 사용하여 공기층을 중첩시킨 것으로 그 표면은 열 복사에 대한 방사능을 이용한 것이다.
② 알루미늄 박(泊)의 공기층 두께 : 10 mm 이하일 때 효과가 제일 좋다.

예·상·문·제

1. 다음 보온재의 구비 조건 중 맞지 않는 것은 어느 것인가?
① 열전도율이 작아야 한다.
② 내구성이 있고 변질되지 않아야 한다.
③ 부피, 비중이 작아야 한다.
④ 흡수성과 흡습성이 있어야 한다.

해설 ① 보온능력이 클 것(λ = 0.418 kJ/m·h·K 이하일 것)
② 가벼울 것(밀도가 작을 것 = 부피, 비중이 작을 것)
③ 내구성이 있을 것
④ 흡습성이 없을 것
⑤ 기계적 강도가 있을 것
⑥ 시공 용이, 작업이 확실할 것

2. 다음은 보온재와 보랭재가 갖추어야 할 성질이다. 가장 관계가 먼 것은? [기출문제]
① 열전도율이 좋을 것
② 경량일 것
③ 불연성일 것
④ 가격이 저렴할 것

3. 다음 중 단열외장의 목적에 맞지 않는 것은 어느 것인가? [기출문제]
① 단열재를 보호하고, 내용년수를 길게 한다.
② 미관을 좋게 하고, 장치를 깨끗이 한다.
③ 배관을 쉽게 하고, 공정을 감소한다.
④ 빗물의 침입을 막고, 단열재의 흡수를 막는다.

4. 다음 중 보랭재의 구비 조건에 합당하지 않는 것은?
① 재질 자체의 모세관현상이 커야 한다.
② 표면 시공성이 좋아야 한다.
③ 보랭 효율이 커야 한다.
④ 난연성이나 불연성이어야 한다.

해설 모세관현상이 큰 것은 흡수성이 크므로 열전도율이 커질 수 있다.

5. 보온 효율을 올바르게 표현한 것은? (단, Q_o는 보온이 안 된 상태의 표면으로부터의 방산열량이고, Q는 보온시공이 된 상태에서 표면으로부터의 방산열량이다.)

① $\eta = \dfrac{Q}{Q_o}$

② $\eta = \dfrac{Q_o - Q}{Q_o}$

③ $\eta = \dfrac{Q_o + Q}{Q_o}$

④ $\eta = \dfrac{Q_o}{Q_o - Q}$

해설 보온 효율
$= 1 - \dfrac{\text{그 보온면으로부터의 방산열량}}{\text{나면 방산열량}}$

6. 유기질 보온재의 특성 중 옳지 않은 것은 어느 것인가?
① 안전 사용온도 범위가 일반적으로 150℃ 이하이다.
② 대체적으로 보랭재로 사용된다.
③ 재질 자체가 독립기포로 된 다공성이다.
④ 열전도율이 무기질 보온재보다 크다.

해설 유기질 보온재 : 안전 사용온도 범위가 일반적으로 150℃ 이하이고, 대체적으로 보랭

정답 1. ④ 2. ① 3. ③ 4. ① 5. ② 6. ④

재로 사용되며 재질 자체가 독립기포로 된다. 따라서, 그 종류에는 탄화코르크, 펄프, 종이, 면포, 목재, 양모, 스티로폼, 염화비닐폼, 폴리스티렌폼, 우레탄폼, 우모 펠트, 양모 펠트 등이 있다.

7. 동물성 섬유로 만든 펠트에 아스팔트 방습 가공을 한 것은 몇 ℃ 정도까지의 보랭용으로 쓸 수 있는가? [기출문제]
① -20℃ ② -40℃
③ -60℃ ④ -80℃

8. 파이프 보온 피복재는 유기질과 무기질 피복재가 있다. 이들 중 유기질 보온재에 속하는 것은? [기출문제]
① 석면
② 규조토
③ 코르크
④ 탄산마그네슘

9. 유기질 보온재가 아닌 것은? [기출문제]
① 펠트
② 기포성 수지
③ 탄산마그네슘
④ 코르크

10. 열전도율이 극히 낮고 경량이며 흡수성은 좋지 않으나 굽힘성이 풍부한 유기질 보온재는?
① 펠트 ② 코르크
③ 기포성 수지 ④ 규조토

해설 기포성 수지는 합성수지 또는 고무류를 사용한 다공질 제품으로서 불에도 강하며 보온성, 보랭성이 좋다.

11. 다음 보온재 중 고온에서 사용할 수 없는 것은? [기출문제]
① 석면 ② 규조토
③ 탄산마그네슘 ④ 스티로폼

해설 석면은 400℃ 이하, 규조토는 500℃ 이하, 탄산마그네슘은 250℃ 이하의 배관의 보온재로 쓰이고 있으나 스티로폼은 열에 몹시 약해 고온에서는 사용할 수 없다.

12. 다음 코르크에 대한 설명 중 잘못된 것은 어느 것인가?
① 무기질 보온재 중의 하나이다.
② 액체, 기체의 침투를 방지하는 작용이 있어 보온, 보랭효과가 좋다.
③ 재질이 여리고 굽힘성이 없어 곡면에 사용하면 균열이 생기기 쉽다.
④ 냉수, 냉매배관, 펌프 등의 보랭용으로 사용된다.

13. 다음 중 열전도율이 가장 작은 것은?
① 탄산마그네슘 ② 암면
③ 규조토 ④ 석면

해설 무기질 보온재를 열거한 것이다. 탄산마그네슘의 열전도율이 가장 낮으며 300~320℃에서 열분해한다.

14. 보온재로서 탄산마그네슘($MgCO_3$)의 안전 사용온도 범위는?
① 150℃ 이하
② 250℃ 이하
③ 500℃ 이하
④ 800℃ 이하

15. 300℃ 정도의 탱크 및 배관 라인에 적합하게 이용되는 보온재는? [기출문제]
① 우레탄폼
② 펠트

정답 7. ③ 8. ③ 9. ③ 10. ③ 11. ④ 12. ① 13. ① 14. ② 15. ③

③ 유리 섬유
④ 탄산마그네슘

16. 퇴적물로 좋은 것은 순백색이고 부드러우나, 일반적으로 불순물을 함유하므로 황색이나 회녹색이며 500℃ 이하의 파이프, 탱크, 노벽 등에 사용하는 보온재는? [기출문제]
① 석면
② 규조토
③ 암면
④ 탄산마그네슘

17. 다음 중 무기질 보온재인 것은? [기출문제]
① 석면
② 기포성 수지
③ 펠트
④ 코르크

18. 다음은 석면 보온재에 관한 설명이다. 틀린 것은? [기출문제]
① 아스베스트질 섬유로 되어 있다.
② 400℃ 이하의 보온재료로 적합하다.
③ 진동이 생기면 갈라지기 쉬우며, 탱크, 노벽의 보온에 적합하다.
④ 800℃에서는 강도와 보온성을 잃게 된다.

19. 아스베스트 섬유질로 되어 있으며 400℃ 이하의 파이프, 탱크, 노벽 등의 보온재로 적합하여 400℃ 이상에서는 탈수 분해하고 800℃ 이상에서는 강도와 보온성을 잃게 되는 보온재는 어느 것인가? [기출문제]
① 석면
② 암면
③ 규조토

④ 탄산마그네슘

20. 400℃ 이하의 탱크, 노벽 등의 보온재로 사용되며 진동이 있는 장치의 보온재로 적당한 것은? [기출문제]
① 탄화코르크
② 규조토
③ 석면
④ 탄산마그네슘

21. 다음 중 무기질 보온재가 아닌 것은 어느 것인가? [기출문제]
① 펠트
② 석면
③ 탄산마그네슘
④ 암면

22. 노벽, 탱크, 파이프 등의 보온재에 쓰이는 무기질 보온재가 아닌 것은? [기출문제]
① 석면
② 규조토
③ 암면
④ 알루미늄 도료

23. 다음 무기질 보온재에 대한 설명 중 틀린 것은?
① 암면(岩綿)은 석면에 비하여 섬유가 거칠어 부러지기 쉽다.
② 규조토는 300℃ 이하의 탱크·노벽의 보온재로 적합하다.
③ 양질의 규조토는 백색이고 불순물을 함유한 것은 연한 황갈색이다.
④ 연녹색 규조토는 철판 등을 부식시킬 우려가 있다.

24. 섬유가 거칠고 꺾어지기 쉬우며 보랭용으로 쓸 때에는 방습을 위해 아스팔트 가공

정답 16. ② 17. ① 18. ③ 19. ① 20. ③ 21. ① 22. ④ 23. ② 24. ②

을 해야 하는 보온재는?
① 석면
② 암면
③ 규조토
④ 탄산마그네슘

25. 암면(rock wool) 보온재의 최고 안전 사용온도는?
① 200℃
② 300℃
③ 400℃
④ 600℃

26. 다음 중 저온용 보온재가 아닌 것은?
① 코르크
② 모발 펠트
③ 포유리
④ 암면 보온재

27. 다음 중 무기질 보온재에 속하는 것은 어느 것인가?
① 우모 펠트
② 탄화 코르크
③ 규산칼슘
④ 텍스

28. 다음 중 금속 보온재에 대하여 설명한 것은 어느 것인가?
① 복사, 전도, 대류에 대한 흡수특성을 이용한 것
② 복사열에 대한 반사특성을 이용하여 보온효과를 얻는 것
③ 복사열에 대한 흡수특성을 이용하여 보온효과를 얻는 것
④ 전도에 대한 열을 이용한 것

해설 금속 보온재는 금속 특유의 복사열에 대한 반사특성을 이용하여 보온효과를 얻는 것으로 대표적인 것은 알루미늄 박(泊)이다.

정답 25. ③ 26. ④ 27. ③ 28. ②

6 패킹제 · 방청재료

6-1 패킹제(packing)

패킹은 접합부로부터의 누설을 방지하기 위해 사용하는 것으로 개스킷이라고도 한다.

(1) 플랜지 패킹(flange packing)
① 고무 패킹
  ㈎ 천연고무
    ㉮ 탄성은 우수하나 흡수성이 없다.
    ㉯ 내산, 내알칼리성은 크지만 열과 기름에 약하다.
    ㉰ 100℃ 이상의 고온배관용으로는 사용 불가능하며 주로 급·배수, 공기의 밀폐용으로 사용된다.
  ㈏ 네오프렌(neoprene)
    ㉮ 내열범위가 −46~121℃인 합성고무제이다.
    ㉯ 물, 공기, 기름, 냉매배관용(증기배관에는 제외)에 사용된다.
② 석면 조인트 시트
  ㈎ 섬유가 가늘고 강한 광물질로 된 패킹제이다.
  ㈏ 450℃까지의 고온에도 견딘다.
  ㈐ 증기, 온수, 고온의 기름배관에 적합하며 슈퍼 히트(super heat) 석면이 많이 쓰인다.
③ 합성수지 패킹 : 가장 많이 쓰이는 테플론은 기름에도 침해되지 않고 내열범위도 −260~260℃이다.
④ 금속 패킹
  ㈎ 구리, 납, 연강, 스테인리스강제 금속이 많이 사용된다.
  ㈏ 탄성이 적어 관의 팽창, 수축, 진동 등으로 누설할 염려가 있다.

(2) 나사용 패킹
① 페인트 : 광명단을 섞어 사용하며 고온의 기름배관을 제외한 모든 배관에 사용된다.
② 일산화연 : 페인트에 소량 타서 사용하며 냉매배관용으로 많이 쓰인다.

③ 액화 합성수지
  ㈎ 화학약품에 강하며 내유성이 크다.
  ㈏ -30~130℃의 내열범위를 지니고 있다.
  ㈐ 증기, 기름, 약품 수송 배관에 많이 쓰인다.

(3) 글랜드 패킹(gland packing)
① 석면 각형 패킹 : 내열성, 내산성이 좋아 대형의 밸브 글랜드용에 쓰인다.
② 석면 얀 : 소형 밸브, 수면계의 콕, 기타 소형 글랜드용으로 사용된다.
③ 아마존 패킹 : 면포와 내열고무 콤파운드를 가공 성형한 것으로 압축기의 글랜드용에 쓰인다.
④ 몰드 패킹 : 석면, 흑연, 수지 등을 배합 성형한 것으로 밸브, 펌프 등의 글랜드용에 쓰인다.

6-2 방청용 도료(paint)

(1) 광명단 도료(연단)
① 밀착력이 강하고 도막도 단단하여 풍화에 강하다.
② 다른 착색도료의 초벽(under coating)용으로 우수하다(밑칠).
③ 녹스는 것을 방지하기 위해 널리 사용된다.
④ 내수성이 강하고 흡수성이 작은 대단히 우수한 방청도료이다.

(2) 합성수지 도료
① 프탈산계 : 상온에서 도막을 건조시키는 도료이다. 내후성, 내유성이 우수하다. 내수성은 불량하고 특히 5℃ 이하의 온도에서 건조가 잘 안 된다.
② 요소 멜라민계 : 내열성, 내유성, 내수성이 좋다. 특수한 부식에서 금속을 보호하기 위한 내열도료로 사용되고, 내열도는 150~200℃ 정도이며 베이킹 도료로 사용한다.
③ 염화비닐계 : 내약품성, 내유성, 내산성이 우수하여 금속의 방식도료로서 우수하다. 부착력과 내후성이 나쁘며, 내열성이 약한 것이 결점이다.
④ 실리콘 수지계 : 요소 멜라민계와 같이 내열도료 및 베이킹 도료로 사용된다.

(3) 산화철 도료
① 산화제 2 철에 보일유나 아마인유를 섞은 도료이다.

② 도막이 부드럽고 값도 저렴하다.
③ 녹 방지효과는 불량하다.

(4) 알루미늄 도료
① Al 분말에 유성 바니시(oil varnish)를 섞은 도료이다.
② Al 도막이 금속광택이 있으며 열을 잘 반사한다.
③ 400~500℃의 내열성을 지니고 있고 난방용 방열기 등의 외면에 도장한다.
④ 은분이라고도 하며 방청효과가 매우 좋다.

(5) 타르 및 아스팔트
① 관의 벽면과 물과의 사이에 내식성 도막을 만들어 물과의 접촉을 방해한다.
② 노출 시에는 외부적 원인에 따라 균열발생이 용이하다.

(6) 고농도 아연 도료
① 일반 배관공사의 방청도료로 많이 사용된다.
② 도료를 칠했을 경우 생기는 핀 홀(pin hole) 등에 물이 고여도 주위의 아연이 철 대신 부식되어 철을 부식으로부터 방지하는 전기부식 작용을 행한다.

예·상·문·제

1. 급수, 배수, 공기 등의 배관에 쓰이는 패킹은?
① 고무 패킹
② 석면 조인트 패킹
③ 합성수지 패킹
④ 금속 패킹

해설 고무 패킹은 탄성은 우수하나 흡수성이 없고 산, 알칼리에는 강하나 열과 기름에는 약하다.

2. 다음은 고무 패킹에 관한 설명이다. 잘못된 것은?
① 천연고무 패킹은 탄성이 우수하나 흡수성이 없다.
② 네오프렌은 내열범위가 −260~+260℃인 합성고무 패킹이다.
③ 천연고무 패킹은 100℃ 이상의 고온배관용으로는 사용 불가능하다.
④ 천연고무 패킹은 내산·내알칼리성이 크지만 열과 기름에는 약하다.

3. 합성고무 패킹제로서 내열범위가 −46~121℃인 패킹제는? [기출문제]
① 네오프렌(neoprene)
② 석면 패킹
③ 테플론 (taplon)
④ 몰드 패킹(mould packing)

4. 광물질로서 섬유가 미세하고 강인하며, 450℃까지의 고압에 잘 견디는 패킹은? [기출문제]
① 고무 패킹   ② 석면 패킹
③ 합성수지 패킹   ④ 오일 실 패킹

해설 ②는 고온의 열교환기용으로 많이 쓰인다.

5. 고온고압의 관 플랜지 이음 시 사용되는 패킹의 재료로 가장 적합한 것은? [기출문제]
① 천연고무   ② 석면
③ 네오프렌   ④ 액화 합성수지

해설 석면 패킹은 450℃의 고온에서 능히 견딘다.

6. 다음은 테플론에 대한 설명이다. 틀린 것은 어느 것인가?
① 합성수지 제품의 패킹제이다.
② 내열범위는 −260~260℃이다.
③ 약품이나 기름에 침해된다.
④ 탄성이 부족하다.

해설 테플론은 어떤 약품, 기름에도 침식되지 않는다.

7. 패킹 재료를 설명한 것 중 올바른 것은 어느 것인가? [기출문제]
① 고무 패킹은 탄성이 크며 흡수성이 없으나, 열과 기름에 약한 것이 결점이다.
② 테플론은 천연고무와 성질이 비슷한 합성고무로 내열범위는 −46~+121℃이다.
③ 네오프렌은 합성수지 제품으로 내열범위가 −260~+260℃이다.
④ 석면 패킹은 광물성의 섬유로 강인한 편이나 열에는 약하여 증기배관에는 부적당하다.

8. 강관의 나사이음에 사용되는 패킹의 종류가 아닌 것은? [기출문제]
① 일산화연
② 액상 합성수지

정답 1.① 2.② 3.① 4.② 5.② 6.③ 7.① 8.③

③ 석면 편조
④ 실링 테이프

9. 글랜드 패킹의 종류는? [기출문제]
① 네오프렌 패킹
② 탄산마그네슘 패킹
③ 기포성 수지 패킹
④ 석면각형 패킹

10. 다음 중 밸브의 회전부분에 사용하는 글랜드 패킹의 종류로 가장 관계가 적은 것은 어느 것인가? [기출문제]
① 석면각형 패킹
② 오일 실 패킹
③ 석면 얀 패킹
④ 몰드 패킹

11. 다음 중 밸브 회전부분에서 유체가 새는 것을 방지하는 패킹재는? [기출문제]
① 플랜지 패킹
② 나사 패킹
③ 글랜드 패킹
④ 합성수지 패킹

12. 내열 및 내산성이 좋으며 대형 밸브의 글랜드에 사용되는 패킹은? [기출문제]
① 아마존 패킹
② 석면각형 패킹
③ 일산화연
④ 테플론

13. 회전축이나 충동축의 누설을 적게 하기 위하여 사용되는 패킹으로 구조면에서 대별하면 편(編)패킹, 플라스틱 패킹, 메탈 패킹, 콤비네이션 패킹 등으로 분류되기도 하는 패킹의 일반적인 명칭으로 가장 적합한 것은? [기출문제]
① 일산화연 패킹
② 글랜드 패킹
③ 네오프렌 패킹
④ 아마존 패킹

14. 배관용 패킹재에 관한 설명 중 틀린 것은 어느 것인가? [기출문제]
① 테플론은 네오프렌과 같은 합성수지를 말한다.
② 고온, 고압의 관 플랜지 이음 시 사용되는 패킹의 재료로 가장 적합한 것은 석면 패킹이다.
③ 급수, 배수, 공기 등의 배관에 쓰이는 패킹은 고무 패킹이다.
④ 석면, 흑연, 수지 등을 배합 성형한 것으로 밸브, 펌프 등의 글랜드용에 쓰이는 패킹은 몰드 패킹이다.

15. 밀착력이 강하고 도료의 막이 굳어서 풍화에 대하여 강하며 내수성이나 흡수성이 작은 것으로서 우수한 방청도료는? [기출문제]
① 조합페인트
② 광명단 도료
③ 산화철 도료
④ 알루미늄 도료

16. 다음의 배관용 도료 중 연단에 아마인유를 배합하여 다른 착색도료의 밑칠용으로 많이 사용되는 것은? [기출문제]
① 광명단
② 합성수지 도료
③ 알루미늄 도료
④ 산화철 도료

정답 9. ④ 10. ② 11. ③ 12. ② 13. ② 14. ① 15. ② 16. ①

17. 강관의 녹을 방지하기 위해 페인트 밑칠에 사용되는 도료는? [기출문제]
① 산화철 도료
② 알루미늄 도료
③ 광명단 도료
④ 합성수지 도료

해설 초벌용과 관계되는 도료는 광명단이다.

18. 다음 중 연단과 아마인유를 혼합한 방청도료로서 녹 방지용 페인트는? [기출문제]
① 합성수지 도료
② 광명단 도료
③ 알루미늄 도료
④ 타르 및 아스팔트

19. 합성수지 도료 중 내열도가 200~350℃ 정도이므로 내열도료 및 베이킹 도료로 사용되는 것은? [기출문제]
① 프탈산계
② 멜라민계
③ 염화비닐계
④ 실리콘 수지계

20. 다음 중 내약품성, 내유성, 내산성 등이 우수하여 금속의 방식도료로 가장 적당한 도료는 무엇인가? [기출문제]
① 염화비닐계 도료 ② 광명단 도료
③ 산화철 도료   ④ 알루미늄 도료

21. 다음 중 열의 반사율과 내구성이 좋아 난방용 방열기의 외면에 도장하는 도료로 가장 적합한 것은? [기출문제]
① 타르 및 아스팔트
② 알루미늄 도료
③ 산화철 도료
④ 고농도 아연도료

해설 Al 도료는 현장에서 은분이라고 통용된다. 이 도료를 칠하고 나면 Al 도막이 형성되어 금속광택이 생기고 열도 잘 반사하게 된다.

22. 은분이라고 불리는 방청도료는 다음 중 어느 것인가? [기출문제]
① 광명단 도료
② 산화철 도료
③ 알루미늄 도료
④ 조합페인트

정답 17. ③ 18. ② 19. ④ 20. ① 21. ② 22. ③

Part 02

배관시공 및 안전관리

제1장	배관 기초 이론
제2장	급배수 및 위생설비시공
제3장	공조 배관
제4장	가스 배관 설비
제5장	산업(플랜트) 배관 설비
제6장	배관 지지 및 방청
제7장	안전위생에 관한 사항

Chapter 01 배관 기초 이론

1 열에 관한 기초 이론

1-1 온도(temperature)

① 섭씨온도(℃) : 순수한 물의 빙점을 0, 비점을 100으로 하여 두 점 사이를 100등분한 눈금 사이를 1℃라 한다.
② 화씨온도(℉) : 순수한 물의 빙점을 32, 비점을 212로 하여 두 점 사이를 180등분한 눈금 사이를 1℉라 한다.

$$F = \frac{9}{5}C + 32, \quad C = \frac{5}{9}(F - 32), \quad T = C + 273$$

여기서, F : 화씨온도(℉)
C : 섭씨온도(℃)
T : 켈빈(Kelvin) 온도 또는 절대 온도(K)

1-2 열과 일

(1) 열의 개념과 열량

열은 덥고 차가운 정도의 온도차에 의해서 이동하는 에너지이며, 열량의 단위는 칼로리(cal)이다.

(2) 비열(比熱) (kJ/kg · K)

어떤 물질 1 kg의 온도를 1 K 높이는 데 필요한 열량(J)이다.
① 물의 평균비열은 4.186 kJ/kg · K이다.
② 열용량 : 물질의 온도를 1K 변화시키는 데 필요한 열량으로서 단위는 kJ/K이다.

$$Q = GC\Delta t$$
열량 (kJ) = 무게 (kg) × 비열(kJ/kg·K) × 온도차(K)

여기서, Q : 열량 (kJ), G : 물질의 무게 (kg)
C : 비열 (kJ/kg·K), Δt : 온도차 (K)

(3) 열에 의한 상태 변화

① 융해와 응고 : 고체가 열을 받아 액체로 변하는 현상을 융해라 하고, 액체가 냉각되어 고체 상태로 변하는 현상을 응고라 한다.
② 기화·액화·증발
  (가) 기화 : 액체가 기체로 변하는 현상을 말한다.
  (나) 증발 및 비등 : 액체의 표면에서만 기화하는 현상을 증발, 기화가 액체 내에서 일어나는 현상을 비등이라 한다.
  (다) 액화 : 기체가 액체로 변하는 현상을 말한다.

(4) 열의 3대 이동

① 전도 : 차차 가까운 부분에서 먼 부분으로 열이 전달되어 가는 현상
② 대류 : 유체의 분자 이동에 의해 열이 이동하는 현상
③ 복사(방사) : 고온의 물체로부터 나온 열이 도중의 물체를 거치지 않고 직접 다른 물체로 이동하는 현상

(5) 열역학 법칙

① 열역학 제1법칙 : 열을 일로, 일을 열로 변화시킬 수 있다. 일(work)이란 어떤 물질에 힘이 작용하여 움직인 거리를 말하며 단위는 kg·m이다. 즉, 1 kg·m = 9.8 J이다.
② 열역학 제2법칙 : 일은 열로 전환이 용이하나, 열을 일로 전환 시에는 손실이 따르는 법칙으로, 열은 외부에서 일을 해주지 않는 한 고온의 물체에서 저온의 물체로만 이동한다.

$$Q = AW \;\cdots\cdots\; 일을\;열로\;전환하는\;공식$$
$$W = JQ \;\cdots\cdots\; 열을\;일로\;전환하는\;공식$$

여기서, Q : 열량 (kJ)
W : 일량 (kg·m)
J : 열의 일당량 (1 N·m / J)
A : 일의 열당량 (1 J/N·m)
1 kcal = 4186 J = N·m = $\dfrac{4186}{9.8}$ ≒ 427 kg·m
1 cal = 4.186 J

2 물에 관한 기초 이론

2-1 물의 성질

(1) 물의 무게

물은 1기압, 4℃일 때 가장 무겁고, 온도가 4℃보다 높거나 낮으면 가벼워진다. 액체는 온도와 압력이 변하여도 부피가 변하지 않으므로 밀도가 변하지 않는 비압축성 유체이다. 물의 단위 체적당의 중량을 비중량이라 하고 물의 비중량과 다른 물질의 비중량과의 비를 비중이라 하며, 물의 단위 체적당의 질량을 밀도라 한다.

$$물의\ 비중량(\gamma) = 1\,g/cm^3 = 1\,kg/L = 1000\,kg/m^3 = 1\,t/m^3$$

$$물의\ 밀도(\rho) = \frac{m}{V}\,[kg/m^3],\ \rho = \frac{\gamma}{g} = \frac{1000}{9.8} = 1.097 \times 10^2\,[kg \cdot s^2/m^4]$$

여기서, ρ : 물의 밀도($kg \cdot s^2/m^4$)
 γ : 물의 단위 체적당 중량(4℃에 있어서 $1000\,kg/m^3$)
 g : 중력 가속도($9.8\,m/s^2$)

(2) 물의 경도

물속에 탄산칼슘($CaCO_3$)이나 마그네시아(magnesia) 및 염류(Ca, Mg, Na)가 함유되어 있는 비율을 말한다. 단위는 ppm (parts per million)이다.

① 적도의 물(적수) : 90~110 ppm
② 연수(soft water : 단물) : 90 ppm 미만
③ 경수(hard water : 센물) : 110 ppm 이상

2-2 물에 관한 기초 원리

(1) 수압(水壓)과 수두(水頭)

① 물의 압력은 물의 깊이에 비례한다. 수면으로부터의 깊이가 1 m 깊어지는 데 압력이 0.01 MPa(0.1 kg/cm²)씩 증가한다.
 관계식은

$$P = 0.1H\,[kg/cm^2]\ 또는\ H = 10P\,[m]$$

여기서, P : 수압(kg/cm^2), H : 수두(m)
 ※ $10\,m\,H_2O = 1\,kg/cm^2 = 0.1\,MPa$

② 물의 압력은 담겨져 있는 탱크의 임의의 벽면에 직각 방향으로 작용한다.
  관계식은

$$F = \gamma H A$$

여기서, F : 전압력(N), H : 저장 탱크의 깊이(m), A : 벽면의 면적(m^2)

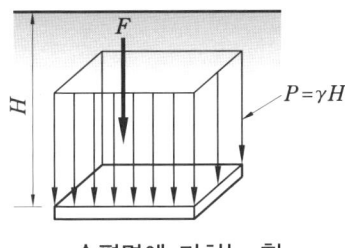

수평면에 미치는 힘

(2) 파스칼의 원리(Pascal's principle : 압력 전달의 법칙)

밀폐된 용기 내의 물에 가해진 일부 압력은 액체를 통해 모든 방향에 똑같은 크기로 전달된다 (배관에의 응용 : 수압기 등).

관계식은

$$\frac{F_1}{A_1} = \frac{F_2}{A_2} \quad \therefore \ F_1 = F_2 \times \frac{A_1}{A_2}$$

여기서, F_1 : A 피스톤에 가해진 전압력(N), F_2 : B 피스톤에 가해진 전압력(N)
  A_1 : A 피스톤의 넓이(m^2), A_2 : B 피스톤의 넓이(m^2)

(3) 사이펀 작용(압력차에 의한 원리)

용기 내에 물을 가득 채워서 곡관을 연결하면 물은 높은 곳에서 낮은 곳으로 흐른다 (배관에의 응용 : 송수관, 송유관 등).

  $H_1 \geqq H_2$: 물이 흐르지 않는다.

  $H_1 < H_2$: 물이 B 용기 쪽으로 흐른다.

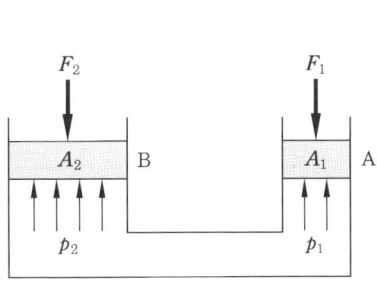
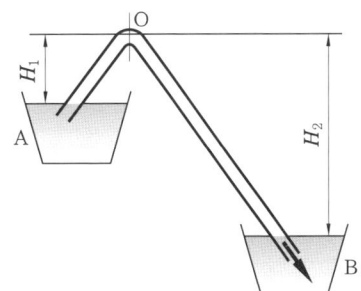

(a) 파스칼의 원리 (b) 사이펀 작용

파스칼의 원리 및 사이펀 작용

(4) 아르키메데스의 원리(Archimedes's principle : 부력의 원리)

액체 중의 물체가 압력의 작용으로 위로 뜨는 힘을 부력(浮力)이라 하며, 액체 중에 있는 모든 물체는 그 물체의 체적과 같은 양의 부력을 받는다.

관계식은

$$F = \gamma V$$

여기서, F : 부력(kg)
γ : 비중량(kg/m³)
V : 액체 중 물체의 체적(m³)

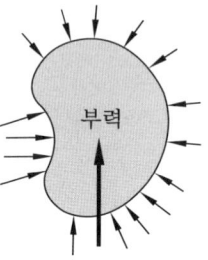

부력의 작용

(5) 연속의 법칙(principle of continuity)

다음 그림과 같이 지름이 각각 다른 관로에 물이 흐를 때 유량은 일정하다.

관계식은

$$Q = AV \quad \therefore \quad d = \sqrt{\frac{4Q}{\pi V}}$$

여기서, Q : 유량(m³/s), V : 유속(m/s)
A : 관의 단면적(m²), d : 관지름(m)

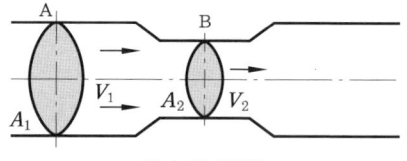

연속의 법칙

또한 위 그림에서

$$Q = A_1 V_1 = A_2 V_2 \quad \therefore \quad V_1 = \frac{A_2}{A_1} V_2$$

여기서, V_1, V_2 : A, B점에서의 속도(m/s)
A_1, A_2 : A, B의 단면적(m²)

(6) 베르누이의 정리(Bernoulli's theorem)

물이 가지는 전수두, 즉 위치수두, 압력수두, 속도수두를 합한 것은 어느 곳에서나 일정하다.

관계식은

$$H = h + \frac{P}{\gamma} + \frac{v^2}{2g} = 일정$$

여기서, H : 전수두, h : 위치수두
$\frac{P}{\gamma}$: 압력수두, $\frac{v^2}{2g}$: 속도수두

2-3 압력의 측정

① 부르동관식(Bourdon tube type) : 수압계, 가스 압력계용으로 쓰인다.
② 다이어프램식(diaphragm type) : 기밀을 요하는 곳과 압력 자동 조절용으로 쓰인다.
③ 마노미터(manometer : 액주계) : 저압 측정용으로 사용된다.

2-4 관내 마찰 손실수두의 계산

관계식은

$$h = \lambda \times \frac{l}{d} \times \frac{v^2}{2g}$$

여기서, h : 관내 마찰 손실수두(m)
λ : 마찰 손실계수
d : 관지름(m)
l : 관의 길이(m)
g : 중력 가속도(9.8 m/s^2)
v : 관내 유수속도(m/s)

> **참고** 배관에서 많이 쓰이는 단위 환산법
>
> - 힘의 단위
>   1 kgf = 9.8 N = 1 kg×9.8 m/s^2 라는 식에서
>   1 kgf/9.8 N = 1 or 9.8 N/1 kgf = 1
>
>> 예 1. 100 kgf를 N 단위로 변환
>>   100 kgf×9.8 N/kgf = 980 N
>>
>>   2. 500 N을 kgf로 변환
>>   500 N×1 kgf/9.8 N = 51 kgf
>
> - 단위 변환 시 주의사항
>   같은 차원의 물리량만 변환 가능, 즉 m(길이)를 m^2(넓이)로는 변환 불가
>   100 cm^{2}를 m^{2}로 변환시키면
>   100 cm = 1 m(길이 변화), 100^2 cm^2 = 1 m^2(넓이 변화)
>   100 cm^2×1 m^2/100^2 cm^2 = 1/100 m^2 = 0.01 m^2

> **예** 마력 1 PS를 SI 단위로 변환
>
> 마력의 정의에서
>
> 1 PS = 75 kgf · m/s (동력 = 힘×속도)
>   = 75 kgf · m/s×9.8 N/1 kgf = 735 N · m/s = 735 J/s
>   = 735 W = 0.735 kW
>
> 1 kW = 102 kgf · m/s
>
> 1 kW = 1000 W = 1000 J/s = 1000 N · m/s
>   = 1000 N×1 kgf/9.8 N×m/s = 102 kgf · m/s
>
> 1 kcal = 4.186 kJ

- **200 kN이라면 단위 구분 시**
  - 숫자 부분 : 200 k
  - 단위 부분 : N

  여기서, k는 단순히 10^3을 의미한다.

즉, 200 k = 200×1000

N(뉴턴)은 그 수치의 물리량이 힘이며 동시에 SI 단위 중 MKS라는 것을 의미한다.

SI 단위와 공학 단위를 구분하기 위한 가장 쉬운 방법으로는 kgf(중량)가 있으면 공학 단위이고 N 또는 Pa가 있으면 이는 SI 단위이다. 일반적으로 실생활에서 사용되는 kg은 kgf, 즉 1 kg(질량)에 중력 가속도 $g = 9.8 \text{ m/s}^2$을 곱한 값이다.

따라서 $W = mg$ (여기서, W : 중량, 무게, m : 질량, g : 중력 가속도)

1 kgf = 9.8 N = 1 kg×9.8 m/s²이다.

1 N = 1 kg×1 m/s²

구분	공학 단위	절대 단위
힘	kgf	N
동력	PS	kW 또는 W
일	kg · m	N · m 또는 J
열량	kcal	kW 또는 W
압력	kgf/cm², kgf/mm²	Pa

● 단위 환산
① 길이 : 1 m = 100 cm = 1000 mm, 1 km = 1000 m
② 넓이 : 1 m^2 = 100^2 cm^2 = 1000^2 mm^2
③ 부피 : 1 m^3 = 100^3 cm^3 = 1000^3 mm^3

단위의 종류 및 정의

단위의 종류	정 의
공학 단위 (중력 단위)	영국, 미국 등 나라별로 자국의 공학 분야에서 사용하는 단위이다. 질량 대신 지구 중력 가속도에 의한 힘 또는 무게를 기본 양으로 취하는 단위로서 공학에서 널리 쓰인다. kgf(킬로그램중, 킬로그램포스), lbf(파운드포스) 등은 힘의 기본 단위이다.
절대 단위	기본 단위의 크기를 직접 자연현상에 결부시켜 정의한 단위로서 환경에 영향을 받지 않고 항상 일정하다. N, Pa 등이 절대 단위이다.
MKS 단위	길이에 m, 질량에 kg, 시간에 sec를 기본 단위로 하여 구성된 단위이다. 뉴턴(N = kg · m/s^2), 줄(J = N · m), 와트(W = J/s) 등도 MKS 단위이다.
CGS 단위	길이에 cm, 질량에 g, 시간에 sec를 기본 양으로 하여 구성된 단위이다. 다인(dyn = g · cm/s^2) 등이 CGS 단위이다.
SI 단위	2019년 5월 이후부터 공식적으로 사용되고 있는 국제단위계의 단위(International System of Unit)로서 계측 단위를 국제적으로 통일시키기 위해 정의되었다. 모든 SI 기본 단위는 절대 단위로 정의되었으며, MKS 단위가 발전하여 만들어진 것이다.

예·상·문·제

1. 단위 환산법에 관한 설명이다. 잘못된 것은?
① 1 PS = 0.735 kW
② 1 kcal = 4.186 kJ
③ 100 kgf = 980 N
④ 1 kW = 75 kgf · m/s

해설 1 kW = 102 kgf · m/s

2. 100℃의 포화수 1 kg이 100℃의 포화증기로 변하는 데 필요한 열량은?
① 376 kJ   ② 418 kJ
③ 2256 kJ   ④ 2674 kJ

해설 1기압하에서 물을 가열하여 비등점에 이르기까지의 열을 현열이라 하고, 물이 비등점에 이르면 물을 더 가열하여도 온도는 변하지 않고 가열된 물이 증발하는데 이때의 소비되는 열을 잠열이라 한다. 이 문제는 잠열이 얼마인가를 묻는 문제이다.

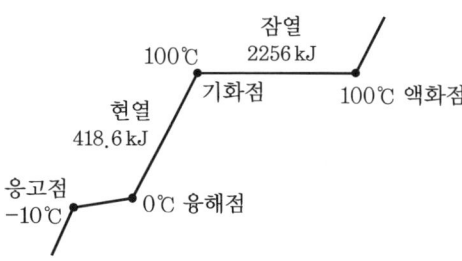

현열과 잠열

3. 물 4 kg의 기화 잠열은 얼마인가?
① 25 kJ   ② 502 kJ
③ 2156 kJ   ④ 9025 kJ

해설 물 1 kg의 기화 잠열이 539 kcal이므로
539×4 = 2156 kcal
1 kcal는 4.186 kJ이므로
2156×4.186 = 9025.016 kJ

4. 6 L의 10℃ 물을 30℃로 가열하는 데 필요한 열량은? [기출문제]
① 25 kJ   ② 502 kJ
③ 75 kJ   ④ 125 kJ

해설 $Q = GC(t_2 - t_1) = 6 \times 4.186(30-10)$
$= 502.32 \text{ kJ}$

5. 배관에 사용되는 부속품이 최대 사용온도가 230°F로 표시되어 있을 경우 섭씨로 환산하면 몇 ℃까지 사용할 수 있는가? [기출문제]
① 100   ② 110
③ 132   ④ 160

해설 $C = \dfrac{5}{9}(F-32) = \dfrac{5}{9}(230-32) = 110℃$

6. 섭씨 5℃의 물 1 kg을 화씨 185°F로 올리는 데 필요한 열량은 얼마인가? [기출문제]
① 335 kJ
② 339 kJ
③ 343 kJ
④ 347 kJ

해설 $C = \dfrac{5}{9}(F-32) = \dfrac{5}{9}(185-32) = 85℃$
$Q = GC(t_2 - t_1) = 1 \times 4.186(85-5)$
$= 334.88 \text{ kJ}$

7. 섭씨 30℃는 절대온도 및 화씨온도로 몇 도인가? [기출문제]
① T = 333 K, 86°F
② T = 303 K, 96°F
③ T = 303 K, 86°F
④ T = 293 K, 96°F

정답 1. ④ 2. ③ 3. ④ 4. ② 5. ② 6. ① 7. ③

해설 $F = \frac{9}{5}C + 32 = \frac{9}{5} \times 30 + 32 = 86°F$

$T[K] = t[°C] + 273 = 30 + 273 = 303 K$

해설 연수 ← [90~110 ppm] → 경수
미만   적수   이상

8. 0°C의 물 1 kg을 100°C의 포화증기로 만드는 데 필요한 열량은? [기출문제]
① 3093 kJ
② 418.6 kJ
③ 2256 kJ
④ 2674 kJ

해설 0°C의 물을 100°C의 포화수로 만들 때까지의 현열 418.6 kJ과 100°C의 포화수를 100°C의 포화증기로 만들 때까지의 잠열 2256 kJ를 합하면 된다.

9. 0°C의 물 1 t을 24시간에 0°C의 얼음으로 만드는 경우, 1시간당 제거해야 될 열량은 약 얼마나 되는가? [기출문제]
① 334 kJ   ② 7522 kJ
③ 9712 kJ   ④ 13897 kJ

해설 물의 응고열은 79.7 kcal/kg이므로
$\frac{79.7 \times 1000}{24} = 3320$ kcal, 1 kcal = 4.186 kJ
$3320 \times 4.186 = 13897.52$ kJ

10. 물은 표준 대기압, 몇 °C 하에서 가장 무거운가? [기출문제]
① -8°C   ② 0°C
③ 4°C   ④ 100°C

해설 물은 1기압, 4°C일 때 가장 무겁고 온도가 4°C보다 높거나 낮으면 가벼워진다.

11. 물의 경도가 몇 ppm 미만일 때 연수라 하는가?
① 90 ppm   ② 60 ppm
③ 110 ppm   ④ 300 ppm

12. 다음 중 순수한 물의 일반적인 성질에 관한 설명으로 틀린 것은? [기출문제]
① 물은 1기압에서 4°C일 때 가장 무겁고 그 부피는 최소가 된다.
② 물은 0°C에서 얼게 되며 이때 약 10 % 정도 체적이 감소한다.
③ 100°C의 물이 100°C 증기로 변할 때는 체적이 1700배로 팽창한다.
④ 1 cm³의 무게는 1 g, 1 L의 무게는 1 kg, 1 m³의 무게는 1000 kg 또는 1 t이다.

해설 물은 0°C에서 응고하며, 약 9 % 정도 체적이 증가한다.

13. 수압과 수두에 관한 다음 설명 중 잘못된 것은? [기출문제]
① 수압은 수두에 비례한다.
② 물의 압력은 담겨져 있는 탱크의 임의의 벽면에 직각방향으로 작용한다.
③ 수압이 0.1 MPa일 경우에 이론적인 수두는 200 mm이다.
④ 수압에 관한 이론은 급수 배관 설비를 시공함에 매우 중요한 자료이다.

해설 수압이 0.1 MPa일 경우에 이론적인 수두는 10 m이다.

14. 압력이 1.8기압일 때 수두는?
① 18 m   ② 1.8 m
③ 180 m   ④ 20 m

해설 $P = 0.1H$, $H = 10P$의 공식에 대입하면
$H = 10 \times 1.8 = 18$ m

15. 다음 중 25 m 정수두의 수압은 어느 정

정답 8. ④ 9. ④ 10. ③ 11. ① 12. ② 13. ③ 14. ① 15. ③

도인가?

① 2.5 MPa ② 25 MPa
③ 0.25 MPa ④ 20 MPa

해설 $P = 0.1H = 0.1 \times 25 = 2.5$ kg/cm² $= 0.25$ MPa

16. 계기압력이 1.2 MPa이고 대기압이 720 mmHg일 때 절대압력은 몇 kPa인가?

① 1280 kPa ② 1288 kPa
③ 1296 kPa ④ 1302 kPa

해설 절대압력 = 대기압 + 게이지 압력
720 mmHg = 96 kPa이므로
(1.2×10^3) kPa + 96 kPa = 1296 kPa

17. 다음 그림은 파스칼의 원리를 나타낸 것이다. A 피스톤 면적이 20 cm², B 피스톤 면적이 3 m²일 때 피스톤 A를 12 kg으로 눌렀다면 피스톤 B가 받는 힘은? [기출문제]

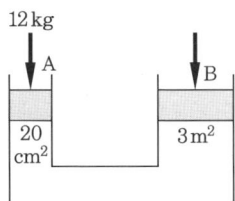

① 18000 kg ② 4000 kg
③ 36000 kg ④ 5000 kg

해설 $\dfrac{F_1}{A_1} = \dfrac{F_2}{A_2}$의 관계식을 이용하면 된다.
그림에서 $A_1 = 20$ cm², $A_2 = 30000$ cm², $F_1 = 12$ kg이고 식에서 F_2를 유도하면
$\therefore F_2 = \dfrac{A_2 F_1}{A_1} = \dfrac{30000 \times 12}{20} = 18000$ kg

18. 평균 유속 1 m/s, 파이프의 안지름 20 mm일 때 유량은 얼마인가? [기출문제]

① 0.00314 m³/s
② 0.000314 m³/s
③ 0.0628 m³/s
④ 0.00628 m³/s

해설 $Q = AV$에 대입하면,
$\dfrac{\pi \times (0.02)^2 \times 1}{4} = 0.000314$ m³/s
※ 단위 환산에 주의한다.

19. 다음 그림과 같이 A점의 유속이 1.2 m/s이고, B점의 단면적이 0.8 m², 유속이 6 m/s라면 A점의 단면적은? [기출문제]

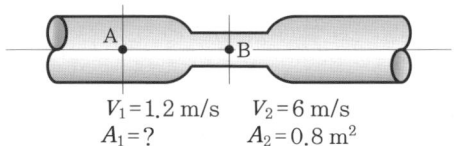

① 0.4 m² ② 4 m²
③ 40 m² ④ 9 m²

해설 연속의 법칙에 의해
$A_1 V_1 = A_2 V_2$
여기서, $A_2 = 0.8$ m², $V_1 = 1.2$ m/s, $V_2 = 6$ m/s
$\therefore A_1 = \dfrac{A_2 V_2}{V_1} = \dfrac{0.8 \times 6}{1.2} = 4$ m²

20. 다음 그림과 같은 벤투리관에서 $a_1 = 2$ m², $a_2 = 0.4$ m²일 때 a_1 단면의 유속을 0.9 m/s라고 하면 a_2 단면부의 유속은 얼마인가? (단, a : 단면적, V : 유속) [기출문제]

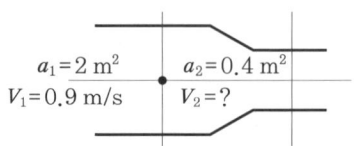

① 3 m/s ② 3.5 m/s
③ 4 m/s ④ 4.5 m/s

해설 연속의 법칙에 의해서
$a_1 V_1 = a_2 V_2$
$V_2 = \dfrac{a_1 V_1}{a_2}$ 식에 대입하면
$V_2 = \dfrac{2 \times 0.9}{0.4} = 4.5 \text{ m/s}$

21. 다음 중 압력을 측정하는 계기가 아닌 것은? [기출문제]
① 부르동관식 압력계
② 다이어프램식 압력계
③ 마노미터
④ 사이펀계

해설 압력 측정용 계기에는 ①, ②, ③이 있다.

22. 다음 그림에서 P점의 수압은? [기출문제]

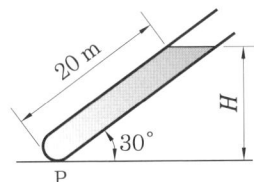

① 0.1 kg/cm² ② 1 kg/cm²
③ 0.5 kg/cm² ④ 5 kg/cm²

해설 $H = 20 \times \sin\theta = 20 \times \sin 30° = 10 \text{ m}$
$P = 0.1 H = 0.1 \times 10 = 1 \text{ kg/cm}^2$

23. 급수관의 길이가 15 m, 안지름이 40 mm일 때 관내 유수 속도가 2 m/s라면 이때의 마찰 손실수두는? (단, 마찰 손실계수 $\lambda = 0.04$이다.)
① 1.5 m   ② 3.06 m
③ 0.68 m ④ 6.12 m

해설 $h = \lambda \dfrac{l}{d} \cdot \dfrac{V^2}{2g}$ 의 공식을 이용한다.
$\therefore h = 0.04 \times \dfrac{15}{0.04} \times \dfrac{2^2}{2 \times 9.8} = 3.06 \text{ m}$

24. 오리피스 통을 이용하여 유량을 측정하고자 한다. 수주차가 10 cm, 오리피스의 축소단면적이 5 cm²라면 유량(cm³/s)은? (단, 유량계수는 0.6으로 한다.) [기출문제]
① 420   ② 42
③ 270   ④ 27

해설 $Q = CA\sqrt{2gh}$
$= 0.6 \times 5 \sqrt{2 \times 980 \times 10} = 420 \text{ cm}^3/\text{s}$

25. 배관 설비에서 유속을 V[m/s], 유량을 Q[m³/s]라고 할 때 관지름 d를 구하는 식은 어느 것인가? [기출문제]
① $d = \sqrt{\dfrac{\pi V}{Q}}$
② $d = \sqrt{\dfrac{4Q}{\pi V}}$
③ $d = \sqrt{\dfrac{\pi V}{4Q}}$
④ $d = \sqrt{\dfrac{Q}{\pi V}}$

해설 $Q = AV = \dfrac{\pi d^2}{4} V$
$\pi d^2 V = 4Q$
$\therefore d = \sqrt{\dfrac{4Q}{\pi V}}$

26. 양수량 0.3 m³/s, 압력 2.5 MPa, 평균유속 3 m/s를 배출시키는 펌프의 배출관의 지름은 얼마로 하면 되는가? [기출문제]
① 357 mm
② 457 mm
③ 557 mm
④ 657 mm

해설 $d = \sqrt{\dfrac{4Q}{\pi V}} = \sqrt{\dfrac{4 \times 0.3}{\pi \times 3}}$
$≒ 0.357 \text{ m} ≒ 357 \text{ mm}$

정답 21. ④ 22. ② 23. ② 24. ① 25. ② 26. ①

27. 2.458 kg/cm²의 단위를 kPa로 환산하면 얼마인가? [기출문제]
① 102.6 kPa ② 202.6 kPa
③ 243.5 kPa ④ 252.4 kPa

해설 1.0332 kg/cm² = 101.325 kPa
$\dfrac{2.485}{1.0332} \times 101.325 = 243.5$ kPa

28. 절대압력 20 kg/cm²을 게이지 압력으로 나타내면 얼마인가? (단, 표준압력은 대기압 상태이다.) [기출문제]
① 2 MPa ② 1.9 MPa
③ 1.1 MPa ④ 1 MPa

해설 절대압력 = 대기압 + 게이지 압력
게이지 압력 = 절대압력 − 대기압 = 20−1
= 19 kg/cm²
즉, 19 kg/cm²은 1.9 MPa

29. 급수관의 길이가 15 m, 관내 유수 속도가 2 m/s이고 마찰 손실수두는 3.06 m일 때 적당한 관지름은? (단, 마찰 손실계수 λ = 0.04이다.) [기출문제]
① 20 mm ② 30 mm
③ 40 mm ④ 50 mm

해설 $h = \lambda \cdot \dfrac{l}{d} \cdot \dfrac{v^2}{2g} = \dfrac{\lambda l v^2}{2dg}$
$2dgh = \lambda l v^2$
$\therefore d = \dfrac{\lambda l v^2}{2gh} = \dfrac{0.04 \times 15 \times 2^2}{2 \times 9.8 \times 3.06}$
$= 0.04 \text{ m} \fallingdotseq 40 \text{ mm}$

정답 27. ③ 28. ② 29. ③

Chapter 02 급배수 및 위생설비시공

1 급수 설비

1-1 급수 배관법

(1) 직결식 배관법

① 우물 직결식 : 우물 근처에 펌프를 설치하여 물을 끌어올린 후 급수한다.

② 수도 직결식

㈎ 1, 2층 정도의 낮은 건물 등에서 수도 본관으로부터 급수관을 직결하여 급수한다.

㈏ 수도관의 최저 필요 수압 계산식

$$P \geqq P_1 + P_2 + P_3$$

여기서, P : 수도 본관에서의 최저 필요 수압 (MPa)
P_1 : 수도 본관에서 최고 높이에 해당하는 수전까지의 수압 (MPa)
P_2 : 최원거리 수전까지의 관내 마찰손실 (MPa)
P_3 : 수전에서 필요한 수압 (MPa)
(보통 밸브류는 0.03 MPa, 플러시 밸브는 0.07 MPa)

(2) 옥상 탱크식

수도 본관의 물을 지하 저수 탱크에 저장한 후, 양수 펌프로 옥상 탱크까지 인양, 급수관을 통해 각 수전에 급수하는 유일한 하향공급식 급수법이다.

① 특징

㈎ 항상 일정한 수압으로 급수되므로 대규모 건물용으로 쓰인다.

㈏ 저수량을 확보하고 있어서 단수 대비가 가능하다.

㈐ 과잉 수압으로 인한 밸브류 등 배관 부속품의 파손을 방지할 수 있다.

② 옥상 탱크의 구조와 작용

㈎ 탱크의 용량 : 하루 사용수량의 1~2시간분

㈏ 오버플로관 : 양수 관지름의 2배가 적당하다.

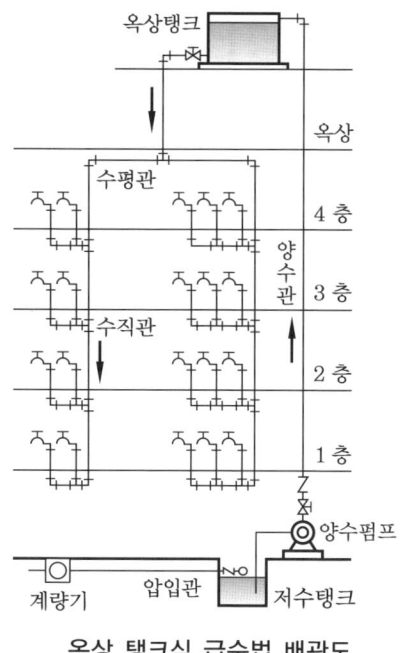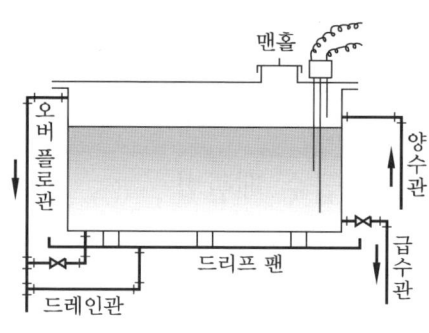

옥상 탱크식 급수법 배관도   옥상 탱크 주위의 배관

(3) 압력 탱크식

지상에 밀폐 탱크를 설치하여 펌프로 물을 압입하면 탱크 내 공기가 압축되어 물이 압축공기에 밀려 높이 급수된다.

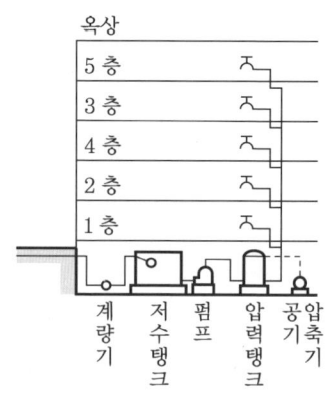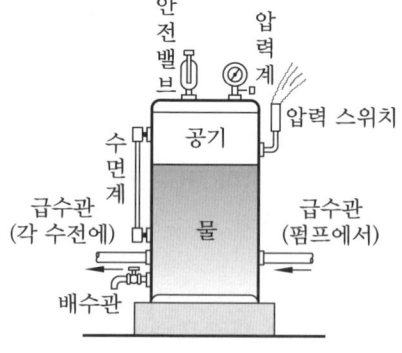

압력 탱크식 급수법 배관도   압력 탱크의 구조

(4) 부스터(booster)식

옥상 탱크를 설치하지 않고 저수 탱크에서 급수 펌프로 건물 내의 수전에 직접 송수하는 방법으로 펌프의 토출 측에 압력이나 유량을 감지하는 검출기를 장치하여 운전하

며, 고층건물의 경우에는 각 건물의 높이와 넓이 등을 고려하여 급수구역을 분리해서 높이별로 설치하는 방법을 선택한다.

1-2 • 사용 수량과 관지름

큰 건물에서는 상수도, 우물물의 양계통 배관을 해주는 것이 경제적이며 편리하다. 음료수, 세면기용, 보일러 용수 등은 상수도에 연결하고 변기의 세정수, 소화용수, 냉방용수 등은 우물물로 급수해주는 방법이 바람직하다.

다음 표는 각종 위생 기구의 접속관 관지름과 유량과의 관계를 나타낸 것이다.

각종 위생 기구의 유량

종류	접속관지름 (mm)	유량 (L/min)	종류		접속관지름 (mm)	유량 (L/min)
세면기	15	15	대변기	플러시	25	114
욕조	20	57		시스턴	15	30
싱크	20	57	소변기	플러시	25	95
샤워	15	30		시스턴	15	23

1-3 • 펌프 (pump)

(1) 펌프의 종류와 특징

왕복 펌프(플런저 펌프)　　　　회전운동 펌프

① 왕복 펌프 : 실린더 내의 피스톤을 왕복시켜 물을 끌어올리는 펌프로서 양수할 때 파동이 커서 양수량의 조절이 어렵다.

　㈎ 피스톤 펌프 : 일반 양수용으로 쓰인다.

　㈏ 플런저 펌프 : 수압이 높고 유량이 적은 곳에 적합하다.

　㈐ 워싱톤 펌프 : 고압 보일러 급수용으로 사용된다.

② 회전운동 펌프(원심 펌프) : 안내 날개의 유무에 따라 터빈 펌프와 벌류트 펌프로 구분된다. 진동 소음이 적고 경량 소형으로 고속운전에 적당하며, 양수량 조절이 쉽고 송수압의 파동도 없다.
  ㈎ 벌류트 펌프(센트리퓨걸 펌프) : 15 m 내외의 저양정용
  ㈏ 터빈 펌프 : 벌류트 펌프에 안내 날개를 부착한 것으로 20 m 이상의 고양정용
  ㈐ 우에스코 펌프 : 소형으로 가정 우물물용, 지하수용으로 사용한다.
③ 깊은 우물용 펌프(deep well pump) : 깊이 7 m 이상의 깊은 우물에 사용되는 펌프에는 보어 홀 펌프, 수중 모터 펌프, 제트 펌프 등이 있다.
  ㈎ 보어 홀 펌프와 수중 모터 펌프

비교 사항	보어 홀 펌프	수중 모터 펌프
고장 유무	지상의 모터와 수중 펌프를 긴 중간축으로 연결하므로 고장이 많다.	긴 중간축이 없어 고장이 적다.
동력비	많이 든다.	적게 든다.
양수관 설치	모터와 펌프를 일직선 또는 수직으로 설치해야 한다.	양수관이 다소 경사져도 무관하다. 후일 수리도 간단하다.
운전 중 진동·소음	많다.	적다.
펌프실 설치	필요하다.	불필요하다.

  ㈏ 제트 펌프 : 25 m 정도까지의 깊은 우물용으로 사용 가능하며, 제트는 4 m 이내의 깊이에 설치한다. 토출양정이 18 m 이상이면 체크 밸브를 설치한다.

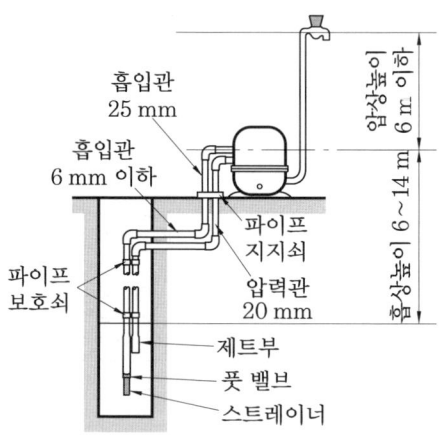

제트 펌프(가정용)의 설치도

(2) 펌프 시동 시 조작순서(회전운동 펌프)
① 베어링에 급유 후 회전 유무를 확인한다.
② 토출 밸브(discharge valve)를 닫는다(↔ 왕복 펌프는 열어놓고 시동).
③ 프라이밍하고 스위치를 넣는다(↔ 왕복 펌프는 프라이밍을 안 함).

④ 시동 후 소정의 압력에 달하면 토출 밸브를 서서히 연다.
⑤ 전류계의 눈금에 따라 토출 밸브를 정상적으로 조절한다.

(3) 펌프의 양정

높은 곳으로 물을 끌어올릴 경우 흡입수면에서 토출수면까지의 수직거리를 실양정(actual head)이라 하고, 흡입수면에서 펌프축 중심까지의 수직거리를 흡입 실양정, 펌프축 중심에서 토출수면까지의 수직거리를 토출 실양정이라 한다.

즉, 다음의 관계식이 성립된다.

$$H_a = h_s + h_d$$

여기서, P_d : 토출면에 걸리는 정압(계기압)
P_s : 흡입면에 걸리는 정압(계기압)
h_d : 펌프 중심에서 토출수면까지의 수직거리
h_s : 펌프 중심에서 흡입수면까지의 수직거리, H_a : 실양정

$$H = H_a + H_d + H_s + h_o$$

여기서, H : 전양정, H_a : 실양정
H_d : 토출관계의 손실수두, H_s : 흡입관계의 손실수두
$h_0 : \dfrac{V_{do}^2}{2g}$ =잔류 속도수두, V_{d0} : 토출관단의 유출속도
H_a (실양정 ; actual head) $= \dfrac{(P_d - P_s)}{r} + (h_d + h_s)$
g : 중력 가속도(9.8 m/s²)

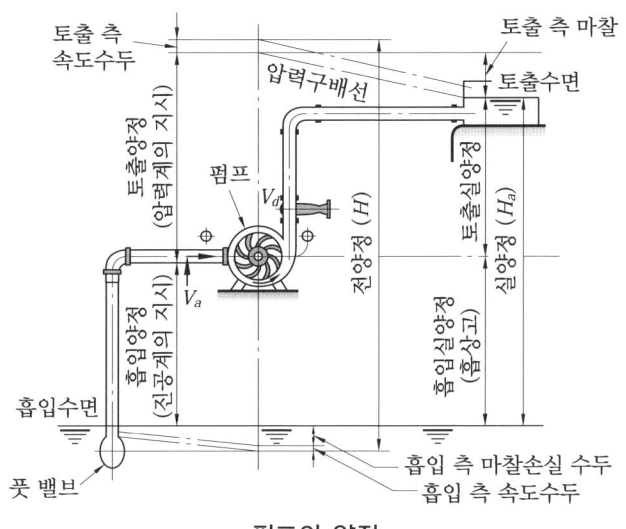

펌프의 양정

(4) 펌프의 구동동력

① 수동력(water horsepower) : 펌프에 의해 유체에 주어진 동력

$$L_w = \frac{\gamma QH}{75 \times 60} \text{[HP]} \text{ 또는 } L_w = \frac{\gamma QH}{102 \times 60} \text{[kW]}$$

여기서, γ [kg/m³] : 유체의 비중량, Q [m³/min] : 유량
H [m] : 전양정, L_w [HP] : 수동력

② 축동력(shaft horsepower) : 모터에 의해 펌프를 운전하는 데 소요되는 동력

$$L = \frac{L_w}{\eta}$$ 여기서, η : 펌프의 전효율

③ 전효율(total efficiency) : $\eta = \dfrac{L_w}{L}$

$\eta = \eta_h \eta_v \eta_m$

여기서, η_h : 수력효율(hydraulic efficiency), η_v : 체적효율(volumetric efficiency)
η_m : 기계효율(mechanical efficiency)

(5) 캐비테이션(공동현상 : cavitation)

물이 관 속을 유동하고 있을 때 흐르는 물속의 어느 부분의 정압이 물의 온도에 해당하는 증기압 이하로 되면 부분적으로 증기가 발생한다. 이와 같은 현상을 캐비테이션(cavitation)이라고 한다.

(6) 수격 작용(water hammering)

펌프에서 물이 압송되고 있을 때 정전 등으로 급히 펌프가 멈추거나 수량조절 밸브를 급히 폐쇄할 때 관내 유속이 급속히 변화하면 물에 의한 심한 압력의 변화가 생긴다. 이 현상을 수격 작용이라고 한다.

(7) 서징 현상

펌프, 송풍기 등의 운전 중에 발생하며, 펌프인 경우 입구와 출구의 진공계, 압력계의 침이 흔들리고 동시에 송출유량이 변화하는 현상이다. 즉 송출압력과 송출유량 사이에 주기적인 변동이 일어나는 현상을 말한다.

1-4 급수배관과 펌프 설비시공

(1) 급수배관 시공법
① 배관의 구배
  ㈎ 끝내림 구배(단, 옥상 탱크식에서는 수평주관은 내림, 각층의 수평지관은 올림 구배)로 하며 $\dfrac{1}{250}$이 표준이다.

㈏ 공기빼기 밸브의 부설 : 조거형(ㄷ자형) 배관이 되어 공기가 찰 염려가 있을 때 부설한다.

㈐ 배니 밸브 설치 : 급수관의 최하부와 같이 물이 고일만한 곳에 설치한다.

공기빼기 밸브의 설치   배니 밸브의 설치

② 수격작용 : 세정 밸브(flush valve)나 급속 개폐식 수전 사용 시 유속의 불규칙한 변화로 유속을 m/s로 표시한 값의 14배의 이상 압력과 아울러 이상 소음을 동반하는 현상이다.
- 방지책 : 급속 개폐식 수전 근방에 공기실(air chamber)을 설치한다.

③ 급수관의 매설(hammer head) 깊이
  ㈎ 보통 평지 : 450 mm 이상
  ㈏ 차량 통로 : 760 mm 이상
  ㈐ 중차량 통로, 냉한지대 : 1 m 이상

④ 분수전(corporation valve) 설치 : 각 분수전의 간격은 300 mm 이상으로 한다. 1개 소당 4개 이내로 설치하며, 급수관 지름이 150 mm 이상일 때는 25 mm의 분수전을 직결하고, 100 mm 이하일 때 50 mm의 급수관을 접속하려면 T자관이나 포금제 리듀서를 사용한다.

⑤ 급수배관의 지지 : 서포트 곡부 또는 분기부를 지지하며 급수배관 중 수직관에는 각 층마다 센터 레스트(center rest)를 장치한다.

(2) 펌프 설치 시공법

① 펌프와 모터 축심을 일직선으로 맞추고 설치위치는 될 수 있으면 낮춘다.

② 흡입관의 수평부 : $\frac{1}{50} \sim \frac{1}{100}$의 끝올림 구배를 주며, 관지름을 바꿀 때는 편심 이음쇠를 사용한다.

③ 풋 밸브(foot valve) : 동수위면에서 관지름의 2배 이상 물속에 장치한다.

④ 토출관 : 펌프 출구에서 1 m 이상 위로 올려 수평관에 접속한다. 토출 양정이 18 m 이상 될 때는 펌프의 토출구와 토출 밸브 사이에 체크 밸브를 설치한다.

예·상·문·제

1. 높이 8 m, 배관의 길이 16 m, 지름 40 mm의 배관에 플러시 밸브 1개를 설치한 2층 화장실에 급수하려면 수도 본관의 수압은 얼마가 필요한가? (단, 마찰저항 손실은 0.0324 MPa이다.)
  ① 0.1624 MPa ② 0.1824 MPa
  ③ 0.32 MPa   ④ 1.824 MPa

해설 계산공식 $P = P_1 + P_2 + P_3$
  P_1 : 최고 높이까지의 필요 수압
  $P_1 = 0.1H = 0.1 \times 8 = 0.8\ \text{kgf/cm}^2 = 0.08$ MPa
  P_2 : 마찰저항 손실
  $P_2 = 0.0324$ MPa
  P_3 : 수전에서의 필요 수압
  $P_3 = 0.07$ MPa
  $\therefore P = 0.08 + 0.0324 + 0.07$
  $= 0.1824$ MPa

2. 플러시 밸브(flush valve)에 필요한 최저 수압은?
  ① 0.01 MPa   ② 0.03 MPa
  ③ 0.07 MPa   ④ 0.7 MPa

해설 보통 밸브류 1개에 필요한 최저 수압은 0.03 MPa이고 플러시 밸브류 1개에 필요한 최저 수압은 0.07 MPa이다.

3. 다음 옥상 탱크식 급수법에 관한 설명 중 틀린 것은? [기출문제]
  ① 일정한 압력으로 급수되므로 대규모 급수법에 적당하다.
  ② 수도 주관에 양수 펌프를 직결하는 것은 시조례에 금지되어 있다.
  ③ 오버플로관의 크기는 양수관의 3배 이상으로 한다.
  ④ 탱크의 용량은 하루 사용량의 1~2시간분으로 한다.

해설 오버플로관은 양수 펌프에서 오는 양수관보다 상부에 설치하여, 마그넷 스위치(magnet switch) 등의 고장으로 인해 양수가 계속될 때 물이 탱크 밖으로 넘쳐흐르는 것을 방지한다. 관지름은 양수관 지름의 2배로 한다.

4. 옥상 탱크의 설치 높이는 건물 최상층 가장 먼 급수전에서 보통 밸브 1개와 플러시 밸브 1개를 설치한다면 몇 MPa 이상의 수압을 줄 수 있는 충분한 높이여야 하는가?
  ① 0.1 MPa   ② 0.07 MPa
  ③ 0.2 MPa   ④ 1 MPa

해설 보통 밸브는 0.03 MPa, 플러시 밸브는 0.07 MPa 이상의 수압을 줄 수 있는 충분한 높이여야 한다.
따라서 0.03×1개 + 0.07×1개 = 0.1 MPa

5. 다음 급수법 중 유일한 하향 급수법은?
  ① 우물 직결식   ② 수도 직결식
  ③ 압력 탱크식   ④ 옥상 탱크식

해설 하향 급수법이란 최상층의 천장 또는 옥상에 수평주관을 시공한 후 이 관에 하향 수직관을 내려 각층으로 분기, 수평지관을 뽑아내 각 급수기구로 배관하는 방식을 말한다.

6. 보통 밸브가 5개이고 플러시 밸브가 2개인 어느 건물에서 밸브 자체가 필요로 하는 수압은 얼마인가? [기출문제]
  ① 0.29 MPa   ② 0.1 MPa
  ③ 0.41 MPa   ④ 0.35 MPa

해설 보통 밸브류 1개가 필요로 하는 수압은 0.03 MPa, 플러시 밸브는 0.07 MPa이므로 0.03×5 + 0.07×2 = 0.29 MPa

정답 1. ② 2. ③ 3. ③ 4. ① 5. ④ 6. ①

7. 급수 배관법의 종류와 사용 건물의 설명으로 적합하지 않는 것은? [기출문제]
① 수도 직결식 배관법 : 2층 이하의 주택 등 소규모의 건물
② 고가 탱크식 배관법 : 3층 이상 건물 또는 대규모 건물의 전부
③ 압력 탱크식 배관법 : 수도압력이 낮은 주택, 소규모 고가 탱크식을 사용할 수 없는 경우
④ 가압 펌프식 배관법 : 소규모의 지역급수, 급수량이 일정하지 않은 공장

해설 ④ 가압 펌프식 배관법은 부스터식 급수 배관법으로서 대형건물, 공동주택 등에 적용된다.

8. 다음은 압력 탱크식 급수법에 대한 특성을 열거한 것이다. 아닌 것은?
① 압력 탱크의 제작비가 비싸다.
② 대양정의 펌프를 필요로 하므로 설비비가 많이 든다.
③ 대규모의 경우에는 공기 압축기를 설치할 필요가 없다.
④ 취급이 어려우며 고장이 심하다.

해설 압력 탱크식 급수법은 ①, ②, ④ 외에 탱크의 저수량이 적어 정전 시 단수되며 조작상 최고 최저 압력차가 커져서 물의 사용이 불편하고 소규모 경우를 제외하고는 공기 압축기(air compressor)를 설치해서 수시로 공기를 공급해야 한다.

9. 압력 탱크식 급수법에서 사용되는 탱크 부근의 부속품을 열거한 것이다. 아닌 것은?
① 수면계   ② 안전밸브
③ 압력계   ④ 플로트

해설 압력 탱크의 부속설비는 압력계, 수면계, 압력 스위치, 안전밸브, 배수밸브 등이다.

10. 다음 펌프 중 왕복 펌프가 아닌 것은?
① 피스톤 펌프
② 터빈 펌프
③ 플런저 펌프
④ 워싱턴 펌프

해설 ②는 회전운동 펌프 중의 하나이다. 회전운동 펌프에는 ② 외에 벌류트 펌프, 우에스코 펌프 등이 있다.

11. 일반적인 압력 탱크의 용량은 펌프 수량의 2~3분간 정도 또는 최대 사용량의 몇 분 정도를 유효저수량으로 하는가? [기출문제]
① 20분
② 2~3분
③ 10분
④ 5~6분

12. 다음 왕복 펌프에 대한 설명 중 틀린 것은 어느 것인가?
① 진동, 소음이 적다.
② 송수압의 파동이 크다.
③ 양수량의 조절은 곤란하다.
④ 양수량이 적다.

해설 회전운동 펌프는 고속운전에 적합하고 진동, 소음이 적다. 경량 소형으로 양수량 조절이 용이하며 송수압의 파동도 없다.

13. 회전운동 펌프이며 20 m 이상의 고양정용에 사용되는 것은?
① 플런저 펌프
② 워싱턴 펌프
③ 벌류트 펌프
④ 터빈 펌프

해설 ①, ②는 왕복 펌프이며, ③은 15 m 내외의 저양정용 회전운동 펌프이다.

정답 7. ④ 8. ③ 9. ④ 10. ② 11. ① 12. ① 13. ④

14. 다음 중 깊은 우물에 사용하는 펌프는 어느 것인가? [기출문제]
① 피스톤 펌프
② 수중 모터 펌프
③ 워싱턴 펌프
④ 기어 펌프

해설 깊은 우물용 펌프에는 수중 모터 펌프, 보어 홀 펌프, 제트 펌프 등이 있다.

15. 25 m까지의 깊은 우물용 펌프는?
① 벌류트 펌프
② 피스톤 펌프
③ 제트 펌프
④ 플런저 펌프

해설 7 m 이상 깊이의 우물을 깊은 우물이라 한다.

16. 다음은 펌프의 취급 시 주의사항이다. 틀린 것은?
① 벌류트 펌프는 토출 밸브를 닫고 시동한다.
② 왕복 펌프는 프라이밍을 해야 한다.
③ 시동 시 규정전류 이상이 되면 토출 밸브를 조여 양수량을 조정한다.
④ 왕복 펌프는 토출 밸브를 연 채로 시동한다.

해설 프라이밍(priming)이란 회전운동 펌프 작동 시 펌프의 케이싱 속에 공기가 차 있으면 물을 흡입할 수 없으므로 펌프에 물을 채우는 것을 말한다.

17. 센트리퓨걸 펌프 시동 시 취급법의 순서이다. 잘못된 것은? [기출문제]
① 펌프의 베어링에 급유를 한다.
② 토출 밸브를 연다.
③ 프라이밍(priming)을 하고 스위치를 넣는다.
④ 시동 후 일정한 압력에 도달하면 토출 밸브를 연다.

해설 ② 회전운동 펌프는 토출 밸브를 닫는다.

18. 다음 중 펌프에 대하여 올바르게 설명한 것은? [기출문제]
① 원심 펌프는 왕복 펌프보다 송수압의 파동이 크다.
② 벌류트 펌프는 양정이 보통 25 m 이상이다.
③ 워싱턴 펌프는 고압 보일러의 급수 펌프로 적합하다.
④ 터빈 펌프는 왕복 펌프의 일종으로 고양정에 적당하다.

해설 ① 원심 펌프는 왕복 펌프보다 송수압의 파동이 작다.
② 벌류트 펌프는 양정이 보통 15 m 내외이다.
④ 터빈 펌프는 회전운동 (원심) 펌프의 일종으로 고양정에 적당하다.

19. 펌프의 전양정이 30 m이며 유량 1.5 m³/min일 때 효율이 80 %인 벌류트 펌프의 축동력은 몇 HP인가?
① 0.163 HP   ② 12.5 HP
③ 1.25 HP   ④ 0.25 HP

해설 $L = \dfrac{L_w}{\eta} = \dfrac{\gamma QH}{75 \times 60 \times \eta}$
$= \dfrac{1000 \times 1.5 \times 30}{75 \times 60 \times 0.8} = 12.5 \, \text{HP}$

20. 펌프에 의해 구하는 동력 $L_W = \dfrac{\gamma HQ}{75 \times 60}$ [HP]와 같은 것은? (단, γ : 비중량 (kg/m³), Q : 유량(m³/min), H : 양정(m)이다.) [기출문제]

정답 14. ② 15. ③ 16. ② 17. ② 18. ③ 19. ② 20. ①

① $L_W = \dfrac{\gamma HQ}{102 \times 60}$ [kW]

② $L_W = \dfrac{102 \times 60}{\gamma HQ}$ [kW]

③ $L_W = \dfrac{\gamma H}{102 Q}$ [kW]

④ $L_W = \dfrac{\gamma Q}{102 H}$ [kW]

21. 펌프의 송수량이 80 m³/min일 때 전양정 30 m의 벌류트 펌프로 구동하는 데 필요한 동력은 몇 kW인가? (펌프의 효율은 80 %)
① 47 kW ② 470 kW
③ 49 kW ④ 490 kW

해설 $L = \dfrac{\gamma QH}{102 \times 60 \times \eta} = \dfrac{1000 \times 80 \times 30}{102 \times 60 \times 0.8}$
$\fallingdotseq 490$ kW

22. 펌프의 양수량이 3.6 m³/min이고 송출구의 안지름이 23 cm일 때 유속은 몇 m/s인가?
① 1.44 m/s ② 12 m/s
③ 2.77 m/s ④ 1.2 m/s

해설 유량(Q) = 단면적(A)×유속(V)
∴ 유속(V) = $\dfrac{\text{유량}(Q)}{\text{단면적}(A)}$
$= \dfrac{3.6}{\dfrac{\pi}{4} \times 0.23^2 \times 60} \fallingdotseq 1.44$ m/s

23. 플러시 밸브 또는 급속 개폐식 수전 사용 시 급수의 유속이 불규칙하게 변해 생기는 작용은?
① 수격 작용 ② 수밀 작용
③ 파동 작용 ④ 맥동 작용

해설 수격 작용(water hammering)은 수추 작용이라고도 하며, 평시 수압의 14배에 준하는 이상 압력이 발생되고 이상 소음까지도 동반하여 심하면 배관이 파손되기도 한다.

24. 수격 작용의 방지법이 아닌 것은?
① 관지름을 크게 하고 유속을 크게 한다.
② 완폐 체크 밸브를 토출구에 설치한다.
③ 펌프에 플라이휠(flywheel)을 설치하여 정전 시에 펌프가 서서히 멈출 수 있게 한다.
④ 관로 중에 서지 탱크 또는 조압 수조를 설치한다.

해설 관지름을 크게 하고 유속을 작게 한다.

25. 캐비테이션 발생 현상으로 생기는 결과가 아닌 것은?
① 소음과 진동이 생긴다.
② 토출량, 양정, 효율이 점차 감소한다.
③ 토출 배관 중에 물탱크나 공기실이 있을 때 발생된다.
④ 임펠러의 침식이 발생한다.

해설 ③은 서징 발생 원인이다.

26. 펌프 양정 15 m이고, 송출량 2 m³/min일 때 축동력 10.25 PS이면 원심 펌프의 효율은 몇 %인가?
① 27 % ② 65 %
③ 80 % ④ 90 %

해설 축동력(PS) = $\dfrac{Q \times H \times \gamma}{75 \times 60 \times \eta}$
여기서, Q : 송출량 (m³/min)
H : 전양정 (m)
γ : 비중량 (kg/m³)
η : 효율
∴ $\eta = \dfrac{2 \times 15 \times 1000}{75 \times 60 \times 10.25} \times 100 = 65$ %

27. 급수배관 시공 시 중요한 배관 구배에 관한 다음 설명 중 잘못된 것은? [기출문제]
① 배관은 공기가 체류되지 않도록 시공한다.

정답 21. ④ 22. ① 23. ① 24. ① 25. ③ 26. ② 27. ②

② 급수관의 배관 구배는 모두 끝내림구배로 한다.
③ 급수관의 표준 구배는 $\frac{1}{250}$ 정도이다.
④ 급수관의 최하부에는 배니 밸브를 설치하여 물을 빼줄 수 있도록 한다.

해설 급수관의 배관 구배는 모두 끝내림 구배로 하나 옥상 탱크식과 같은 하향 급수 배관법에서 수평주관은 내림 구배, 각층의 수평지관은 올림 구배로 한다.

28. 다음 중 용도에 따른 해머 헤드(hammer head ; 지면에서 땅속에 묻는 관까지의 거리)의 길이로 틀린 것은?
① 보통 : 450 mm 이상
② 차량 통로 : 700 mm 이상
③ 중차량 통로 : 1 m 이상
④ 냉한지대 : 1 m 이상

29. 벽관통 배관 시 미리 슬리브를 넣어두면 좋은 점은?
① 관통부 배관의 내구성을 증가시킨다.
② 관재료가 훨씬 덜 든다.
③ 외관상 좋고 접합부가 강하다.
④ 후일 관 교체 시 편리하고 관 신축에도 무리가 없다.

30. 급수 수평관의 지지간격 중 잘못 연결된 것은?
① 20 A 이하 – 1.8 m
② 25~40 A – 2.0 m
③ 50~80 A – 4.0 m
④ 200~300 A – 5.0 m

해설 지지간격 : 50~80 A까지는 3.0 m마다, 90~150 A일 때는 4.0 m마다 지지한다.

31. 급수배관 중 상·하향 수직관에 장치하는 서포트 고정장치는?
① 센터 레스트
② 턴버클
③ 이어
④ 행어 파이프

해설 센터 레스트(center rest) : 관이 축방향으로 신축 가능하나 옆으로는 흔들리지 않게 고정하는 장치를 말한다.

32. 급수 설비 배관에서 가로 배관에 구배를 주는 이유 중 가장 관계가 적은 것은?
① 마찰 저항 감소
② 관내 유수의 흐름 원활
③ 공기 정체 방지
④ 장치 전체 수리 시 물을 완전히 배수

33. 펌프의 흡입배관에 관한 설명 중 맞지 않는 것은? [기출문제]
① 흡입관은 가급적 길이를 짧게 한다.
② 흡입관은 토출관보다 관지름을 1~2급 굵게 한다.
③ 흡입 수평관에 리듀서를 다는 경우는 동심 리듀서를 사용한다.
④ 흡입 수평관이 긴 경우는 $\frac{1}{50} \sim \frac{1}{100}$의 상향구배를 준다.

해설 수평관의 지름을 바꿀 때에는 편심 리듀서(eccentric reducer)를 사용한다.

34. 급속 폐쇄식 수전을 닫았을 때 생기는 수격 작용에 의한 수압은 약 얼마인가? (단, 유속은 2 m/s)
① 1.6 MPa
② 2.4 MPa
③ 2.8 MPa
④ 3.4 MPa

해설 수격 작용이 발생되면 유속(m/s)의 14배에 준하는 이상 압력이 생기므로 2×14 = 28 kgf/cm² = 2.8 MPa이다.

정답 28. ② 29. ④ 30. ③ 31. ① 32. ① 33. ③ 34. ③

35. 수격 작용을 방지하기 위해서 설치하는 것은 무엇인가? [기출문제]
① 체크 밸브
② 공기실
③ 신축이음
④ 스톱 밸브

[해설] 급수배관 시 발생하는 수격 작용의 완화책으로 다음 그림과 같이 공기실(air chamber)을 설치해 준다. 이 공기실은 관내에 이상 압력이 생기면 공기실 내 공기가 압축되어 완충 작용을 하게 되어 소음, 충격 등을 감소시킨다.

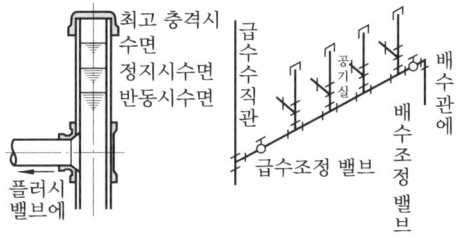

공기실의 설치

36. 급수배관 시공 시 현장 사정상 그림과 같이(조거형 = ㄷ자형) 배관을 하게 되었다. O부에 장착해야 할 밸브는? [기출문제]

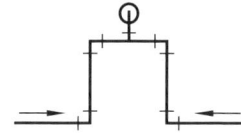

① 체크 밸브
② 앵글 밸브
③ 안전밸브
④ 공기빼기 밸브

[해설] 굴곡부에 공기가 찰 염려가 있으므로 공기빼기 밸브(air vent valve)를 장착해 준다.

37. 다음 중 고층건물의 급수 배관법으로 부적당한 것은?
① 층별식
② 중계식
③ 압력 탱크식
④ 수도 직결식

[해설] ④는 1, 2층 정도의 낮은 건물의 급수 배관법으로 활용된다.

정답 35. ② 36. ④ 37. ④

2 급탕 설비

음료수 이외에 세탁용, 목욕용, 주방용, 세면용 등으로 사용하는 온수를 공급하는 시설을 급탕 설비라고 한다.

2-1 급탕 방법

(1) 개별식 급탕법 (local hot water supply system)

소규모 주택용으로 가스, 전기, 증기 등을 열원으로 사용하고 있다.

① 특성
  (가) 배관 중 열손실이 적다.
  (나) 필요시 필요 개소에 간단하게 설비 가능하다.
  (다) 급탕 개소가 적을 때는 설비비가 싸다.

(2) 중앙식 급탕법 (central hot water supply system)

건물의 지하실 등 일정 장소에 탕비기를 설치하고 긴 배관에 의해 각 사용 개소에 급탕한다. 대규모 급탕용에 적당하며 석탄, 중유, 증기, 가스 등을 열원으로 사용한다.

① 특성
  (가) 연료비가 저렴하다.
  (나) 급탕 설비가 대규모이므로 열효율이 좋다.
  (다) 최초의 시설비는 비싸나 관리비가 적게 든다.

② 분류
  (가) 직접 가열식(소규모 건물용) : 온수 보일러로 끓인 탕수를 저탕조를 거쳐 급탕하는 방식
    ㉮ 순환경로 : 온수 보일러 → 저탕조(storage tank) → 급탕수직주관 → 분기관 → 각층의 위생기구 → 복귀주관(return pipe) → 저탕조
    ㉯ 분류
      • 순환 운동에 따라 : 중력 순환식, 강제 순환식
      • 배관 방식에 따라 : 단관식, 복관식
    ㉰ 팽창관과 팽창 탱크 : 급탕 입주관의 최상단으로부터 팽창관을 연장하여 팽창 탱크에 연결한다.

④ 급탕관의 관지름 : 급수관 지름보다 한 둘레 큰 관을 택하고 최소 20 A 이상의 관을 사용한다.
⑤ 특성 : 열효율면으로는 경제적, 경수 사용 시 보일러 내부에 물때(scale)가 부착하여 전열 효율을 저하시키며 보일러의 수명을 단축시킨다.
④ 간접 가열식(대규모 건물용) : 저탕조 내에 가열 코일을 설치하고 이 코일 내에 증기 또는 열탕을 통과시켜 조내 탕수를 간접 가열한다.
㉮ 특성
• 설비비가 절약되며 관리상 편리하다.
• 스케일의 부착이 적다.
• 고압 보일러가 불필요하다.
⑤ 기수 혼합법 : 병원이나 공장에서 증기를 열원으로 하는 경우 저탕조 내에 증기를 공급하여 증기와 물을 혼합시켜 물을 끓여준다.
㉮ 특성
• 증기가 물에 주는 열효율은 100 %이다.
• 소음을 내는 결점이 있어 스팀 사일런서를 설치하여 소음을 감소시킨다.
• 사용 증기압력은 0.1~0.4 MPa 정도이다.

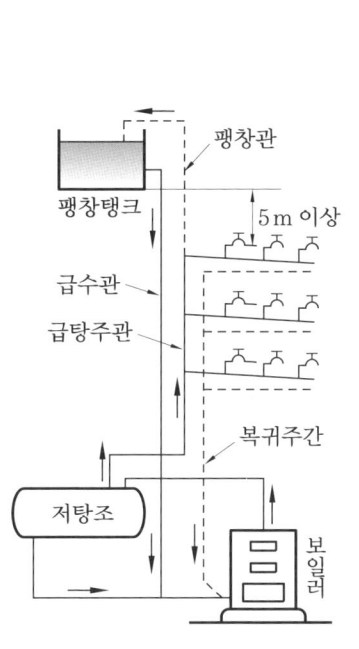

직접 가열식 급탕법

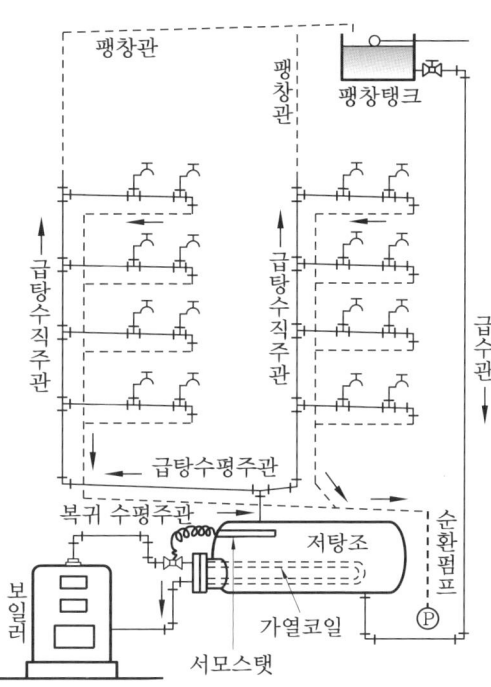

간접 가열식 급탕법

2-2 급탕배관 시공법

(1) 배관 구배
중력순환식은 $\frac{1}{150}$, 강제순환식은 $\frac{1}{200}$의 구배로 한다.

(2) 팽창 탱크와 팽창관의 설치
팽창 탱크는 최고층 급탕 콕보다 5 m 이상 높은 곳에 설치하며 팽창관 도중에 절대로 밸브류 장치를 하면 안 된다.

(3) 저장 탱크와 급탕관 및 복귀탕관
① 급탕관은 보일러나 저장 탱크에 직결하지 말고 일단 팽창 탱크에 연결한 후 급탕한다.
② 복귀탕관은 저장 탱크 하부에 연결하며 급탕 출구로부터 최원거리를 선택한다.
③ 저장 탱크와 보일러의 배수는 일단 물받이(route)로 받아 간접배수한다.
④ 각 복귀탕관을 복귀탕주관에 연결하기 전에 체크 밸브를 설치하여 복귀탕의 역류를 방지한다.

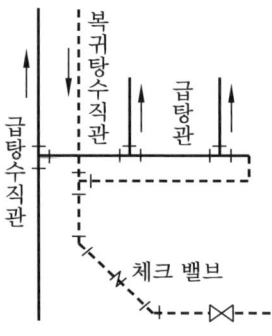

복귀탕의 역류 방지

(4) 관의 신축 대책
① 배관의 곡부에는 스위블 조인트를 설치한다.
② 벽 관통부 배관 : 강관제 슬리브를 사용한다.
③ 신축 조인트 : 루프형 또는 슬리브형을 택하고 강관일 때 직관 30 m마다 1개씩 설치한다.
④ 마루 바닥 통과 시에는 콘크리트 홈을 만들어 그 속에 배관한다.

(5) 관지름 결정

다음 계산식에 의해 산출한 순환 수두에서 급탕관의 마찰 손실 수두를 뺀 나머지 값을 복귀탕관의 허용 마찰 손실로 하여 산정하고 보통 복귀탕관을 급탕관보다 1~2 구경 작게 한다.

> **참고** 순환 수두 계산식
>
> 중력 순환식에 한하여 적용, 강제 순환식은 사용 순환 펌프의 양정을 그대로 적용하면 된다.
>
> $$h = 1000(\rho_1 - \rho_2)H$$
>
> 여기서, h : 순환 수두 (mmAq)
> ρ_1 : 복귀탕관 내 물의 밀도 (kg/L)
> ρ_2 : 급탕관 내 물의 밀도 (kg/L)
> H : 가열기에서 기구까지의 높이(m)
>
> 순환 수두의 단위 mmAq에서 Aq는 라틴어의 물이라는 단어 Aqua의 약자이고 수주(水柱)의 뜻을 나타낸다.

예·상·문·제

1. 다음 중 국소식 급탕법의 장점이 아닌 것은 어느 것인가? [기출문제]
① 급탕장소가 적을 때는 유지관리가 용이하며 설비비가 싸다.
② 석탄·중유 등을 사용하여 열효율이 높은 대규모 장치를 설치하는 관계상 연료가 비교적 적게 든다.
③ 긴 배관을 필요로 하지 않으므로 배관 중의 열손실이 적어 경제적이다.
④ 필요로 할 때 간단하게 필요한 장소에 설치할 수 있다.

[해설] ②는 중앙식 급탕법의 장점이다.

2. 직접 가열식 급탕 설비에 관한 다음 설명 중 틀린 것은? [기출문제]
① 소규모 건물용으로 쓰인다.
② 온수 보일러로 끓인 탕수를 저장 탱크를 거쳐서 급탕한다.
③ 스케일의 부착이 적어 전열효율이 좋다.
④ 중력 순환식과 강제 순환식으로 분류한다.

[해설] 직접 가열식 급탕 설비는 경수 사용 시 보일러 내부에 스케일이 부착하여 전열효율을 저하시키며 보일러의 수명을 단축시킨다.

3. 직접 가열식 저탕조에 있어서 최대 사용량 2500 L/h로서 온수 보일러의 탕량을 500 L로 하면 저탕조의 크기는 얼마로 하면 되는가?
① 1500 L   ② 2000 L
③ 2500 L   ④ 3000 L

[해설] 저탕조의 용량 계산식
㉠ 직접 가열식일 때 : V = (1시간당 최대 사용수량 − 온수 보일러의 탕량)×1.25
㉡ 간접 가열식일 때 : V = 1시간당 최대 사용급탕량×(0.9~0.6)
이 문제는 ㉠의 경우이므로
∴ V = (2500 − 500) × 1.25 = 2500 L

4. 다음 중 간접 가열식 급탕 설비에 부착되지 않는 기기는?
① 서모스탯   ② 가열 코일
③ 스팀 사일런서 ④ 부자 밸브

[해설] 저탕조에 부착된 자동온도 조절 밸브에 장착시켜 급탕온도에 따라 증기를 조절할 때 쓰이는 기기가 서모스탯(thermostat)이고, 가열 코일은 저탕조 내에 설치하여 조내 탕수를 간접 가열하는 데 이용되며 부자변은 팽창 탱크의 수위 조절에 쓰인다.

5. 간접 가열식 급탕법에 대한 설명 중 잘못된 것은? [기출문제]
① 고압 보일러가 불필요하다.
② 가열용 코일이 필요하다.
③ 난방용 보일러가 있는 곳에는 설치시공 시 간단하다.
④ 대규모 급탕설비에 부적당하다.

[해설] 중앙 급탕식에는 직접 가열식과 간접 가열식이 있는데 전자는 소규모 건물용에, 후자는 대규모 건물용에 좋다.

6. 다음 중 급탕 설비에서 팽창관의 역할이 아닌 것은? [기출문제]
① 보일러 내의 공기와 증기를 배출시킨다.
② 보일러 내면에 생기는 스케일을 제거한다.
③ 안전밸브의 역할을 한다.

[정답] 1. ② 2. ③ 3. ③ 4. ③ 5. ④ 6. ②

④ 물의 온도 상승에 따른 체적 팽창을 흡수한다.

7. 다음은 팽창 탱크에 대한 설명이다. 틀린 것은? [기출문제]
① 보일러 및 배관계 내에서 분리된 증기나 공기를 배출한다.
② 물의 팽창에 따른 위험에 안전밸브의 역할을 한다.
③ 볼탭을 통해서 자동급수하고, 항상 일정한 수면을 유지하여야 한다.
④ 최고층 급탕 밸브보다 1 m 이하 낮은 곳에 설치한다.

해설 팽창 탱크는 최고층 급탕 콕보다 5 m 이상 높은 곳에 설치한다.

8. 길이 50 m의 강관을 섭씨 20℃에서 직관으로 설치하였으나 사용 시 관의 온도가 80℃가 되었다. 이때 관의 팽창량은? (단, 선팽창계수는 0.000012로 한다.) [기출문제]
① 12 mm ② 24 mm
③ 36 mm ④ 52 mm

해설 $\lambda = \alpha l (t_2 - t_1)$
∴ $\lambda = 0.000012 \times 50000 (80 - 20)$
    $= 36$ mm

9. 급탕 배관에서 중앙식 급탕법의 장점을 나열하였다. 가장 관련이 없는 것은? [기출문제]
① 열원으로 석탄, 중유 등이 사용되므로 연료비가 싸게 든다.
② 탕비 장치가 대규모로 되므로 열효율이 낮다.
③ 일반적으로 다른 설비 기계류와 동일한 장소에 설치되어 관리상 유리하다.
④ 처음 건설비는 비싸지만, 경상비가 싸게 들므로 대규모 급탕에서는 중앙식이 경제적이다.

해설 중앙식 급탕법은 급탕 설비가 대규모이므로 열효율이 좋다.

10. 기수 혼합법 급탕 설비에 관한 다음 설명 중 잘못된 것은? [기출문제]
① 소음을 감소시키기 위해 스팀 사일런서를 사용한다.
② 증기가 물에 주는 열효율은 100 %이다.
③ 사용 증기압력은 0.03~0.1 MPa이기 때문에 고압 보일러가 불필요하다.
④ 증기와 물을 혼합시켜 물을 끓여 준다.

해설 ③은 간접 가열식 급탕법의 특징에 대한 설명이다.
※ 기수 혼합법은 증기가 물에 주는 열효율은 100 %이나 소음을 내는 결점이 있으므로 스팀 사일런서(steam silencer)로 소음을 줄여준다. 스팀 사일런서는 S형과 F형이 있다. S형은 소독용에, F형은 일반용에 쓰인다.

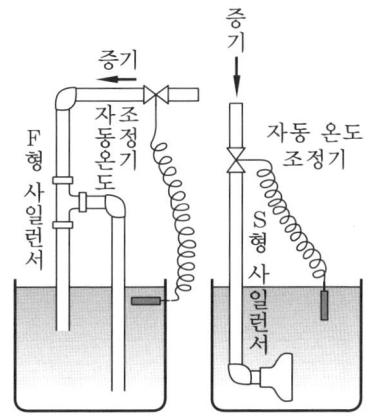

11. 급탕 배관의 경우 관의 신축을 방지하기 위한 시공방법 중 틀린 것은? [기출문제]
① 배관의 굽힘부분에 엘보를 여러 개 사용하여 스위블 이음을 한다.

정답 7. ④ 8. ③ 9. ② 10. ③ 11. ④

② 건물벽 관통부분의 배관에는 슬리브를 끼운다.
③ 배관 도중에 신축곡관 또는 팽창 슬리브 이음을 사용한다.
④ 배관에 신축이음을 하는 경우에는 배관을 고정시키지 않아도 된다.

해설 배관에 신축이음이 있을 때에는 배관의 양끝을 고정한다.

12. 스토리지(storage) 또는 탱크 히터(tank heater)라고 하는 증기를 공급하는 저탕조를 사용하는 급탕법은? [기출문제]
① 직접 가열법 ② 간접 가열법
③ 기수 혼합법 ④ 복사법

해설
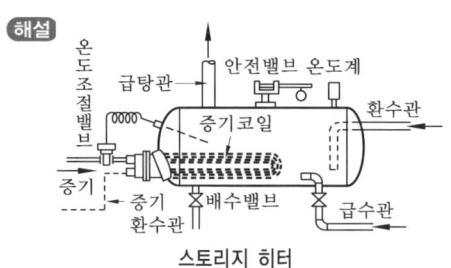
스토리지 히터

13. 급탕 배관에서의 분기부 접속부의 배관으로 맞는 것은?

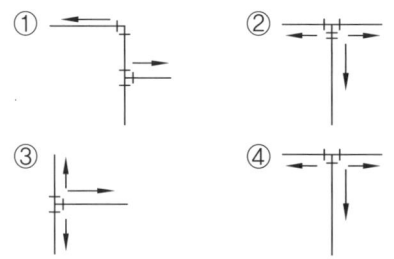

해설 분기부 접속부의 배관은 직접 티(tee)를 사용하지 않고 엘보를 사용하여 신축을 흡수한다.

14. 급탕 배관에서 강관으로 먼 거리를 직선 배관할 때 일반적인 경우 직관 몇 m마다 1개의 신축이음을 설치하는 것이 가장 좋은가? [기출문제]
① 60 m ② 50 m
③ 45 m ④ 30 m

15. 중력 순환식 급탕 방식에서 탕비기의 출구의 열탕온도를 80℃(밀도 0.96876 kg/L), 복귀관의 복귀탕 온도를 60℃(밀도 0.98001 kg/L)로 하면 이 급탕 배관의 순환수두는 얼마인가? (단, 가열기에서 기구까지의 높이는 10 m이다.)
① 110 mmAq ② 112.5 mmAq
③ 180 mmAq ④ 154.3 mmAq

해설 순환수두 $h = 1000(\rho_1 - \rho_2)H$
$= 1000(0.98001 - 0.96876) \times 10$
$= 112.5 \text{ mmAq}$

16. 다음 급탕 배관 시공법 중 맞는 것은 어느 것인가? [기출문제]
① 급탕관은 되도록 매립배관을 한다.
② 온수의 순환을 원활히 하기 위하여 중력 순환식의 경우 $\frac{1}{200}$, 강제 순환식의 경우에는 $\frac{1}{150}$의 구배를 표준으로 한다.
③ 보일러나 저탕조에는 급수관을 직결하여 급수한다.
④ 벽, 바닥 등을 관통할 때는 슬리브를 넣는다.

해설 ① 매립배관 → 노출배관
② 중력 순환식 $\frac{1}{200}$, 강제 순환식 $\frac{1}{150}$의 구배 → 중력 순환식 $\frac{1}{150}$, 강제 순환식 $\frac{1}{200}$의 구배
③ 급수관을 직결하여 급수 → 급수관을 직결하지 않는다.

정답 12. ② 13. ① 14. ④ 15. ② 16. ④

3 배수 및 통기 설비

배수 설비라 하면 건물 내부에서 사용되는 각종 위생기구로부터 사용하고 남은 폐수와 그 폐수 중 특히 대·소변기 등에서 나오는 오수를 합친 설비를 말하며, 그 배수관에서 발생하는 유취, 유해가스의 옥내 침입방지를 위해 설치하는 배관을 통기 설비라 한다.

3-1 배수 트랩의 설치

(1) 트랩의 구비 조건
 ① 구조가 간단할 것
 ② 봉수가 유실되지 않는 구조일 것
 ③ 트랩 자신이 세정작용을 할 수 있을 것
 ④ 재료의 내식성이 풍부할 것
 ⑤ 유수면이 평활하여 오수가 머무르지 않는 구조일 것

(2) 트랩의 봉수 유실 원인
 ① 자기 사이펀 작용
 ② 흡출 작용
 ③ 분출 작용
 ④ 모세관 현상
 ⑤ 증발
 ⑥ 운동량에 의한 관성

3-2 통기 배관법

통기관의 주된 설치 목적은 트랩의 봉수를 보호하는 데 있다. 통기 배관법에는 1관식과 2관식이 있으며, 2관식은 다시 각개 통기식과 회로 통기식으로 나눈다. 대규모 건물용으로는 주로 2관식이 적용되며 회로 통기식으로 통기 가능한 기구수는 8개 이내이고 통기수직관과 최상류 기구 간의 거리는 7.5 m 이내이어야 한다. 배수 트랩의 역압 방지책으로 도피 통기관을 설치하고 특히 고층 건물일 때에는 결합 통기관을 5층마다 설치해 준다.

3-3 배수의 유속과 구배

① 유속이 느리면 고형물을 흐르게 할 수 없다.
② 수심이 얕으면 고형물을 뜨게 할 수 없다.
③ 배수관 구배가 크면 유속은 빠르나 수심은 얕아진다.
④ 배수관 구배가 작으면 유속은 느려지나 수심은 깊어진다.

배수 관지름과 표준 구배

배수관 안지름	표준 구배	비 고
100 mm	2/100 이상	1/50
125	1.7/100 이상	약 1/60
150	1.5/100 이상	약 1/67
180	1.3/100 이상	약 1/78
200	1.2/100 이상	약 1/83
250 이상	1/100 이상	1/100

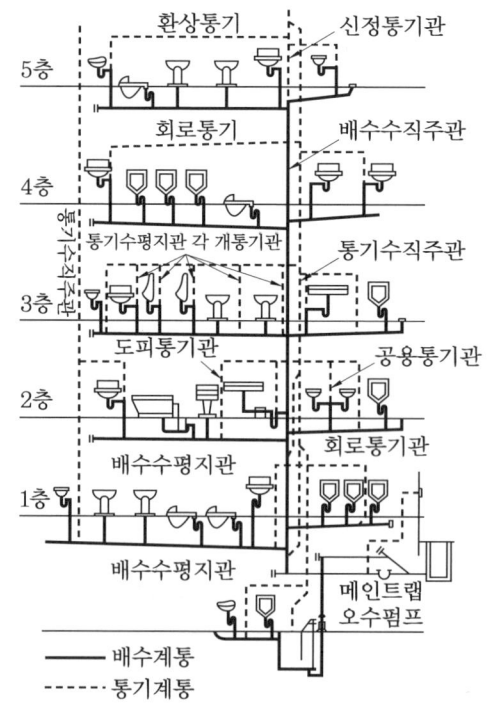

배수·통기 배관 계통도

3-4 변기의 세정 방식

(1) 대변기의 세정 방식
① 세정 수조식 : 하이 탱크식과 로 탱크식이 있으며 대부분 로 탱크식이 사용되고 있다.
② 세정 밸브식 : 세정 시 소음이 크나 소형이므로 학교, 사무실 등에 많이 이용된다.
③ 기압 탱크식 : 철판제 기압 탱크에 15 A의 급수관을 연결, 급수 저장한 후 플러시 밸브(세정 밸브)에 의해 단시간에 세정하며 일반 가정용에도 사용한다.

(2) 소변기의 세정 방식
① 개인용 : 세정 수전(flush faucet)이나 압버튼식 세정 밸브(pushing button type flush valve) 또는 전자 감응식 세정 밸브
② 대중용 : 자동 사이펀식 세정 장치

3-5 배수 및 통기 배관 시공법

(1) 배수관의 시공법
① 회로(환상) 통기 방식의 기구 배수관을 배수 수평관에 연결할 때는 배수 수평관의 측면에 45° 경사지게 접속하며, 배수 수평관 위에 수직으로 연결해서는 안 된다.
② 각 기구의 일수관은 기구 트랩의 배수 입구 쪽에 연결하되, 배수관에 2중 트랩을 만들어서는 안 된다.
③ 빗물 배수 수직관에는 다른 배수관을 연결해서는 안 된다.

(2) 통기관 시공법
① 각 기구의 각개 통기관은 기구의 오버플로선보다 150 mm 이상 높게 세운 다음, 수직 통기관에 접속한다.
② 바닥에 설치하는 각개 통기관에는 수평부를 만들어서는 안 된다.
③ 회로 통기관은 최상층 기구의 앞쪽에 수평 배수관에 연결한다.
④ 통기 수직관을 배수 수직관에 접속할 때는 최하위 배수 수평 분기관보다 낮은 위치에 45° Y 조인트로 접속한다.
⑤ 통기관의 출구는 그대로 옥상까지 수직으로 뽑아 올리거나 배수 신정 통기관에 연결한다.

⑥ 추운 지방에서 얼거나 강설 등으로 통기관 개구부가 막힐 염려가 있을 때에는 일반 통기 수직관보다 개구부를 크게 한다.

⑦ 배수 수평관에서 통기관을 뽑아 올릴 때는 배수관 윗면에서 수직으로 뽑아 올리든가 45°보다 작게 기울여 뽑아 올린다.

(3) 청소구의 설치

① 실내 청소구(clean out) : 크기는 배관의 지름과 같게 하고 배수관 지름이 100 mm 이상일 때는 100 mm로 하여도 무관하다. 설치간격도 관지름 100 mm 미만은 수평관 직선거리 15 m마다, 관지름 100 mm 이상의 관은 30 m마다 1개소씩 설치한다. 설치장소는 다음과 같다.
  ㈎ 가옥 배수관이 부지 하수관에 연결되는 곳
  ㈏ 배수 수직관의 가장 낮은 곳
  ㈐ 배수 수평관의 가장 위쪽의 끝
  ㈑ 가옥 배수 수평지관의 시작점
  ㈒ 각종 트랩의 하부

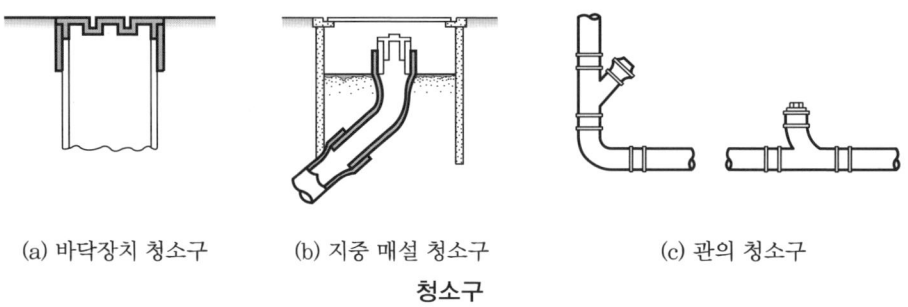

(a) 바닥장치 청소구   (b) 지중 매설 청소구   (c) 관의 청소구

청소구

② 실외 청소구(box seat : manhole) : 배수관의 크기, 암거(pit)의 크기, 매설 깊이 등에 따라 검사나 청소에 지장이 없는 크기로 하며, 직진부에서는 관지름의 120배 이내마다 1개소씩 설치한다. 설치장소는 다음과 같다.
  ㈎ 암거의 기점, 합류점, 곡부
  ㈏ 배수관의 경우에는 지름이나 종류가 다른 암거의 접속점

3-6 위생 도기

① 자화 소지질 도기 : 열처리를 충분히 한 가장 우수한 도기로서 흡수열, 균열 등이 적다.

② 경질 도기질 도기 : 일반 위생 도기, 재질은 다소 약하며 흡수열도 비교적 많다.

3-7 각종 위생 기구의 설치

(1) 세면기의 설치
급수전의 위치가 작업자의 서 있는 위치에서 냉수는 우측에, 온수는 좌측에 오도록 부착하며, 비누통 등 부속 기구는 세면 동작에 지장이 없는 위치에 부착한다.

(2) 대변기의 설치
① 동양식 대변기 : 변기와 배수관은 종전에는 보통 연관 삽입식 접속법을 많이 이용하였다. 그러나 최근에는 연관 대신 PVC관으로 대용하고 있다.
② 서양식 대변기 : 도기를 매설하지 않아 설치 시공이 용이하나 볼트로 변기를 바닥에 고정할 때에는 도기의 균열이나 파손에 특히 주의한다.

(3) 소변기의 설치
일반 소변기는 배수 연관에 트랩을 접속하고 그 위에 변기를 설치하나 트랩 접합부의 막힘 또는 누수를 방지하기 위해 개스킷이나 퍼티로 충분히 밀착시킨다.

(4) 욕조(bath)의 설치
욕조는 온수와 많이 접촉되므로 콘크리트 매설을 금한다. 근래에는 폴리에틸렌제를 많이 설치하나 재질이 약하고 열에 약하므로 시공 시 주의가 요구된다.

3-8 배설물 정화조

수세식 화장실에서 나오는 오수 및 오물을 부패, 정화시킨 후 하수관에 방류하는 오수처리 시설이다.

(1) 부패조 (1차 처리장치)
① 제1, 2 부패조에 예비 여과조를 포함한 탱크이다.
② 오수의 체류 기간은 2일간으로 혐기성 박테리아에 의해 오물이 부패, 분해된다.
③ 유입관의 선단에 T자관을 부착하여 상단은 수면 위로, 하단은 오수면보다 $\frac{1}{3}$의

깊이까지 세워 놓는다.
④ 오수의 유입구와 유출구는 대각선상에 위치시킨다.
⑤ 부패조의 용량 계산식
 (가) 5인 이하일 때 : $1.5\,\mathrm{m}^3$ 이상
 (나) 5인 초과일 때 : $V \geqq 1.5 + 0.1(n-5)$
 (다) 500인 이상일 때 : $V \geqq 51 + 0.075(n-500)$
  여기서, V : 부패조의 용량(m^3)
   n : 사용인원 수

(2) 산화조(2차 처리장치)
① 호기성 박테리아를 증식시켜 오수 중의 유기물을 산화분해한다.
② 용량은 부패조 용량의 $\frac{1}{2}$로 한다. 크기는 약 1일분의 오수량과 같은 크기로 한다.
③ 배기관의 높이는 지상 3 m 이상으로 한다.

(3) 소독조
① 산화조에서 정화된 오수 내의 균을 소독제인 차아염소산소다(NaClO), 차아염소산칼슘[Ca(ClO)$_2$]으로 살균소독한다.
② 살균된 오수는 공공 하수관에 방류한다.

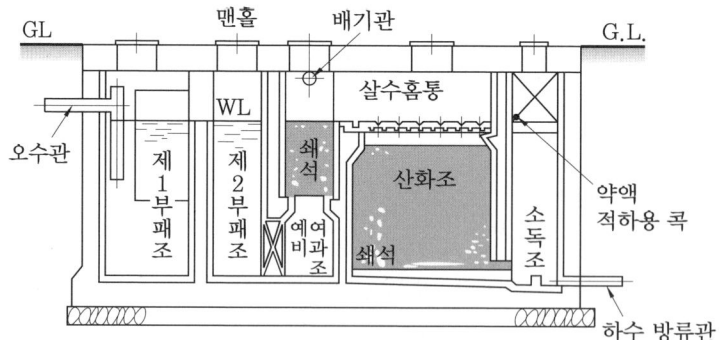

배설물 정화조의 구조

예·상·문·제

1. 다음 세정 급수 방법 중 역류방지기를 장치해야 하는 것은?
 ① 세정 수조식 ② 세정 밸브식
 ③ 기압 탱크식 ④ 저탱크식

해설 대변기의 트랩로에 고형물이 끼이면 오수가 변기에 충만해서 변기 급수구까지 잠기게 된다. 이때 단수 등에 의해 급수관이 감압되면 역사이펀 작용이 발생하여 변기 내 오수가 급수관 내로 빨려 들어가게 되는 비위생적 현상이 발생하는데 이 현상을 방지하기 위해 역류방지기를 설치한다.

2. 옥내 배수관에서 트랩의 봉수가 없어지는 원인이 아닌 것은? [기출문제]
 ① 과잉 온도차
 ② S 트랩의 경우 자기 사이펀작용
 ③ 오랫동안 사용하지 않을 경우 증발현상
 ④ 직접 배수 수직관에 연결된 경우 수직관에 일시 다량의 물이 흘러내리면 흡출

해설 배수 트랩의 봉수 유실 원인에는 ②, ③, ④ 외에 흡출 작용, 모세관 현상 및 운동량에 의한 관성 등이 있다.

3. 옥내 파이프가 옥외 파이프로 연결된 경우에 옥외 파이프에서 발생한 악취 및 유해가스가 옥내 파이프로 역류하는 것을 방지하는 것이 주목적인 것은? [기출문제]
 ① 배수 트랩 ② 체크 밸브
 ③ 팽창 밸브 ④ 턴버클

4. 다음 중 통기관의 설치목적으로 가장 적합한 것은? [기출문제]

① 사이펀 작용 및 배압으로부터 봉수를 보호한다.
② 배수관 내의 흐름을 원활하게 한다.
③ 배수관 내의 공기의 유통을 자유롭게 한다.
④ 배수관 내의 진공을 완화한다.

해설 통기관은 하수관 및 건물 내 배수관에 설치되는 배수 트랩의 봉수를 보호한다.

5. 다음은 배수 통기 배관 계통도에 관한 설명이다. 맞는 것은? [기출문제]
① 배수의 구배는 크면 클수록 좋다.
② 루프 통기식으로 통기 가능한 기구의 수는 10개 이내이다.
③ 배수관 내 역압 방지책으로 5층마다 결합 통기관을 설치한다.
④ 루프 통기 배관을 배부 통기 배관이라고도 한다.

해설 배관의 구배는 관지름에 따라 적당하게 주어야 하며 급경사를 주면 유속은 빠르나 수심이 너무 얕아진다. 루프 통기, 즉 회로 통기식으로 통기 가능한 기구의 수는 8개 이내이며 각개 통기식을 통기관이 항상 벽체 내에 세워진다 하여 배부 통기식(back vent system)이라고도 한다.

6. 루프(회로) 통기식 배관에서 통기 수직 주관과 최상류 기구까지의 루프 통기관 연장 거리로 가장 적당한 설명은? [기출문제]
① 50~100 mm
② 60~70 cm
③ 7.5 m (25 피트 이내)
④ 25 m (80 피트) 정도

정답 1. ② 2. ① 3. ① 4. ① 5. ③ 6. ③

7. 다음은 대변기의 세정 방식 중 저탱크식과 고탱크식을 비교 설명한 것이다. 잘못 설명된 것은?
① 저탱크식은 고장 시 수리가 쉽고 단수 시에는 물 공급이 용이하다.
② 저탱크식은 고탱크식에 비해 화장실 내 거부면적이 크다.
③ 고탱크식은 저탱크식보다 수량이 적게 필요하다.
④ 고탱크식의 세정관은 32 A로 적당하나 저탱크식은 40 A 정도의 관을 써야 한다.

[해설] 대변기의 세정 급수 방식 중 세정 수조식은 다음 그림과 같이 고탱크식(high tank system)과 저탱크식(low tank system)으로 나눈다. 고탱크식의 세정관은 25 A로 적당하나 저탱크식은 50 A의 관을 써야 한다.

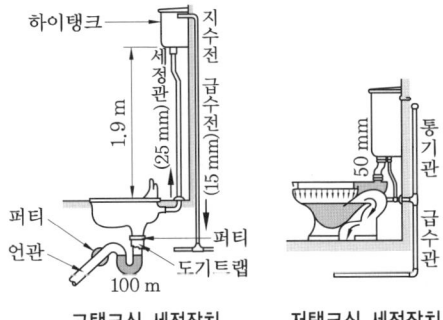

고탱크식 세정장치   저탱크식 세정장치

8. 세면기 기구 배수관 및 트랩의 최소 관지름은 얼마인가? [기출문제]
① 15 mm   ② 20 mm
③ 32 mm   ④ 75 mm

9. 다음 중 배수관에 관한 설명으로 잘못된 것은? [기출문제]
① 수심이 얕으면 덩어리 오물이 잘 뜨지 못한다.
② 구배가 크면 유속은 빠르나 수심은 깊어진다.
③ 배관 구배가 작으면 유속은 느려지나 수심은 깊어진다.
④ 유속이 느리면 덩어리 오물이 잘 뜨게 할 수 없다.

[해설] ② 구배가 크면 유속은 빠르나 수심은 얕아진다.

10. 배수 배관의 시공법에 관해 잘못 설명한 것은? [기출문제]
① 연관 배수관의 구부러진 부분에는 다른 관을 접속하지 않는다.
② 각 기구의 오버플로관은 기구 트랩의 배수 유입 측에 연결한다.
③ 배수관에는 2중 트랩을 만들어서는 안 된다.
④ 우수 배수 수직관은 다른 일반 배수관에 연결해도 무방하다.

11. 배수 배관 및 통기관 설치 시 주의사항으로 올바른 것은? [기출문제]
① 자동차 치고 내의 비닥 배수는 가솔린 가스가 분리되지 않도록 하여 배수관에 방류한다.
② 배수 배관이 안전상 2중 트랩이 되도록 하여 배관한다.
③ 가솔린 가스가 함유된 통기관은 다른 배관에 접속해서는 안 된다.
④ 수평지관의 최하단부와 배수 수직관의 최상단부에 청소구를 설치해야 한다.

[해설] ① 자동차 차고의 수세기 배수관은 반드시 가솔린 트랩에 유도한다.
② 배수관에 2중 트랩을 만들어서는 안 된다.
④ 배수 수직관의 가장 낮은 곳에 청소구를 설치한다.

정답 7. ④ 8. ③ 9. ② 10. ④ 11. ③

12. 다음 중 금지해야 할 통기관의 배관이 아닌 것은? [기출문제]
① 바닥 아래의 통기관 수평배관은 금지해야 한다.
② 오물 정화조의 배기관은 단독으로 대기중에 개구해서는 안 된다.
③ 통기 수직관을 빗물 수직관과 연결해서는 안 된다.
④ 통기관은 실내 환기용 덕트에 연결하여서는 안 된다.

해설 ② 오물 정화조 배기관은 단독으로 대기 중에 개구한다.

13. 배수 배관 시공법에서 청소구를 설치하여야 될 곳 중 틀린 것은? [기출문제]
① 수직 배수관의 가장 낮은 곳
② 배관이 80° 각도로 구부러지는 곳
③ 지름 100 mm 이상 수평 배관에서는 직진 30 m마다 하나씩 설치
④ 가옥과 택지 하수관이 접속되는 곳

해설 실내 청소구(clean out)의 설치간격은 관지름 100 mm 미만은 수평관 직선거리 15 m마다, 관지름 100 mm 이상의 관은 30 m마다 1개소씩 설치한다.

14. 다음 배수 배관에 맨홀의 설치장소를 정하고자 한다. 잘못된 곳은? [기출문제]
① 암거의 시작점
② 암거의 합류점
③ 암거의 직관부
④ 배수관일 때 지름이나 종류가 다른 암거의 접속점

해설 맨홀(manhole)은 일종의 실외 청소구(box seat)이다.

15. 맨홀(box seat) 설치시공에 관한 설명 중 틀린 것은?
① 배수관의 크기, 암거의 크기, 매설깊이 등에 따라 검사나 청소에 지장이 없는 크기로 한다.
② 암거(under drain)의 기점, 합류점, 구부러진 곳 등에 설치해 준다.
③ 빗물이 유입될 곳에는 150 mm 이상의 드레인 고임홈을 만들어 준다.
④ 직진부 배수관일 때는 관지름의 150배 이내마다 1개소씩 설치한다.

해설 배수관인 경우에는 실외 청소구(manhole)를 지름이나 종류가 다른 암거의 접속점에 설치하는데 특히 직진부에서는 관지름의 120배 이내마다 1개소씩 설치해 준다. 암거(暗渠)란 콘크리트로 땅속에 만든 도랑을 말한다.

16. 연관 3 m를 가지고 수평 배수관을 설치하려 한다. 이때의 지지 개소는 몇 개소가 적당한가? [기출문제]
① 3개소   ② 5개소
③ 8개소   ④ 9개소

해설 연관일 때 수평 배수관을 설치하려면 1.0 m마다 1개소씩 설치한다.

17. 세면기 설치 시 급수전은 작업자가 서있는 위치에서 온수, 냉수를 어느 쪽에 장착하는가?
① 냉수는 우측에, 온수는 좌측에 장착한다.
② 냉수는 좌측에, 온수는 우측에 장착한다.
③ 냉수, 온수 모두 우측으로 몰아서 설치한다.
④ 냉수, 온수 부착 위치는 작업자의 재량에 맡긴다.

18. 대변기의 기구 배수 관지름은?
① 50 mm   ② 75 mm

정답 12. ② 13. ② 14. ③ 15. ④ 16. ① 17. ① 18. ③

③ 100 mm ④ 125 mm

해설 주요 위생 기구의 기구 배수관 및 트랩 관지름은 다음과 같다.
㉠ 소변기 : 50 mm, ㉡ 비데 : 50 mm
㉢ 목욕수채 : 40 mm, ㉣ 세면기 : 50 mm
㉤ 음료수기 : 40 mm, ㉥ 주방수채 : 40 mm

19. 표면이 유리질로 되어 있고 흡수열, 균열 등이 적어 가장 우수한 위생 도기는? [기출문제]
① 자화 소지질 도기
② 경질 도기질 도기
③ 화장 소지질 도기
④ 연질 도기질 도기

20. 재질은 다소 약하며 흡수열도 비교적 많으나 일반적인 위생 도기로 많이 쓰이는 도기는 어느 것인가?
① 자화 소지질 도기
② 스테인리스 도기
③ 경질 도기질 도기
④ 연질 기질 도기

21. 다음은 위생 도기의 표시 기호이다. 잘못 연결된 것은?
① U-소변기
② B-욕조
③ L-대변기
④ S-일반 싱크

해설 L은 세면기(lavatory)를 나타낸다. 그 외의 표시 기호를 열거하면 다음과 같다.
V : 자화 소지질, E : 경질 도기질, C : 대변기, K : 부엌 싱크, T : 탱크류

22. 다음은 위생 도기의 기호를 표시한 것이다. 자화 소지질 대변기의 기호는? [기출문제]
① AB ② VC
③ VU ④ VS

23. 다음 위생 도기의 표시 기호를 잘못 짝지은 것은? [기출문제]
① E-세면기 ② U-소변기
③ C-대변기 ④ K-부엌 싱크

24. 자화 소지질 트랩 달린 소변기를 표시 기호로 나타내면?
① AL 110 ② VU 220
③ EU 180 ④ VC 100

해설 자화 소지질은 V, 소변기는 U이므로 VU로 표시한다.

25. 배설물 정화조에서 오물 정화 처리 순서로 맞는 것은? [기출문제]
① 예비 여과조 → 부패조 → 산화조 → 소독조
② 부패조 → 소독조 → 예비 여과조 → 산화조
③ 부패조 → 예비 여과조 → 산화조 → 소독조
④ 소독조 → 부패조 → 예비 여과조 → 산화조

해설 배설물 정화조의 오물 정화 처리 순서는 다음과 같다.
수세식 화장실 → 제1, 2부패조 → 예비 여과조 → 산화조 → 소독조 → 공공하수관

26. 다음 그림과 같이 분뇨 정화조를 설치하고자 할 때, 배기관은 어느 부분에 연결하여야 하는가? [기출문제]

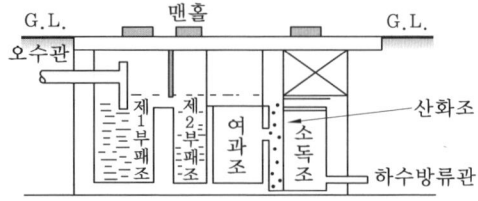

정답 19. ① 20. ③ 21. ③ 22. ② 23. ① 24. ② 25. ③ 26. ②

① 제 2 부패조 ② 여과조
③ 소독조 ④ 제 1 부패조

27. 오물 정화조에서 예비 여과조의 설치위치로 적당한 곳은? [기출문제]
① 제1부패조와 제2부패조의 중간
② 산화조와 소독조 중간
③ 제2부패조와 산화조의 중간
④ 유입구와 제1부패조 중간

28. 다음 중 배설물 정화조에 대해 잘못 짝지은 것은? [기출문제]
① 부패조 : 혐기성 박테리아
② 수질검사 : BOD
③ 소독조 : 차아염소산칼슘
④ 소독조 : 호기성 박테리아

[해설] 호기성 박테리아를 증식시키는 곳은 산화조이다.

29. 오물 정화조에 대한 설명 중 옳은 것은?
① 부패조에서 공기의 공급을 원활하게 하여 오물을 부패시킨다.
② 산화조 크기는 부패조의 2배이다.
③ 산화조에는 공기의 유통을 없게 하여 오물을 산화시킨다.
④ 오물처리 대상인원이 4명인 경우 부패조의 용량은 1.5 m³ 이상으로 한다.

[해설] 부패조는 공기의 혼입을 막아야 하며, 반대로 산화조는 공기의 공급을 원활하게 하여야 한다.

30. 정화조의 부패조에 관한 설명으로 올바른 것은? [기출문제]
① 부패조는 호기성 박테리아를 증식시키는 탱크이다.

② 일반적으로 오수의 체류기간은 7일간 이상이다.
③ 4인 가족이 사용할 부패조의 용량은 1.5 m³ 이상이어야 한다.
④ 오수의 입구와 출구는 서로 평행되게 설치한다.

[해설] ① 부패조는 혐기성 박테리아를 증식시키는 탱크이다.
② 일반적으로 오수의 체류기간은 2일간 이상이다.
④ 오수의 입구와 출구는 서로 대각선상에 설치한다.

31. 오물 정화조의 부패조 구조에 대한 설명 중 올바른 것은? [기출문제]
① 용량은 유입 오수량의 1일분 용량을 기준으로 한다.
② 오수의 수심은 1.2 m 이상으로 한다.
③ 오수 중에 공기를 가능한 한 잘 통과시켜 혐기성균의 활동을 증식시켜야 한다.
④ 안지름 40 cm 이하의 맨홀을 설치한다.

[해설] ① 용량은 유입 오수량의 2일분 용량을 기준으로 한다.
③ 오수 중에 공기의 혼입을 막아 혐기성균의 활동을 증식시켜야 한다.
④ 안지름 40 cm 이상의 맨홀을 설치한다.

32. 상주 인원이 150명인 아파트의 배설물 정화조에서 부패조의 용량은 얼마 정도가 가장 적당한가? [기출문제]
① 10 m³ ② 12 m³
③ 14 m³ ④ 16 m³

[해설] $V \geq 1.5 + 0.1(n-5)$
$V \geq 1.5 + 0.1 \times 145$
$\therefore V \geq 16 \, m^3$
단, 상주인원이 500명 이상일 때는
$V \geq 51 + 0.075(n-500)$의 공식에 대입한다.

[정답] 27. ③ 28. ④ 29. ④ 30. ③ 31. ② 32. ④

33. 화장실 사용 인원수가 12명일 때 부패조의 용량은 얼마 이상이면 되는가?
① 1.8 m³ ② 2.2 m³
③ 2.4 m³ ④ 3.0 m³

해설 5명 이상이므로
$V \geq 1.5 + 0.1(n-5)$의 공식에 대입한다.
$V \geq 1.5 + 0.1(12-5)$
$V \geq 2.2 \text{ m}^3$

34. 부패조의 용량이 8 m³인 정화조의 산화조 용적은 얼마가 적당하겠는가?
① 2 m³ ② 4 m³
③ 8 m³ ④ 12 m³

해설 산화조의 용적은 부패조의 $\frac{1}{2}$이면 적당하다.

35. 산화조의 용적으로 얼마 정도가 가장 적당한가? [기출문제]
① 오수량의 약 24시간분
② 오수량의 약 36시간분
③ 오수량의 약 48시간분
④ 오수량의 약 72시간분

해설 부패조의 오수 체류기간은 48시간(2일간)이므로 산화조의 오수 체류기간은 부패조의 $\frac{1}{2}$인 24시간이다.

36. 다음 중 산화조의 쇄석층의 깊이로 가장 적당한 것은? [기출문제]
① 10~50 mm ② 100~500 mm
③ 600~800 mm ④ 900~2000 mm

37. 산화조의 배기구의 높이는? [기출문제]
① 1 m ② 2 m
③ 3 m ④ 4 m

해설 산화조는 호기성 박테리아의 활동으로 산화작용을 일으켜 오수를 투명한 액체로 바꾸는 역할을 한다. 배기구는 산화조 내에 산소를 공급해 주는 일을 한다.

38. 산화조의 살수 홈통의 밑면과 쇄석층 윗면과의 거리는 몇 cm 이상이 좋은가? [기출문제]
① 10 cm ② 15 cm
③ 20 cm ④ 25 cm

39. 산화조의 배기구는 인접건물의 개구부에서 몇 m 이상 떨어져 설치되는가?
① 1 m ② 2 m
③ 3 m ④ 5 m

해설 3 m 이상 떨어져 설치하고 그 이내로 개구할 때에는 건물 개구부 상단보다 1 m 이상 높게 설치한다.

정답 33. ② 34. ② 35. ① 36. ④ 37. ③ 38. ① 39. ③

공조 배관

1. 난방 설비

인간의 실내 생활을 쾌적하게 영위하도록 어떠한 기기로 열을 만들어 대류, 전도, 복사 등의 열이동을 이용하여 실내 공기를 따뜻하게 하는 배관을 난방 설비라 한다.

1-1. 난방 방식의 분류

(1) 개별식 난방법

가스, 석탄, 석유, 전열 등의 난로에 의한 소규모 난방이다.

(2) 중앙식 난방법

지하실 등에 보일러 등을 설치해서 증기 또는 온수 등을 보냄으로써 각 방으로 열을 공급하는 대규모 난방이다.
① 직접 난방법 : 증기 난방법, 온수 난방법
② 간접 난방법 : 공기 조화 장치
③ 방사 난방법 : 복사 난방

1-2. 증기 난방법

분류 기준	종 류
증기 압력	① 고압식(증기 압력 0.1 MPa 이상) ② 저압식(증기 압력 0.015~0.035 MPa)
배관 방법	① 단관식(증기와 응축수가 동일 배관) ② 복관식(증기와 응축수가 서로 다른 배관)
증기 공급법	① 상향 공급식 ② 하향 공급식
응축수 환수법	① 중력 환수식(응축수를 중력작용으로 환수) ② 기계 환수식(펌프로 보일러에 강제환수) ③ 진공 환수식(진공 펌프로 환수관 내 응축수와 공기를 흡입순환)
환수관의 배관법	① 건식 환수관식(환수주관을 보일러 수면보다 높게 배관) ② 습식 환수관식(환수주관을 보일러 수면보다 낮게 배관)

(1) 중력 환수식 증기 난방법(저압 보일러용)

① 단관식

㈎ 난방이 불완전하다.

㈏ 배관이 짧아 설비비가 절약된다.

㈐ 환수관이 없기 때문에 충분한 난방을 위해 공기빼기 밸브를 장착한다.

㈑ 방열기 밸브는 방열기의 하부 태핑에, 공기빼기 밸브는 상부 태핑에 장착한다.

㈒ 개폐도에 의해서 증기량을 조절할 수 없다.

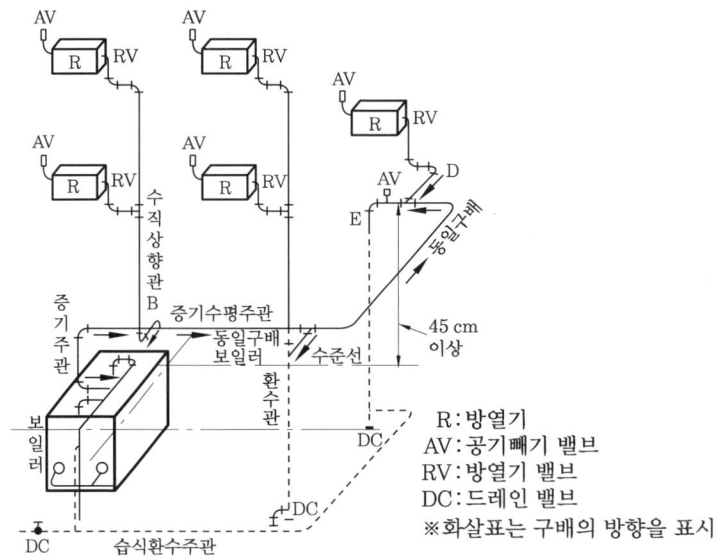

단관식 중력 환수 난방(상향식)

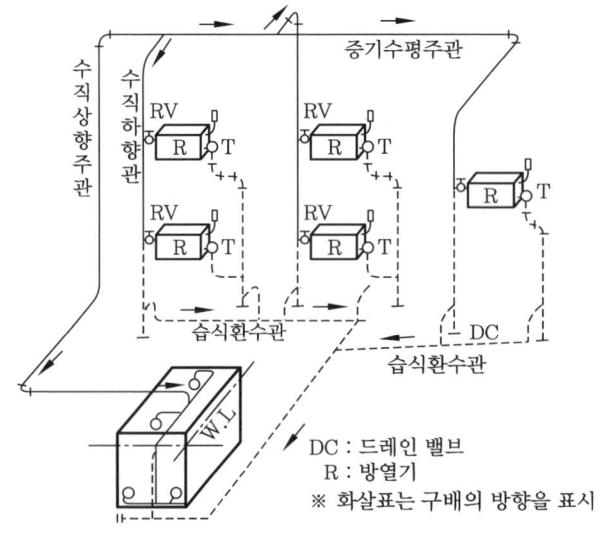

복관식 중력 환수 난방(하향식)

② 복관식
  ㉮ 방열기 밸브는 상하 어느 태핑에 장치해도 좋다(보통 방열기 밸브는 상부 태핑, 열동식 트랩은 하부 태핑).
  ㉯ 공기빼기 방법에 따라 에어 리턴식과 에어 벤트식으로 나눌 수 있다.

(2) 기계 환수식 증기 난방법

응축수가 중력작용만으로는 보일러에 환수되지 않을 때 이용된다.

① 응축수 환수 경로 : 방열기 → 응축수 펌프 내 수수탱크(중력작용으로 집결) → 펌프로 보일러에 급수
② 수수탱크(water receive tank) : 최하위의 방열기보다 낮은 곳에 설치한다.
③ 각 방열기에 공기빼기 밸브를 장착하는 일은 불필요하고 방열기 밸브의 반대편 하부 태핑에 열동식 트랩을 장치한다.
④ 응축수 펌프 : 저양정의 센트리퓨걸 펌프가 사용된다.

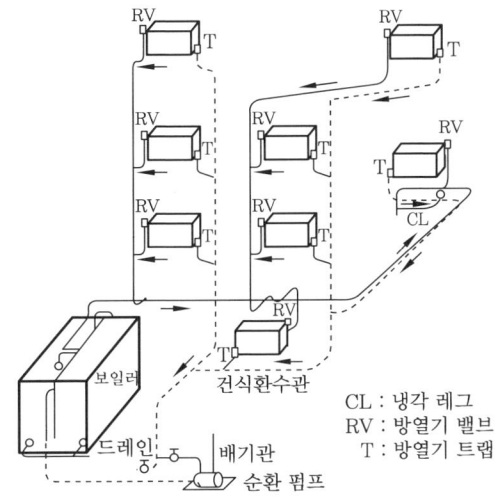

기계 환수식 증기 난방

(3) 진공 환수식 증기 난방법

환수관 말단과 보일러 바로 앞 사이에 진공 펌프를 접속하여 응축수를 환수시킨다.

① 다른 방법보다 증기의 회전이 매우 빠르다.
② 환수관의 지름을 가늘게 해도 된다.
③ 방열기 설치장소에 제한을 받지 않는다.
④ 방열량이 광범위하게 조절된다 : 중력식, 기계식의 결점을 보완한 것이다.

1-3 • 온수 난방법 (hot water heating system)

분류 기준	종 류
온수온도	① 보통 온수식 : 보통 85~90℃의 온수 사용, 개방식 팽창 탱크 ② 고온수식 : 보통 100℃ 이상의 고온수 사용, 밀폐식 팽창 탱크
온수 순환방법	① 중력 순환식 : 중력작용에 의한 자연순환 ② 강제 순환식 : 펌프 등의 기계력에 의한 강제순환
배관방법	① 단관식 : 송탕관과 복귀탕관이 동일 배관 ② 복관식 : 송탕관과 복귀탕관이 서로 다른 배관
온수의 공급방법	① 상향 공급식 : 송탕주관을 최하층에 배관, 수직관을 상향분기 ② 하향 공급식 : 송탕주관을 최상층에 배관, 수직관을 하향분기

(1) 중력 순환식 온수 난방법

온수의 온도가 내려가면 무거워지는 것을 이용하여 자연순환시킨다. 보일러는 최하위의 방열기보다 낮은 곳에 설치한다. 단, 소규모일 때는 보일러를 방열기와 같은 층에 둘 수도 있다(동계 온수난방법).

(2) 강제 순환식 온수 난방법

펌프 등에 의해 온수를 강제 순환시키는 방법으로 대규모 난방에 적당하다. 이 방식에 쓰이는 순환 펌프로는 센트리퓨걸 펌프, 축류형 펌프, 하이드로레이터 등이 있다.

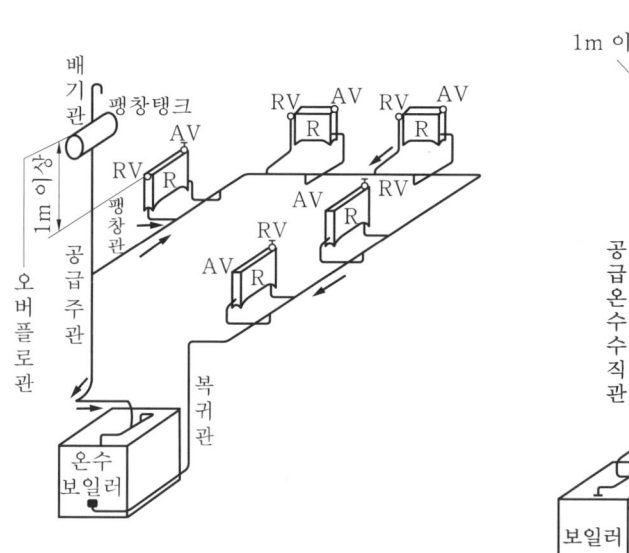
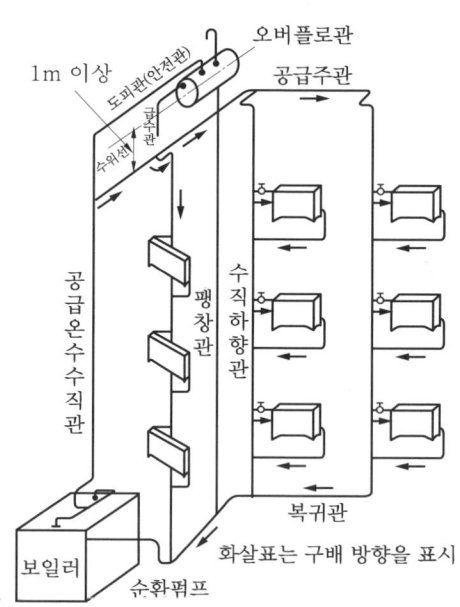

단관 중력 순환식 온수 난방 (상향식) 　　강제 순환식 온수 난방 (하향식)

1-4 ▸ 방사 난방법 (panel heating system)

벽 속에 가열 코일을 묻어 그대로 가열면으로 사용하여 그 코일 내에 온수를 보내 그 복사열로 방을 난방하는 방법이다.

(1) 장점

① 실내 온도가 균등하게 되며 쾌적도가 높다.
② 방열기의 설치가 불필요하므로 바닥면 이용도가 높다.
③ 동일 방열량에 대해 열손실이 대체로 적다.
④ 공기의 대류가 적어 실내공기의 오염도 적어진다.

(2) 단점
① 외기 온도 급변에 대해 온도조절이 곤란하다.
② 매입배관이므로 시공, 수리가 불편하며 설비비가 많이 든다.
③ 고장 발견이 곤란하며, 모르타르 표면 등에 균열 발생이 용이하다.
④ 열손실이 대류난방에 비해 크므로 열손실을 줄이기 위한 단열재가 필요하다.

1-5 방열기

직접 난방에 쓰이는 방열기는 주철제가 많으나 강판제나 강관제도 있다.

(1) 방열기의 종류
① 주형 방열기(column radiator) : 2주, 3주, 3세주, 5세주의 4종류가 있으며 방열면적은 1쪽(section)당 표면적으로 나타낸다.
② 벽걸이 방열기(wall radiator) : 주철제로서 횡형과 종형이 있다.
③ 길드 방열기(gilled radiator) : 1 m 정도의 주철제로 된 파이프 방열기
④ 대류 방열기(convector) : 핀 튜브형의 가열기가 들어 있는 강판제 캐비닛 속에서 대류작용을 일으켜 난방한다. 높이가 낮은 대류 방열기를 특히 베이스 보드 히터라고 한다.

(2) 방열기의 배치와 호칭법
① 배치
  ㈎ 외기에 접한 창 밑에 설치한다.
  ㈏ 벽에서 50~60 mm 떨어지게 설치한다.
② 호칭법 : 주형 방열기는 "종별-형×쪽수"로 표시한다. 도시 기호는 표에 나타낸 바와 같고, 원을 그려 도면에 표시하려면 다음 그림과 같이 도시한다.

방열기의 도시 기호

종 별	기 호
2주형	II
3주형	III
3세주형	3
5세주형	5
벽걸이형(횡)	W-H
벽걸이형(종)	W-V

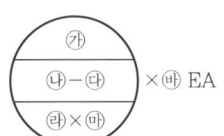

㈎ : 쪽수　　㈏ : 종별　　㈐ : 형(치수)
㈑ : 유입관지름　㈒ : 유출관지름　㈓ : 조(組) 수

1-6 보일러

(1) 보일러의 종류 및 구조

① 원통 보일러

⑺ 노통 보일러 : 원통형의 통 안에 1개 또는 2개의 노통을 설치한다. 이때 노통이 1개인 것을 코니시(Cornish) 보일러, 2개인 것을 랭커셔(Lancashire) 보일러라 한다. 노통 내에서 발생한 연소 가스는 노통을 통하여 연도를 흘러서, 보일러 통의 하부를 거쳐 양쪽으로 나누어져 후방의 굴뚝으로 나간다.

㉮ 구조가 간단하여 내부청소와 점검이 쉽다.
㉯ 수부가 크므로 보유 열량이 크고 증기 수요의 변동에 대한 압력변동이 적다.
㉰ 크기에 비해 전열 면적이 적어 시동시간이 길며 효율도 낮다 (50~60 %).

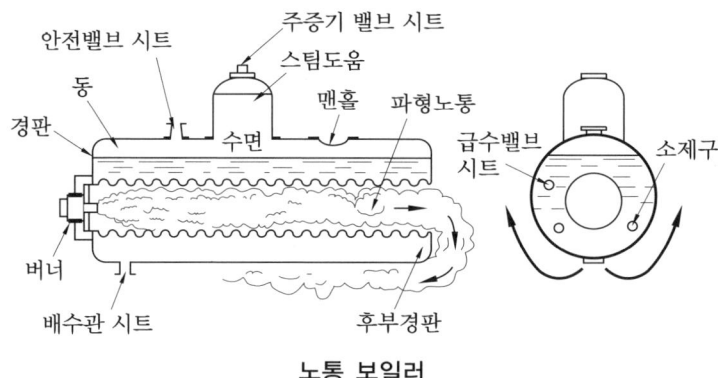

노통 보일러

⑷ 연관 보일러 : 수평으로 된 보일러 통의 하부에 연소실을 만들어 연소 가스가 통의 하부를 가열한다.

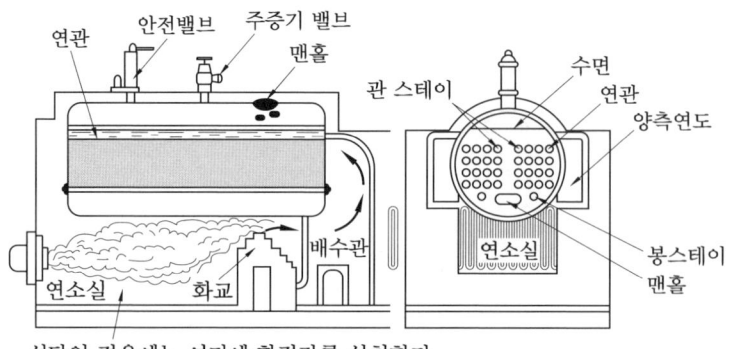

연관 보일러

㉮ 전열 면적이 커서 증발량이 많고 효율이 좋다.
㉯ 비교적 증기를 빨리 얻을 수 있다.

㈐ 구조가 복잡하므로 연관부에 고장 발생이 용이하고 내부청소나 점검이 곤란하다.
㈐ 노통－연관 보일러 : 보일러 통 속에 노통과 연관을 함께 설치한 보일러로서 노통 보일러와 연관 보일러의 장점을 조합한 보일러이다.
㉮ 보일러의 크기에 비해 전열 면적이 넓어서 효율이 좋다.
㉯ 설치도 간단하며, 수관식에 비해 설치비도 적게 든다.
㈑ 직립 보일러 : 원통을 직립으로 세운 보일러로서 보일러 설치 넓이가 적은 곳에 적합하다. 소규모의 가내공장용, 취사, 난방용 등에 사용되며, 횡관식, 다관식, 횡연관식(cochran형) 등이 있다.

② 수관식 보일러

㈎ 자연 순환 보일러 : 수관 내의 물의 유동이 펌프 등의 도움 없이 관 속의 물 또는 기수혼합물의 밀도차에 의해 이루어지며 직관식, 곡관식 및 복사 보일러로 나뉜다.
㈏ 강제 순환 보일러 : 순환 회로 중에 펌프를 설치하여 순환을 행하는 보일러이다.
㉮ 동일 관지름에 대하여 증발관 1개당 증발량이 자연 순환식에 비해 많아진다.
㉯ 열전달률이 좋고 재료가 적게 든다.
㉰ 수관을 제한 받지 않고 자유롭게 배치할 수 있다.
㉱ 강제 순환 보일러에는 라몽(La Mont) 보일러 및 벨럭스(velox) 보일러 등이 있다.
㈐ 관류 보일러(once through boiler) : 긴 관의 일단에서 급수를 펌프로 압입하여 도중에서 차례로 가열, 증발, 과열시켜 관의 타단에서 과열증기 상태로 송출하는 보일러로서 드럼이 불필요하며, 관만으로 구성된 것이다.
㉮ 수관계만으로 구성되며 기수 드럼이 불필요하므로 고압용에 적합하다.
㉯ 관을 자유롭게 배치할 수 있다.
㉰ 구조상 전열 면적당의 보유수량이 적어 시동 시간이 적게 든다.
㉱ 부하변동에 따라 압력이 크게 변하므로 급수량 및 연료 연소량의 자동제어 장치를 필요로 한다.
㉲ 가는 관 속에서 급수의 전부가 증발하므로 경도가 높은 물을 사용해야 한다.

관류 보일러는 최근의 급수처리, 자동제어 기술의 진보에 따라 세계적으로 보급되어 저압 소용량용으로부터 고압 대용량 발전용 등에 이르기까지 광범위하게 이용되고 있다. 관류 보일러에는 벤슨(Benson) 보일러, 슐저(Sulzer) 보일러 등이 있다.

(2) 보일러의 부속장치 및 부속품

① 부속장치

㈎ 과열기(superheater)와 재열기(reheater) : 과열기는 보일러 본체에서 발생한 습증기를 재가열하여 수분을 증발시킴으로써 과열증기로 만드는 장치이며, 재열기는 과열증기를 사용함에 따라 포화증기가 된 것을 재가열함으로써 열효율을 높이고 부식, 마찰손실 등을 감소시키는 장치이다. 과열기는 전열방식에 따라 복사식, 대류식, 복사대류식의 3종류로 나눈다.

㈏ 절탄기(economizer) : 연도 가스에서의 여열(餘熱)을 이용하여 급수를 가열하는 장치이다. 사용재료에 따라 주철관 절탄기와 강관 절탄기로 나눌 수 있다.

㈐ 공기 예열기(air preheater) : 연도 가스의 여열을 이용하여 연료연소용 공기를 예열하는 장치이다. 전열방식에 따라 전열식, 재생식 및 증기식으로 분류된다.

㈑ 탈기기 및 증발기

　㈎ 탈기기(deaerator) : 보일러 급수에 함유되어 있는 공기, 산소, 탄소 및 탄산가스 등의 활성 가스를 제거하는 장치이다.

　㈏ 증발기(evaporator) : 물에 다량 함유된 염화물(chloride)을 제거하기 위한 증류수를 만든다.

② 부속품 : 보일러를 설비하는 데 필요한 부속품에는 안전밸브, 압력계, 수고계, 고저수위 경보장치, 체크 밸브, 급수조정기 등 여러 가지가 있다.

(3) 보일러 및 배관의 보존

보일러를 사용중지하고 방치해 두면 내·외면에 부식이 촉진되어 안전도 저하, 수명 단축 등에 영향을 미친다. 이러한 악영향을 감소시키기 위한 적당한 보존법은 다음과 같다.

① 건조 보존법 : 관내 물을 전량 배출시킨 후 청소를 하고 완전히 건조시켜 밀폐보존한다. 휴지기간이 장기간(6개월 이상)일 때, 동결의 위험이 예상될 때 이 방법을 이용한다.

② 만수 보존법 : 보일러 내부를 완전히 청소한 후 관내에 물을 충만시켜 보존한다. 휴지기간이 단기간(보통 2개월 이내)일 때, 불시의 사용에 대비하여 쉴 때, 대형 보일러에서 건조 보존법이 곤란할 때 등에 이용되나 동결의 위험이 없는 곳이어야 한다.

(4) 보일러의 능력과 효율

① 보일러 마력

㈎ 난방용 보일러의 출력 표시 단위이다.

㈏ 보일러 마력 : 1시간에 물 15.7 kg이 전부 증기로 만들어지는 능력을 말한다.

※ 1 보일러 마력을 열량으로 환산하면
539×15.7 = 8462.3 kcal/h = 8462.3×4.186 = 35423 kJ/h
　(다) 1 보일러 마력 = 전열 면적 0.929 m²
② 상당 방열 면적(EDR=레이팅)
　(가) 난방용 방열기의 방열 면적으로 능력을 표시하는 방법이다.
　(나) 주철제 방열기의 방열 면적 1 m²당 1시간의 표준 방열량은 2721 kJ(650 kcal)이며, 이 표준 방열량에 상당하는 능력을 가진 보일러를 레이팅 1 m²의 보일러 또는 EDR 1 m²의 보일러라고 한다.
③ 화상 면적(grate area) : 화격자의 면적을 말한다.
④ 전열 면적(heating surface) : 연소실에서 연료를 연소시킴으로써 생기는 열을 물에 전하는 면적을 전열 면적이라 한다.
⑤ 증발량(evaporation) : 단위 시간에 발생하는 증기의 양을 말한다.

1-7 • 난방 배관시공

(1) 증기난방 배관시공

① 배관구배
　(가) 단관 중력 환수식 : 상향공급식, 하향공급식 모두 끝내림 구배를 주며 표준구배는 다음과 같다.
　　㉮ 하향공급식(순류관)일 때 : $\frac{1}{100} \sim \frac{1}{200}$
　　㉯ 상향공급식(역류관)일 때 : $\frac{1}{50} \sim \frac{1}{100}$
　(나) 복관 중력 환수식
　　㉮ 건식 환수관 : $\frac{1}{200}$의 끝내림 구배로 보일러실까지 배관하며 환수관은 보일러 수면보다 높게 설치해 준다.
　　㉯ 습식 환수관 : 증기관 내 응축수 배출 시 건식 환수관식에서와 같은 트랩 장치를 하지 않아도 되며 환수관이 보일러 수면보다 낮아지면 된다.
　　㉰ 진공 환수식 : 증기주관은 $\frac{1}{200} \sim \frac{1}{300}$의 끝내림 구배를 주며 건식 환수관을 사용한다. 저압증기 환수관이 진공 펌프의 흡입구보다 낮은 위치에 있을 때 응축수를 끌어올리기 위해 설치하는 시설인 리프트 피팅(lift fitting)은 환수주관보다 지름이 1~2 정도 작은 치수를 사용하고 1단의 흡상 높이는 1.5 m 이내로 하며, 그 사용개수를 가능하면 적게 하고 급수펌프의 근처에서 1개소만 설치해 준다.

② 배관시공 방법
  ㈎ 분기관 취출 : 주관에 대해 45° 이상으로 지관을 상향 취출하고 열팽창을 고려해 스위블 이음을 해 준다. 분기관의 수평관은 끝올림 구배, 하향 공급관을 위로 취출한 경우에는 끝내림 구배를 준다.
  ㈏ 매설배관 : 콘크리트 매설배관은 가급적 피하고 부득이할 때는 표면에 내산도료를 바르든가 연관제 슬리브 등을 사용해 매설한다.
  ㈐ 암거 내 배관 : 기기는 맨홀 근처에 집결시키고 습기에 의한 관 부식에 주의한다.
  ㈑ 벽, 마루 등의 관통배관 : 강관제 슬리브를 미리 끼워 그 속에 관통시켜 배관 신축에 적응하며 후일 관 교체, 수리 등을 편리하게 해준다.
  ㈒ 편심 조인트 : 관지름이 다른 증기관 접합시공 시 사용하며 응축수 고임을 방지한다.
  ㈓ 루프형 배관 : 환수관이 문 또는 보와 교체할 때 이용되는 배관형식으로 위로는 공기, 아래로는 응축수를 유통시킨다.
  ㈔ 증기관의 지지법
    ㈎ 고정 지지물 : 신축 이음이 있을 때에는 배관의 양끝을, 없을 때는 중앙부를 고정한다. 주관에 분기관이 접속되었을 때는 그 분기점을 고정한다.
    ㈏ 행어 : 행어 볼트(hanger bolt)의 크기는 지지관지름에 따라 결정한다.

행어 볼트의 호칭지름 (mm)

관의 호칭지름	25~50	65~80	100~150	200	250	300
볼트의 호칭법	9	9	13	16	19	25

    ㈐ 지지간격 : 증기배관의 수평관과 수직관의 지지간격은 다음 표와 같다.

증기배관 (강관)의 지지간격

수평 주관			수직관
호칭지름 (A)	최대 지지간격(m)	행어의 지름 (mm)	
20 이하	1.8	9	각층마다 1개소를 고정하되 관의 신축을 허용하도록 고정한다.
25~40	2.0	9	
50~80	3.0	9	
90~150	4.0	13	
200	5.0	16	
250	5.0	19	
300	5.0	25	

③ 기기 주위 배관
  ㈎ 보일러 주변 배관 : 저압 증기 난방장치에서 환수주관을 보일러 밑에 접속하여

생기는 나쁜 결과를 막기 위해 증기관과 환수관 사이에 표준 수면에서 50 mm 아래에 균형관을 연결한다〔하트포드 연결법(hartford connection)〕.

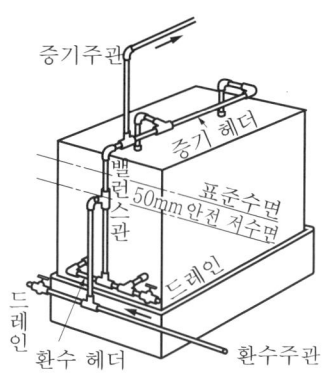

하트포드 연결법

㈏ 방열기 주변 배관 : 방열기 지관은 스위블 이음을 이용해 따내고 지관의 구배는 증기관은 끝올림, 환수관은 끝내림으로 한다. 주형 방열기는 벽에서 50~60 mm 떼어서 설치하고 벽걸이형은 바닥에서 150 mm 높게 설치하며, 베이스 보드 히터는 바닥면에서 최대 90 mm 정도의 높이로 설치한다.

㈐ 증기주관 관말 트랩 배관

㉮ 드레인 포켓과 냉각관(cooling leg)의 설치 : 증기주관에서 응축수를 건식 환수관에 배출하려면 주관과 동지름으로 100 mm 이상 내리고 하부로 150 mm 이상 연장해 드레인 포켓(drain pocket)을 만들어 준다. 냉각관은 트랩 앞에서 1.5 m 이상 떨어진 곳까지 나관 배관한다.

㉯ 바이패스관 설치 : 트랩이나 스트레이너 등의 고장, 수리, 교환 등에 대비하기 위해 설치해 준다.

㉰ 증기주관 도중의 입상 개소에 있어서의 트랩 배관 : 드레인 포켓을 설치해 준다. 건식 환수관일 때는 반드시 트랩을 경유시킨다.

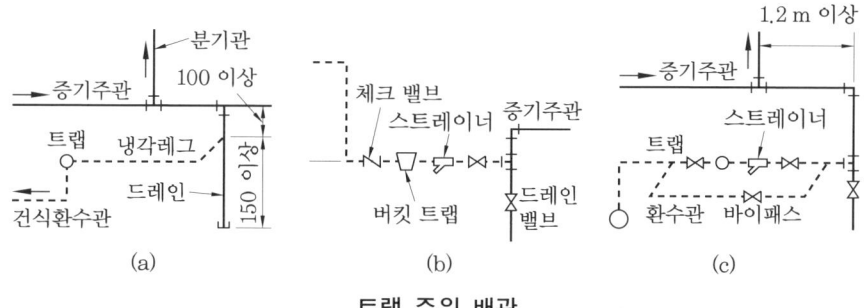

트랩 주위 배관

㉱ 증기주관에서의 입하관 분기 배관 : T 이음은 상향 또는 45° 상향으로 세워 스

위블 이음을 경유하여 입하배관한다.
㈐ 감압 밸브 주변 배관 : 고압 증기를 저압 증기로 바꿀 때 감압 밸브를 설치한다.

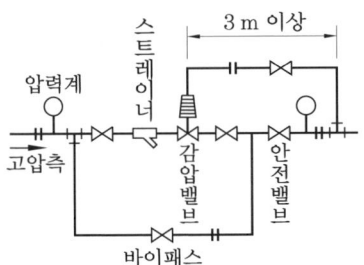

감압 밸브의 설치 배관도

㈑ 증발 탱크 설치 : 고압증기의 환수관을 그대로 저압 증기의 환수관에 직결해서 생기는 증발을 막기 위해 증발 탱크를 설치한다.

(2) 온수난방 배관시공

① 배관구배 : 공기빼기 밸브(air vent valve)나 팽창 탱크를 향해 끝올림 구배를 준다. 구배는 $\frac{1}{250}$ 이상이 이상적이다.
㈎ 단관 중력 순환식 : 온수주관은 끝내림 구배를 주며 관내 공기는 팽창 탱크로 유인한다.
㈏ 복관 중력 순환식 : 상향공급식에서는 온수공급관을 끝올림, 복귀관은 끝내림 구배를 주나 하향공급식에서는 온수공급관, 복귀관 모두 끝내림 구배를 준다.
㈐ 강제 순환식 : 끝올림이든 끝내림 구배이든 무관하다.

② 일반 배관법

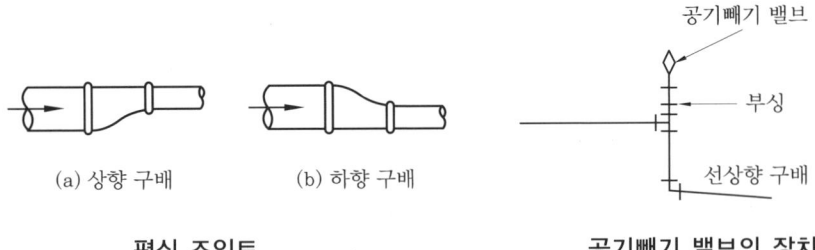

편심 조인트 　　　　　공기빼기 밸브의 장치

㈎ 편심 조인트 : 수평배관에서 관지름을 바꿀 때 사용한다. 끝올림 구배 배관 시에는 윗면을, 내림구배 배관 시에는 아랫면을 일치시켜 배관한다.
㈏ 공기 배출 : 배관 중 에어 포켓(air pocket) 발생 우려 시에는 공기빼기 밸브를 설치한다. 이때 밸브는 사절변(sluice valve)을 사용해 준다.

(다) 배관의 분류와 합류 : 직접 티(tees)를 사용하지 말고 엘보를 사용하여 신축을 흡수한다.

(라) 지관의 접속 : 지관이 주관의 위로 분기될 때는 45° 이상 끝올림 구배로 배관한다.

(마) 배수변의 설치 : 배관을 장기간 사용하지 않을 때 관내 물을 완전히 배출시키기 위해 설치한다.

③ 온수 난방기기 주위의 배관

(가) 온수순환 수두계산법 : 다음 공식은 중력 순환식에 적용되며 강제 순환식은 사용순환 펌프의 양정을 그대로 적용한다.

$$H_w = 1000(\rho_1 - \rho_2)h$$

여기서, H_w : 순환수두 (mmAq)
ρ_1 : 방열기 출구 밀도 (비중)
ρ_2 : 방열기 입구 밀도 (비중)
h : 보일러 중심에서 방열기 중심까지의 높이

(나) 팽창 탱크의 설치와 주위 배관 : 팽창 탱크에는 개방식과 밀폐식이 있으며 개방식에는 팽창관, 안전관, 일수관(overflow pipe), 배기관 등을, 밀폐식에는 수위계, 안전밸브, 압력계, 압축공기 공급관 등을 부설한다. 밀폐식은 설치위치에 제한을 받지 않으나 개방식은 최고 높은 곳의 온수관이나 방열기보다 1 m 이상 높은 곳에 설치한다.

(다) 공기 가열기 주위 배관 : 온수용 공기 가열기는 공기의 흐름방향과 코일 내 온수의 흐름방향이 거꾸로 되게 접합시공하며 1대마다 공기빼기 밸브를 부착한다.

(3) 방사난방 배관시공

패널에는 그 방사위치에 따라 바닥 패널, 천장 패널, 벽 패널 등으로 나뉘며, 주로 강관, 동관, 폴리에틸렌관 등을 사용한다.

열전도율은 동관 > 강관 > 폴리에틸렌관의 순으로 작아지며, 어떤 패널이든 한 조당 40~60 m의 코일 길이로 하고 마찰 손실수두가 코일 연장 100 m당 2~3 mAq 정도 되도록 관지름을 택한다.

예·상·문·제

1. 증기 난방법에서 고압증기 난방법의 구분은 어떻게 하는가? [기출문제]
① 0.015~0.035 MPa
② 0.05~0.075 MPa
③ 0.1 MPa 이상
④ 0.15 MPa 이상

해설 증기 난방법을 증기압력에 의해 분류하면 고압식과 저압식으로 나눌 수 있는데, 전자는 증기압력이 0.1 MPa 이상, 후자는 0.015~0.035 MPa이다.

2. 증기난방 방식을 응축수 환수법에 의해 분류한 것이 아닌 것은? [기출문제]
① 응축 환수식
② 기계 환수식
③ 중력 환수식
④ 진공 환수식

3. 증기 난방법에 관한 다음 설명 중 틀린 것은 어느 것인가? [기출문제]
① 방열기의 설치장소에 제한을 받지 않는 난방방식은 진공 환수식이다.
② 중력 환수식은 대용량의 대규모 난방용에 적합하다.
③ 점화초의 증기 회전이 빠르고 환수관지름이 가늘어도 되는 것은 진공 환수식이다.
④ 응축수가 중력작용만으로는 보일러에 환수되지 않을 때 이용되는 방식은 기계 환수식이다.

해설 ② 중력 환수식은 응축수를 중력작용으로 보일러로 환수시키는 증기 난방법으로서 소규모 난방용에 적합하다.

4. 복관 중력 환수식 증기 난방법의 설명 중 틀린 것은? [기출문제]
① 방열기 밸브는 반드시 하부 태핑에 장치해야 한다.
② 에어 리턴식은 환수관 말단에 자동 공기빼기 밸브를 설치한다.
③ 에어 벤트식은 증기관 각 방열기마다 공기빼기 밸브를 달아준다.
④ 에어 벤트식보다 에어 리턴식의 배기가 쉽다.

해설 ① 방열기 밸브는 상·하 어느 태핑에 설치해도 무관하다.

5. 증기난방의 환수방법 중 증기의 순환이 가장 빠르며 방열기, 보일러 등의 설치위치에 제한을 받지 않고 대규모 난방에 주로 채택되는 방식은? [기출문제]
① 단관식 상향 증기 난방법
② 단관식 하향 증기 난방법
③ 진공 환수식 증기 난방법
④ 기계 환수식 증기 난방법

해설 진공 환수식은 진공 펌프를 사용하여 응축수 및 공기를 흡입하므로 증기의 순환이 가장 빠르다.

6. 진공 환수식 난방법에서 탱크 내 진공도가 과잉으로 높아지면 밸브를 열어 공기를 빨아내는 안전밸브의 역할을 담당하는 기기는?
① 배큐엄 브레이커
② 안전밸브
③ 리프트 피팅
④ 냉각 레그

해설 배큐엄 브레이커(vacuum breaker)는 진공 개폐기이며, 환수관 내 진공도를 항상 100~250 mmHg 정도로 유지시킨다.

정답 1. ③ 2. ① 3. ② 4. ① 5. ③ 6. ①

제3장 소화 및 공조 배관

7. 보통 온수난방에 쓰이는 온수의 온도는 어느 정도가 가장 좋은가?
① 30~45℃   ② 50~65℃
③ 85~90℃   ④ 100~120℃

해설 보통 온수난방의 온수온도는 ③이고 고온수난방의 온수온도는 100℃ 이상이다.

8. 다음은 팽창 탱크에 관한 설명이다. 잘못된 것은?
① 개방식은 최상위 방열기보다 높게 설치하여야 하나 밀폐식은 설치 위치에 제한이 없다.
② 개방식일 때 배관의 최고 상부에서 탱크까지의 높이는 3 m 이상으로 한다.
③ 고온수난방에 쓰이는 것은 밀폐식이다.
④ 보통 온수난방에 쓰이는 것은 개방식이다.

해설 개방식일 때 배관의 최고 상부에서 탱크까지의 높이는 1 m 이상으로 한다. 강제 순환식일 때 탱크를 순환 펌프에 연결하려면 팽창관을 펌프의 양정 이상으로 길게 하는 것이 좋다.

9. 다음은 개방식 팽창 탱크 주위에 설비되는 배관이다. 해당되지 않는 것은?
① 압축공기 공급관
② 배기관
③ 오버플로관
④ 안전관

해설 개방식 팽창 탱크에는 ②, ③, ④ 외에 팽창관, 배수관 등을 설비한다.

10. 다음에서 밀폐식 팽창 탱크에 설치하지 않아도 되는 기기는?
① 압력계
② 수면계
③ 안전밸브
④ 배기밸브

해설 다음은 개방식 및 밀폐식 팽창 탱크의 구조 및 배관도이다.

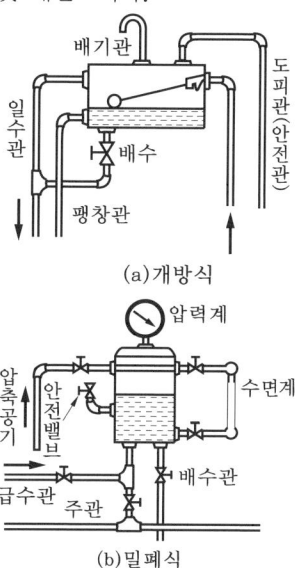

(a) 개방식

(b) 밀폐식

11. 다음은 난방배관의 설명이다. 맞는 것은 어느 것인가? [기출문제]
① 증기배관 도중의 서로 다른 관지름의 관 이음 시에는 편심 조인트를 사용해서는 안 된다.
② 보통 온수난방에서의 온수의 온도는 100~150℃이다.
③ 주철제 보일러를 온수난방으로 사용할 때는 수두 100 m 이하로 제한한다.
④ 진공환수식 증기난방은 방열기 밸브로 방열량을 조정할 수 있다.

해설 ① 이경관의 증기관 이음 시에는 편심 조인트를 사용한다.
② 보통 온수난방에서의 온수의 온도는 85~90℃이다.
③ 주철제 보일러를 온수난방으로 사용할 때는 수두 30 m 이하로 제한한다.

정답 7. ③ 8. ② 9. ① 10. ④ 11. ④

12. 다음 중 벽이나 바닥 등에 가열용 코일을 묻고 여기에 온수를 보내 열로 난방하는 방법은 무엇인가? [기출문제]
① 직접 난방법 ② 개별 난방법
③ 복사 난방법 ④ 간접 난방법

[해설] 가열용 코일을 패널(panel)이라 한다.

13. 온수난방을 증기난방과 비교한 점이다. 틀린 것은? [기출문제]
① 난방부하의 변동에 대한 온도조절이 쉽다.
② 냉각시간이 짧고 예열시간이 길다.
③ 동일 방열량에서는 관지름을 크게 할 수 있다.
④ 보일러의 취급이 쉽고 비교적 안전하다.

[해설] 온수난방과 증기난방과의 비교

비교사항	온수난방	증기난방
발열량 조절	일기에 따라 보일러에 물을 가감함으로써 온수온도를 조절한다.	증기유량의 가감은 보통 곤란하다 (진공환수식 제외).
야간 동결	예열시간이 길며 야간운행을 정지해도 온수가 쉽게 식지 않아 자연 순환을 계속해 동결의 염려가 없다.	보일러 운행을 정지하면 증기의 유동이 그쳐 한랭지에서는 야간 동결이 심하다.
설비비	많이 든다.	적게 든다.
연료소비량	적게 든다.	많이 든다.
실내온도의 쾌감도	크다.	적다.
기타	건축물의 높이에 제한을 받는다. 노동기준법상 온수 주철제 보일러는 수두 30 m 이하이다.	건축물 높이에 그리 큰 제한을 받지 않는다.

14. 방사 난방법에 대한 다음 설명 중 옳지 않은 것은? [기출문제]
① 실내온도가 균등하게 되고 쾌적도가 높다.
② 바닥면의 이용도가 높다.
③ 매입배관이라 고장의 발견이 어렵다.
④ 외기온도의 급변에 대한 온도조절이 쉽다.

[해설] 방사 난방법은 외기온도의 급변에 대해 온도조절이 곤란하기 때문에 응접실 등 일시적으로 사용하는 실내난방에는 부적합하고, 24시간 지속적인 난방을 해야 하는 호텔, 병원 등에 적합하다.

15. 주형 방열기(column radiator)의 종류에 들어가지 않는 것은?
① 2주형 ② 3주형
③ 5주형 ④ 3세주형

[해설] 주형(기둥형) 방열기는 2주형, 3주형, 3세주형, 5세주형의 4종이 있다.

16. 강판제 캐비닛 속에 들어 있는 알루미늄관에 열전도성이 우수한 핀(fin)을 붙인 가열기가 들어 있어 대류작용만으로 열을 이동시켜 난방하는 방열기로 대류 방열기라고도 하는 것은? [기출문제]
① 컨벡터 ② 길드 방열기
③ 주형 방열기 ④ 벽걸이 방열기

17. 주형, 벽걸이형 방열기의 설치위치는?
① 외기에 접한 창 밑
② 주방쪽
③ 창문이 없는 적당한 공간
④ 아무 곳이든 무관하다.

[해설] 외기에 접한 면은 열손실이 가장 크고 냉풍을 직접 실내에 가져오므로 방열기에서 더

[정답] 12. ③ 13. ③ 14. ④ 15. ③ 16. ① 17. ①

워진 공기는 차가운 공기와 혼합되어 천장으로 올라가고 반대편을 따라 내려와 방열기 밑으로 돌아오는 대류작용을 하므로 비교적 고르게 공기가 더워진다.

18. 주형 방열기는 벽면으로부터 몇 mm 정도 떨어져 배치하여야 하는가? [기출문제]
① 30~40 mm ② 40~50 mm
③ 50~60 mm ④ 60~70 mm

해설 벽에 너무 접근시키면 벽에 열을 방사하므로 열손실이 많아지고 너무 떨어지면 바닥면적의 이용도가 그만큼 삭감된다.

19. 벽걸이형 방열기의 설치 시 바닥에의 높이로 가장 적합한 것은? [기출문제]
① 150 m ② 150 mm
③ 50 m ④ 50 mm

20. 주철제 방열기의 호칭법은 어떻게 나타내는가?
① 종별-형×쪽수(section 수)
② 형×종별-쪽수
③ 유입관지름×유출관지름×형
④ 쪽수-종별×형

21. 다음 중 방열기의 도시기호를 잘못 설명한 것은?
① II → 2주형
② 5 → 5세주형
③ W-H → 횡형 벽걸이형
④ W-N → 종형 벽걸이형

22. 주철제 방열기의 도시기호 중 3세주형 높이 250 mm, 절수 25개, 증기의 입구관 지름이 32 A, 출구관 지름이 25 A를 가장 올바르게 나타낸 것은? [기출문제]

① 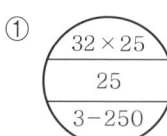 ②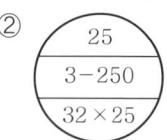

③ 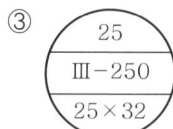 ④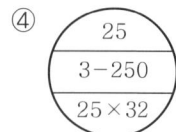

23. 횡형 벽걸이 5쪽짜리 방열기를 설치하게 하려고 할 때의 도면표시 기호는? (단, 유입, 유출 관지름이 모두 20 A이다.)

① 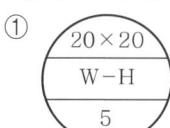 ②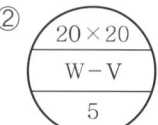

③ 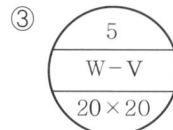 ④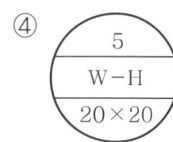

24. 방열기 설치에 관한 일반적인 경우의 설명 중 가장 올바른 것은? [기출문제]
① 주형 방열기는 수평으로 확실히 설치하며, 벽과의 간격은 30~40 mm 정도가 좋다.
② 벽걸이형은 바닥면에서 방열기면까지의 높이가 100 mm 이상이 되어야 한다.
③ 방열기 지관은 슬리브 신축이음을 이용해 따낸다.
④ 베이스 보드 히터를 설치할 때는 바닥면에서 케이싱 하면까지 높이를 90 mm 이상으로 한다.

해설 ① 30~40 mm → 50~60 mm
② 100 mm → 150 mm
③ 슬리브 신축이음 → 스위블 이음

정답 18. ③ 19. ② 20. ① 21. ④ 22. ② 23. ④ 24. ④

25. 보일러 1마력을 발열량으로 표시한 것으로 맞는 값은? [기출문제]
① 8462 kJ/h ② 35423 kJ/h
③ 354.23 kJ/h ④ 70846 kJ/h

해설 1 kg의 증발잠열은 539 kcal/kg이므로
15.7×539 = 8462.3 kcal/h×4.186
= 35423 kJ/h

26. 1 보일러 마력은 100℃의 물 몇 kg이 증기가 되는 증발능력을 표시하는가? [기출문제]
① 15.7 kg ② 20.4 kg
③ 8.8 kg ④ 17.5 kg

27. 난방용 보일러의 능력을 표시하는 기호로서 난방용 방열기의 방열 면적으로 능력을 표시하는 방법은? [기출문제]
① GA ② EDR
③ HS ④ 보일러 마력

해설 ① EDR (equivalent direct radiation) : 상당 방열면적
② AE (actual evaporation) : 실제 증발량
③ GA (grate area) : 화상 면적
④ HS (heating surface) : 전열 면적

28. 주형 증기 보일러의 사용 압력계는 최고 사용압력의 몇 배의 눈금을 가진 것을 사용하는가?
① 1~1.5배 ② 1.5~3배
③ 3~4.5배 ④ 4.5~6배

해설 주철제 보일러는 압력계, 안전밸브 등을 바꿈으로써 온수용과 증기용으로 다 사용되며, 증기 보일러로 쓰일 때의 최고 사용압력은 0.1 MPa 이하로 하고, 최고 사용압력의 1.5~3배의 눈금이 있는 압력계를 증기실에 부착한다.

29. 레이팅 3 m² 보일러의 시간당 방열량을 나타내면?
① 650 kJ/h ② 8163 kJ/h
③ 1300 kJ/h ④ 2721 kJ/h

해설 레이팅과 EDR은 같이 쓰고 있는 단위로, 1 m²당 표준 방열량이 2721 kJ/h이므로 레이팅 3 m²의 보일러는 3×2721 = 8163 kJ/h이다.

30. 보일러의 능력을 표시하는 방법이다. 잘못 설명된 것은?
① 1 보일러 마력이란 100℃의 물 15.7 kg을 1시간에 전부 증기로 변화시키는 증기능력을 말한다.
② 전열면적 0.629 m²를 통상 1 보일러 마력이라 한다.
③ 표준 방열량 (2721 kJ)에 상당하는 증발능력을 가진 보일러를 EDR 1 m²의 능력을 가진다고 말한다.
④ 증발량이 큰 보일러일수록 용량이 크다.

해설 ② 전열면적 0.929 m²를 통상 1 보일러 마력이라 한다.

31. 노통 보일러의 특징을 열거한 것이다. 아닌 것은?
① 구조가 간단하여 내부청소와 점검이 쉽다.
② 보유열량이 크고 증기수요의 변동에 대한 압력변동이 적다.
③ 시동시간이 짧으며 열효율이 높다.
④ 급수처리가 까다롭지 않고 수명이 길다.

해설 ③ 시동시간이 길며 효율도 낮다.

32. 다음은 연관 보일러의 특징을 열거한 것이다. 틀린 것은?
① 증발량이 많고 효율이 좋다.
② 증기발생 시간이 길다.
③ 연관부의 고장 발생이 쉽다.

정답 25. ② 26. ① 27. ② 28. ② 29. ② 30. ② 31. ③ 32. ②

④ 내부청소나 점검이 곤란하다.

해설 ② 비교적 증기를 빨리 얻을 수 있다.

33. 노통-연관 보일러에 관한 설명 중 틀린 것은?
① 보일러통 속에 노통과 연관을 함께 설치한 것이다.
② 보일러의 크기에 비해 전열면적이 넓어서 효율이 좋다.
③ 수관식에 비해 설치비가 적게 든다.
④ 원통을 직립으로 세운 보일러이다.

해설 ④는 직립형 보일러에 관한 설명이다.

34. 원통 보일러의 특징을 설명한 것이다. 틀린 것은? [기출문제]
① 연관 보일러는 내부의 청소가 곤란하므로 질이 좋은 급수를 사용해야 한다.
② 연관 보일러는 전열면적이 작고 수부가 크므로 증기가 발생할 때, 압력변동이 적다.
③ 노통 보일러는 구조가 간단하고 취급이 쉽다.
④ 노통 연관 보일러는 보일러의 크기에 비해 전열 면적이 넓어서 효율이 좋다.

해설 ② 연관 보일러 → 노통 보일러

35. 수관 내의 물의 유동이 펌프의 도움 없이 관속의 물 또는 기수 혼합물의 밀도차에 의해 이루어지는 보일러는?
① 자연순환 수관식 보일러
② 강제순환 수관식 보일러
③ 벤슨 보일러
④ 랭커셔 보일러

해설 자연순환 수관식 보일러에는 직관식 섹셔널 보일러, 곡관식 보일러 및 복사 보일러가 있다.

36. 관류(貫流) 보일러의 특징 중 잘못 열거한 것은?
① 기수 드럼이 불필요하므로 고압용에 적합하다.
② 구조상 시동시간이 적게 든다.
③ 급수량 및 연료연소량의 자동제어 장치를 필요로 한다.
④ 경도가 다소 낮은 물을 사용해도 무관한다.

해설 ④ 경도가 높은 물을 사용해야 한다.

37. 다음 중 노통 보일러에서 아담슨 조인트 (adamson joint)를 사용하는 이유로서 가장 옳은 것은? [기출문제]
① 노통의 압력에 대한 강도를 주려고
② 노통이 길고 공작하기 곤란하므로
③ 노통을 연결하는 데 편리하므로
④ 노통의 열에 대한 팽창을 조절하려고

해설 아담슨 조인트는 평형 노통을 사용하는 경우에 한하여 사용하며, 보통 0.9~1.0 m 정도의 간격으로 설치한다.

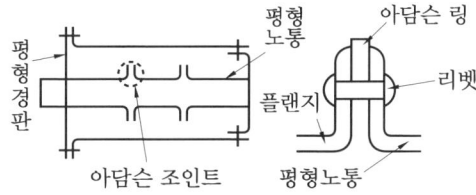

38. 과열증기를 사용함에 따라 포화증기가 된 것을 재가열함으로써 열효율을 높이는 장치는?
① 과열기   ② 재열기
③ 절탄기   ④ 공기 예열기

39. 과열기를 전열 방식에 따라 분류한 것 중 아닌 것은?

① 복사식　　② 대류식
③ 전도식　　④ 복사 대류식

40. 다음 중 절탄기에 대해 설명한 것은?
① 연도가스에서 여열을 이용한 급수가열 장치
② 연도가스의 여열을 이용한 연료연소용 공기 예열 장치
③ 보일러 급수에 함유된 활성가스의 제거 장치
④ 물에 다량 함유된 연화물 제거용 증류수 제조장치

해설 ②는 공기 예열기, ③은 탈기기, ④는 증발기에 관한 설명을 열거한 것이다.

41. 보일러의 부속설비로서 연소실 내에서 굴뚝에 이르기까지 배치되는 순서로 옳은 것은?
① 과열기-절탄기-공기 예열기
② 공기 예열기-과열기-절탄기
③ 절탄기-과열기-공기 예열기
④ 과열기-공기 예열기-절탄기

해설 과열기 · 절탄기 · 공기 예열기

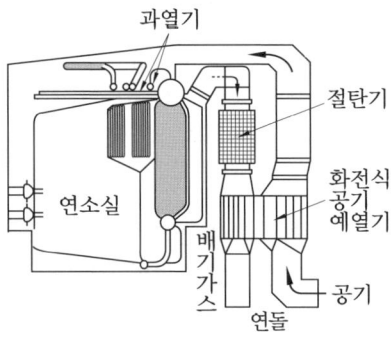

42. 절탄기 사용 시 이점(利点)을 열거한 것 중 아닌 것은?
① 보일러 열효율 증가
② 찬물로 인한 열응력 제거
③ 스케일의 생성률 증가
④ 증발량 증가

43. 공기 예열기 사용 시 이점을 열거한 것 중 아닌 것은?
① 열효율 증가
② 연소효율 증대
③ 저질탄 연소 가능
④ 노(爐) 내 온도 저하

해설 공기 예열기를 사용함에 따라 ①, ②, ③ 외에 연소 속도 증대, 연소실의 열발생률, 연소율 상승, 노(爐) 내 온도를 높게 유지시키는 등의 이점을 지니고 있다.

44. 보일러의 부속품을 열거한 것이다. 아닌 것은?
① 안전밸브　　② 압력계
③ 수면계　　　④ 배수조정기

해설 보일러의 부속품에는 ①, ②, ③ 외에 저수위 경보계, 급수용 체크 밸브, 급수분포관, 급수조정기, 스팀 컬렉터, 토출 콕 등이 있다.

45. 보일러 내에 발생하는 스케일(scale)이나 슬러지(sludge)로 인한 악영향을 잘못 열거한 것은 어느 것인가? [기출문제]
① 보일러의 효율을 저하시킨다.
② 수관 내면에 스케일이 부착하면 물의 순환을 저해시킨다.
③ 전열면이 과열됨에 따라 보일러도 과열된다.
④ 전열면이 산화되는 결점은 있으나 보일러를 파열시키는 등의 위험은 없다.

해설 ㉠ 스케일 : 보일러의 관벽, 전열면에 고착된 생성물
㉡ 슬러지 : 고착하지 않고 드럼의 저부 등에 침적되어 있는 연질의 침전물

46. 캐리오버(carryover) 현상이 미치는 악영향 중 잘못 열거된 것은?
① 열전도도 저하
② 과열관 내에서의 과열 불충분
③ 증기밸브 등의 작동상 장애 발생
④ 전열면의 과열

해설 캐리오버 현상: 보일러수 중에 용해되어 있거나 부유된 고형물이나 수분이 증기의 흐름과 함께 보일러로부터 운반되어 나오는 현상이다.

47. 다음 중 스케일의 방지책으로 틀린 것은 어느 것인가?
① 청정제를 사용한다.
② 급수 중의 불순물을 제거한다.
③ 보일러판을 미끄럽게 한다.
④ 수질을 검사하여 연수를 급수한다.

해설 스케일, 슬러지의 생성을 방지하는 약품(청정제)에는 리그닌, 덱스트린, 전분, 탄닌 등이 있다.

48. 보일러의 만수 보존법에 대한 다음 설명 중 맞지 않는 것은?
① 소량의 청관제를 주입시켜 관수를 알칼리성으로 한다.
② 비교적 장기휴지 시 적합하다.
③ 때때로 보일러수 중의 공기를 배제하는 것이 좋다.
④ 동결의 우려가 없는 경우에 한해 적용한다.

해설 ② 휴지기간이 단기간(2개월 이내)일 때 이용된다.

49. 보일러의 보존방법 중 휴지기간이 2개월 이내의 단기간일 때의 보존방법은? [기출문제]
① 건조 보존법   ② 만수 보존법
③ 열간 보존법   ④ 중간 보존법

해설 보일러의 휴지기간이 6개월 이상일 경우 건조 보존법을 이용한다.

50. 다음은 증기난방 배관시공법에 관한 설명이다. 틀린 것은?
① 분기관은 주관에 대해 45° 이상으로 취출해 낸다.
② 매설배관 시에는 연관제 슬리브를 사용해 준다.
③ 이경 증기관 접합시공 시 편심 이경 조인트를 사용하여 응축수의 고임을 방지한다.
④ 암거 내 배관 시에는 밸브, 트랩 등을 가능하면 맨홀 근처에서 멀게 집결시킨다.

해설 ④ 암거 내 배관 시에는 밸브, 트랩 등을 가능하면 맨홀 근처에서 가깝게 집결시킨다.

51. 난방배관 시공 중 벽, 바닥 등의 관통배관 시공 시 슬리브관을 사용해주는 이유로 틀린 것은?
① 열팽창에 따른 배관 신축에 적응
② 후일 관 교체 시 편리함
③ 고장수리가 편리함
④ 미관상 튼튼해 보이려고

52. 증기난방 배관시공법 중 환수관이 출입구나 보와 교체할 때의 배관으로 맞는 것은?
① 루프형 배관으로 위로는 공기를, 아래로는 응축수를 흐르게 한다.
② 루프형 배관으로 위로는 응축수를, 아래로는 공기를 흐르게 한다.
③ 사다리꼴형으로 배관한다.
④ 냉각 레그(cooling leg)를 설치한다.

정답 46. ④ 47. ③ 48. ② 49. ② 50. ④ 51. ④ 52. ①

해설 환수관이 출입구나 보(beam)와 마주칠 때는 다음 배관도와 같이 연결하는 것이 이상적이다. 응축수 출구는 입구보다 25 mm 이상 낮은 위치에 배관한다.

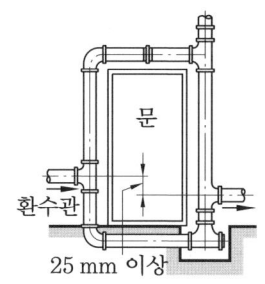

환수관이 문과 마주쳤을 때의 배관법

53. 감압 밸브 설치 시 바이패스관의 관지름으로 적합한 것은? [기출문제]

① 고압 측의 $\frac{1}{2}$배

② 고압 측의 1배

③ 고압 측의 2배

④ 고압 측의 4배

해설 고압증기를 저압증기로 바꿀 때 감압 밸브를 설치한다.

54. 증기난방 배관시공법 중 파일럿 배관라인은 보통 감압 밸브에서 몇 m 이상 떨어진 곳의 유체 출구 측에 접속하는가? [기출문제]

① 1 m   ② 2 m
③ 3 m   ④ 4 m

해설 파일럿 라인이란 감압 밸브 설치 시 저압 측 압력을 감압 밸브(pressure reducing valve) 본체의 벨로스나 다이어프램(diaphragm)에 전하는 관을 말한다.

55. 저압증기 보일러 주위의 배관에서 보일러의 물이 환수관에 역류하는 것과 환수배관이 파손되었을 때 보일러물이 유출되는 것을 방지하는 배관은? [기출문제]

① 균형관(밸런스관) ② 환수주관
③ 증기주관   ④ 바이패스관

해설 저압증기 난방장치의 보일러 주변 배관 시공 시 이용되는 하트포드 연결 배관법에 관한 설명이다.

56. 저압증기 난방장치에서 증기관과 환수관 사이에 설치하는 균형관은 표준 수면에서 몇 mm 아래에 설치하는가?

① 30 mm   ② 40 mm
③ 50 mm   ④ 60 mm

해설 저압증기 난방장치에서 환수주관을 보일러 하단에 직결하면 보일러 내의 증기압력에 의해 보일러 내 수면이 안전 저수위 이하로 떨어지는 경우가 있다. 또한 환수관의 일부가 파손되어 보일러 내 물이 유출되어 수면이 안전 저수위 이하로 내려가는 경우도 있다. 이러한 위험을 방지하려고 균형관(balancing pipe)을 설치한다.

57. 저압증기 환수관이 보일러보다 낮은 위치에 있을 때 진공 펌프를 이용하여 응축수를 보일러에 환수시키는 접속법은? [기출문제]

① 하트포드 접속법
② 안전밸브
③ 감압 밸브
④ 리프트 피팅

해설 리프트 피팅의 흡상 높이는 1.5 m 이내이다.

58. 다음은 진공 환수식에 대한 설명이다. 틀린 것은? [기출문제]

① 증기 메인 파이프는 흐름의 방향에 $\frac{1}{200}$ ~ $\frac{1}{300}$의 선단 하향구배를 만든다.

② 브랜치 파이프에 트랩 장치가 없으면 $\frac{1}{50}$ ~ $\frac{1}{100}$의 순구배를 만든다.

정답 53. ① 54. ③ 55. ① 56. ③ 57. ④ 58. ②

③ 환수관에 리프트 피팅을 만들어 응축수를 위로 배출시킨다.
④ 도중에 수직부가 필요할 때는 트랩 장치를 한다.

59. 다음 중에서 증기관의 배관 고정지지 방법으로 틀린 것은? [기출문제]
① 신축이음이 있는 배관인 경우 배관의 양끝
② 신축이음이 없는 경우 배관의 중앙부
③ 주관에 분기관이 접속되는 경우 분기점
④ 배관의 팽창을 방지하기 위하여 등거리 간격으로만 고정지지

60. 온수난방의 팽창 탱크에 관한 다음 설명 중 틀린 것은? [기출문제]
① 안전밸브 역할을 한다.
② 팽창 탱크의 오버플로관과 최고층 방열기와는 1 m 이상 띄어야 한다.
③ 온도 변화에 따른 체적 팽창을 도출(escape)시킨다.
④ 온수의 순환을 촉진시키는 역할이 주목적이다.

61. 다음의 난방설비에 대한 설명 중 옳지 않은 것은? [기출문제]
① 기계 환수식은 각 방열기마다 공기빼기 밸브를 설치할 필요가 있다.
② 100℃ 이상의 고온수난방에는 장치 전체를 밀폐식으로 한다.
③ 복관 중력 환수식에서 방열기 밸브는 위, 아래 어느 쪽의 태핑에 부착하여도 좋다.
④ 방열기 지관에서의 공급증기관은 순구배, 환수관은 역구배를 준다.

62. 온수난방에서 순환 펌프를 설치하는 장소에 관한 설명 중 적당하지 않은 것은 어느 것인가? [기출문제]
① 보일러에 가깝고 점검과 수리를 하기 쉬운 곳에 설치한다.
② 펌프는 일수관, 팽창관, 급수관 등을 차단하는 곳에 설치하여야 한다.
③ 펌프에 바이패스관을 설치하여 쉽게 분해, 조립할 수 있게 한다.
④ 펌프는 배관 속의 압력 분포를 고려하고 고장을 조기 발견할 수 있는 곳에 설치한다.

63. 하트포드 접속법이란 무엇인가? [기출문제]
① 방열기 주위의 연결배관법이다.
② 보일러 주위에서 증기관과 환수관 사이에 균형관을 연결하는 배관방법이다.
③ 고압, 증기난방 장치에서 밀폐식 팽창 탱크를 설치하는 연결법이다.
④ 공기가열기 주변의 트랩 부근 접속법이다.

해설 하트포드 접속법은 저압증기 난방장치에서 보일러 주변 배관에 적용된다. 이 접속법은 증기압과 환수압과의 균형을 유지시키며 환수 주관 내에 침적된 찌꺼기를 보일러에 유입시키지 않는 특징도 있다.

64. 바이패스관(bypass line)의 설치목적은 무엇인가?
① 트랩, 스트레이너 등의 기기의 고장, 수리, 교환에 대비하기 위해 설치한다.
② 응축수의 역류를 방지하려고 설치한다.
③ 고압증기를 저압증기로 바꾸려고 설치한다.
④ 내부증기의 완전냉각을 위해 설치한다.

65. 다음 중 증기관 및 트랩 배관에 바이패스관 설치 시 필요하지 않은 부속은?

정답 59. ④ 60. ④ 61. ① 62. ② 63. ② 64. ① 65. ②

① 엘보　　　② 안전밸브
③ 유니언　　④ 사절 밸브

해설 증기관말 트랩의 바이패스관은 보통 다음 그림과 같이 제작한다. 그러므로 ①, ③, ④ 외에 스트레이너, 트랩, 티 등의 부속이 더 필요하다.

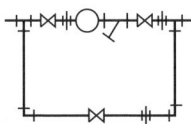

66. 다음 중 bypass관을 설치하는 곳이 아닌 것은?　　　　　　　　　　[기출문제]
① 인젝터　　② 스팀배관
③ 감압변　　④ 유량계

해설 인젝터(injector)는 보일러 급수용 펌프로서 증기압력이 0.2 MPa 이상의 증기보일러에서만 사용되며 급수 펌프 (응축수 펌프)가 고장났을 때에 대용한다. 증기의 분사되는 힘이 벤투리관의 원리에 의해 진공상태에서 물을 보일러에 급수한다.

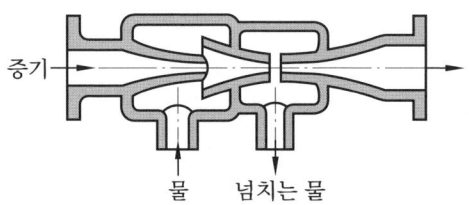

67. 증기주관에서 입하관을 분기할 때의 배관도로 적당한 것은?

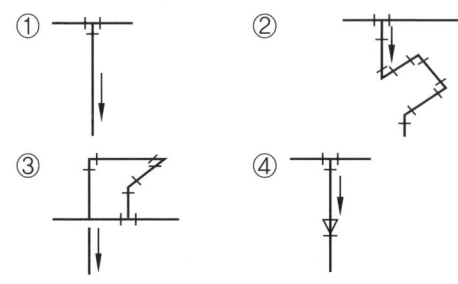

해설 T이음을 상향 또는 45° 상향으로 세워 스위블 조인트를 경유하여 내리 세운다.

68. 온수난방 배관에서 에어포켓(air pocket)이 발생될 우려가 있는 곳에 설치하는 공기빼기 밸브의 설치위치로 옳은 것은?

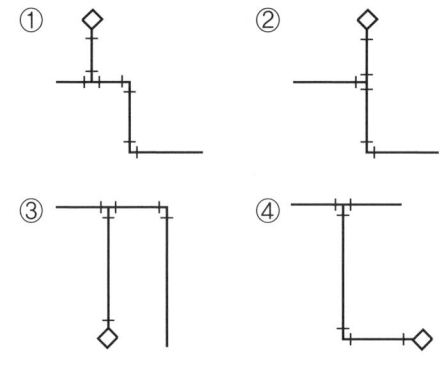

정답 66. ①　67. ③　68. ②

2 공기 조화 및 냉동 설비

실내 공기를 사용목적에 적합한 온·습도와 청정도 등으로 조정하는 설비를 공기 조화 설비(air conditioning)라 한다.

2-1 공기 조화 설비의 종류

(1) 개별식 공기 조화법
소형의 공기 조화기를 설치하여 방마다 각각 공기 조화를 하는 방식이다.
① 창문형
  ㉮ 룸 쿨러를 창이나 외벽을 이용해 설치하되 응축기는 실외, 증발기는 실내에 설치한다.
  ㉯ 팬(fan)으로 실외 공기를 흡입하여 여과기로 공기를 맑게 한 다음, 온·습도를 조정, 실내로 송풍한다.
② 패키지형 : 철판제 캐비닛 속에 공기 조화 장치를 설치하는 방식으로 옥외에는 압축기, 응축기, 송풍기를, 실내에는 냉각기와 송풍기를 설치한다.

(2) 중앙식 공기 조화법
지하실 등 특정장소에서 온풍 또는 냉풍을 만들어 덕트를 통해 각 방에 송풍하는 방식이다.
① 송풍 경로 : 외기 → 공기 여과기(air filter)(공기 중의 먼지, 연기 제거) → 공기 세척기(air washer)(미진과 수용성가스를 흡수하여 물온도 조정, 공기의 가열, 냉각, 습도 조절) → 제습기(eliminator)(가는 물방울 제거) → 덕트로 각 방에 송풍

② 덕트 배관법에 따른 분류
  ㉮ 유인 유닛식(induction unit type) : 유인 유닛을 실내 창 밑에 설치해 놓고 중앙에서 송풍되는 고압증기를 분출 노즐을 통해 분출하면 실내 공기가 유인되어 혼합되는 방식으로 호텔, 사무실 등에 적당하다.
  ㉯ 단일 덕트식 : 중앙에서 조절된 공기를 한 개의 주된 덕트를 통해 각 실에 송풍하는 방식으로 송풍량이 크고 환기가 충분히 되므로 극장, 공장 등을 비롯해서 가장 많이 이용되고 있다.
  ㉰ 이중 덕트식 : 중앙의 공기 조화기로 온풍, 냉풍을 만들고 두 개의 덕트로 별도 송풍하여 각 존에서 적당히 혼합하여 송풍한다. 각 실내의 온·습도를 실내의 부하용량에 따라 자유롭게 조정할 수 있다.
  ㉱ 각층 유닛식 : 각 계층 또는 각 존(zone)마다 공기 조화기를 설치하여 실내 공기

를 흡입코일로 가열 또는 냉각해서 온도를 조절하고 이것에 중앙에서 조절된 공기를 혼합하여 덕트를 통해 각 실에 송풍한다.

2-2 냉동 장치

(1) 냉동 원리

압축기에서 고온·고압으로 압축된 냉매가스가 응축기에 보내져 냉매액으로 냉각되고, 이 냉매액이 수액기를 거쳐 팽창 밸브를 통과함에 따라 감압됨과 동시에 유량을 조절하여 증발기에 들어가 증발함으로써 냉매가스로 된 후 압축기에 재흡입된다.

냉동 작용은 증발기 내에서 냉매액이 가스로 변할 때 주위의 물이나 공기로부터 증발 잠열을 박탈해 일어나게 된다. 이때 쓰이는 냉매는 열을 저온부에서 고온부로 운반하는 역할을 담당하는 매개체이다.

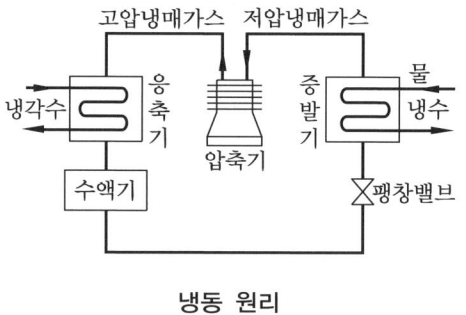

냉동 원리

(2) 냉동기의 종류와 작용

① 왕복식 : 소형에서 대형까지 여러 가지이며, 실린더 내를 피스톤이 왕복하면서 가스를 압축시킨다. 실린더의 배열에 따라 V형, W형, 별형, 고속 다기통형, 수직형 등이 있다.
② 터보식(원심식) : 진동, 소음이 왕복식에 비해 적으므로 대규모 공기 조화에 널리 사용된다.
③ 흡수식 : 취화리튬 수용액이 냉매로 사용된다.
④ 증기 분사식 : 증기 이젝터(ejector)에 의한 비교적 간단한 냉동기이다.

(3) 냉동기의 부속 장치

① 압축기 : 냉매 가스를 압축하며 압축방법에 따라 왕복식, 터보식, 흡수식 등이 있다.
② 응축기 : 고온고압의 냉매가스를 액화시키기 위하여 사용하며 수랭식, 증발식, 공랭식이 있다.

③ 증발기 : 응축기에서 나온 냉매에 냉각하고자 하는 물체의 열을 흡수시켜 배출시키는 작용을 하며 건식과 만액식이 있다.
④ 팽창 밸브 : 고온의 냉매액을 증발기에 보낼 때 사용압력으로 유량을 조절하는 밸브를 증발기 앞에 장치한다. 열동식, 압력작동식, 모세관식 등이 있다.
⑤ 냉각탑 : 응축기의 냉각용수를 재냉각시키는 장치이며, 건물의 옥상 등 통기가 잘 되는 곳에 설치한다.

(4) 냉매 (refrigerant)

주요 냉매의 종류와 특성

종류	특성
암모니아(NH_3)	① 냄새, 독성이 강해 공기 조화용으로 부적합하다. ② 증발잠열이 가장 크고 값이 싸서 공업용으로 적당하다. ③ 동, 황동 등을 침식시키나 철강류는 부식시키지 않는다.
프레온계(freon)	① 불화 탄화수소의 화합물이다. ② 전기 절연성이 좋아 자동운전에 적합하다. ③ 불연성이지만 고온염에 직접 접속 시 분해, 포스겐 가스가 발생한다. ④ 천연고무는 침식되나 인조고무는 침식이 안된다. ⑤ 모든 금속에 무해하다. ⑥ 종류 : R_{11}, R_{22}, R_{113}, R_{500}, R_{501}, R_{502} 등(R_{11}, R_{113}은 터보 냉동기용, R_{22}는 초저온용)

브라인(brine)	① 제빙, 공기 조화용
	② 종류
	  (가) 식염 브라인 : 식품과 직접 접촉 시 사용한다.
	  (나) 염화칼슘 브라인 : 신맛을 지니고 있어 식품 외의 일반냉동용으로 쓰인다.

2-3 공기 조화 및 냉동배관

(1) 배관시공법

① 냉·온수배관 : 복관 강제순환식 온수난방법에 준하여 시공한다. 배관구배는 자유롭게 하되 공기가 괴지 않도록 주의한다. 배관의 벽, 천장 등의 관통 시에는 슬리브를 사용한다.

② 냉매배관
  (가) 토출관 (압축기와 응축기 사이의 배관)의 배관 : 응축기는 압축기와 같은 높이이거나 낮은 위치에 설치하는 것이 좋으나 응축기가 압축기보다 높은 곳에 있을 때

에는 그 높이가 2.5 m 이하이면 그림 (b)와 같이, 그보다 높으면 (c)와 같이 트랩 장치를 해주며 시공 시 수평관도 (b), (c) 모두 끝내림 구배로 배관한다. 수직관이 너무 높으면 10 m마다 트랩을 1개씩 설치한다.

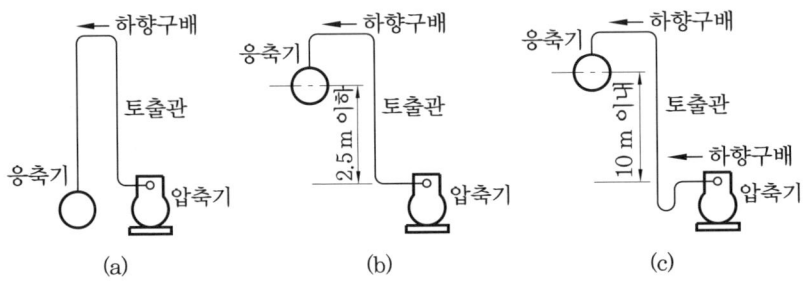

토출관 배관

(나) 액관 (응축기와 증발기 사이의 배관)의 배관 : 그림과 같이 증발기가 응축기보다 아래에 있을 때에는 2 m 이상의 역루프 배관으로 시공한다. 단, 전자 밸브의 장착 시에는 루프 배관은 불필요하다.

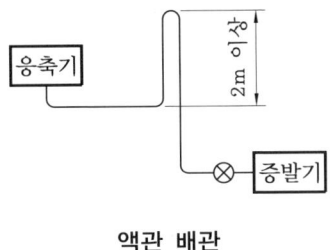

액관 배관

(다) 흡입관 (증발기와 압축기 사이의 배관)의 배관 : 수평관의 구배는 끝내림 구배로 하며 오일 트랩을 설치한다. 증발기와 압축기의 높이가 같을 경우에는 흡입관을 수직입상시키고 $\frac{1}{200}$ 의 끝내림 구배를 주며 증발기가 압축기보다 위에 있을 때에는 흡입관을 증발기 윗면까지 끌어올린다.

(2) 기기설치 배관시공

① 플렉시블 이음(flexible joint)의 설치 : 압축기의 진동이 배관에 전해지는 것을 방지하기 위해 압축기 근처에 설치한다.

② 팽창 밸브(expansion valve)의 설치 : 감온통 설치가 가장 중요하며 감온통은 증발기 출구 근처의 흡입관에 설치해 준다. 수평관에 달 때는 관지름 25 mm 이상 시에는 45° 경사 아래에, 25 mm 미만 시에는 흡입관 바로 위에 설치한다. 감온통을 잘못 설치하면 액체 해머 또는 고장의 원인이 된다.

예·상·문·제

1. 중앙식 공기 조화 장치의 송풍경로로 맞는 것은? [기출문제]
① 공기 여과기 → 공기 세척기 → 제습기 → 덕트 → 각실
② 공기 세척기 → 공기 여과기 → 덕트 → 제습기 → 각실
③ 제습기 → 공기 여과기 → 공기 세척기 → 덕트 → 각실
④ 덕트 → 공기 여과기 → 공기 세척기 → 제습기 → 각실

해설 공기 조화 장치의 구조는 그림과 같다.

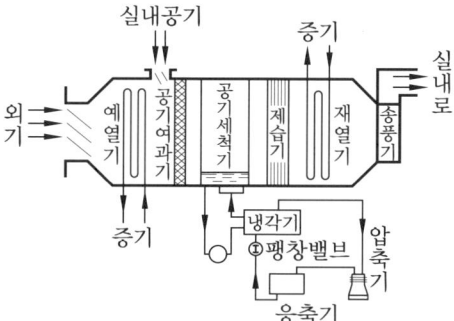

2. 공기 조화 장치에서 일반적인 공기 여과기(air filter)의 종류가 아닌 것은? [기출문제]
① 전자식 여과기 ② 건식 여과기
③ 점성식 여과기 ④ 습식 여과기

해설 공기 여과기는 여과작용에 따라 ①, ②, ③ 및 활성탄 흡착식 여과기로 분류된다.

3. 공기 세척기(air washer)의 작용을 옳게 설명한 것은?
① 공기 중의 먼지나 매연 제거
② 가는 물방울 제거
③ 풍량 조절
④ 온도와 습도 조절

해설 ①은 공기 여과기, ②는 제습기, ③은 송풍기의 작용을 열거한 것이다.
※ 공기 세척기는 다량의 물을 공기의 기류 속에 내뿜어 수분과 공기를 직접 접촉시킴으로써 온도와 습도 조정을 동시에 하며 많은 풍량을 간단하고 유효하게 처리한다.

4. 냉각 코일 및 공기 세척기 등에서 생기는 물방울을 제거하는 기기는?
① 공기 여과기(air filter)
② 공기 세척기(air washer)
③ 제습기(eliminator)
④ 송풍기(fan)

5. 실내공기의 절대습도를 높여주기 위하여 사용하는 것은? [기출문제]
① 공기 냉각기   ② 공기 가열기
③ 급습기   ④ 감습기

해설 ②는 공기 가습기라고도 한다.

6. 단일 덕트 방식을 이용한 공기조화법의 장점을 열거한 것이다. 아닌 것은? [기출문제]
① 덕트의 시공이 용이하다.
② 시설비용과 운전비용이 저렴하다.
③ 실내공간의 구획 변경이 자유롭다.
④ 덕트의 설치공간이 매우 커진다.

해설 ④ 덕트가 1계통이므로 시설비가 적게 들고 덕트 설치공간도 적게 차지한다.

7. 다음 덕트 방식의 장점을 나열한 것 중 틀린 것은? [기출문제]
① 장치가 한 곳에 집중되어 운전보수 및 관리가 편하다.

정답 1. ① 2. ④ 3. ④ 4. ③ 5. ③ 6. ④ 7. ②

② 덕트의 설치공간이 매우 커진다.
③ 구역의 수가 적을 때 설비비가 다른 방식보다 적게 든다.
④ 진동과 소음이 전달되지 않는다.

해설 ②는 덕트 방식의 단점에 들어가며, 덕트 방식은 대형덕트로 인한 덕트 설치공간이 필요하다.

8. 이중 덕트식 덕트 배관법에 대한 설명으로 맞는 것은?
① 한 개의 주된 덕트를 통해 각 실에 공급한다.
② 각층마다 공기조화기를 설치하여 온도를 조절한다.
③ 유인 유닛을 실내 창밑에 설치해 놓고 실내공기와 중앙에서 통풍된 공기가 혼합되는 방식이다.
④ 중앙의 공기조화기로 냉·온풍을 만들고 2개의 덕트로 별도 송풍하여 각 존에서 적당히 혼합공급한다.

해설 ①은 단일 덕트식, ②는 각층 유닛식, ③은 유인 유닛식에 대한 설명이다.

9. 호텔, 사무실 등에 가장 적합한 덕트 배관법은?
① 단일 덕트식 ② 2중 덕트식
③ 각층 유닛식 ④ 유인 유닛식

10. 유인 유닛식에서 혼합 분출되는 1차 공기와 2차 공기와의 비율은?
① 1:1~2   ② 1:2~3
③ 1:3~4   ④ 1:4~5

해설 ㉠ 1차 공기(primary air) : 중앙의 공기조화기로부터 공급되어 유인 유닛의 노즐에서 분출되는 공기
㉡ 2차 공기(secondary air) : 실내공기

11. 하나의 장치에서 교환 밸브를 조작하여 냉·난방 어느 것에도 사용가능한 공기 조화용 펌프는?
① 냉각 펌프   ② 원심 펌프
③ 열펌프   ④ 왕복 펌프

해설 열펌프(heat pump)는 냉방운전 시에는 증발기에 의해 냉각된 공기가 송풍되어 냉방용으로 쓸 수 있게 되고 난방운전 시에는 응축기에 의해 송풍되는 공기로 온풍을 만들어 준다.

12. 다음은 공기 조화용 송풍기의 종류와 특성을 열거한 것이다. 잘못된 것은?
① 효율이 낮아 풍량이 적을 때 적당한 송풍기는 시로코형이다.
② 풍량이 많을 때는 효율이 높고 회전수가 많은 터보형을 쓴다.
③ 고속 회전에 적당하며 동력도 적게 들고 효율이 비교적 좋은 팬은 축류형이다.
④ 원심형 송풍기에는 시로코 팬과 축류 팬이 있다.

해설 송풍기의 종류와 특성

종류		동력	회전수	효율	특성
원심형	전곡익 (시로코 팬)	많다	적다	낮다	저압용, 풍량이 적을 때
	후곡익 (터보형)	적다	많다	높다	고압용, 풍량이 많을 때
축류형		적다	고속	좋다	소음이 비교적 적다.

13. 다음 공기조화 장치에 사용되는 부속기기 중 다수의 짧은 날개를 지닌 다익송풍기라고도 하는 저압용 송풍기(blower)는? [기출문제]
① 시로코 팬(sirocco fan)

정답 8. ④ 9. ④ 10. ③ 11. ③ 12. ④ 13. ①

② 터보 팬(turbo fan)
③ 열 펌프 (heat pump)
④ 축류형 팬(propeller fan)

해설 ①은 날개의 끝부분이 회전방향으로 굽은 전곡형(前曲型)으로 동일 용량에 대해서 다른 형식에 비해 회전수가 상당히 적다.

14. 화재 발생 시 덕트를 통하여 화재가 번지는 것을 막기 위해 덕트 내의 온도가 일정 온도에 도달하면 퓨즈가 녹아 덕트를 차단하는 장치는 무엇인가? [기출문제]
① 캔버스 이음
② 풍량조절 댐퍼
③ 방화 댐퍼
④ 가이드 베인

해설 ① 송풍기의 입구 및 출구 측에 설치하며 송풍기의 진동이 덕트로 전달되지 않도록 한다.
② 주덕트의 주요분기점, 송풍기 출구 측에 설치하며 날개의 열림 정도에 따라 풍량조절 또는 폐쇄의 역할을 담당한다.
④ 펌프의 풍량을 증대시키기 위해 설치되는 안내날개(가이드 베인)이다.

15. 덕트 내의 그릴에 댐퍼를 부착해서 풍량을 조절하고 주로 벽면이나 천장에 부착하여 급기구로 사용되는 것은? [기출문제]
① 아네모스탯   ② 디퓨저
③ 레지스터   ④ 루버

해설 ① 확산형 취출구의 일종으로 천장 취출구로 많이 쓰인다.
② 실내에 공기를 공급하는 취출구를 디퓨저라 한다.
④ 실내공기의 흡입구 중 하나이다.

16. 냉동 사이클을 맞게 연결한 것은?
① 압축기→응축기→증발기→팽창 밸브

② 압축기→응축기→팽창 밸브→증발기
③ 응축기→압축기→증발기→팽창 밸브
④ 팽창 밸브→압축기→응축기→증발기

17. 다음 냉동장치 중 냉동작용을 하는 곳은?
① 압축기   ② 수액기
③ 응축기   ④ 증발기

해설 응축기에서 나온 액냉매가 팽창 밸브를 통해 감압되고 증발기(냉각기) 내에서 증발하여 저온의 가스상태가 된다. 이때 증발열을 주위에서 박탈하므로 증발기 내의 열을 흡수하여 냉동작용을 한다.

18. 냉매로서의 구비조건을 열거한 것 중 틀린 것은?
① 금속을 부식시키지 않을 것
② 독성, 폭발성이 없을 것
③ 물 또는 공기로 냉각하면 액화하지 않을 것
④ 가스 누설 시 검지하기 쉬울 것

해설 물 또는 공기로 냉각하여도 쉽게 액화해야 한다. 그 외에 대기압력에 가까운 압력에서 증발하면 증발잠열도 커야 하며, 가능한 한 기름에 녹지 않아야 한다.

19. 페놀프탈레인($C_{20}H_{14}O_4$)을 사용해서 누설을 알 수 있는 냉매는? [기출문제]
① R_{11} ② R_{500}
③ 암모니아   ④ 브라인

해설 암모니아는 자극성 냄새가 있어 약간의 누설도 즉시 탐지 가능하나 페놀프탈레인 용액을 쓰면 더 자세히 알 수 있다.

20. 다음에 열거한 냉매 중 증발잠열이 가장 큰 것은? [기출문제]
① 프레온-12

정답 14. ③   15. ③   16. ②   17. ④   18. ③   19. ③   20. ②

② 암모니아
③ 메틸 클로라이드
④ 프레온 – 22

해설 –15℃ 때의 각 냉매별 증발잠열

냉매의 종류	증발잠열(kcal/kg)
암모니아	313.5
메틸 클로라이드	100.4
프레온 R–12	38.6
프레온 R–22	51.9
프레온 R–11	45.8
프레온 R–113	39.2
프레온 R–500	46.7

21. 다음 중 프레온계 냉매에 관한 설명으로 틀린 것은?
① 증발잠열이 크고 가격이 싸서 산업용에 많이 사용된다.
② 불화탄화수소의 화합물로서 R_{12}가 가장 많이 쓰인다.
③ 전기 절연성이 좋고 불연성이다.
④ 인조고무에 해를 주지 않고 금속에 무해하다.

해설 ①은 암모니아 냉매에 관한 설명이다.

22. 다음 중 프레온계 냉매가 아닌 것은?
① R–11 ② R–12
③ R–22 ④ R–250

23. 프레온계 냉매의 누설을 발견하려면 어떻게 해야 하는가?
① 비눗물을 칠해 보아 거품이 나는 곳을 알아낸다.
② 핼라이드 토치를 사용해 불꽃 색깔의 이상 유무를 살핀다.
③ 페놀프탈레인 용액을 발라둔다.
④ 전기를 통과시켜 본다.

24. 제빙 또는 어류의 동결 등 식품과 직접 접촉 시 사용되는 냉매는?
① 식염 브라인 ② 염화칼슘 브라인
③ 암모니아 ④ 탄산가스

해설 브라인은 제빙 및 공기 조화용으로 쓰인다.

25. 응축기의 작용을 잘 설명한 것은?
① 냉매 가스를 압축한다.
② 냉각시키려는 물체의 열을 흡수시켜 냉동작용을 한다.
③ 고온고압의 냉매 가스를 냉각 응축시킨다.
④ 고압의 냉매액을 사용압력으로 조정한다.

해설 ①은 압축기, ②는 증발기, ④는 팽창 밸브의 작용을 열거한 것이다.

26. 다음 중 취화리튬 수용액을 냉매로 쓰는 냉동기는?
① 왕복동식 냉동기
② 터보식 냉동기
③ 흡수식 냉동기
④ 증기분사식 냉동기

27. 공기조화 장치에서 응축기의 냉각용수를 다시 냉각시키는 장치는? [기출문제]
① 냉각탑 ② 냉각기
③ 증발기 ④ 팽창 밸브

해설 ①은 건물의 옥상 등 통기가 잘 되는 곳에 설치한다.

28. 냉매의 구비조건으로 틀린 것은 어느 것인가? [기출문제]
① 가능한 한 기름에 녹지 않을 것
② 금속을 부식시키지 않을 것

정답 21. ① 22. ④ 23. ② 24. ① 25. ③ 26. ③ 27. ① 28. ④

③ 가스 누설 시 검지하기 쉬울 것
④ 물 또는 공기로 냉각하면 액화하지 않을 것

해설 ④ 물 또는 공기로 냉각하여도 쉽게 액화해야 한다.

29. 윤활유에 잘 용해되므로 이에 대한 대책이 필요하며 독성이 적고, 무색, 무취, 가연성도 없으며 상온의 대기압에서 액체상태인 냉매로 100 t 이상의 대용량 터보냉동기에 적합한 것은 무엇인가? [기출문제]
① 프레온 11   ② 프레온 12
③ 프레온 22   ④ 프레온 113

30. 공기 조화 설비시공 시 팽창 밸브 설치와 관련된 설명 중 틀린 것은? [기출문제]
① 열동식 팽창 밸브는 감온통을 올바로 설치하지 않으면 액체 해머를 일으켜 고장의 원인이 된다.
② 감온통을 수평흡입관에 설치할 경우 호칭지름이 25 A 이상이면 아래쪽 방향으로 45° 경사지게 설치한다.
③ 감온통을 수평흡입관에 설치할 경우 호칭지름이 25 A 미만이면 흡입관 바로 위에 설치한다.
④ 모세관이 아래로 향하게 하여 수직으로 설치한다.

해설 ④ 팽창 밸브는 모세관이 위로 향하게 설치한다.

31. 다음 공기 조화 장치에 관한 설명 중 틀린 것은? [기출문제]
① 열펌프는 교체 밸브의 조작에 의해 난방, 냉방의 양쪽으로 사용할 수 있다.
② 제습기(eliminator)는 공기 속의 물방울을 제거하고 습도를 조절하는 장치이다.
③ 터보형 송풍기는 효율이 낮으나 소음이 적고 설치면적이 좁아서 많이 사용된다.
④ 각개 유닛식(weather master)은 각 방마다 공기의 온도와 습도를 조절할 수 있다.

해설 ③ 터보형 송풍기는 소음이 크고 설치면적이 크다.

32. 다음 중 공기 조화에 사용되는 냉동기가 아닌 것은? [기출문제]
① 왕복동식 냉동기   ② 원심식 냉동기
③ 직결식 냉동기   ④ 증기분사식 냉동기

33. 냉매배관 중 액관이란?
① 압축기에서 응축기까지의 배관
② 응축기에서 증발기까지의 배관
③ 증발기에서 압축기까지의 배관
④ 압축기에서 응축기 통과 후 증발기까지의 배관

해설 ①은 토출관, ②는 액관, ③은 흡입관을 말한다.

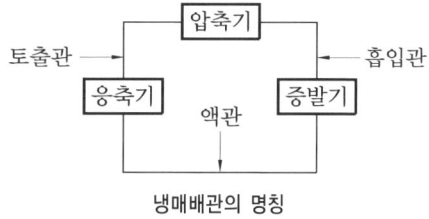

냉매배관의 명칭

34. 다음 냉매배관 중 팽창 밸브의 위치로 맞는 곳은? [기출문제]
① 압축기와 응축기 사이
② 응축기와 수액기 사이
③ 수액기와 증발기 사이
④ 증발기와 압축기 사이

35. 냉매배관 시 주의사항 중 잘못된 것은 어느 것인가?

정답 29. ① 30. ④ 31. ③ 32. ③ 33. ② 34. ③ 35. ④

① 곡부를 가능하면 적게 하고 전장은 짧게 해준다.
② 곡률 반지름은 냉매의 압력손실을 줄이기 위해 크게 취한다.
③ 배관에 큰 응력발생의 염려가 있는 곳엔 루프형 배관을 해준다.
④ 다른 배관과 달라서 벽관통 시에는 강관 슬리브를 사용하지 않는 것이 좋다.

해설 ④ 냉매배관의 경우도 벽관통 시에는 강관제 슬리브를 사용한다.

36. 압축기의 진동이 배관에 전해짐을 방지하기 위해 압축기 근처에 설치해 주는 것은?
① 팽창 밸브(expansion valve)
② 안전밸브(safety valve)
③ 수수 탱크(water receive tank)
④ 플렉시블 조인트(flexible joint)

37. 냉동배관 중 증발기에서 냉매액이 압축기로 들어가는 것을 방지하는 부품은? [기출문제]
① 액체 분리기   ② 유수 분리기
③ 기수 혼합기   ④ 스트레이너

38. 열동식 팽창 밸브의 감온통은 어떻게 장치하는가? [기출문제]
① 지름 25 mm 이상에서는 45° 경사로 아래에 장치한다.
② 지름 25 mm 이상에서는 수직으로 장치한다.
③ 지름 25 mm 이하에서는 흡입관의 아래에 장치한다.
④ 팽창 밸브는 모세관 쪽을 아래로 하여 장치한다.

39. 동관의 바깥지름이 20 mm 이하일 때의 냉매배관의 최대 지지간격은?

① 2 m   ② 2.5 m
③ 3 m   ④ 4.5 m

해설 배관의 지지간격

동관의 바깥지름 (mm)	최대 지지간격(m)
20 이하	2
21~40	2.5
41~60	3
61~80	3.5
81~100	4
101~120	4.5
121~140	5
141~160	5.5

40. 공기 조화 배관시공 중 펌프를 통과하는 물의 온도를 측정하기 위해 온도계를 부착하고자 한다. 다음 배관도의 어느 곳에 부착해야 적당한가?

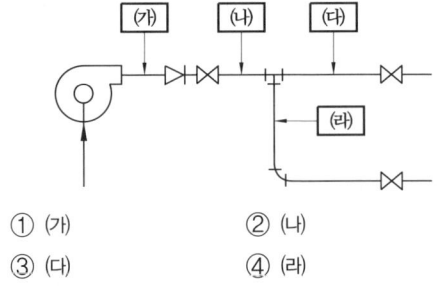

① (가)   ② (나)
③ (다)   ④ (라)

41. 냉매배관 중 토출관 배관시공에 관한 설명으로 잘못된 것은?
① 응축기가 압축기보다 높은 곳에 있을 때는 2.5 m보다 높으면 트랩을 장치한다.
② 수평관은 모두 끝내림 구배로 배관한다.
③ 수직관이 너무 높으면 3 m마다 트랩을 1개씩 설치한다.
④ 유분리기는 응축기보다 온도가 낮지 않은 곳에 취부한다.

해설 수직관이 너무 높게 되면 10 m마다 트랩을 1개소씩 부설한다.

가스 배관 설비

1. 가스의 공급방법

1-1. 저압공급 (50~250 mm H_2O의 압력)

가스 홀더(gas holder)의 압력을 이용하여 가스를 공급한다. 공급압력은 홀더의 출구에 정압기를 설치하여 조정하며, 가스 제조공장과 공급지역이 비교적 가깝거나 공급면적이 좁을 때 적합한 방법이다.

1-2. 중압공급 (게이지 압력 0.01~0.25 MPa의 압력)

압송기로 중압본관에 가스를 압송한 후 지구(地區) 정압기로 공급압력을 조정하여 수요자에게 공급한다. 압송시설비 및 동력비가 들지만 소구경으로 광범위한 지역에 비교적 균일한 압력으로 가스를 공급할 수 있다.

1-3. 고압공급 (게이지 압력 0.25 MPa을 초과하는 압력)

고압 압송기로 가스를 압축하여 공급하는 방법이다. 원거리 지역에 대량의 가스를 수송할 수 있으며 가스 제조공장에서 공급지역이 멀거나 공급지역이 넓어서 저압공급으로서는 부적당할 때, 기존 저압도관의 수송능력이 부족할 때, 시가지 등에서 대구경의 저압관 시설이 곤란한 경우의 공급방법으로 이용된다.

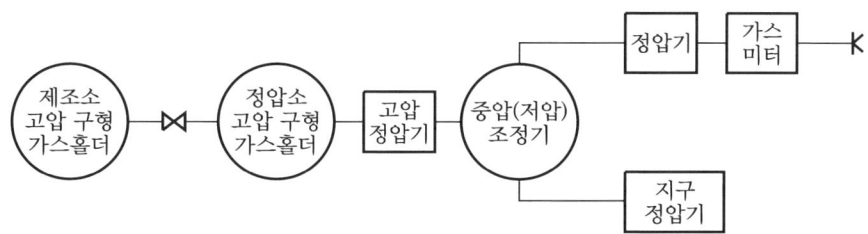

가스 공급 방식 계통도

2 가스 공급 시설

2-1 가스 홀더(gas holder)

제조공장에서 정제된 가스를 저장하여 가스의 질을 균일하게 유지하며 제조량과 수요량을 조절하는 저장 탱크이다.

(1) 종류

① 유수식(流水式) 가스 홀더 : 물탱크와 가스 탱크로 구성되어 있으며 단층식과 다층식이 있다. 가스층의 증가에 따라 홀더 내 압력이 높아진다.
② 무수식(無水式) 가스 홀더 : 고정된 원통형 탱크의 내부를 상하 이동하는 피스톤의 하부에 가스가 저장된다. 이때 피스톤은 가스의 증감에 따라 자유롭게 상하 이동한다.
③ 고압가스 홀더 : 가스를 압축하여 저장하는 탱크로서 원통형과 구형이 있다.

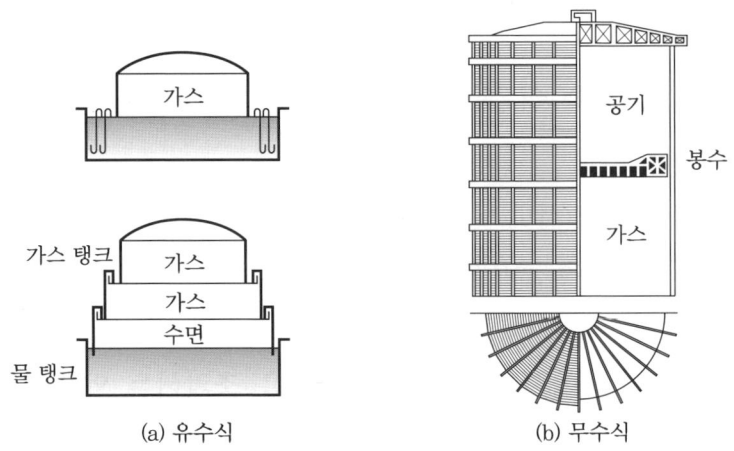

가스 홀더

(2) 압송기

공급지역이 넓어 수요가 많은 경우에는 가스의 압력이 부족하여 압송기를 사용해서 도시가스를 공급해 준다. 일반적으로 터보 송풍기, 가동날개 회전 압송기, 루츠 송풍기(roots blower), 왕복 피스톤 압송기 등이 사용된다.

2-2 정압기(governor)

시간별 가스수요량의 변동에 따라 공급압력을 수요압력으로 조정한다.

(1) 정압기의 용도별 분류

① 기(基)정압기 : 가스 제조공장 또는 공급소에서 사용하는 정압기로서 홀더의 압력은 일반공급 압력으로는 부적합하므로 기정압기로 가스의 압력을 조정한다.
② 지구(地區) 정압기 : 일반지역에 가스를 공급하기 위해 설치한다.
③ 수요자 전용 정압기 : 지구 정압기로는 가스의 사용량 및 압력을 원활하게 조정하기 어려운 수요자 및 특수기구 사용 수요자에게 가스를 공급할 경우에 수요자에게 알맞게 가스압력을 조정한다.

(2) 정압기의 구조별 분류

① 레이놀즈 정압기(Reynolds governor) : 정압기 중에서 구조, 기능이 가장 우수하여 주로 많이 사용되고 있다.
② 엠코 정압기(emco governor) : 레이놀즈 정압기의 저압 보조 정압기의 작용과 유사하여 간단하나 찌꺼기, 수분 등에 의한 고장이 잦아 많이 사용되지 않는다.
③ 수요자 정압기(service governor) : 소량 수요자 전용 정압기이다.
④ 부종형 정압기 : 수중에 부유하는 탱크에 밸브가 달려 있으며 탱크 내의 승강(昇降)과 더불어 밸브가 상하로 움직여 가스의 통로를 개폐함으로써 압력을 조정하며 저압용의 기정압기로 사용되고 있다.

(3) 정압기의 관리(maintenance)

① 정압기는 불순물을 제거하기 위해 3개월에 1회, 원거리에 있는 것은 1년에 1회 정도로 분해 청소를 정기적으로 실시한다.
② 압력을 조정할 때는 정압기의 작동을 정지시킨 다음에 행한다.
③ 내부응결수의 동결방지책으로 면포, 펠트(felt) 등의 피복재로 방한시공한다.

3 가스 도관(導管)의 재료

가스 도관은 관내 가스압력에 따라 저압도관, 중압도관, 고압도관의 3종류로 분류하기도 하며 그 사용부분에 따라 본관, 공급관, 옥내관의 3종류로 대별되기도 한다.

(1) 주철관

내압(가스압), 외압(도로상의 하중, 충격 등)에 대한 강도가 크고 내구성, 내식성 및 기계적 성질이 우수하여 가스관으로 가장 많이 사용되고 있다.

(2) 강관

압력배관용 탄소강관(고압배관), 배관용 탄소강관(중·저압배관), 배관용 아크용접 탄소강관(중·저압배관) 등으로 사용된다.

(3) 기타

기타 석면시멘트관(에터니트관), 연관, 동관, 황동관, 알루미늄관, 플라스틱관 등이 가스관으로 사용되고 있다.

4 가스 도관의 접합

가스관의 대부분은 지중에 매설하므로 차량의 영향, 지진, 각종 공사의 영향, 온도변화의 영향을 고려하여 가스의 공급을 확실하게 할 수 있어야 한다.

도관 접합의 설계, 시공은 관의 구배, 누설 등에 대해 특히 주의한다.

5 가스 배관 시공

가스 배관 시공 시에는 다음 사항을 주의해야 한다.

① 내식성이 있는 관 이외의 것은 지중에 매설하지 않는다(지중매설 시 지면으로부터 60 cm 이상의 깊이에 설치).
② 경질관을 사용할 경우는 가스 조정기에 접속할 길이를 30 cm 미만으로 한다.
③ 배관은 가능하면 은폐배관을 한다.
④ 건물의 벽을 관통하는 부분의 배관에는 보호관 및 방식피복을 한다.
⑤ 수평배관 시 지지간격은 다음 표와 같다.

가스 수평배관의 지지간격

관지름	지지간격
10 mm 이상 13 mm 미만	1 m마다 1개소
13 mm 이상 33 mm 미만	2 m마다 1개소
33 mm 이상	3 m마다 1개소

⑥ 가스 공급관은 원칙적으로 최단거리로 설치해야 하며 관계법규를 따른다.
⑦ 산 붕괴 등의 염려가 있는 곳을 피해서 배관한다.
⑧ 건물 내부, 혹은 기초면 밑에 공급관을 설치하는 일은 금한다.
⑨ 가능하면 곡선배관은 피하고 직선배관을 한다.
⑩ 가스 설비를 완성한 후에는 설비의 완성 검사(내압시험, 기밀시험, 기능시험, 누설시험 등)를 반드시 해야 한다.

예·상·문·제

1. 가스 공급 시설 중 제조공장에서 정제된 가스를 저장하여 가스의 질(質)을 균일하게 유지하고 제조량과 수요량을 조절하는 저장 탱크는 어느 것인가? [기출문제]
① 가스 정압기(gas governor)
② 혼합 유닛(mixing unit)
③ 가스 홀더(gas holder)
④ 압송기(blower)

2. 다음 중 가스 홀더의 종류에 들어가지 않는 것은? [기출문제]
① 유수식 가스 홀더
② 중수식 가스 홀더
③ 무수식 가스 홀더
④ 고압식 가스 홀더

3. 다음은 가스 압송기에 사용되는 송풍기를 열거한 것이다. 아닌 것은?
① 터보 송풍기
② 루츠 송풍기
③ 왕복 피스톤 송풍기
④ 팬식 송풍기

[해설] ①, ②, ③ 외에 가동날개 회전 압송기를 들 수 있다.

4. 다음은 가스 제조소에서 정제된 가스를 도관(導管)에 의해 수요자의 가스미터를 거쳐 각 가정의 기구(器具)까지 보내는 가스공급 방식에 관한 계통도이다. 이때 ①속에 공통적으로 들어가야 할 기기 이름은? [기출문제]

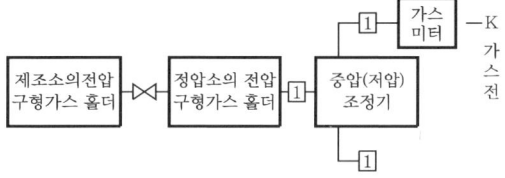

① 압송기
② 정압기(governor)
③ 분배기(distributer)
④ 안전기

5. 가스 제조공장 또는 공급소에서 사용하는 가스정압기는? [기출문제]
① 수요자 전용 정압기
② 공급자 전용 정압기
③ 지구 정압기
④ 기정압기

[해설] 정압기는 용도별로 가스 제조공장 또는 공급소에서 사용하는 기정압기와 일반지역의 가스공급용으로 사용하는 지구 정압기 및 수요자 전용 정압기로 분류된다.

6. 다음의 가스설비, 처리설비 및 감압설비에 대한 역할 설명 중 틀린 것은? [기출문제]
① 조정기 : 공급가스의 압력을 연소하기에 적합한 압력으로 낮추어 주는 역할
② 기화기 : 액상의 가스를 연료로 사용하기 위해 강제 기화시키는 장치
③ 펌프 : 액화된 가스의 액충전 및 액이송에 이용
④ 정압기 : 공급효율을 높이기 위해 공급압력을 최대로 높이는 역할

[해설] ④ 정압기 : 시간별 가스 사용량의 증감에 따라 가스 압력을 공급량에 알맞게 조정한다.

정답 1. ③ 2. ② 3. ④ 4. ② 5. ④ 6. ④

7. 정압기 중에서 구조기능이 가장 우수하여 많이 사용되며 중압관 내 압력이 변해도 항상 자동작동하여 저압 측의 공급압력에 변동을 주지 않도록 되어 있는 정압기는?
① 레이놀즈 정압기
② 엠코 정압기
③ 서비스 정압기
④ 다이어프램식 정압기

해설 엠코 정압기(emco governor)는 레이놀즈 정압기의 저압보조 정압기의 작용과 거의 비슷하여 간단하고, 서비스 정압기(service governor)도 수요자 전용 정압기로서 레이놀즈 정압기의 중앙보조 정압기와 같은 종류이다.

8. 가스 배관에 사용되는 가스 도관에 대한 다음 설명 중 잘못된 것은?
① 가스 도관은 관내를 흐르는 가스의 압력에 의해 저압, 중압, 고압 도관의 3종류로 나뉜다.
② 가스 도관의 재질은 고급주철, 강, 납 등이 대부분이다.
③ 가스 도관으로 사용 가능한 시멘트관은 흄관뿐이다.
④ 가스 도관은 사용되는 범위에 따라 본관, 공급관, 옥내관으로 분류된다.

해설 가스 도관으로 사용 가능한 시멘트관은 에터닛관뿐이다. 에터닛관의 비중은 대단히 작고 부식에 강하며 지관 설치, 관 접속방법도 간단하다.

9. 가스 배관 중에서 공급관이라 함은 어떤 것인가?
① 도중에 변형해서 매설한 가스수송 주관이다.
② 본관에서 수요자의 부지경계선 사이의 배관부를 말한다.
③ 가스 미터를 통해 부지경계선에서 가스전까지 이어지는 소관을 말한다.
④ 가스 미터에서 주방까지 연결하여 실수 요자에게 가스를 공급하는 관이다.

해설 아래 그림은 가스 배관도를 그린 예이다. 문제에서 ①은 본관, ②는 공급관, ③은 내관(옥내관)에 대한 설명이다.

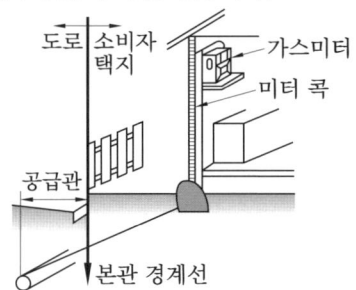

10. 다음은 중압가스 공급방법에 관한 설명이다. 잘못된 것은?
① 게이지 압력 0.25 MPa를 초과하는 압력으로 공급한다.
② 압송시설비 및 동력비가 많이 든다.
③ 압송기 → 지구 정압기 → 수요자의 순으로 공급한다.
④ 소구경으로 광범위한 지역에 균일한 가스를 보낼 수 있다.

해설 ①은 고압 공급방법에 관한 설명이며, 중압가스 공급방법은 게이지 압력 0.01~0.25 MPa의 압력으로 공급하는 방법이다.

11. 고압가스의 공급방법은 저압, 중압, 고압 공급식의 세 가지 방식이 있다. 이 중 고압방식에 대한 용도로 잘못된 것은? [기출문제]
① 광범위하고 넓은 지역에서 이용
② 원거리로 공급할 때
③ 저압방식으로 압력이 부족할 때
④ 게이지 압력이 0.01~0.25 MPa일 때

정답 7. ① 8. ③ 9. ② 10. ① 11. ④

12. 도시가스는 제조공장의 제조설비에서 가스 홀더, 압송기, 정압기, 배관 등의 공급설비를 통하여 일반소비자에게 공급된다. 일반적인 도시가스의 공급방식이 아닌 것은? [기출문제]
① 저압 공급방식 ② 중앙 공급방식
③ 고압 공급방식 ④ 자연순환 공급방식

13. LP가스 배관재료의 구비조건을 열거한 다음 사항 중 틀린 것은? [기출문제]
① 접합방법이 용이할 것
② 토양수, 지하수 등에 대한 흡수성을 지닐 것
③ 내압 및 외압 등에 견디는 강도를 가질 것
④ 관내의 가스유통이 원활할 것

해설 ② 토양수, 지하수 등이 흡수되어서는 안 된다.

14. 가스용 강관의 방식 금속피복재로 널리 이용되는 것은 무엇을 도금한 것인가?
① 주석 ② 백금
③ 아연 ④ 니켈

15. LPG 가스배관 경로를 선정할 때 유의사항으로 잘못된 것은? [기출문제]
① 배관거리를 최단거리로 한다.
② 배관을 구부러지거나 오르내림을 적게 한다.
③ 배관을 은폐하거나 매설을 피한다.
④ 가능한 한 배관을 옥내에 설치한다.

해설 가스배관은 가능한 한 옥외에 설치해야 한다.

16. 가스배관 시공 시 유의사항 중 적합지 않은 것은? [기출문제]
① 가능한 한 굴곡부를 없앤다.

② 분기관 및 지관이 필요한 장소에 드레인 밸브를 부착한다.
③ 분기관은 주관지름의 하단부에서 분기한다.
④ 배관의 지지는 장치의 운전, 보수에 지장을 주지 않는 장소에 고정한다.

해설 ③ 분기관은 주관지름의 상단부에서 분기한다.

17. 다음 가스배관을 지면에 매설하고자 할 때의 기준사항을 열거한 것 중 틀린 것은 어느 것인가? [기출문제]
① 폭 8 m 미만의 도로에서는 지면으로부터 60 cm 이상 깊게 매설한다.
② 폭 8 m 이상의 도로에서는 지면으로부터 1.2 m 이상 깊게 매설한다.
③ 도로가 아닌 곳에 매설할 때에도 지면으로부터 60 cm 이상 깊게 매설한다.
④ 도로에 매설된 배관을 최고 사용압력이 고압일 때 1년에 1회 이상, 기타의 압력일 때 3년에 1회 누설검사를 한다.

해설 ② 폭 8 m 이상의 도로에서는 지면으로부터 1 m 이상 깊게 매설한다.

18. 가스배관 시공법에 관한 다음 사항 중 잘못된 것은? [기출문제]
① 내식성이 있는 관 이외의 것은 지중 매설하지 않는다.
② 배관은 가능하면 은폐배관을 한다.
③ 배관은 움직이지 않도록 지지해 준다.
④ 가능하면 직선배관보다는 곡선배관을 시공한다.

해설 ④ 가스배관은 가능하면 곡선배관을 피한다.

19. 가스배관 시공 시 유의사항에 관한 설명

정답 12. ④ 13. ② 14. ③ 15. ④ 16. ③ 17. ② 18. ④ 19. ④

중 틀린 것은? [기출문제]
① 내관은 건물 지하에 배관하지 않는다.
② 신축성과 가요성이 충분하도록 접속해야 한다.
③ 매설관의 접속부분, 매설관이 옥내로 들어오는 부분의 부식이 심하므로 방식처리한다.
④ 유지관리, 안전관리 등을 위하여 콘크리트 내에 매설하여야 하고, 천장 등을 이용해서는 안 된다.

해설 가스관은 가능한 한 콘크리트 내 매설을 피하고, 천장, 벽 등을 효과적으로 이용하여 배관하며 옥내 저압전선과는 15 m 거리를 유지시킨다.

20. 지중 매설된 가스배관의 교체를 하기 위해 매설관 주변을 파던 중 관연결부에서 누수·누기현상을 발견하였다. 이때 취할 태도로 적당한 것은? [기출문제]
① 공정대로 계속하여 관의 교체작업을 행한다.
② 더 이상 땅을 파는 것을 중지하고 누수·누기부가 완전히 기밀을 유지하도록 응급처치한다.
③ 그렇게 많은 양이 아닌 소량의 가스가 새고 있는 경우라면 작업상 별 문제가 없다.
④ 가스가 폭발할 염려까지는 없으므로 그렇게 큰 염려를 하지 않아도 된다.

21. 다음 중 가스 미터의 설치가능 장소가 아닌 것은? [기출문제]
① 전선에서는 5 cm 이상 떨어져 있을 것
② 미터 콕의 개폐가 용이한 장소일 것
③ 화기에 접근되지 않으며, 습기가 적은 장소일 것
④ 검침, 검사, 수리 등의 작업에 편리한 장소일 것

해설 ① 전선에서는 15 cm 이상 떨어져 설치해야 한다.

22. 가스 미터(gas meter) 장치를 설치할 때의 주의사항 중 틀린 것은? [기출문제]
① 미터의 접속에 플랜지나 연관을 사용할 때는 진동에 흔들리는 일이 없도록 한다.
② 미터 콕(meter cock)은 벽면에 밀착시키되 손이 잘 닿지 않는 곳에 설치한다.
③ 관내의 물이 미터에 유입하지 않도록 적당한 구배를 준다.
④ 미터를 설치할 때는 견고한 가대 위에 각재 침목을 깔고 설치한다.

해설 ② 미터 콕은 손이 잘 닿는 곳에 설치한다. 또한 가스 계량기는 지면으로부터 1.6 m 이상 2 m 이내에 수직·수평으로 설치하고 화기와의 거리는 2 m 이상, 전기 계폐기 및 전기 안전기와는 60 cm 이상 거리를 두어 설치한다.

23. LPG 가스 사용시설에서의 배관시공을 할 때 유의사항 중 틀린 것은? [기출문제]
① 배관재료는 내압 및 내유성 재료로 선택한다.
② 옥내 배관은 전선과 15 cm 이상 떨어지게 한다.
③ 배관은 굴뚝과 20 cm 이상 떨어지게 한다.
④ 가능하면 곡선배관은 하지 않는다.

24. 가스배관의 검사 및 청소에 대한 기준사항을 잘못 열거한 것은? [기출문제]
① 도로에 매설되어 있는 배관의 누설검사는 최고 사용압력이 고압일 경우 1년에 1회 이상 실시한다.
② 도로에 매설된 배관의 누설검사는 기타

정답 20. ② 21. ① 22. ② 23. ③ 24. ②

의 압력일 때 2년에 1회 이상 실시한다.
③ 원거리에 있는 정압기는 1년에 1회 정도 분해청소를 해준다.
④ 일반적인 정압기는 3개월에 1회 정기적으로 청소를 해준다.

해설 ② 도로에 매설된 배관의 누설검사는 기타의 압력일 때 3년에 1회 이상 실시한다.

25. 다음 중 저압 LP 가스 배관 내부에 흐르는 가스압력은?
① 0.01 MPa 미만
② 0.01~0.25 MPa 미만
③ 0.25 MPa 이상
④ 0.3 MPa 이하

해설 ②는 중압배관, ③은 고압배관의 가스압력 구분치이다.

26. 다음 중 가스배관 시공방법으로 틀린 것은 어느 것인가? [기출문제]
① 내식성이 있는 관 이외는 지중매설을 하지 않는다.
② 배관은 가능하면 은폐배관을 한다.
③ 가스 공급관은 원칙적으로 최단거리로 설치해야 한다.
④ 가스 설비를 완성한 후 우선 완성검사를 받지 않고 사용하다가 검사를 받아도 된다.

해설 ④ 가스 설비를 완성한 후에는 반드시 완성검사를 받아야 한다.

27. 도시가스의 부취(付臭)제가 갖추어야 할 성질이 아닌 것은? [기출문제]
① 독성이 없고 낮은 농도에서 냄새 식별이 가능할 것
② 화학적으로 안정되어 설비나 기구에 잘 흡착할 것
③ 완전연소가 가능하고 가격이 저렴할 것
④ 상온에서 응축되며 토양에 투과성이 작을 것

해설 도시가스 배관에는 가스가 누설될 경우 초기에 발견하여 중독 및 폭발사고를 미연에 방지하기 위해 냄새로써 누설을 충분히 감지할 수 있도록 메르캅탄 등의 부취제를 주입한다. 부취제의 구비조건에는 ①, ②, ③ 외에 '상온에서 응축되지 않을 것', '토양에 대한 투과성이 클 것' 등이 있다.

정답 25. ① 26. ④ 27. ④

Chapter 05 산업(플랜트) 배관 설비

1 열교환기(heat exchanger) 배관시공법

1-1 개요

열교환기는 석유화학 공업배관, 고분자화학 공업배관, 일반화학 공업배관, 비료화학 공업배관 등 각종 화학장치 공업에 널리 사용되고 있으며, 그 용도로 냉각, 응축, 가열, 증발 및 폐열 회수 등 다양하다.

용량, 압력, 온도 등 광범위한 사용조건에 따라 여러 가지의 형식 구조가 있으나 현재 가장 많이 쓰이는 형식은 다관 원통형 열교환기이다.

1-2 형식 구조별 분류

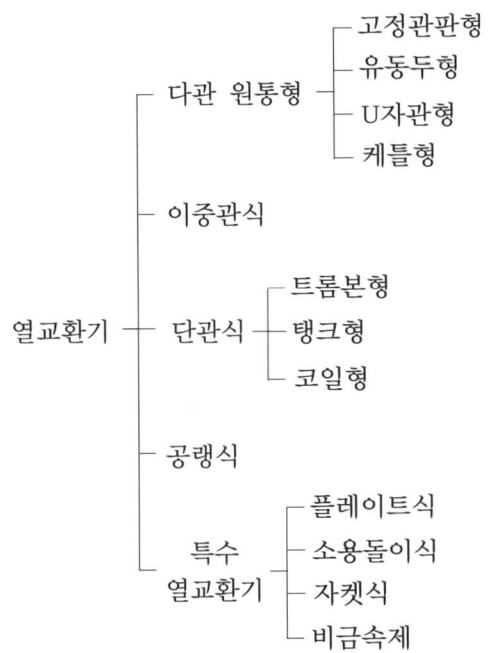

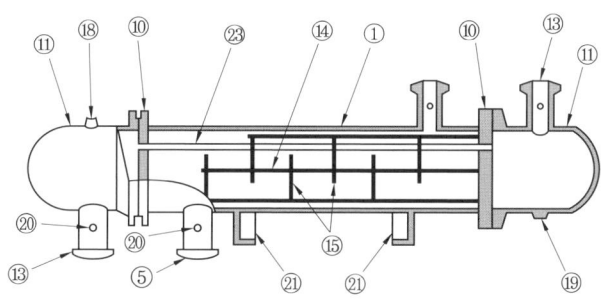

(a) 고정관판형

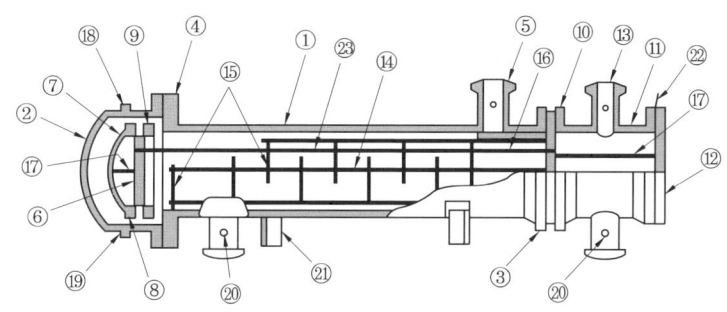

(b) 유동두형

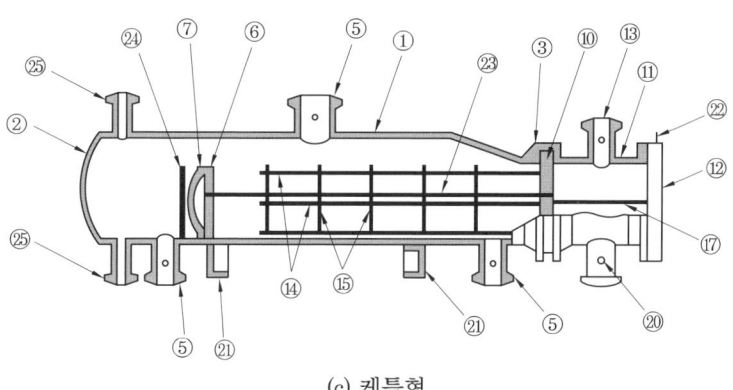

(c) 케틀형

① 동체 ② 동체 뚜껑 ③ 칸막이방 옆 동체 플랜지 ④ 동체 뚜껑측 동체 플랜지 ⑤ 동체측 노즐
⑥ 유동 관판 ⑦ 유동 머리 뚜껑 ⑧ 유동 머리 플랜지 ⑨ 유동 머리 뒷면대기 플랜지 ⑩ 고정 관판
⑪ 칸막이방 ⑫ 칸막이방 뚜껑 ⑬ 칸막이방 옆 노즐 ⑭ 고정봉 및 스페이서 ⑮ 방해판 및 지지판
⑯ 충돌판 ⑰ 칸막이판 ⑱ 가스 빼기자리 ⑲ 드레인 빼기자리 ⑳ 계기용 자리 ㉑ 지지물 ㉒ 리프팅러그 ㉓ 전열판 ㉔ 막이판 ㉕ 액면계 자리

다관 원통형 열교환기의 종류 및 구조

1-3 열교환기의 재료

사용하는 유체의 압력, 온도 및 물리, 화학적인 성질에 따라 가장 적합한 재료를 선택할 필요가 있으며 탄소강, 저합금강의 철강재 및 스테인리스강 등 금속재료와 동 및 동합금, 알루미늄 및 알루미늄 합금, 니켈 및 니켈합금 등의 비철금속 재료가 쓰인다. 아스베스트, 고무, 플라스틱류의 비금속재료는 열교환기의 개스킷 재료로 많이 사용된다.

1-4 열교환기 배관시공

(1) 다관 원통형(셸 앤드 튜브형) 열교환기 배관시공
 ① 열교환기는 집단적으로 배열하되 유지관리를 위한 공간의 확보가 중요하다.
 ② 파이프 래크상에 접속되는 배관은 래크상에서 오른쪽으로 벤딩이 된 경우 열교환기의 우측에, 왼쪽으로 구부러진 것은 좌측에 설치한다.
 ③ 보통 열교환기는 주관의 파이프 래크 측에 셸 헤드가 향하게 배치하고 연속해서 배치된 열교환기는 2단으로 겹쳐 설치하나 3단 겹침은 열응력을 고려해야 한다.

(2) 에어 쿨러 배관시공
 ① 에어 쿨러를 일체로 결합, 설치하여야 하는 경우에는 유체의 분배가 균등하게 되도록 시공해야 한다.
 ② 헤더가 길어질 경우 열팽창을 충분히 고려해야 한다.
 ③ 에어 쿨러의 노즐에 과대한 힘이나 모멘트를 주지 않는 배관이 되도록 라인을 배열할 필요가 있다.

2 석유화학 공업배관 설비

2-1 관의 종류

화학공업용 배관재료로 사용되는 관에는 주철관, 강관(가스관용, 압력배관용, 고압배관용), 합금강관, 스테인리스강관, 동합금관, 연관, 알루미늄관, 니켈합금관 등의 금속관이 있으며, 도자기관, 유리 라이닝관, 카바이드관, 경질 염화비닐관, 고무관, 흄관, 목관 등의 비금속관도 사용된다.

2-2 • 금속재료의 부식 및 방식재료

(1) 금속재료의 부식

고압화학 공업배관용 금속재료는 고온·고압에서 특히 부식이 심한데 그 부식의 종류는 다음과 같다.
① 수소에 의한 강의 탈탄
② 암모니아에 의한 강의 질화
③ 황화수소에 의한 부식
④ 산소, 탄산가스에 의한 산화
⑤ 일산화탄소에 의한 금속의 카보닐(carbonyl)화

고온·고압용 금속재료(5% 크롬강, 9% 크롬강, 스테인리스강 등)의 사용상 구비 조건은 다음과 같다.
① 유체에 대한 내식성이 클 것
② 고온에서 기계적 강도를 유지하고, 저온 재질의 여림화(열화)를 일으키지 않을 것
③ 크리프(creep) 강도가 클 것
④ 가공이 용이하고 값이 쌀 것

(2) 방식재료

화학장치의 사용조건에 적합한 방식재료는 다음 표와 같다.

관내 화학물질	방식재료 (관의 재질)	비 고
수소가스	크롬 0.1%, 몰리브덴 0.2% 함유제(HCM강), 고크롬 함유강, 18-8 니켈크롬강	철강 속에 수소가스가 침투되면 탈탄작용을 해 부식의 원인 초래
암모니아	저온에서는 보통강으로 충분, 고온에서는 18-8 크롬니켈강, 니켈-코발트 함유강 사용	-
일산화탄소	동합금, 동으로 라이닝한 것, 18-8 니켈 크롬강	카보닐 화합물 생성
산소	내산화성의 크롬을 함유한 내열강 크롬, 실리콘을 함유한 내열강 크롬, 실리콘, 알루미늄을 함유한 내열강	-
황화수소가스	크롬을 13~18% 함유한 강	-
탄산가스	크롬 함량이 많은 강	-
황산 및 아황산가스	규소철, 니켈 함유 크롬강, 납	-
초산가스	크롬을 13~23% 함유한 강 18-8 크롬 니켈강, 알루미늄, 규소철	-
염화수소	고무 라이닝, 유리, 자기, 흑연	-
가성알칼리	니켈강, 니켈크롬강	-
요소합성	납 라이닝 재료	탄산가스와 암모니아를 고온·고압에서 반응시키므로 이 물질에 견디어야 함

2-3 석유화학 공업 배관시공

석유화학 공업 배관은 보통 그 규모가 거대하다.

휘발유, 석유, 중유 등의 완제품은 원유를 열교환기에서 분류 정제하여 만든 것이며, 원유와 완제품의 수송은 모두 배관을 통해 이루어진다. 원유는 원거리 배관을 통해 펌프로 수송되고 수송된 원유는 배관에 연결된 열교환기와 증류탑에서 지속적으로 정유된다.

(1) 관의 접합
① 관의 접합방법 : 나사 접합, 용접 접합, 플랜지 접합 등
② 화학공업 배관용 밸브 : 글로브 밸브, 슬루스 밸브, 체크 밸브, 안전밸브, 자동조절 밸브 등
③ 유체누설방지용 개스킷을 조심스럽게 잘 끼워주어야 한다.

(2) 관의 지지
① 행어에 의한 방법과 서포트에 의한 지지방법이 있으며, 지지간격은 일반적으로 관 지름의 30~80배로 하고 밸브나 곡관 부근을 지지하는 것을 원칙으로 한다.
② 유니언 및 플랜지 접합 부분은 분해 조립을 쉽게 할 수 있도록 적당한 부분을 지지한다.

(3) 펌프관계 배관시공
① 펌프관계 배관의 레이아웃 시 가장 먼저 펌프의 배치를 결정한다.
② 펌프의 형식에 따라 그 조작지역의 공간과 방향을 고려한 후 시공한다.
③ 유지관리에 편리하도록 공간을 확보한다.
④ 장치 내에서는 보통 탑조(塔槽), 열교환기, 파이프 래크 등의 배치가 정해지고 최후로 펌프의 배치를 결정한다.
⑤ 파이프 래크의 밑 또는 파이프 래크와 탑조 사이에 파이프 래크에 대해 펌프 배관 라인을 평행하게 설치한다.

(4) 증기 터빈 (steam turbine)
압력을 가진 증기를 보다 낮은 압력으로 자유팽창시켜 증기가 가지고 있는 열에너지를 기계적인 일로 전환하는 기계를 증기 터빈(steam turbine)이라고 한다.

① 종류 (사용증기의 상태에 따른 분류)
  ㈎ 복수 터빈(condensing turbine)
  ㈏ 재열 터빈(reheat turbine)
  ㈐ 재생 터빈(regenerative turbine)
  ㈑ 배압 터빈(back pressure turbine)
  ㈒ 추기 터빈(extraction turbine)

(5) 탑조류 배관시공
① 탑은 원칙적으로 유지 측(maintenance side)과 조작 측(piping side)으로 나눈다.
② 공급 및 환류라인 등의 노즐방향은 특히 내부의 부속물에 주의하여 결정한다.
③ 탑의 설치높이 : 펌프의 NPSH(net positive suction head : 유효 흡입수두), 탑조 배관의 드레인 밸브 부착 또는 조작의 상태에 따라 결정한다.
④ 대구경관의 블라인드관, 안전밸브, 작업용 공구 등 중량물을 취급할 경우가 생기므로 유지 측에 빔(beam) 등을 설치한다.
⑤ 환류 라인 : 수평배관을 길게 하거나 열응력을 고려해서 설치한다.
⑥ 탑에서의 공급라인 밸브는 노즐에 직접 연결하여 밸브를 닫을 때 밸브의 하류 측에 유체가 고이지 않게 한다.
⑦ 펌프의 위치, 노즐방향 등을 신중하게 결정하고 과대한 열응력이 발생하지 않도록 지지해 준다.

(6) 파이핑 레이아웃(piping layout)
① 수행상 주의사항
  ㈎ 장치 전체가 미적(美的)으로 균형이 맞아야 한다.
  ㈏ 조작하기 쉽도록 장치한다.
  ㈐ 경제성에 대해 충분히 고려되어야 한다.
  ㈑ 안전성을 충분히 고려해야 한다.
  ㈒ 설치 후 유지(maintenance)에 대한 고려가 충분해야 한다.
② 파이핑 레이아웃 판단기준
  ㈎ 배관설계 기본조항
  ㈏ P & I 플로 다이어그램(P & I flow diagram)
  ㈐ 유틸리티 플로 다이어그램(utility flow diagram)
  ㈑ 배관도

⑭ 라인 인덱스(line index)
⑮ 배관재료 기준
⑯ 계기 설계도
⑰ 계기 시방서

(7) 파이프 래크(pipe rack) 및 파이프 래크상의 배관시공

① 파이프 래크의 설치
  ㈎ 파이프 래크의 높이 결정 조건
    ㉮ 타 장치와의 연결 높이
    ㉯ 도로횡단의 유무
    ㉰ 파이프 래크의 아래에 있는 기구의 배관에 대한 여유
    ㉱ 유닛 내에 있는 기구 높이와의 관계
  ㈏ 래크의 지지간격 결정 : 관경의 대소, 유체의 종류, 배관 내 유체의 온도, 보온 및 보랭의 유무 등에 의해 결정한다.

② 파이프 래크상의 배관시공
  ㈎ 배관의 분류
    ㉮ 프로세스 배관(process piping)
      • 병렬로 늘어놓은 기기의 간격이 6 m를 넘고 더구나 그 사이에 관계가 없는 기기가 배열되어 있을 때 노즐을 접속하는 배관
      • 베셀(vessel), 열교환기 또는 펌프 등에서 유닛 경계까지의 생산배관(product piping)
      • 유닛에 들어가 열교환기 등의 기기에 접속되는 원료 운반 배관
    ㉯ 유틸리티 배관(utility piping)
      • 장치 전체의 기기에 제공하는 경우 : 고압 또는 저압의 증기 헤더, 응축수 헤더, 플랜트 에어 헤더(plant air header), 기기용 에어 불활성 가스 헤더(air inert gas header for instrument) 및 공업용수 헤더 등이 있다.
      • 장치 내의 소정의 기기에만 공급할 때의 유틸리티 라인 : 연료유 라인, 연료 가스 라인, 보일러 급수 라인, 처리용 약품 라인
  ㈏ 배관시공
    ㉮ 파이프 래크상의 배관시공
      • 단층 래크일 경우 : 중앙에 유틸리티 배관, 외측에 프로세스 배관
      • 2층 래크일 경우 : 위층에 유틸리티 배관, 아래층에 프로세스 배관
      • 관경별 배치 : 중앙에 소구경관, 외측에 대구경관

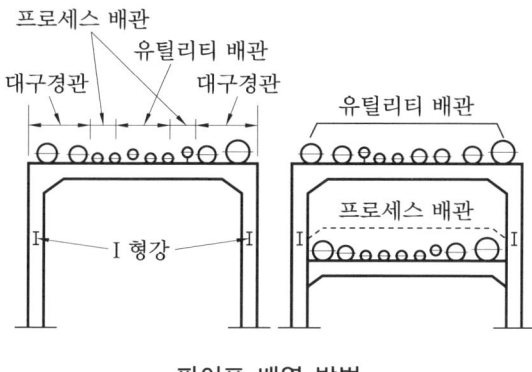

파이프 배열 방법

 ㈐ 증기배관 등 고온배관 시공 시 열응력을 고려하여 루프(roof)형 신축관 설치

(8) 계측기기의 설치시공

① 유량계의 설치시공
 ㈎ 피토관식 유량계 : 유체의 이동방향과 평행하게 피토관 설치
 ㈏ 용적식 유량계 설치 : 입구 측에 반드시 여과기(strainer)를 설치
 ㈐ 차압식 유량계 : 유량계 전후에 동일한 관경의 직관으로 시공
 ㈑ 면적식 유량계 : 조작과 보수가 쉽도록 지상 또는 층계함 위에 설치

② 압력계의 설치시공
 ㈎ 고압라인의 압력계에는 사이펀관 부착
 ㈏ 유체에 맥동(pulsation)이 있을 경우 : 댐퍼를 설치하여 압력계에 유체가 들어 가지 않게 한다.
 ㈐ 압력계의 설치위치 : 1.5 m의 높이

③ 온도계 설치배관 시공
 ㈎ 배관의 굴곡부분에 부착시킬 경우 : 내부 유체의 흐름에 대항할 수 있도록 설치
 ㈏ 온도계 설치높이 : 1.5 m 정도

④ 액면계 설치배관 시공
 ㈎ 액면계는 플랜지 또는 유니언 등으로 설치하여 운전 중 고장수리가 가능하도록 한다.
 ㈏ 액면계는 가시(可視) 방향의 반대 측에서 햇빛이 들어오는 방향으로 부착한다.

(9) 기타 배관시공법

① 스팀 트레이싱(steam tracing) : 공정라인의 응고로 인해 라인 내부의 유체가 원활하게 흐르지 않게 되는 것을 방지하기 위하여 공정라인 외부에 이중으로 배관장치를

하거나 가느다란 관경의 동관으로 관 외부를 코일 감듯이 감아 그 속에 증기를 보내 보온하는 것을 말한다.
- 용도 : 식용유, 연료유 등의 점성이 강한 물질의 운반 배관 라인에 이용

② 이중관 또는 재킷트 라인(jacketed lines) : 공정라인과 외면에 끼운 이중라인 사이에 공간이 있어 관 속에 증기를 보내는 관

3 기송 및 압축공기 배관 설비

3-1 기송 배관(氣送配管)

기송 배관이란 공기수송기를 사용하여 고체 분말 또는 미립자를 운송하도록 시설하여 놓은 배관을 뜻한다.

(1) 기송 배관의 형식 분류

① 진공식 : 진공 펌프로 수송관을 진공상태로 만든 후 대기 중의 공기와 운반물을 동시에 흡입, 운송하고 공기를 따로 분리, 배출하는 방식이다.
② 압송식 : 고압송식(0.2~0.5 MPa)과 저압송식(0.1 MPa 이하)이 있으며, 압축기로 공기를 압입하고 송급기(feeder)에서 운반물을 흡입하여 공기를 운송한 후 공기를 따로 배출하는 방식이다.
③ 진공압송식 : 진공식과 압송식을 혼합한 방식이다. 수송원과 수송선이 여러 갈래이거나 원거리인 경우에 이용된다.

(2) 동력원

공기수송기에 사용되는 동력원은 공기 펌프이다. 진공식에는 진공 펌프, 압송식의 경우는 공기 압축기, 진공압송식일 때는 진공 압축 겸용 펌프가 사용된다.

(3) 송급기 (feeder)

공기수송기에서 가루나 알갱이를 수송관 속으로 송급하는 장치이며, 흡입식과 압송식이 있다.

(4) 분리기(separator)

기송배관의 마지막 부분에 설치되는 기기로서 압력공기 속에서 대기 속으로 분립체를 배출하는 방법과 진공 속에서 대기 속으로 분립체를 압출하는 방법이 있다.

(5) 수송관(delivery pipe)
① 저압송식
② 진공식
③ 고압송식

3-2 압축공기 배관 설비

(1) 압축공기와 압축가스의 비교

압축공기	압축가스
① 큰 건물 환기, 지하철 환기 등(압력이 0.01 MPa 정도)	① 냉동공업에 탄산가스(CO_2)와 암모니아 가스(NH_3), 프레온 가스(CF_2Cl_2), 염화메틸가스(CH_3Cl)의 압축기 등(압력이 0.1~1 MPa 정도)
② 용광로에서의 철광 용해, 주물공장에서의 용선로의 용해 등(압력이 0.05 MPa 정도)	② 아세틸렌 압축기·금속절단·석탄액화 등(압력이 2~20 MPa 정도)
③ 탄광·조선·터널·토목·건축·리베팅, 샌드 블라스트 몰딩, 기차·전차의 브레이크 등(압력이 0.7 MPa 정도)	③ 암모니아의 합성장치 등(압력이 30~100 MPa 정도)
④ 디젤기관차의 연료 분사·시동 압력 등(압력이 4~5 MPa 정도)	
⑤ 잠수함·어뢰정, 공기 중의 산소·질소의 분해 등(압력이 15~20 MPa 정도)	

(2) 압축기(compressor)

① 압축기의 개념 : 압력과 속도를 높이기 위해 기계적 에너지를 기체(가스)에 전달하는 것으로 토출압력이 0.1 MPa 이상을 압축기(compressor)라 한다.
  ㈎ 통풍기(팬) : 토출압력이 1000 mmH_2O 이하
  ㈏ 송풍기(블로어) : 토출압력이 1000 mmH_2O 이상~0.1 MPa 이하
  ㈐ 압축기 : 토출압력이 0.1 MPa 이상

② 압축기의 분류

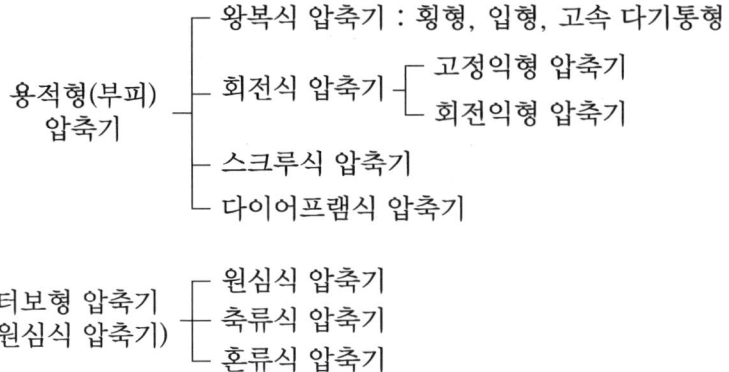

(3) 압축공기 배관의 시스템(system)

① 주 엔진 및 발전기 배관 시스템
  ㈎ 배관은 이음매 없는(seamless) 강관을 사용해야 한다.
  ㈏ 공기 공급장치 라인에서는 드레인(drain) 장치가 있어야 한다.
  ㈐ 공기 저장 탱크(air receiver) 용량은 보통 8~12번 정도 시동 가능한 용량이어야 한다.

② 일반적인 서비스 공기 배관 시스템 : 메인공기 저장 탱크에서 나오는 공기를 감압 밸브로 감압시켜 사용한다.

③ 공기 제어 시스템(air control system) : 각종 제어 밸브, 공기를 이용한 작동계기, 각종 기계류의 자동조절용으로 사용되며 건조하고 습기 없는 공기이어야 한다.

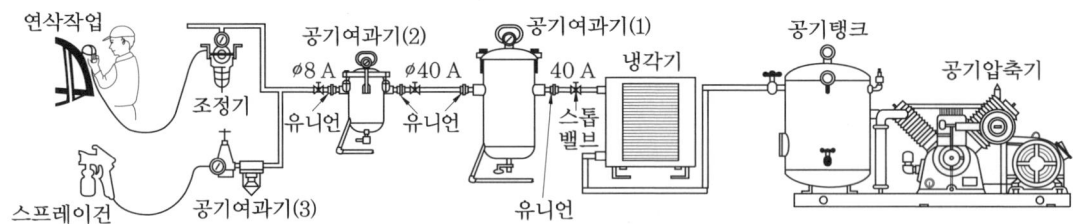

압축공기 배관 시스템

④ 압축기 설치 주위 배관
  ㈎ 일반 압축기 주위 배관(흡입 배관) : 압축기에 스케일이나 협잡물(挾雜物)이 흡입되지 않게 하기 위해 보통 산세정을 할 수 있는 배관으로 시공한다.

(나) 원심식 압축기 주위 배관
  ㉮ 압축기 관계배관은 가급적 루프형을 취한다.
  ㉯ 원칙적으로 압축기 노즐에 관의 자중이 걸리지 않도록 주의한다.

(4) 배관의 용도별 분류

① 저압용 배관 : 1 MPa 이하의 배관을 저압용 압축공기 배관이라 하며, 일반적으로 가스관을 사용한다.
② 고압용 배관 : 사용압력 30 MPa 미만의 각종 압력 배관에는 이음매 없는 강관, 전기용접관, 단접강관 등을 사용하며, 사용압력 30 MPa 이상의 고압배관에서는 이음매 없는 강관을 사용한다.
③ 특수 배관 : 부식성 가스 수송에는 스테인리스강관을 사용하고 산소나 저온가스용으로서는 일반강관을 사용한다.

(5) 압축공기 배관의 부속장치

① 분리기 및 후부 냉각기 : 분리기는 외부로부터 흡입된 습기를 압축에 의해 분리하고 공기 중에 포함된 윤활유를 공기나 가스로부터 분리하는 장치이며, 후부 냉각기는 토출관에 접속하여 고온에서 증기를 함유한 압축가스를 냉각시키고 분리기에 의해 수분을 제거하도록 돕는 장치이다.
② 밸브 : 저압용에는 청동제 밸브를 사용하고, 고압용에는 스테인리스제 밸브가 가장 효과적이다.
③ 공기 탱크 (air receiver) : 왕복식 압축기에서 압축공기를 불연속적으로 토출함으로써 생기는 맥동 (압력의 소리)을 균일하게 하려고 설치한다.
④ 공기 여과기(air filter) : 공기압축기의 고장 및 수명 단축에 지대한 영향을 끼치는 먼지를 제거한다.
⑤ 공기 흡입관(suction pipe) : 공기를 흡입하기 위해 설치하는 관으로 관의 단면적은 실린더 면적의 $\frac{1}{2}$ 정도로 한다.

예·상·문·제

1. 다음 중 열교환기의 용도에 들어가지 않는 것은?
① 냉각   ② 가열
③ 폐열 배출   ④ 증발

해설 열교환기의 용도는 ①, ②, ④ 외에 응축, 폐열 회수 등이 있다.

2. 다관 원통형(shell and tube type) 열교환기의 종류에 속하지 않는 것은?
① 고정 관판형   ② 유동두형
③ 케틀형   ④ 소용돌이식

해설 다관 원통형에는 ①, ②, ③ 외에 U자관형이 있다.

3. 다음 열교환기를 형식구조별로 나눈 것을 열거한 것 중 아닌 것은?
① 다관 원통형   ② 이중관식
③ 수관식   ④ 단관식

해설 열교환기는 ①, ②, ④ 외에 공랭식 특수 열교환기로 분류된다.

4. 다음 중 응축성 기체를 사용하여 잠열을 제거해 액화시키는 열교환기는? [기출문제]
① 증발기   ② 냉각기
③ 응축기   ④ 가열기

해설 ③을 콘덴서(condenser)라고도 한다.

5. 장치 중 응축된 유체를 재가열 증발시킬 목적으로 사용하는 열교환기로 장치조작상 증발된 증기만을 송출할 때 사용하는 것과 유체와 발생한 증기의 혼합유체를 송출할 때 사용하는 것이 있는 열교환기 종류인 것은? [기출문제]
① 예열기(preheater)
② 과열기(super-heater)
③ 증발기(vaporizer)
④ 재비기(reboiler)

6. 화학공업 배관 및 난방배관용 등에 많이 이용되는 열교환기(heat exchanger)에 대한 설명 중 잘못된 것은? [기출문제]
① 냉각, 응축, 가열, 증발 및 폐열 회수 등의 용도로 쓰인다.
② 열교환기의 제작용 재료로는 탄소강, 금속재료, 비철금속 재료 등의 여러 가지가 쓰인다.
③ 열교환기를 설치하고자 할 때에는 보통 집단적으로 배열하되 유지관리 등을 위한 공간의 확보가 보다 중요하다.
④ 가장 많이 쓰이는 다관 원통형 열교환기에는 트롬본형, 탱크형, 코일형 등이 있다.

해설 다관 원통형 열교환기에는 고정 관판형, 유동두형, U자관형, 케틀형 등이 있다.

7. 열교환기(heat exchanger)에 대한 설명으로 틀린 것은? [기출문제]
① 단관식 열교환기는 고정 관판형, U자관형, 케틀형 등이 있다.
② 일반적으로 많이 사용되는 형식은 다관 원통형 열교환기이다.
③ 열교환기의 용도는 냉각, 응축, 가열, 증발 및 폐열회수 등 다양하다.
④ 열교환기의 개스킷은 석면, 고무, 플라스

정답 1. ③ 2. ④ 3. ③ 4. ③ 5. ④ 6. ④ 7. ①

틱류의 비금속재료가 사용된다.

해설 ① 단관식 열교환기에는 트롬본형, 탱크형, 코일형 등이 있다.

8. 열교환기의 개스킷 재료로 쓰이는 재료가 아닌 것은?
① 아스베스트   ② 알루미늄
③ 고무   ④ 플라스틱류

해설 ②는 열교환기 제작용 재료로 쓰이는 비철금속 재료이다.

9. 열교환기에서 전열조작 방법에는 세 가지가 있다. 아닌 것은?
① 직접전열   ② 벽을 통한 전열
③ 축열식   ④ 증발식

해설 열교환기에서 열이동을 시키는 전열조작 방법은 위의 ①, ②, ③ 세 가지가 있다.

10. 다음 중 열교환기의 배관시공상 유의사항으로 틀린 것은? [기출문제]
① 밸브는 가급적 열교환기의 노즐에서 멀리 부착하는 것이 좋다.
② 배관은 가급적 짧게 하고 불필요한 루프나 에어 포켓은 피한다.
③ 연속된 열교환기는 2단으로 겹쳐 설치하며, 3단으로 겹치는 것은 열응력을 고려해 피하는 것이 좋다.
④ 열교환기는 보통 집단적으로 배치된다. 따라서 일관성과 보수공간이 필요하다.

해설 ① 밸브는 가급적 열교환기의 노즐에서 가깝게 부착하는 것이 좋다.

11. 다음은 열교환기 배관시공법 중 에어 쿨러 배관시공 방법을 열거한 것이다. 아닌 것은 어느 것인가?
① 에어 쿨러가 결합(結合)되어 일기종(一機種)이 되는 경우 유체의 분배가 균등하도록 시공해야 한다.
② 헤더가 길어질 경우 열팽창을 충분히 고려해야 한다.
③ 에어 쿨러의 노즐에 과대한 힘이나 모멘트를 주지 않는 배관이 되도록 라인을 배열할 필요가 있다.
④ 각종 압력의 스팀 및 응축수 등은 따로 고려하지 않고 시공한다.

12. 다음에서 화학 공업용 배관재료로 잘 사용하지 않는 관은?
① 주철관   ② 강관
③ 스테인리스관   ④ 도관

해설 화학 공업용 배관재료에는 ①, ②, ③ 외에 특수강관, 동합금관, 연관 및 연합금관, Al관, Ni 합금관, 도자기관, 경질 염화비닐관, 고무관, 흄관, 목관 등 많은 종류가 있다.

13. 다음 고압장치에 쓰이는 관의 종류 중에서 가공은 용이하여 널리 사용되나 초고압에는 견디지 못하는 재료는?
① 인발연강관   ② 중탄소강관
③ 특수강관   ④ 동관

해설 고압장치용 관에는 ①, ②, ③ 및 인발동관 등이 있으며 그 중 동관은 초고압에는 견디지 못한다.

14. 고압 화학 배관용 금속재료는 고온·고압에서 특히 부식이 심하며 관 내용물에 따라 부식의 종류도 다르므로 주의를 요한다. 부식

의 종류를 열거한 것 중 아닌 것은? [기출문제]
① 수소에 의한 강의 탈탄(脫炭)
② 암모니아에 의한 강의 질화(窒化)
③ 일산화탄소에 의한 금속의 카본화
④ 질화수소에 의한 부식

해설 금속재료에서 흔히 볼 수 있는 부식의 종류에는 ①, ②, ③ 외에 황화수소에 의한 부식, 산소, 탄산가스에 의한 산화 등을 들 수 있다.

15. 고압장치용 금속재료의 방식(防蝕)을 고려한 재료선정 요소가 아닌 것은?
① 적절한 사용재료의 선정
② 방식을 고려한 구조의 결정
③ 방식을 고려한 제작·설치 공정의 관리
④ 방식을 고려한 유속

16. 화학공업용 스테인리스강관에 관한 다음 설명 중 틀린 것은?
① 내식, 내열성이 매우 좋다.
② 고온의 화학공업용에 많이 쓰인다.
③ Cr, Ni의 함유량은 보통 12종으로 규정되어 있다.
④ 내산화성을 많게 하려면 특히 Ni의 함유량을 증가시켜 준다.

해설 스테인리스 강관에는 Cr의 함유량을 증가시키면 내산화성이 풍부해져서 보다 고온용 배관에 사용될 수 있다.

17. 화학공업에서 고온고압용 금속재료로 사용되는 것이 아닌 것은?
① 5 % Cr
② 스테인리스강
③ Cr-Ni-Fe 합금
④ Fe-Cr-Zn-Sn 합금

해설 화학공업 배관의 고온고압용 금속재료로 사용되는 원소는 ①, ②, ③ 외에 9 % Cr 강, Fe-Cr-Al-Si 합금 등이 있다.

18. 다음 중 고온고압에 주로 사용되는 밸브 재료는? [기출문제]
① 황동제   ② 스테인리스제
③ 청동제   ④ 주강제

해설 고온고압용 금속재료는 크롬 및 스테인리스를 들 수 있다.

19. 고온고압 화학배관용 관재료로서 갖추어야 할 조건 중 틀린 것은? [기출문제]
① 관재료는 크리프 강도가 커야 하나 플랜지부는 크리프 강도가 약해도 좋다.
② 유체에 대한 내식성이 커야 한다.
③ 고온도에서는 기계적 강도를 유지하고 저온에서는 재질의 여림화를 일으키지 않아야 한다.
④ 가공이 용이하고 값도 저렴해야 한다.

해설 ① 고온고압용 금속재료는 크리프 강도가 커야 한다.

20. 지하 매설도관의 부식원인을 열거한 다음 사항 중 아닌 것은? [기출문제]
① 금속 이온화에 의한 부식
② 중금속에 의한 전위차로 인한 부식
③ 진공·건조에 의한 부식
④ 외부누설 전류에 의한 부식

해설 금속의 화학적 또는 전기화학적 반응에 의하여 표면에서 소모되는 현상을 부식이라 한다.

21. 다음 중 배관의 부식방지법이 아닌 것은 어느 것인가? [기출문제]

① 금속 피복법   ② 비금속 피복법
③ 도장법   ④ 응력집중법

해설 배관의 부식방지법에는 금속 피복법과 비금속 피복법, 저접지물과의 절연법, 도장법 등을 들 수 있다.

22. 다음 석유화학 장치배관에서 상압 증류장치의 설명 중 틀린 것은?
① 원유의 증류는 물리적인 과정으로서 비등점이 서로 다른 액체혼합물을 가열하여 비등점 별로 증발 분리시키는 방법이다.
② 비등점이 서로 다른 화학성분의 혼합물은 온도 이외에도 압력에 의해 비등점이 달라진다.
③ 원유를 가열하면 일정한 압력에서 저비등점 성분이 먼저 증류한다.
④ 잔류 원유 혼합물을 높은 온도로 가열하면 고비등점 성분까지 모두 증발시킨다.

해설 ②는 진공 증류에 관한 설명이다.

23. 다음 중 화학 공업용 강관의 접합방법에 속하지 않는 것은? [기출문제]
① 용접접합   ② 키볼트 접합
③ 나사접합   ④ 플랜지 접합

해설 화학 공업용 배관의 접합방법 중 가장 많이 채용되는 것은 용접 접합방법이다. 용접법은 분해 조립검사를 필요로 하는 곳에는 부적합하나 누설에 대해서는 가장 완전한 방법이다.

24. 석유화학 장치 제유소 배관시공에 관한 설명 중 올바른 것은? [기출문제]
① 가연소물을 취급하는 배관을 용접할 때는 불활성가스 아크용접을 해서는 안 된다.
② 용접작업 전에 전배관계통에서 가연물이 완전히 제거된 것을 검사 확인하여야 한다.
③ 위험한 배관로를 변경하는 작업을 할 때에는 작업구간의 차단장치를 설치해서는 안 된다.
④ 용접결함을 예방하기 위하여 용접부에 산소가스를 공급하며 시공한다.

25. 화학 배관에 사용된 강관의 직선길이가 20 m일 때 온도가 20℃에서 120℃로 변하였다면 이 때 강관의 신축길이는 이론상 얼마인가? (단, $\alpha = 0.000012$이다.) [기출문제]
① 2~2.4 cm   ② 4~4.8 cm
③ 2~2.4 mm   ④ 4~4.8 mm

해설 $\Delta l = \pm \alpha (t_2 - t_1) l$
여기서, Δl : 신축길이, α : 철의 팽창계수
t_1 : 처음 온도, t_2 : 나중 온도
l : 처음 길이
위 공식에 대입해서 풀면
$\Delta l = \pm 0.000012 \times (120 - 20) \times 2000$
$= 2.4 \text{ cm}$

26. 석유화학 배관설치에서 배관의 기본사항 중 틀린 것은? [기출문제]
① 배관은 가급적 그룹화되게 한다.
② 배관은 가급적 최단거리가 되게 한다.
③ 굴곡을 적게 하고 에어 포켓이나 드레인 포켓은 가능한 한 많이 설치한다.
④ 고압라인 또는 고유속의 라인은 특히 굴곡부와 티 브랜치(T-branch)부는 최소한 적게 한다.

해설 ③ 굴곡을 적게 하고 에어 포켓이나 드레인 포켓은 가능한 한 적게 설치한다.

27. 화학 공업용 배관의 시공상 틀린 것은?
① 나사맞춤 배관의 경우 나사부분에는 먼지

가 부착되지 않도록 주의하고 나사맞춤에는 마사(麻糸) 등을 충진해서는 안 된다.
② 열교환기 출입배관에는 바이 패스가 필요하며, 밸브와 밸브로 차단되는 배관에는 반드시 1/2~3/4″의 소형 안전 밸브를 장착할 것
③ 펌프 주변의 배관에 대해서는 흡입 측에 반드시 글로브 밸브를, 토출 측에 반드시 슬루스 밸브를 사용한다.
④ 플랜지 체결에는 각 볼트에 힘이 균등하게 걸리도록 적당한 강도로 죈다.

해설 ③ 펌프 배관의 흡입 측에는 슬루스 밸브를, 토출 측에는 글로브 밸브를 장착한다.

28. 다음 중 배관계의 중량을 천장이나 기타 위에서 매다는 방법으로 하는 배관 지지장치는 무엇인가? [기출문제]
① 서포트   ② 행어
③ 브레이스   ④ 앵커

29. 배관 지지점을 설정할 때 일반적인 유의사항에 대한 설명으로 틀린 것은? [기출문제]
① 건물의 기둥, 가대 등의 기존 시설물을 이용한다.
② 곡관부가 있는 경우 곡관부 가까이에 설치한다.
③ 배관의 중앙 또는 밸브가 없는 수평관이 있는 부분을 선택한다.
④ 드레인 배출 등에 지장이 없도록 적당한 간격을 유지한다.

해설 ③ 가능한 한 관의 양쪽 끝부분, 밸브나 수직관이 있는 부분을 선택한다.

30. 다음은 석유화학 공업배관 시공 시 펌프 주변 배관시공에 관한 설명이다. 잘못된 것은?

① 펌프 자체가 요구하는 프로세스적, 기계적 조건과 배관시공을 위한 설계기준 조건을 만족시켜야 한다.
② 펌프 관계 배관의 레이아웃 시 가장 마지막 단계는 펌프의 배치를 결정하는 일이다.
③ 파이프 래크에 대해 펌프 배관 라인을 평행하게 설치 배열한다.
④ 펌프 및 배관의 유지관리에 편리하도록 충분한 공간을 확보한다.

해설 ② 펌프 관계 배관의 레이아웃 시 제1단계는 펌프의 배치를 결정하는 일이다.

31. 증기 터빈의 특징을 잘못 설명한 글은?
① 저속회전을 하기 때문에 소형으로 큰 힘을 얻어낼 수 있다.
② 왕복기관에 비해 진동이 적고 취급이 용이하다.
③ 열손실이 적고 효율이 좋다.
④ 역회전이 곤란하다.

해설 ① 고속회전을 하기 때문에 소형으로 큰 힘을 얻어낼 수 있다.

32. 탑조(塔槽) 배관 시공법 중 틀린 것은?
① 탑(塔)은 원칙적으로 유지관리 측과 조작 측으로 나누어진다.
② 탑의 설치 높이는 NPSH, 열사이펀식 리보일러, 탑조 배관의 드레인 밸브의 부착 또는 조작의 상태에 따라 결정한다.
③ 환류라인은 거의 열이 없어서 그 팽창의 차가 적어지므로 수평배관을 짧게 한다.
④ 대구경관의 블라인드관, 안전밸브, 작업용 공구 등 중량물을 취급할 경우가 생기므로 유지 측(maintenance side)에 빔 등의 설치가 필요하다.

해설 환류라인은 거의 열이 없어서 그 팽창의

정답 28. ② 29. ③ 30. ② 31. ① 32. ③

차가 커지므로 수평배관을 길게 하고 열응력을 고려해야 한다.

33. 다음은 파이핑 레이아웃 수행상 주의사항이다. 틀린 것은? [기출문제]
① 장치 전체가 미적 균형을 이루어야 한다.
② 경제성을 충분히 고려해야 한다.
③ 안전성보다는 내식성, 균형성 등을 더 고려해야 한다.
④ 설치 후 유지 관리에 대해서도 충분히 계획해야 한다.

34. 다음 파이핑 레이아웃(piping layout)의 판단 기준사항이 아닌 것은?
① 배관재료 기준   ② 기기설계도
③ 라인 인덱스   ④ 프로세스 배관

해설 파이핑 레이아웃의 판단기준
㉠ 배관설계 기본조항
㉡ P & I 플로 다이어그램
㉢ 유틸리티 플로 다이어그램
㉣ 배관도
㉤ 라인 인덱스
㉥ 배관재료 기준
㉦ 기기설계도
㉧ 계기시방서

35. 파이프 래크의 높이 결정조건과 가장 관계가 적은 것은? [기출문제]
① 타장치와의 연결높이
② 도로횡단 유무
③ 파이프 래크의 밑에 있는 기기의 배관에 대한 여유
④ 유닛 외에 있는 기기의 높이와의 관계

해설 ④ 유닛 내에 있는 기기의 높이와의 관계

36. 1급 도로의 파이프 래크의 높이는 몇 m로 하면 되는가? [기출문제]
① 3 m   ② 6 m
③ 9 m   ④ 12 m

해설 파이프 래크가 도로를 횡단할 경우 2급 도로는 4.5 m 이상, 1급 도로는 6 m 이상, 철도의 인입선에서는 7 m 이상 높이로 한다. 보통 유닛 내의 도로는 2급에 해당된다.

37. 유닛 내의 도로는 보통 2급 도로로 간주되는데 파이프 래크(pipe rack)의 도로횡단 시 지표면과의 거리는 얼마로 하는가? [기출문제]
① 2.5 m   ② 4.5 m
③ 6.0 m   ④ 7 m 이상

38. 철도 인입선을 횡단하는 파이프 래크의 최소높이는 얼마가 적당한가? [기출문제]
① 7 m 이상   ② 8 m 이상
③ 9 m 이상   ④ 10 m 이상

39. 베슬(vessel), 열교환기 또는 펌프 등에서 유닛 경계까지의 생산배관 라인을 무엇이라 하는가?
① 프로세스 배관   ② 라인 인덱스
③ 유틸리티 배관   ④ 파이프 래크 배관

40. 다음 중 유틸리티 배관(utility piping)의 설치라인 계통이 아닌 것은?
① 고압 또는 저압의 증기 헤더
② 응축수 헤더
③ 플랜트 에어 헤더
④ 열교환기

해설 유틸리티 배관은 ①, ②, ③ 이외에 기계용 에어 불활성 가스 헤더, 공업용수 헤더가 있다.

정답 33. ③ 34. ④ 35. ④ 36. ② 37. ④ 38. ① 39. ① 40. ④

41. 다음 중 유틸리티의 요소가 아닌 것은?
① 각종 압력의 스팀 및 스팀 콘덴세이트
② 냉각, 세정용수
③ 냉각공기
④ 열교환기 등의 기구에 접속되는 원료운반 배관

해설 ④는 프로세스 배관에 들어간다.

42. 다음 중 파이프 래크상의 관 배열을 잘못 설명한 것은? [기출문제]
① 고압이고 중량이 큰 관은 래크의 중앙에 배치한다.
② 2단식 파이프 래크에서는 1단에는 프로세스관을, 2단에는 유틸리티관으로 배치한다.
③ 1단식 파이프 래크에서는 프로세스관을 양끝 쪽에, 유틸리티관을 중앙에 위치하도록 한다.
④ 고온관이 파이프 래크 위를 길게 지나가는 경우에는 열팽창을 고려하여 파이프 루프를 설치한다.

해설 ① 고압이고 중량이 큰 관은 래크의 외측에 배치한다.

43. 다음은 관을 배열하여 설치해 놓은 파이프 래크(pipe rack)상의 배관도이다. 그림에서 유틸리티 배관은 어디에 배치하는 것이 가장 이상적이겠는가? [기출문제]

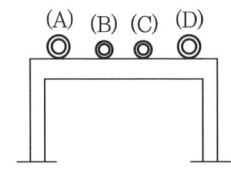

① (A)와 (B)   ② (B)와 (C)
③ (C)와 (D)   ④ (A)와 (D)

해설 ② 단층 래크일 경우 유틸리티 배관은 중앙에 설치한다.

44. 다음 파이프 래크의 폭 산출에 관한 사항 중 틀린 것은? [기출문제]
① 인접하는 관의 외측과 외측의 간격은 75 mm로 한다.
② 인접하는 플랜지의 외측과 외측의 간격은 25 mm로 한다.
③ 인접하는 관과 플랜지 외측 간의 거리는 75 mm로 한다.
④ 배관에 보온을 하는 경우는 반드시 그 두께를 가산한다.

해설 ㉠ 인접하는 파이프의 외측과 외측의 간격 : 3″
㉡ 인접하는 파이프와 플랜지의 외측 간의 거리 : 1″

45. 다음은 산업설비에서 파이프 래크상의 배관에 배열방법을 설명한 글이다. 옳지 않은 것은 어느 것인가? [기출문제]
① 대구경관은 파이프 래크의 기둥 위나 그 근처에 배치한다.
② 인접한 관의 외측과 외측의 간격은 보통 25 mm로 한다.
③ 1단식 래크의 경우는 중앙에 유틸리티 라인을 배관한다.
④ 2단식 파이프 래크인 경우는 하단에 프로세스 라인을 배관한다.

해설 인접한 관의 외측과 외측의 간격은 보통 75 mm로 한다.

46. 파이프 래크(pipe rack) 위의 배관에서 열응력 대책이 지배적 요인이 되는 경우 배관 시 고려해야 할 사항으로 틀린 것은? [기출문제]

정답 41. ④ 42. ① 43. ② 44. ③ 45. ② 46. ③

① 최대 구경, 최대온도일수록 외측에 배관한다.
② 루프의 폭과 길이는 고정점 간 거리의 8~10 %를 유지한다.
③ 파이프 루프는 파이프 래크상의 다른 배관보다 500~700 mm 낮게 한다.
④ 온도 150~300℃인 경우, 파이프 루프는 보통 30 m에 1개소씩 설치한다.

[해설] ③ 파이프 루프는 파이프 래크상의 다른 배관보다 500~700 mm 높게 한다.

47. 배관 중에 조절 밸브를 설치하고자 할 때의 방법으로 옳지 못한 것은? [기출문제]
① 감압 밸브는 진동발생으로 인한 문제점에 대비하여 지상에 설치한다.
② 리듀서는 조절 밸브로부터 가급적 멀리 설치한다.
③ 배관 중에 조절 밸브를 설치할 경우에는 주관 및 기기 측에 경사를 주어 배관하지 않아도 무관하다.
④ 조절 밸브 등에 의해 감압되는 경우에는 조절 밸브의 아래 측에 안전 밸브를 설치한다.

[해설] ③ 배관 중에 조절 밸브를 설치할 경우에는 스팀 응축에 의한 해가 일어나지 않도록 주관 및 기기측에 경사를 준 배관으로 시공한다.

48. 조절 밸브 등에 의해 감압되는 경우 조절밸브의 불완전한 작동에 대한 위험을 방지하고자 조절 밸브의 하측에 무엇을 부착하여야 좋은가? [기출문제]
① 에어 체임버(air chamber)
② 안전 밸브(safety valve)
③ 콕(cock)
④ 역지 밸브(check valve)

49. 화학 플랜트 배관 시 밸브의 부착요령이다. 다음 중 틀린 것은? [기출문제]
① 모든 밸브는 조작과 보수를 쉽게 할 수 있는 장소에 설치한다.
② 밸브의 높이는 조작면에서 밸브 중심까지 가능한 한 1.1 m가 좋다.
③ 감압 조절 밸브는 진동 대책상 지상에 설치하는 것이 좋다.
④ 안전 밸브는 그것이 부착되는 용기 또는 주배관에 가급적 멀리 설치한다.

[해설] ④ 안전 밸브는 그것이 부착되는 용기 또는 주배관에 가급적 가깝게 설치한다.

50. 배관의 부식 및 마모 등으로 작은 구멍이 생겨 유체가 누설될 경우에 사용하는 배관 응급조치법은? [기출문제]
① 코킹법
② 박스 설치법
③ 인젝션법
④ 스토핑 박스법

[해설] ① 코킹법 : 관 내의 압력과 온도가 비교적 낮고, 누설부분이 작은 경우 정을 대고 때려서 기밀 유지
② 박스 설치법 : 내압이 높고 고온인 유체가 누설될 경우 누설부의 형태에 맞도록 분할상자를 만들어 누설부분을 용접, 누설 방지
④ 스토핑 박스법(stopping box) : 밸브, 콕 등의 글랜드부에서 보충죔을 해도 누설이 지속되고 더 이상 죔여분이 없을 경우 스토핑 박스를 그 위에 설치, 누설 방지
※ 호트 태핑법 : 장치의 운전을 정지시키지 않고 유체가 흐르는 상태에서 유체를 바이패스 시켜놓고 고장을 수리하는 방법

51. 밸브의 높이를 자유롭게 선택할 수 있는 경우에 조작면에서 밸브 중심까지의 높이는 얼마가 적당한가? [기출문제]
① 1.1 m
② 1.5 m
③ 1.9 m
④ 2.5 m

52. 석유화학 배관계통에 설치되는 증기 트레이서 배관(steam tracer piping) 시공법 중 잘못 설명된 것은? [기출문제]
① 관말에는 각각의 트레이서 관마다 증기 트랩을 2~3개씩 반드시 장착해 준다.
② 증기 공급부와 트랩 배관부는 지면 또는 플랫폼에 설치해 준다.
③ 트레이서관의 재질은 동관이나 강관을 주로 사용하는데 관의 선택 시 프로세스 유체의 온도한계를 초과하지 않아야 한다.
④ 가열관의 주관에서의 분기는 가능한 한 일괄해서 헤더를 설치하여 빼내는 것이 좋다.

[해설] ① 관말에는 각각의 트레이서 관마다 증기트랩을 1개씩 반드시 장착해 준다.

53. 석유화학 장치배관의 계측기와 분리장치 및 특수장치에 관한 설명 중 틀린 것은 어느 것인가? [기출문제]
① 계측기의 중요기능에는 유체의 정지, 제어, 역류방지 등이 있으며 안전장치를 구비해야 한다.
② 계측기에는 수송유체 누설 시에 대비하여 자동개폐 및 바이패스 밸브를 설치해서는 안 된다.
③ 분리장치는 수송액체 속의 가스를 분리시키는 곳에 설치한다.
④ 원유는 점도가 높으므로 자동 가열장치를 설치하여 점도를 낮추어 수송한다.

[해설] ② 계측기에는 수송유체 누설 시에 대비하여 자동개폐 및 바이패스 밸브를 설치한다.

54. 다음 유량계 배관 시공상 틀리게 설명한 것은?
① 차압식 유량계의 오리피스는 수직배관에 설치한다.
② 차압식 유량계의 취출방향은 증기 및 액체에 대해서는 가로방향으로 한다.
③ 기체 또는 베이퍼 라인에 대해서는 위 방향으로 한다.
④ 면적식 유량계는 조작과 보수를 쉽게 할 수 있도록 지상 또는 층계함 위에 설치한다.

[해설] 차압식 유량계의 오리피스는 수평배관에 설치해야 한다.

55. 공업 배관상의 계측기기 설치법을 잘못 설명한 것은? [기출문제]
① 압력계의 설치높이는 2.5 m 정도가 가장 좋다.
② 온도계는 배관라인에 대해 수직이 되게 부착한다.
③ 액면계는 기기 본체가 운전 중이라도 고장수리를 할 수 있도록 유니언, 플랜지 등으로 설치한다.
④ 유량계는 조작이 용이하도록 지상 또는 층계함 위에 설치한다.

[해설] ① 압력계의 설치높이는 1.5 m 정도가 가장 좋다.

56. 다음 중 압력계 배관 시공상 주의사항이 아닌 것은?
① 고압라인의 압력계에는 사이펀관과 같이 설치한다.
② 유체의 맥동을 방지하기 위해 댐퍼를 설치한다.
③ 유체가 누설하지 않게 하기 위하여 나사부에 패킹제를 감아준다.
④ 압력계의 설치위치는 항상 2 m 이상으로 한다.

정답 52. ① 53. ② 54. ① 55. ① 56. ④

57. 압력계 배관시공 시 유체에 맥동이 있을 경우 무엇을 설치하여 압력계에 맥동이 전파되지 않게 하는가?
① 실포드 ② 펄세이션 댐퍼
③ 사이펀관 ④ 벨로스

해설 ① 실포드 : 부식성 유체 방지
③ 사이펀관 : 고압라인에 압력계 설치를 할 경우
④ 벨로스 : 압력계의 종류이다.

58. 온도계를 배관 직관부에 부착시킬 경우 최소관지름은 얼마 정도이면 되는가? [기출문제]
① 2 B ② 3 B
③ 6 B ④ 8 B

해설 배관굴곡부에 온도계를 부착시킬 경우 최소관경은 $1\frac{1}{2}$ B이다.

59. 다음 중 액면계를 배관라인에 시공할 경우 맞지 않는 사항은?
① 기기본체가 운전 중이라도 쉽게 고장수리를 할 수 있도록 플랜지 또는 유니언 등을 설치한다.
② 2개 연속 설치할 경우에는 오버랩의 간격은 1000 mm 정도로 한다.
③ 액면계의 부착 배관경은 3/4 B 정도이다.
④ 어떠한 방향에서도 조작할 수 있도록 시공한다.

해설 2개 연속설치할 경우 오버랩의 간격은 200 mm 정도로 한다.

60. 공기수송기를 이용하여 고체의 분말 또는 가는 입자를 수송하는 배관설비의 일반적인 명칭은 무엇인가? [기출문제]
① 집진배관 설비
② 압축공기 설비
③ 기송배관 설비
④ 진공압축 설비

61. 다음 중 공기수송 배관방식이 아닌 것은 어느 것인가? [기출문제]
① 진공식 배관
② 압송식 배관
③ 진공압송식 배관
④ 분리식 배관

62. 다음 기송배관의 형식 중 수송원과 수송선이 모두 여러 갈래이거나 원거리인 경우에 사용되는 것은?
① 진공식
② 진공압송식
③ 압송식
④ 토출식

63. 공기수송 배관에서 가루나 알갱이를 수송관 속으로 혼입시키는 장치는? [기출문제]
① 송급기(feeder)
② 배출기(discharger)
③ 분리기(separator)
④ 이송관(delivery pipe)

해설 분리기는 공기수송기의 말단에 설치하여 반입물에서 공기를 분리하는 장치이고 이송관은 공기를 이송하는 관로서 이송물 종류에 따라 용접강관, 스테인리스 강관, 황동관, 알루미늄관, 플라스틱관 등을 사용한다. 송급기에는 흡입식과 압송식의 두 가지가 있다.

64. 왕복식 압축기 사용 시 불연속적으로 공기를 토출하므로 압력에 고저가 생기는 것을 방지하기 위해 설치해야 하는 것은? [기출문제]

정답 57. ② 58. ③ 59. ② 60. ③ 61. ④ 62. ② 63. ① 64. ②

① 안전밸브(safety valve)
② 공기조(air receiver)
③ 공기 여과기(air filter)
④ 공기 흡입관(suction pipe)

65. 다음 중 기송배관의 마지막 부분에 설치되는 기기로 대기 중에 분립체를 압출하는 것은 어느 것인가? [기출문제]
① 송급기　　② 분리기
③ 수송관　　④ 압송기

66. 고온고압용 관재료로서 갖추어야 할 조건 중 틀린 것은? [기출문제]
① 유체에 대한 내식성이 클 것
② 고온도에서는 기계적 강도를 유지하고 저온도에서는 재질이 여림화를 일으키지 않을 것
③ 가공이 용이하고 값이 쌀 것
④ 크리프 강도가 작을 것

해설 배관이 어느 온도의 상태에서 일정 하중을 받으면서 방치되면 시간의 경과와 더불어 응력이 증대되어 간다. 이 현상을 크리프라 하며 고온고압용 관재료는 크리프 강도가 커야 한다.

67. 압축공기 배관에서 실린더 면적이 30 cm²이라면 공기 흡입관(suction pipe)의 단면적을 어느 정도로 해야 마찰저항이 적게 되는가?
① 10 cm²　　② 15 cm²
③ 45 cm²　　④ 60 cm²

해설 공기 흡입관의 단면적을 감소시키기 위해서는 실린더 면적의 $\frac{1}{2}$ 가량은 되어야 한다.

68. 압축공기 배관의 부속장치 중에서 분리기에 관한 다음 설명 중 잘못된 것은? [기출문제]
① 분리기는 중간 냉각기 또는 후부 냉각기에 연결해 준다.
② 외부로부터 흡입된 습기를 압축에 의해 분리한다.
③ 공기 내에 포함된 윤활유를 공기 또는 가스로부터 분리, 제거한다.
④ 관 내에 흡입된 공기 속의 먼지를 제거한다.

해설 ④는 공기 여과기(strainer)를 설명한 것이다.

69. 저압용 압축공기 배관의 관접합에는 나사이음 중 유니언을 사용한다. 이때 플랜지 접합법을 써야 하는 경우가 아닌 것은? [기출문제]
① 관지름이 클 경우
② 압력이 높은 경우
③ 교환이나 분해가 잦은 곳
④ 열동력에 의해 관이 휘어지기 쉬운 곳

해설 고온의 기체수송관은 관의 신장 또는 열응력에 의해 관이 휘거나 기체가 누설되어 위험하므로 신축이음을 관로 중간에 장치한다.

70. 사용압력이 30 MPa 이상의 고압용 압축공기 배관에 사용되는 관재료는?
① 주철관　　② 전기용접관
③ 단접관　　④ 심리스 강관

해설 1 MPa 이하의 저압용 배관에는 일반적으로 가스관(SPP)을 사용하고, 사용압력 30 MPa 미만의 각종 압력배관에는 전기용접관, 단접관을 사용하며, 30 MPa 이상의 고압배관에는 이음매 없는 강관을 사용한다.

71. 고속다기통 왕복식 압축기에서 실린더 지름이 200 mm, 피스톤의 행정거리가 200 mm, 회전수가 1500 rpm이며, 기통수가 4개

정답 65. ②　66. ④　67. ②　68. ④　69. ④　70. ④　71. ④

이고 체적 효율이 80%라면, 이 압축기의 기체 압출량은 몇 m³/h인가?

① 18.09 m³/h
② 180.96 m³/h
③ 360.82 m³/h
④ 1809.6 m³/h

해설 $V = \dfrac{\pi}{4} D^2 L n N \eta_v \times 60$

$= \dfrac{\pi}{4} \times 0.2^2 \times 0.2 \times 4 \times 1500 \times 0.8 \times 60$

$\fallingdotseq 1809.6 \text{ m}^3/\text{h}$

여기서, V : 피스톤 압출량 (m³/h)
D : 실린더 안지름 (m)
L : 피스톤 행정 (m)
n : 기통수
η_v : 부피 효율
N : 압축기의 매분 회전수 (rpm)

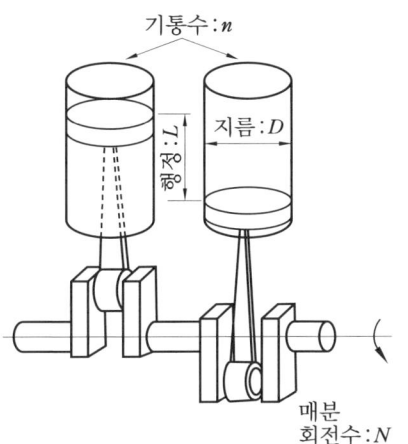

72. 다음 압축공기 배관에 대한 일반적인 설명 중 틀린 것은? [기출문제]

① 사용압력이 30 MPa 이상의 각종 배관은 이음새 없는 강관, 전기저항 용접강관을 사용한다.
② 저압공기 배관 시에도 관로 중간에 신축이음을 할 필요가 있다.
③ 저압배관 시에는 일반적으로 가스관을 사용한다.
④ 공기조화에 사용하는 안전밸브는 상용압력의 1.1배 정도의 압력에서 작동되도록 조정되어 있다.

73. 압축공기 배관의 배수배관 시공 시 설치하여야 할 사항이 아닌 것은? [기출문제]

① 드레인 밸브
② 자동식 배수 트랩
③ 에어 포켓
④ 스케일 포켓

74. 다음은 압축공기 배관시공 시 주의사항이다. 잘못 설명한 것은? [기출문제]

① 굴곡부가 적어야 하며 U형 배관은 피하도록 한다.
② 공기공급 배관에는 필요개소에 드레인용 밸브를 장착한다.
③ 주관에서 분기관을 취출할 때에는 주관의 하단에서 취출한다.
④ 라인 중간에 여과기를 장착하여 공기 중에 섞인 이물질을 제거한다.

해설 주관에서 분기관을 분기할 때는 항상 관의 상부 또는 수평위치에서 분기하고, 절대로 주관 하단에서는 분기하지 않는다.

정답 72. ① 73. ③ 74. ③

Chapter 06 배관 지지 및 방청

1. 배관 지지쇠의 사용법

1-1 배관 지지쇠

(1) 행어

배관 시공상 하중을 위에서 걸어 당겨 지지할 목적으로 사용되며, 종류는 다음과 같다.

① 리지드 행어(rigid hanger) : 수직방향의 변위가 없는 곳에 사용한다.
② 스프링 행어(spring hanger) : 스프링 행어의 이동거리(travel : 動程)는 0~120 mm의 범위이다.
③ 콘스턴트 행어(constant hanger) : 지정 이동거리 범위 내에서 배관의 상하방향의 이동에 대해 항상 일정한 하중으로 배관을 지지할 수 있는 장치에 사용한다.

(2) 서포트 (support)

배관 하중을 아래에서 위로 지지하는 지지쇠이다.

① 스프링 서포트(spring support) : 상하이동이 자유롭고 파이프의 하중에 따라 스프링이 완충작용을 해준다.
② 롤러 서포트 : 관을 지지하면서 신축을 자유롭게 하는 것으로 롤러가 관을 받치고 있다.
③ 파이프 슈(pipe shoe) : 배관의 벤딩부분과 수평부분에 관으로 영구히 고정시켜 배관의 이동을 구속시키는 것이다.
④ 리지드 서포트 : I 빔으로 만든 지지대의 일종으로 정유시설의 송수관에 많이 사용한다.

(3) 리스트레인트 (restraint)

신축으로 인한 배관의 좌우, 상하이동을 구속하고 제한하는 목적에 사용한다. 리스트레인트의 종류에는 앵커, 스토퍼, 가이드가 있다.

(4) 브레이스 (brace)

배관 라인에 설치된 각종 펌프류, 압축기 등에서 발생되는 진동, 밸브류 등의 급속개폐에 따른 수격작용, 충격 및 지진 등에 의한 진동현상 등을 제한하는 지지쇠로서 주로 진동방지용으로 쓰이는 방진기와 충격완화용으로 사용되는 완충기가 있다.

> **참고** 용접용 지지쇠
> 관에 직접 용접하는 장치로 만들어진 지지쇠에는 이어, 슈즈, 러그, 스커트 등이 있다. 물론 서포트 또는 리스트레인트에 포함된다.

2 배관의 방청 및 단열법

2-1 배관의 방청

부식을 방지하기 위해 수행되는 도장작업을 방청공사라 하며, 방청공사는 방청도료에 의한 도장 외에 아연이나 알루미늄과 같은 금속용제에 의한 공법도 포함된다.

2-2 전처리(前處理) 작업 및 도장시공

전처리는 도장할 표면의 녹 제거 및 탈지를 하는 것으로, 표면이 조잡할수록 성의 있는 시공이 필요하다. 또, 유지류가 부착되었을 때는 약품 세척을 한다.

방청시공은 탱크류의 내면에 대해서 하는 경우가 많다. 이 중 에폭시 수지 코팅은 액상의 에폭시 수지에 경화제 및 충진제를 가해서 기계적 강도, 내약품성을 우수하게 한다. 내열성·내수성이 크고, 전기절연성도 우수하며, 도료, 접착제 방식용으로 널리 사용된다. 시공은 전처리 후 코팅을 한 뒤 가열경화시키는 순서로 시공한다.

2-3 배관의 보온공사 (단열 방법)

(1) 급수배관의 피복

① 방로 피복 : 우모펠트(felt)가 좋으며, 10 mm 미만의 관에는 1단, 그 이상일 때는 2단으로 시공한다.

> **참고** ① 방로 피복을 하지 않는 곳 : 땅속과 콘크리트 바닥 속 배관, 급수기구의 부속품, 그 밖의 불필요한 부분
> ② 보온 후 피시공체에 고정하는 데 적합한 방식을 채택한다.

② 방식 피복 : 녹방지용 도료를 칠해 준다. 특히 콘크리트 속이나 지중매설 시에는 제트 아스팔트를 감아준다.

(2) 급탕배관의 보온 피복

저장 탱크나 보일러 주위에는 아스베스트 또는 시멘트와 규조토를 섞어 물로 반죽하여 2~3회에 걸쳐 50 mm 정도 두껍게 바른다. 중간부에는 철망으로 보강하고 배관계에는 반원통형 규조토를 사용해 주는 것이 좋다. 곡부 보온 시 생기는 규조토의 균열을 방지하기 위해 석면 로프를 감아주며 보온재 위에는 모두 마포나 면포를 감고 페인팅하여 마무리한다.

(3) 난방배관의 보온 피복

① 증기난방 배관 : 천장 속 배관, 난방하는 방 등에 설치된 배관을 제외하고 전 배관에 보온 피복하며 환수관은 보온 피복을 하지 않는 것이 보통이다.
② 온수난방 배관 : 보온방법은 증기난방에 준하며 환수관도 보온 피복해 준다.

> **참고** 보온 피복을 하지 않는 곳 : 실내 또는 암거 내 배관에 장착된 밸브, 플랜지 접합부

(4) 냉동배관의 보온

① 냉동배관의 보온시공법
  (가) 냉온수관 : 원통형의 글라스울, 암면보온재를 50 mm 두께로 붙이고, 철사 및 테이프 등으로 동여맨 후 그 위에 방수지를 감은 다음, 면테이프로 외장하고 최종적으로 페인팅을 한다.
  (나) 냉각수관 : 냉각수관은 대부분 냉각탑에서 보내어지는 재생수가 흐르는 관이므로 열이 방출되는 경우가 적다. 그러나 시수(市水), 우물물이 흐르는 냉각수관에는 우모펠트로 방로 피복한 후 그 위에 방수지를 감고 면테이프로 외장하여 페인팅을 한다.
  (다) 배수관 : 우모펠트를 10 mm 두께로 관에 감고 방수지, 면테이프, 페인팅의 순으로 보온한다.
  (라) 냉매배관 : 주로 흡입관을 보랭한다. 보랭재로서 폼 폴리스티렌, 탄화코르크 등을 사용하여 비닐 테이프로 외장한다.
  (마) 급수관 : 우모펠트를 소정의 두께로 감아주고 철사로 동여맨 후 방수지, 면테이프, 페인팅의 순으로 피복해 준다.
  (바) 냉수배관 : 폼 폴리스티렌 보온 커버를 배관에 장착하여 방수를 완전히 한 후에 면테이프로 마무리를 해주거나 아연철판으로 외장을 하는 경우도 있다.

② 보온두께 : 냉동장치의 흡입가스관, 브라인 냉매배관 등과 같은 냉각관이 냉동실 외에 노출 배관되어 있으면 외기와 관내 유체의 온도차 때문에 관표면에 이슬이 생기고, 바닥 등을 더럽힐 우려가 많으며 열손실도 대단히 크다. 따라서 주위의 습도, 외기와 관내 유체의 온도차, 관지름, 보온재의 열전도율 등을 고려해서 적당한 보온두께를 설정하여야 한다.

(5) 가스배관의 보온시공

① 기기의 보온
  ㈎ 보온재는 가능하면 성형보온재를 사용하는 것이 좋으며, 복잡한 형상일 때는 섬유상 보온재 등을 사용한다.
  ㈏ 피시공체에는 스터드 볼트, 와이어, 철망 등을 써서 단단히 고정한다.
  ㈐ 시공 후 보온재의 무게, 진동으로 인한 피시공체로부터의 이탈 등에 특히 주의한다.
  ㈑ 저온물질을 저장하는 기기는 보랭공사를 해야 하는데 보랭재는 가능하면 비금속성인 것을 사용하는 것이 좋다.
  ㈒ 보랭공사는 방습을 충분히 하고 피시공체에도 방청을 반드시 해야 한다.
  ㈓ 보랭공사의 외장에는 시멘트, 모르타르, 플라스터 등을 많이 사용한다.

② 배관의 보온
  ㈎ 가스배관은 대체로 보랭공사를 해야 하는데 배관을 보랭할 경우에 배관은 1개씩 따로 보랭공사를 하는 것이 바람직하다.
  ㈏ 배관지지부의 보랭은 특히 목재로 절연하며 보랭재를 충분히 밀착시키고 그 후 방습시공을 완전하게 한다.
  ㈐ 배관의 말단이나 플랜지, 밸브부 등의 보랭재가 보이는 장소는 저온용 매스틱을 바르며, 아스팔트 루핑을 사용해서 완전 방습조치를 해야 한다.

3. 배관의 세정제 및 세정법

3-1 기계적 세정방법

기계적 세정방법은 배관 플랜트의 제작 중이나 건설 중 계통 내에 들어간 불순물과 운전 중에 발생한 스케일이나 불순물 등을 클리너(cleaner)를 사용하여 세정하는 것을 말하며 복잡한 내부구조의 경우 평균된 세정효과를 얻을 수 없고, 플랜트 본체나 부분을 분해하거나 해체해야 하는 어려움이 있다.

3-2 • 화학적 세정방법

화학적 세정방법은 산, 알칼리, 유기용제 등의 화학세정용 약제를 사용하여 관 혹은 장치 내의 유지류 및 기타 스케일 등을 제거하는 작업을 말하며 화학세정의 방법에는 침적법, 서징법, 순환법의 3가지 방법이 주로 활용된다.

(1) 산세정
① 사용약품 : 염산, 황산, 인산, 질산, 광산 등이며 주로 염산을 사용한다.
② 특징
　㈎ 위험성이 적고 취급이 용이하다.
　㈏ 스케일 용해능력이 크다.
　㈐ 가격이 싸다.
　㈑ 물에 대한 용해도가 크기 때문에 세정이 용이하다.
　㈒ 부식억제제의 종류가 다양하다.

(2) 유기산세정
① 사용약품 : 구연산(시트르산), 구연산암모늄, 옥살산, 유기산암모늄 등
② 특징
　㈎ 가격이 고가이다.
　㈏ 금속재료에 대한 부식성이 적다.
　㈐ 금속재료에 대한 용해작용이 적다.
　㈑ 스케일의 용해능력이 크다.
　㈒ 안전하다.
　㈓ pH는 통상 약산성 또는 약알칼리성이다.
　㈔ 가열온도는 90℃ 정도가 적당하다.

(3) 알칼리 세정
암모니아, 가성소다, 탄산소다, 인산소다 등을 단독 또는 혼합하여 계면활성제를 첨가한 후 유지류 및 규산계 스케일 제거에 사용된다. 특히 암모니아는 산화동 제거에 사용된다.

알칼리 세정 시 가성취화에 의한 부식을 방지하기 위하여 질산나트륨이나 인산나트륨을 첨가한다. 유리제품은 알칼리에 의한 부식이 발생하므로 맹판을 부착하거나 다른 기구로 교체하는 것이 좋다.

4 배관설비 검사

(1) 급수·급탕배관
공공수도나 소방 펌프의 직결배관은 1.75 MPa 이상, 탱크 및 급수관은 1.05 MPa 이상의 수압에도 견딜 수 있도록 시험한다(수압시험).

(2) 배수·통기배관(위생설비)
① 수압시험 : 배관 내에 물을 충진시킨 후 3 m 이상의 수두에 상당하는 수압으로 15분간 유지한다.
② 기압시험 : 공기를 공급해 0.035 MPa의 압력이 되었을 때 15분간 변하지 않고 그대로 유지하면 된다.
③ 기밀시험 : 배관의 최종단계 시험으로 연기시험과 박하시험이 있다.

(3) 난방배관
상용압력 0.2 MPa 미만의 배관에 대해서는 0.4 MPa, 그 이상일 때는 그 압력의 1.5~2배의 압력으로 시험한다. 보일러의 수압시험 압력은 최고 사용압력이 0.43 MPa 미만일 때는 그 사용압력의 2배로 하고 0.43 MPa 이상일 때는 그 압력의 1.3배에 0.3 MPa을 더한 압력을 시험압력으로 한다. 방열기는 공사현장에 옮긴 후 0.4 MPa의 수압시험을 한다.

(4) 냉동배관
R-12, R-22 등의 배관은 공사완료 후 탄산가스, 질소가스, 건조공기 등을 사용하여 기압시험한다.

예·상·문·제

1. 다음 배관 지지쇠의 종류 중 하중을 위에서 걸어 당겨 지지할 목적으로 사용되는 것은 어느 것인가? [기출문제]
① 서포트   ② 행어
③ 스톱   ④ 슈즈

2. 앵커, 스톱, 가이드 등으로 분류되며, 열팽창에 의한 배관의 측면이동을 구속 또는 제한하는 역할을 하는 지지구는? [기출문제]
① 행어(hanger)
② 턴버클(turn buckle)
③ 리스트레인트(restraint)
④ 서포트(support)
[해설] 리스트레인트에는 앵커, 스톱, 가이드 등이 있다.

3. 다음은 배관지지물이 갖추어야 할 일반적인 조건이다. 틀린 것은? [기출문제]
① 배관구배의 조절을 자유로이 할 수 있을 것
② 증기, 온수관의 경우 관의 신축이 자유로울 것
③ 진동과 충격에 견딜 수 있을 것
④ 관의 고정은 확고히 하여 팽창되지 않도록 할 수 있을 것
[해설] ④ 관의 고정은 확고히 하여 팽창이 자유로울 수 있도록 한다.

4. 배관의 상하방향 이동에 대해 일정한 하중으로 배관을 지지하는 장치는? [기출문제]
① 리지드 행어   ② 리스트레인트
③ 스프링 행어   ④ 콘스턴트 행어

5. 빔에 턴버클을 연결하여 파이프의 아랫부분을 받쳐 달아 올리는 것으로 수직방향의 변위가 없는 곳에 사용하는 행어는? [기출문제]
① 리지드 행어   ② 스프링 행어
③ 콘스턴트 행어   ④ 스탠드 행어

6. 행어는 배관의 중량을 지지하는 목적에 사용된다. 다음 중 행어의 종류에 속하지 않는 것은? [기출문제]
① 리지드 행어   ② 콘스턴트 행어
③ 스프링 행어   ④ 브레이스 행어

7. 배관의 지지기구를 선택할 때 고려해야 할 사항이 아닌 것은? [기출문제]
① 시공 시 그 구배를 쉽게 조절할 수 있을 것
② 전중량을 지지하는 데 충분한 강도를 보유할 것
③ 지진, 충격, 진동에 충분히 견디어 낼 수 있을 것
④ 온도변화에 따른 신축이 크고 열전도율이 양호할 것

8. 다음은 서포트의 종류를 열거한 것이다. 아닌 것은?
① 파이프 슈(pipe shoe)
② 리지드 서포트(rigid support)
③ 롤러 서포트(roller support)
④ 콘스턴트 서포트(constant support)
[해설] 서포트의 종류에는 위의 ①, ②, ③ 외에 스프링 서포트가 있다.

정답 1. ② 2. ③ 3. ④ 4. ④ 5. ① 6. ④ 7. ④ 8. ④

9. 다음 중 수평배관의 구배를 자유롭게 조정할 수 있는 지지금속은?
① 고정 인서트 ② 앵커
③ 롤러   ④ 턴버클

해설 ① 고정 인서트 : 행어의 일종으로서 콘크리트 천장 또는 빔 등에 행어를 고정하고자 할 때 콘크리트 속에 인서트를 매설하여 이것에 관을 고정할 행어용 볼트를 끼워준다.
② 앵커 : 배관을 지지점 위치에 완전히 고정하는 지지구이다.
③ 롤러 : 관을 지지하면서 신축을 자유롭게 하는 서포트의 일종이다.
④ 턴버클 : 양 끝에 오른나사와 왼나사가 있어 막대나 로프를 당겨서 조이는 데 사용한다. 행어로 고정한 지점에서 배관의 구배를 수정할 때 쓰인다.

10. 일반적으로 보온재의 보호를 목적으로 수평배관에 사용하는 관지지 장치는? [기출문제]
① 파이프 슈(pipe shoe)
② 스커트(skirt)
③ 러그(lug)
④ 이어(ear)

해설 ①, ②, ③, ④는 관에 직접 용접하는 지지쇠로서 서포트 또는 리스트레인트에 포함된다.

11. 옥내 배관에서 배관을 지지할 경우 콘크리트면에 먼저 드릴로 구멍을 뚫고 사용하는 고정용 볼트를 열거하였다. 이에 해당되지 않는 것은? [기출문제]
① 인서트 장쇠   ② 앵커 볼트
③ 드릴 앵커   ④ 플러그 볼트

12. 다음 중 I빔으로 만든 지지대의 일종으로 정유시설의 송수관에 많이 사용되는 것은 어느 것인가? [기출문제]
① 리지드 서포트   ② 스프링 서포트
③ 파이프 슈   ④ 앵커

13. 배관의 수평부와 곡관부를 지지하는 데 사용하는 서포트(support)로서 파이프로 엘보(elbow) 등에 직접 접속시키는 것을 무엇이라 하는가? [기출문제]
① 파이프 슈(pipe shoe)
② 리지드 서포트(rigid support)
③ 롤러 서포트(roller support)
④ 스프링 서포트(spring support)

해설 ①은 배관의 이동을 구속시키는 구조로 되어 있다.

14. 다음 중 1개의 축에 연하는 변위를 제한하기 위한 장치로서 기기노즐부의 보호, 신축계수 사용 시 내압을 받는 곳 등에 사용하는 것은 어느 것인가? [기출문제]
① 스토퍼(stopper)
② 앵커(anchor)
③ 가이드(guide)
④ 리지드 행어(rigid hanger)

해설 스토퍼(stopper) : 열팽창에 대한 배관계의 자유로운 움직임을 구속하거나 제한하기 위한 장치 중 90°의 회전은 허용하지만 직선운동을 방지하는 장치이다.

15. 배관의 지지장치 중 길이방향에 대해서는 신축을 허용하고 관이 축주위를 회전하는 것을 방지하기 위한 것은? [기출문제]
① 콘스턴트 행어(constant hanger)
② 리지드 행어(rigid hanger)
③ 가이드(guide)
④ 새들(saddle)

정답 9. ④ 10. ④ 11. ① 12. ① 13. ① 14. ① 15. ③

16. 배관 라인에 설치된 각종 펌프류, 컴프레서 등에서 발생하는 진동, 수격작용 등이 심할 때 쓰이는 관지지 금속은? [기출문제]
① 브레이스　　② 리스트레인트
③ 스커트　　　④ 콘스턴트 행어
해설 ①에는 방진기와 완충기가 있다.

17. 다음은 배관의 방청을 위한 전처리(前處理) 작업 및 도장 시공법을 설명한 것이다. 잘못된 것은?
① 전처리는 도장할 표면의 녹 제거 및 탈지를 하는 작업공정이다.
② 에폭시 수지코팅은 기계적 강도 및 내약품성을 우수하게 한다.
③ 아연용사는 보통 메탈리콘 뿜어붙임이라고도 한다.
④ 용해 아연도금법에 의한 도장시공 시 적절한 온도는 10℃ 내외, 습도는 50 % 정도가 좋다.
해설 ④ 용해 아연도금법에 의한 도장시공 시 적절한 온도는 20℃ 내외, 습도는 76 % 정도가 좋다.

18. 배관의 방청시공 순서로 맞는 것은?
① 전처리 → 코팅 → 가열경화
② 코팅 → 전처리 → 가열경화
③ 가열경화 → 전처리 → 코팅
④ 전처리 → 가열경화 → 코팅

19. 배관설비 단열재 외장의 목적에 맞지 않는 것은? [기출문제]
① 빗물의 침입을 막고 단열재의 흡수를 막는다.
② 단열재를 보호하고 내용연수를 길게 한다.
③ 미관을 좋게 하고 장치를 깨끗이 한다.
④ 배관을 쉽게 하고 공정을 감소한다.

20. 관에 보온·보랭공사를 하는 목적과 가장 관계가 적은 것은? [기출문제]
① 불필요한 방열 및 열취득을 방지한다.
② 인체에 화상 등 위험방지를 한다.
③ 배관설비를 견고히 하기 위하여 한다.
④ 관표면에서 일어나는 결로 현상을 방지한다.

21. 보온 피복을 하지 않는 곳은? [기출문제]
① 급수관　　② 배수관
③ 통기관　　④ 증기관

22. 구경이 20 mm인 급수배관용 관이 지날 때 우모펠트 보온 피복 시 표준두께는 얼마인가? [기출문제]
① 10 mm　　② 15 mm
③ 18 mm　　④ 20 mm
해설 표준 보온 피복 두께

재료	관의 종류	보온 두께(관지름별)										
		15	20	25	32	40	50	65	80	100	125	150	200
우모펠트 또는 폼폴리스티렌	급수관	15	15	20	20	20	25	25	25	30	30	30	40
	배수관				10	10	20	20	20	20	20	20	25
규조토 또는 석면글라스울 폼폴리스티렌	급탕관	20(25)	20(25)	20(25)	20(25)	20(25)	25(30)	25(30)	25(30)	30(35)	30(35)	30(35)	35(40)
	난방관	25(30)	25(30)	25(30)	25(30)	30(35)	30(35)	30(35)	35(40)	35(40)	35(40)	35(40)	40(45)
규조토	보일러 연도 헤더	노출부분		75 mm 50 mm									

23. 난방설비의 보온 피복에 대한 설명 중 올바른 것은? [기출문제]
① 증기난방에서 특별한 지시가 없어도 천장속 배관은 보온 피복해야 한다.
② 증기난방에서 수압시험을 한 다음, 난방하는 방 내에 설치된 증기관 이외의 관은

정답 16. ① 17. ④ 18. ① 19. ④ 20. ③ 21. ③ 22. ② 23. ②

모두 보온 피복한다.
③ 온수난방은 증기난방과는 다른 별도의 기준에 의해 보온하되, 환수관에는 보온 피복을 하지 않는다.
④ 실내 또는 피트 속의 배관에 장치한 밸브나 신축조인트 등에도 꼭 보온 피복을 해야 한다.

해설 ① 증기난방에서 천장속 배관은 보온이 불필요하다.
③ 온수난방의 보온방법은 증기난방에 준하며 환수관도 보온 피복한다.
④ 실내 또는 피트 속 배관에 장치된 밸브, 플랜지 접합부 등은 보온 피복을 하지 않는다.

24. 다음 보기는 대부분의 냉동배관의 보온시공 방법을 순서없이 나열한 것이다. 시공 순서를 바르게 나타내면?

― 〈보 기〉 ―
㈎ 보온재를 단단히 감는다.
㈏ 철사로 동여맨다.
㈐ 비닐테이프 또는 면테이프로 외장한다.
㈑ 방수지를 감아준다.
㈒ 페인트를 칠한다.
㈓ 아스팔트 루핑을 감아준 후 아스팔트를 바른다.

① ㈓ → ㈎ → ㈏ → ㈑ → ㈐ → ㈒
② ㈒ → ㈐ → ㈑ → ㈓ → ㈎ → ㈏
③ ㈎ → ㈑ → ㈒ → ㈓ → ㈏ → ㈐
④ ㈑ → ㈐ → ㈓ → ㈎ → ㈒ → ㈏

해설 보온시공 시 가장 먼저 해야 할 일은 관에 아스팔트를 바르고 루핑을 붙인 후 그 위에 다시 아스팔트를 발라주는 일이다. 때로는 철사로 동여맨 후 아스팔트 루핑을 다시 감아붙이는 경우도 있다.

25. 여러 냉동배관의 보온시공법에 관한 설명 중 틀린 것은? [기출문제]
① 냉매배관은 주로 흡입관을 탄화코르크, 폼 폴리스티렌 등으로 보랭한다.
② 배수관은 우모펠트를 10 mm 두께로 관에 감아주고, 방수지, 면테이프, 페인팅의 순으로 보온한다.
③ 밸브나 플랜지 연결부 등과 같이 이슬이 맺힐 염려가 있는 곳에는 방습암면 보랭재로 감아주거나 아연철판 커버 등을 씌우는 일은 절대로 피한다.
④ 급수배관은 우모펠트를 소정의 두께로 감고 철사로 맨 후 방수지, 면테이프, 페인팅의 순으로 피복한다.

26. 다음 곡관부 성형보온재를 사용하는 경우 ㈐의 명칭은? [기출문제]

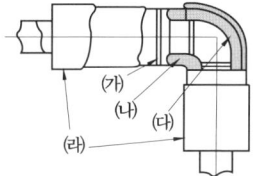

① 철사 ② 통상 보온재
③ 곡관부 보온재 ④ 외장

27. 가스배관의 보온공사 시공 시 주의사항으로 틀린 것은?
① 보온재는 내식성, 강도, 내약품성 등을 잘 분석하여 선정한다.
② 가장 효과적인 시공방법으로 보온한다.
③ 진동으로 인한 보온재의 탈락관계를 고려한다.
④ 보랭공사에서는 방습을 고려하지 않아도 된다.

해설 ④의 보랭공사도 방습을 충분히 하고 피시공체에도 방청을 반드시 해야 한다.

정답 24. ① 25. ③ 26. ③ 27. ④

28. 다음 중 가스 기기의 보온에 관해 바르게 설명한 것은?
① 피시공체에는 스터드 볼트, 와이어, 철망 등으로 느슨하게 고정한다.
② 시공 후 보온재의 무게, 진동으로 인한 피시공체로부터의 이탈은 생각하지 않아도 무방하다.
③ 보랭재는 가능하면 금속성인 것을 사용한다.
④ 보랭공사의 외장에는 모르타르, 플러스터 등을 사용하며, 특히 외장재의 크랙에 주의해야 한다.

해설 ① 피시공체에는 스터드 볼트, 와이어, 철망 등으로 단단히 고정한다.
② 시공 후 보온재의 무게, 진동으로 인한 피시공체로부터의 이탈은 특히 주의한다.
③ 보랭재는 가능하면 비금속성인 것을 사용한다.

29. 다음 중 기계적인 세정방법에 속하는 것은 어느 것인가? [기출문제]
① 스케일 해머에 의한 세정
② 산세정
③ 알칼리 세정
④ 유기용제에 의한 세정

해설 ②, ③, ④는 화학적인 세정방법의 종류이다.

30. 플랜트 세정방법 중 기계적(물리적) 세정방법으로 배관의 밀 스케일(mill scale) 세정에 가장 적합한 것은? [기출문제]
① 물분사기법 ② 유기용제 세정법
③ 순환 세정법 ④ 피그(pig) 세정법

31. 다음 화학세정의 특징에 대한 설명 중 옳은 것은? [기출문제]
① 화학세정은 기계적 세정보다 보일러를 더 많이 손상시킨다.
② 화학세정은 기계적 청정작업으로서는 제거할 수 없는 부분의 스케일을 제거할 수 있다.
③ 화학세정에 의한 청정작업은 보일러의 내·외부에 대하여 한다.
④ 화학세정은 주철제 보일러와 같이 액을 완전히 배출할 수 없는 구조의 보일러에 적합하다.

해설 화학세정은 약액을 사용하여 보일러의 내부를 청정하는 것으로 기계적 청정작업으로는 기계공구가 닿지 않아서 소제할 수 없는 보일러의 내부를 소제할 수 있으나, 주철제 보일러와 같이 액을 완전히 배출할 수 없는 구조의 보일러에는 부적합하다.

32. 화학세정 방법 중 세정효과가 가장 효과적이고 안전한 방법은? [기출문제]
① 침적법 ② 서징법
③ 순환법 ④ 개면저항법

해설 화학세정은 보통 ①, ②, ③의 세 가지 방법이 주로 쓰인다.
※ 순환법은 가설된 배관 등의 시스템에 따라 세정계통도를 짜고 펌프를 사용하여 강제적으로 순환세정을 하는 방법으로, 위의 방법 중 가장 우수하다. 그 이유는 세정액을 순환시킴으로써 약액의 농도와 온도가 균일하게 되고 약액이 효과적으로 이용되며 스케일의 분리가 쉽게 이루어지기 때문이다.

33. 화학세정 방법 중 세정할 대상물에 세정액을 채우고, 그 상태로 정지시켜주고 필요에 따라서 온도를 가하는 방법은? [기출문제]
① 침적법 ② 서징법
③ 순환법 ④ 병합법

34. 세정할 대상물에 세정액을 채우고, 일정시간 후 전세정액을 빼내고 다시 넣어서 세

정답 28. ④ 29. ① 30. ④ 31. ② 32. ③ 33. ① 34. ②

정액의 교반을 도모하면서 세정하는 화학 세정법은 어느 것인가? [기출문제]
① 침적법　② 서징법
③ 순환법　④ 클리닝법

35. 관세정방법 중 산세정에 대한 설명으로 잘못된 것은? [기출문제]
① 산세정방법에는 침적법, 진공법, 서징법이 있다.
② 산세정에 주로 쓰이는 약품은 염산이다.
③ 산은 금속을 부식하게 되므로 부식억제제의 선택이 매우 중요하다.
④ 안전밸브, 수면계, 압력계 등의 본체 부착물은 세정작업 시 반드시 제거한다.

해설 ① 산세정방법에는 침적법, 순환법, 서징법이 있다.

36. 배관의 산세정 시에는 화기를 엄금해야 한다. 어떤 가스의 발생 때문인가? [기출문제]
① 수소　② 암모니아
③ 아세틸렌　④ 일산화탄소

해설 산세정 시 발생하는 수소는 공기 중에서는 격심하게 불타고 때로는 폭발을 하므로 안전한 장소에 인도함과 아울러 산세정 중에는 화기를 엄금해야 한다.

37. 일반적으로 산세정을 실시할 경우 관의 심한 부식방지를 위하여 산세정액에 첨가하는 것은 무엇인가? [기출문제]
① 암모니아
② 설파민(sulfamine)산
③ 인히비터(inhibitor)
④ 인산나트륨

해설 ③은 부식억제제이다.

38. 다음 중 화학세정제로 사용되는 유기산 세정제가 아닌 것은? [기출문제]
① 염산　② 구연산
③ 설파민산　④ 유기산 암모늄

해설 ①은 산세정제이다.

39. 다음 중 합성수지관의 세정에 사용할 수 없는 화학세정제는? [기출문제]
① 계면활성제
② 암모니아
③ 유기용제
④ 인히비터 첨가의 유기산

40. 백색분말로서 다른 무기산에 비해 취급이 간단하고 칼슘, 마그네슘 등 물의 경도성분을 용해하는 능력이 뛰어난 세정제는? [기출문제]
① 설파민산(H_2NSO_3H)
② 수산화나트륨(NaOH)
③ 탄산나트륨(Na_2CO_3)
④ 암모니아(NH_3)

41. 다음 알칼리 세정방법에 관한 설명 중 틀린 것은? [기출문제]
① 탈지세정의 일종이다.
② 계면활성제를 첨가한다.
③ 처리온도는 60~80℃ 정도이다.
④ 처리시간은 6~8분 정도이다.

해설 처리시간은 15분 정도이다.

42. 다음에 열거한 것 중 급수배관 시설의 기능시험이 아닌 것은? [기출문제]
① 만수시험　② 연기시험
③ 기압시험　④ 진공시험

43. 다음 중 급수배관에서 공기시험이라고도 하며 물 대신 압축공기를 관 속에 압입하여 이음매에서 공기가 새는 것을 조사하는 시

정답 35. ① 36. ① 37. ③ 38. ① 39. ② 40. ① 41. ④ 42. ④ 43. ④

험은 어느 것인가? [기출문제]
① 연기시험 ② 통수시험
③ 만수시험 ④ 기압시험

44. 배수통기 배관설비의 기능시험에 박하시험은 어떤 종류의 시험인가? [기출문제]
① 수압시험 ② 기압시험
③ 기밀시험 ④ 방습시험

45. 배수와 통기배관 시험에서 제일 상부까지 물을 채워서 검사하는 방법의 가장 적합한 명칭은? [기출문제]
① 기압시험
② 기밀시험
③ 수압시험(만수시험)
④ 통수시험

46. 배관시설의 시험방법으로 가장 부적당한 것은? [기출문제]
① 연기시험 ② 인장시험
③ 수압시험 ④ 통수시험

47. 난방배관의 시험압력에서 최고 사용압력이 0.2 MPa 미만인 배관계통에 대해 어느 정도의 압력으로 가압하는 것이 좋은가? [기출문제]
① 0.2 MPa ② 0.3 MPa
③ 0.4 MPa ④ 0.5 MPa

[해설] 사용압력이 0.2 MPa 이상일 때에는 그 압력의 1.5~2배의 압력으로 수압시험한다.

48. 주철제 증기보일러의 최고 사용압력이 0.075 MPa이라 할 때, 이 보일러의 수압시험 압력은 몇 MPa인가? [기출문제]
① 0.1 ② 0.15
③ 0.2 ④ 0.3

[해설] 보일러의 수압시험 압력은 최고 사용압력이 0.43 MPa 미만일 때, 그 사용압력의 2배로 한다.

49. 보일러의 최고 사용압력이 0.5 MPa일 때 필요한 수압시험 압력은?
① 0.5 MPa ② 0.83 MPa
③ 0.95 MPa ④ 1.2 MPa

[해설] 최고 사용압력이 0.43 MPa이 넘었을 때는 그 압력의 1.3배에 0.3 MPa를 더한 압력을 시험압력으로 한다.
∴ 0.5×1.3+0.3=0.95 MPa
※ 단, 사용압력은 규정 압력의 6 %를 넘지 않도록 해야 한다.

50. 파이프나 밸브의 수압시험 방법으로 가장 옳은 것은? [기출문제]
① 내부공기를 빼고 급격히 압력을 높인다.
② 내부공기를 빼고 서서히 압력을 높인다.
③ 내부공기를 넣고 급격히 압력을 높인다.
④ 내부공기를 넣고 서서히 압력을 높인다.

51. 냉동배관 완성 후 기능시험용 가스로 적합하지 않은 것은? [기출문제]
① 탄산가스 ② 암모니아
③ 질소 ④ 산소

52. 고압의 액화 석유가스 시설의 기밀시험을 할 때 사용해서는 안 되는 것은? [기출문제]
① 암모니아 ② 산소
③ 질소 ④ 탄산가스

53. 기름배관의 기밀시험은 최고 사용압력의 몇 배로 30분 이상 유지해야 하는가? [기출문제]
① 1배 ② 1.5배
③ 2배 ④ 2.5배

정답 44. ③ 45. ③ 46. ② 47. ③ 48. ② 49. ③ 50. ② 51. ② 52. ② 53. ②

Chapter 07 안전위생에 관한 사항

1 산업 안전관리의 개론

(1) 안전관리의 목적
① 인명 존중
② 사회복지 증진
③ 생산성 향상
④ 경제성 향상

(2) 안전도의 판정기준 (조사 → 기획 → 실시 → 확인)
① 도수율 : 어느 기간 안에 발생한 업무상의 사상 건수의 빈도를 조사하는 단위

$$도수율 = \frac{근로\ 재해건수}{근로\ 연시간수} \times 1000000$$

$$연천인율 = 도수율 \times 2.4$$

② 강도율 : 안전사고의 강도를 나타내는 기준 (근로시간 1000시간당의 재해에 의하여 손실된 노동 손실일수)

$$강도율 = \frac{근로\ 손실일수}{근로\ 총시간수} \times 1000$$

③ 연천인율 : 어느 기간 동안(1년, 1월)에 발생한 업무상의 상해건수를 그 기간 안의 평균 근로자수로 나누고 이것을 1000배 한 것이다.

$$연천인율 = \frac{근로\ 재해건수}{평균\ 근로자수} \times 1000$$

④ 안전 활동률

$$안전\ 활동률 = \frac{연간\ 안전시책\ 총\ 건수}{연간\ 회사업무\ 총\ 시책건수}$$

(3) 안전 책임자 및 재해시정
① 안전 관리자
　㈎ 작업상 위험발생 우려 시 응급 및 방지 조치
　㈏ 안전장치, 소화설비 등의 정기점검 및 정비

㈐ 안전작업에 관한 교육 및 훈련
㈑ 재해 발생 시 그 원인 조사 및 대책 강구
㈒ 소화 및 피난훈련
㈓ 기타 근로자의 안전사항 및 안전에 관한 기록 작성 비치

② 안전유지 담당자 : 안전 관리자를 보조한다. 작업상 위해한 시설의 책임자라고 할 수 있다.

③ 재해의 시정책(3E)
㈎ 교육 (Education)
㈏ 기술 (Engineering)
㈐ 독려 (Enforcement)

2 재료, 기계, 공구의 취급안전

(1) 재료의 취급안전

① PVC 관 운반 또는 보관 시 열팽창이 크므로 온도변화가 심한 경우 운반용기나 보관상자에 충분한 여유를 준다.
② 강관은 비 또는 습기에 주의해야 하며 적재 시 땅과 접촉되지 않아야 한다.
③ 동관은 유연성이 커서 가공하기는 좋으나 외부 충격에 주의해야 한다.
④ 파이프류 등 중량물의 운반은 가급적 2인 이상이 공동작업을 한다.
⑤ 밸브의 핸들은 정확히 부착하여 진동, 충격 등에 의해 낙하되는 일이 없도록 한다.
⑥ 밸브는 충격에 약하므로 시공 시 파손에 각별히 주의한다.

(2) 기계의 취급안전

① 동력나사 절삭기
㈎ 관을 척에 확실히 고정시킨다. 기계사용 후에는 필히 척을 열어둔다.
㈏ 기계 각부의 클러치나 조작핸들은 정상상태를 유지하도록 조정하여 둔다.
㈐ 절삭된 나사부는 맨손으로 만지지 않도록 한다.
㈑ 나사 절삭 시에는 주유구에 의해 계속 절삭유를 공급한다.
㈒ 기계의 정비, 수리 등은 기계를 정지시킨 후 행한다.

② 파이프 벤딩 머신
㈎ 기계의 굽힘능력 이상으로 관을 굽히지 않는다.
㈏ 센터 포머와 엔드 포머에 관을 확실히 고정하여 작업 중 관이 미끄러지면 작업

을 중단한 후 재조정한다.
  (다) 긴 관을 굽힐 때에는 주변에 장애물이 없는가 확인한다.
  (라) 굽힘 완료 후 관이 포머에서 빠지지 않는다고 쇠해머로 포머를 타격하는 일은 없도록 한다.

③ 고속 숫돌 절단기
  (가) 절단기 주위에 가연성 물질이 있는가 확인한다.
  (나) 보호안경을 끼고 작업한다.
  (다) 절단 휠(wheel)은 플랜지로 완전히 고정한 후 진동이 없도록 주의한다.
  (라) 절단하고자 하는 관을 바이스에 여러 개씩 물리고 한 번에 자르는 일이 없도록 한다.
  (마) 무리한 힘을 가하여 절단하지 않는다.
  (바) 회전 중 절단 휠에 충격이 가지 않도록 주의한다.
  (사) 절단 휠 교체 시에는 균열 여부를 확실히 확인한다.

④ 드릴링 머신
  (가) 장갑을 끼고 작업을 하지 않는다.
  (나) V 벨트 전동장치부에는 반드시 안전커버를 부착한다.
  (다) 칩이 발생하므로 반드시 보안경을 착용한다.
  (라) 공작물은 반드시 드릴바이스에 고정한 후 작업을 한다.

(3) 공구의 취급안전

① 토치 램프 사용상 주의
  (가) 사용하기 전에 근처에 인화물질이 없는가 확인한다.
  (나) 공구 사용 전에 기름이 새지 않는가 각 부분을 점검한다.
  (다) 작업 중 기름이 떨어지면 화기가 완전히 없는가 확인한 후 기름을 충진한다.

② 해머 작업 시 안전
  (가) 녹슨 공작물에 해머 작업할 때에는 보호안경을 착용한다.
  (나) 장갑을 끼지 말고 작업한다.
  (다) 해머는 자루에 완전하게 고정하여 끼운다.
  (라) 대형 해머의 사용 시 능력에 맞게 사용한다.

③ 정, 끌 작업 시 안전
  (가) 끌 작업 시에는 끌날에 다치지 않도록 주의한다.
  (나) 따내기 작업 시는 보호안경을 착용한다.
  (다) 절단 시 조각의 비산에 주의해야 한다.

④ 줄, 바이스, 드라이버 작업 시 안전사항
  ㈎ 줄을 망치대용으로 쓰지 말아야 한다.
  ㈏ 줄질 후 쇳가루를 입으로 불어내지 않는다.
  ㈐ 줄 작업 시 자루를 단단히 끼우고 사용한다.
  ㈑ 바이스대에 재료, 공구 등을 올려놓지 말아야 한다.
  ㈒ 작업 중 바이스를 자주 조인다.
  ㈓ 드라이버는 홈에 맞는 것을 사용한다.
  ㈔ 드라이버의 이가 상한 것은 쓰지 말아야 한다.

⑤ 스패너, 렌치 작업 시 안전
  ㈎ 해머 대용으로 쓰지 않는다.
  ㈏ 너트와 꼭 맞게 사용해야 한다.
  ㈐ 작은 볼트에 너무 큰 멍키 렌치를 쓰지 않는다.
  ㈑ 스패너에 파이프를 끼우거나 해머로 두들겨서 돌리지 말아야 한다.
  ㈒ 스패너와 너트 사이에 물림쇠를 끼우지 말아야 한다.

3 폭발성 및 유해성 유해물질의 취급안전

(1) 연소

① 연소의 정의 : 열과 빛을 수반하는 화학변화로서 가연성물질과 산소물질이 결합하여 일어나는 것을 연소라 한다.

② 연소 가스의 종류
  ㈎ 가연성 가스
  ㈏ 지연성(支燃性) 가스
  ㈐ 불연성 가스

(2) 폭발

① 폭발의 정의 : 급격한 압력의 발생 또는 해방으로 격렬하게 소리를 내며 파열되거나 팽창하는 현상을 말한다.

② 폭발의 종류
  ㈎ 화학적 폭발
  ㈏ 압력의 폭발
  ㈐ 분해폭발

㈑ 중합폭발

㈒ 촉매폭발

③ 예민한 폭발물질 : 아질화은(AgN_2), 질화수은(HgN_6), 아세틸렌은(Ag_2C_2), 아세틸렌동(CuC_2), 아세틸라이드, 유화질소(N_4S_4), 데도라센($C_2H_8ON_{10}$), 질화수소산 및 할로겐치환체(N_3N, N_3Cl, N_3I), 염화질소(NCl_3), 옥화질소(NI_3)

(3) 유해성 물질

① 황산화물(SO_x)
② 불소 및 그 화합물
③ 염소·염화수소
④ 카드뮴 및 그 화합물
⑤ 납 및 납화합물

(4) 폭발 및 유해물질의 취급안전

① 폭발위험성이 있는 곳의 작업복에는 철제류의 단추, 버클 등을 쓰지 말아야 한다.
② 작업복에 성냥, 철제류를 넣지 말아야 한다.
③ 구두의 징이나 철못을 박은 신발을 신지 않는다.
④ 위험물은 일정 장소에 둔다.
⑤ 작업장 내에서의 흡연을 금한다.
⑥ 운반, 장치 시 위험성이 있는 것을 주의해서 잘 다룬다.
⑦ 배관 또는 기기에서 가연성가스와 증기의 취급에 주의한다.
⑧ 인화성액체의 반응 또는 취급은 폭발범위 이외의 농도로 한다.
⑨ 화재 발생 시의 연소를 방지하기 위해 화재 발생원으로부터 적절한 보유거리를 확보한다.
⑩ 필요한 장소에 화재를 진화하기 위한 방화설비를 설치해야 한다.

4 화재, 사고 응급처치

4-1 화재사고의 응급처치

(1) 연소의 3요소

① 가연물

② 산소 공급원
③ 점화원

(2) 소화조건
① 가연물의 제거
② 연속적 산소의 차단
③ 냉각에 의한 온도 저하
④ 연속적 연소의 차단

(3) 화재의 종류와 적용 소화제
① A급 화재(일반화재) : 수용액
② B급 화재(유류화재) : 화학 소화액(포말, 사염화탄소, 탄산가스)
③ C급 화재(전기화재) : 유기성 소화액
④ D급 화재(금속화재) : 건조사

(4) 화재의 방지
① 금연구역을 철저히 정한다.
② 흡연장소의 화재에 주의한다.
③ 인화성 위험물 취급에 주의한다.
④ 노나 연통 부근을 주의한다.
⑤ 전기기기는 철저하게 점검한다.
⑥ 부적당한 퓨즈를 쓰지 말아야 한다.
⑦ 기계의 마찰, 타격, 충격에 의한 발화에 주의한다.
⑧ 전열기 사용에 주의한다.
⑨ 기름, 휴지, 기름걸레의 취급에 주의한다.
⑩ 풍향, 풍속, 지리적인 조건을 감안하며 소화책임자를 둔다.
⑪ 소화기는 규정된 종류를 써야 한다.
⑫ 소화기는 예상되는 발화지점의 눈에 잘 띄는 곳에 둔다.
⑬ 소화기는 정기적으로 점검하고 기능을 발휘할 수 있도록 내용물을 교체해 둔다.

4-2 • 사고 응급처치

(1) 구급용품
현장에 비치되어야 할 구급용품에는 삼각수건, 붕대, 거즈, 반창고, 탈지면, 솜, 가위,

핀셋, 지혈용 고무줄, 부목, 지혈대, 알코올, 요오드팅크, 머큐롬액, 붕산수, 암모니아수 등이 있다.

(2) 구급조치

① 창상 (절창, 자창, 열창, 찰과상)
  ㈎ 불결한 종이나 수건을 대지 말아야 한다.
  ㈏ 먼지, 토사가 붙어 있을 때 무리하게 떼어내지 말아야 한다.
  ㈐ 상처를 자극하지 말고 노출시킨다.
  ㈑ 상처 주위를 깨끗이 소독한다.
  ㈒ 머큐롬을 바른 후 붕대로 감는다.

② 타박과 염좌
  ㈎ 옥도정기를 바른다 (머큐롬과 혼동하면 안됨).
  ㈏ 냉찜질을 한다.
  ㈐ 머리, 가슴, 배부분은 의사의 치료를 받아야 한다.

③ 출혈
  ㈎ 정맥출혈(검붉은색) 시는 압박붕대나 손에 거즈를 대고 누르면서 상처 부위를 높게 할 것
  ㈏ 동맥출혈(진분홍색) 시는 의사의 조치를 받아야 하며 응급조치로는 지혈대나 압박붕대, 지압법, 긴급지혈법 등으로 지혈을 시킨다.
  ㈐ 피하 출혈 시는 냉습포를 댄 뒤에 온습포를 댄다.

④ 화상
  ㈎ 제1도 화상 (피부가 붉게 되고 쑥쑥 아픈 정도) 시는 냉찜질이나 붕산수에 찜질한다.
  ㈏ 제2도 화상 (피부가 빨갛게 되고 물집이 생긴다) 시는 1도 화상 시와 같은 조치를 하지만 특히 물집을 터뜨리지 말아야 한다.
  ㈐ 제3도 화상 (피하조직의 생활력 상실) 시는 2도 화상 시의 응급조치를 한 후 즉시 의사에게 보인다.
  ㈑ 화상 부위가 전신의 30 %에 달하면 1도 화상이라도 생명이 위험하니 주의해야 한다.

⑤ 기타 : 눈 속의 이물, 전격, 골절, 가스중독 등의 경우에는 그에 맞는 조치를 취한다.

5 배관용접 시공 시 안전사항

(1) 보호구
① 보호용 마스크 : 방진 마스크와 방독 마스크로 크게 나눌 수 있다. 산소가 공기 중에 결핍(16 % 이하)되어 있으면 방독 마스크는 사용할 수 없다.
② 차광 보호구 : 눈을 보호할 수 있는 것과 피부를 보호하는 것으로 대별할 수 있다. 보안경은 규격에 맞아야 하고 자외선, 적외선량에 따라 잘 선택해야 한다.
③ 차음 보호구 : 귀마개, 귀덮개 등이 있다.
④ 기타 보호구 : 부식성 약품 등의 피부 침입을 막기 위해 안전모, 보호장갑, 안전화 등을 착용하며 열을 많이 받는 작업자에게는 방열복이 필요하다.

(2) 통행과 운반
① 통행로 위의 높이 2 m 이하에는 장애물이 없어야 한다.
② 기계와 다른 시설물과의 사이의 통행로 폭은 80 cm 이상으로 한다.
③ 뛰지 말아야 한다.
④ 한눈을 팔거나 주머니에 손을 넣고 걷지 말아야 한다.
⑤ 통로가 아닌 곳으로 걷지 말아야 한다.
⑥ 우측 통행규칙을 지킨다.
⑦ 높은 작업장 밑을 통과할 때 조심해야 한다.
⑧ 작업자는 운반자에게 통행을 양보한다.
⑨ 통행로에 설치된 계단은 근로안전 관리규정에 명시된 사항을 고려하여 설치한다.
　㈎ 견고한 구조로 할 것
　㈏ 경사는 심하지 않게 할 것
　㈐ 각 계단의 간격과 너비는 동일하게 할 것
　㈑ 높이 5 m를 초과할 때에는 높이 5 m 이내마다 계단실을 설치할 것
　㈒ 적어도 한쪽에는 손잡이를 설치할 것
⑩ 운반차는 규정속도를 지킨다.
⑪ 운반 시 시야를 가리지 않게 물건을 쌓아야 한다.
⑫ 승용석이 없는 운반차에는 승차하지 않는다.
⑬ 빙판 위 운반 시 미끄럼에 주의한다.
⑭ 긴 물건에는 끝에 표시를 단 후 운반한다.
⑮ 통행로와 운반차, 기타의 시설물에는 안전표시색을 이용한 안전표지를 해야 한다.

> **참고** 안전 표지색
> ① 빨간색 : 금지 및 방향　　② 백색 : 주의
> ③ 오렌지색 : 위험　　　　　④ 청색 : 주의, 수리 중, 송전 중
> ⑤ 녹색 : 안전 지도　　　　　⑥ 흑색 : 방향
> ⑦ 황색 : 주의　　　　　　　⑧ 진한 보라색 : 방사능 위험

(3) 전기용접 시의 안전사항
① 무부하전압이 높은 용접기를 사용하지 않는다.
② 안전 홀더와 보호구를 착용한다.
③ 전격방지기를 설치한다.
④ 작업 중지 시는 전원스위치를 내린다.
⑤ 신체를 노출시키지 않는다.
⑥ 습기 있는 보호구를 착용하지 않는다.
⑦ 차광유리는 적당한 번호의 것을 택한다.
⑧ 작업장은 항상 정리 정돈한다.

(4) 가스용접과 절단 시의 안전사항
① 점화 시 반드시 점화용 라이터를 사용한다.
② 차광안경을 필히 착용해야 한다.
③ 기름과 접촉하지 말아야 한다.
④ 산소, 아세틸렌병에는 충격을 주지 않는다.
⑤ 산소병은 40℃ 이하에서 보관한다.
⑥ 가스 호스 연결부에는 기름을 쓰지 않는다.
⑦ 가스병은 화기에서 5 m 이상 떨어지게 한다.
⑧ 직사광선에 가스병을 두지 말아야 한다.
⑨ 산소, 아세틸렌 호스가 바뀌지 않도록 한다.
⑩ 토치에 점화된 상태로 이동하지 않는다.

(5) 배관 작업상 안전
① 가열굽힘 작업
　㈎ 토치 램프를 다른 사람의 안면 쪽으로 향하지 않도록 주의한다.
　㈏ 너무 오래 가열해서 굽힘 시 산화 피막이 벗겨지지 않도록 주의한다.
② 주철관의 접합시공
　㈎ 납용해 작업은 인화물질이 없는 곳에서 행한다.

㈏ 작업 중에라도 소나기 등 물이 들어가지 않는 적당한 장소를 택한다.
㈐ 납을 취급할 때에는 앞치마, 장갑 등을 필히 착용한다.
㈑ 납은 1회에 주입하며 주입 전에 먼저 수분이 없는가 확인한다.

③ 높은 곳에서의 작업 시 안전
㈎ 사다리 사용 시에는 각도를 지면에서 75° 이내로 하고 미끄러지지 않도록 설치한다.
㈏ 지명자 (숙련자) 이외에는 높은 곳에 오르지 않도록 한다.
㈐ 높은 곳에서의 작업은 발판을 사용하며 발판은 단단히 고정되어 있어야 한다. 단, 발판은 가해지는 하중에 견딜 수 있어야 한다.
㈑ 작업 시 반드시 안전벨트를 착용하도록 한다.
㈒ 바람이 심하며 비가 많이 오는 날에는 작업하지 않는다.
㈓ 높은 곳에서의 작업은 그물을 밑에 치고 한다.
㈔ 파이프 렌치 등 공구나 부품을 떨어뜨리지 않도록 주의한다.
㈕ 사다리를 등지고 내려오지 않도록 한다.

④ 배관 시공상 기타 안전사항
㈎ 가열된 관에 의한 화상에 주의한다.
㈏ 작업 중 타인과 잡담을 금하고 점화된 토치를 가지고 장난을 금한다.
㈐ 레버 호이스트 (lever hoist) 사용 시 제한하중 이상의 과중한 중량을 매달지 말고 적재물을 필요 이상 높이 매달지 않아야 한다.
㈑ 와이어 로프 (wire rope)는 손상된 것을 사용하여서는 안 된다.
㈒ 물건을 고정할 때 중심이 한쪽으로 쏠리지 않도록 주의한다.
㈓ 로프가 훅 (hook)에서 빠지지 않도록 유의한다.
㈔ 공구재료 등이 낙하되는 일이 없도록 정리 정돈을 철저히 한다.
㈕ 작업대 주위는 항상 정리 정돈되어 있어야 한다.
㈖ 작업 중 볼트와 너트를 조일 때에는 몸의 중심을 잘 맞추고 스패너는 볼트에 맞는 것을 사용한다.

예·상·문·제

1. 안전교육 계획 작성상의 필요한 요소가 아닌 것은?   [기출문제]
① 강의 개요   ② 보조재료 사용계획
③ 교육 목표   ④ 과정 요약

해설 안전교육 계획에는 ①, ③, ④의 3요소가 포함되어야 한다.
㉠ 교육 목표 : 교육 및 훈련의 범위, 보조자료 사용계획, 교육훈련의 의무와 책임 한계의 명시 등
㉡ 과정 요약 : 교육과목에 대한 제과목과 중간제목까지를 교육순서에 따라 기입함
㉢ 강의 개요 : 강의내용을 순서로 나열, 강조사항 명기, 교육 보조자료 명시, 시간배당 등

2. 다음 중 안전사고 발생의 가장 큰 원인은 어느 것인가?   [기출문제]
① 설비의 미비
② 사용공구의 부적합
③ 본인의 실수
④ 작업방법의 부적합

3. 다음 중 배관공장 등에서 작업자에게 헬멧, 작업화, 작업복을 착용시키는 가장 중요한 목적은?   [기출문제]
① 작업자의 안전을 위해서
② 작업자의 복장을 통일하기 위해서
③ 작업자의 사기 앙양을 위해서
④ 작업자의 정신통일을 위해서

4. 재해발생 원인 중 인적원인(불안전한 행위)으로 볼 수 없는 것은?   [기출문제]
① 보호구의 오용 (용도의 틀림)
② 정리 정돈 불량
③ 경제설비의 불량
④ 불안전한 자세

5. 다음 중 강도율은?   [기출문제]
① $\dfrac{\text{근로 재해건수}}{\text{근로 연시간수}} \times 1000000$
② $\dfrac{\text{총손실일수}}{\text{근로 총시간수}} \times 1000$
③ $\dfrac{\text{근로 재해건수}}{\text{노동자수}} \times 10000$
④ $\dfrac{\text{근로 재해건수}}{\text{노동자수}} \times 1000$

6. 재해의 발생빈도를 나타내는 것은?
① 천인율   ② 도수율
③ 강도율   ④ 만인율

7. 다음 중 공장 내에 안전표시판을 부착하는 이유는?
① 공장 내 미화를 위해
② 공장 내 통행을 금지시키려고
③ 사고방지 및 안전을 위해
④ 능률적인 작업을 위해

8. 작업원의 조건(worker's condition)은 어느 것인가?   [기출문제]
① 경고 표시   ② 안전지식
③ 정확한 규격   ④ 안전방호

9. 감전위험이 있는 곳의 전기를 차단하고 수선 점검 등을 해야 한다. 이때 그 뜻을 전달해야 할 대상은?   [기출문제]
① 관계 근로자   ② 보건 관리자

정답 1. ②   2. ③   3. ①   4. ③   5. ②   6. ②   7. ③   8. ②   9. ①

③ 사용자　　　④ 안전유지 담당자

10. 안전색채의 사용 통칙에서 빨간색으로 표시할 수 없는 것은? [기출문제]
① 방화　　　② 대피장소
③ 소화기　　④ 화학류

11. 고압가스 용기에 도색되어 있는 색이 백색이었다면 이 용기 내의 가스는? [기출문제]
① 질소　　　② 액화 암모니아
③ 수소　　　④ 아세틸렌

12. 안전표식의 색채와 관계된 내용 분류 중 틀린 것은? [기출문제]
① 적색-방화, 정지　② 녹색-안전, 구급
③ 노랑-주의　　　④ 주황-수리, 송전

13. 배관작업 시 조명은 보통작업일 때의 조명과 같다고 한다. 이때의 조명은? [기출문제]
① 20 럭스 이상　　② 50 럭스 이상
③ 70 럭스 이상　　④ 150 럭스 이상

해설 1 럭스(lx)란 1촉광의 광원에서 1 m 떨어진 장소의 조명도를 말한다. 각 작업별 조명도는 초정밀작업은 600 lx 이상, 정밀작업은 300 lx 이상, 보통작업은 150 lx 이상, 기타작업은 70 lx 이상이다.

14. 공구 사용 시의 일반적인 주의사항으로 틀린 것은? [기출문제]
① 파이프 렌치는 볼트, 너트를 회전시키는 데 사용한다.
② 해머 자루는 부러지기 쉬우므로 사용할 때 주의를 한다.
③ 스패너는 볼트, 너트에 꼭 맞는 것을 사용한다.
④ 판금용 디바이더는 사용 중 발등으로 떨어지지 않도록 한다.

15. 다음은 평바이스에 관한 사항이다. 안전관리상 틀린 것은? [기출문제]
① 평바이스는 관의 조립 벤딩 등의 작업에 사용된다.
② 이빨이 마모가 되어 작업상 지장을 가져오면 사용하지 않는다.
③ 바이스의 호칭번호에 맞는 관을 물려 사용한다.
④ 바이스에 물려 관을 조립할 때는 힘을 가해 망치로 쳐도 된다.

16. 운반작업을 할 때 주의사항 중 틀린 것은 어느 것인가? [기출문제]
① 무거운 물건은 혼자서 무리하지 말고 2인 이상이 든다.
② 공동운반에서는 서로 협조를 해야 한다.
③ 쌓아올린 물건을 밑에서 빼내지 않는다.
④ 긴 물건은 뒤쪽을 위로 올려든다.

17. PVC 관을 운반 또는 보관 시 주의사항으로 올바른 것은? [기출문제]
① 고온에서 충격강도가 약하므로 5°C 이하의 장소에서 관을 취급하여야 한다.
② 산 및 알칼리성 물질에 약하므로 보관 시 알칼리성 물질에 주의하여야 한다.
③ 타기 힘든 성질이 있어 자연발화성이 없으므로 고온지역이나 인화물과 함께 보관한다.
④ 열팽창률이 크므로 온도변화가 심한 경우 운반용기나 보관상자에 충분한 여유를 주어야 한다.

18. 그림과 같이 와이어 로프로 무거운 물건

정답 10. ② 11. ② 12. ④ 13. ④ 14. ① 15. ④ 16. ④ 17. ④ 18. ①

을 매어 달 때 로프에 가장 힘이 걸리지 않는 각도는? [기출문제]

① 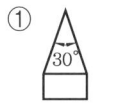　②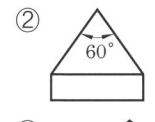
③ 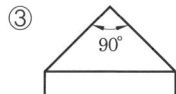　④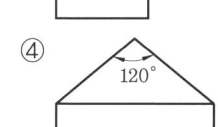

19. 드릴 작업 시 주의해야 할 사항으로 틀린 것은? [기출문제]
① 가공물을 손으로 잡고 작업해서는 안 된다.
② 얇은 가공물은 반드시 목침을 받치고 작업한다.
③ 가공 시 장갑을 끼고 작업을 해야 한다.
④ 가공물이 회전하지 않도록 한다.

20. 연삭작업 중 주의해야 할 사항으로 틀린 것은? [기출문제]
① 작업 중 반드시 보호안경을 사용해야 한다.
② 숫돌의 정면 사용은 위험하므로 측면을 사용해야 한다.
③ 연삭대는 연삭숫돌의 중심보다 낮게 하지 말아야 한다.
④ 작업 중 진동이 너무 심하면 즉시 중지하여야 한다.

21. 스패너의 사용방법을 설명한 것 중 안전상 틀린 것은? [기출문제]
① 처음은 조금 힘을 주어 돌리다가 차츰 힘을 세게 준다.
② 세게 죌 때는 스패너 자루에 파이프 등을 끼워 돌린다.
③ 스패너를 앞쪽으로 잡아당기면서 풀거나 조인다.
④ 스패너의 입에 너트가 완전히 들어간 다음에 죈다.

22. 다음은 작업 중 정전되었을 때 해야 할 일이다. 관계가 가장 적은 것은? [기출문제]
① 주위의 공구를 정리한다.
② 기계의 스위치를 끈다.
③ 절삭공구는 일감에서 떼어낸다.
④ 경우에 따라서 메인 스위치도 끈다.

23. 해머 작업 시 지켜야 할 사항 중 틀린 것은 어느 것인가? [기출문제]
① 공구를 해머 대신 사용하지 말 것
② 해머 작업 시 장갑을 착용하지 말 것
③ 해머 작업은 처음부터 힘을 주어 타격할 것
④ 녹이 슨 구조물 해머 작업 시는 주의할 것

24. 안전표지색 중 응급취급소의 응급처치용 장비를 표시하는 데 사용되는 색은? [기출문제]
① 적색　② 녹색
③ 황색과 흑색　④ 흑색과 백색

25. 기중기에 의하여 중량물을 운반하는 데 유의할 사항으로 틀린 것은? [기출문제]
① 정해진 신호방법에 따라 운전한다.
② 매달린 화물이 불안정할 때는 운전하지 않는다.
③ 달아 올리기는 반드시 수직으로 하며, 옆으로 하지 않는다.
④ 달아 올리는 화물의 중량은 별 관계가 없다.

26. 스패너로 작업을 할 때 지켜야 할 사항이 아닌 것은? [기출문제]
① 스패너는 조금씩 돌리며 사용할 것
② 스패너는 앞으로 당기지 말고 밀 것

③ 주위를 살피며 주의성있게 할 것
④ 힘에 겹다고 스패너 자루에 파이프를 끼워 사용하지 말 것

27. 전기 스위치류의 취급에 관한 안전사항으로 틀린 것은? [기출문제]
① 스위치를 끊을 때는 부하를 무겁게 해놓고 끊는다.
② 전동기 스위치는 접근하기 쉬운 곳, 잘 보이는 곳에 설치한다.
③ 스위치의 근처에는 여러 가지 재료 등을 놓아두면 안 된다.
④ 스위치는 노출시켜 놓지 말고 뚜껑을 하여 덮는다.

28. 호이스트 작업 시 안전사항을 잘못 열거한 것은? [기출문제]
① 중량 중심을 잘 맞춘 후 들어 올린다.
② 무리하게 억지로 들어 올리지 않는다.
③ 두 사람이 올라가 중심을 잡는다.
④ 물건을 들어 올린 채로 놓아두지 않는다.

29. 머리의 맨 윗부분과 안전모 내의 최저부 사이의 간격은? [기출문제]
① 10 mm 이상   ② 15 mm 이상
③ 20 mm 이상   ④ 25 mm 이상

30. 전기 사용 시 안전에 대한 설명이다. 맞는 것은? [기출문제]
① 낮은 전압은 위험이 없으므로 젖은 손을 이용하여도 좋다.
② 모터의 기동기는 메인 스위치만 끊고 기동기는 그대로 두어도 사고의 염려는 없다.
③ 접속점의 전기저항을 증가시키지 않게 하기 위해서 모두 납땜을 한다.
④ 감전되거나 전기화상을 입을 위험이 있을 경우에는 보호구를 사용한다.

31. 높은 곳에서 작업할 때의 주의사항 중 틀린 것은?
① 지명자 이외에는 높은 곳에 오르지 않도록 한다.
② 사다리를 내려올 때는 등지고 내려온다.
③ 높은 곳에서의 작업은 발판을 사용한다.
④ 작업 시 반드시 안전벨트를 착용한다.

32. 다음 중 파이프 커터(pipe cutter)로 관을 절단할 때 주의사항 설명으로 적합하지 않은 것은? [기출문제]
① 절단작업 시 몸의 균형을 잡는다.
② 날을 깊이 끼우고 단번에 360° 회전하여 절단한다.
③ 커터날을 조금씩 알맞게 조정해 가면서 작업한다.
④ 커터의 프레임을 아래로 하여 날과 롤러 사이에 관을 끼우고 절단할 곳을 맞춘다.

33. 동력나사 절삭작업 중 정전되었을 때 안전관리상 가장 먼저 해야 할 일은? [기출문제]
① 정전 원인을 확인한다.
② 동력나사 절삭기의 절삭공구를 일감에서 떼어낸다.
③ 기계의 스위치를 끈다.
④ 공구정리 작업을 한다.

34. 다음은 고속 숫돌 절단기의 사용 시 주의사항이다. 틀린 것은? [기출문제]
① 숫돌차를 고정하기 전에 균열이 있는지 조사한다.
② 숫돌차의 회전을 규정 이상으로 빠르게

정답 27. ① 28. ③ 29. ④ 30. ④ 31. ② 32. ② 33. ③ 34. ④

하지 말아야 한다.
③ 절단 시 제품에 너무 과중한 힘을 가하지 않는다.
④ 관지름이 작은 관은 여러 개 겹쳐 고정하여 절단한다.

35. 다음 중 토치 램프 사용상의 안전수칙으로 틀린 것은? [기출문제]
① 사용 전에 근처에 인화물질이 없도록 한다.
② 밸브의 속나사가 마모되면 마 등을 감아 새는 것을 방지한다.
③ 적당하게 펌핑하고 과한 압력으로 충진시키지 않는다.
④ 소화기를 필히 비치해 둔다.

36. 작업장에서 위험한 물건이나 폭발물의 주의를 표시하는 색은? [기출문제]
① 황색　② 적색
③ 녹색　④ 청색

37. 폭발 및 유해물질 취급 시 안전사항으로 잘못된 것은? [기출문제]
① 폭발위험성이 있는 곳의 작업복에는 철제품의 단추, 버클(buckle) 등을 쓰지 말아야 한다.
② 징이나 철못을 박은 구두를 신고 작업하는 일은 안전상 위험하다.
③ 작업복 안에 성냥 또는 철제품을 넣는 일은 작업상 안전과는 무관하다.
④ 필요한 장소에 화재를 진화하기 위한 방화설비를 설치해야 한다.

38. 방독마스크 사용에 관한 설명으로 잘못된 것은? [기출문제]
① 산소가 16 % 이하로 결핍되어 있는 장소에서 사용하면 질식할 수도 있다.
② 흡수관의 제독능력에 한계가 있으므로 고농도인 장소에서의 장시간 사용은 위험하다.
③ 일산화탄소용 흡수관이 달린 방독면은 염화탄소의 가스가 있는 곳에도 사용할 수 있다.
④ 방독면의 흡수관은 경년변화가 있으며 유효기간도 짧아 장시간 사용 시 효력이 없어진다.

39. 배관공작용 공구취급 시 안전사항으로 잘못 열거된 것은?
① 열간 굽힘작업 시 주변에는 필히 소화기를 비치한다.
② 수동용 나사절삭기의 날이 다 닳아도 힘을 더욱 세게 주어 나사를 낸다.
③ 망치질을 할 때에는 장갑을 끼지 않는다.
④ 줄작업 시 작업자의 작업자세는 안전하게 취한다.

40. 쇠톱으로 파이프를 절단하고자 할 때 주의사항으로 틀린 것은? [기출문제]
① 쇠톱을 밀 때 힘을 준다.
② 마지막에 힘을 주어 절단한다.
③ 2~3개소 절단 후에는 반드시 쇠톱의 스크루를 다시 조여준다.
④ 절단작업을 시작할 때에는 안내홈을 낸 후 자르는 것이 좋다.

41. 나사절삭 시 주의사항에 어긋나는 것은?
① 관의 절삭부 또는 나사부는 맨손으로 만지지 않는다.
② 재료는 척으로 확실히 고정시키고 사용 후에는 필히 완전히 닫아둔다.

정답　35. ②　36. ②　37. ③　38. ③　39. ②　40. ②　41. ②

③ 나사절삭 작업이 끝나면 나사절삭기는 깨끗이 손질한다.
④ 기계 각부의 클러치나 조작핸들은 정상 상태로 조정 유지시킨다.

42. 다음은 배관용 공구로 작업할 때의 안전사항이다. 옳은 것은? [기출문제]
① 파이프 바이스에는 파이프 크기에 관계 없이 물려 사용한다.
② 파이프 커터는 파이프 중심선에 직각이 되게 회전시킨다.
③ 파이프 렌치는 자루에 파이프를 끼워 사용하여도 좋다.
④ 오스터로 나사를 낼 때 기름을 공급하지 않아도 된다.

43. 재료 보관상태 중 옳은 것은? [기출문제]
① 파이프 재료의 토막은 바닥에 쌓아둔다.
② 파이프 재료는 바닥을 깐 선반에 규격별로 쌓아둔다.
③ 파이프 재료는 땅바닥에 규격별로 쌓아둔다.
④ 파이프 재료는 길이가 길므로 공장 내의 통로에 쌓아둔다.

44. 다음 중 관의 보관 시 주의사항으로 맞는 것은? [기출문제]
① 관지름이 큰 것은 밑에, 작은 것은 위에 놓는다.
② 관지름이 작은 것은 큰 관지름의 것에 끼워넣어 보관한다.
③ 파이프는 길이방향으로 벽에 기대어 보관한다.
④ 파이프는 종류별, 규격별로 선반에 정돈한다.

45. 휘발유의 위험성에 대한 설명이다. 틀린 것은? [기출문제]
① 비점, 인화점이 낮고 극히 인화되기 쉽다.
② 증기밀도가 공기의 3~4배나 무겁고, 낮은 곳에 고이기 쉽다.
③ 에틸렌이 혼합된 착색 가솔린은 다른 유류와 비교하기 위한 것이며 유독하지는 않다.
④ 갈아담는 작업같은 경우 유체마찰 등으로 말미암아 정전기를 일으킨다.

46. 매설용 통로를 팔 때에 물 또는 가스의 분출로 인한 위험이 예상될 때의 조치사항으로 가장 적합한 것은? [기출문제]
① 파는 작업을 중지하고 물 또는 가스가 분출되지 않을 때까지 기다린 후 다시 작업한다.
② 검사용 구멍을 파는 등 적당한 조치를 하여야 한다.
③ 파던 곳을 원상태로 해 놓은 후 다른 곳을 판다.
④ 계속해서 작업을 빠른 속도로 마치는 것이 좋다.

47. 납땜 시 염산이 몸에 튀었을 때 어떻게 해야 하는가? [기출문제]
① 빨리 물로 씻는다.
② 머큐롬을 바른다.
③ 손으로 문질러 둔다.
④ 그냥 놓아두어야 한다.

48. 머리의 부상이 격심할 때의 응급치료에 있어서 올바른 방법은? [기출문제]
① 머리를 수평보다 낮게 해준다.
② 다리를 수평보다 낮게 해주어야 한다.

정답 42. ② 43. ② 44. ④ 45. ③ 46. ② 47. ① 48. ④

③ 수평상태로 눕혀 두어야 한다.
④ 머리를 수평보다 약간 높게 들어 주어야 한다.

49. 가스, 증기 또는 분진을 비산하는 옥내 작업장에 있어서의 장내 공기의 농도를 적당히 유지하기 위해 행하는 조치가 아닌 것은?
① 가스의 흡입 배출
② 방화문의 설치
③ 기계 또는 장치의 개폐
④ 환기장치

50. 다음 중 복사열을 차단하기 위해서 가장 좋은 방법은? [기출문제]
① 나일론으로 방열의복을 만든다.
② 모직에 알루미늄을 입혀서 만든다.
③ 모직으로 방열의복을 만든다.
④ 모직과 면직을 섞어서 만든다.

51. 배관 내에 흐르는 물질의 종류에 따라 각각 식별색이 있다. 증기배관의 색깔은?
① 백색   ② 암적색
③ 황색   ④ 청색

해설 관내 물질의 종류와 식별색

종 류	식별색
물	청색
증기	암적색
공기	백색
가스	황색
산·알칼리	회자색
기름	진한 황적색
전기	엷은 황적색

52. 다음은 관을 운반할 때의 안전사항이다. 틀린 것은? [기출문제]
① 운반차에 강관을 실을 경우에는 관지름이 더 큰 것을 아래에 싣는다.
② 폴리에틸렌관은 긴 관을 한번에 운반할 수 없으니 3~4개소 절단하여 운반한다.
③ 경질 염화비닐관의 한 본의 길이는 통상 4 m이고 재질이 가벼우므로 직관상태로 혼자 운반하여도 운반상 문제가 발생되지 않는다.
④ 대구경의 주철관 운반 시에는 매우 무거우니 체격이 비슷한 사람끼리 두 명 이상씩 짝을 지워 운반한다.

53. 강관을 용접이음할 때의 주의사항으로 틀린 것은?
① 과열되었을 때 역화에 주의한다.
② 간단한 작업 시는 보안경이 필요 없다.
③ 부근에 가스 축적이나 가연물 유무 확인 후 작업한다.
④ 작업 후 화기나 가스 누설 여부를 확인한다.

54. 아크(arc) 용접기의 감전방지를 위하여 무엇을 부착하는 것이 가장 좋은가? [기출문제]
① 중성점 접지   ② 2차 권선
③ 자동전격 방지장치 ④ 리밋 스위치

55. 다음 아크 용접 작업 준비사항 중 틀린 것은? [기출문제]
① 모재 표면의 녹, 수분, 기름기 등을 제거한다.
② 환기가 잘 되도록 차광막을 제거한다.
③ 보호구를 착용한다.
④ 적정전류로 조정한다.

56. 아크 용접 작업에서 안전상 주의할 사항으로 틀린 것은? [기출문제]

정답 49. ② 50. ② 51. ② 52. ② 53. ② 54. ③ 55. ② 56. ①

① 우천 시는 우의로 몸을 감싸고 작업한다.
② 눈과 피부를 직접 노출시키지 않는다.
③ 슬래그(slag) 제거 시는 보안경을 사용한다.
④ 홀더가 과열되면 잠시 냉각시킨 후 작업하도록 한다.

57. 전기용접 작업 시 안전사항으로 틀린 것은 어느 것인가? [기출문제]
① 민유리는 유해광선을 막을 수 없고 단지 차광유리의 보호용으로 쓰인다.
② 필요 이상으로 용접기의 부하를 올리지 않는다.
③ 오랫동안 사용하여 용접봉 홀더가 과열되었을 때는 물에 담그어 식혀준다.
④ 용접작업상 주변에 인화물질 등이 없도록 주의한다.

58. 고압가스의 저장방법 중 적당하지 않은 것은? [기출문제]
① 충전된 용기는 충격을 주면 안 된다.
② 충전된 용기는 높은 온도에서 보관해야 된다.
③ 산소를 저장하는 부근에는 연소하기 쉬운 물품을 쌓아두어서는 안 된다.
④ 제1종 가연성 가스 또는 독성가스의 저장은 통풍이 좋은 곳으로 한다.

59. 아크 광선에 의해 눈에 전광성 안염이 생겼을 경우 다음 중 안전조치 사항으로 가장 적합한 것은? [기출문제]
① 비눗물로 눈을 닦아 낸다.
② 온수에 찜질을 하거나 염산수로 눈을 닦는다.
③ 그대로 방치하여도 2일이 지나면 자연히 회복된다.
④ 냉수에 찜질을 하거나, 붕산수로 눈을 닦고 안정을 취한다.

60. 용기 보관장소에 충전용기를 보관할 때의 안전수칙이다. 이에 속하지 않는 것은 어느 것인가? [기출문제]
① 용기 보관장소의 주위 1.5 m 이내에는 화기, 인화성 혹은 발화성물질을 두지 말 것
② 가연성가스 용기 보관장소에는 휴대용 손전등 이외의 등화를 휴대하고 들어가지 말 것
③ 충전용기와 빈용기는 각각 구분하여 용기보관소에 놓을 것
④ 충전용기는 항상 40℃ 이하의 온도를 유지하고 직사광선을 받지 않도록 조치할 것

해설 ① 용기 보관장소의 주위 8m 이내에는 화기 또는 인화성 물질이나 발화성 물질을 두지 말아야 한다.

61. 고압가스 용기 운반 시 주의할 점 중 틀린 것은?
① 운반 전에 밸브는 꼭 닫는다.
② 종류가 다른 가스용기도 함께 운반한다.
③ 적당한 운반도구를 사용한다.
④ 용기의 온도는 35℃ 이하로 한다.

62. 산소용기를 직사일광을 받는 곳에 두어서는 안되는 이유 중 옳은 것은?
① 산소가 변질하여 내압이 약해지므로 자동적으로 안전콕이 열릴 가능성이 있다.
② 태양의 직사열로 자외선을 받아 용기가 변형될 우려가 있다.
③ 산소가 급히 팽창함에 따라 압력이 저하하여 안전밸브가 날아가 버린다.
④ 압력이 상승하여 용기의 상부에 있는 안전밸브가 날아가 버린다.

정답 57. ③ 58. ② 59. ④ 60. ① 61. ② 62. ④

63. 내압용기 취급의 안전사항으로 부적당한 것은?
① 뚜껑의 개폐는 천천히 할 것
② 가스의 성질에 대하여 충분한 지식을 갖고 있을 것
③ 실린더(용기) 밸브에는 급유를 하지 말 것
④ 뚜껑이 잘 열리지 않을 경우 구리 해머를 사용할 것

64. 가스용기의 안전장치에서 가스가 누설되고 있을 때 어느 곳에서 수리하는 것이 가장 안전한가? [기출문제]
① 직사광선을 받을 수 있는 옥내
② 직사광선을 피할 수 있는 옥내
③ 바람이 잘 통하는 장소
④ 밀폐된 장소

65. 산소·아세틸렌 용기 누설 여부 확인 시 사용하는 것은?
① 성냥불   ② 알코올
③ 비눗물   ④ 냄새

66. 작업 중 실수로 아세틸렌 용기에 불이 붙었을 때 제일 먼저 해야 할 일은?
① 소화기로 소화한다.
② 젖은 거적으로 용기를 덮는다.
③ 밸브를 닫는다.
④ 용기를 옥외로 끌어낸다.

해설 병의 밸브를 닫으면 가스가 외부로 방출되지 않으므로 불은 자동적으로 꺼진다. 그러므로 밸브를 닫는 것이 우선이다.

67. 산소통의 메인 밸브가 얼었을 때 녹이는 방법으로 가장 적당한 것은? [기출문제]
① 100℃ 이상의 끓는 물을 붓는다.
② 파이프 렌치를 사용하여 연다.
③ 40℃ 이하의 따뜻한 물로 녹인다.
④ 비눗물로 녹인다.

68. 가스용접 시 안전사항으로 틀린 것은?
① 토치의 점화는 담뱃불로 하면 편리하다.
② 산소병은 40℃ 이하에서 보관하고 직사광선을 피한다.
③ 산소의 누설은 비눗물로 검사한다.
④ 산소병은 화기에서 5 m 이상 거리를 두도록 한다.

69. 가스용접 시 사용하는 조정기의 취급에 대해 잘못 설명한 것은?
① 조정기의 각부에 작동이 원활하도록 기름을 친다.
② 조정기의 수선은 전문가에 의뢰한다.
③ 조정기는 정밀하므로 충격이 가해지지 않도록 한다.
④ 작업 중 저압계의 지시가 자연충격이 가해지지 않도록 한다.

70. 산소조정기에서 자연발화할 때는 다음 중 어떤 때인가?
① 불똥이 조정기에 튀었을 때
② 산소가 새는 곳에 기름이 묻어 있을 때
③ 직사일광을 받을 때
④ 급격히 용기 밸브를 열었을 때

해설 고압산소와 유류가 접촉 시 자연발화 가능성이 있다.

71. 다음 중 파이프 절단작업 시 주의사항으로 틀린 것은?
① 소화기를 준비해 둔다.
② 기름장갑을 끼고 가스절단기를 조작하지

정답 63. ④ 64. ③ 65. ③ 66. ③ 67. ③ 68. ① 69. ① 70. ② 71. ③

말아야 한다.
③ 가연물을 옆에 놓고 해도 무관하다.
④ 절단작업 시 보안경을 필히 착용한다.

72. 100 A짜리 대구경 강관을 운반하고자 할 때의 안전사항으로 틀린 것은?
① 강관을 어깨의 부분에 밀착시켜서 운반자가 비틀거리지 않도록 한다.
② 강관이 앞으로 너무 나와 운반자 전방의 시야를 방해하지 않도록 한다.
③ 적어도 두 명 이상이 운반하며 보조를 맞추어서 한다.
④ 긴 물건이므로 관의 앞부분을 조금 낮추어 운반한다.

73. 다음은 가스와 흡수제 및 중화제를 서로 짝지은 것이다. 잘못 짝지은 것은?
① 아황산가스 – 암모니아
② 염소 – 소석회
③ 불소 – 농황산
④ 아세틸렌 – 발연황산

해설 ③ 불소는 물을 흡수제 및 중화제로 사용한다.

74. 주철관의 기계적 접합에 대한 설명으로 잘못된 것은? [기출문제]
① 가스 배관용으로 우수하며 고무링과 칼라를 이용한다.
② 얇은 가공물은 반드시 목편을 받치고 작업한다.
③ 가공 시 장갑을 끼고 작업을 해야 한다.
④ 작업 중에는 반드시 보안경을 사용한다.

75. 주철관 접합 시 안전사항이다. 어긋난 사항은?

① 납용해작업은 인화성 물질이 없는 장소에서 행한다.
② 소나기 등 물이 들어가지 않는 적당한 장소를 선택한다.
③ 용해작업 시 집게만 있으면 장갑, 앞치마 등은 착용하지 않는다.
④ 납의 주입은 수분이 없는 곳을 확인한 후 주입한다.

76. 다음 중 주철관 턱걸이이음에서 안전상 바르지 않은 작업은? [기출문제]
① 관의 접합부를 깨끗이 한다.
② 특히 수분이 있으면 용융납을 주입할 때 특히 좋다.
③ 관둘레에 마사를 고르게 감는다.
④ 납을 충분히 가열한 후 산화납을 제거한 다음 1회에 완성한다.

77. 토치 램프에 사용하는 휘발유 또는 경유를 저장한 장소엔 무엇을 배치하는가?
① 모래   ② 석회
③ 시멘트   ④ 흙

78. 휘발유 드럼 옆에 필히 구비해 두어야 할 것은?
① 물   ② 모래
③ 석회석   ④ 코르타르

79. 높은 곳에서 배관작업을 할 때 주의해야 할 사항으로 틀린 것은?
① 가능한 한 안정성이 좋은 발판을 사용할 것
② 특히 높은 곳에서의 작업은 미숙련자라도 젊은 사람이 작업할 것
③ 몸에 가벼운 복장을 할 것
④ 발판은 이것에 가해지는 하중에 견디는 것을 확인한 후 사용할 것

정답 72. ④ 73. ③ 74. ① 75. ③ 76. ② 77. ① 78. ② 79. ②

Part 03

배관제도

제1장	제도의 통칙
제2장	투상도법
제3장	재료기호 및 표시방법
제4장	스케치도 작성법, 표제란 및 부품도
제5장	도면 해독
제6장	용접도면의 해독
제7장	기타 관련 도면 해독

제도의 통칙

1. 제도의 통칙

1-1. 제도의 정의

기계의 제작이나 개조 시 요구되는 목적에 맞게 계획, 계산하여 도면을 만드는 전 과정을 넓은 의미로 기계설계라 하며, 좁은 의미로는 계산까지의 전반과정을 기계설계, 직접 도면을 작성하는 후반과정을 제도(drawing)라 한다.

1-2. 제도의 규격

KS의 분류

기 호	부 문	기 호	부 문	기 호	부 문
A	기본	F	토건	M	화학
B	기계	G	일용품	P	의료
C	전기	H	식료품	R	수송기계
D	금속	K	섬유	V	조선
E	광산	L	요업	W	항공

㈜ KS A : KS 규격에서 기본사항, KS B : KS 규격에서 기계부문

각국의 산업규격

제정 연도	국 명	기 호
1966	한국	KS(Korean Industrial Standards)
1901	영국	BS(British Standards)
1917	독일	DIN(Deutsche Industrial Normung)
1918	미국	ANSI(American National Standard Industrial)
1947	국제표준	ISO(International Organization for Standardization)
1922	일본	JIS(Japanese Industrial Standards)

1-3 도면의 종류

분류방법	도면의 종류
용도에 따른 분류	계획도 (design drawing or layout drawing) 제작도 (working drawing) 주문도 (order drawing) 설명도 (explanatory drawing) 견적도 (estimation drawing)
내용에 따른 분류	조립도 (assembly drawing) 부분조립도 (part assembly drawing) 부품도 (part drawing) 상세도 (detail drawing) 공정도 (process drawing) 접속도 (connection diagram) 배선도 (wiring diagram) 배관도 (pipe arrangement) 계통도 (distribution diagram) 기초도 (foundation drawing) 설치도 (installation drawing) 배치도 (arrangement drawing) 장치도 (equipment drawing) 외형도 (outside drawing) 구조선도 (skeleton drawing) 곡면선도 (curved surface drawing)
도면의 성질에 따른 분류	원도 (original drawing) 트레이스도 (traced drawing) 청사진 (blue print)

1-4 제도 용구 (drawing instrument)

(1) 제도기

① 컴퍼스 (compass) : 원을 그리는 데 쓰이며, 크기에 따라 대형, 중형, 소형이 있고 별도의 스프링 컴퍼스와 빔 컴퍼스가 있다. 컴퍼스 사용상의 주의점은 다음과 같다.

㈎ 연필심은 바늘 끝보다 0.5 mm 정도 높게 끼운다.
㈏ 원을 그릴 때는 아래에서 시작하여 시계방향으로 돌린다.
㈐ 작은 원은 스프링 컴퍼스를 이용한다.
㈑ 스프링 컴퍼스의 제도 가능한 반지름은 25 mm 이하이다.

㈐ 아주 작은 원 또는 원호(반지름 0.3~3 mm 정도)를 그릴 때는 드롭 컴퍼스 (drop compass)를 쓴다.

② 먹줄 펜(drawing pen) : 도면에 잉킹(inking)할 때에 먹을 묻혀서 직선이나 곡선을 긋는 데 쓰인다.

③ 디바이더(divider) : 선, 원호의 등분이나 치수를 제도지에 옮기는 데 쓰인다.

④ 비례 컴퍼스(proportion compass) : 도형을 확대하거나 축소할 때 쓰인다.

(2) 자 (square)

① 삼각자(triangle square, set square) : 45°의 이등변 삼각자와 30°, 60°, 90°의 직각자 2개를 1세트로 한 것이 일반적이다.

② T 자(T square) : 직선을 긋거나 삼각자의 안내자로 널리 쓰인다.

③ 운형자(french curve square) : 불규칙한 곡선을 그리는 데 쓰인다.

④ 스케일(scale, 눈금자) : 단면이 삼각형인 300 mm의 것이 가장 널리 쓰인다.

⑤ 템플릿(templet) : 얇은 셀룰로이드판에 작은 원, 원호, 화살표 등이 있어서 연필제도에 쓰인다.

(3) 기타 용구

① 각도기(protractors) : 각도 측정 시 사용된다.

② 제도용지(drawing paper) : 연필제도용에는 켄트지나 트레이싱 페이퍼가 쓰이고 먹물용에는 트레이싱 페이퍼나 오일 페이퍼가 쓰인다.

③ 연필
  ㈎ 문자 기입용에는 HB~4 H, 선 긋기용에는 H~5 H가 쓰인다.
  ㈏ 연필은 1 B, 2 B로 갈수록 무르며, 1 H, 2 H … 4 H로 갈수록 단단해진다.

④ 제도판(drawing plate)
  ㈎ 대판(A0용) : 900×1200 mm (공장용)
  ㈏ 중판(A1용) : 600×900 mm (학교 및 공장용)
  ㈐ 소판(A2용) : 450×600 mm (학교용)

⑤ 기타 : 먹물 잉크, 지우개, 털솔, G펜, 압핀

(4) 만능 제도기 (universal drawing machine)

제도에 쓰이는 삼각자, T자 또는 스케일, 분도기의 역할을 한꺼번에 할 수 있는 제도기이다.

1-5 • 도면의 크기와 척도

(1) 도면의 크기

도면의 크기는 다음 표와 같이 KS에 규정되어 있다.

도면 크기의 종류 (단위 : mm)

호칭 방법	치 수	호칭 방법	치 수
A0	841×1189	A3	297×420
A1	594×841	A4	210×297
A2	420×594		

(2) 척도 및 척도의 기입

① 척도는 원도를 작성할 때 사용하는 것으로서 축소, 확대한 복사도에는 적용하지 않는다. 척도의 표시 방법은 다음에 따른다.

```
A : B
│   └── 대상물의 실제길이
└────── 그린 도형에서의 대응하는 길이
```

또한 현척의 경우에는 A, B를 다같이 1, 축척의 경우에는 A를 1, 배척의 경우에는 B를 1로 하여 표시한다.

【보기】 ① 축척의 경우 1 : 2, 1 : 10, 1 : 200
② 현척의 경우 1 : 1
③ 배척의 경우 100 : 1

② 척도의 값은 다음 표에 따른다.

축척, 현척 및 배척

척도의 종류	란	값
축척	1	1 : 2 1 : 5 1 : 10 1 : 20 1 : 50 1 : 100 1 : 200
축척	2	$1:\sqrt{2}$ $1:2.5$ $1:2\sqrt{2}$ $1:3$ $1:4$ $1:5\sqrt{2}$ $1:25$ $1:250$
현척	-	1 : 1
배척	1	2 : 1 5 : 1 10 : 1 20 : 1 50 : 1
배척	2	$\sqrt{2}:1$ $2.5\sqrt{2}:1$ $100:1$

③ 그림을 그리는 데 사용한 척도는 표제란에 표시한다. 동일한 도면에서 다른 척도를 사용한 그림을 포함하는 경우에는 그 그림 부근에 적용한 척도를 표시한다. 또, 표제란이 없는 경우는 그 도면의 명칭 또는 번호 부근에 척도를 표시한다.

특별한 경우로서 맞는 비례관계가 없을 때에는 '비례척이 아님'이라고 적절한 곳에 기입한다. 또한, 척도의 표시는 잘못 볼 우려가 없는 경우에는 기입하지 않아도 좋다.

(3) 치수의 단위
① 길이의 단위 : 제도는 mm 단위를 사용하며 기호는 붙이지 않고, 특히 다른 단위를 쓸 필요가 있을 때는 그 단위를 명시한다.
② 각도의 단위 : 보통 '도'로 표시하며 '분', '초'를 병용하기도 한다.

1-6 • 선과 문자

(1) 선의 종류와 용도

용도에 의한 명칭	선의 종류		선의 용도
외형선	굵은 실선	———	대상물의 보이는 부분의 모양을 표시하는 데 쓰인다.
치수선	가는 실선	———	치수를 기입하기 위하여 쓰인다.
치수보조선			치수를 기입하기 위하여 도형으로부터 끌어내는 데 쓰인다.
지시선			지시·기호 등을 표시하기 위하여 끌어내는 데 쓰인다.
회전단면선			도형 내에 그 부분의 끊은 곳을 90° 회전하여 표시하는 데 쓰인다.
중심선			도형의 중심선을 간략하게 표시하는 데 쓰인다.
수준면선			수면, 유면 등의 위치를 표시하는 데 쓰인다.
숨은선	가는 파선 또는 굵은 파선	-------	대상물의 보이지 않는 부분의 모양을 표시하는 데 쓰인다.
중심선	가는 1점 쇄선	—·—·—	① 도형의 중심을 표시하는 데 쓰인다. ② 중심이 이동한 중심궤적을 표시하는 데 쓰인다.
기준선			특히 위치 결정의 근거가 된다는 것을 명시할 때 쓰인다.
피치선			되풀이하는 도형의 피치를 취하는 기준을 표시하는 데 쓰인다.
특수지정선	굵은 1점 쇄선	—·—·—	특수한 가공을 하는 부분 등 특별한 요구사항을 적용할 수 있는 범위를 표시하는 데 사용한다.

용도에 의한 명칭	선의 종류		선의 용도
가상선	가는 2점 쇄선	—··—··—	① 인접부분을 참고로 표시하는 데 사용한다. ② 공구, 지그 등의 위치를 참고로 나타내는 데 사용한다. ③ 가동 부분을 이동 중의 특정한 위치 또는 이동한계의 위치로 표시하는 데 사용한다. ④ 가공 전 또는 가공 후의 모양을 표시하는 데 사용한다. ⑤ 되풀이하는 것을 나타내는 데 사용한다. ⑥ 도시된 단면의 앞쪽에 있는 부분을 표시하는 데 사용한다.
무게중심선			단면의 무게중심을 연결한 선을 표시하는 데 사용한다.
파단선	불규칙한 파형의 가는 실선 또는 지그재그선	∿∿	대상물의 일부를 파단한 경계 또는 일부를 떼어낸 경계를 표시하는 데 사용한다.
절단선	가는 1점 쇄선으로 끝부분 및 방향이 변하는 부분을 굵게 한 것	⌐·—·⌐	단면도를 그리는 경우 그 절단위치를 대응하는 그림에 표시하는 데 사용한다.
해칭	가는 실선으로 규칙적으로 줄을 늘어놓은 것	/////	도형의 한정된 특정 부분을 다른 부분과 구별하는 데 사용한다. 예를 들면 단면도의 절단된 부분을 나타낸다.
특수한 용도의 선	가는 실선	——————	① 외형선 및 숨은선의 연장을 표시하는 데 사용한다. ② 평면이란 것을 나타내는 데 사용한다. ③ 위치를 명시하는 데 사용한다.
	아주 굵은 실선	▬▬▬▬	얇은 부분의 단선 도시를 명시하는 데 사용한다.

[비고] 가는 선, 굵은 선 및 극히 굵은 선의 굵기의 비율은 1 : 2 : 4로 한다.

(2) 선의 굵기

선의 굵기 기준은 0.18 mm, 0.25 mm, 0.35 mm, 0.5 mm, 0.7 mm 및 1 mm로 한다.

(3) 선 긋는 법

① 직선 : 연필의 심을 측면에 정확히 대고 힘과 굵기가 일정하게 되도록 긋는다.
② 수평선 : 왼쪽에서 오른쪽으로 단 한번에 긋는다.
③ 수직선 : 아래에서 위로 긋는다.

④ 경사선
    ㈎ 오른쪽을 향한 것 : 왼쪽 아래에서 오른쪽 위로 긋는다.
    ㈏ 왼쪽을 향한 것 : 왼쪽 위에서 오른쪽 아래로 긋는다.

⑤ 원, 원호
    ㈎ 시계방향으로 그린다.
    ㈏ 아래쪽 (180°)에서 시작한다.
    ㈐ 연필심은 바늘 끝보다 0.5~1 mm 정도 짧게 한다.

(4) 문자

① 한글
    ㈎ 크기는 10, 8, 6.3, 5, 4, 3.2, 2.5 mm의 7종이 있다.
    ㈏ 고딕체로 쓴다.
    ㈐ 글자의 너비(폭)는 높이의 80~100 %로 한다.
    ㈑ 먹물 사용 시 문자의 굵기는 문자 높이의 $\frac{1}{10}$로 한다.

② 로마자
    ㈎ 크기는 10, 8, 6.3, 5, 4, 3.2, 2.5, 2 mm의 8종이 있다.
    ㈏ 문자의 너비는 대문자는 높이의 $\frac{1}{2}$, 소문자는 높이의 $\frac{2}{5}$로 한다.
    ㈐ 재료의 기호, 절단위치, 끼워맞춤 기호 등에 쓰인다.

③ 아라비아 숫자
    ㈎ 너비는 글자 높이의 $\frac{1}{2}$로 한다.
    ㈏ 분수의 가로선은 수평을 원칙으로 하여 글자 크기는 정수의 $\frac{2}{3}$가 되도록 높이를 정한다.
    ㈐ 75° 경사지게 쓴다.

예·상·문·제

1. 기계 제도의 역할을 설명한 것으로 가장 적합한 것은? [기출문제]
① 기계의 제작 및 조립에 필요하며, 설계의 바탕이 된다.
② 그리는 사람만 알고 있고 작업자에게는 의문이 생겼을 때만 가르쳐 주면 된다.
③ 알기 쉽고 간단하게 그림으로써 대량생산의 밑바탕이 된다.
④ 계획자의 뜻을 작업자에게 틀림없이 이해시켜 작업을 정확, 신속, 능률적으로 하게 한다.

2. 다음은 각국 산업규격의 약자를 쓴 것이다. 잘못 짝지어진 것은?
① 한국 – KS   ② 독일 – DIN
③ 미국 – USA   ④ 일본 – JIS

[해설] 미국은 ANSI로 표시하며 국제표준 공업규격은 ISO로 표시한다.

3. 컴퍼스에 끼워진 연필심의 높이는 바늘 끝에서부터 얼마 정도의 차이를 갖는 것이 좋은가?
① 약 2 mm 정도 짧게 한다.
② 약 2 mm 정도 길게 한다.
③ 약 0.5 mm 정도 짧게 한다.
④ 약 0.5 mm 정도 길게 한다.

4. 다음 중 원호, 화살표 등의 여러 가지 모양을 그리는 데 사용하는 것은?
① 컴퍼스   ② 운형자
③ 트로멜   ④ 템플릿

5. 트로멜(trommel)의 용도를 설명한 것으로 옳은 것은? [기출문제]
① 수평을 맞출 때 사용한다.
② 지름이 큰 원을 그릴 때 사용한다.
③ 가공물을 고정할 때, 또는 높이를 조절할 때 사용한다.
④ 평면을 검사할 때 사용한다.

6. 다음 중 일반적인 경우 도면을 접어서 보관할 때 접은 도면의 크기로 가장 적합한 것은 어느 것인가? [기출문제]
① A0   ② A1   ③ A2   ④ A4

7. 일반적인 경우 도면을 접을 때 다음 중 도면의 어느 것이 겉으로 드러나게 정리해야 하는가? [기출문제]
① 표제란이 있는 부분
② 부품도가 있는 부분
③ 조립도가 있는 부분
④ 어떻게 하여도 좋다.

8. 치수 10 mm를 $\frac{1}{2}$로 축척하면 제도지에 얼마라고 기입해야 하는가? [기출문제]
① 5 mm   ② 10 mm
③ 20 mm   ④ 30 mm

9. 도면에 'NS'로 표시된 것은 무엇을 뜻하는가? [기출문제]
① 나사를 표시한 것
② 배척
③ 비례척이 아닌 것을 표시
④ 축척

[해설] ③ 'NS'는 'none scale'의 약자이다.

정답 1. ④ 2. ③ 3. ③ 4. ④ 5. ② 6. ④ 7. ① 8. ② 9. ③

10. 다음 도면에서 (10)의 치수에서 ( )가 뜻하는 것은? [기출문제]

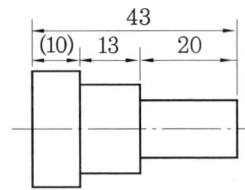

① 참고치수
② 비례척이 아닌 치수
③ 중요치수
④ 실제치수

해설 ① 도면 내에 참고치수를 나타내려면 치수에 괄호를 한다.

11. 다음은 도면에 기입된 치수들이다. 비례척이 아닌 것을 나타내는 치수기입법은 어느 것인가? [기출문제]

① ─15─　② ─1̵5̵─
③ ─(15)─　④ ─15─

12. 사진으로 도면을 축소 또는 확대하는 경우 원도면에 사용한 척도의 자의 눈금을 기입하는 이유 중 가장 중요한 것은? [기출문제]

① 도면을 축소 또는 확대하였다는 것을 알기 쉽게 한 것이다.
② 부품의 모양을 알기 쉽게 한 것이다.
③ 비례척이 아님을 나타낸 것이다.
④ 부품의 실제길이를 알 수 있도록 한 것이다.

13. 기계 제도의 척도로서 사용되지 않는 것은 어느 것인가?

① $\frac{1}{2}$　② $\frac{1}{2.5}$
③ $\frac{1}{3}$　④ $\frac{1}{6}$

14. 한 도면에서 사용한 다음 선들 중에서 선의 굵기가 다른 선은?

① 지시선　② 중심선
③ 외형선　④ 피치선

해설 ①은 가는 실선, ②는 가는 일점 쇄선 또는 가는 실선, ③은 굵은 실선, ④는 가는 일점 쇄선으로 표시한다.

15. 기계 제도에서 사용하는 선의 종류와 용도를 설명한 것 중 틀린 것은? [기출문제]

① 외형선은 가는 실선으로 표시한다.
② 피치선은 가는 일점 쇄선으로 표시한다.
③ 가상선 및 피치선은 가는 일점 쇄선으로 표시한다.
④ 특수한 용도의 선은 가는 실선 및 굵은 일점 쇄선으로 표시한다.

해설 ① 외형선은 굵은 실선으로 표시한다.

16. 물체의 일부를 파단한 곳을 표시하는 선 또는 끊어낸 부분을 표시하는 데 사용하는 선은 어느 것인가? [기출문제]

① 은선　② 이점 쇄선
③ 일점 쇄선　④ 가는 실선

17. 물체의 보이지 않는 가공면이 평면임을 표시하는 데 사용되는 선은? [기출문제]

① 가는 실선　② 가상선
③ 파선　④ 굵은 실선

18. 물체의 보이지 않는 뒷부분의 형상을 나타내는 선은?

① 외형선　② 은선
③ 가상선　④ 해칭선

19. 다음 선의 종류 중에서 특수한 가공을

정답 10. ①　11. ①　12. ④　13. ④　14. ③　15. ①　16. ④　17. ①　18. ②　19. ②

실시하는 부분을 표시하는 선은? [기출문제]
① 굵은 실선
② 굵은 일점 쇄선
③ 가는 실선
④ 가는 일점 쇄선

20. 제도에서 대상물의 보이지 않는 부분의 모양을 표시하는 숨은선을 표시하는 선은 어느 것인가? [기출문제]
① 파선　　　　② 파단선
③ 굵은 실선　　④ 일점쇄선

21. 도형의 중심을 표시할 때, 또는 중심이 이동한 중심궤적을 표시하는 데 쓰이는 선은 어느 것인가? [기출문제]
① 중심선　　　② 윤곽선
③ 파단선　　　④ 대칭선

22. 투상법상에서는 도형에 나타나지 않으나 공작 시의 이해를 돕기 위하여 가공 전이나, 공구의 위치 등을 나타내는 데 사용하는 선은 어느 것인가? [기출문제]
① 파단선　　　② 숨은선
③ 중심선　　　④ 가상선

23. 기계 제도에서 가상선의 용도를 설명한 것으로 옳지 않은 것은? [기출문제]
① 도시된 물체의 앞면을 표시하는 선
② 인접 부분을 참고로 표시하는 선
③ 물체의 보이지 않는 부분의 형상을 표시하는 선
④ 이동하는 부분의 이동 위치를 표시하는 선

24. 물체의 일부분의 생략 또는 부분 단면의 경계를 나타내는 선으로 자를 쓰지 않고 불규칙하게 자유로이 긋는 선은? [기출문제]
① 파단선　　　② 지시선
③ 가상선　　　④ 절단선

25. 다음 중 해칭선으로 사용하는 선은 어느 것인가? [기출문제]
① 가는 이점쇄선
② 가는 실선
③ 은선
④ 가는 일점쇄선

26. 호의 길이 42 mm를 나타낸 것이다. 옳은 것은? [기출문제]

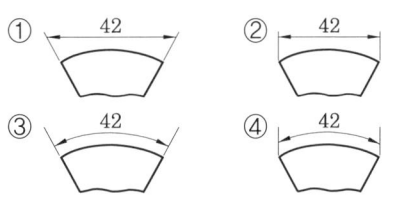

27. 치수에 사용되는 치수보조기호에 대한 설명으로 틀린 것은? [기출문제]
① Sϕ : 원의 지름
② R : 반지름
③ □ : 정사각형의 변
④ C : 45° 모따기

해설 ① 원의 지름은 ϕ로 표시한다.

28. 제도 문자에서 한글 크기의 높이가 아닌 것은? [기출문제]
① 2.5 mm　　② 3.2 mm
③ 5.4 mm　　④ 8 mm

투상도법

1 투상도법

1-1 투상도의 종류와 도법

물체를 직교하는 두 평면 사이에 놓고 투상할 때 직교하는 두 평면을 투상면(plane of projection) 또는 투영면이라고 하며, 투상면에 투상된 물체의 자취를 투상도(projection drawing)라고 한다.

투상도법에는 정투상도법, 사투상도법, 투시도법의 3종류가 있다.

(1) 정투상도법(orthographic projection drawing)

기계 제도에서는 원칙적으로 정투상도법을 쓰며 직교하는 3개의 화면 중간에 물체를 놓고 평행광선에 의해 투상된 자취를 그린 것으로 정면도(front view), 평면도(plan view), 측면도(side view) 등으로 흔히 나타내며 제1각법과 제3각법이 있다.

(2) 사투상도법(oblique projection drawing)

정투상도는 평행광선에 의한 투상의 자취를 취하는 관계로 때에 따라서 선이 서로 겹치는 경우가 있다. 이를 보완하기 위해 경사진 광선에 의한 투상의 자취를 찾는 것으로 등각 투상도, 부등각 투상도 그리고 사향도로 나뉘며 이들은 다음 그림에 나타낸 바와 같다.

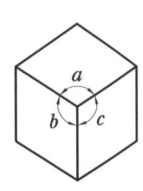
(a) 등각 투상도
(세 각이 모두 같다)

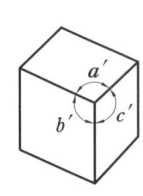
(b) 부등각 투상도
(각이 서로 다르다)

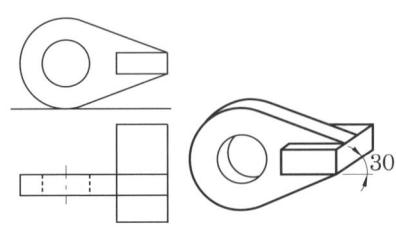
(c) 사향도
(측면도를 경사시킨다)

사투상도법

(3) 투시도법(perspective drawing)

시점과 물체의 각 점을 연결하는 방사선에 의해 그리는 것으로 원근감은 잘 나타나지만 실제의 크기를 표시하지 않기 때문에 제작도에서는 쓰이지 않고 설명도나 건축 제도에 널리 쓰이며 다음 그림에 나타낸 예와 같다.

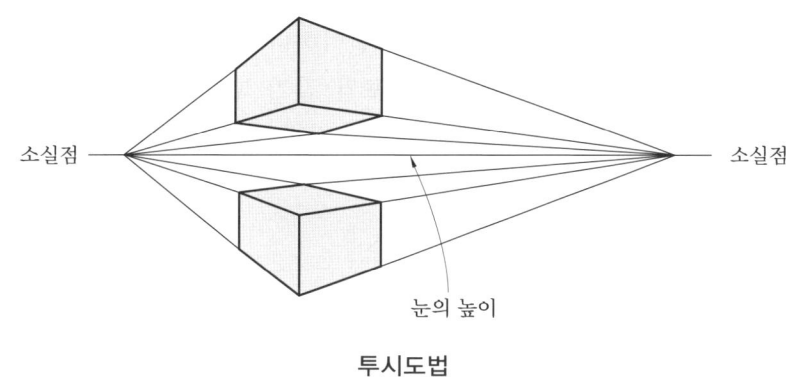

투시도법

2 제도에 쓰이는 투상법

2-1 • 정투상도법

그림과 같이 직교하는 두 평면이 일직선에서 서로 교차할 때 4개의 공간을 이루며 상한을 형성한다. 이때 제1 상한의 공간에 물체를 놓고 투영시키면 제1각법이 되고, 제3 상한의 공간에 물체를 놓고 투영시키면 제3각법이 된다.

일반적으로 기계 제도는 제3각법에 의해 작도함을 원칙으로 하지만 선박 기타의 도면에서 관습상 불가피한 경우는 제1각법에 의해 기계 제도를 할 수 있다.

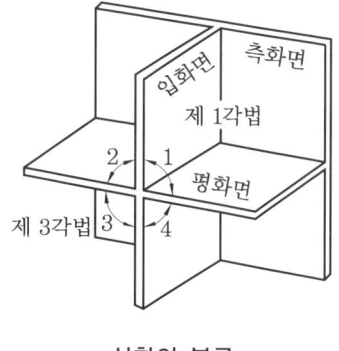

상한의 분류

(1) 제1각법

제1각법은 그림에 나타낸 것과 같이 눈으로 물체를 본 후 그 맞은편에 나타나는 그림자를 그리는 형식으로서, 정면도가 평면도 위에 있는 점과 우측면도가 정면도 좌측에 있는 점이 제3각법과 크게 다르다.

(2) 제 3 각법

물체를 그림과 같이 제 3 상한에 두고 투상하는 방법으로서, 보는 방향에서 먼저 나타난 그림자를 본 후 다음에 있는 물체를 보는 형식으로서, 정면도는 평면도 밑에 있게 되고 우측면도는 정면도 우측에 있게 된다.

현재 기계 제도에서 널리 쓰이는 것으로서 제 1 각법에 비하여 다음과 같은 장점이 있다.
① 각 투상도의 비교가 쉽고 치수 기입이 편리하다.
② 정면도를 중심으로 할 때 물체의 전개도와 같기 때문에 이해가 빠르다.
③ 보조투상도법은 제 3 각법이기 때문에 제 1 각법인 경우 설명이 붙어야 한다.

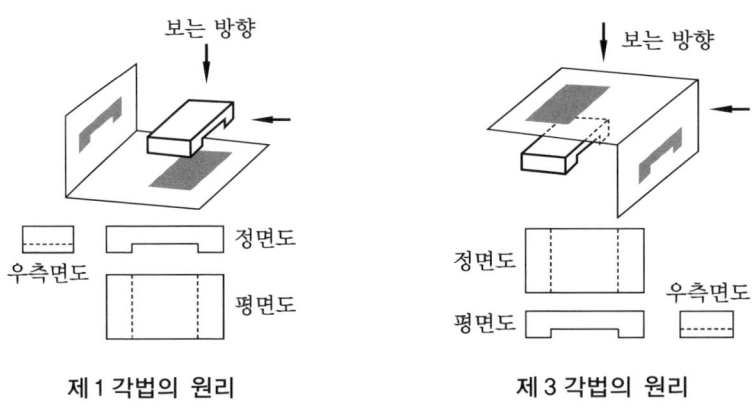

제 1 각법의 원리   제 3 각법의 원리

(3) 투상법의 표시(KS A 0005)

도면에 투상도법을 명시할 필요가 있을 때는 표제란 속에 '3각법', '1각법'이라고 써넣으면 된다. 또 필요에 따라서는 그림에 표시한 것과 같은 투상법의 기호를 문자와 병용해서 표시해도 좋다.

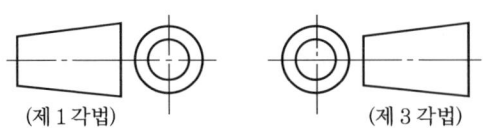

투상도법의 구별 기호

(4) 필요한 투상도의 숫자

도면은 정면도를 중심으로 좌측면도, 우측면도, 배면도, 평면도, 저면도가 그려지는데 모든 도면에 이러한 6면 투상 모두가 쓰이는 것은 아니고 일반적으로 정면도, 평면도, 우(좌)측면도의 3면 투상으로 그리는 것이다. 그러나 간단한 것은 2면 또는 1면만으로도 충분한 경우가 있다.

① 3면도 : 가장 널리 쓰인다. 정면도, 평면도, 측면도를 그린다.
② 2면도 : 아래 그림 (a)와 같은 물체는 평면도와 정면도만으로 충분하다. 이런 경우 측면도는 필요 없게 한다.
③ 1면도 : 아래 그림 (b)와 같이 간단한 기호를 기입하여 1면만으로 가능하게 그린 것으로 원통, 기둥, 평면과 같이 단면이 간단한 물체에 적용된다.

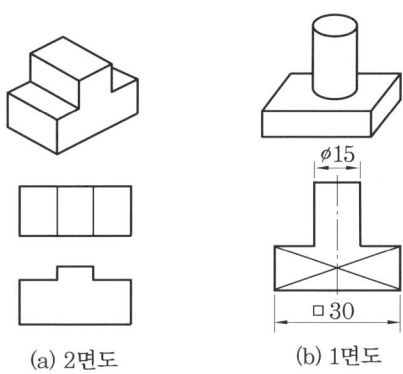

(a) 2면도   (b) 1면도

2면도와 1면도

2-2 국부투상법

그림의 키웨이와 같이 일부분만 특수 모양일 경우 정면도에는 도시가 불가능하다. 그렇다고 평면도를 그리기에는 너무 작은 국부일 경우 국부만의 투상도를 그린다.

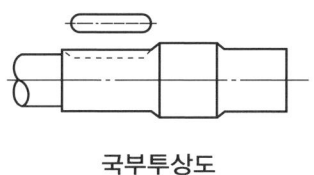

국부투상도

2-3 부투상에 의한 방법

그림과 같이 한 변이 기울어져 있을 때, 그림의 (a)와 같이 주투상에 의하여 그리면 오히려 복잡해지는 경우에는 그림의 (b)와 같이 부투상면을 놓아 그 부분만 부투상도를 그려 실제의 모양을 나타내는 것이다. 이와 같은 것을 부투상도 또는 보조투상도(auxiliary projection)라고 한다.

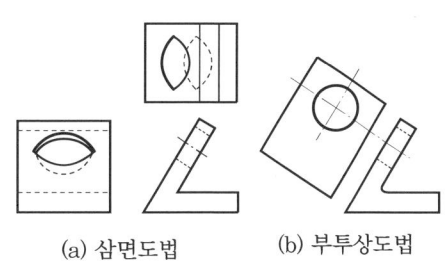

(a) 삼면도법   (b) 부투상도법

부투상도법

2-4 회전도시법

그림 (a)와 같이 기울어진 암이 붙어 있는 경우에는 경사 부분의 실장을 나타내기 위하여 회전 도시를 하면 편리하다.

2-5 전개도시법

판을 굽혀서 만든 물체의 경우에는 그림의 (b)와 같이 정면도는 그대로 투상하여 그리고, 평면도는 이것을 전개하였을 때의 투상, 즉 가공 전의 소재의 모양을 투상하여 그리는 것이다.

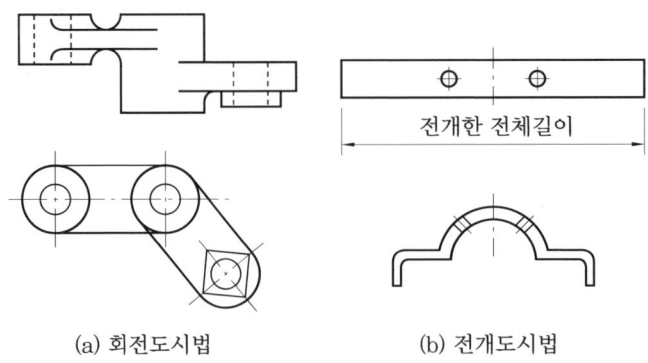

(a) 회전도시법   (b) 전개도시법

회전도시법 및 전개도시법

3 직선의 정투상도

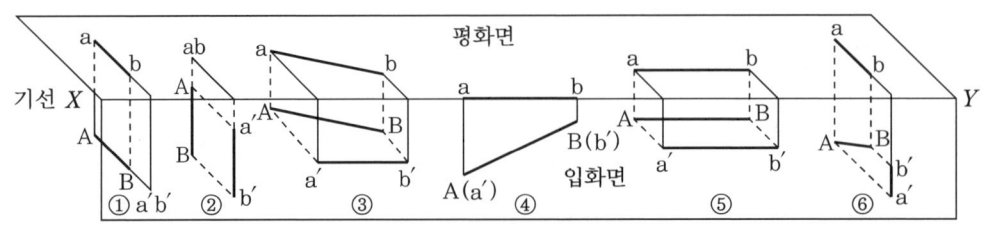

① 입화면에 수직한 경우   ② 평화면에 수직한 경우
③ 두 투상면에 경사진 경우   ④ 평화면에 나란하고 입화면에 경사진 경우
⑤ 두 투상면에 나란한 경우   ⑥ 평화면에 경사지고 입화면에 나란한 경우

투상면에 대한 직선의 위치

예·상·문·제

1. 투상법 중에서 원근감이 나타나도록 표시하는 도법은?
① 정투상법 ② 투시도법
③ 등각투상법 ④ 사투상도법

2. 기계 제도에서 복각투상도에 대한 설명 중 잘못된 것은? [기출문제]
① 제 3 각법과 제 1 각법이 합쳐진 방법이다.
② 정면도를 중심으로 우측면도를 그릴 때에는 중심선의 왼쪽 반은 제 3 각법으로, 오른쪽 반도 제 3 각법으로 나타낸다.
③ 물체의 외면과 내면의 모양이 서로 다를 경우 이용하면 매우 효과적이다.
④ 좌측면도를 그릴 때에도 왼쪽 반은 제 3 각법으로, 오른쪽 반은 제 1 각법으로 나타낸다.

3. 선의 투상에서 다음 그림은 어느 경우에 해당하는가?

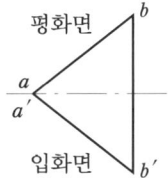

① 한 투상면에 수직인 경우
② 양 투상면에 평행인 경우
③ 한 투상면에 평행하고 다른 투상면에 경사진 경우
④ 양 투상면에 경사지고 기선에 수직이 아닌 경우

4. 다음 그림에서 점 a 가 공간에 있을 때, 입화면과 평화면에 나타나는 올바른 투상은 어느 것인가? [기출문제]
① ② ③ ④

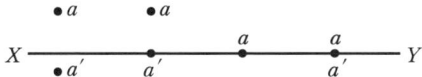

5. 임의의 직선이 평화면에 수직일 때 다음 중 맞는 것은? [기출문제]
① 입화면에 점으로 나타낸다.
② 입화면에 실제의 길이로 나타난다.
③ 입화면에 축소되어 나타난다.
④ 측화면에 축소되어 나타난다.

[해설] 투상면에 나타나는 직선의 길이는 투상면에 평행한 직선은 실제 길이로, 투상면에 수직한 직선은 점으로 나타나며, 투상면에 경사진 직선은 실제 길이보다 짧게 나타난다.

6. 실직선 ab가 그림과 같이 평화면에 평행하고, 입화면에 수직인 선은 입화면에 어떻게 나타나는가? [기출문제]
① 수직선
② 경사선
③ 직선
④ 점

7. 정면도를 중심으로 각각 보는 위치와 정반대되는 쪽에 투상도가 그려지는 각법은?
① 제 1 각법 ② 제 2 각법
③ 제 3 각법 ④ 제 4 각법

8. 제 3 각법에서 좌측면도는 정면도의 어느 쪽에 위치하는가?
① 좌측 ② 우측 ③ 상부 ④ 하부

정답 1. ② 2. ② 3. ④ 4. ① 5. ① 6. ④ 7. ① 8. ①

해설 제3각법에서는 눈→투상→물체의 순으로 나타나므로 좌측에는 좌측면도를, 우측에는 우측면도를, 상부에는 평면도를, 중앙에는 정면도를, 하부에는 저면도를 나타내며 우측면도의 우측에 배면도가 나타난다.

9. 다음은 도형 표시방법이다. 틀린 것은?
① 물체의 특징을 가장 잘 나타내는 면을 평면도로 선택한다.
② 가급적 자연스런 위치로 나타낸다.
③ 물체의 주요면이 투상면에 평행하거나, 수직하게 나타낸다.
④ 은선은 이해하는 데 지장이 없는 한 생략해도 좋다.

해설 물체의 특징을 가장 잘 나타내는 면을 정면도로 선택한다.

10. 입체의 표면을 한 평면 위에 펼쳐서 그린 그림을 무엇이라고 하는가?
① 입체도 ② 투시도
③ 전개도 ④ 평면도

11. 도면에서 입체의 높이가 나타나지 않는 투상도는? [기출문제]
① 정면도 ② 측면도
③ 입체도 ④ 평면도

12. 다음의 겨냥도를 제3각법으로 투상했을 때의 측면도는? (단, A의 화살표 방향에서 본 것을 정면도로 한다.)

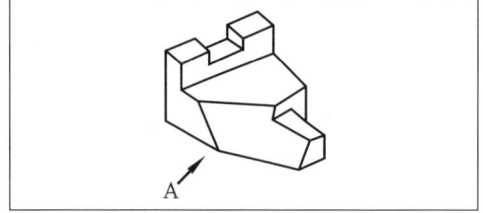

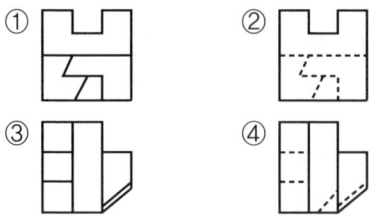

해설 서로 직교하는 투상면의 공간을 4등분하여 상부 우측방향의 제1각 안에 물체를 놓고 투상하여 도시하는 것을 제1각법, 하부 좌측 방향의 제3각 안에 물체를 놓고 투상하여 도시하는 것은 제3각법이라 한다.

13. 다음 겨냥도의 화살표 방향의 투상도로 가장 적합한 것은? [기출문제]

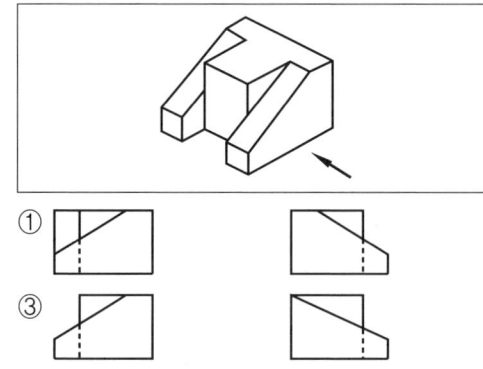

14. 다음의 겨냥도를 3각법으로 옳게 투상한 것은? [기출문제]

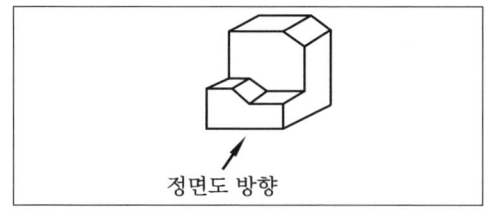

정답 9. ① 10. ③ 11. ④ 12. ① 13. ③ 14. ③

15. 다음 중 보조투상도를 그려야 할 필요가 있는 경우는?
① 가공 전, 후의 모양을 투상할 때
② 물체의 경사면의 실형을 나타낼 때
③ 특수부분을 나타낼 때
④ 물체를 90° 회전하여 나타낼 때

16. 다음 그림 중 A와 같은 투영도를 무엇이라 하는가?
① 부투상도 (보조투상도)
② 국부투상도
③ 가상도
④ 회전도법

17. 보기의 도형을 화살표 방향으로 투상한 것은 어느 것인가? [기출문제]

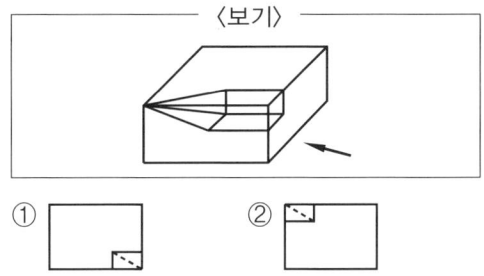

18. 보기와 같은 정면도의 평면도로 가장 적합한 투상은? [기출문제]

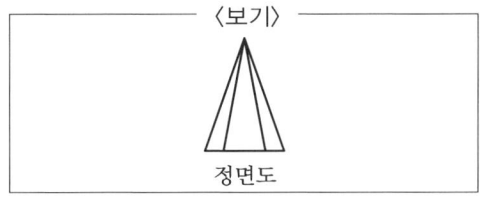

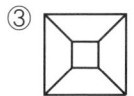 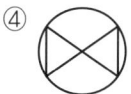

19. 보기의 물체를 제 3 각법에 의하여 투상한 것이다. 잘못 투상된 것은? [기출문제]

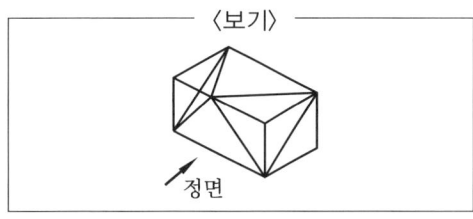

20. 보기의 3각법에 의한 투상도에 가장 적합한 입체도는? [기출문제]

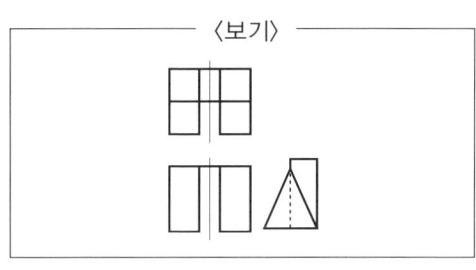

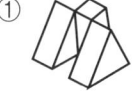 

21. 보기의 그림을 화살표 방향에서 제 1 각법으로 제도하였다. 배면도로 옳은 투상법은 어느 것인가? [기출문제]

정답 15. ② 16. ① 17. ④ 18. ① 19. ② 20. ① 21. ①

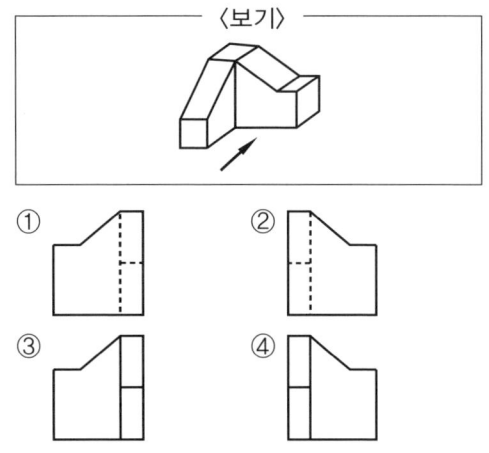

22. 보기의 그림은 제3각법으로 물체를 투상하였을 때의 정면도와 우측면도이다. 평면도로 가장 적합한 것은? [기출문제]

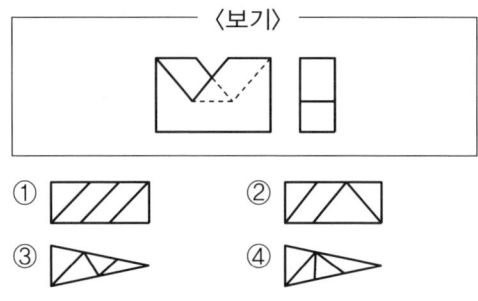

23. 보기의 겨냥도에서 화살표 방향이 정면도일 경우 3각법에 의한 평면도로 가장 적합한 것은? [기출문제]

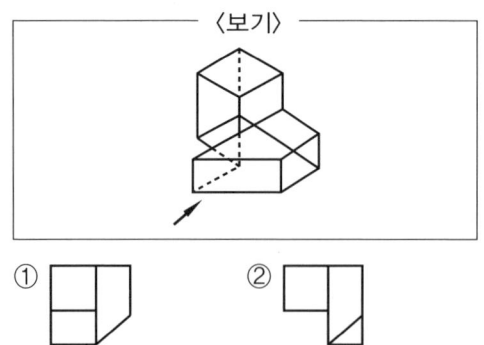

24. 보기의 도면은 정면도와 측면도만 도시되어 있다. 3각 투상에서 평면도로 적당한 것은 어느 것인가? [기출문제]

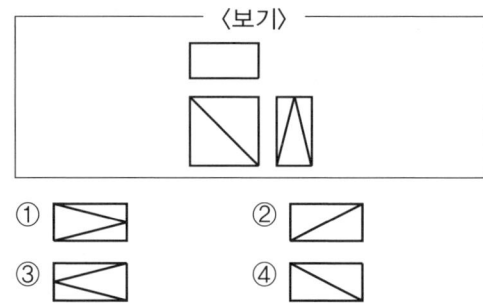

25. 보기는 겨냥도와 같은 물체를 제3각법으로 투상한 것이다. 정면도를 완성하면 어느 것이 되는가? [기출문제]

26. 보기 그림에서 우측면도로 가장 적합한 것은 어느 것인가? [기출문제]

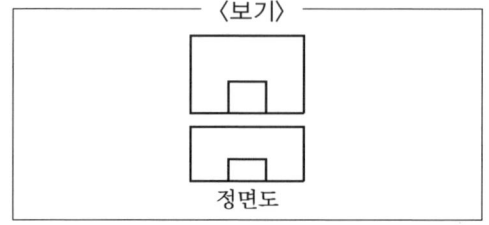

정답 22. ① 23. ④ 24. ① 25. ④ 26. ①

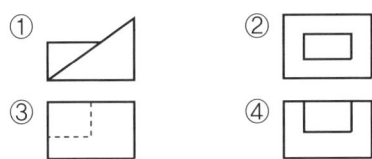

27. 보기 입체도를 화살표 방향으로 투상한 정면도로 가장 적합한 것은? [기출문제]

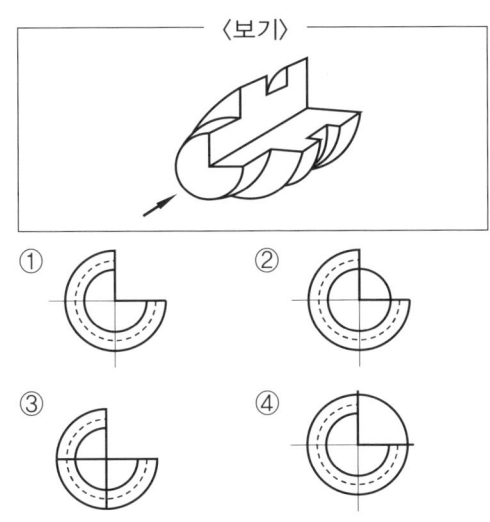

28. 패킹, 박판, 형강 등 얇은 물체의 단면 표시방법으로 맞는 것은? [기출문제]
① 1개의 굵은 실선
② 1개의 가는 실선
③ 은선으로 표시한다.
④ 파선으로 표시한다.

29. 보기와 같은 정면도와 좌측면도에 대한 평면도로 가장 적합한 것은? [기출문제]

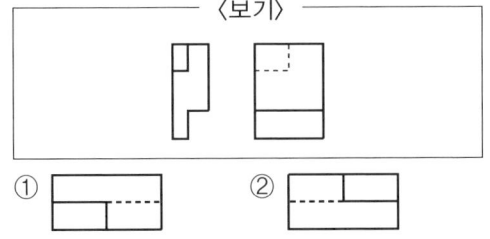

30. 다음 보기의 평면도와 정면도에 대한 옳은 우측면도는 어느 것인가? [기출문제]

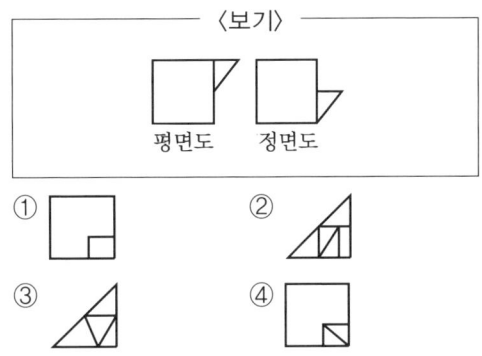

31. 보기와 같은 평면도와 정면도에 가장 적합한 우측면도는? [기출문제]

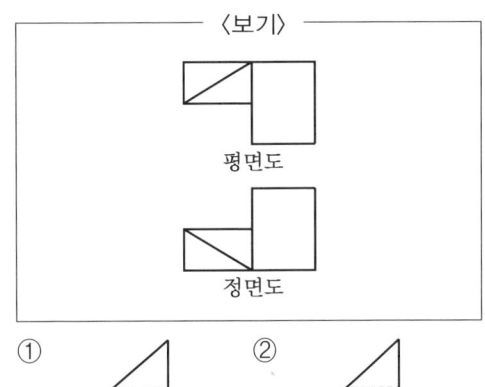

32. 다음은 보기를 삼각법으로 제도했을 때의 그림이다. 각 그림의 투상도명이 잘못된 것은 어느 것인가?

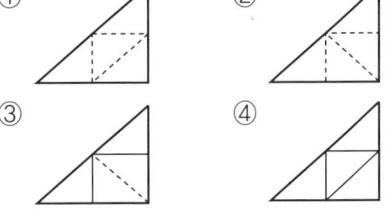

정답 27. ①　28. ①　29. ④　30. ③　31. ①　32. ④

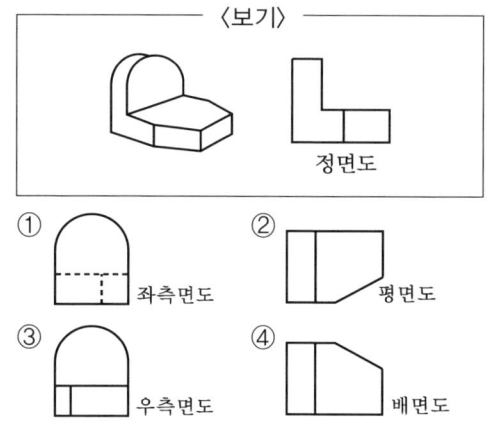

33. 보기 입체도의 화살표 방향 투상도로 가장 적합한 것은? [기출문제]

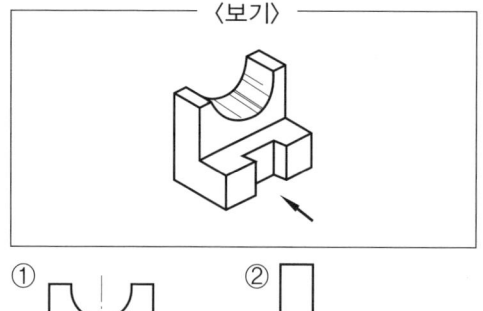

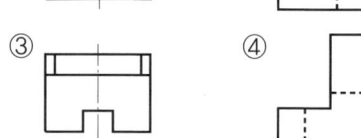

34. 보기 입체도를 제3각법으로 그린 투상도로 가장 적합한 것은? [기출문제]

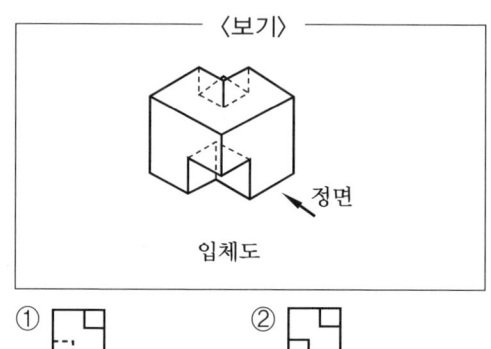

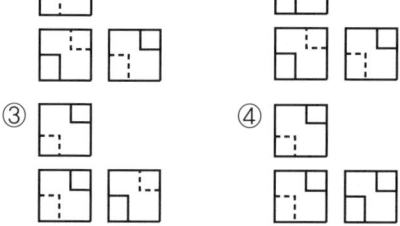

정답 33. ① 34. ①

재료기호 및 표시방법

1 기계 재료기호

재료의 기호표시는 KS D에서 규정된 화학성분, 제품명 및 규격명, 종류, 인장강도, 경도, 인성 등으로 재료를 도면 상에 정확히 지정해야 한다.

2 재료기호의 표시

(1) 제1위 문자

재질을 표시하는 기호로서 영어의 머리문자나 원소기호를 표시한다.

제1위 문자 (재질기호)

기호	재질	비고	기호	재질	비고
Al	알루미늄	aluminium	F	철	ferrum
AlBr	알루미늄 청동	aluminium bronze	MS	연강	mild steel
Br	청동	bronze	NiCu	니켈 구리 합금	nickel-copper alloy
Bs	황동	brass	PB	인 청동	phosphor bronze
Cu	구리 또는 구리합금	copper	S	강	steel
HBs	고강도 황동	high strength brass	SM	기계구조용 강	machine structure steel
HMn	고망간	high manganese	WM	화이트 메탈	white metal

(2) 제2위 문자

규격명과 제품명을 표시하는 기호로서 판, 봉, 관, 선, 주조품 등 제품의 형상별 종류 등과 용도를 표시한다.

제2위 문자 (규격 또는 제품명)

기호	제품명 또는 규격명	기호	제품명 또는 규격명
B	봉 (bar)	MC	가단 철주품 (malleable iron casting)
BrC	청동 주물	NC	니켈 크롬강 (nickel chromium)
BsC	황동 주물	NCM	니켈크롬 몰리브덴강 (nikel chromium molybdenum)

기호	의미	기호	의미
C	주조품 (casting)	P	판 (plate)
CD	구상 흑연 주철	FS	일반 구조용 관
CP	냉간 압연 연강판	PW	피아노선(piano wire)
Cr	크롬강 (chromium)	S	일반 구조용 압연재
CS	냉간 압연 강대	SW	강선(steel wire)
DC	다이 캐스팅(die casting)	T	관 (tube)
F	단조품 (forging)	TB	고탄소 크롬 베어링강
G	고압가스 용기	TC	탄소 공구강
HP	열간 압연 연강판	TKM	기계 구조용 탄소 강관
HR	열간 압연	THG	고압 가스 용기용 이음매 없는 강관
HS	열간 압연 강대	W	선(wire)
K	공구강	WR	선재(wire rod)
KH	고속도 공구강	WS	용접 구조용 압연강

(3) 제3위 문자

금속종별의 기호로서 최저 인장강도 또는 재질종류 기호를 숫자 다음에 기입한다.

제3위 문자 (금속기호의 말미에 특히 첨가하는 기호)

기호	기호의 의미	보기	기호	기호의 의미	보기
1	1종	PW 1	12A	12종 A	STKM 12A
2	2종	PW 2	400	최저 인장강도	SS 400
A	A종	SW A	300	항복점	SD 300
B	B종	SW B	C	탄소 함량 (0.10~0.15 %)	SM 12C

(4) 제4위 문자

제조법을 표시한다.

제4위의 문자기호

구분	기호	기호의 의미	구분	기호	기호의 의미
조절도 기호	A	어닐링한 상태	열처리 기호	N	노멀라이징
	H	경질		Q	퀜칭, 템퍼링
	1/2H	1/2 경질		SR	시험편에만 노멀라이징
	S	표준 조절		TN	시험편에 용접 후 열처리
표면 마무리 기호	D	무광택 마무리(dull finishing)	기타	CF	원심력 주강판
	B	광택 마무리(bright finishing)		K	킬드강
				CR	제어 압연한 강판
				R	압연한 그대로의 강판

(5) 제5위 문자

제품형상 기호를 표시한다.

제5위의 문자제품 형상기호

기 호	제 품	기 호	제 품	기 호	제 품
P	강판	⬠6	6각강	▭	평강
●	둥근강	□	각재	I	I 형강
◎	파이프	⑧	8각강	⊏	채널(channel)

3 철강 및 비철금속 기계재료의 기호

명 칭	KS 기호	명 칭	KS 기호
열간 압연 연강판 및 강대	SPH	크롬 강재	SCr
일반 구조용 압연 강재	SS	니켈 크롬 강재	SNC
배관용 탄소 강관	SPP	니켈 크롬 몰리브덴 강재	SNCM
피복 아크 용접봉 심선재	SWR	탄소강 단강품	SF
피아노 선재	SWRS	크롬 몰리브덴 강재	SCM
경강선	SW	탄소 공구강	STC
냉간 압연 강판 및 강재	SPC	기계 구조용 탄소 강재	SM
용접 구조용 압연 강재	SM	합금 공구강 강재(주로 절삭, 내충격용)	STS
기계 구조용 탄소 강관	STKM	합금 공구강 강재(주로 냉간 가공용)	STD
고속도 공구강 강재	SKH	합금 공구강 강재(주로 열간 가공용)	STF
고압 가스 용기용 강판 및 강대	SG	탄소강 주강품	SC
연강 선재	SWRM	구조용 합금강 주강품	SCC
피아노 선	PW	고망간강 주강품	SCMnH
리벳용 원형강	SV	회주철품	GC
경강 선재	HSWR	구상 흑연 주철품	GCD
보일러 및 압력 용기용 탄소강	SB	흑심 가단 주철품	BMC
일반 구조용 탄소 강관	STK	백심 가단 주철품	WMC
스프링 강재	SPS	다이캐스팅용 알루미늄합금	ALDC

4 볼트·너트의 종류와 호칭방법

(1) 볼트·너트의 분류
① 관통 볼트(through bolt) : 부품에 구멍을 뚫고 너트로 조이는 것으로 기계부품의 조임용으로 가장 널리 쓰인다.
② 탭 볼트(tap bolt) : 부품에 관통구멍을 뚫을 수 없을 때 그 부품에 암나사를 만들어 그 암나사에 끼워서 조여주는 볼트이다.
③ 스터드 볼트(stud bolt) : 부품을 자주 분해하는 경우에 탭 볼트를 설치하면 암나사가 손상되기 쉬우므로 볼트를 기계 몸체에 탭 볼트와 같이 나사박음하고 너트로 조여서 쓸 때 사용된다.

(2) 볼트·너트의 호칭법
① 볼트의 경우

| 종류 | 등급 | 나사의 호칭 | × | 길이 | (지정사항) | 재료 |

예) 육각 볼트 중 3급 M 8×45 (B=6) MBs

② 너트의 경우

| 종류 | 모양의 구별 | 등급 | 나사의 호칭 | (지정사항) | 재료 |

예) 육각 볼트 1종 중 3급 M 16 (구멍 모따기) SM 41

5 나사의 종류와 표시방법

구 분	나사의 종류		나사의 종류를 표시하는 기호	나사호칭의 표시방법 예	관련 규격
일반용	미터 보통나사		M	M 8	KS B 0201
	미터 가는나사			M 8×1	KS B 0204
	유니파이 보통나사		UNC	3/8-16 UNC	KS B 0203
	유니파이 가는나사		UNF	No.8-36 UNF	KS B 0206
	30° 사다리꼴 나사		TM	18	KS B 0227
	29° 사다리꼴 나사		TW	20	KS B 0226
	관용 테이퍼 나사	테이퍼 나사	PT	PT 3/4	KS B 0222
		평행 암나사	PS	PS 3/4	
	관용 평행나사		PF	PF 1/2	KS B 0221

6 작은나사의 호칭법

－자머리 작은나사	A형	종류, 나사의 호칭×l, 재료, 지정사항 예 둥근머리 작은나사 M 6×0.9×20×SWRW 3 　　납작머리 작은나사 M 6×40 Bs W 2 황동선재
＋자머리 작은나사	A형	＋자머리 형상에 의한 종류, 머리의 모양에 따른 종류, 나사의 호칭×l, 재료, 지정사항 예 ＋자머리 작은나사 M 5×0.8×25 SUS 305

7 나사못의 호칭법(KS B 1321)

명칭	종류	호칭법
－자머리 나사못		종류, $d×L$, 재료 예 둥근나사못 3.5×20 · SWRM 3
＋자머리 나사못		종류, $d×L$, 재료 예 ＋자머리 나사못 2.4×10 · SWR 3

8 핀의 호칭법(KS B 1320)

명칭	호칭	보기
테이퍼핀	명칭, 등급, $d×l$, 재료	테이퍼핀 2급 6×70 SM 20 C
슬롯 테이퍼핀	명칭, $d×l$, 재료	슬롯 테이퍼핀 6×70 SM 35 C
평행핀	명칭, 종류, 형식, $d×l$, 재료	평행핀 h 7 B-8×50 S 45 C
분할핀	명칭, $d×l$, 재료	분할핀 2×30 SWRM 3

예·상·문·제

1. 재료의 기호는 3부분을 조합기호로 하고 있다. 제1부분(첫째자리)이 나타내는 것은?
① 최저 인장강도
② 재질
③ 규격 또는 제품명
④ 재료의 종별

[해설] 재료기호에서 제1부분은 재질, 제2부분은 규격 또는 제품명, 제3부분은 재료의 종별 또는 최저 인장강도를 표시한다.

2. 다음 제5위의 문자 제품 형태기호 중 파이프의 기호는 어느 것인가?
① ● ② ◎
③ □ ④ ⚠

[해설] ● : 둥근강, □ : 각재, ⚠ : 육각강

3. 다음 중 인청동봉의 기호는 어느 것인가?
① CuS   ② PBB
③ BsC   ④ BrC

[해설] CuS : 동판, BsC : 황동주물
BrC : 청동주물

4. SPP 38 H에서 H는 무엇을 나타내는가?
① 재질
② 최저 인장강도
③ 연질
④ 경질

5. 재료기호 SS 41에서 41은 무엇을 나타내는 기호인가? [기출문제]
① 무게
② 녹는 온도
③ 탄소의 함유량
④ 최저 인장강도

6. 다음 중 합금 공구강은?
① STS   ② SKH
③ SS   ④ SPP

[해설] ① 합금 공구강 강재 : STS
② 고속도 공구강 강재 : SKH
③ 일반 구조용 압연 강재 : SS
④ 배관용 탄소 강관 : SPP

7. 다음 재료의 표시기호 중 황동주물을 나타내는 것은? [기출문제]
① BrC   ② BsC
③ CuS   ④ PBR

8. 다음 중 강(steel)의 재질기호는?
① HBs   ② C
③ F   ④ S

[해설] HBs : 고강도 황동, C : 초경합금, F : 철

9. 'SPH 1'이라고 표시된 기계재료에 관한 KS 기호를 잘못 설명한 것은? [기출문제]
① S-강   ② H-열간가공
③ P-강판   ④ 1-경도

[해설] ④의 1은 1종을 의미한다.

10. SM 10 C에서 10 C는 다음 중 무엇을 뜻하는가? [기출문제]
① 제작방법   ② 종별 번호
③ 탄소함유량 ④ 최저 인장강도

[정답] 1. ② 2. ② 3. ② 4. ④ 5. ④ 6. ① 7. ② 8. ④ 9. ④ 10. ③

11. 다음 기호 중 용접 구조용 압연 강재의 KS 기호는 어느 것인가? [기출문제]
① SS
② SPC
③ SWR
④ SM

12. STC의 기호는 무엇을 의미하는가?
① 탄소공구강
② 합금공구강 강재
③ 탄소주강품
④ 스프링강

해설 ② 합금공구강 강재 : STS
③ 탄소강 주강품 : SC
④ 스프링 강재 : SPS

13. 용접용 KS 재료기호가 SM 400 C으로 표시되었을 때의 재료기호 설명으로 올바른 것은 어느 것인가? [기출문제]
① 일반구조용 압연강재이다.
② 400은 최저 인장강도를 나타낸다.
③ C는 탄소 함유량이다.
④ C는 용접용을 의미한다.

14. 다음 KS 재료기호 중 청동주물의 기호는 어느 것인가? [기출문제]
① BsC
② BrC
③ CuS
④ PBR

15. KS 재료기호 중 기계 구조용 탄소 강관의 기호는? [기출문제]
① SM
② SS
③ SB
④ STKM

16. 백심 가단 주철의 기호는 어느 것인가?
① GC
② GCD
③ WMC
④ BMC

해설 ① GC : 회주철품
② GCD : 구상 흑연 주철
④ BMC : 흑심 가단 주철

17. 일반 구조용 압연 강재 기호는?
① SS
② SWRS
③ SPC
④ SM

해설 ② SWRS : 피아노 선재
③ SPC : 냉간 압연 강판 및 강재
④ SM : 용접 구조용 압연 강재

18. 다음 재료기호 중 탄소 공구강은?
① STC
② SKH
③ SPS
④ SM

19. 볼트의 길이는 어떻게 표시하는가?
① 머리부분을 포함한 전체의 길이
② 머리길이를 제외한 전체의 길이
③ 나사부 길이를 제외한 전체의 길이
④ 머리부분과 축부분의 길이를 합한 값

20. 다음 볼트에서 ①~④까지의 호칭법을 열거한 것 중 잘못 설명한 것은? [기출문제]

육각볼트	중3급	M 8×45	MBs
(가)	(나)	(다)	(라)

① (가) – 지정사항
② (나) – 볼트의 등급
③ (다) – 나사의 호칭×길이
④ (라) – 재료

해설 (가)는 볼트의 종류를 나타낸 것이다.

21. 너트의 호칭순서를 바로 쓴 것은?
① 종류, 재료, 나사의 호칭×길이, 등급

② 등급, 재료, 나사의 호칭×길이, 종류
③ 나사의 호칭×길이, 재료, 등급, 종류
④ 종류, 모양의 구별, 등급, 나사의 호칭, 재료

22. No. 8-36 UNF로 표시된 나사기호의 올바른 해독은? [기출문제]
① 유니파이 가는 나사이다.
② 인치당 산의 수는 8개이다.
③ 호칭지름은 36 mm이다.
④ 바깥지름은 8인치이다.

23. 다음 중 파이프 나사를 나타내는 것은 어느 것인가? [기출문제]
① M 3
② UN 3/8
③ PT 3/4
④ TM 18

24. 다음 중 나사못의 바른 호칭순서는?
① 종류, $d \times l$, 재료
② $d \times l$, 재료, 종류
③ 재료, 종류, $d \times l$
④ 종류, 재료, $d \times l$

25. 다음은 나사의 종류를 표시하는 기호를 종류별로 나열한 것이다. 잘못된 것은?
① TW : 30° 사다리꼴 나사
② M : 미터 나사
③ UNC : 유니파이 보통나사
④ UNF : 유니파이 가는나사

해설 ① TW : 29° 사다리꼴 나사
TW : 30° 사다리꼴 나사

26. 나사에서 M 6×1인 경우 1은 무엇을 나타낸 것인가? [기출문제]
① 나사의 피치
② 1인치 안의 산수
③ 나사의 등급
④ 나사산의 높이

27. TM 20은 나사를 표시한 것이다. 맞게 나타낸 것은? [기출문제]
① 미터 표시로 호칭지름 20의 30° 사다리꼴 나사이다.
② 인치 표시로 호칭지름 20의 29° 사다리꼴 나사이다.
③ 미터 표시로 바깥지름 20의 60° 사각나사이다.
④ 인치 표시로 바깥지름 20의 60° 사다리꼴 나사이다.

정답 22. ①   23. ③   24. ①   25. ①   26. ①   27. ①

Chapter 04 스케치도 작성법, 표제란 및 부품도

1 스케치의 기본사항

1-1 스케치의 필요성과 원칙

① 현재 사용 중인 기기나 부품과 동일한 모양을 만들 때
② 부품의 교환 때(마모나 파손 시)
③ 실물을 모델로 하여 개량기계를 설계할 때의 참고자료
④ 보통 삼각법에 의한다.
⑤ 삼각법으로 곤란한 경우는 사투영도나 투시도를 병용한다.
⑥ 자나 컴퍼스보다는 프리 핸드(free hand)법에 의하여 그린다.
⑦ 스케치도는 제작도를 만드는 데 기초가 된다.
⑧ 스케치도가 제작도를 겸하는 경우도 있다 (급히 기계를 제작하는 경우와 도면을 보존할 필요가 없을 때).

1-2 스케치의 용구

스케치의 용구

분류	용구 명칭	비 고
항상 필요한 것	연필	B, HB, H 정도의 것, 색연필
	용지(방안지, 백지, 모조지)	그림 그리고 본뜬다.
	마분지, 스케치도판	밑받침
	광명단	프린트법에서 사용하는 붉은 칠감
	강철자	길이 300 mm, 눈금 0.5 mm의 것
	접는 자, 캘리퍼스	긴 물건 측정
	외경(내경) 캘리퍼스	외경(내경) 측정
	버니어 캘리퍼스	내경, 외경, 길이, 깊이 등의 정밀 측정
	깊이 게이지	구멍의 깊이, 홈의 정밀 측정
	외경(내경) 마이크로미터	외경(내경) 정밀 측정
	직각자	각도, 평면 정도의 측정
	정반	각도, 평면 정도의 측정
	기타	칼, 지우개, 샌드페이퍼, 종이집게, 압침 등

	경도시험기	경도, 재질 판정
있으면 편리한 것	표면 거칠기 견본	표면 거칠기 판정
	기타	컴퍼스, 삼각자 등
	피치 게이지	나사 피치나 산의 측정
특수 용구	치형 게이지	치형 측정
	틈새 게이지	부품 사이의 틈새 측정
	꼬리표	부품에 번호 붙임
기타	납선 또는 동선	본뜨기용
	기타	비누, 걸레, 기름, 풀 등

1-3 형상의 스케치법

① 프리 핸드법 : 손으로 그림
② 본뜨기법 : 동선이나 납선 사용
③ 프린트법 : 광명단 사용
④ 사진촬영

2 스케치도와 제작도 작성순서

2-1 스케치도의 작성순서

① 기계를 분해하기 전에 조립도 또는 부품 조립도를 그리고 주요치수를 기입한다.
② 기계를 분해하여 부품도를 그리고 세부치수를 기입한다.
③ 분해한 부품에 꼬리표를 붙이고 분해순서대로 번호를 기입한다.
④ 각 부품도에 가공법, 재질, 개수, 다듬기호, 끼워맞춤 기호 등을 기입한다.
⑤ 완전한지를 검토하여 주요치수 등의 틀림이나 누락을 살핀다.

2-2 제작도 작성순서

① 각 부품도를 그리고 부품표를 작성한다.
② 각부의 부품 조립도를 그리고, 그 부분의 조립상태를 잘 나타내도록 한다. 기입하는 치수는 조립에 관계있는 범위 내에서 그친다.

③ 조립도를 그리고 전체의 형상을 명백히 나타낸다.

2-3 표제란

① 표제란에 기입되는 내용
    (가) 도명
    (나) 도면번호
    (다) 제도소명
    (라) 척도
    (마) 투상법
    (바) 도면작성 연월일
    (사) 책임자의 서명란
② 위치 : 도면의 오른쪽 아래 표제란을 설명한다.
③ 표제란의 크기는 일정하지 않다.

표제란 작성 예

제도소명		척 도	1/2	투상법	삼각투상법
도 명	링크체인 휠	성 명	홍길동		
		날 짜	2021. 1. 10		
		도면번호	1 2 3		

3 부품표

① 품명 : 부품의 명칭을 기입한다.
② 품번 : 도면의 부품번호를 기입하고 부품표가 표제란 위에 있을 때는 번호를 아래에서 위로 나열하고 도면 위쪽에 부품표가 있으면 번호는 위에서 아래로 나열한다.
③ 재질 : 부품의 재료를 기호로 기입한다.
④ 수량 : 도명의 부품 1조분의 수량을 기입한다.
⑤ 중량 : 부품의 무게를 기입한다.
⑥ 공정 : 부품을 가공하는 공정을 공장의 약부호로 기입한다.
⑦ 비고 : 표준부품 등의 규격번호, 호칭방법을 기입한다.

4 부품번호

기계는 다수의 부품으로 조립되어 있는 것이 보통이며, 이들 각 부품은 그 재질, 가공법, 열처리 등이 서로 다르다. 따라서, 각 부품의 제작이나 관리의 편리를 위해서는 각 부품에 번호를 붙인다. 이 번호를 부품번호(part number) 또는 품번이라 한다. 부품번호의 기입법은 다음과 같다.

① 부품번호는 그 부품에서 지시선을 긋고, 그 끝에 원을 그리고 원 안에 숫자를 기입한다.
② 부품번호의 숫자는 5~8 mm 정도의 크기로 쓰고, 숫자를 쓰는 원의 지름은 10~16 mm로 하며, 도형의 크기에 따라 알맞게 그 크기를 결정할 수 있으나, 같은 도면에서는 같은 크기로 한다.
③ 지시선은 치수선이나 중심선과 혼동되지 않도록 하기 위하여 수직방향이나 수평방향으로 긋는 것을 피한다. 지시선은 숫자를 쓰는 원의 중심으로 향하여 긋는다.
④ 많은 부품번호를 기입할 때에는 보기 쉽도록 배열한다.
⑤ 그 부품을 별도의 제작도로 표시할 때에는 부품번호 대신에 그 도면번호를 기입해도 된다.

예·상·문·제

1. 다음 스케치도에 대한 설명 중 틀린 것은 어느 것인가? [기출문제]
① 도면이 없는 부품을 참고로 하는 경우에 작성한다.
② 참고용이기 때문에 끼워 맞춤 상태 등 세부사항은 생략한다.
③ 광명단과 같은 것으로 프린트하는 방법도 있다.
④ 스케치 용구에는 계측기 및 분해를 위한 각종 공구가 필요하다.

해설 ② 스케치도의 작성 시 각 부품도에 가공법, 재질, 끼워 맞춤 기호 등을 기입한다.

2. 스케치도에 의한 제작도 작성상의 주의사항으로 틀린 것은? [기출문제]
① 스케치도를 부분별, 부품별로 정리한 다음 제작도를 그린다.
② 끼워맞춤 부분의 스케치 치수는 실제 치수이므로 그대로 기입한다.
③ 마멸, 파손된 부품은 정상적인 상태의 모양으로 그린다.
④ 부분조립도는 될 수 있는 대로 실척으로 그린다.

해설 ④ 스케치도에 의한 제작도 작성 시 부분조립도는 실척으로 그릴 필요가 없다.

3. 스케치도 작성 시 형상에 대한 모양뜨기에 사용되는 것은? [기출문제]
① 광명단 ② 줄자
③ 사진   ④ 납선

4. 어떤 부품을 스케치할 때 부품 표면에 광명단을 칠한 후 종이에 찍어 실제모양을 뜨는 방법을 무엇이라 하는가? [기출문제]
① 사진촬영법
② 광명단 칠하기
③ 프린트법
④ 모양뜨기법

5. 스케치 방법이 아닌 것은?
① 프리 핸드에 의한 방법
② 프린트법에 의한 방법
③ 청사진에 의한 방법
④ 형을 뜨는 방법

6. 트레이싱할 때의 순서로서 옳은 것은?
① 작은 원호 → 외형선 → 치수선 → 문자
② 치수선 → 작은 원호 → 외형선 → 문자
③ 작은 원호 → 치수선 → 외형선 → 문자
④ 외형선 → 작은 원호 → 문자 → 치수선

7. 다음 스케치도를 작성하는 순서 중 옳은 것은?

> (가) 조립도를 프리 핸드로 그린다.
> (나) 표제란 등을 만들고 주요치수 등을 확인한다.
> (다) 가공법, 끼워맞춤, 다듬질기호 등을 기입한다.
> (라) 부품도를 프리 핸드로 그린다.

① (가)-(나)-(다)-(라) ② (가)-(다)-(나)-(라)
③ (가)-(라)-(나)-(다) ④ (가)-(나)-(라)-(다)

8. 스케치에 의하여 제작도를 완성할 경우 제도순서를 나열한 것이다. 맞는 것은?

정답 1. ② 2. ④ 3. ④ 4. ③ 5. ③ 6. ① 7. ③ 8. ③

① 전체조립도 – 부품도 – 부분조립도
② 부품도 – 조립도 – 부품조립도
③ 부품도 – 부품조립도 – 조립도
④ 부품조립도 – 조립도 – 부품도

9. 스케치 방법에 관한 다음 사항 중 틀린 내용은? [기출문제]
① 프리 핸드로 그리는 것이 원칙이다.
② 재질, 가공법을 기입한다.
③ 조립에 필요한 사항을 기입한다.
④ 치수는 μ단위로 정확히 측정하여 기입한다.

해설 ④ 치수는 조립에 관계있는 범위 내에서 기입한다.

10. 다음 중 스케치 작업 시 치수 측정용구가 아닌 것은?
① 캘리퍼스
② 피치 게이지
③ 틈새 게이지
④ 하이트 게이지

11. 원도를 스케치할 때 필요한 용구는?
① 마이크로미터
② R 게이지
③ 깊이 게이지
④ 피치 게이지

12. 표제란에 기입되는 내용이 아니고 부품란에 기입되어 있는 것은? [기출문제]
① 도명   ② 척도
③ 투상법   ④ 재질

해설 표제란에 기입되는 내용에는 ①, ②, ③ 외에 도면번호, 제조소명, 도면작성 연월일, 책임자의 서명란 등이다.

13. 다음 중 도면을 작성할 때 내용으로 올바른 것은? [기출문제]
① 표제란은 도면의 오른쪽이나 왼쪽 아래에 기입한다.
② 부품표는 도면의 오른쪽 위나 오른쪽 아래에 기입한다.
③ 지시선은 수직방향이나 수평방향으로 긋는다.
④ 부품번호의 숫자는 물품의 크기에 따라 크기가 달라진다.

14. 도면에서 일반적인 경우 표제란 위치로 가장 적당한 것은? [기출문제]
① 오른쪽 중앙   ② 오른쪽 위
③ 오른쪽 아래   ④ 왼쪽 아래

15. 다음 중 스케치 시 주의사항이 아닌 것은 어느 것인가?
① 스케치할 물품의 기능을 잘 살펴야 한다.
② 가공법, 재질, 개수, 다듬질기호, 맞추기 정밀도 등을 기입한다.
③ 도면을 검사해야 한다.
④ 복잡한 기계라도 분해하기 전에는 꾸미기 도면은 필요없다.

16. 스케치에 의해 제작도를 완성할 때 가장 마지막에 그리는 것은? [기출문제]
① 부품조립도   ② 부품도
③ 전체조립도   ④ 배치도

17. 기계 스케치도의 조립도는 몇 각법으로 그리는가?
① 제1각법   ② 회화법
③ 투시도법   ④ 제3각법

정답 9. ④ 10. ④ 11. ② 12. ④ 13. ② 14. ③ 15. ④ 16. ③ 17. ④

18. 제도할 때 원호와 원호를 연결하는 요령이다. 맞는 것은?
① 반지름이 작은 것을 그리고 직선으로 이은 다음 큰 것을 그린다.
② 반지름이 큰 원호부터 그리고 작은 것을 그린다.
③ 반지름이 작은 것부터 그린 다음 큰 것을 그린다.
④ 어느 순서로 그려도 좋다.

19. 다음 부품번호 기입에 대한 설명 중 틀린 것은?
① 부품번호의 크기는 치수 숫자보다 약간 큰 숫자로 한다.
② 부품번호는 지름이 10~15 mm의 작은 원을 그리고 원 안에 기입한다.
③ 부품번호를 기입하는 위치는 도면의 중앙 또는 좌(우)측 위쪽이다.
④ 부품번호는 부품도에 치수보조선을 사용하여 기입한다.

정답 18. ③ 19. ④

Chapter 05 도면 해독

1. 치수 기입법

1-1. 치수 표시

일반적으로 치수 표시는 숫자로 표기하되 mm로 기입한다.

1-2. 높이 표시

(1) EL 표시

배관의 높이를 관의 중심을 기준으로 표시한다.
① BOP (bottom of pipe) 표시 : 지름이 다른 관의 높이를 나타낼 때 적용되며 관 외경의 아래 면까지를 기준으로 하여 표시한다.
② TOP (top of pipe) 표시 : 관 윗면을 기준으로 하여 표시한다.

(2) GL (ground line)

포장된 지표면을 기준으로 하여 배관장치의 높이를 표시할 때 적용된다.

(3) FL (floor line)

1층의 바닥면을 기준으로 하여 높이를 표시한다.

2. 배관도면 표시법

2-1. 관의 도시법

하나의 실선으로 표시하며 동일 도면에서 다른 관을 표시할 때는 같은 굵기로 나타낸다.

2-2 • 유체의 종류 · 상태 · 목적 표시 기호

다음 표에 나타낸 대로 문자로 표기하되 관을 표시하는 선 위에 표시하거나 인출선에 의해 도시한다.

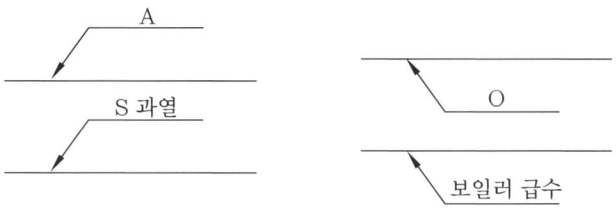

유체의 종류, 상태, 목적 표시

유체의 종류에 따른 문자의 기호

유체의 종류	공기	가스	유류	수증기	물
문자 기호	A	G	O	S	W

2-3 • 유체의 유동방향

유체의 유동방향을 표시할 때에는 화살표로써 나타낸다.

유체의 유동방향

2-4 • 관의 굵기, 종류

관의 굵기 또는 종류를 표시할 때는 관의 굵기를 표시하는 문자 또는 관의 종류를 표시하는 문자 · 기호를 보기와 같이 표시하는 것을 원칙으로 한다.

관의 굵기 및 종류를 동시에 표시하는 경우에는 관의 굵기를 표시하는 문자 다음에 관의 종류를 표시하는 문자 또는 기호를 기입한다〔그림 (a), (b)〕. 다만, 복잡한 도면에서 오해를 초래할 염려가 있는 경우에는 지시선을 써서 표시해도 좋다〔그림 (c)〕.

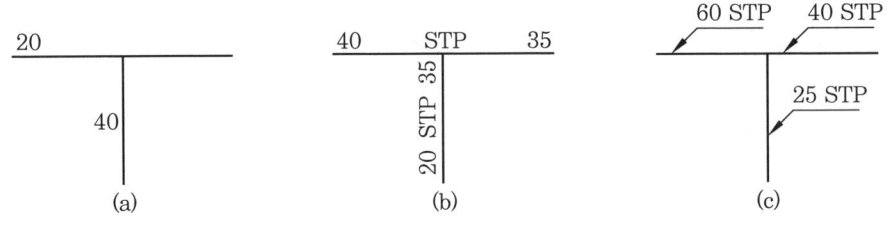

관의 굵기 및 종류 표시

또한 관이음쇠의 굵기 및 종류도 표시선에 따라서 다음의 방법으로 표시한다.

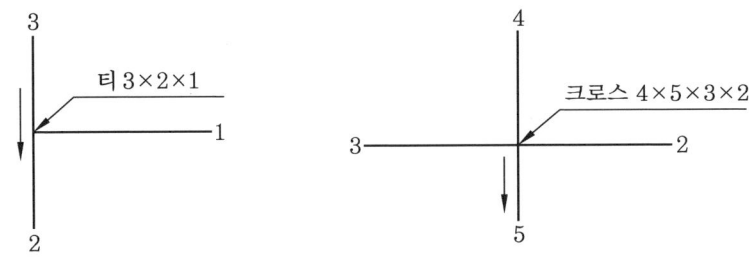

관이음쇠의 굵기 및 종류

특히, 필요가 있을 경우는 관내를 흐르는 유체의 종류, 상태, 목적 또는 관의 굵기, 종류를 선의 종류 또는 선의 굵기를 다르게 해서 도시해도 좋다.

2-5 압력계 · 온도계

압력계는 P, 온도계는 T로 표시한다.

2-6 관의 접속 상태

접속 상태	도시기호
접속하고 있을 때	─●─
분기하고 있을 때	─●─
접속하지 않을 때	─┤ ├─

2-7 관 연결방법 도시기호

이음종류	연결방식	도시기호	예	이음종류	연결방식	도시기호
관이음	나사식			신축이음	루프형	
	용접식				슬리브형	
	플랜지식				벨로스형	
	턱걸이식				스위블형	
	유니언식					

2-8 관의 입체적 표시

① 관이 도면에 직각으로 앞쪽을 향해 구부러져 있을 때	
② 관이 앞쪽에서 도면 직각으로 구부러져 있을 때	
③ 관 A가 앞쪽에서 도면 직각으로 구부러져 관 B에 접속할 때	

2-9 밸브 및 계기의 표시

종류	기호	종류	기호
옥형변(글로브 밸브)		일반조작 밸브	
사절변(슬루스 밸브)		전자 밸브	
앵글 밸브		전동 밸브	
역지변(체크 밸브)		도출 밸브	
안전밸브 (스프링식)		공기빼기 밸브	

종류	기호	종류	기호
안전밸브 (추식)		온도계·압력계	T P
일반 콕		닫혀 있는 일반 콕	
일반 밸브		닫혀 있는 일반 밸브	

2-10 배관도에 많이 사용되는 일반기호

명칭		기호	비고	명칭	기호	비고
송기관			증기 및 온수	Y자관		
복귀관		----------	증기 및 온수	곡관		주철 이형관
증기관		—/—	공기	T자관		주철 이형관
응축수관		----/----		Y자관		주철 이형관
기타 관		— —		90° Y자관		주철 이형관
급수관		—·—·—		편심 조인트		주철 이형관
상수도관		—··—··—		팽창 곡관		주철 이형관
우물 급수관		---·---		팽창 조인트		
급탕관		—•—•—		배관 고정점	×	
환탕관		—••—••—		스톱 밸브		
배수관				슬루스 밸브		
통기관		------		앵글 밸브		
소화관		—×—		체크 밸브	리프트형	
주철관	급수 배수	75 mm ---)--- 100 mm ——)—	관지름 75 mm 관지름 100 mm		스윙형	
연관	급수 배수	13 L ----- 100 L ———	관지름 13 mm 관지름 100 mm	콕		
콘크리트 관	급수 배수	150 L ---)--- 150 L ——)—	관지름 150 mm	삼방 콕		

명 칭	기 호	비 고	명 칭	기 호	비 고
도관	100T ⟶	관지름 100 mm	안전밸브		
수직관			배압 밸브		
수직 상향·하향부			감압 밸브		
곡관			온도 조절 밸브		
플랜지			공기 밸브	Ⓐ	
유니언			압력계		
엘보			연성계		
티			온도계	Ⓣ	
증기트랩			급기도 단면		
스트레이너	Ⓢ		배기도 단면		
바닥 박스	Ⓑ		급기 댐퍼 단면		
유수 분리기	ⓄⓈ		배기 댐퍼 단면		
기수 분리기	ⓈⓈ		급기구		
리프트 피팅			배기구		
분기 가열기			양수기	M	
주형 방열기			청소구		
벽걸이 방열기			하우스 트랩		
			그리스 트랩	ⒼⓉ	
핀 방열기			기구 배수구	○	
대류 방열기			바닥 배수구		

2-11 투영에 의한 배관도시

관의 입체적 도시는 한 방향에서 본 투영도로 표시하며 배관상태는 다음 기호에 의해 도시한다.

화면에 직각방향으로 배관된 경우의 도시

	정투영도	각도
관 A가 화면에 직각으로 바로 앞쪽으로 올라가 있는 경우	A⊸○ 또는 A⊸⊙	A
관 A가 화면에 직각으로 반대쪽으로 내려가 있는 경우	A⊸○ 또는 A⊸○	A
관 A가 화면에 직각으로 바로 앞쪽으로 올라가 있고 관 B와 접속하고 있는 경우	A⊸○⊸B 또는 A⊸○⊸B	A⊸⟋⟍⊸B
관 A로부터 분기된 관 B가 화면에 직각으로 바로 앞쪽으로 올라가 있으며 구부러져 있는 경우	A⊸○⊸ B 아래 또는 A⊸○⊸ B 아래	A, B
관 A로부터 분기된 관 B가 화면에 직각으로 반대쪽으로 내려가 있고 구부러져 있는 경우	A⊸⌒⊸ B 아래 또는 A⊸○⊸ B 아래	A, B

1. 배관의 일부분을 인출하여 작도한 그림으로 스풀도라고도 하는 것은? [기출문제]
① 평면 배관도 ② 입면 배관도
③ 입체 배관도 ④ 부분 조립도

2. 배관 도면에서 약어 표시에 관한 설명 중 틀린 것은? [기출문제]
① 포장된 지표면을 기준으로 하여 장치의 높이를 표시할 때의 약어는 GL이다.
② 1층의 바닥면을 기준으로 한 높이 표시 약어는 FL이다.
③ 배관 도면의 중심선을 표시하는 약어는 CL이다.
④ 배관의 높이를 관의 중심을 기준으로 할 때는 BOP로 표시한다.

[해설] 배관의 높이를 관의 중심을 기준으로 할 때는 EL로 표시한다.

3. 다음은 배관 도면상의 치수 표시법에 관한 설명이다. 잘못된 것은?
① 관은 일반적으로 한 개의 선으로 그린다.
② 치수는 mm를 단위로 하여 표시한다.
③ 배관 높이를 관의 중심을 기준으로 하여 표시할 때는 GL로 나타낸다.
④ 지름이 서로 다른 관의 높이를 표시할 때 관 외경의 아랫면까지를 기준으로 하여 표시하는 EL법을 BOP라 한다.

4. 높이 표시법에서 관 외경의 윗면을 기준으로 할 경우 옳게 도면에 표시한 것은?

[해설] 배관의 높이 표시 기호 중 TOP(top of pipe)는 관 외경의 윗면을 기준으로 하여 표시하는 방법으로 가구류, 건물의 보 밑면을 이용하여 관을 지지할 때 또는 지하에 매설 배관 시 관의 윗면의 높이를 정확하게 밝힐 필요가 있을 때 이용된다.

5. 파이프 속을 흐르는 유체가 가스임을 가리키는 기호는?

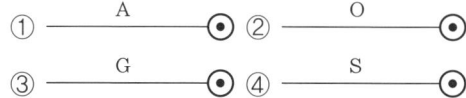

6. 다음 관의 종류 및 굵기에 대한 표시 중 옳은 것은?

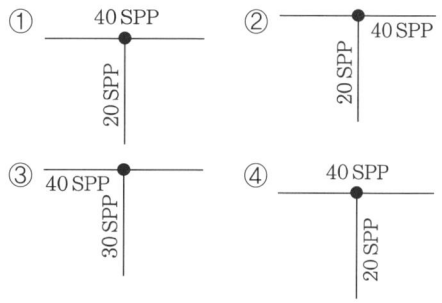

7. 다음 파이프 도시 기호에서 접속하지 않고 있는 상태는?

8. 파이프 A가 앞에서 도면 직각으로 굽혀 파

정답 1. ④ 2. ④ 3. ③ 4. ① 5. ③ 6. ① 7. ② 8. ②

이프 B에 접속되는 경우의 도시 기호는?

① ─A─B────⊙
② ──A──○──B──
③ ──A──⊙──B──
④ ──A B──○──

9. 파이프의 접속 상태 표시 중 파이프 A가 앞쪽으로 수직으로 구부러질 때의 배관 도시 기호는?

① A│   ② ──A──⊙
③ ──A──○   ④ ──A──○

10. 다음 도시 기호 중에 가는 T의 기호는?

① ──○─┤┤   ② ├──○──
③ ──○──   ④ ├──⊙──

11. 다음 파이프 이음을 도시한 것 중 틀린 것은?

① 일반형 : ───┼───
② 플랜지형 : ───┤┤───
③ 턱걸이형 : ─────┤
④ 유니언형 : ──┤┼┤──

12. 다음 그림 중 나사 이음 90° 엘보는?

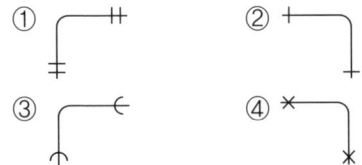

13. 용접 접합의 tee를 나타낸 것은?

① 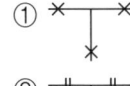   ② (도면)
③    ④ (도면)

14. 다음 신축 조인트의 도면 기호 중 잘못된 것은?

① 루프형 : ⌒
② 스위블형 : ┘┐
③ 슬리브형 : ◇
④ 벨로스형 : ─⋈─

15. 오는 엘보를 나사 이음으로 표시한 것은?

① ⊙──   ② ○─┤┤
③ ○──   ④ ⊙──✕

해설 ②는 가는 엘보의 플랜지 이음, ③은 가는 엘보의 나사 이음, ④는 오는 엘보의 용접 이음을 나타낸다.

16. 가는 티의 플랜지 이음을 나타낸 기호는?

① ┤┤─⊙─   ② ──⊙─┤┤
③ ┤┤─○─┤┤   ④ ─○─○─

17. 다음 KS 배관 도시 기호 중 글로브 밸브 플랜지 이음을 표시한 것은? [기출문제]

① ─┤⋈├─   ② ─⋈─
③ 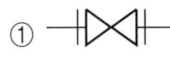   ④ ─⋈─

해설 ①은 슬루스 밸브 플랜지 이음, ②는 슬루스 밸브 나사 이음, ④는 글로브 밸브 나사 이음의 도시 기호이다.

18. 유량 조절용으로 가장 적합한 밸브에 대한 도시 기호로 맞는 것은?

① ─⋈─   ②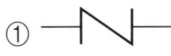
③ 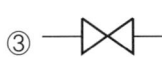   ④

해설 유량 조절용으로 가장 적합한 것은 옥형 밸브이다.

19. 역지 밸브(check valve)의 도면 표시 기호는? [기출문제]

① 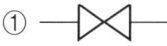 ②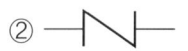
③  ④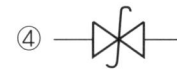

20. 스프링 안전밸브(spring type safety valve)의 도시 기호는? [기출문제]

① 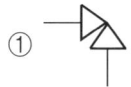 ②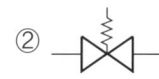
③ 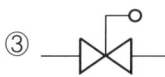 ④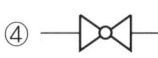

해설 ①은 앵글 밸브, ③은 추 안전밸브, ④는 일반 콕을 나타낸다.

21. "▶◀" 는 무슨 밸브를 말하는가?
① 닫혀 있는 일반 밸브
② 닫혀 있는 콕
③ 열려 있는 밸브
④ 위험 표시의 밸브

22. 잘못 설명된 밸브 도시 기호는?
① 일반 콕 :
② 공기빼기 밸브 :
③ 전자 밸브 :
④ 스프링 안전밸브 :

해설 스프링 안전밸브는 " " 로 표시한다.

23. 압력계 표시 방법으로 옳은 것은?

① 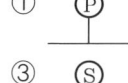 ②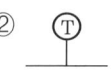
③ 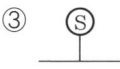 ④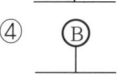

24. 소화관의 도시 기호는?

① ———X——— ② ———·———
③ ———C——— ④ ········

해설 소화관은 —F— 라고 나타내기도 한다.

25. 증기 트랩의 도시 기호는?

①  ②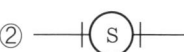
③  ④

해설 ②는 스트레이너(strainer), ③은 기름 분리기(oil separator), ④는 그리스 트랩(grease trap)의 도시 기호이다.

26. 핀 방열기의 도면 기호는?

①  ②
③  ④

해설 ①은 주형 방열기(column radiator), ③은 대류 방열기(convector), ④는 소화전(fire hydrant box)을 표시한다.

27. 바닥 배수구의 도면 기호는?

① M ②
③   ④ ○

해설 ①은 양수기, ②는 하우스 트랩, ④는 기구 배수구의 도면 기호이다.

28. 오리피스 플랜지의 도면 기호는?
① ②

정답 19. ② 20. ② 21. ① 22. ④ 23. ① 24. ① 25. ① 26. ② 27. ③ 28. ①

③ ─┤├─　④ ─┤D

29. 편심 줄이개(essentric reducer)의 나사 이음 도시 기호는?
① ─▷─　② ─▷│
③ ─✕─　④ ─◁○─

30. 다음에서 용접 이음용 안전밸브는?
① ─✕─　② ─┤✕├─
③ ─✕✕✕─　④ ─○✕○─

31. ""는 무엇을 나타내는 기호인가?
① 앵커　② 열교환기
③ 냉각탑　④ 유닛 히터

해설 ①의 앵커는 ─✕─ PA, ③의 냉각탑은 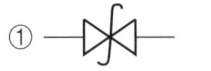, ④의 유닛 히터(평면도)는 ─□▶─ 로 표시한다.

32. KS 배관 도시 기호에서 줄임 플랜지의 표시 방법은? [기출문제]
① ─▷─　② ─┤├─
③ ─│D　④ ─▷│─

33. 다음의 도면 기호가 표시하는 것은?

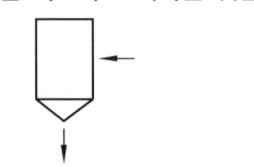

① 분사식 응축기　② 표면 응축기
③ 열교환기　④ 냉각탑

34. 잘못 설명된 도시 기호는?
① 냉각탑: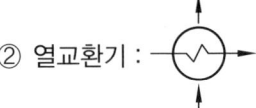
② 열교환기: ─◯\/\─
③ 방열기: □F
④ 오리피스: ─┤│├─

해설 ③은 소화전을 나타내는 기호이다.

35. 다음 도시 기호 중 다이어프램 밸브는?

36. 다음 중 축출기의 도시 기호는? [기출문제]
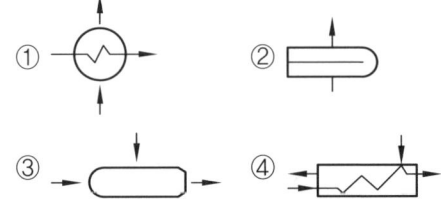

해설 ①은 열교환기 또는 냉각기, ③은 응축기(기압식), ④는 1단식 증발기의 도시 기호이다.

37. 다음 중 스트레이너의 기호는?

38. 다음 중 오는 엘보 턱걸이 이음 기호는?

정답 29. ② 30. ③ 31. ② 32. ④ 33. ① 34. ③ 35. ② 36. ② 37. ② 38. ③

39. 다음 중 밸브 기호가 맞는 것은?
① —▷◁— : 게이트 밸브
② —▷⋀◁— : 안전밸브
③ —▷[S]◁— : 도피 밸브
④ —▷⋁◁— : 콕

40. 다음 중 앵글 밸브의 도시 기호는?
① 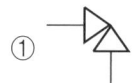 ②
③ 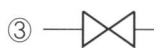 ④

41. 다음 기호에 대한 옳은 설명은?

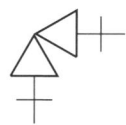

① 슬루스 앵글 밸브(플랜지용)
② 자동 밸브(나사용)
③ 슬루스 앵글 밸브(나사용)
④ 자동 밸브(플랜지용)

42. 다음 밸브의 기호는?

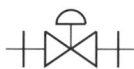

① 다이어프램 나사용 밸브
② 다이어프램 플랜지용 밸브
③ 다이어프램 용접용 밸브
④ 다이어프램 턱걸이용 밸브

43. 다음 그림의 도시 기호는?

① —●—SH ② —■—S
③ —■—SS ④ —●—H

44. 다음 중 오는 티 용접 이음을 표시하는 기호는?
① ―‖―⊙―‖― ② ―×―○―×―
③ ―×―⊙―×― ④ ―‖―○―‖―

45. 다음 그림과 같은 도시 기호는?

　　　　　→×—PA

① 열교환기 ② 앵커
③ 공기제거기 ④ 팽창기

46. 다음 냉난방 도시 기호 중 감압 밸브의 기호 표시는?

47. 증기난방의 응축수관 도시 기호는?
① ───── ② - - - - - -
③ - - ∤ - ∤ - - ④ ──∤──∤──

48. 가는 엘보(turned down elbow)의 플랜지 이음 기호는?
① ◯—‖ ② ◐—∤
③ ⊙—‖ ④ ⊙—∤

해설 ②는 가는 엘보 나사 이음, ③은 오는 엘보 플랜지 이음, ④는 오는 엘보 나사 이음을 표시한다.

49. 다음 중 강제 대류식 냉각장치 기호는?

정답　39. ②　40. ①　41. ①　42. ②　43. ②　44. ③　45. ②　46. ④　47. ③　48. ①　49. ②

해설 ① 핀붙이 냉각장치, 자연 대류식
③ 게이지
④ 고압측 플로트

50. 다음 중 유분리기(oil separator)의 도시 기호는?

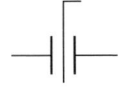

51. 다음 그림의 도시 기호는?

① 슈 ② 행어
③ 평면형 여과막 ④ 증기 가열관

52. 다음 중 플렉시블 호스(flexible hose)의 도시법은?

해설 ① 고압 호스, ② 신축이음, ④ 저압 호스

53. 그림과 같은 기호는?

① 체크 밸브
② 슬루스 앵글 밸브(수평)
③ 슬루스 앵글 밸브(수직)
④ 티

54. 다음 중 공업 배관 도면의 종류에 들어가지 않는 것은?
① 계통도   ② PID
③ 관 장치도 ④ 계략도

55. 모든 관 계통의 계기, 제어기 및 장치기기 등에서 필요한 모든 자료를 도시한 공업 배관 도면을 무엇이라 하는가?
① 계통도   ② PID
③ 관 장치도 ④ 입체도

56. 소켓 용접용 스트레이너의 바른 도시 기호는?

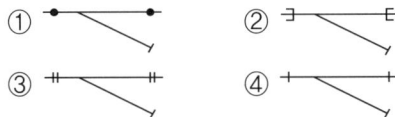

해설 ① 맞대기 용접용, ③ 플랜지용, ④ 나사용

57. 다음 그림의 도시 기호는?

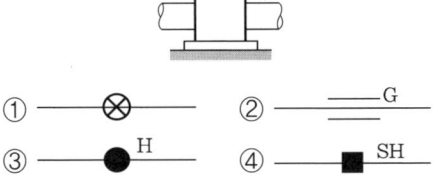

58. 다음 중 파이프 슈의 도시 기호는? [기출문제]

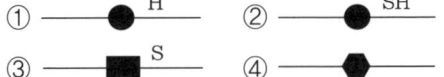

해설 ②는 스프링 행어, ③은 바닥 지지의 도시 기호이다.

59. 다음 관지지 기호와 그림이 일치하지 않는 것은?

정답 50. ① 51. ③ 52. ③ 53. ② 54. ④ 55. ② 56. ② 57. ① 58. ④ 59. ④

① 앵커 :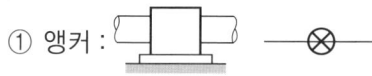

② 가이드 :

③ 슈 :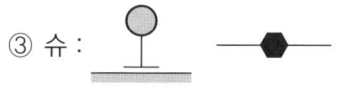

④ 바닥 지지 :

60. 다음 도시 기호로서 나열된 부품 ㉮, ㉯, ㉰, ㉱의 순서에 대한 명칭으로 올바르게 나열된 것은? [기출문제]

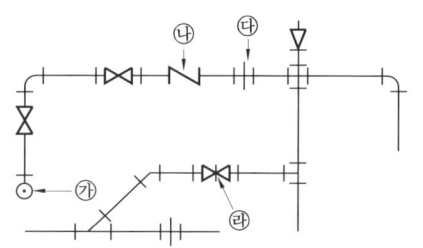

① ㉮ 오는 엘보 – ㉯ 유니언 – ㉰ 체크 밸브 – ㉱ 글로브 밸브
② ㉮ 가는 엘보 – ㉯ 유니언 – ㉰ 체크 밸브 – ㉱ 슬루스 밸브
③ ㉮ 가는 엘보 – ㉯ 체크 밸브 – ㉰ 유니언 – ㉱ 앵글 밸브
④ ㉮ 오는 엘보 – ㉯ 체크 밸브 – ㉰ 유니언 – ㉱ 슬루스 밸브

61. 다음 도시 기호 중 공기 도출 밸브의 기호는? [기출문제]

① 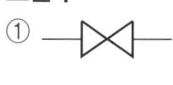   ②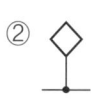

③ 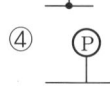   ④ Ⓟ

62. 다음 중 콕 플랜지 이음을 나타내는 것은? [기출문제]

63. 다음에 도시한 관 이음을 나타낸 입체도에서 평면도를 올바르게 표시한 것은? [기출문제]

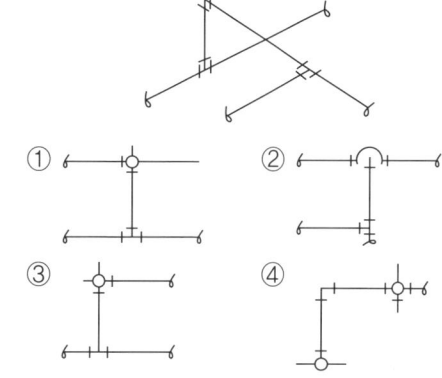

64. 배관도에서 표시하는 기호와 명칭이 잘못 연결된 것은? [기출문제]

① ┥┝ : 유니언
② : 팽창곡관
③ ─✕─ : 배관 고정점
④ : 청소구

65. 포장된 지표면의 최고 높이를 기준으로 하여 장치 높이를 표시한 것은? [기출문제]
① EL   ② GL
③ FL   ④ PL

Chapter 06 용접도면의 해독

1 용접 기호

용접 구조물을 제작할 때 적용되는 용접의 종류, 홈의 형상, 치수, 위치, 표면 상황, 다듬질 방법, 용접 시공상의 주의 사항 등을 제작 도면에 기재하여 제작을 신속 정확하게 하기 위한 목적으로 사용되는 것이 용접 기호(welding symbols)이다.

KS B 0052에서의 용접 기호는 설명선(기선, 지시선, 화살), 기본 용접 기호, 보조 용접 기호, 치수와 용접 방법 등의 자료와 꼬리 부분으로 되어 있다.

다음은 KS B 0052에서 설명하고 있는 용접 기호 및 적용 예를 나타낸 것이다.

1-1 기본 기호

기본 기호

번호	명칭	도시	기호
1	돌출된 모서리를 가진 평판 사이의 맞대기 용접에서 플랜지형 용접(미국)/돌출된 모서리는 완전 용해		八
2	평행(I형) 맞대기 이음 용접		‖
3	V형 홈 맞대기 용접		V
4	일면 개선형 맞대기 용접		V
5	넓은 루트면이 있는 V형 맞대기 이음 용접		Y
6	넓은 루트면이 있는 한 면 개선형 맞대기 용접		Y
7	U형 맞대기 용접(평행면 또는 경사면)		Y
8	J형 맞대기 이음 용접		Y
9	이면 용접		⌣

번호	명칭	그림	기호
10	필릿 용접		△
11	플러그 용접 : 플러그 또는 슬롯 용접		⊓
12	점 용접		○
13	심(seam) 용접		⊖
14	개선 각이 급격한 V형 맞대기 용접		\/
15	개선 각이 급격한 일면 개선형 맞대기 용접		|
16	가장자리(edge) 용접		|||
17	표면 육성		⌒
18	표면(surface) 접합부		=
19	경사 접합부		//
20	겹침 접합부		⊋

1-2 보조 기호

보조 기호

용접부 및 용접부 표면의 형상	기호	용접부 및 용접부 표면의 형상	기호
평면(동일한 면으로 마감 처리)	—	토를 매끄럽게 함	⌣
볼록형	⌢	영구적인 이면 판재(backing strip) 사용	M
오목형	⌣	제거 가능한 이면 판재 사용	MR

1-3 도면상 기호의 위치

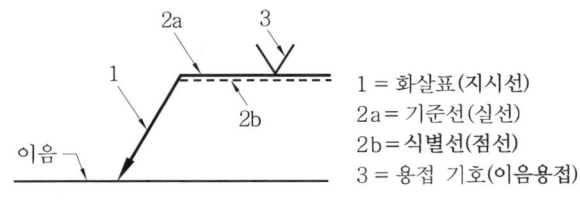

표시 방법

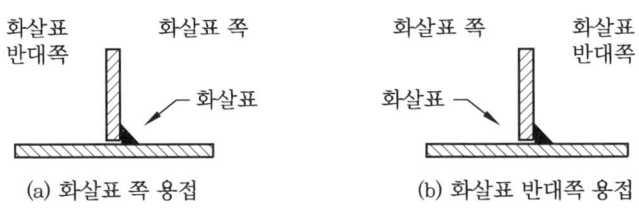

T 이음의 한쪽면 필릿 용접

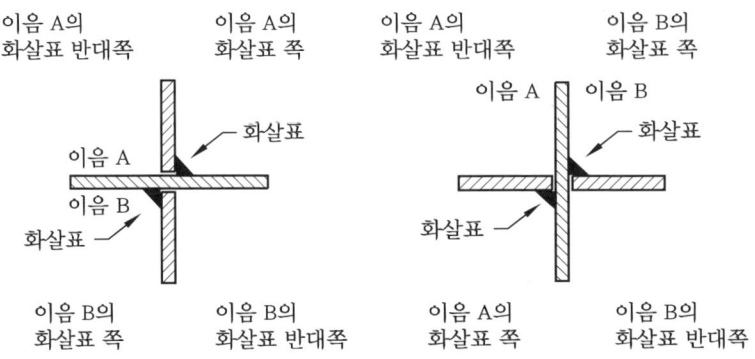

+자 이음의 양면 필릿 용접

예·상·문·제

1. 다음 중 필릿 용접기호는?
① ⊓ ② ◁
③ ⊖ ④ |||

해설 ① 플러그 또는 슬롯 용접
③ 심 용접 ④ 가장자리(edge) 용접

2. 다음 용접기호 중 틀린 것은?
① 이면 용접: ⌣
② 표면 접합부: ══
③ 점 용접: ⊖
④ 겹침 접합부: ⌇

3. 플러그 용접의 도시기호는? [기출문제]

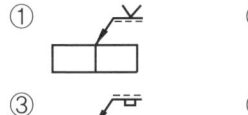

해설 ① V형 용접, ② I형 용접, ④ 일면 개선형 맞대기 용접

4. 다음 용접 보조기호의 표시 중 틀린 것은?
① ⌣ : 오목형
② ⌣ : 토를 매끄럽게 함
③ [MR] : 영구적인 이면 판재
④ ⌢ : 볼록형

해설 ③ 제거 가능한 이면 판재 사용

5. 도면에서 용접기호의 올바른 명칭은 어느 것인가? [기출문제]
① 필릿 용접
② 플러그 용접
③ 점 용접
④ 프로젝션 용접

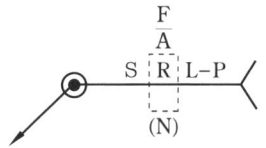

6. 다음 기호에 대한 설명 중 틀린 것은?

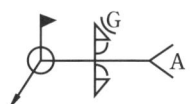

① A : 홈의 각도
② S : 치수 또는 강도
③ N : 점 용접 또는 플러그 용접의 개수
④ R : 홈의 깊이

해설 R : 루트 간격

7. KS 용접기호의 꼬리부분 A에는 무엇을 기입하는가? [기출문제]

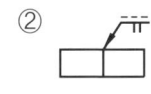

① 단면 치수 또는 강도
② 표면의 모양
③ 필릿 용접의 길이
④ 특별 지시사항

8. 그림의 용접표시 기호에서 L자는 무엇을 표시하는가? [기출문제]

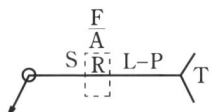

정답 1. ② 2. ③ 3. ③ 4. ③ 5. ② 6. ④ 7. ④ 8. ②

① 루트 간격　② 용접선의 길이
③ 점용접의 수　④ 뜨임용접의 피치

9. 다음의 용접자세 지정에 대한 도시기호를 옳게 설명한 것은? [기출문제]
① 아래보기
② 위보기
③ 수평자세
④ 수직자세

해설 ② OH, ③ H, ④ V

10. 다음 중 V형 맞대기이음 용접으로서 화살표 방향에 그루브 각도 60°, 루트 간격 3 mm, 홈의 깊이 15 mm의 수직자세 용접을 표시한 기호는?

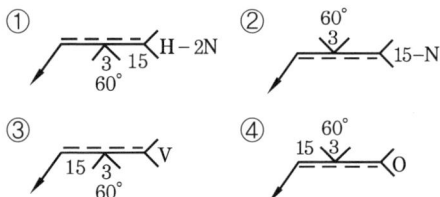

해설 용접부가 이음의 화살표 쪽에 있을 때에는 기호는 실선 쪽의 기준선에 기입하며, 용접부가 이음의 화살표 반대 쪽에 있을 때에는 기호는 파선 쪽에 기입한다.

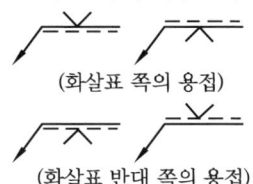
(화살표 쪽의 용접)

(화살표 반대 쪽의 용접)

11. 다음 용접 도면에 관한 설명 중 틀린 것은 어느 것인가? [기출문제]

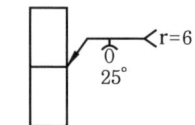

① U형 용접　② 화살표쪽 용접

③ 홈각도 25°　④ 루트 간격 6 mm

해설 ④ 루트 간격은 0 mm이고, 루트 반지름은 6 mm이다.

12. 다음 H형 맞대기이음의 용접기호를 설명한 것 중 틀린 것은? [기출문제]

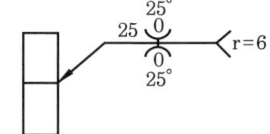

① 홈 깊이 25 mm
② 홈 각도 25°
③ 루트의 반지름 6 mm
④ 용입 깊이 6 mm

해설 ④ 루트 간격 0 mm

13. 다음 용접 도면에 관한 설명으로 틀린 것은?

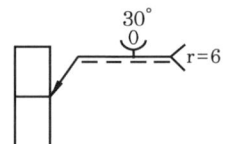

① U형 용접
② 홈 각도 30°
③ 화살표 반대 쪽 용접
④ 루트 반지름 6 mm

해설 기준선은 화살표 쪽 용접 표시, 파선에 표시는 화살표 반대 쪽 용접

14. 다음 도면의 KS 용접기호를 옳게 설명한 것은? [기출문제]

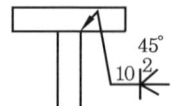

① 필릿 용접으로 홈의 깊이 10 mm, 루트 반지름 2 mm이고, 홈의 각도는 45°이다.

② 필릿 용접으로 홈의 각도 45°, 루트 간격 2 mm이고, 홈의 깊이는 10 mm이다.
③ K형 용접으로 홈의 깊이 10 mm, 루트 반지름 2 mm이고, 홈의 각도는 45°이다.
④ K형 용접으로 홈의 각도 45°, 루트 간격 2 mm이고, 홈의 깊이는 10 mm이다.

15. 다음 제품을 KS 용접기호로 나타낸 것으로 올바른 것은? [기출문제]

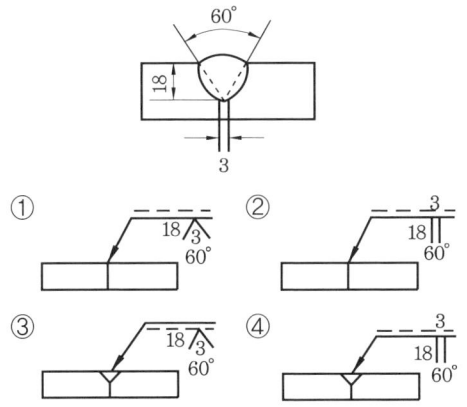

16. 다음 용접기호를 가장 올바르게 표현한 것은 어느 것인가? [기출문제]

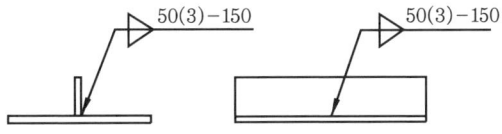

① 용접길이 150 mm, 피치 50 mm, 다리길이 3인 양면 필릿 용접
② 용접길이 50 mm, 피치 3 mm, 전체길이 150 mm인 양면 필릿 용접
③ 용접길이 50 mm, 용접수 3, 피치 150 mm의 양면 필릿 용접
④ 화살쪽 용접길이 50 mm, 반대쪽 3 mm, 피치 150 mm의 양면 필릿 용접

17. 다음 용접기호의 지시 내용을 정확히 해석한 것은? [기출문제]

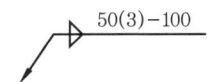

① V형 용접을 나타낸다.
② 100은 용접수를 나타낸 것이다.
③ (3)은 피치를 나타낸 것이다.
④ 50은 용접길이를 나타낸 것이다.

해설 ① 양면 필릿 용접, ② 피치, ③ 용접 수

18. V형 용접으로 화살표 방향으로서 홈깊이가 16 mm, 홈각도가 60°, 루트 간격이 2 mm인 용접기호는?

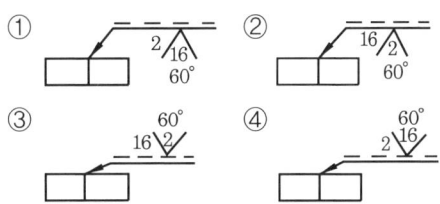

19. 다음 그림과 같은 용접이 필요한 경우 도면에서는 어떤 기호로 표시하는가? [기출문제]

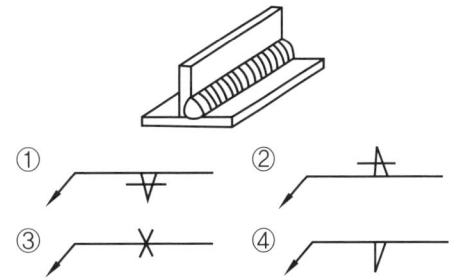

20. 다음 그림에 나타나는 용접기호의 실형은 어느 것인가? [기출문제]

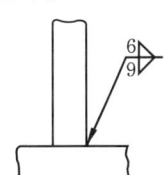

정답 15. ① 16. ③ 17. ④ 18. ② 19. ④ 20. ①

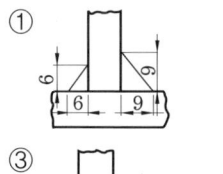 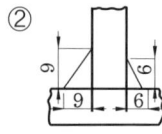
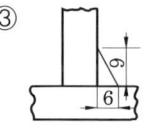 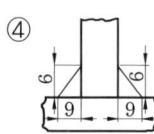

21. 용기를 다음 그림과 같이 놓고 용접을 할 때 용접기호가 틀린 것은?

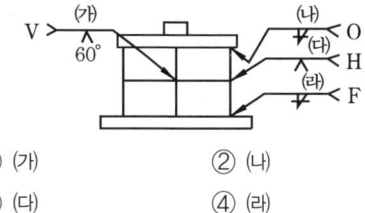

① (가) ② (나)
③ (다) ④ (라)

22. 용접부 방사선 투과 시험기호가 RT-W 로 표시된 경우 올바른 해석은? [기출문제]
① 경사각 투과시험   ② 형광 투과촬영
③ 비형광 투과시험   ④ 이중벽 촬영

해설 용접부 비파괴시험 기호

비파괴시험	방사선 투과시험	일반	RT
		2중벽 촬영	RT-W
	초음파 탐상시험	일반	UT
		수직탐상	UT-N
		경사각탐상	UT-A
	자기분말 탐상시험	일반	MT
		형광탐상	MT-F
	침투 탐상시험	일반	PT
		형광탐상	PT-F
		비형광탐상	PT-D
	전체선시험		○
	부분시험 (샘플링 시험)		△

일반적으로는 용접부에 방사선 투과시험 등 각 시험 방법을 표시할 뿐 내용을 표시하지 않을 경우, 각 기호 이외의 시험에 대하여는 필요에 따라 적당한 표시를 할 수 있다.
[보기]
• 누설 시험 LT
• 변형측정시험 ST
• 육안시험 VT
• 어코스틱 에미션 시험 AET
• 와류탐상시험 ET

각 시험의 기호 뒤에 붙인다.

23. 다음은 용접부 비파괴 보조기호를 열거한 것이다. 틀린 것은? [기출문제]
① N : 경사각 탐상
② S : 한쪽면 탐상
③ B : 양쪽면 탐상
④ F : 형광 탐상

해설 ① 경사각 탐상은 A로 표시한다.

24. 용접부 침투 탐상시험의 일반적인 경우를 나타내는 기호는? [기출문제]

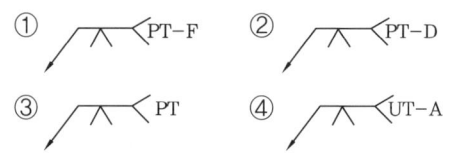

해설 ① 형광 침투 탐상시험
② 비형광 침투 탐상시험
④ 경사각 초음파 탐상시험

25. 용접부에 PT-F로 표시된 비파괴시험 기호의 해독으로 올바른 것은? [기출문제]

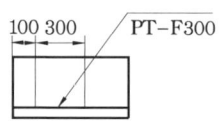

① 자분 탐상시험이다.
② 초음파 탐상시험이다.
③ 와전류 탐상시험이다.
④ 형광 침투 탐상시험이다.

해설 ① MT, ② UT, ③ ET

26. 다음 용접부 비파괴시험 기호 중 와류 탐상시험에 대한 기호를 옳게 나타낸 것은 어느 것인가? [기출문제]
① RT   ② ET
③ LT   ④ VT

Chapter 07 기타 관련 도면 해독

1. 판금 및 제관 도면 해독

입체의 표면을 한 평면 위에 펼쳐 놓은 도형을 전개도라 하며 각 면의 모양, 면적, 수 등의 관계를 알 수 있고 다음과 같은 순서로 그린다.

① 간단하고 실형, 실장이 나타나는 것으로 투영도를 그린다.
② 몇 개의 면으로 되었는가 생각한다.
③ 어떻게 전개하는 것이 좋은가 생각한다.
④ 실장이 없을 경우 실장을 구한다.
⑤ 전개도를 그린다.

1-1 전개법의 종류 및 방법

(1) 평행 전개법

능선이나 직선 면소에 직각방향으로 전개하는 방법이며, 능선이나 면소는 실제길이 이고 서로 나란하다.

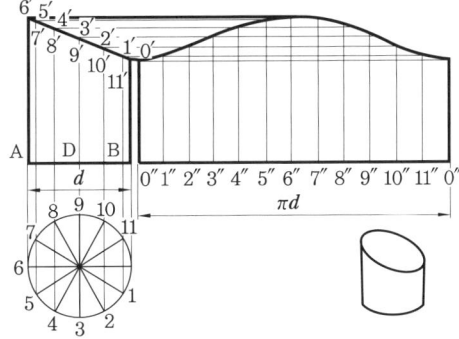

평행 전개법

(2) 방사선 전개법

각뿔이나 원뿔 등 꼭짓점을 중심으로 방사상으로 전개한다(측면의 이등변 삼각형의 실장은 입면도에, 밑면의 실장은 평면도에 나타난다).

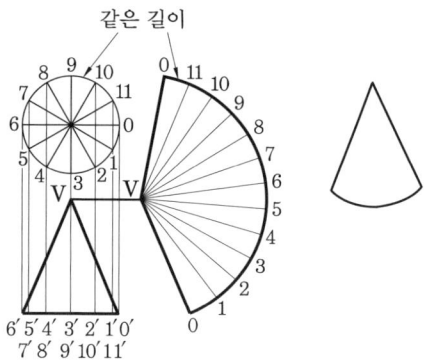

방사선 전개법

(3) 삼각형 전개법

입체의 표면을 몇 개의 삼각형으로 분할하여 전개도를 그리는 방법이며, 원뿔에서 꼭짓점이 지면 외에 나가거나 또는 큰 컴퍼스가 없을 때는 두 원의 등분선을 서로 연결하여 사변형을 만들고 대각선을 그어 두 개의 삼각형으로 이등분하여 작도한다.

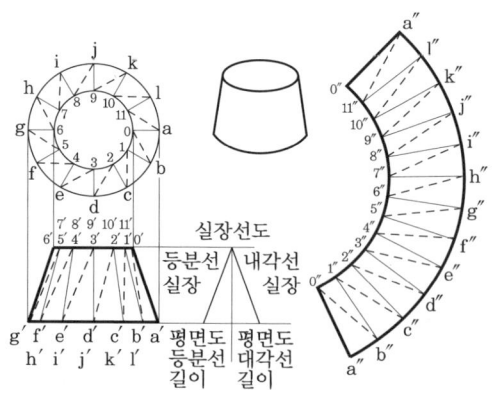

삼각형 전개법

2 덕트의 기본 기호

2-1 • 덕트의 기본 기호

기호 형태	해 설	기호 형태	해 설
	덕트 구조의 교체점	V.D	풍량 조절 댐퍼
S.T	소음 제거기	D	기울어져 내려감
	내부 보온 혹은 소음방지제 사용덕트	A.D	점검문
	수평형 가열기	S.D	공기 배분 댐퍼
	흡기 덕트의 단면	F.D 벽	방화댐퍼
H.C	가열 코일	F.O.B	아래쪽이 평평함
	배기 덕트의 단면		신축관 이음
200×120	덕트의 폭(200)과 높이(120)	M.O.D	모터 구동형 자동 댐퍼
R	기울어져 올라감	B.D.D	역류 방지용 댐퍼
	공기의 진행 방향		방연 댐퍼
FOT	위쪽이 평평함		각형 디퓨저
	환기 덕트의 단면		안내날개
	거위목 후드	L.A.C	국부 냉각기
L	루버	H.U	급습기
	원형 디퓨저	E.T	공기 추출기

기호 형태	해 설	기호 형태	해 설
	냉각기 또는 열교환기	200×100 S.G / 700 C.F.M	폭 200×100의 흡기그릴 분당용량
T.U	터미널 유닛	F.R	자동형 롤 여과기
E.H.C	전기식 가열 코일	∅	원형 턱트 지름
	천장형 가열기	3/F	지지물 번호 지지물 형태
	축류형 송풍기		캔버스 이음
T	자동 온도 조절기		배기 갤러리
	외기 흡입 덕트		흡기덕트 내려감
C.C	냉각 코일	D.G	도어 그릴
	원심력 송풍기		배기덕트 내려감
F.R	여과기	200×100 S.R / 700 C.F.M	급기 레지스터
	덕트 플랜지 연결		벽면 배기 입구
	후드		이형관 연결부
L	덕트 기밀 시험		게이지
	자동 배풍기		냉각탑
ST	엘보의 직선부	S	소음기
	환기덕트 내려감	T.O.D / S.O.D	덕트의 상부 덕트의 하부

3 철골구조물 도면의 해독

3-1 철골구조 치수기입 일반법칙(KS B 001, KS B 005 기준)

① 치수는 특별히 명시하지 않는 한 가공 완성 치수를 표기한다. 필요시에는 공정상의 치수를 표기하여도 좋으며, 이 경우 어떤 공정상의 치수임을 표시하여야 한다.
② 치수의 단위는 mm이며 각도는 '도'로 표시하고 필요시에는 '분', '초'를 치수의 오른쪽 어깨에 부호로 나타낸다. 예 90°, 2.5°, 3′21″, 0°15′, 6°20′5″
③ 치수의 기입에 있어서 소수점은 밑에 찍고, 자릿수가 많은 경우에도 3자리마다 콤마를 찍지 않는다. 예 125.35, 12.00, 12120
④ 치수는 모양 및 위치를 가장 명확하게 표시하는 데 필요하고도 충분하게 하고, 되도록 중복을 피하며, 또한 계산하지 않고서도 알 수 있게 기입한다. 다만, 대체로 관련되는 도면에 있어서는 어느 정도 중복을 하여도 된다.
⑤ 치수는 될 수 있는 한 정면도에 집중하도록 하고, 모든 치수는 도면의 아래와 우측에서 읽을 수 있도록 한다. (치수 기입 집중순서는 정면도, 측면도, 평면도 순으로 한다).
⑥ 치수선은 되도록 물체를 표시하는 투상도의 외부에 그어서 치수를 기입하여 도면의 복잡성을 피하고 독해하는 데 편리하도록 한다.

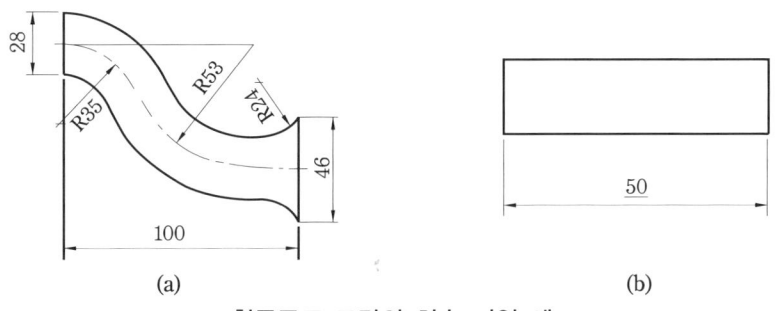

철골구조 도면의 치수 기입 예

⑦ 비례척에 따르지 않는 치수는 숫자 밑에 밑줄을 그어서 비례가 아님을 표시한다〔그림 (b)〕.
⑧ 단독으로 쓰이는 숫자 중 6과 9, 66과 99의 구별을 위하여 숫자의 오른쪽 밑에 점을 찍는다. 예 6., 9., 66., 99.
⑨ 중심선으로서 대칭물의 반쪽만을 표시하는 도면의 치수선은 그 중심선을 지나 연장함을 원칙으로 한다. 다만, 모양이 큰 것, 또는 다수의 지름의 치수를 기입할 때에는 치수선의 길이를 규정보다 짧게 할 수 있다.
⑩ 도면이 복잡할 경우 전체 치수를 기입할 수 없을 때에는 치수선을 짧게 한다.

⑪ 치수보조선 작도 시에는 투상도의 외형선으로부터 1 mm 정도 띄어서 긋고 치수선의 화살표를 지나 약 3 mm까지 긋는다.
⑫ 현, 호, 각도의 치수 기입방법

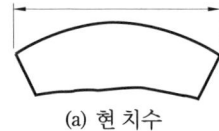
(a) 현 치수

(b) 호 치수

(c) 각도 치수

현, 호, 각도의 치수 기입법

⑬ 치수는 일직선상으로 기입한다.

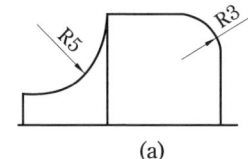
(a)

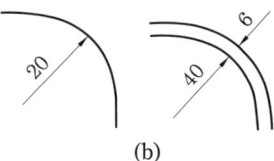
(b)

⑭ 치수 숫자와 함께 사용하는 기호와 기입방법
　㈎ 지름의 기호 : ϕ
　　 정사각형의 기호 : □ ┤ 치수 숫자 앞에 쓴다.
　　 예 ϕ 20, □ 4
　㈏ 구면의 기호 : '구면'이라고 쓴 다음 'ϕ'나 R 기호 기입
　　 반지름의 기호 : R
　　 단, 치수선을 원호의 중심점까지 그을 때에는 기호 생략
　㈐ 45° 모서리 기호 : C (chamfering)
　㈑ 리벳의 피치 표시기호 : P
　　 예 P≒21 (피치가 약 21 mm)
　　　 피치원을 몇 등분이라고 기입하는 경우도 있다.
⑮ 곡선은 원호의 반지름과 그 중심선 또는 원호의 접선의 위치로서 표시한다.
⑯ 모따기의 치수 기입은 부품의 길이 방향으로 잰 값을 기입한다.
⑰ 각도 기입은 다음 그림과 같이 한다.

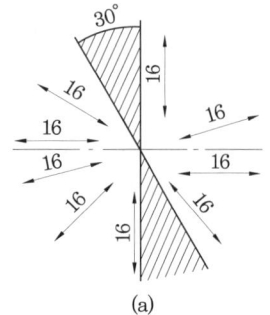
(a)

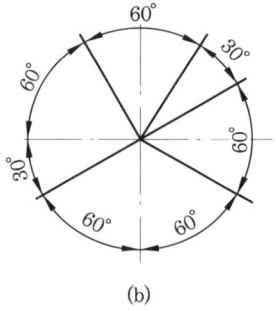
(b)

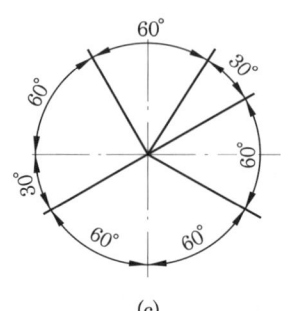
(c)

⑱ 드릴 구멍(리머를 사용할 때를 포함) : 펀칭 구멍 등의 구별을 표시할 필요가 있을 때에는 치수에 그 구별을 첨가하는 것을 원칙으로 한다.

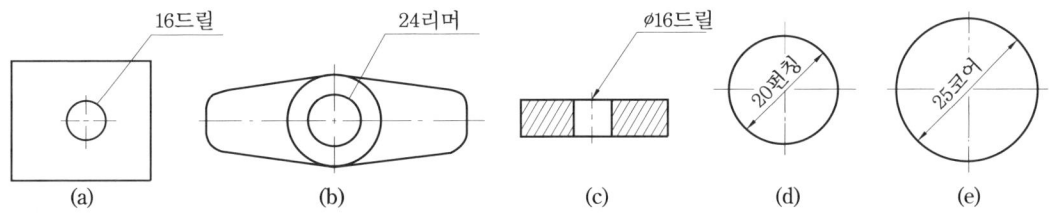

3-2 ● 철골구조물 형강의 종별기호 및 표시방법

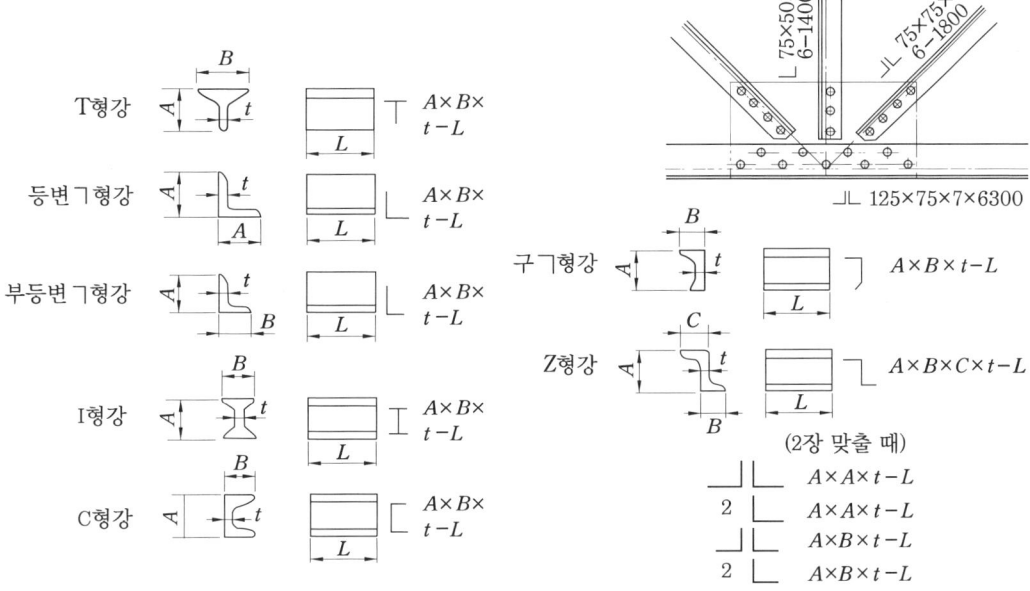

3-3 ● 철골구조의 볼트·너트·리벳 표시방법

① 볼트 구멍, 작은나사 구멍, 핀 구멍 등의 치수는 구멍에서 지시선을 그어 그 총수를 표시하는 숫자 다음에 기입하되 그 사이에 짧은 선을 넣는다.

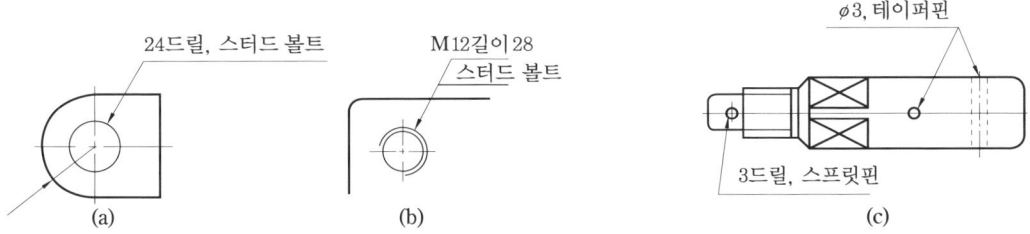

② 동일 간격으로 연속되는 같은 종류의 구멍의 배치 치수는 그림에 따른다.

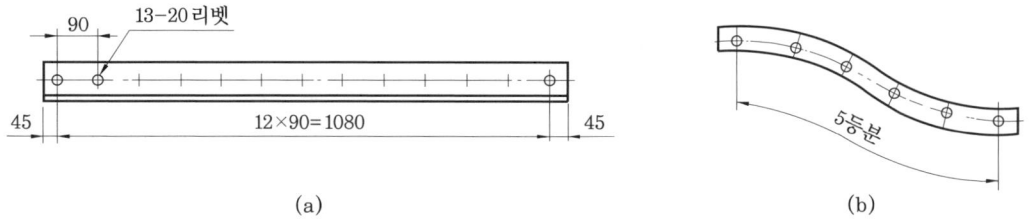

③ 리벳 이음에 대한 치수 기입법은 그림에 따르는 것을 원칙으로 한다.

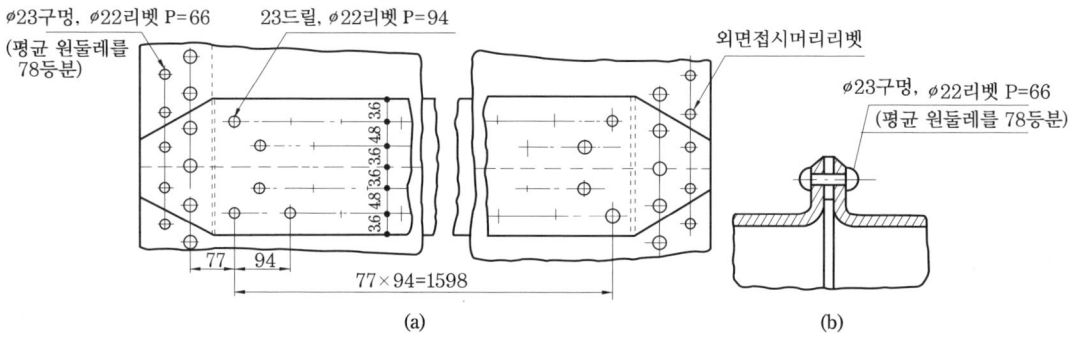

④ 얇은 판, 형강 등의 단면은 선으로써 도시할 수 있다.
⑤ 평판 또는 형강의 단면 치수는 나비×두께×길이 등으로 표시한다(KS 규격의 제도 통칙 형강 종별기호 표시법 참조).
⑥ 리벳은 길이 방향으로 절단하여 단면 도시하지 않는다.

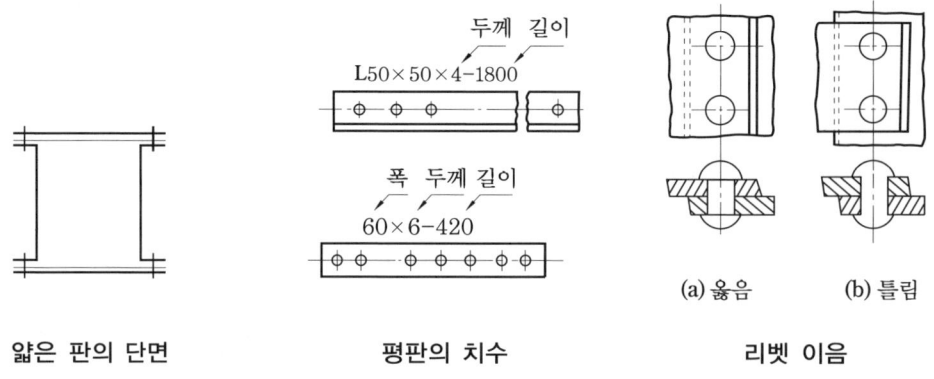

⑦ 구조물에 쓰여지는 리벳은 기호로써 표시한다.

종 별		둥근머리 리벳	접시머리 리벳					납작머리 리벳			둥근접시머리 리벳		
기호 화살표 방향에서 봄	공장 리벳	○	⊙	⊙	∅	⊙	∅	⊘	⊘	⊘	⊗	⊙	⊗
	현장 리벳	●	⊙	⊙	●	●	●	●	●	●	●	●	●

⑧ 철골구조와 건축구조물의 구조도에는 치수선을 생략하고 구조물을 표시한 그림의 한쪽에 나란히 치수를 기입한다.

⑨ 리벳 이음 표시 방법은 다음 그림과 같다.

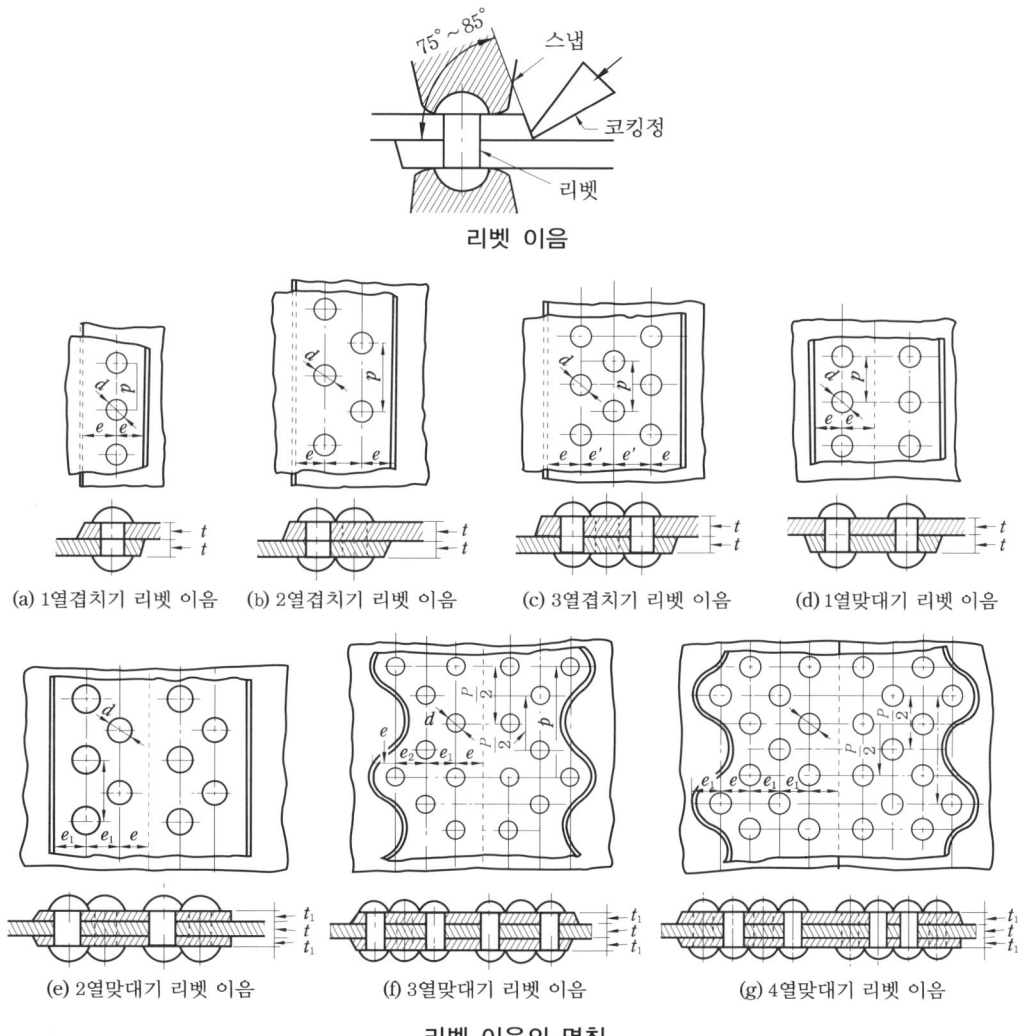

리벳 이음

(a) 1열겹치기 리벳 이음 (b) 2열겹치기 리벳 이음 (c) 3열겹치기 리벳 이음 (d) 1열맞대기 리벳 이음

(e) 2열맞대기 리벳 이음 (f) 3열맞대기 리벳 이음 (g) 4열맞대기 리벳 이음

리벳 이음의 명칭

예·상·문·제

1. 제관작업 시 강판재료를 절단하기 위하여 다음 도면 중 가장 필요한 도면은? [기출문제]
① 조립도 ② 전개도
③ 배관도 ④ 공정도

해설 ② 전개도란 입체의 표면을 한 평면 위에 펼쳐서 그린 것이다.

2. 판금작업 중 전개도를 그리는 방법으로 옳지 않은 것은? [기출문제]
① 삼각형법 ② 사각형법
③ 평행선법 ④ 방사선법

해설 전개도를 그리는 방법으로는 삼각형법, 평행선법 및 방사선법 등이 있다.

3. 강관을 사용하여 동심 T(tee) 분기관을 전개법에 의해 제작하려 한다. 가장 적합한 전개방식은? [기출문제]
① 삼각 전개법 ② 평행 전개법
③ 방사선 전개법 ④ 사다리 전개법

해설 관, 기둥 등은 많은 평행선으로 이루어진 것이므로 평행선법을 이용하여 전개하는 것이 가장 편리하다.

4. 다음 그림과 같은 2편 엘보의 전개도로 옳은 것은? [기출문제]

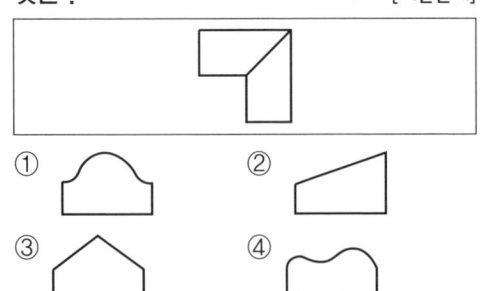

5. 다음 중 비스듬히 잘린 사각뿔 모형에 대한 올바른 전개도는? [기출문제]

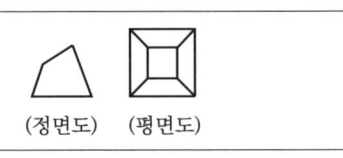

6. 그림과 같은 원추모양을 전개하려고 한다. 다음 중 적당한 방법은? [기출문제]
① 평행선법
② 방사선법
③ 삼각형법
④ 종합선법

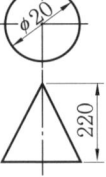

7. 판금 전개도에서 상관선의 설명으로 가장 적합한 것은? [기출문제]
① 상관체에서 입체가 만난 경계선
② 전개도에서 용접을 하여야 하는 선
③ 원통과 각기둥이 만난 경계선
④ 정면도와 평면도의 투상선

8. 다음 중 전개도를 그리는 데 가장 중요한 것은? [기출문제]
① 투상 ② 축척도
③ 투영도 ④ 각부의 실제길이

9. 다음 그림 중 각뿔의 전개에서 모서리의 실

정답 1. ② 2. ② 3. ② 4. ① 5. ③ 6. ② 7. ① 8. ④ 9. ②

제길이를 구하는 방법으로 옳은 것은 어느 것인가? [기출문제]

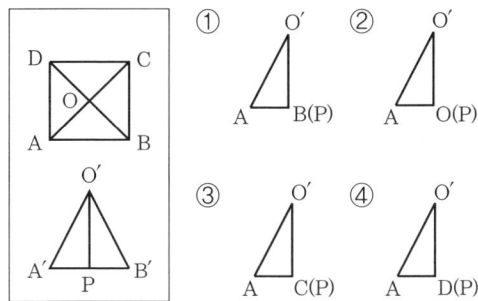

10. 도면에서 '5-7 드릴'이라고 기입되어 있다. 어떻게 하라는 뜻인가? [기출문제]
① 지름이 7 mm 되는 드릴로 구멍을 5개 뚫는다.
② 지름이 5 mm 되는 구멍을 드릴로서 뚫는다.
③ 지름이 5 mm 되는 드릴로 구멍을 깊이가 7 mm 되게 뚫는다.
④ 지름이 7 mm 되는 드릴로 깊이가 5 mm 되게 뚫는다.

11. 다음은 철골구조 도면에 표시하는 약호를 설명한 것이다. 잘못된 것은?
① 지름 : ϕ ② 정사각형 : □
③ 45° 모서리 : 45 R ④ 리벳의 피치 : P
해설 45° 모서리는 C(chamfering)로 나타낸다.

12. 다음 그림과 같은 I 형강의 기호와 치수 표시법이 맞는 것은 어느 것인가?(단, 길이는 L이다.) [기출문제]

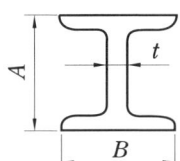

① $It \times B \times A - L$ ② $IA \times B \times t - L$
③ $IB \times A \times t - L$ ④ $IB \times A \times t \times L$

13. 다음 그림과 같은 L형강의 기호와 치수 표시법이 맞는 것은?(단, 길이는 L)
① $A \times t - L$
② $LA \times B \times \left(\dfrac{t_1}{t_2}\right) - L$
③ $LA \times B \times t - L$
④ $IA \times B \times t - L$

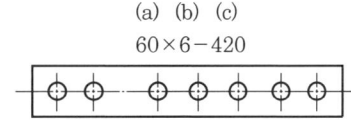

해설 ① 평강, ② 두께가 다른 L형강, ④ I형강

14. 다음은 평판의 치수를 도면에 나타낸 것이다. 도면의 (a)×(b)-(c)가 나타내는 뜻은 무엇인가?

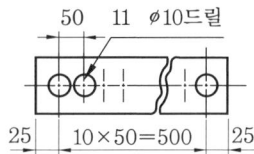

① 길이×폭 – 높이
② 두께×길이 – 구멍크기
③ 구멍수×두께 – 길이
④ 폭×두께 – 길이

15. 다음 도면의 치수 기입에 대한 설명 중 틀린 것은?

① 구멍의 수는 11개이다.
② 구멍의 지름은 10 mm이다.
③ 전체 길이는 600 mm이다.
④ 구멍 사이의 피치는 50 mm이다.
해설 ③ 전체 길이는 550 mm이다.

정답 10. ① 11. ③ 12. ② 13. ③ 14. ④ 15. ③

16. 다음 그림에서 A의 길이는 얼마인가?

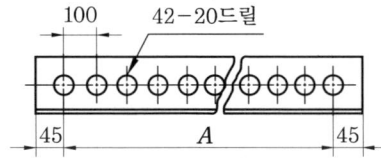

① $A = 4200$ mm
② $A = 4100$ mm
③ $A = 4300$ mm
④ $A = 4500$ mm

해설 $A = 41 \times 100 = 4100$ mm

17. 다음 그림에서 A부의 길이치수로 가장 적합한 것은? [기출문제]

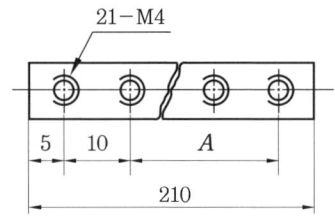

① 185 ② 190
③ 195 ④ 200

해설 $A = 20 \times 10 - 10 = 190$ mm

18. 다음 그림에서 A와 B에 맞는 수는 어느 것인가? [기출문제]

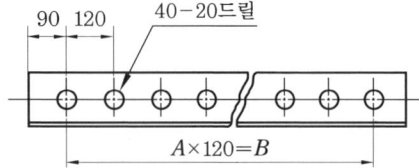

① $A : 39$, $B : 4680$
② $A : 40$, $B : 4680$
③ $A : 40$, $B : 4800$
④ $A : 39$, $B : 4800$

해설 $B = A \times 120 = 39 \times 120 = 4680$ mm

19. 다음은 철골구조보의 이음에 대한 도면의 일부이다. ※(?)의 부재 명칭은? [기출문제]

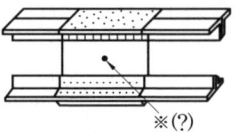

① 웨브 덧판(web plate)
② 플랜지 덧판(flange plate)
③ 커버 판(cover plate)
④ 거싯 판(gusset plate)

20. 배관의 지지용 서포트(support)로 사용하기 위해 다음 그림과 같은 모양의 45° 앵글 브래킷(45° angle bracket)을 만들고자 한다. A와 B의 길이를 500 mm로 하려면 부재 C의 길이(mm)는? [기출문제]

① 500 mm
② 628 mm
③ 707 mm
④ 1000 mm

해설 $A = B$
$C = A \times 1.414 = 500 \times 1.414 = 707$ mm

21. 다음 그림과 같이 정사각뿔의 중심에 직립하는 원통과 접속부의 정면도 상관선으로 가장 적합한 것은? [기출문제]

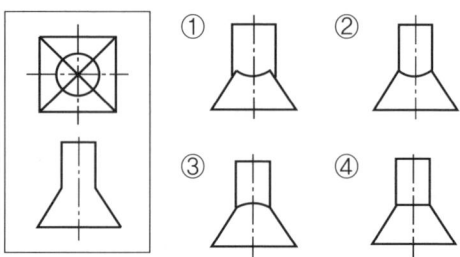

22. 다음 그림은 모두 지름이 같은 원통의 상관체이다. 상관선이 틀린 것은? [기출문제]

정답 16. ② 17. ② 18. ① 19. ② 20. ③ 21. ② 22. ②

①  ②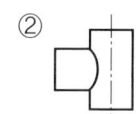

③ 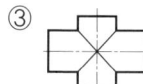 ④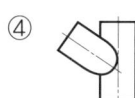

23. 곡률 반지름 $R = 300$ mm인 3편 마이터 A와 B의 중심선간 길이를 구하면?

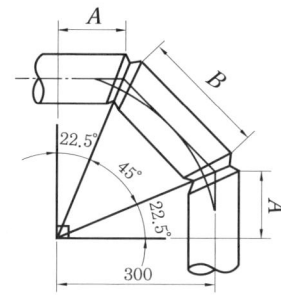

① A : 124, B : 248   ② A : 150, B : 300
③ $A = B$: 248   ④ A : 248, B : 124

해설 절단각 α
$$= \frac{90}{2(n-1)} = \frac{90}{2(3-1)} = 22.5°$$
$\tan 22.5° = 0.4142$에서
$A = 300 \times 0.4142 = 124$ mm
$B = A \times 2 = 124 \times 2 = 248$ mm

24. 절단각을 22.5°로 해서 강관을 절단하여 90°로 용접이음하면 몇 조각의 곡관이 될까?
① 3조각   ② 2조각
③ 4조각   ④ 5조각

해설 적용공식 : $\theta = \dfrac{90}{2(n-1)}$
위 식에서 θ는 절단각, n은 절단조각수
그러므로 $22.5 = \dfrac{90}{2(n-1)}$
$2(n-1) \times 22.5 = 90$, $45n = 90 + 45$
$n = \dfrac{135}{45}$
∴ $n = 3$ 조각

25. 다음은 4편 엘보이다. 점 O에서 n은 몇 도인가?   [기출문제]

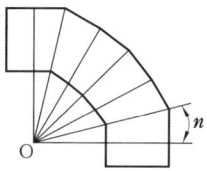

① 10°   ② 15°
③ 20°   ④ 25°

해설 절단각 $= \dfrac{중심각}{2(편수-1)} = \dfrac{90°}{2(4-1)} = 15°$

26. 다음 중 5편 엘보의 절단각은 얼마인가? (단, 90°일 경우)
① 22.5°   ② 11.25°
③ 15°   ④ 45°

해설 3편 엘보 절단각
$$= \frac{중심각}{2(3편-1)} = \frac{90}{2(3-1)} = 22.5°$$
4편 엘보 절단각
$$= \frac{중심각}{2(4편-1)} = \frac{90}{2(4-1)} = 15°$$
5편 엘보 절단각
$$= \frac{중심각}{2(5편-1)} = \frac{90}{2(5-1)} = 11.25°$$

27. 다음 중 외기흡입 덕트의 기호는?

해설 ① 후드, ② 소음기, ④ 천장형 가열기

28. 다음 그림과 같은 도면의 기호는?
① 배기 덕트의 단면
② 흡기 덕트의 단면
③ 환기 덕트의 단면

④ 자동온도 조절기

해설 ① ◻︎╱ ③ ◻︎╲ ④ Ⓣ

29. 다음의 도시기호는 무엇을 나타내는 것인가? [기출문제]
① 자동배풍기
② 점검구
③ 공기조절용 덕트
④ 방화 댐퍼

30. 다음 덕트의 기호 중 천장배기구를 나타내는 것은? [기출문제]

31. 공기조화 설비용 덕트를 제작할 때 이용되는 철판의 이음방법 중 스탠딩 심(standing seam)은 다음 중 어느 것인가? [기출문제]

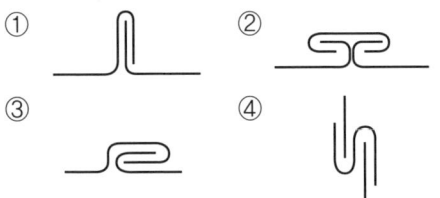

해설 ② 드라이브 슬립 심(drive slip seam)
③ 애크미 로크(acme lock) 또는 그루브 심(groove seam)
④ 플레인 'S' 슬립 심(plain 'S' slip seam)

32. 다음은 철골구조물 도면에 치수 기입 시의 일반사항을 열거한 것이다. 잘못된 것은 어느 것인가? [기출문제]
① 치수는 특별히 명시하지 않는 한 가공 완성치수를 표기한다.
② 치수단위는 mm로 기록함이 원칙이다.
③ 치수기입 집중순서는 평면도, 정면도, 측면도의 순으로 한다.
④ 비례척에 따르지 않는 치수는 숫자 밑에 밑줄을 그어서 비례가 아님을 표시한다.

해설 치수는 될 수 있는 대로 정면도에 집중시켜 나타낸다.

33. 다음에 철골구조물의 도면표시 예를 실제로 도시하였다. 잘못된 것은?
① L형강의 치수 표시

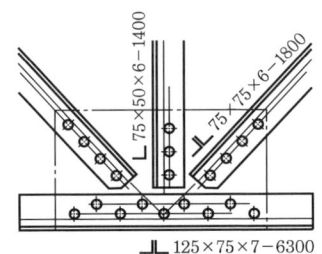

② 얇은 판의 단면 표시

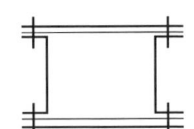

③ 비례척이 아님을 표시

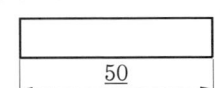

④ 현의 치수를 표시

해설 ④ 현의 치수

34. 규격부품인 리벳의 호칭이 냉간 둥근머리 리벳 13×15 SU 34일 때의 설명 중 올바른 것은? [기출문제]
① 리벳 호칭지름이 13 mm이고, 리벳 길이

가 15 mm이다.
② 리벳 구멍지름이 13 mm, 리벳 수량이 15개이다.
③ 리벳 호칭지름이 13 mm이고, 구멍 지름이 15 mm이다.
④ 리벳 호칭지름이 15 mm이고, 리벳 수량이 13개이다.

35. 다음 중 전체 길이로 리벳의 호칭길이를 표시하는 리벳은? [기출문제]
① 얇은 납작머리 리벳
② 접시머리 리벳
③ 소형 둥근머리 리벳
④ 냄비머리 리벳

36. 다음 리벳의 표시기호 중 접시머리 리벳으로서 현장용 리벳을 나타낸 것은? [기출문제]

① ○ ② ⊙
③ ⌀ ④ ⌀(with slash)

37. 리벳의 기호 중 양면 납작머리 공장 리벳 이음의 기호는? [기출문제]

① ◎ ② ●
③ ⊗ ④ ⌀

38. 리벳 이음의 종류를 나타낸 것이다. 옳은 것은? [기출문제]

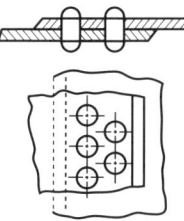

① 2열 평행형 리벳 이음
② 2열 지그재그형 리벳 이음
③ 양쪽 덮개판 2열 평행형 리벳 이음
④ 양쪽 덮개판 2열 지그재그형 리벳 이음

39. 3각법으로 그린 도면과 같은 리벳 이음에서 A판의 두께는 얼마인가? [기출문제]

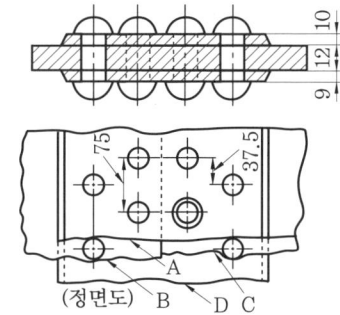

① 9 mm   ② 10 mm
③ 12 mm ④ 13 mm

정답 35. ② 36. ③ 37. ④ 38. ② 39. ②

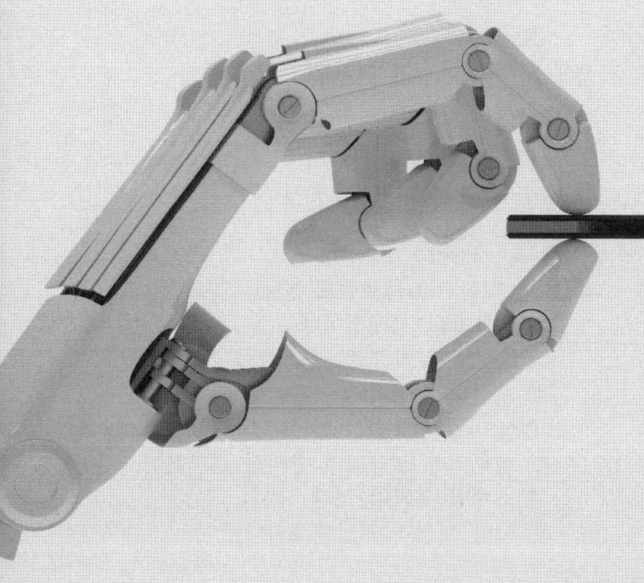

부록 1

과년도 출제문제

배관기능사
Craftsman Plumbing

2013년 1월 27일 시행

1. 50 kg의 소금물을 10℃에서 50℃까지 높이는 데 필요한 열량은 몇 kcal인가? (단, 소금물의 비열은 1.2 kcal/kg·℃이다.)
① 240　　② 300
③ 2400　　④ 3000

해설　$50 \times (50-10) \times 1.2 = 2400$

2. 압축공기 배관의 부속장치 중에서 분리기에 관한 다음 설명 중 잘못된 것은?
① 분리기는 중간 냉각기 또는 후부 냉각기에 연결해 준다.
② 외부로부터 흡입된 습기를 압축에 의해 분리한다.
③ 공기 내에 포함된 윤활유를 공기 또는 가스로부터 분리, 제거한다.
④ 관 내에 흡입된 공기 속의 먼지를 제거한다.

해설　④는 공기 여과기(strainer)를 설명한 글이다.

3. 전기설비에 차단장치를 설치하는 이유와 가장 관계가 적은 것은?
① 감전 방지　　② 화재 방지
③ 붕괴 방지　　④ 누전 방지

해설　전기 차단장치 설치 목적
　㉠ 감전 방지
　㉡ 누전 방지
　㉢ 화재 방지
　㉣ 과부하 방지

4. 중앙식 급탕법에서 직접 가열식이 간접 가열식에 비하여 우수한 점은?
① 열효율이 좋다.
② 대규모 설비에 적합하다.
③ 보일러의 수명이 길어진다.
④ 증기가 순환하므로 스케일이 적다.

해설　(1) 직접 가열식(소규모 건물용)의 특성
　　㉮ 열효율이 경제적이다.
　　㉯ 스케일 부착으로 전열 효율 저하
　　㉰ 보일러 수명이 짧다.
　(2) 간접 가열식(대규모 건물용)의 특성
　　㉮ 설비비가 절약되며 관리상 편리하다.
　　㉯ 스케일 부착이 적다.
　　㉰ 고압 보일러가 불필요하다.

5. 펌프에 발생되는 현상 중 수격 작용의 방지책으로 틀린 것은?
① 완폐 체크 밸브를 토출구에 설치하고 밸브를 적당히 제어한다.
② 플라이휠을 설치하여 펌프 속도의 급변을 막는다.
③ 관경을 적게 하고 관내 유속을 크게 한다.
④ 관로에 조압수조를 설치한다.

해설　수격 작용의 방지책으로는 펌프의 회전도를 낮추는 방법이 있다.

6. 저압용 압축공기 배관의 관접합에는 나사이음 중 유니언을 사용한다. 이때 플랜지 접합법을 써야 하는 경우가 아닌 것은?
① 관지름이 클 경우
② 압력이 높은 경우
③ 교환이나 분해가 잦은 곳
④ 열동력에 의해 관이 휘어지기 쉬운 곳

정답　1. ③　2. ④　3. ③　4. ①　5. ④　6. ④

해설 고온의 기체수송관은 관의 신장 또는 열응력에 의해 관이 휘거나 기체가 누설되어 위험하므로 신축이음을 관로 중간에 장치한다.

7. 위생도기의 KS 표시 기호 중 틀린 것은?
① 대변기 : C
② 소변기 : U
③ 대변기 세척용 탱크 : T
④ 청소용 수채 : W

해설 ④ 청소용 수채 : S

8. 성상이 분말로 다른 무기산에 비해 취급이 용이하고 비교적 저온(40℃ 이하)에서도 칼슘, 마그네슘 등 물의 경도 성분을 용해하는 능력이 뛰어나 수도설비 세정제에 적당한 것은 어느 것인가?
① 설파민산 ② 수산화나트륨
③ 탄산나트륨 ④ 암모니아

해설 유기산 세정
(1) 유기산 세정 사용 약품 : 구연산(시트르산), 초산, 옥살산, 푸마르산, 히드록시산, 주석산 등
(2) 특징
  ㈎ 가격이 고가이다.
  ㈏ 금속재료에 대한 부식성이 적다.
  ㈐ 금속재료에 대한 용해작용이 적다.
  ㈑ 스케일 용해능력이 크다.
  ㈒ 안전하다.
  ㈓ pH는 통상 약산성 또는 약알칼리성이다.
  ㈔ 가열 온도는 90℃ 정도가 적당하다.

9. 루프 통기방식에 관한 설명 중 틀린 것은?
① 루프 통기방식은 배수관 내에서 압력 변동이 많이 발생된다고 예상되는 경우에 적합하다.
② 최상류의 기구 배수관이 배수 수평 분기관에 접속된 직후의 하류 측에 통기관을 세운다.
③ 배수 수평 분기관이나 기구 배수관을 거쳐 각 트랩의 봉수를 간접적으로 보호하는 것이다.
④ 각개 통기관을 생략하고 있으므로 자기 사이펀 작용이 발생하기 쉬운 기구에는 자기 사이펀 작용을 막기 위한 통기장치가 필요하다.

해설 루프 통기방식은 바닥 설치형 기구와 같이 약간의 압력 변동만이 예상되어 루프 통기관만으로도 충분히 봉수를 보호할 수 있다고 생각되는 방식으로 시공이 간단하고 경제적이므로 바닥 설치형 기구 외에도 가장 많이 사용되고 있는 방식이다.

10. 온수난방 배관에서 분류, 합류를 나타낸 것이다. 분류 또는 합류 방법으로 적합하지 않은 것은?

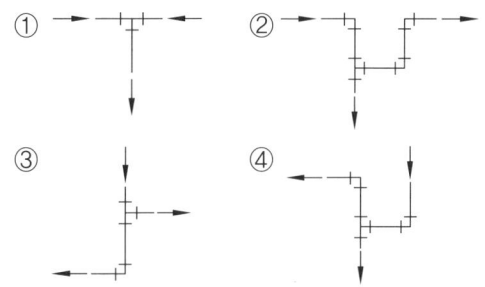

해설 급탕 배관
(1) 상향 공급식
  ㈎ 급탕관 : 선 상향
  ㈏ 복귀관 : 선 하향
(2) 하향 공급식 : 급탕, 복귀 모두 선 하향

11. 보일러 마력이라 함은 100℃의 물 15.65 kg을 1시간 동안에 100℃의 증기로 만들 수 있는 능력이다. 이것을 열량으로 환산하면 약 얼마인가?

정답 7. ④ 8. ① 9. ① 10. ① 11. ②

① 8345 kcal/h　② 8435 kcal/h
③ 12500 kcal/h　④ 53900 kcal/h

해설 100℃의 물 15.65 kg을 1시간 동안에 100℃의 증기로 만드는 데 필요한 열량은 8435 kcal/h이다.

12. 급수 배관 설비에서 공기실(air chamber)을 설치하는 위치로 가장 적합한 곳은?
① 급속 개폐식 수전 근처
② 펌프의 흡입구
③ 급수관의 끝
④ 소화전 출구

해설 수격작용의 방지 대책으로 급속 개폐식 수전 근방에 공기실을 설치한다.

13. 펌프 배관에 대한 설명 중 틀린 것은?
① 흡입관은 되도록 짧게 하고 굴곡 부분이 되도록 적게 하여야 한다.
② 수평관에서 관경을 바꿀 경우, 동심 리듀서를 사용해서 파이프 내에 공기가 차지 않도록 한다.
③ 풋 밸브는 동수위면보다 흡입 관경의 2배 이상 물속에 들어가야 한다.
④ 흡입 쪽의 수평관은 펌프 쪽으로 올림 구배를 한다.

해설 수평관에서 관경을 바꿀 경우, 편심 리듀서를 사용해야 한다.

14. 열교환기 중 유체를 정수, 해수 등의 열매체로 필요한 온도까지 유체온도를 강하시키는 것은?
① 가열기　② 과열기
③ 냉각기　④ 재비기

15. 가스미터의 종류 중 회전식에 속하지 않는 것은?
① 오발식　② 크로바식
③ 로터리식　④ 루트식

16. 일반적인 급배수 배관의 시험 종류가 아닌 것은?
① 진공시험　② 수압시험
③ 기압시험　④ 만수시험

17. 배관작업에서의 안전사항으로 적합하지 않은 것은?
① 긴 관을 취급할 때는 가설 전선 등에 접촉되지 않도록 주의한다.
② 파이프 렌치 등 공구나 부품은 떨어뜨리지 않도록 주의한다.
③ 오일 버너로 작업하는 경우는 연료통이나 탱크 부근에서 작업한다.
④ 높은 곳에서의 작업 시에는 추락 재해 방지를 위해 안전대를 착용하여야 한다.

해설 오일 버너로 작업하는 경우에는 연료통이나 탱크, 유류 근처에서 작업을 하면 안 된다.

18. 배관 도장할 때의 주의사항으로 잘못된 것은 어느 것인가?
① 도료의 성분을 충분히 이해하고 사용법에 따라서 잘 교반한다.
② 한 번에 두껍게 바르지 말고 수회에 걸쳐서 바르며 건조는 매회 충분히 해준다.
③ 도료가 완전히 건조할 때까지는 직사일광을 피한다.
④ 저온 다습한 곳에서 도장 시에는 직사일광도 무방하다.

해설 도료의 건조가 끝날 때까지 직사일광은 피하는 것이 좋다.

정답　12. ①　13. ②　14. ③　15. ②　16. ①　17. ③　18. ④

19. 압축공기 배관의 부속장치 중 수분이나 윤활유를 공기나 가스에서 분리·제거하는 분리기의 설치 위치로 가장 적합한 곳은?

① 후부 냉각기의 바로 다음
② 중간 냉각기와 후부 냉각기 사이
③ 중간 냉각기의 바로 앞
④ 압축공기 배관장치 맨 끝부분

해설 압축공기 배관의 부속장치
 ㉠ 분리기 및 후부 냉각기 : 분리기는 중간 냉각기와 후부 냉각기에 연결하여 외부로부터 흡입된 습기를 압축에 의해 분리하고 공기 중에 포함된 윤활유를 공기나 가스로부터 분리하는 장치이며, 후부 냉각기는 토출관에 접속하여 고온에서 증기를 함유한 압축가스를 냉각시키고 분리기에 의해 수분을 제거하도록 돕는 장치이다.
 ㉡ 밸브 : 저압용에는 청동제 밸브를 사용하고, 고압용에는 스테인리스제 밸브가 가장 효과적이다.
 ㉢ 공기 여과기 : 공기 압축기의 고장 및 수명 단축에 지대한 영향을 끼치는 먼지를 제거한다.
 ㉣ 공기 흡입관 : 공기를 흡입하기 위해 설치하는 관이다.

20. 수도 본관의 수압이 0.24 MPa일 때 본관에서 수도 직결식 급수 배관을 하면 물은 몇 m 높이까지 급수할 수 있겠는가? (단, 관내에서의 유체의 마찰손실은 없는 것으로 한다.)

① 12   ② 24
③ 48   ④ 72

21. 가스 사용시설의 배관 시설기준에 대한 설명으로 잘못된 것은?

① 가스 계량기(30 m³/h 미만인 경우) 설치 높이는 바닥으로부터 1.6 m 이상 2 m 이내에 설치한다.
② 배관의 이음부(용접 이음매는 제외)와 전기 계량기 및 전기 개폐기와의 거리는 60 cm 이상 유지한다.
③ 배관은 그 외부에 사용 가스명, 최고 사용 압력, 가스 흐름 방향을 표시해야 한다.
④ 배관을 고정 부착하는 데 있어 관지름이 13 mm 미만은 1 m마다 하고 13 mm 이상은 3 m로 한다.

해설 배관의 지지 : 13 mm 이상 33 mm 미만은 2 m이다.

22. 도시가스 공급방식 중 저압 공급방식은 몇 MPa 미만으로 수요자에게 공급하는가?

① 0.1 MPa   ② 0.2 MPa
③ 0.5 MPa   ④ 1 MPa

23. 다익 송풍기라고도 하며 다수의 짧은 날개를 가진 송풍기로서 풍량이 적은 저압용으로 사용되는 것은?

① 터보 팬
② 시로코 팬
③ 프로펠러 팬
④ 리미트로드 팬

해설 다익 송풍기(sirocco fan) 전향 날개
 ㉠ 효율은 낮으나 설치 면적이 적다.
 ㉡ 소형, 경량이며 값이 싸다.
 ㉢ 저정압, 저회전에 적합하다.

24. 가스 용접장치에서 압력 조정기 취급상 주의사항으로 틀린 것은?

① 조정기를 견고하게 설치한 다음 가스 누설 여부를 냄새로 점검한다.
② 압력지시계가 잘 보이도록 설치하며 유리가 파손되지 않도록 주의한다.
③ 조정기를 취급할 때에는 기름이 묻은 장갑 등을 사용해서는 안 된다.

정답 19. ② 20. ② 21. ④ 22. ① 23. ② 24. ①

④ 압력 조정기의 설치구 방향에는 아무런 장애물이 없어야 한다.

해설 가스 누설 여부는 비눗물을 사용하여 검사한다.

25. 펌프, 압축기 등이 설치되어 있는 배관계의 진동을 억제하기 위해 설치하는 지지장치로 가장 적합한 것은?
① 파이프 슈 ② 스토퍼
③ 브레이스 ④ 리지드 행어

해설 브레이스 : 펌프, 압축기 등에서 발생하는 진동, 서징, 수격작용, 지진 등에 의한 진동, 충격 등을 완화하는 완충기(방진기)이다.

26. 호칭지름 20 A인 강관을 곡률 반지름 100 mm로 90° 구부림할 경우 곡선부 길이는 약 몇 mm인가?
① 137 ② 157
③ 274 ④ 314

해설 $L = 2\pi R \times \dfrac{벤딩각도}{360}$
$= 2 \times 3.14 \times 100 \times \dfrac{90}{360} = 157$

27. 주철관의 코킹 작업 시 안전사항으로 옳지 않은 것은?
① 납 용해작업은 인화 물질이 없는 곳에서 한다.
② 작업 중에는 수분이 들어가지 않는 장소를 택한다.
③ 납 용융액을 취급할 때는 앞치마, 장갑 등을 필히 착용한다.
④ 납은 소켓에 넘치지 않도록 주의하여 조금씩 3~5회에 나누어 주입한다.

해설 주철관 코킹 작업 시 납은 1회에 주입하도록 한다.

28. 프로판(C_3H_8) 가스 절단에 대한 설명으로 틀린 것은?
① 후판 절단 시는 아세틸렌보다 절단속도가 빠르다.
② 절단면 거칠기가 미세하며 깨끗하다.
③ 슬래그 제거가 쉽다.
④ 포갬 절단 시는 아세틸렌보다 절단속도가 느리다.

29. 아크 용접기에서 사용률(duty cycle)을 나타낸 것은? (단, A : 아크가 발생하고 있는 시간, B : 휴식시간이다.)
① $\dfrac{A}{A-B} \times 100$ ② $\dfrac{A-B}{A} \times 100$
③ $\dfrac{A}{A+B} \times 100$ ④ $\dfrac{A+B}{A} \times 100$

해설 사용률(d)
$= \dfrac{아크\ 발생시간}{(아크\ 발생시간 + 정지시간)} \times 100\%$

30. 이종관의 접합 방법에 대한 설명으로 틀린 것은?
① 강관과 연관을 접합할 때는 납땜용 니플을 사용한다.
② 강관과 주철관을 접합할 때는 납 주입 후 코킹 작업을 하여 기밀을 유지해야 한다.
③ 주철관과 도관을 접합할 때는 그 틈새에 마(얀)를 박은 후 모르타르를 채운다.
④ 콘크리트관과 주철관을 접합할 때는 그 틈새에 마(얀)를 박은 후 납을 채운다.

해설 주절관과 콘크리트관 접합 시에는 플랜지 단관이나 플러그 단관을 이용하여 접합한다.

31. 가스용접에서 1시간 동안 표준 불꽃으로

정답 25. ③ 26. ② 27. ④ 28. ④ 29. ③ 30. ④ 31. ②

용접하는 경우 아세틸렌의 소비량(L)으로 팁의 능력을 나타내는 형식은?

① 미국식　　② 프랑스식
③ 독일식　　④ 일본식

[해설] 가스용접기는 ②와 ③의 방식이 쓰이며 ③은 용접할 수 있는 판 두께로 크기를 표시한다.

32. 스테인리스강관의 몰코(molco) 접합 시 사용하는 공구는?

① 봄볼
② 토치 램프
③ 맬릿
④ 전용 압착공구

[해설] ①, ②, ③은 연관접합용 공구이다.

33. 파이프 렌치의 크기를 표시하는 것은 어느 것인가?

① 조(jaw)에 물릴 수 있는 관의 최소지름
② 조(jaw)를 맞대었을 때의 전 길이
③ 최소와 최대로 물릴 수 있는 관 지름의 평균값
④ 조(jaw)를 최대로 벌린 전 길이

34. 배관 공작용 공구인 리드형 수동 나사 절삭기의 호칭번호 2R4의 사용 관경 범위로 가장 적합한 것은?

① 15 A~32 A　　② 8 A~25 A
③ 15 A~50 A　　④ 8 A~32 A

[해설] 리드형 수동 나사 절삭기
2R4 : 15 A~32 A
2R5 : 8 A~25 A
2R6 : 8 A~32 A
4R : 15 A~50 A

35. 관 지름 20 A 이하의 동관 접합방법 중 주로 관의 분해 및 해체를 필요로 하는 곳에 이용되는 방법은?

① 빅토릭 접합　　② 플레어 접합
③ 경납땜 접합　　④ 슬리브 접합

36. 주철관 전용 절단공구로 가장 적합한 것은?

① 체인 파이프 커터
② 기계 톱
③ 링크형 파이프 커터
④ 가스절단 토치

37. 폴리에틸렌관의 이음에 대한 설명으로 틀린 것은?

① 이음의 종류에는 테이퍼 조인트 이음, 플랜지 이음 등이 있다.
② 인서트 이음은 인서트 소켓을 사용하여 주로 50 mm 이하의 관을 이음한다.
③ 용착 슬리브 이음 시 지그(jig)는 240℃ 이상으로 가열하여 사용한다.
④ 용착 슬리브 이음은 이음부의 접합강도가 확실한 방법이다.

[해설] 용착 슬리브 접합 : 관 끝의 외면과 부속의 내면을 동시에 가열, 용융시켜 접합하는 방법(용착 온도 : 180~240℃)으로 연결 부속과 관 끝을 동시에 가열할 수 있도록 열전도율이 크고 균일한 Al합금으로 된 지그로 고정한다.

38. 석면 시멘트관의 이음에서 2개의 플랜지와 2개의 고무링 및 1개의 슬리브에 의하여 이음하는 방식은?

① 슬리브 이음
② 기볼트 이음
③ 심플렉스 이음

정답　32. ④　33. ④　34. ①　35. ②　36. ③　37. ③　38. ②

④ 턴 앤드 글로브 이음

해설 석면 시멘트관(에터니트관)의 접합
㉠ 기볼트 접합 : 2개의 플랜지와 고무링, 1개의 슬리브로 구성되어 있다. 신축성, 굴절성이 좋다.
㉡ 칼라 접합 : 주철제 특수 칼라를 이용하여 접합하는 방법으로 고무링을 이용해 수밀을 유지한다.
㉢ 심플렉스 접합 : 석면 시멘트제 칼라와 2개의 고무링으로 접합 시공한다. 굽힘성, 내식성이 우수하다.

39. 안전밸브의 작동 방법에 따른 종류가 아닌 것은?
① 스프링식 안전밸브
② 중추식 안전밸브
③ 지렛대식 안전밸브
④ 증기식 안전밸브

40. 증기, 물, 기름 등의 배관에 사용되며 관내의 이물질을 제거할 목적으로 사용되는 것은?
① 플로트 트랩
② 볼 탭
③ 팽창 밸브
④ 스트레이너

41. 동관의 두께별 분류 중 가장 두꺼운 것은?
① K형   ② L형
③ M형   ④ N형

해설 동관 두께 : K > L > M

42. 액상합성수지의 나사용 패킹에 대한 설명으로 틀린 것은?
① 화학약품에 강하다.
② 내유성이 약하다.
③ 내열 범위가 −30∼130℃이다.
④ 증기, 기름, 약품배관에 사용할 수 있다.

해설 액상 합성수지 패킹
㉠ 화학약품에 강하며 내유성이 크다.
㉡ −30∼130℃의 내열 범위를 지니고 있다.
㉢ 증기, 기름, 약품 수송 배관에 많이 쓰인다.

43. 동합금 관 이음쇠로 외부는 납땜, 내부는 관용 나사 이음을 하게 되어 있는 부속품의 명칭은?
① 엘보 C×C형   ② 엘보 C×M형
③ 엘보 C×F형   ④ 엘보 F×F형

해설 C×M (한쪽은 납땜, 반대편은 수나사)
C×F (한쪽은 납땜, 반대편은 암나사)

44. 내식성이 우수하며 저온 충격성이 크므로 한랭지 배관이 가능하며 용접식, 몰코식, 플랜지식 이음시공이 가능한 관은?
① 구리관
② 스테인리스강관
③ 주석관
④ 경질 염화비닐관

45. 합성수지 도료의 종류가 아닌 것은?
① 프탈산계
② 요소 멜라민계
③ 염화비닐계
④ 산화철 도료계

해설 합성수지 도료에는 ①, ②, ③ 외에 실리콘 수지계가 있으며 증기관, 보일러, 압축기 등의 도장용으로 쓰인다.

46. 소구경의 관 이음쇠로서 관의 분해, 수리, 교체가 필요할 경우 사용하는 이음쇠는?
① 엘보   ② 리턴 벤드
③ 니플   ④ 유니언

47. 가교화 폴리에틸렌관의 특성에 대한 설명으로 틀린 것은?

① 내화학성이 우수하며 스케일이 생기지 않는다.
② 가볍고 신축성이 좋으며 유연성이 있어 배관시공이 용이하다.
③ 관의 길이가 길고 가격이 저렴하며 시공 및 운반비가 저렴하여 경제적이다.
④ 사용온도 범위는 0~60℃ 정도이다.

해설 가교화 폴리에틸렌관의 사용온도는 -60~90℃이다.

48. 사용 압력이 30 MPa 이상의 압축 공기 배관에 가장 적합한 관은?

① 전기저항 용접강관
② 배관용 탄소강관
③ 이음매 없는 강관
④ 단접강관

해설 ㉠ 전기저항 용접강관, 단접강관 : 30 MPa 미만
㉡ 배관용 탄소강관 : 1 MPa 이상~10 MPa 이하
㉢ 이음매 없는 강관 : 30 MPa 이상

49. 암면 보온재 중 900℃ 이상의 열설비 표면보온 단열재로 적합한 것은?

① 하이울   ② 홈 매트
③ 블랭킷   ④ 파티션 코어

해설 암면 보온재의 특징
㉠ 흡수성이 적다.
㉡ 알칼리에는 강하나 강산에는 약하다.
㉢ 풍화의 염려가 없다.

50. 벨로스형 신축 이음재의 재질로 많이 사용되는 재료는?

① 스테인리스강   ② 알루미늄
③ 납   ④ 황동

해설 스테인리스 벨로스 신축 이음 : 고압에 부적당하며, 설치장소가 적고 응력이 생기지 않으며 누설이 없다.

51. 3개의 좌표축의 투상이 서로 120°가 되는 축측 투상으로 평면, 측면, 정면을 하나의 투상면 위에 동시에 볼 수 있도록 그려진 투상법은 어느 것인가?

① 등각 투상법   ② 국부 투상법
③ 정 투상법   ④ 경사 투상법

52. 그림에서 나타난 배관 접합 기호는 어떤 접합을 나타내는가?

① 블랭크(blank) 연결
② 유니언(union) 연결
③ 플랜지(flange) 연결
④ 칼라(collar) 연결

53. 그림과 같은 입체도에서 화살표 방향이 정면일 경우 평면도로 가장 적합한 것은?

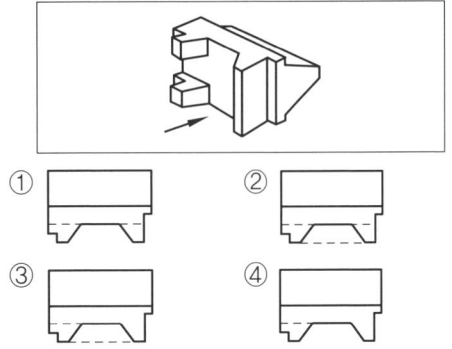

54. 그림과 같은 부등변 ㄱ형강의 치수 표시로 가장 적합한 것은?

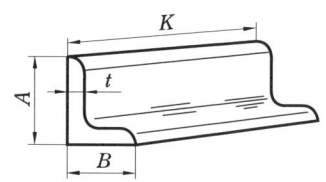

① L A×B×t−K
② H B×t×A−K
③ L K−t×A×B
④ ㄷ K−A×t×B

55. 치수 보조 기호 중 지름을 표시하는 기호는 어느 것인가?

① D ② φ ③ R ④ SR

56. 다음 도면은 정면도이다. 이 정면도에 가장 적합한 평면도는?

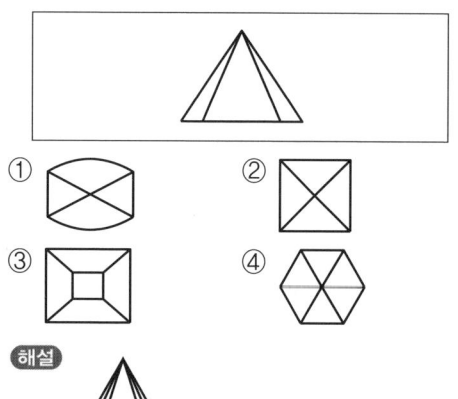

57. 다음 그림에서 화살표 방향을 정면도로 선정할 경우 평면도로 가장 올바른 것은?

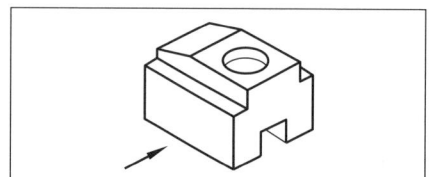

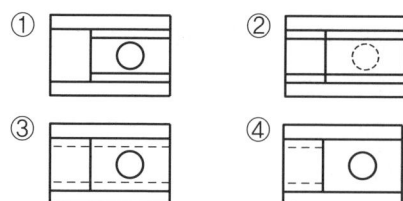

58. KS 재료 중에서 탄소강 주강품을 나타내는 "SC 410"의 기호 중에서 "410"이 의미하는 것은?

① 최저 인장강도 ② 규격 순서
③ 탄소 함유량   ④ 제작 번호

[해설] SC : 탄소강 주강품
410 : 최저 인장강도

59. 인접부분을 참고로 표시하는 데 사용하는 선은?

① 숨은선   ② 가상선
③ 외형선   ④ 피치선

[해설] 가상선(가는 2점 쇄선)
㉠ 인접부분을 참고로 표시하는 데 사용
㉡ 공구, 지그 등의 위치를 참고로 나타내는 데 사용
㉢ 가동부분의 이동 위치, 이동 한계 표시
㉣ 가동 전, 후의 모양 표시
㉤ 되풀이하는 것을 나타낼 때
㉥ 도시된 단면의 앞쪽에 있는 부분을 표시할 때

60. 양면 용접부 조합 기호에 대하여 그 명칭이 틀린 것은?

① X : 양면 V형 맞대기 용접
② X : 넓은 루트면이 있는 K형 맞대기 용접
③ K : K형 맞대기 용접
④ X : 양면 U형 맞대기 용접

[해설] ② : 부분 용입 양면 V형 맞대기 용접(부분용입 X형 이음)

[정답] 55. ② 56. ④ 57. ③ 58. ① 59. ② 60. ②

배관기능사
Craftsman Plumbing

2013년 10월 12일 시행

1. 연삭기 사용 시 주의사항이 아닌 것은?

① 연삭숫돌의 최고사용 회전속도를 초과해서 사용하지 말 것
② 고정연삭기의 숫돌과 받침대 사이의 간격은 8 mm 이상으로 할 것
③ 숫돌바퀴는 반드시 커버를 씌워야 하며 작업 시 커버를 벗겨 놓고 하지 말 것
④ 작업을 할 때는 충격적인 힘을 가하지 말 것

해설 고정연삭기의 숫돌과 받침대 사이의 간격은 3mm 이내로 유지한다.

2. 용접작업에서 감전으로 인한 사망원인과 거리가 먼 것은?

① 용접 홀더에 신체가 접촉될 때
② 용접 전류 조작을 위해 조정 핸들을 조작할 때
③ 1차측과 2차측의 케이블 손상부에 접촉될 때
④ 용접 홀더에 맨손으로 용접봉을 물릴 때

3. 고온고압용 관재료로서 갖추어야 할 조건 중 틀린 것은?

① 유체에 대한 내식성이 클 것
② 고온도에서는 기계적 강도를 유지하고 저온도에서는 재질이 여림화를 일으키지 않을 것
③ 가공이 용이하고 값이 쌀 것
④ 크리프 강도가 작을 것

해설 배관이 어느 온도의 상태에서 일정 하중을 받으면서 방치되면 시간의 경과와 더불어 응력이 증대되어 간다. 이 현상을 크리프라 하며 고온고압용 관재료는 크리프 강도가 커야 한다.

4. 화학 배관설비에서 화학 장치용 재료가 갖추어야 할 조건으로 틀린 것은?

① 사용유체에 대한 내식성이 커야 한다.
② 크리프(creep) 강도가 적어야 한다.
③ 저온에서 재료의 열화가 없어야 한다.
④ 가공이 용이하고 가격이 저렴해야 한다.

해설 화학 배관의 특징
㉠ 유체에 대한 내식성이 클 것
㉡ 조작 중 고온에서 기계적 강도를 유지하고, 저온에서도 재질의 열화를 일으키지 않을 것
㉢ 크리프 강도가 클 것
㉣ 가공이 용이하고 값이 저렴할 것

5. 도시가스 부취설비에 대한 설명이다. 잘못된 것은?

① 가스 부취의 목적은 가스 누설 시 초기에 발견하여 중독 및 폭발 사고를 미연에 방지하는 데 있다.
② 가스의 위험 농도 이하에서도 충분히 냄새로 누설을 감지할 수 있다.
③ 부취제는 완전연소가 가능하고 토양에 대한 투과성이 커야 한다.
④ 화학적으로 안정되어 가스설비나 기구의 재료를 부식시키지 않고, 사용온도에서

정답 1. ② 2. ② 3. ④ 4. ② 5. ④

응축되어야 한다.

해설 부취제가 갖추어야 할 성질
㉠ 독성이 없어야 한다.
㉡ 일상적인 생활의 냄새와는 명확하게 구분되어야 한다.
㉢ 저농도에서도 냄새가 나야 한다.
㉣ 가스 배관이나 가스 미터기에 흡착되지 말아야 한다.
㉤ 완전 연소되고 연소 후에는 유해하거나 냄새를 가지는 물질을 남기지 말아야 한다.
㉥ 배관 내에서 응축되지 말아야 한다.
㉦ 부식성이 없어야 하며, 화학적으로 안정하고, 물에 녹지 말아야 한다.
㉧ 토양에 대한 투과성이 좋고, 가격이 저렴하여야 한다.

6. 급탕설비의 직접 가열식 저탕조에 있어서 최대 사용량이 3500 L/h이고, 온수 보일러의 탕량이 1500 L일 때, 저탕조의 크기로 가장 적합한 것은?

① 1500 L
② 2000 L
③ 2500 L
④ 3000 L

해설 직접 가열식
V = (1시간당 최대 사용량 – 온수 보일러의 탕량) × 1.25
V = (3500 – 1500) × 1.25 = 2500 L

7. 다음 그림과 같이 관을 플랜지와 용접 접합할 때 일반적으로 관의 끝부분과 플랜지면과 거리(t)는 얼마 정도가 가장 적합한가?

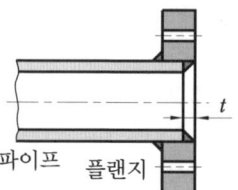

① 플랜지 두께의 $\frac{1}{2}$
② 파이프의 두께만큼
③ 파이프 두께의 $\frac{1}{2}$
④ 파이프 두께의 2배

8. 열교환기를 사용 목적에 따라 분류하였다. 설명이 잘못된 것은?

① 가열기: 유체를 증기 또는 장치 중의 폐열 유체로 가열하여 필요한 온도까지 상승시킨다.
② 재비기: 장치 중에서 증발된 유체를 응축시킬 목적으로 사용한다.
③ 응축기: 응축성 기체를 사용하여 잠열을 제거하여 액화시킨다.
④ 예열기: 유체에 미리 열을 줌으로써 다음 공정에서 열 이용률을 증대한다.

해설 재비기(reboiler): 증류탑 본체와는 별도로 설치한 증류 가마 또는 재비등기라고도 한다. 증류탑의 바닥에서 추출한 끓는점이 높은 쪽의 성분이 풍부한 액을 가열 증발하여 발생한 증기를 증기탑의 탑저에 되돌려 잔류한 액을 관출액으로 추출하기 위한 증발 장치이다.

9. 관의 지지장치에서 배관의 상하 이동을 허용하면서 관지지력을 일정하게 한 것으로 중추식과 스프링식으로 구분할 수 있는 행어는 어느 것인가?

① 스프링 행어(spring hanger)
② 서포트 행어(support hanger)
③ 리지드 행어(rigid hanger)
④ 콘스턴트 행어(constant hanger)

해설 ㉠ 리지드 행어: 수직 방향의 변위가 없는 곳에 사용한다.

ⓒ 스프링 행어 : 스프링 행어로는 로크핀이 있으며 하중 조정을 턴버클로 행한다.
ⓒ 콘스턴트 행어 : 지정 이동거리 범위 내에서 배관의 상하 방향의 이동에 대해 항상 일정한 하중으로 배관을 지지할 수 있는 장치에 사용한다.

10. 공기조화 덕트설비의 가변풍량 방식 중에서 1차측 압력변화가 심하므로 정압특성이 큰 구조가 요구되는 방식은?
① 교축형
② 바이패스형
③ 유인형
④ 혼합 유닛형

11. 급수설비에서 일정한 압력으로 급수할 수 있고, 일정량의 저수량을 확보할 수 있으며 대규모 급수설비에 많이 채택되는 급수 방식은 어느 것인가?
① 수도 직결식
② 옥상 탱크식
③ 압력 탱크식
④ 양수 펌프식

해설 옥상 탱크식
㉠ 항상 일정한 수압으로 급수되므로 대규모 건물용으로 쓰인다.
㉡ 저수량을 확보하고 있어서 단수 대비가 가능하다.
㉢ 과잉 수압으로 인한 밸브류 등 배관 부속품의 파손을 방지할 수 있다.

12. 배관작업 중 납이 튀어 큰 화상을 입을 우려가 가장 큰 작업은?
① 강관 나사 이음
② 주철관 소켓 이음
③ 동관 용접 작업
④ 연관 플라스턴 접합

해설 주철관은 얀과 납을 이용하여 이음 작업을 한다.

13. 관경이 20 mm, 평균 유속이 5 m/s일 때 유량은 약 얼마인가?
① 0.000157 m³/s
② 0.0157 m³/s
③ 0.157 m³/s
④ 0.00157 m³/s

해설 $\dfrac{(3.14 \times 5 \times (0.02)^2)}{4} = 0.00157$

14. 화학적 세정 방법에 속하지 않는 것은?
① 숏블라스트 세정법
② 침적 세정법
③ 순환 세정법
④ 스프레이 세정법

해설 (1) 화학적 세정법 종류
㈎ 침적법
㈏ 서징법
㈐ 순환법
(2) 숏블라스트 : 물리적인 세정법

15. 기송 배관의 형식 분류에 대한 설명으로 틀린 것은?
① 진공식 배관은 흡인식이라고 한다.
② 진공식은 고진공식과 저진공식으로 분류한다.
③ 진공 압송식 배관은 진공식과 압송식으로 분류한다.
④ 압송식 배관은 고압송식과 저압송식으로 분류한다.

해설 진공 압송식 : 진공식과 압송식을 혼합한 방식이다. 수송원과 수송선이 여러 갈래이거나 원거리인 경우에 이용된다.

16. 대기 중의 금속 부식이나 각종 금속의 고온 부식 등과 같이 표면이 거의 균일하게 소모되는 부식으로 금속 자체가 균질이고, 환경도 거의 균일할 때 발생하는 것으로 니켈 표면의 포깅(fogging) 등과 같은 예의 부식은?
① 극간부식
② 입계부식
③ 전면부식
④ 선택부식

정답 10. ① 11. ② 12. ② 13. ④ 14. ① 15. ③ 16. ③

해설 전면부식 : 금속 표면이 전면에 걸쳐 균등하게 부식되는 것을 말한다. 균일부식이라고도 한다.

17. 급수설비에서 옥상 탱크식 배관법과 압력 탱크식 배관법에 대한 설명으로 올바른 것은 어느 것인가?
① 압력 탱크식 배관법은 취급이 간단하고 고장이 없다.
② 특정한 장치에 고압의 급수를 필요로 하는 곳에는 압력 탱크식이 유리하다.
③ 수압이 너무 높아 관 등의 파손의 염려가 있을 경우에는 압력 탱크식 배관법을 사용한다.
④ 압력계, 수면계, 안전밸브 등이 구비되어야 하는 것은 옥상 탱크식 배관법이다.

해설 압력 탱크식 : 지상에 밀폐 탱크를 설치하여 펌프로 물을 압입하면 탱크 내 공기가 압축되어 물이 압축 공기에 밀려 높이 급수된다. 특정한 장치에 고압의 급수가 필요할 때 사용될 수 있으며 압력계, 수면계, 안전밸브 등이 구비되어 있어야 한다.

18. 도시가스의 공급소 밖의 배관에 대한 설비 기준으로 틀린 것은?
① 배관의 안전한 시공과 유지관리를 위하여 배관의 위치, 배관의 축척 등 필요한 정보가 포함되도록 설계도면을 작성할 것
② 배관의 강도 유지와 가스의 누출방지를 위하여 적절한 방법으로 접합하고 이를 확인하기 위해 25 A 이상의 모든 관에 대하여 비파괴 시험과 응력 제거를 할 것
③ 배관의 재료와 두께는 도시가스의 종류 및 압력, 사용하는 온도 및 환경에 적절한 것일 것
④ 배관에 나쁜 영향을 미칠 정도의 신축이 생길 우려가 있는 부분에는 그 신축을 흡수하는 조치를 할 것

19. 오수 처리 방식에서 정화의 원리에 속하지 않는 것은?
① 기계적 처리
② 물리적 처리
③ 화학적 처리
④ 생물 화학적 처리

해설 오수 처리 방식
㉠ 물리적 처리 : 스크린, 침전, 교반, 여과
㉡ 화학적 처리 : 중화, 응집, 침전
㉢ 생물 화학적 처리 : 호기성, 혐기성, 통성 혐기성

20. 보통 방열기 주위 배관에 사용하는 신축 이음으로 설비비가 싸고, 쉽게 조립해서 만들 수 있는 것으로 회전 이음이라고도 불리는 신축 이음쇠의 형식은?
① 슬리브형
② 벨로스형
③ 볼조인트형
④ 스위블형

해설 스위블형 신축 이음
㉠ 2개 이상의 엘보를 사용하여 이음부의 나사 회전을 이용해서 배관의 신축을 흡수한다.
㉡ 굴곡부에서 압력 강하를 가져오고 신축량이 큰 배관에서는 나사 접합부가 헐거워져 누수의 원인이 된다.
㉢ 설비비가 싸고 쉽게 조립해서 만들 수 있다.
㉣ 신축의 크기는 직관 길이 30 m에 대하여 회전관 1.5 m 정도로 조립하면 된다.

21. 작업장 환경 조건에서 분진의 허용 기준은 일반적으로 무엇에 따라 정해지는가?
① 분진의 크기
② 분진의 모양
③ 유리규산(SiO_2)의 농도
④ 환기 시설

해설 분진의 허용 기준은 유리규산의 함량에 따라 달라진다.

정답 17. ② 18. ② 19. ① 20. ④ 21. ③

22. 유체의 압력을 측정하는 계기를 압력계라 하며 비교적 정밀하게 압력을 측정할 수 있는 기구가 액주계이다. 탱크나 관 속의 작은 유체압을 측정하는 액주계는?

① 미압계 ② 피에조미터
③ 경사 미압계 ④ 수은 기압계

23. 섭씨 10도의 물 10리터를 섭씨 100도의 물로 가열하는 데 필요한 열량은 몇 kJ인가?

① 10 ② 90 ③ 900 ④ 3767

해설 (100−10)×10 = 900 kcal
900×4.186≒3767 kJ

24. 유기산의 일종으로 분말 성상으로 되어 있어 취급이 용이하고 용해 효과가 높아 화학세정제로 많이 사용되는 것은?

① 설파민산 ② 구연산
③ 염산 ④ 인산

해설 유기산세정 사용 약품 : 구연산(시트르산), 초산, 옥살산, 푸마르산, 히드록시산, 주석산 등

25. 용해 아세틸렌 취급 시 주의사항으로 틀린 것은?

① 저장장소는 통풍이 잘되어야 한다.
② 저장실의 전기 스위치, 전등 등은 방폭 구조여야 한다.
③ 용기는 60℃ 이하에서 보관하며 반드시 캡을 씌워야 한다.
④ 가스 누설검사는 비눗물을 사용하여 검사한다.

해설 가스용기는 40℃ 이하에서 보관하며 캡을 설치해야 한다.

26. 석면 시멘트관의 이음 방법 중 고무 개스킷 이음이라고도 하며, 사용압력이 1.05 MPa 이상으로 굽힘성과 내식성이 우수한 것은?

① 칼라 이음 ② 심플렉스 이음
③ 기볼트 이음 ④ 모르타르 이음

해설 심플렉스 접합 : 석면 시멘트제 칼라와 2개의 고무링으로 접합 시공한다. 사용압력은 1.05 MPa 이상이고 굽힘성과 내식성이 우수하다.

참고 모르타르 이음 : 철근 콘크리트관의 접합 방법이다.

27. 동관의 일반적인 이음 방법이 아닌 것은?

① 압축 이음 ② 플랜지 이음
③ 납땜 이음 ④ 타이톤 이음

해설 동관 이음의 종류 : 압축 이음, 납땜 이음, 플랜지 이음

28. 도관의 이음은 일반적으로 모르타르만을 채워서 이음하는 방법이 많이 사용되며 얀을 사용할 때는 단단히 꼬아서 소켓 속에 약 몇 mm 정도로 넣는 것이 가장 적합한가?

① 10 ② 20
③ 30 ④ 40

해설 도관의 접합 : 관과 관 사이의 접합부에 얀을 압입하고 모르타르를 바르는 방법과 모르타르만 사용하여 접합하는 방법이 있다. 얀을 사용할 때는 단단히 꼬아서 10 mm 정도 압입하는 것이 좋다.

29. 동관용 공구가 아닌 것은?

① 열풍 용접기 ② 익스팬더
③ 플레어링 툴 세트 ④ 튜브 커터

해설 동관용 공구 : 토치램프, 사이징 툴, 플레어링 툴 세트, 튜브 벤더, 익스팬더, 튜브 커터, 리머, T-뽑기

정답 22. ② 23. ④ 24. ② 25. ③ 26. ② 27. ④ 28. ① 29. ①

30. 폴리에틸렌관의 용착 슬리브 이음 시 가열 온도로 가장 적당한 것은?

① 100~130℃ ② 140~170℃
③ 180~240℃ ④ 250~350℃

해설 용착 슬리브 접합 : 관 끝의 외면과 부속의 내면을 동시에 가열, 용융시켜 접합하는 방법(180~240℃)으로 연결 부속과 관 끝을 동시에 가열할 수 있도록 열전도율이 크고 균일한 Al합금으로 된 지그로 고정한다.

31. 비금속관의 이음 방법별로 적용되는 관의 종류를 서로 짝지어 놓은 것으로 틀린 것은?

① 기볼트 이음 – 석면 시멘트관
② 냉간 이음 – 염화비닐관
③ 심플렉스 이음 – 석면 시멘트관
④ 칼라 이음 – 도관

해설 칼라 이음 – 철근 콘크리트관

32. 스테인리스 강관 이음 방법 중 프레스 공구가 필요한 이음은?

① MR 이음 ② 나사 이음
③ 에어컨 이음 ④ 몰코 이음

해설 몰코 이음 : 스테인리스 강관의 이음 방법이며 전용 압착 공구가 필요한 이음 방법이다. 그립 조를 이용한다.

33. 강관의 이음에 관한 설명 중 잘못된 것은 어느 것인가?

① 슬리브 용접 이음은 누수의 염려가 없고 관지름의 변화가 없다.
② 유니언 이음은 주로 50 A 이하의 관에 사용하는 반면 플랜지 이음은 65 A 이상 관에 많이 사용된다.
③ 용접 이음은 나사 이음보다 이음부의 강도가 적고 누수의 우려가 있다.
④ 플랜지 이음은 밸브의 점검이나 보수를 위해 관을 해체할 필요가 있는 장소에 사용한다.

해설 용접 이음은 나사 이음보다 이음부의 강도가 크고 누수 우려가 적다.

34. 전기용접봉의 피복제가 하는 역할이 아닌 것은?

① 용착금속을 보호
② 아크를 안정
③ 용착금속의 급랭을 방지
④ 모재의 응력 집중을 촉진

해설 피복제의 역할
㉠ 아크 안정
㉡ 용접금속 보호
㉢ 용융점이 낮은 슬래그 생성
㉣ 용착금속의 탈산정련 작용
㉤ 용착금속에 필요한 원소 보충
㉥ 용착금속의 유동성 증가
㉦ 용적의 미세화 및 용착효율 상승
㉧ 용착금속의 급랭 방지
㉨ 전기절연 작용

35. 배관 공작용 기계 중 핵 소잉 머신(기계톱)에 대한 설명으로 올바른 것은?

① 관의 절단, 나사 절삭, 거스러미 제거 등의 일을 연속적으로 하는 기계이다.
② 두께 0.5~3 mm 정도의 넓은 원판의 숫돌을 고속 회전시켜서 관을 절단하는 기계이다.
③ 관 또는 환봉을 동력에 의해 톱날이 상하 또는 좌우 왕복 및 회전운동을 하며 절단하는 기계이다.
④ 배관용 공구나 공작물을 연마하는 기계로서 수동식, 이동식 및 벤치식이 있다.

해설 핵 소잉 머신 : 관 또는 환봉을 동력에 의해 톱날이 상하 왕복운동을 하며 절단하는

정답 30. ③ 31. ④ 32. ④ 33. ③ 34. ④ 35. ③

기계로서 절삭 시에는 톱날에 하중에 걸리고 귀환 시에는 걸리지 않는다. 작동 시 단단한 재료일수록 톱날의 행정수를 적게 한다.

36. 강관의 가스절단 시 가장 적당한 예열온도는?
① 400~500℃   ② 600~700℃
③ 800~900℃   ④ 1200~1300℃

해설 절단 시 가장 적당한 온도는 900℃이다.

37. 산소-아세틸렌의 가스용접 불꽃 중 산화불꽃을 사용하여 용접하는 재료는?
① 알루미늄   ② 황동
③ 스테인리스강   ④ 모넬메탈

해설 ㉠ 표준 불꽃 : 연강, 반연강, 주철, 구리, 청동, 알루미늄, 아연, 납, 모넬메탈, 은, 니켈, 스테인리스강, 토빈청동 등
㉡ 산화 불꽃 : 황동
㉢ 탄화 불꽃 : 스테인리스강, 스텔라이트, 모넬메탈 등

38. 주철관 이음에서 수도용 또는 가스용 배관에 이용되며 고무링과 가단주철제의 칼라를 죄어 이음하는 방법으로 관 속의 압력이 높아지면 고무링은 더욱 관 벽에 밀착하여 누수를 막는 작용을 하는 이음법은?
① 플랜지 이음   ② 소켓 이음
③ 빅토릭 이음   ④ 타이톤 이음

해설 빅토릭 접합 : 빅토릭형 주철관을 고무링과 칼라를 사용하여 접합하는 방법이다. 압력이 증가할 때마다 고무링이 더 관 벽에 밀착하여 누수를 방지하게 된다. 금속제 칼라는 관지름 350 mm 이하이면 2분하여 볼트로 죄고 400 mm 이상이면 4분하여 볼트로 죄어 주며 가스 배관용으로 우수하다.

39. 관 이음쇠 종류에서 관의 방향을 바꿀 때 사용되는 것은?
① 니플 (nipple)
② 벤드 (bend)
③ 유니언 (union)
④ 부싱 (bushing)

해설 관 연결용 부속 : 니플, 유니언, 부싱

40. 매설되어 있는 상수도의 급수관에서 50 A 이하의 급수관을 분기할 때 사용하는 것으로 이것을 부착할 때는 통수를 막지 않고 천공기를 사용하여 주철제 급수관에 구멍을 뚫어 태핑을 한 후 부착하는 것은?
① 지수전 (止水栓)   ② 분수전 (分水栓)
③ 역수전 (逆水栓)   ④ 급수전 (給水栓)

해설 분수전 : 수도 배수관에서 50 mm 이하 직경의 급수관을 분기할 때 사용되는 콕식의 밸브이다. 분수전 부착 시에는 통수를 막지 않으며, 천공기를 사용하여 주철의 배수관에 구멍을 뚫고 태핑을 한 후 박는다.

41. 나사 및 용접 배관을 하지 않고, 그래브 링 (grab ring)과 O-링에 의한 특수 접합에 의해 이음할 수 있는 관은?
① 수도용 경질 염화비닐관
② 폴리에틸렌관
③ 폴리부틸렌관
④ 가교화 폴리에틸렌관

42. 배수용 주철관의 제조 방법으로 맞는 것은 어느 것인가?
① 원심 주조법   ② 투형 주조법
③ 투상 주조법   ④ 수상 주조법

43. 상온에서 건조하고 내약품성, 내유성이 우수하여 금속의 방식도료 (防蝕塗料)로 적합하

정답 36. ③ 37. ② 38. ③ 39. ② 40. ② 41. ③ 42. ① 43. ①

거나 부착력과 내후성이 나쁘며 내열성이 약한 결점을 가지고 있는 도료는?
① 염화비닐계 도료   ② 광명단
③ 알루미늄 도료   ④ 산화철 도료

해설 염화비닐계 도료 : 내약품성, 내유성, 내산성이 우수하여 금속의 방식도료로서 우수하다. 부착력과 내후성이 나쁘며, 내열성이 약한 것이 결점이다.

44. 플랜지 시트 모양에 따른 분류 중 누설 시 위험성이 큰 유체 등 매우 기밀을 요하는 배관에 사용하는 플랜지 시트 모양은?
① 홈꼴형 시트   ② 대평면 시트
③ 소평면 시트   ④ 전면 시트

해설 홈꼴형 시트 : 누설 위험성이 큰 유체 등을 이송할 때 플랜지에 사용하는 시트이다. 홈 시트 또는 채널형 시트라고도 한다.

45. 스테인리스 강관의 특성을 설명한 것 중 관계가 먼 것은?
① 몰코식 이음법 등으로 비교적 시공이 간편하다.
② 위생적이나 적수, 백수, 청수의 염려가 있다.
③ 저온 충격성이 크고 한랭지 배관이 가능하다.
④ 강관에 비해 기계적 성질이 우수하다.

해설 스테인리스 강관의 특성
㉠ 내식성이 우수하여 사용환경에 제약이 적으며 위생적이다.
㉡ 내열성·내마모성·내충격성이 우수하다.
㉢ 기계적 강도가 높다.
㉣ 마찰손실이 적다.
㉤ 관의 두께를 얇게 할 수 있어 단위 길이마다의 무게가 가볍다.
㉥ 표면이 아름다워 의장성이 뛰어나다.

46. 일반적으로 나사 이음에 사용되는 패킹의 종류가 아닌 것은?
① 페인트
② 마
③ 일산화연
④ 액상 합성수지

해설 나사 이음 패킹
㉠ 페인트
㉡ 일산화연
㉢ 액상 합성수지

47. 관 속의 유체에 섞여 있는 이물질을 제거하여 기기의 성능을 보호하는 스트레이너의 종류가 아닌 것은?
① Y형   ② U형
③ P형   ④ V형

해설 스트레이너 종류 : Y형, U형, V형

48. 벨로스(bellows)형 신축 이음쇠에 대한 설명으로 적당하지 않은 것은?
① 일명 팩리스(packless) 신축 이음쇠라고도 한다.
② 비교적 고압 배관에 적당하다.
③ 형식은 단식과 복식이 있다.
④ 벨로스는 잘 부식되지 않는 스테인리스강 또는 청동 제품 등을 사용한다.

해설 벨로스형 신축 이음쇠 특징
㉠ 미끄럼형 내관을 벨로스로 싸고 슬리브의 미끄럼에 따라 벨로스가 신축하기 때문에 패킹이 없어도 유체가 새는 것을 방지할 수 있다.
㉡ 설치장소가 적고 응력이 생기지 않으며 누설이 없다.
㉢ 고압 배관에는 부적당하다.
㉣ 벨로스의 주름이 있는 곳에 응축수가 괴면 부식되기 쉽다.

정답 44. ① 45. ② 46. ② 47. ③ 48. ②

49. 동관의 재질별 분류 중 경도 및 강도 면에서 가장 강한 것은?
① 반경질   ② 연질
③ 반연질   ④ 경질

50. 무기질에 비해 비교적 낮은 온도에서 사용되는 유기질 보온재의 종류에 해당되지 않는 것은?
① 코르크   ② 양모 펠트
③ 기포성 수지   ④ 암면

해설 유기질 보온재
  ㉠ 펠트류
  ㉡ 텍스류
  ㉢ 폼류
  ㉣ 탄화 코르크

51. 배관에서 유체의 종류 중 공기를 나타내는 기호는?
① A   ② C
③ S   ④ W

해설 ㉠ A-공기
  ㉡ S-수증기
  ㉢ O-오일
  ㉣ W-물

52. 배관용 탄소 강관의 KS 기호는?
① SPP   ② SPCD
③ STKM   ④ SAPH

해설 ㉠ SPP : 배관용 탄소 강관
  ㉡ SPPS : 압력 배관용 탄소 강관
  ㉢ SPPH : 고압 배관용 탄소 강관
  ㉣ SPHT : 고온 배관용 탄소 강관
  ㉤ STKM : 기계 구조용 탄소 강관

53. 치수를 나타내기 위한 치수선의 표시가 잘못된 것은?

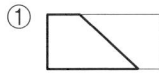 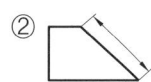
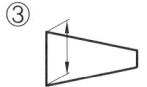 

해설

54. 그림 Ⓐ 부분과 같이 경사면부가 있는 대상물에서 그 경사면의 실형을 표시할 필요가 있는 경우 사용하는 투상도는?

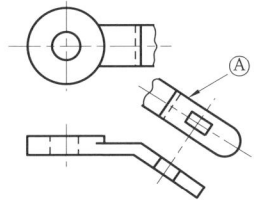

① 국부 투상도   ② 전개 투상도
③ 회전 투상도   ④ 보조 투상도

55. 그림과 같은 양면 필릿 용접기호를 가장 올바르게 해석한 것은?

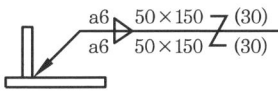

① 목길이 6 mm, 용접 길이 150 mm, 인접한 용접부 간격 50 mm
② 목길이 6 mm, 용접 길이 50 mm, 인접한 용접부 간격 30 mm
③ 목두께 6 mm, 용접 길이 150 mm, 인접한 용접부 간격 30 mm
④ 목두께 6 mm, 용접 길이 50 mm, 인접한 용접부 간격 50 mm

정답 49. ④ 50. ④ 51. ① 52. ① 53. ④ 54. ④ 55. ③

56. 제3각법으로 정투상한 그림과 같은 정면도와 우측면도에 가장 적합한 평면도는 어느 것인가?

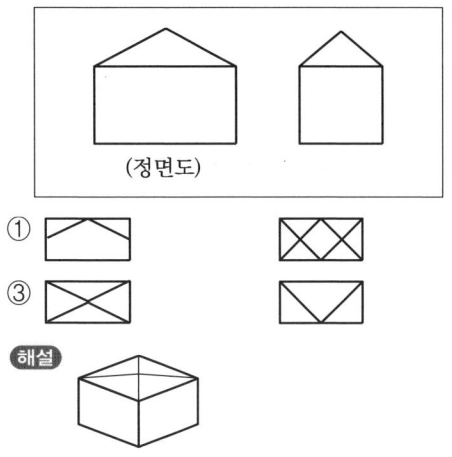

해설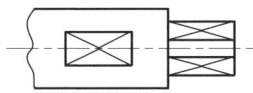

57. 다음 그림과 같은 도면에서 가는 실선으로 대각선을 그려 도시한 면의 설명으로 올바른 것은 어느 것인가?

① 대상의 면이 평면임을 도시
② 특수 열처리한 부분을 도시
③ 다이아몬드의 볼록 형상을 도시
④ 사각형으로 관통한 면

58. 기계제도의 일반 사항에 관한 설명으로 틀린 것은?

① 잘못 볼 염려가 없다고 생각되는 도면은 도면의 일부 또는 전부에 대하여 비례관계를 지키지 않아도 좋다.
② 선의 굵기 방향의 중심은 이론상 그려야 할 위치 위에 그린다.
③ 선이 근접하여 그리는 선의 선 간격은 원칙으로 평행선의 경우 선의 굵기의 3배 이상으로 하고, 선과 선의 간격은 0.7 mm 이상으로 하는 것이 좋다.
④ 다수 선이 1점에 집중할 경우 그 점 주위를 스머징하여 검게 나타낸다.

59. 제도에 사용되는 문자 크기의 기준으로 맞는 것은?

① 문자의 폭
② 문자의 높이
③ 문자의 대각선 길이
④ 문자의 높이와 폭의 비율

60. 나사 표시기호 "M50×2"에서 "2"는 무엇을 나타내는가?

① 나사 산의 수   ② 나사 피치
③ 나사의 줄 수   ④ 나사의 등급

정답 56. ③   57. ①   58. ④   59. ②   60. ②

배관기능사
Craftsman Plumbing

2014년 4월 6일 시행

1. 열교환기 중 유체를 가열 증발시키기 위해 고압 증기를 사용하는 열교환기는?
① 가열기 ② 과열기
③ 증발기 ④ 예열기

해설 열교환기 사용상 분류
㉠ 가열기 : 유체를 필요한 온도까지 가열하는 목적으로 사용
㉡ 예열기 : 유체를 사전에 가열해서 다음 조작(공정)에서의 효율을 좋게 하기 위해 사용
㉢ 과열기 : 유체(일반적으로 기체)를 과열 상태가 되기까지 가열하기 위해 사용
㉣ 증발기 : 유체를 가열해서 증발시키기 위해 사용
㉤ 재가열기 : 장치 중(공정상)에서 응축된 유체를 재가열해서 증발시키기 위해 사용
㉥ 냉각기 : 유체를 필요 온도까지 냉각하기 위해 사용
㉦ 응축기 : 응축성 기체를 냉각하여 응축 액화시키기 위해 사용. 수증기를 응축시켜 물로 만드는 경우에는 복수기(condenser)라고 한다.

2. 다음 중 터보형(원심식) 압축기가 아닌 것은?
① 원심식 압축기
② 축류식 압축기
③ 나사식 압축기
④ 혼류식 압축기

해설 압축기는 압축 방식에 따라 용적형과 터보형으로 분류된다.
㉠ 용적용 압축기 : 체적의 감소를 통하여 압력을 증가시키는 방식으로 왕복식, 회전식, 스크루식, 다이어프램식이 있다.
㉡ 터보형 압축기 : 가스의 운동 에너지를 압력 에너지로 변환하여 압력을 증가시키는 방식으로 원심식, 축류식, 혼류식이 있다.

3. 다음 중 고온고압에 주로 사용되는 밸브 재료는?
① 황동제
② 스테인리스제
③ 청동제
④ 주강제

해설 고온고압용 금속재료는 크롬 및 스테인리스를 들 수 있다.

4. 피복 아크 용접 작업 시 안전사항으로 옳지 않은 것은?
① 습기 찬 용접봉은 사용하지 않는다.
② 차광 유리는 아크 전류의 세기에 알맞은 것을 사용한다.
③ 용접봉 홀더는 항상 파손이 없는 완벽한 것을 사용한다.
④ 모재와 용접기를 케이블로 연결할 때 접지 클램프는 용접기에 접속해야 안전하다.

해설 접지 클램프는 모재에 접속해야 한다.

5. 다음 중 통기관을 설치하는 목적으로 가장 적합한 것은?
① 오수를 정화하기 위하여
② 배수량을 조절하기 위하여
③ 트랩의 봉수를 보호하기 위하여
④ 배수관 내 압력과 대기압과의 차이를 높이기 위하여

정답 1. ③ 2. ③ 3. ② 4. ④ 5. ③

해설 통기관의 설치 목적
ⓐ 배수관 내의 압력 변동 폭을 작게 함으로써 트랩의 봉수를 보호한다.
ⓑ 배수관 내에서 배수의 흐름을 원활히 한다(압력 변동이 큰 경우 흐름 상태가 불규칙하다).
ⓒ 배수관 내에 신선한 공기를 유통시켜 환기를 도모함으로써 관 내를 청결하게 유지한다.

6. 표준 대기압의 진공도를 0이라할 때 완전 진공도를 표현한 것으로 맞게 표시한 것은?
① 1
② 10 %
③ 100 %
④ 100

해설 진공도는 대기압을 0 %, 완전 진공을 100 %로 표시한다.
ⓐ 표준 대기압 : 진공도 0 %
ⓑ 완전 진공 : 진공도 100 %
백분율로 표시를 안 하면 표준 대기압의 진공도를 0이라 할 때 완전 진공도는 1로 표시한다.

7. 물의 경도에 관한 설명으로 옳은 것은?
① 물속에 탄산이 1000만 분의 1이 포함되었을 때, 1 ppm이라 한다.
② 물속에 탄산칼슘이 100만분의 10이 포함되었을 때, 10 ppm이라 한다.
③ 물속에 포함되어 있는 탄산칼슘을 제외한 염류의 함유 비율을 의미한다.
④ 물의 구분은 경도에 따라 연수, 적수, 경수로 나누는데 경수는 일반적으로 단물이라고 한다.

8. 작업장에서 작업복을 착용해야 하는 가장 중요한 이유는?
① 작업 중 위험을 줄이기 위하여
② 작업자의 복장 통일을 위하여
③ 작업 비용을 높이기 위하여
④ 방한을 하기 위하여

9. 이중 덕트 공기 조화 설비 방식의 장점으로 옳은 것은?
① 운전비가 비교적 적게 든다.
② 설비비가 비교적 적게 든다.
③ 덕트가 2중이므로 차지하는 면적이 넓다.
④ 혼합 박스에서 온습도 조절을 자유롭게 할 수 있다.

해설 이중 덕트 방식 : 중앙의 공기 조화기에서 냉·온풍을 두 개의 덕트로 별도 송풍하여 각 존 또는 각 실의 혼합 박스에서 적당히 혼합하여 송풍한다. 실내의 부하 용량에 따라 온습도를 자유롭게 조정할 수 있다.

10. 2개 이상의 엘보를 이용하여 배관의 신축을 흡수하며 주로 증기 및 온수난방용 배관에 사용되는 신축 이음은?
① 스위블형 신축 이음
② 루프형 신축 이음
③ 벨로스형 신축 이음
④ 슬리브형 신축 이음

해설 신축 이음(expansion joint)
ⓐ 루프형 : 신축 곡관이라고도 한다. 고압에 잘 견디며 고장이 적어 고온·고압용 옥외 배관에 많이 사용한다.
ⓑ 벨로스형 : 팩리스(packless) 신축 이음이라고도 한다. 설치 공간을 많이 차지하지 않지만 고압 배관에 부적당하고, 주름이 있는 곳에 응축수가 괴면 부식되기 쉽다.
ⓒ 슬리브형 : 미끄럼에 의해 신축을 흡수하여 미끄럼형 이음쇠라고도 한다. 단식과 복식이 있다.
ⓓ 스위블형 : 주로 증기 및 온수난방용 배관에 사용하는 신축 이음으로 회전 이음이라고도 한다. 2개 이상의 엘보를 이용하여 나사의 회전에 의해 신축을 흡수한다.

11. 파이프 래크(pipe rack) 위의 배관에서 열

응력 대책이 지배적 요인이 되는 경우 배관 시 고려해야 할 사항으로 틀린 것은?

① 최대 구경, 최대온도일수록 외측에 배관한다.
② 루프의 폭과 길이는 고정점 간 거리의 8~10 %를 유지한다.
③ 파이프 루프는 파이프 래크상의 다른 배관보다 500~700 mm 낮게 한다.
④ 온도 150~300°C인 경우, 파이프 루프는 보통 30 m에 1개소씩 설치한다.

해설 ③ 파이프 루프는 파이프 래크상의 다른 배관보다 500~700 mm 높게 한다.

12. 도시가스 공급 설비에서 일반 소비 기기용 및 지구 정압기로 널리 사용되며, 구조와 기능이 우수한 정압기는?

① AFV식 정압기
② 서비스식 정압기
③ 피셔식 정압기
④ 레이놀즈식 정압기

13. 정화조에서 요철이 많을수록 좋으며 호기성 박테리아의 활동이 매우 활발한 곳은?

① 산화조
② 소독조
③ 여과조
④ 부패조

해설 오수 정화 처리 순서 : 수세 변소 → 부패조(제1, 2부패조 → 예비 여과조) → 산화조 → 소독조 → 공공 하수관
㉠ 부패조 : 오수의 체류 기간은 2일간, 혐기성 박테리아에 의해 오물이 부패, 분해된다.
㉡ 산화조 : 호기성 박테리아를 증식시켜 오수 중의 유기물을 산화·분해한다.
㉢ 소독조 : 산화조에서 정화된 오수 내의 균을 소독제(차아염소산소다), 차아염소산칼슘으로 살균·소독한다.

14. 관 속을 흐르는 유체의 종류에 따라 배관에 표시하는 색으로 잘못 연결된 것은?

① 물 – 청색
② 가스 – 자주색
③ 공기 – 흰색
④ 증기 – 어두운 빨간색

해설 가스 배관의 표시색
㉠ 공기 : 흰색
㉡ 가스 : 황색
㉢ 증기 : 진한 빨간색
㉣ 물 : 청색
㉤ 산, 알칼리 : 회색

15. 도시가스와 비교한 LP 가스의 장점으로 옳지 않은 것은?

① 발열량이 높다.
② 가압 장치가 필요 없다.
③ 공급관의 지름이 작아도 된다.
④ 지속적인 공급을 위해 예비 용기를 확보할 필요가 없다.

해설 도시가스는 가스 홀더를 설치하여 공급하며, LP 가스는 지속적인 공급을 위해 예비 용기를 확보한다.

16. 난방용 방열기에서의 방열량을 상당 방열면적으로 표현한 $1\,m^2$ EDR (증기)은 몇 kJ/h 인가?

① 450
② 650
③ 1884
④ 2721

정답 12. ④ 13. ① 14. ② 15. ④ 16. ④

해설 상당 방열 면적(EDR) : 표준 방열 상태에서 방열기의 단위 면적당 방사 열량(kcal/$m^2 \cdot h$)
ⓐ 증기 : 1EDR = 650 kcal/$m^2 \cdot h$
≒ 2721 kJ/h
ⓑ 온수 : 1EDR = 450 kcal/$m^2 \cdot h$
≒ 1884 kJ/h

17. 가스 수요량이 급격히 증가하여 일시적으로 일반 공급 압력 이상의 압력이 필요한 경우에 사용하는 장치는?
① 가스 필터
② 자동 승압 장치
③ 수봉식 안전기
④ 이상 압력 상승 방지 장치

18. 고압, 중압 보일러 급수용으로 임펠러 내부에 안내 날개를 두어 고양정 급수용으로 적합한 펌프는?
① 인젝터
② 터빈 펌프
③ 피스톤 펌프
④ 플런저 펌프

해설 회전 운동 펌프는 안내 날개의 유무에 따라 벌류트 펌프와 터빈 펌프로 나뉜다.
ⓐ 벌류트 펌프(volute pump) : 임펠러 둘레에 안내 날개가 없이 스파이럴 케이싱이 있다. 양정 15 m 이하의 저양정 펌프이다.
ⓑ 터빈 펌프(turbine pump) : 임펠러와 스파이럴 케이싱 사이에 안내 날개가 있는 펌프로서, 디퓨저 펌프(diffuser pump)라고도 한다. 양정 20 m 이상의 고양정 펌프이다.

19. 난방 배관의 시험 압력에서 최고 사용 압력이 0.2 MPa 미만인 배관 계통에 대해서는 다음 중 어느 정도의 압력으로 시험하는 것이 가장 적합한가?
① 0.1 MPa
② 0.2 MPa
③ 0.4 MPa
④ 0.6 MPa

해설 최고 사용 압력이 0.43 MPa 미만일 때는 그 사용 압력의 2배로 한다.

20. 무기산과 유기산에 부식 억제제를 첨가해서 대부분의 금속 스케일을 제거하는 세정법은?
① 산 세정
② 알칼리 세정
③ 중화 세정
④ 유기용제 세정

해설 산 세정 : 황산이나 인산, 염산 등의 수용액에 철강재를 담가 표면의 녹이나 스케일(scale) 등을 제거하는 방법으로 기름, 발청 촉진 물질까지 제거하거나 중화시킬 수 있어 매우 효과적인 방법이다.

21. 섭씨온도 30℃를 화씨온도로 고치면 몇 °F 인가?
① −1.1°F
② 32°F
③ 62.3°F
④ 86°F

해설 $F = \dfrac{9}{5} \times C + 32 = \dfrac{9}{5} \times 30 + 32$
$= 86°F$

22. 펌프의 설치 방법에 관한 설명으로 옳지 않은 것은?
① 펌프의 설치는 유효 통로 및 다른 기기와 돌출부로부터 600 mm 이상 작업 간격을 확보한다.
② 편심 리듀서를 설치할 경우, 하부에서 흡입될 때는 윗면이 수평되게 설치한다.
③ 편심 리듀서를 설치할 경우, 상부에서 흡입될 때는 아랫면이 수평되게 설치한다.
④ 수격 작용을 방지하기 위하여 공기 밸브 또는 글로브 밸브를 설치한다.

해설 수격 작용을 방지하기 위해 공기 밸브, 완폐식 체크 밸브, 공기실(air chamber), 서지 탱크 등을 설치한다.

정답 17. ② 18. ② 19. ③ 20. ① 21. ④ 22. ④

23. 도장의 종류 중 에폭시 수지에 관한 설명으로 옳지 않은 것은?

① 내열성과 내수성이 크다.
② 열 및 전기 전도도가 크다.
③ 기계적 강도와 내약품성이 우수하다.
④ 도료, 접착제 방식용으로 널리 사용된다.

[해설] 에폭시 수지의 장점
㉠ 내열성과 내수성이 크다.
㉡ 전기 절연도가 우수하다.
㉢ 기계적 강도와 내약품성이 우수하다.
㉣ 도료, 접착제 방식용으로 널리 사용된다.

24. 용적식(체적식) 유량계의 종류가 아닌 것은 어느 것인가?

① 로터리형 ② 오벌기어형
③ 피토관형 ④ 건식가스미터형

[해설] 용적식(체적식) 유량계 : 오벌기어 방식, 로터리피스톤 방식, 헬리컬기어 방식, 회전디스크 방식, 건식가스미터 방식 등

25. 보일러 1마력이라 함은 100℃의 물 15.65kg을 1시간 동안에 100℃의 증기로 만들 수 있는 능력이다. 보일러 5마력을 열량으로 환산하면 약 몇 kJ/h인가?

① 8435 ② 12500
③ 42177 ④ 176552

[해설] 보일러 마력(Boiler Horse Power) : 1시간에 100℃의 물 15.65 kg을 전부 증기로 증발시키는 증발 능력을 1보일러 마력이라고 한다. 물 1 kg의 증발 잠열이 539 kcal/kg이므로 1보일러 마력을 열량으로 환산하면 539×15.65 = 8435.35 kcal/h이다.
8435.35×5 = 42177 kcal/h
∴ 42177×4.186 = 176552.9 kJ/h

26. 기계, 자전거, 가구 등에 사용하는 강관으로 비교적 정밀 다듬질이 필요하며, 11종에서 20종 등의 10가지 종류로 구분하는 것은?

① 일반 구조용 탄소 강관
② 기계 구조용 탄소 강관
③ 일반 구조용 각형 강관
④ 기계 구조용 합금강 강관

27. 용접부의 외부에 나타나는 작고 오목한 구멍 형태의 용접 결함은?

① 균열(crack) ② 피트(pit)
③ 피닝(peening) ④ 오버랩(overlap)

[해설] 용접 결함의 원인
㉠ 균열(crack) : 이음의 강성이 너무 클 때, 부적당한 용접봉을 사용할 때, 모재에 탄소, 망간 등의 합금 원소 함량이 많을 때
㉡ 피트(pit) : 모재에 탄소, 망간, 황 등의 함유량이 많을 때, 습기나 녹, 페인트가 있을 때, 용착 금속의 냉각 속도가 빠를 때
㉢ 오버랩(overlap) : 용접 전류가 너무 낮을 때, 부적당한 용접봉을 사용할 때, 용접 속도가 너무 늦을 때, 용접봉의 유지 각도가 부적당할 때

28. 다음 중 PVC관에 사용하는 공구가 아닌 것은 어느 것인가?

① 턴핀 ② 리머
③ 가열기 ④ 파이프 커터

[해설] ㉠ PVC관용 공구 : 가열기, 열풍 용접기, 파이프 커터, 리머
㉡ 연관용 공구 : 봄볼, 드레서, 벤드벤, 턴핀, 맬릿

29. 2개의 날이 1조로 되어 있으며, 날의 고정 홈 뒷면에 4개의 조로 관의 중심을 맞출 수 있는 스크롤이 있고, 비교적 좁은 공간에서 작업이 가능한 나사 절삭기는?

① 리드형 나사 절삭기
② 비버형 나사 절삭기

정답 23. ② 24. ③ 25. ④ 26. ② 27. ② 28. ① 29. ①

③ 오스터형 나사 절삭기
④ 드롭헤드형 나사 절삭기

해설 수동용 나사 절삭기 : 관에 수동으로 나사를 낼 때 사용하는 공구로서, 오스터형, 리드형이 많이 쓰이고, 드롭헤드형, 비버형도 있다.
㉠ 오스터형 나사 절삭기 : 4개의 날이 1조로 되어 있으며, 넓은 작업 공간이 필요하다.
㉡ 리드형 나사 절삭기 : 2개의 날이 1조로 되어 있으며, 날의 고정 홈 뒷면에 4개의 조로 관의 중심을 맞출 수 있는 스크롤(scroll)이 있고, 비교적 좁은 공간에서 작업이 가능하다.

30. 관을 구부릴 때 사용하는 파이프 벤딩기(pipe bending machine)의 종류가 아닌 것은?

① 램식(ram type)
② 폼식(former type)
③ 로터리식(rotary type)
④ 수동 롤러식(hand roller type)

해설 파이프 벤딩기의 종류 : 램식, 로터리식, 수동 롤러식

31. 다음 그림과 같이 런(run)의 길이가 300 mm이고, 대각선 길이가 500 mm일 때 오프세트 길이(L)는 몇 mm인가?

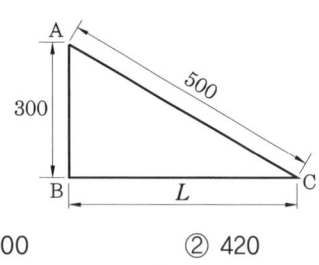

① 400
② 420
③ 450
④ 460

해설
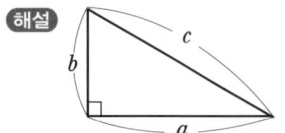

$a = \sqrt{c^2 - b^2}$
$\therefore L = \sqrt{500^2 - 300^2} = \sqrt{160000}$
$= 400$

32. 주철관의 플랜지 접합에 관한 설명으로 옳지 않은 것은?

① 고압 배관, 펌프 등의 기계 주위에 이용된다.
② 패킹 재료는 고무, 석면, 납판 등이 사용된다.
③ 패킹의 한쪽 면에만 그리스를 발라야 떼어 낼 때 편리하다.
④ 스패너로 조일 때는 조금씩 평균하여 대칭으로 죄어 간다.

해설 플랜지 분해 시 패킹이 잘 분리되도록 패킹의 양쪽 면에 그리스를 발라야 한다.

33. 대구경의 관을 절단하고자 한다. 다음 중 양호한 절단면을 얻기 위한 조건으로 가장 거리가 먼 것은?

① 절단재의 재질
② 절단재의 두께와 폭
③ 절단 주행 속도
④ 사용 가스의 충진 압력

34. 폴리에틸렌관의 이음법 중 접합 강도가 가장 확실하고 안전한 이음법은?

① 나사 이음
② 인서트 이음
③ 테이퍼 이음
④ 용착 슬리브 이음

해설 폴리에틸렌관의 접합
㉠ 용착 슬리브 접합 : 관 끝의 외면과 부속의 내면을 동시에 가열·용융시켜 접합하는 방법으로 접합 강도가 확실하고 안전하다.
㉡ 인서트 접합
㉢ 테이퍼 접합

정답 30. ② 31. ① 32. ③ 33. ④ 34. ④

35. 이종관의 이음에는 신축량, 강도, 중량 등 관 재료에 따른 재료의 성질을 이해하여야 한다. 특히 이종관끼리의 이음은 부식 현상이 발생하므로 주의를 요하는데 강관과 연결이 가능한 관이 아닌 것은?
① 동관 ② 콘크리트관
③ 주철관 ④ 경질 염화비닐관

36. 가스 용접 시 산화 불꽃을 사용하여야 하는 금속은?
① 연강 ② 알루미늄
③ 황동 ④ 스테인리스

37. 석면 시멘트관의 이음 방법 중 심플렉스 이음에 관한 설명으로 옳지 않은 것은?
① 칼라 속에 2개의 고무링을 넣고 이음한다.
② 프릭션 풀러를 사용하여 칼라를 잡아당긴다.
③ 호칭 지름 75~500 mm의 지름이 작은 관에 많이 사용한다.
④ 내식성은 풍부하나 수밀성과 굽힘성이 좋지 않은 결점이 있다.

38. 일반적인 가스 절단 시 표준 드래그(drag)는 보통 판 두께의 몇 % 정도인가?
① 10 % ② 20 %
③ 30 % ④ 40 %

[해설] 드래그 : 가스 절단면에 있어 절단 기류의 입구점에서 출구점 사이의 수평 거리
㉠ 드래그의 길이는 주로 절단 속도, 산소 소비량에 의해 변한다.
㉡ 드래그의 길이는 판 두께의 1/5, 즉 20 % 정도가 좋다.

39. 경질 염화비닐관에 관한 설명으로 옳지 않은 것은?
① 내식성이 크고 산, 알칼리 등의 부식성 약품에 거의 부식되지 않는다.
② 저온에 약하며 한랭지에서는 조금만 충격을 주어도 파괴되기 쉽다.
③ 열에 강하고 약 150℃에서 연화한다.
④ 열팽창률이 크기 때문에(강관의 7~8배) 온도 변화에 신축이 심하다.

[해설] (1) 경질 염화비닐관의 특징
㉮ 내식성, 내약품성, 내유성이 우수하다.
㉯ 가볍고 강인하다.
㉰ 관의 마찰저항이 적다.
㉱ 열의 불양도체이다.
㉲ 배관 가공이 용이하다.
(2) 단점
㉮ 열에 약하고 70~80℃부터 연화하기 시작한다. 일반적으로 사용 온도는 5~70℃ 범위이다.
㉯ 열팽창률이 심하다.
㉰ 충격 강도가 작다.

40. 대변기나 소변기 등의 세척을 급수관의 물에 의해서 직접 할 때 사용되는 밸브는?
① 버터플라이 밸브(butterfly valve)
② 안전밸브(safety valve)
③ 플로트 밸브(float valve)
④ 플러시 밸브(flush valve)

[해설] 플러시 밸브 : 대소변의 세정에 주로 사용되며 급수관에 세정 밸브를 직접 부착하는 방식이다. 세정 밸브가 자동으로 닫히려면 최저 수압 0.05 MPa가 필요하며, 급수관의 지름은 최소 25 mm 이상이어야 한다.

41. 동관을 두께별로 분류한 것이다. 가장 두꺼운 것은?
① K type ② L type
③ M type ④ N type

정답 35. ② 36. ③ 37. ④ 38. ② 39. ③ 40. ④ 41. ①

해설 동관의 분류

구분	종류	비고
소재별	인탈산 동관	급수관·급탕관·냉온수관·상수도관·송유관·가스관 등 일반 배관용, 공조 기기 및 열교환기용으로 사용
	터프피치 동관	전기·열의 전도성이 우수하고, 전연성, 내식성이 좋아 전기 부품 관계에 적합
	무산소 동관	전기·열의 전도성, 전연성이 우수하고 용접성, 내식성이 좋으므로 전기용, 화학 공업용에 적합
	동합금관	황동관, 청동관 등 다양하게 제조되며, 구조용·열교환기용·화학 공업용으로 사용
재질별	연질 (O)	가장 연한 재질로서 가공 등 작업이 용이하다. 상수도나 가스 배관과 같이 지하 매설용은 연질을 사용
	반연질 (OL)	연질에 약간의 경도와 강도를 부여한 재질
	반경질 (1/2H)	경질에 약간의 연성을 부여한 재질
	경질 (H)	경도와 강도가 가장 크다. 배관재에 주로 사용
두께별	K형	가장 두껍다. 고압 배관, 의료 배관용으로 사용
	L형	두껍다. 의료 배관, 일반 배관용으로 사용
	M형	보통 두껍다. 일반 배관용으로 사용
	N형	가장 얇다(KS 규격은 없으나, DWV type은 배수용으로 제조).
용도별	일반 배관용 (water tube)	유체를 수송하는 일반 배관용
	냉동·공조용 (ACR tube)	공조 기기, 냉동기 등의 열교환용
	열교환용 (condenser tube)	동합금 제품으로 응축기·증발기·보일러·저장 탱크 등에서의 열교환용 코일

42. 형태에 따라 직관과 이형관으로 나누며 보통 흄(hume)관이라고 불리는 관은?

① 석면 시멘트관
② 콘크리트 이형관
③ 철근 콘크리트관
④ 원심력 철근 콘크리트관

해설 석면 시멘트관은 에터니트관, 흄관은 원심력 철근 콘크리트관의 통칭이다.

43. 내열성, 내식성이 우수하여 화학 공장, 실험실, 연구실 등의 특수 배관용에 가장 적합한 관은?

① 탄소강 강관   ② 스테인리스 강관
③ 폴리에틸렌관   ④ 경질 염화비닐관

해설 스테인리스 강관의 특징
㉠ 내식성이 우수하다.
㉡ 강도가 크다.
㉢ 내열성, 고온 강도가 높다.
㉣ 내마모성이 높다.
㉤ 외관이 아름다워 도장할 필요가 없다.

44. 강관의 스케줄 번호와 가장 관계가 깊은 것은?

① 관의 종류   ② 관의 길이
③ 관의 두께   ④ 관의 호칭 지름

해설 스케줄 번호(Sch No.) : 관의 두께를 표시하는 번호

45. 스트레이너는 배관에 설치되는 밸브, 트랩 등 중요 기기의 앞에 설치하여 관 속의 유체에 섞여 있는 이물질을 제거하는데 그 종류에 속하지 않는 것은?

① Y형   ② S형
③ U형   ④ V형

해설 스트레이너 종류 : Y형, U형, V형

정답 42. ④   43. ②   44. ③   45. ②

46. 회전이나 왕복 운동용 축의 누설 방지용으로 널리 사용되는 글랜드 패킹의 종류에 속하는 것은?

① 고무 패킹　② 합성수지 패킹
③ 섬유 패킹　④ 아마존 패킹

해설 아마존 패킹 : 면포와 내열 고무 콤파운드를 가공 성형한 것으로 압축기의 글랜드용에 쓰인다.

47. 열을 잘 반사하여 난방용 방열기 등의 외면 도장에 적합한 도료는?

① 알루미늄 도료
② 산화철 도료
③ 광명단 도료
④ 타르 및 아스팔트

해설 알루미늄 도료(은분) : 알루미늄 분말에 유성 바니시를 섞은 도료이다. 알루미늄 도막이 금속 광택이 있으며 열을 잘 반사하고, 400~500℃의 내열성을 지니고 있어 난방용 방열기 등의 외면에 도장한다.

48. 보온재의 종류 선정 시 고려해야 할 사항이다. 틀린 것은?

① 안전 사용 온도 범위에 적합해야 한다.
② 열전도율이 가능한 한 적어야 한다.
③ 흡수성이 크고 가공이 용이해야 한다.
④ 물리적, 화학적 강도가 커야 한다.

해설 보온재의 구비 조건
  ㉠ 열전도율이 작을 것
  ㉡ 부피 및 비중이 작을 것
  ㉢ 다공성이며 기공이 균일할 것
  ㉣ 흡수성 및 흡습성이 적을 것
  ㉤ 내구성 및 기계적 강도가 양호할 것
  ㉥ 물리적, 화학적 강도가 클 것

49. 350℃ 이하의 온도에서 압력 10 MPa 이상의 배관 설비에 사용하는 배관용 강관의 명칭은?

① 배관용 탄소 강관
② 저온 배관용 강관
③ 고압 배관용 탄소 강관
④ 기계 구조용 탄소 강관

해설 ㉠ 배관용 탄소 강관(SPP) : 증기, 물, 가스 및 공기 등의 사용 압력 1 MPa 이하의 일반 배관용
  ㉡ 저온 배관용 탄소 강관(SPLT) : 빙점(0℃) 이하의 낮은 온도에서 사용하는 강관이며, 저온에서도 인성이 감소되지 않아 섬유 화학 공업 등의 각종 화학 공업, 기타 LPG, LNG 탱크 배관에 많이 사용
  ㉢ 고압 배관용 탄소 강관(SPPH) : 350℃ 이하, 사용 압력 10 MPa 이상의 고압 배관, 암모니아 합성 공업 등의 고압 배관, 내연 기관의 연료 분사관용
  ㉣ 기계 구조용 탄소 강관(STKM) : 자동차, 자전거, 기계, 항공기 등의 기계 부품으로 절삭해서 사용

50. 벨로스형 신축 이음쇠의 설명으로 가장 부적절한 것은?

① 설치 공간을 작게 차지한다.
② 고압 배관에 적당하다.
③ 이음 방법에 따라 나사 이음식 및 플랜지 이음식이 있다.
④ 벨로스는 부식에 강한 스테인리스강, 청동 제품 등을 사용한다.

해설 벨로스형 신축 이음쇠의 특징
  ㉠ 미끄럼 내관(sleeve)을 벨로스로 싸고 슬리브의 미끄럼에 따라 벨로스가 신축하기 때문에 패킹이 없어도 유체가 새는 것을 방지할 수 있다.
  ㉡ 설치 장소가 적고 응력이 생기지 않으며 누설이 없다.
  ㉢ 고압 배관에는 부적당하다.
  ㉣ 벨로스의 주름이 있는 곳에 응축수가 괴면 부식되기 쉽다.

정답 46. ④　47. ①　48. ③　49. ③　50. ②

51. 용기 모양의 대상물 도면에서 아주 굵은 실선을 외형선으로 표시하고 치수 표시가 ϕ int 34로 표시된 경우 가장 올바르게 해독한 것은?
① 도면에서 int로 표시된 부분의 두께 치수
② 화살표로 지시된 부분의 폭 방향 치수가 ϕ34 mm
③ 화살표로 지시된 부분의 안쪽 치수가 ϕ34 mm
④ 도면에서 int로 표시된 부분만 인치 단위 치수

52. 냉간 압연 강판 및 강대에서 일반용으로 사용되는 종류의 KS 재료 기호는?
① SPSC   ② SPHC
③ SSPC   ④ SPCC

53. 바퀴의 암(arm), 림(rim), 축(shaft), 훅(hook) 등을 나타낼 때 주로 사용하는 단면도로서, 단면의 일부를 90° 회전하여 나타낸 단면도는?
① 부분 단면도   ② 회전도시 단면도
③ 계단 단면도   ④ 곡면 단면도

해설 ㉠ 전단면도(full sectional view, 온단면도) : 물체를 둘로 절단해서 그림 전체를 단면으로 나타내는 것
㉡ 한쪽 단면도(half sectional view, 반단면도) : 기본 중심선에 대칭인 물체의 1/4만 잘라 내어 절반은 단면도로, 다른 절반은 외형도로 나타내는 단면도
㉢ 부분 단면도(local sectional view) : 외형도에서 필요로 하는 요소의 일부만을 부분 단면도로 표시
㉣ 회전도시 단면도(revolved sectional view) : 핸들이나 바퀴 등의 암 및 림, 리브, 훅, 축, 구조물의 부재 등의 절단한 단면의 모양을 90° 회전하여 내부 또는 외부에 그리는 것으로 내부에 표시할 때는 가는 실선, 외부에 표시할 때는 굵은 실선을 사용

54. 원호의 길이 치수 기입에서 원호를 명확히 하기 위해서 치수에 사용되는 치수 보조 기호는?
① (20)   ② C20
③ 20̄   ④ ⌢20

해설 원호의 치수 보조 기호

기호	의미	기호	의미
ϕ	지름 치수 (diameter)	Sϕ	구의 지름 치수 (spherical diameter)
R	반지름 치수 (radius)	SR	구의 반지름 치수 (spherical radius)
t	판의 두께 (thickness)	□	정사각형 변의 치수 (square)
C	45° 모따기 (chamfer)	⌢	원호의 길이 (arc length)
( )	참고 치수 (reference)	▭	이론적으로 정확한 치수(theoretically exact dimension)

55. 미터 나사의 호칭 지름은 수나사의 바깥지름을 기준으로 정한다. 이에 결합되는 암나사의 호칭 지름은 무엇이 되는가?
① 암나사의 골지름
② 암나사의 안지름
③ 암나사의 유효지름
④ 암나사의 바깥지름

56. 도면의 마이크로필름 촬영, 복사할 때 등의 편의를 위해 만든 것은?
① 중심 마크   ② 비교 눈금
③ 도면 구역   ④ 재단 마크

해설 중심 마크(center mark) : 각 변의 중앙에 0.5 mm 이상의 굵은 실선으로 표시하며, 도면을 마이크로필름으로 촬영하거나 복사할 때 기준이 된다.

정답 51. ③ 52. ④ 53. ② 54. ④ 55. ① 56. ①

57. 다음 그림과 같은 입체를 제3각법으로 나타낼 때 가장 적합한 투상도는? (단, 화살표 방향을 정면으로 한다.)

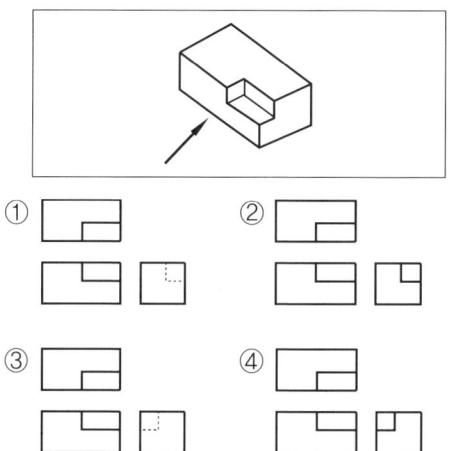

58. 다음그림과 같은 입체도에서 화살표 방향이 정면일 경우 좌측면도로 가장 적합한 것은?

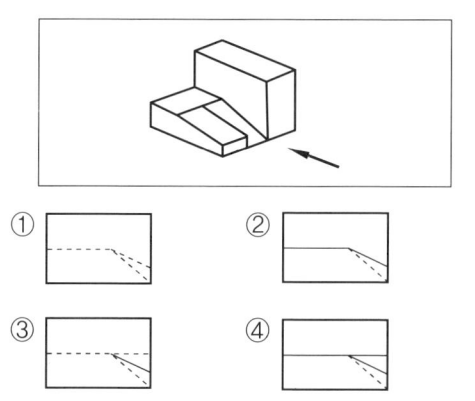

59. 용접부의 도시 기호가 "a4△3×25(7)"일 때의 설명으로 틀린 것은?

① △ – 필릿 용접
② 3 – 용접부의 폭
③ 25 – 용접부의 길이
④ 7 – 인접한 용접부의 간격

해설 ㉠ △ : 필릿 용접
㉡ a4 : 목 두께가 4 mm
㉢ 3 : 용접부 개소가 3개소
㉣ 25 : 용접부의 길이가 25 mm
㉤ 7 : 인접한 용접부 간의 거리(피치)가 7 mm

60. 배관의 간략 도시 방법 중 환기계 및 배수계의 끝부분 장치 도시 방법의 평면도에서 그림과 같이 도시된 것의 명칭은?

① 회전식 환기삿갓
② 고정식 환기삿갓
③ 벽붙이 환기삿갓
④ 콕이 붙은 배수구

정답 57. ④ 58. ② 59. ② 60. ④

배관기능사
Craftsman Plumbing

2014년 10월 11일 시행

1. 급탕 배관 시공 시 급탕 주관에서 분기되는 개소에 가장 적합한 신축 조인트 형식은?

① 루프형 ② 스위블형
③ 벨로스형 ④ 슬리브형

해설 스위블형 신축 이음 : 스윙식이라고도 하며, 주로 증기 및 온수난방용 배관에 사용한다.

2. 공기 조화의 4대 요소는?

① 온도, 습도, 복사도, 공기 기류
② 온도, 습도, 복사도, 공기 청정도
③ 온도, 습도, 공기 청정도, 공기 기류
④ 온도, 복사도, 공기 청정도, 공기 기류

해설 공기 조화 : 실내 공기의 온도, 습도, 기류, 청정도 등을 인간 또는 물품에 대해 가장 알맞은 상태로 조정하는 것

3. 1급 도로의 파이프 래크의 높이는 몇 m로 하면 되는가?

① 3 m ② 6 m
③ 9 m ④ 12 m

해설 파이프 래크가 도로를 횡단할 경우 2급 도로는 4.5 m 이상, 1급 도로는 6 m 이상, 철도의 인입선에서는 7 m 이상 높이로 한다.

4. 기송 배관의 형식 분류에 관한 설명으로 옳지 않은 것은?

① 진공식 배관은 흡인식이라고 한다.
② 고진공식 배관은 3~5 mAq의 진공 상태로 운송한다.
③ 진공 압송식 배관은 진공식과 압송식으로 분류한다.
④ 고압송식 배관은 0.2~0.5 MPa의 압력으로 운송한다.

해설 진공 압송식 : 진공식과 압송식을 혼합한 방식이다. 수송원과 수송선이 여러 갈래이거나 원거리인 경우에 이용된다.

5. 용기 내 가스 온도가 상용 온도를 초과하여 상승하지 않도록 단열재로 피복된 진공 단열을 한 용기는?

① 초저온 용기
② 이음매 있는 용접 용기
③ 상온 저장 탱크
④ 이음매 없는 용접 용기

해설 초저온 용기 : 단열재로 피복하여 용기 내 가스 온도가 상용 온도를 초과하여 상승하는 일이 없게 하는 용기이다.

6. 피복 아크 용접을 할 때 차광 유리의 차광도 번호로 적절한 것은?

① 2~4 ② 4~6
③ 10~12 ④ 14

해설 납땜 작업은 2~4번, 가스 용접은 4~6번, 피복 아크 용접은 10~12번을 사용한다.

7. 강관의 부식 방지를 위한 시공법으로 옳지 않은 것은?

① 나사 이음부와 용접 이음부는 내식 도료

정답 1. ② 2. ③ 3. ② 4. ③ 5. ① 6. ③ 7. ④

를 칠한다.
② 화장실, 화학 공장 등의 바닥 매설 배관에는 내산 도료를 칠한다.
③ 콘크리트 속에 매설하는 지중 매설관은 아스팔트를 감아서 매설한다.
④ 용접 부위, 나사 노출 부분 등은 습한 곳이 아니면 광명단 도료를 칠할 필요가 없다.

해설 용접 부위, 나사 노출 부분 등은 습한 곳이 아니어도 광명단 도료를 칠해야 한다.

8. 고온 고압의 냉매 가스를 액화시키는 장치는?
① 응축기
② 증발기
③ 압축기
④ 냉각탑

해설 응축기 : 고온 고압의 냉매 가스를 액화시키기 위하여 사용하며 수랭식, 증발식, 공랭식이 있다.

9. 그리스 트랩을 설치하는 장소로 가장 적합한 곳은?
① 대변기와 같이 고형물이 많은 곳
② 미장원과 같이 머리카락이 많은 곳
③ 자동차 정비 공장과 같은 기계유를 많이 쓰는 곳
④ 호텔 주방 등과 같이 지방분이 많이 배출되는 곳

해설 그리스 트랩 : 요리나 설거지 등을 하고 난 후 허드렛물이 흘러 내려가는 유출구 뒤에 접속한 것으로, 배수 안에 녹은 지방류가 배수관 내벽에 부착되어 막히는 것을 막기 위해 설치한 것이다. 엉킨 지방을 바로바로 제거한다.

10. 토치 램프의 사용 시 주의 사항으로 옳지 않은 것은?
① 주위에 인화성 물질이 있는지를 확인한 후 사용한다.
② 사용 후에는 잔류 연료의 압력을 제거한 후 보관한다.
③ 불을 붙일 때는 다른 토치의 불꽃을 이용하여 가열시켜 불을 붙인다.
④ 연료를 주입할 때는 완전히 소화한 후 냉각된 상태에서 하는 것이 좋다.

해설 토치 램프에 불을 붙일 때는 다른 토치의 불꽃을 이용하면 안 된다.

11. 앵커, 스토퍼, 가이드 등으로 분류되며 열팽창에 의한 배관의 측면 이동을 구속 또는 제한하는 역할을 하는 지지구는?
① 행어(hanger)
② 서포트(support)
③ 턴버클(turnbuckle)
④ 리스트레인트(restraint)

해설 ① 행어 : 배관 시공상 하중을 위에서 걸어 당겨 지지하는 지지쇠로 리지드 행어, 스프링 행어, 콘스탄트 행어가 있다.
② 서포트 : 배관 하중을 아래에서 위로 지지하는 지지쇠로 스프링 서포트, 롤러 서포트, 파이프 슈, 리지드 서포트가 있다.
③ 턴버클 : 돌려서 죄는 나선식 죔쇠로 어떤 구조물의 받침 막대, 로프 등을 팽팽하게 당길 때, 중간에 넣고 돌려 줌으로써 서로 팽팽하게 해 주는 역할을 한다.
④ 리스트레인트 : 신축으로 인한 배관의 좌우, 상하 이동을 구속하고 제한하는 목적에 사용하는 것으로 앵커, 스톱, 가이드가 있다.

12. LPG가 의미하는 것은?
① 정유 가스
② 액화 석유 가스
③ 액화 천연가스
④ 나프타 분해가스

해설 LPG : 액화 석유 가스(liquefied petroleum gas), LNG : 액화 천연가스 (liquefied natural gas)

정답 8. ① 9. ④ 10. ③ 11. ④ 12. ②

13. 자연수 정수 방법 중 폭기법에 해당되지 않는 것은?

① 공기 중에 분수시키는 방법
② 코크스나 모래층 속을 방울방울 흘러내리게 하는 방법
③ 다수의 작은 구멍을 통하여 샤워 모양으로 물을 낙하시키는 방법
④ 물을 여과지의 모래층에 통과시켜 수중의 부유물, 세균 등을 제거하는 방법

해설 폭기법: 수질을 개선하기 위하여 수중에 공기를 불어넣거나, 물과 공기를 일정하게 접촉시키는 방법이며, 그 목적은 맛과 냄새를 비롯하여 각종 가스 및 이산화탄소를 제거하고 물의 pH를 조절하는 것이다.

14. 도시가스 제조 공장에서 제조·정제된 가스를 저장하여 가스의 질을 균일하게 유지하며 제조량과 수요량을 조절하는 탱크를 무엇이라고 하는가?

① 정압기　② 가스 홀더
③ 조정기　④ 가스미터

해설 공업용 가스를 기체 상태로 저장하는 용기 구조물로 고압가스 홀더, 유수식 가스 홀더, 무수식 가스 홀더가 있다.

15. 가스 배관 공사에서 가스 공급에 따른 배관 내 마찰 저항에 의한 압력 손실에 관한 설명으로 옳지 않은 것은?

① 압력이 2배로 되면 압력 손실은 4배이다.
② 유속이 2배로 되면 압력 손실은 4배이다.
③ 배관 길이가 2배로 되면 압력 손실은 2배이다.
④ 관 내면의 부식이 심하거나 유체의 점도 또는 밀도가 크면 압력 손실이 크다.

해설 마찰 저항에 의한 압력 손실
㉠ 유속의 2제곱에 비례한다(유속이 2배이면 압력 손실은 4배이다).
㉡ 관의 길이에 비례한다(길이가 2배이면 압력 손실도 2배이다).
㉢ 관 안지름의 5제곱에 반비례한다(관 안지름이 1/2배이면 압력 손실은 32배이다).
㉣ 관 내벽의 상태에 따라 변화한다(내면에 요철부가 있으면 압력 손실도 크다).
㉤ 유체의 점도에 따라 변화한다(유체 점성이 크면 압력 손실이 커진다).

16. 다음 중 가스미터의 설치가능 장소가 아닌 것은?

① 전선에서는 5 cm 이상 떨어져 있을 것
② 미터 콕의 개폐가 용이한 장소일 것
③ 화기에 접근되지 않으며, 습기가 적은 장소일 것
④ 검침, 검사, 수리 등의 작업에 편리한 장소일 것

해설 ① 전선에서는 15 cm 이상 떨어져 설치해야 한다.

17. 직접 가열식 저탕조에서 최대 사용량이 2500 L/h일 때 온수 보일러의 용량이 500 L이었다면 저탕조의 용량은 몇 L인가? (단, 저탕조 용량 = (1시간당 최대 사용 수량 − 온수 보일러의 용량)×1.25 식을 사용한다.)

① 1500　② 2000
③ 2500　④ 5000

해설 (1시간당 최대 사용 수량 − 온수 보일러의 용량)×1.25를 대입하면
$(2500 - 500) \times 1.25 = 2500$

18. 섭씨온도는 물이 어는점 0°C, 물이 끓는점을 100°C로 정하고 그 사이를 100등분하여 1눈금을 1°C로 하였다. 화씨온도에서 물의 어는점과 끓는점은 각각 얼마인가?

① 어는점 18°F, 끓는점 100°F

정답 13. ④　14. ②　15. ①　16. ①　17. ③　18. ④

② 어는점 18°F, 끓는점 212°F
③ 어는점 32°F, 끓는점 100°F
④ 어는점 32°F, 끓는점 212°F

해설 화씨온도 $= \left(\dfrac{9}{5} \times \text{섭씨 온도}\right) + 32$

㉠ 어는점 : $\left(\dfrac{9}{5} \times 0°C\right) + 32 = 32°F$

㉡ 끓는점 : $\left(\dfrac{9}{5} \times 100°C\right) + 32 = 212°F$

19. 석유 화학 배관의 배관 제작 설치의 순서를 바르게 나열한 것은?

〈보기〉
㉠ 벤딩
㉡ 홈가공
㉢ 절단
㉣ 용접
㉤ 조립 및 가설
㉥ 선제작 공장의 규모와 설비 파악

① ㉥→㉠→㉡→㉢→㉤→㉣
② ㉥→㉢→㉠→㉡→㉤→㉣
③ ㉥→㉠→㉢→㉣→㉡→㉤
④ ㉥→㉢→㉠→㉣→㉡→㉤

해설 석유 화학 배관의 배관 제작 설치 순서 : 선제작 공장의 규모와 설비 파악 → 절단 → 벤딩 → 홈가공 → 조립 및 가설 → 용접

20. 플랜트 배관의 세정 방법 중 기계적(물리적) 세정 방법이 아닌 것은?

① 피그 세정법
② 스프레이 세정법
③ 물분사기 세정법
④ 샌드블라스트 세정법

해설 플랜트 배관의 기계적 세정 방법은 피그, 물분사기, 샌드블라스트 등이 있다.

21. 방열기에 표시된 EDR(equivalent direct radiation)이 의미하는 것은?

① 상당 증발량
② 방열기의 크기
③ 실제 증발량
④ 상당 방열 면적

해설 EDR은 상당 방열 면적을 의미한다.

22. 중앙식 급탕 방법 중 직접 가열식에 관한 설명으로 옳은 것은?

① 대규모 급탕 설비에 적당하다.
② 순환 증기는 높이에 관계없이 0.03~0.1 MPa의 저압으로 가능하다.
③ 공장용, 세척용으로 많이 사용되어지며 신축 불균형으로 보일러 수명이 짧다.
④ 저장 탱크 내부에 가열 코일을 투입하여 증기 또는 열탕을 통과시켜 탱크 내의 물을 가열하는 방식이다.

해설 직접 가열식(소규모 건물용) : 연료를 연소시켜 보일러 등의 전열면을 통하여 직접 물에 열을 전도하여 가열하는 방식이다. 간접 가열식(대규모 건물용)에 비해 효율이 좋고 비교적 간단히 온수를 얻을 수 있으므로 소규모 급탕 설비나 급탕 개소가 한정된 곳에 사용된다.

23. 다음 중 열교환기의 용도로써 사용되지 않는 것은?

① 응축기
② 과열기
③ 증발기
④ 폐열배출기

해설 폐열배출기는 열교환과 관계가 없다.

24. 화재 방지를 위한 안전 사항에 관한 설명으로 옳지 않은 것은?

① 전기 기기는 철저하게 점검한다.
② 기계의 마찰, 충격에 의한 발화에 주의한다.
③ 인화성 물질은 인화 온도가 높을수록 위험하다.

정답 19. ② 20. ② 21. ④ 22. ③ 23. ④ 24. ③

④ 용접 작업 시에는 주위에 인화성 물질이 없도록 한다.

해설 인화 온도(인화점)란 불이 붙는 최저 온도로 인화 온도가 높을수록 화재에 안전하다.

25. 관의 높이를 표시할 때 지하 매설 배관이나 건물의 빔(beam) 밑면을 이용하여 배관을 지지할 때, 가장 적합한 관 높이 표시법은?
① EL   ② GL
③ BOP ④ TOP

해설 ① EL(elevation) : 배관의 높이를 관의 중심을 기준으로 표시
② GL(ground level) : 포장된 지표면을 기준으로 하여 배관 장치의 높이를 표시할 때 적용
③ BOP(bottom of pipe) : 지름이 다른 관의 높이를 나타낼 때 적용되며 관 바깥지름의 아랫면까지를 기준으로 표시
④ TOP(top of pipe) : 건물의 보(beam) 밑면을 기준으로 관 높이를 표시

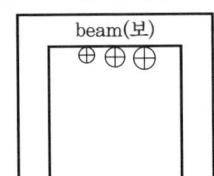

※ 주의 : 배관 기준이 아니고 보 밑면을 기준으로 함 (지하 매설 배관 시 지상에서 배관 윗면 기준)

26. 주철관 이음에서 그림과 같은 접합 방법의 명칭은?

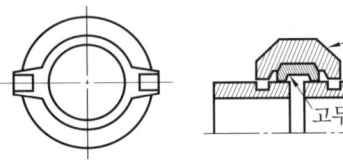

① 빅토릭 접합   ② 기계적 접합
③ 타이톤 접합   ④ 플랜지 접합

해설 빅토릭 접합 : 빅토릭형 주철관을 고무링과 칼라(누름판)를 사용하여 접합하는 방법이다. 압력이 증가할 때마다 고무링이 관벽에 더 밀착하여 누수를 방지하게 된다.

27. 일반적으로 20 A 이하의 동관 접합에 사용되는 방법으로 관 끝을 나팔 모양으로 넓혀 압축 이음쇠를 사용하여 체결하는 압축 이음이라고도 하는 접합법은?
① 만다린 접합   ② 플레어 접합
③ 빅토릭 접합   ④ 플라스턴 접합

해설 플레어 접합 : 기계의 점검, 보수 또는 관을 분해할 경우를 대비한 접합 방법이다. 관의 절단 시에는 동관 커터 또는 쇠톱을 사용한다.

28. 스테인리스 강관 몰코 이음 시 사용하는 공구는?
① 익스팬더   ② 탄젠트 벤더
③ 포밍 머신   ④ 전용 압착 공구

해설 ㉠ 익스팬더 : 동관의 관 끝 확관용 공구
㉡ 전용 압착 공구 : 스테인리스 강관 몰코 이음 시 필요한 공구

29. 심플렉스 조인트에 대한 설명으로 옳지 않은 것은?
① 프릭션 풀러를 사용하여 칼라를 잡아당긴다.
② 내식성은 풍부하나 수밀성, 굽힘성은 나쁘다.
③ 칼라 속에 2개의 고무링을 넣고 이음하는 방식이다.
④ 호칭 지름 75~150 mm의 지름이 작은 관에 많이 사용된다.

해설 심플렉스 조인트는 내식성이 풍부하고 수밀성, 굽힘성이 좋다.

정답 25. ④   26. ①   27. ②   28. ④   29. ②

30. 용접식 강관 이음쇠에 관한 설명으로 옳은 것은?

① 플랜지의 볼트 홀(bolt hole) 방향은 자신만의 방식을 정하여 계속 준수한다.
② 리듀서는 동심과 편심이 있으며, 외경 한쪽 기준선을 맞출 수 있는 것이 동심이다.
③ 엘보(elbow)의 곡률 반경을 롱(long : L)은 관경의 1.5D이고, 쇼트(short : S)는 1D이다.
④ 이음쇠는 맞대기형과 삽입형으로 구분되나, 용접 방식이 같으므로 적용하는 비파괴 검사 방식도 모두 같다.

31. 일반적으로 산업 현장 등에서 배관 공작 또는 배관 시공 시 가장 폭넓게 사용하는 측정 공구 중 하나로 직선 및 원통 물체의 내외면 둘레 측정에도 사용하며, 측정 길이에 비해 휴대가 간편한 것은?

① 철자   ② 직각자
③ 줄자   ④ 버니어캘리퍼스

해설 줄자 : 가늘고 얇은 천이나 쇠 따위에 눈금을 새겨 만든 띠 모양의 긴 자

32. 동관용 공구의 용도에 관한 설명으로 옳은 것은?

① 익스팬더(expander) – 동관 벤딩용 공구
② 리머(reamer) – 관의 끝을 원형으로 정형하는 공구
③ 티뽑기(extractors) – 직관에서 분기관 성형 시 사용
④ 사이징 툴(sizing tool) – 동관의 끝을 확관하는 공구

해설 ① 익스팬더 : 동관의 관 끝 확관용 공구
② 리머 : 동관 절단 후 관의 내외면에 생긴 거스러미를 제거
④ 사이징 툴 : 동관의 끝부분을 원으로 정형

33. 주철관 절단 공구로 가장 적합한 것은?

① 플레어링 툴
② 동력 나사 절삭기
③ 링크형 파이프 커터
④ 파이프 가스 절단기

해설 링크형 파이프 커터 : 주철관에서 사용하는 절단용 커터로, 원형 칼날과 링크·핸들·래칫 레버로 구성되어 있다. 여러 개의 칼날이 링크에 의해 링 형태로 연결되어 있어 핸들을 앞뒤로 움직이면서 래칫 레버를 조이면 칼날이 관 속으로 점차 파고들어가 절단되게 된다.

34. 산소–아세틸렌가스 용접에서 금속에 따라 사용하는 용제(flux)의 연결이 옳지 않은 것은?

① 연강 : 붕사
② 동합금 : 붕사
③ 반경강 : 중탄산소다+탄산소다
④ 주철 : 붕사+중탄산소다+탄산소다

해설 금속 연강은 용제를 사용하지 않는다.

35. 강판의 가스 절단에 영향을 미치는 요소로 중요도가 가장 낮은 것은?

① 절단 속도와 각도
② 드래그(drag)의 두께
③ 팁의 크기와 형태
④ 팁과 모재의 간격

해설 드래그 : 가스 절단면에 있어서 절단 기류의 입구점과 출구점 사이의 수평 거리를 말하며, 드래그의 길이는 판 두께의 1/5, 즉 20 % 정도가 좋다.

36. 도면과 같은 배관에서 90° 벤딩 후 엘보에 나사 조립을 하기 위한 20 A 강관의 소요 길이는 약 얼마인가? (단, $R = 200$ mm, $L_1 = 300$ mm, $L_2 = 400$ mm, 20 A 엘보의 중심에서 나

정답 30. ③ 31. ③ 32. ③ 33. ③ 34. ① 35. ② 36. ②

사가 조립되지 않은 여유 치수는 19 mm이다.)

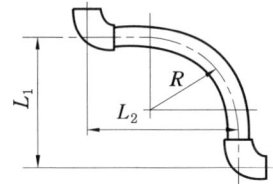

① 288 mm   ② 576 mm
③ 657 mm   ④ 776 mm

[해설] $(L_1 - R) + (L_2 - R)$
$+ \left(2 \times 3.14 \times R \times \dfrac{1}{4}\right) - (19 \times 2)$
$= 100 + 200 + 314 - 38 = 576$ mm

37. 염화비닐관의 이음 방식에서 이음 부속의 어느 부분도 가열하지 않고 속건성 접착제를 발라 이음하는 방법은?

① 냉간 이음   ② 열간 이음
③ 용접 이음   ④ 테이퍼 코어 이음

38. 도관(陶管)에 대한 설명으로 옳지 않은 것은 어느 것인가?

① 점토를 주원료로 만든다.
② 보통관은 농업용, 일반 배수용으로 사용한다.
③ 후관은 도시 하수관용, 철도 배수관용으로 사용한다.
④ 보통 직관의 호칭 지름은 20~50 A까지이고, 두꺼운 직관은 50~600 A까지 있다.

[해설] 도관 : 점토를 사용하여 압출기로 성형하고, 건조 후 유약을 발라 구워 만든 것으로 유약으로는 식염 또는 망간을 사용한다. 관의 종류는 보통관과 두꺼운 관(후관)으로 분류되며, 모양은 직관과 이형관이 있다.

39. 주철관의 이음 방법에 따른 종류가 아닌 것은 어느 것인가?

① 플레어 조인트
② 메커니컬 조인트
③ 타이톤 조인트
④ KP 메커니컬 조인트

[해설] 플레어 조인트는 동관용 이음 방법이다.

40. 강관 이음쇠 중 지름이 다른 관을 연결할 때 사용하는 것은?

① 리머(reamer)   ② 니플(nipple)
③ 부싱(bushing)   ④ 유니언(union)

[해설] ㉠ 리머 : 관의 거스러미 제거
㉡ 니플, 유니언 : 동경관을 직선 결합할 때 사용
㉢ 부싱 : 이경관의 연결

41. 인탈산 동관의 일반적인 특징에 관한 설명으로 옳지 않은 것은?

① 담수에 대한 내식성은 크나 연수에는 부식된다.
② 경수에는 보호 피막이 생성되어 용해가 방지된다.
③ 가성소다·가성알칼리 등 알칼리성에 내식성이 강하다.
④ 아세톤, 에테르, 프레온 가스, 휘발유 등 유기약품에는 침식된다.

[해설] 인탈산은 유기약품에 침식되지 않는다.

42. 관 이음에서 신축 이음을 사용하는 가장 중요한 목적은?

① 배관 축의 변위 조정
② 압력 조절 및 방향 전환
③ 진동원과 배관과의 완충
④ 온도 차로 생기는 신축의 흡수

43. 약품이나 기름에 침식되지 않는 합성수지

[정답] 37. ① 38. ④ 39. ① 40. ③ 41. ④ 42. ④ 43. ①

패킹으로 내열 범위가 우수하나 탄성이 부족하기 때문에 석면, 고무, 파형의 금속관 등으로 표면 처리하여 사용하는 것은?

① 테플론   ② 네오프렌
③ 메탈 패킹   ④ 메커니컬 실

해설 ② 네오프렌 : 내열 범위가 $-46 \sim 121℃$인 합성 고무제로 물, 공기, 기름, 냉매 배관용에 사용된다.
③ 메탈 패킹 : 구리, 납, 연강, 스테인리스강제 금속이 많이 사용되며, 탄성이 적어 관의 팽창, 수축, 진동 등으로 누설할 염려가 있다.
④ 메커니컬 실 : 고온, 고압하에서 고속도 회전을 하는 축 부분으로부터 유체가 누설되는 것을 방지하기 위한 장치이다.

44. 경질 염화비닐관의 일반적인 특성에 관한 설명으로 옳지 않은 것은?

① 증기 수송관으로 적합하다.
② 가볍고 전기 절연성 및 성형성이 우수하다.
③ 노출 배관 시 30~40 m마다 신축 이음을 해야 한다.
④ 50℃ 이상의 고온이나 온도가 영하인 곳의 배관에는 부적합하다.

해설 경질 염화비닐관은 50℃ 이상의 고온에 부적합하므로 증기 수송관으로 부적합하다.

45. 배관 도장 재료 중 내열성·내유성·내수성이 좋으며 특수한 부식에서 금속을 보호하기 위한 내열 도료로 사용되고, 내열 온도가 150~200℃ 정도로 베이킹 도료로 사용되는 것은?

① 프탈산계   ② 산화철계
③ 염화비닐계   ④ 요소메라민계

해설 ① 프탈산계 : 상온에서 도막을 건조시키는 도료이다. 내후성, 내유성이 우수하며 특히 5℃ 이하의 온도에서 건조가 잘 안 된다.
② 산화철계 : 산화제 2철에 보일유나 아마인유를 섞은 도료로 도막이 부드럽고 값도 저렴하다.
③ 염화비닐계 : 내약품성, 내유성, 내산성이 우수하며 금속의 방식 도료로서 우수하다. 부착력과 내후성이 나쁘며, 내열성이 약한 것이 결점이다.

46. 에터니트관(eternite pipe)으로 불리는 시멘트관은?

① 석면 시멘트관
② 철근 콘크리트관
③ 원심력 철근 콘트리트관
④ 프리스트레스 콘크리트관

해설 에터니트관은 석면 시멘트관이라고 불린다.

47. 비중이 약 2.7로 전기 및 열전도율이 높으며 연성이 풍부하고 가공성과 내식성도 좋으며 물 및 증기에 강한 관은?

① 연관   ② 동관
③ 주석관   ④ 알루미늄관

48. 다음 중 900℃ 이상의 열 설비 표면 보온 단열재로 가장 적합한 것은?

① 펠트(felt)   ② 하이 울(high wool)
③ 블랭킷(blanket)   ④ 홈 매트(home mat)

49. 증기의 공급 압력과 응축수의 압력 차가 0.035 MPa 이상일 경우에 한하여 사용할 수 있는 것으로 유닛 히터나 가열 코일용의 특수 트랩은?

① 디스크 트랩   ② 플러시 트랩
③ 플로트 트랩   ④ 바이패스 트랩

50. 조절 밸브 등에 의해 감압되는 경우 조절 밸브의 불완전한 작동에 대한 위험을 방지하

정답 44. ① 45. ④ 46. ① 47. ④ 48. ② 49. ② 50. ③

고자 조절 밸브의 2차측에 부착하는 것으로 다음 중 가장 적절한 것은?

① 콕(cock)
② 에어 체임버(air chamber)
③ 안전밸브(safty valve)
④ 체크 밸브(check valve)

해설 1차 조절 밸브의 오작동으로 인한 2차측 설비의 피해를 방지하기 위해 안전밸브를 설치한다.

51. 기계 제도의 치수 보조 기호 중에서 S는 무엇을 나타내는 기호인가?

① 구의 지름
② 원통의 지름
③ 판의 두께
④ 원호의 길이

52. 다음 그림과 같은 양면 용접부 조합 기호의 명칭으로 옳은 것은?

① 양면 V형 맞대기 용접
② 넓은 루트면이 있는 양면 V형 용접
③ 넓은 루트면이 있는 K형 맞대기 용접
④ 양면 U형 맞대기 용접

53. 다음 그림은 원뿔을 경사지게 자른 경우이다. 잘린 원뿔의 전개 형태로 가장 올바른 것은?

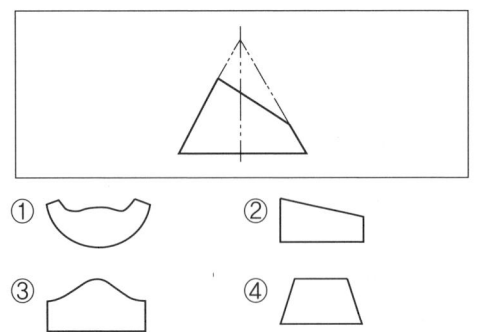

54. 회전도시 단면도에 대한 설명으로 틀린 것은 어느 것인가?

① 절단할 곳의 전·후를 끊어서 그 사이에 그린다.
② 절단선의 연장선 위에 그린다.
③ 도형 내의 절단한 곳에 겹쳐서 도시할 경우 굵은 실선을 사용하여 그린다.
④ 절단면은 90° 회전하여 표시한다.

해설 도형 내의 절단한 곳에 겹쳐서 도시할 경우에는 가는 실선으로 그린다.

55. 재료 기호가 "SM400C"로 표시되어 있을 때 이는 무슨 재료인가?

① 일반 구조용 압연 강재
② 용접 구조용 압연 강재
③ 스프링 강재
④ 탄소 공구강 강재

해설 ① 일반 구조용 압연 강재 : SS400, SS490, SS540 등
② 용접 구조용 압연 강재 : SM400A·B·C, SM490YA·YB 등

56. 다음 그림은 경유 서비스탱크 지지 철물의 정면도와 측면도이다. 모두 동일한 ㄱ형강일 경우 중량은 약 몇 kg인가? (단, ㄱ형강(L-50×50×6)의 단위 m당 중량은 4.43 kg/m이고, 정면도와 측면도에서 좌우 대칭이다.)

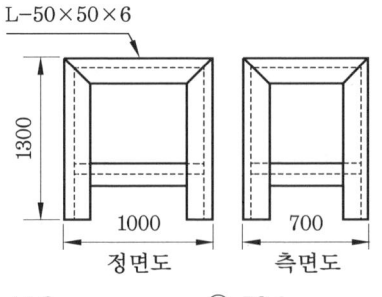

① 44.3
② 53.1
③ 55.4
④ 76.1

정답 51. ① 52. ④ 53. ① 54. ③ 55. ② 56. ②

해설

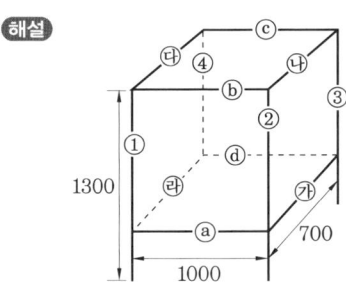

총 무게 = (ㄱ형강의 길이)/(1000 m) × 단위 길이당 중량

$$\frac{\{(1300\times4)+(1000\times4)+(700\times4)\}}{1000}\times4.43$$

= 53.16 kg

57. 다음 그림과 같은 관 표시 기호의 종류는?

① 크로스　　② 리듀서
③ 디스트리뷰터　④ 휨 관 조인트

58. 대상물의 보이는 부분의 모양을 표시하는 데 사용하는 선은?

① 치수선　② 외형선
③ 숨은선　④ 기준선

59. 도면에 그려진 길이가 실제 대상물의 길이보다 큰 경우 사용한 척도의 종류인 것은?

① 현척　② 실척
③ 배척　④ 축척

해설 ㉠ 현척 : 실제 크기와 같은 크기로 나타내는 것(실척과 현척은 동의어)
㉡ 축척 : 실제 크기보다 작게 나타내는 것

60. 3각법으로 정투상한 다음 도면에서 정면도와 우측면도에 가장 적합한 평면도는?

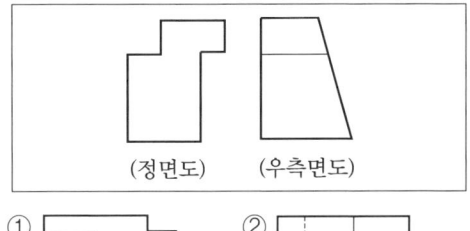

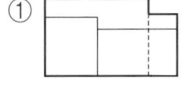 ① 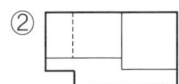 ②

 ③ 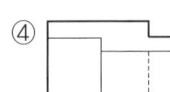 ④

정답　57. ④　58. ②　59. ③　60. ①

배관기능사
Craftsman Plumbing

2015년 1월 25일 시행

1. 관이나 기기 속의 물의 온도가 공기 노점온도보다 낮을 때 관 등의 표면에 수분이 응축하는 현상을 무엇이라고 하는가?
① 보랭 　② 결로
③ 보온 　④ 단열

2. 중량물을 인력(人力)에 의해 취급할 때 일반적인 주의사항으로 옳지 않은 것은?
① 들어 올릴 때는 가급적 허리를 내리고 등을 펴서 천천히 올린다.
② 안정하지 않은 곳에 내려놓지 말 것이며, 높은 곳에 무리하게 올려놓지 않는다.
③ 운반하는 통로는 미리 정돈해 놓고, 힘겨운 물건은 기중기나 운반차를 이용한다.
④ 공동 작업을 할 때는 체력이나 기능 수준이 상대방과 전혀 다른 사람을 선택하여 운반한다.
해설 공동 작업 시에는 작업자 간의 체력과 신장이 비슷한 사람끼리 작업한다.

3. 배관 안지름이 1000 mm이고, 유량이 7.85 m³/s일 때, 이 파이프 내의 평균 유속은 약 몇 m/s인가?
① 10 　② 50
③ 100 　④ 150
해설 $V = \dfrac{Q}{A} = \dfrac{7.85}{\dfrac{\pi}{4} \times 1^2} = 10 \text{ m/s}$

4. 화학 장치용 재료의 구비 조건으로 옳지 않은 것은?
① 가공이 용이하고 가격이 저렴할 것
② 저온에서도 재질의 열화가 없을 것
③ 고온, 고압에 대하여 기계적 강도가 클 것
④ 접촉 유체에 내식성이 크고 크리프 강도가 작을 것
해설 화학 장치용 재료는 내식성과 크리프 강도가 커야 한다.

5. 정지하고 있는 물체의 뒷면에 진공 부분이 발생하게 되어 물체는 그로 말미암아 공기의 흐름 방향대로 힘을 받게 되며 그 힘의 방향으로 가속도를 얻게 되므로 서서히 움직이게 되는 원리를 응용한 것은?
① 공기 수송기
② 터보형(원심식) 압축기
③ 공기압식 전송기
④ 분리기 및 후부 냉각기

6. 다음 중 열교환기의 사용 용도에 해당되지 않는 것은?
① 응축 　② 냉각 및 가열
③ 폐열 방출 　④ 증발 및 회수
해설 열교환기는 냉각, 응축, 가열, 증발 및 폐열 회수에 사용되며, 폐열은 회수해서 에너지 절약에 이용된다.

7. 게이지 압력이 0.14 MPa일 때 정수두는 몇 m인가?
① 0.14 　② 1.4
③ 14 　④ 140

정답 1.② 2.④ 3.① 4.④ 5.① 6.③ 7.③

해설 0.14 MPa $= 1.4$기압(kg/cm^2)
정수두 (m) = 게이지 압력×10
$= 1.4 \times 10 = 14$

8. LPG 저장 설비 중 구형 저장 탱크에 관한 설명으로 옳지 않은 것은?

① 구조가 간단하고 시설비가 싸다.
② 강도가 크고 동일 용량으로는 표면적이 가장 크다.
③ 드레인(drain)이 쉽고 악천후에도 유지 관리가 용이하다.
④ 단열성이 높아서 −50℃ 이하의 산소, 질소, 메탄, 에틸렌 등의 액화가스 저장에 적합하다.

해설 구형 저장 탱크는 동일 용량을 저장하는 경우 표면적이 작고 강도가 높다.

9. 배관의 세정 방법 중 기계적(물리적) 세정 방법에 해당하는 것은?

① 순환 세정법　② 피그 세정법
③ 침적 세정법　④ 스프레이 세정법

해설 피그 세정법은 공기, 질소, 물, 약품 등을 이용하여 세정하는 방식이다.

10. 가스 배관 설비의 보수에서 잔류 가스를 처리하기 위한 방출관의 높이는 지상에서 몇 m 이상 높이로 설치하는가?

① 3　② 4　③ 5　④ 6

해설 가스 방출관의 높이는 저장 탱크의 정상부로부터 2 m 이상, 지반면으로부터 5 m 이상 중 높은 것으로 한다.

11. 수도 직결 급수 방식에서 수도 본관의 최저 필요 수압을 구하는 식으로 옳은 것은? (단, P_0는 수도 본관 최저 수압(MPa), P_1은 기구별 최저 소요 압력(MPa), P_2는 관내 마찰 손실 압력(MPa), h는 수전고(m)이다.)

① $P_0 \geq P_1 + P_2 + \dfrac{h}{10}$
② $P_0 \geq P_1 + P_2 - \dfrac{h}{10}$
③ $P_0 \geq P_1 - P_2 + \dfrac{h}{10}$
④ $P_0 \geq P_1 - P_2 - \dfrac{h}{10}$

12. 아크 광선에 의해 눈에 전광성 안염이 생겼을 경우 안전 조치사항으로 가장 적합한 것은?

① 비눗물로 눈을 닦아 낸다.
② 온수에 찜질을 하거나 염산수로 눈을 닦는다.
③ 이틀이 지나면 자연히 회복되므로 그대로 방치하여 둔다.
④ 냉수에 찜질을 하거나 붕산수로 눈을 닦고 안정을 취한다.

해설 전광성 안염은 화상에 속하므로 냉수 찜질을 하거나 화상용 소독제인 붕산수를 사용한다.

13. 다음 중 파이프 커터(pipe cutter)로 관을 절단할 때 주의사항 설명으로 적합하지 않은 것은?

① 절단작업 시 몸의 균형을 잡는다.
② 날을 깊이 끼우고 단번에 360 회전하여 절단한다.
③ 커터날을 조금씩 알맞게 조정해 가면서 작업한다.
④ 커터의 프레임을 아래로 하여 날과 롤러 사이에 관을 끼우고 절단할 곳을 맞춘다.

14. 강관의 굽힘 작업 시 안전사항으로 옳지

정답　8. ②　9. ②　10. ③　11. ①　12. ④　13. ②　14. ④

않은 것은?

① 냉간 굽힘 시에는 벤딩 머신의 굽힘 능력 이상 관을 굽히지 않는다.
② 긴 관을 굽힐 때에는 주변에 장애물이 없는지 반드시 확인한다.
③ 열간 굽힘 시 관 가열부에 화상을 입지 않도록 각별히 주의한다.
④ 냉간 굽힘 후 관이 벤딩 포머에서 빠지지 않을 때에는 쇠 해머로 포머에 충격을 가해서 관을 빼낸다.

해설 해머로 포머가 아닌 강관을 살짝 가격해서 빼낸다.

15. 배관 지지쇠 종류 중 배관의 벤딩 부분과 수평 부분을 영구히 고정시켜 배관의 이동을 구속시키는 것은?

① 파이프 슈(pipe shoe)
② 리스트레인트(restraint)
③ 리지드 서포트(rigid support)
④ 스프링 서포트(spring support)

해설 ㉠ 리스트레인트 : 열팽창 등에 의한 신축에 의해 발생되는 좌우, 상하 이동을 구속하고 제한하며 앵커, 스톱, 가이드 등이 있다.
㉡ 리지드 서포트 : 강성이 큰 빔 등으로 만든 배관 지지쇠로서 산업 설비 배관의 파이프 랙(pipe rack)으로 많이 이용된다.
㉢ 스프링 서포트 : 스프링의 작용으로 상하 이동이 자유로워 배관에 걸리는 하중 변화에 따라 완충 작용을 해준다.

16. 내부 에너지 400 kJ, 압력 300 kPa, 체적 2 m³인 계의 엔탈피는 몇 kJ인가?

① 700
② 800
③ 900
④ 1000

해설 H(엔탈피) $= U$(내부 에너지) $+ PV$(유동 에너지) $= 400 + 300 \times 2 = 1000$ kJ

17. 일반적인 경우 중앙식 급탕기와 비교한 개별식 급탕법의 장점으로 가장 적합한 것은?

① 배관 길이가 짧아 열손실이 적다.
② 기계실에 설치되므로 관리가 쉽다.
③ 대규모 설비이므로 열효율이 좋다.
④ 값싼 중유, 벙커C유 등의 연료를 사용하여 급탕비가 적게 든다.

해설 개별식 급탕법의 특징
㉠ 배관 열손실이 적다(배관 길이가 짧다).
㉡ 급탕개소가 적은 경우 시설비가 싸다.
㉢ 가열기 열효율은 낮은 편이다.
㉣ 최근 가스 연료의 공급과 급탕기 효율 및 제어 효율이 증대되어 보급이 확대되고 있다.

18. 압축공기 배관시공 시 주의사항이다. 잘못 설명한 것은?

① 굴곡부가 적어야 하며 U형 배관은 피하도록 한다.
② 공기공급 배관에는 필요개소에 드레인용 밸브를 장착한다.
③ 주관에서 분기관을 취출할 때에는 주관의 하단에서 취출한다.
④ 라인 중간에 여과기를 장착하여 공기 중에 섞인 이물질을 제거한다.

해설 주관에서 분기관을 분기할 때는 항상 관의 상부 또는 수평위치에서 분기하고, 절대로 주관 하단에서는 분기하지 않는다.

19. 가스 배관의 보수 또는 배관을 연장할 경우 가스팩 사용에 관한 설명으로 옳지 않은 것은?

① 가스팩을 설치할 때는 2 m 이상의 방출관을 설치하여야 한다.
② 가스를 차단할 경우는 유효기간이 지나지 않은 가스팩을 사용하여야 한다.
③ 팩을 제거할 때는 상류 측을 먼저 빼내고

차단부의 공기를 방출시킨 후 하류 측을 제거한다.

④ 가스팩에는 공기를 0.1 MPa 이상부터 관의 지름이 클수록 1 MPa까지 높은 압력으로 사용한다.

해설 가스팩에는 압축 공기를 사용하는데, 100 A의 배관에는 0.07 MPa, 400~750 A의 배관에는 0.02 MPa 정도의 압력으로 사용한다. 이는 관지름이 커질수록 점점 낮은 압력의 공기를 사용함을 의미한다.

20. 펌프 설치 및 주위 배관에서 흡입 배관 시공에 필요로 하지 않는 것은?

① 사이펀 관
② 스트레이너
③ 진공 게이지
④ 리프트형 체크 밸브

해설 리프트형 체크 밸브는 유체의 흐름을 한 방향으로 흐르게 하는 수평 배관용 역류 방지 밸브이다.

21. 보일러 급수에 용해되어 있는 공기 중 산소, 이산화탄소 등의 용존 기체를 제거하는 장치는?

① 환원기
② 탈기기
③ 증발기
④ 절탄기

해설 ① 환원기 : 응축수를 회수하여 보일러로 급수하는 장치
② 탈기기 : 보일러 급수 처리에서 용존 산소나 가스분을 탈기시켜 제거하는 장치
③ 증발기 : 용액을 가열함으로써 용매를 기화하여 제거하는 장치
④ 절탄기 : 보일러에서 배출되는 배기 가스의 여열을 이용하여 급수를 예열하는 장치

22. 진공 환수관 증기 난방에서 진공 펌프가 환수주관보다 높은 위치에 있거나, 방열기보다 높은 곳에 환수주관을 배관하는 경우 응축수를 끌어올리기 위하여 설치하는 것은?

① 리프트 피팅
② 고압 트랩 장치
③ 저압 트랩 장치
④ 플래시 레그 장치

23. 각 층의 배수 수직관의 공기 혼합 이음쇠와 배수 수평 분기관 및 배수 수직관의 기초 부분의 공기 분리 이음쇠로 구성되어 있으며, 수직관 안에서 배수와 공기를 억제시키고, 배수 수평 분기관으로부터 들어오는 배수와 공기를 수직관 안에서 혼합하는 역할을 하는 방식을 무엇이라 하는가?

① 1관식 방식
② 2관식 방식
③ 소벤트 방식
④ 섹스티아 방식

해설 ㉠ 1관식 배관법 : 최고층 기구배수관의 접속점에서 위쪽의 수직관을 통기관으로 사용한다.
㉡ 2관식 배관법 : 배수관과 통기관을 각각 배관하는 방법으로 기구수가 많고 트랩의 봉수도 파괴되기 쉬운 고층 건물에 많이 사용한다. 2관식 배관법에는 통기관의 접속 방법에 따라 각개통기식, 회로통기식, 환상통기식이 있다.
㉢ 섹스티아 배수 방식 : 섹스티아 이음쇠로 수평 분기관의 배수의 수류에 선회력을 만들어 관내 통기홀을 만들도록 되어 있고 섹스티아 곡관은 수직관에서 내려온 배수의 수류에 선회력을 만들어 공기홀이 지속되도록 만든다.

24. 도시가스의 성분 중 가연성 가스가 아닌 것은 어느 것인가?

정답 20. ④ 21. ② 22. ① 23. ③ 24. ③

① H_2 ② CH_4
③ CO_2 ④ CO

해설 CO_2 (이산화탄소)는 불연성 가스이다.

25. 증발기에서 증발한 냉매를 기계적인 압축이 아닌 용액으로의 흡수 및 방출에 의해 냉동시키는 것은?

① 압축식 냉동기 ② 흡착식 냉동기
③ 흡수식 냉동기 ④ 증기분사식 냉동기

26. 석면 시멘트관의 이음에서 칼라 속에 2개의 고무링을 넣고 이음하는 방식으로 고무 개스킷 이음이라고도 하는 이음법은?

① 콤포 이음 ② 고무링 이음
③ 플레어 이음 ④ 심플렉스 이음

27. 동관 공작용 공구 중 직관에서 분기관을 성형할 경우 사용하는 공구는?

① 리머(reamer)
② 티뽑기(extractors)
③ 튜브 벤더(tube bender)
④ 사이징 툴(sizing tool)

해설 ㉠ 리머 : 거스러미 제거용
㉡ 튜브 벤더 : 동관의 벤딩용
㉢ 사이징 툴 : 동관의 정형 시 사용

28. 강관의 가스 절단에 대한 원리를 가장 정확하게 설명한 것은?

① LPG와 강관의 융화 반응을 이용하여 절단한다.
② 질소와 강관의 탄화 반응을 이용하여 절단한다.
③ 산소와 강관의 화학 반응을 이용하여 절단한다.
④ 아세틸렌과 강관의 역화 반응을 이용하여 절단한다.

29. 벤더로 관의 굽힘 작업 시 관이 파손되는 경우 그 원인으로 다음 중에서 가장 적합한 것은?

① 굽힘 반지름이 너무 작다.
② 성형틀의 홈이 관의 지름보다 크다.
③ 클램프 또는 관에 기름이 묻어 있다.
④ 안내틀 조정이 너무 약하게 되어 저항이 작다.

해설 벤더에 의한 벤딩의 결함과 원인
㉠ 성형틀의 홈이 관의 지름보다 크거나 작다. → 주름 발생 원인
㉡ 클램프 또는 관에 기름이 묻어 있다. → 관의 미끄러짐 원인
㉢ 안내틀 조정이 너무 세게 되어 저항이 크다. → 파손 원인

30. 20 A (3/4″) 강관에서 2개의 45° 엘보를 사용해서 다음 그림과 같이 연결하려면 빗면 연결 부분 직관의 실제 소요 길이는 약 얼마인가? (단, 20 A 엘보의 바깥 면에서 중심까지의 길이는 25 mm, 엘보 물림 나사부 길이는 15 mm로 한다.)

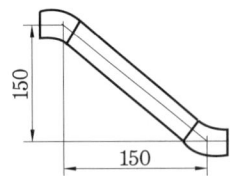

① 152 mm ② 172 mm
③ 192 mm ④ 212 mm

해설 $l = L - 2(A-a) = 212.13 - 2(25-15)$
$= 192.13 ≒ 192$ mm

31. 피복 아크 용접봉에서 피복제의 역할에 관한 설명으로 옳지 않은 것은?

정답 25. ③ 26. ④ 27. ② 28. ③ 29. ① 30. ③ 31. ③

① 전기 절연 작용을 한다.
② 모재 표면의 산화물을 제거한다.
③ 용융 금속의 응고와 냉각 속도를 촉진시켜 준다.
④ 용융 금속에 필요한 합금 원소를 첨가하여 준다.

해설 피복 아크 용접봉에서 피복제는 용융 금속의 냉각 속도를 느리게 한다.

32. 일반 배관재로 사용하는 강관, 동관, 스테인리스관, 합성수지관의 특성에 관한 설명으로 옳지 않은 것은?
① 위생성은 강관이 가장 좋지 않다.
② 내식성은 동관과 스테인리스관이 좋다.
③ 인장강도가 가장 우수한 관은 스테인리스관이다.
④ 열전도율이 가장 우수한 관은 스테인리스관이다.

해설 열전도율이 가장 우수한 관은 동관이다.

33. 피복 금속 아크 전기 용접과 비교하였을 때 가스 용접의 장점으로 옳지 않은 것은?
① 열효율이 높고, 열 집중성이 좋다.
② 유해 광선 발생이 전기 용접보다는 적다.
③ 장거리 운반이 편리하고 설비비가 저렴하다.
④ 응용 범위가 넓고 가열 조절이 비교적 자유롭다.

해설 전기 용접이 가스 용접보다 열효율과 열 집중성이 좋다.

34. 다음 중 동력 파이프 나사 절삭기가 아닌 것은?
① 호브식   ② 로터리식
③ 오스터식   ④ 다이헤드식

해설 로터리식은 파이프 벤딩용 기계이다.

35. 그래브 링(grab ring)과 O-링 부분에 실리콘 윤활유를 발라 준 후 파이프를 연결 부속재에 가벼운 힘으로 수평으로 살며시 밀어 넣어 접합하는 관은?
① 폴리에틸렌관   ② 폴리부틸렌관
③ 폴리프로필렌관 ④ 폴리에스테르관

36. 주철관 이음에서 소켓 이음을 혁신적으로 개량한 것으로, 스테인리스강 커플링과 고무링만으로 쉽게 이음을 할 수 있는 접합 방법은?
① 빅토릭 접합   ② 기계적 접합
③ 플랜지 접합   ④ 노-허브 접합

해설 빅토릭 접합은 가스 배관용으로 빅토릭형 주철관을 고무링과 칼라(누름판)를 사용하여 접합한다.

37. 배관용 스테인리스 강관의 프레스식 관이음쇠의 특징이 아닌 것은?
① 작업 시간을 단축할 수 있다.
② 작업의 숙련도가 필요 없다.
③ 배관 시공 단가를 줄일 수 있다.
④ 화기를 사용하여 접합하므로 화재의 위험성이 크다.

해설 스테인리스 강관의 프레스식 관이음쇠는 화기를 사용하지 않는다.

38. 동관의 납땜 이음에서 경납땜을 할 때 사용되는 것이 아닌 것은?
① 주석납 (Sn+Pb)
② 은납 (Cu+Zn+Ag)
③ 황동납 (Cu+Zn)
④ 양은납 (Cu+Zn+Ni)

해설 주석납은 연납땜이다.

39. 배관용 패킹 재료를 선택할 때 고려하여야 할 사항으로 가장 거리가 먼 것은?

① 패킹 재료의 보온성
② 관 속에 흐르는 유체의 화학적인 성질
③ 관 속에 흐르는 유체의 물리적인 성질
④ 진동, 충격 등에 대한 기계적인 조건

[해설] 배관용 패킹 재료를 선택할 때 패킹 재료의 보온성은 고려하지 않아도 된다.

40. 신축으로 인한 배관의 좌우, 상하 이동을 구속하고 제한하는 목적으로 사용되는 리스트레인트(restraint)의 종류가 아닌 것은?

① 행어   ② 앵커
③ 스토퍼   ④ 가이드

[해설] 행어는 배관에 걸리는 하중을 위에서 걸어 당김으로써 지지하는 지지쇠이다.

41. 스테인리스강의 부동태피막(보호피막)은 크롬(Cr)과 무엇이 결합하여 형성하는가?

① 질소 또는 수산기
② 산소 또는 수산기
③ 질소 또는 염산기
④ 산소 또는 염산기

42. 다음 중 동관에 대한 설명으로 옳지 않은 것은?

① 동관은 강관보다 내식성이 좋다.
② 두께가 가장 두꺼운 것은 M형이다.
③ 열전도도가 크고 굴곡성이 풍부하다.
④ 담수에 대한 내식성은 크나, 연수에는 부식된다.

[해설] 두께가 가장 두꺼운 것은 K형이다.

43. 오토매틱 워터 밸브(automatic water valve)에 관한 설명으로 옳지 않은 것은?

① 주밸브와 보조 밸브로 구성되어 있다.
② 중추식 안전밸브와 지렛대식 안전밸브가 대표적인 오토매틱 워터 밸브이다.
③ 유체가 흐르지 않은 상태에서는 주밸브의 자체 중량과 스프링의 힘으로 닫혀져 있다.
④ 적용 유체의 자체 압력을 이용한 것으로 수위 조절 밸브, 감압 밸브, 차압력 조절 밸브에 사용된다.

44. 합성수지관의 공통적인 특성으로 옳지 않은 것은?

① 경량이다.
② 전기 절연성이 우수하다.
③ 내압성과 내마모성이 좋다.
④ 작업성이 좋아 시공이 쉽다.

[해설] 합성수지관은 내마모성은 좋지만 압력과 기계적 충격에 약하다.

45. 흄(hume)관이라고도 부르며, 배수관 및 송수관 등에 사용되는 관은?

① 도관
② 석면 시멘트관
③ 라이닝 주철관
④ 원심력 철근 콘크리트관

[해설] 원심력 철근 콘크리트관은 흄관이라고도 부르며 이음재의 형상에 따라 A, B, C형이 있다.

46. 밸브의 종류별 설명으로 옳지 않은 것은?

① 슬루스 밸브는 유량 조정용으로 적당하다.
② 정지 밸브는 유체에 대한 저항이 크나 가볍다.
③ 체크 밸브는 유체를 일정한 방향으로만 흐르게 한다.

[정답] 39. ① 40. ① 41. ② 42. ② 43. ② 44. ③ 45. ④ 46. ①

④ 콕은 유체의 저항이 작고 흐름을 급속히 개폐할 수 있다.

해설 슬루스 밸브는 유로 개폐용에 적합하고 유량 조정용으로는 글로브 밸브가 적합하다.

47. 증기 트랩의 종류 중 열역학적 트랩에 해당되는 것은?

① 버킷 트랩 ② 플로트 트랩
③ 열동식 트랩 ④ 디스크형 트랩

해설 열역학적 트랩에는 디스크형과 오리피스형이 있다.

48. 다음 중 수도용 원심력 사형 주철관의 최대 사용 정수두가 45 m인 관은?

① 저압관 ② 중압관
③ 고압관 ④ 보통압관

해설 저압관: 45 m 이하, 보통압관: 45 m 초과 75 m 이하, 고압관: 75 m 초과 100 m 이하

49. 연단에 아마인유를 배합한 것으로 밀착력이 좋고 풍화에 강하며 다른 도료의 밑칠용 및 녹 방지용으로 사용하는 것은?

① 산화철 도료 ② 알루미늄 도료
③ 광명단 도료 ④ 합성수지 도료

해설 광명단 도료의 특징
㉠ 내수성이 강하고 흡수성이 작다.
㉡ 다른 착색 도료의 초벽(밑칠)으로 우수하다.
㉢ 녹 방지에 널리 사용된다.

50. 다음 중 유기질 보온재에 해당하는 것은?

① 석면 ② 암면
③ 규조토 ④ 코르크

해설 무기질 보온재: 석면, 암면, 규조토, 유리섬유, 규산칼슘 등

51. 다음 중 제3각법에 대하여 설명한 것으로 틀린 것은?

① 저면도는 정면도 밑에 도시한다.
② 평면도는 정면도의 상부에 도시한다.
③ 좌측면도는 정면도의 좌측에 도시한다.
④ 우측면도는 평면도의 우측에 도시한다.

해설 제3각법에서 우측면도는 정면도의 우측에 도시한다.

52. 구멍에 끼워 맞추기 위한 구멍, 볼트, 리벳의 기호 표시에서 현장에서 드릴 가공 및 끼워맞춤을 하고 양쪽면에 카운터 싱크가 있는 기호는?

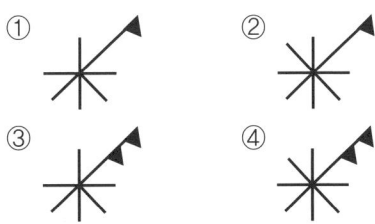

53. 다음 그림과 같은 배관 도시 기호가 있는 관에는 어떤 종류의 유체가 흐르는가?

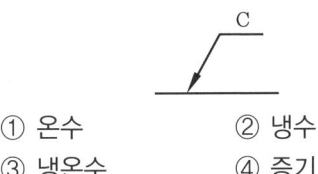

① 온수 ② 냉수
③ 냉온수 ④ 증기

54. 도면을 용도에 따른 분류와 내용에 따른 분류로 구분할 때, 다음 중 내용에 따라 분류한 도면인 것은?

① 제작도 ② 주문도
③ 견적도 ④ 부품도

해설 내용에 따른 분류: 전체 조립도, 부분 조립도, 부품도, 상세도, 배선도, 배관도 등

정답 47. ④ 48. ① 49. ③ 50. ④ 51. ④ 52. ④ 53. ② 54. ④

55. 대상물의 일부를 떼어낸 경계를 표시하는 데 사용하는 선의 굵기는?

① 굵은 실선 ② 가는 실선
③ 아주 굵은 실선 ④ 아주 가는 실선

해설 파단선: 불규칙한 파형의 가는 실선 또는 지그재그 선을 사용한다.

56. 다음 중 리벳용 원형강의 KS 기호는?

① SV ② SC
③ SB ④ PW

해설 ① SV: 리벳용 압연 강재
② SC: 탄소 주강품
③ SB: 보일러용 압연 강재
④ PW: 피아노 와이어

57. 다음 입체도의 화살표 방향 투상도로 가장 적합한 것은?

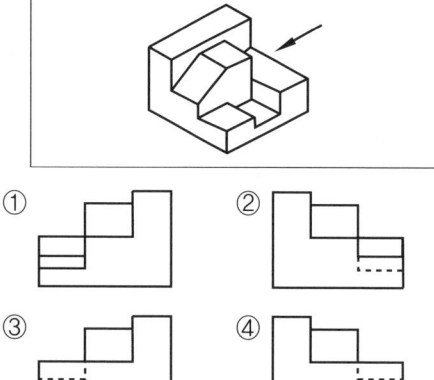

58. 다음 밸브 기호는 어떤 밸브를 나타내는가?

① 풋 밸브
② 볼 밸브
③ 체크 밸브
④ 버터플라이 밸브

해설

버터플라이 밸브 또는 댐퍼	
볼 밸브	
체크 밸브	

59. 다음 그림과 같은 용접 방법 표시로 맞는 것은?

① 삼각 용접 ② 현장 용접
③ 공장 용접 ④ 수직 용접

60. 다음 치수 표현 중에서 참고 치수를 의미하는 것은?

① Sϕ24 ② $t = 24$
③ (24) ④ □24

해설 참고 치수는 ( )를 사용한다.

정답 55. ② 56. ① 57. ③ 58. ① 59. ② 60. ③

배관기능사
Craftsman Plumbing

2015년 10월 10일 시행

1. 오물 정화조의 설치 순서로 옳은 것은?
① 부패조 → 여과조 → 산화조 → 소독조
② 부패조 → 산화조 → 여과조 → 소독조
③ 소독조 → 여과조 → 산화조 → 부패조
④ 소독조 → 산화조 → 여과조 → 부패조

2. 펌프에서 캐비테이션(cavitation)의 발생 조건이 아닌 것은?
① 흡입 양정이 짧을 경우
② 유체의 온도가 높을 경우
③ 날개 차의 원주 속도가 클 경우
④ 날개 차의 모양이 적당하지 않을 경우

해설 캐비테이션을 일으키기 쉬운 조건은 ②, ③, ④ 외에 흡입 양정이 높은 경우 등을 들 수 있다.

3. 다음 압축공기 배관에 대한 일반적인 설명 중 틀린 것은?
① 사용압력이 300 kgf/cm² 이상의 각종 배관은 이음새 없는 강관, 전기저항 용접강관을 사용한다.
② 저압공기 배관 시에도 관로 중간에 신축 이음을 할 필요가 있다.
③ 저압배관 시에는 일반적으로 가스관을 사용한다.
④ 공기조화에 사용하는 안전밸브는 상용압력의 1.1배 정도의 압력에서 작동되도록 조정되어 있다.

4. 다음 중 인화성이 강한 가스 배관의 누설 검사에 가장 적합한 것은?
① 경유
② 비눗물
③ 아세톤
④ 암모니아

5. 다음 중 개방식 팽창 탱크에 연결되는 관이 아닌 것은?
① 배기관
② 팽창관
③ 안전관
④ 압축공기관

해설 개방식 팽창 탱크에 연결되는 관으로는 배기관, 안전관, 급수관, 배수관, 팽창관, 오버플로관이 있다.

6. 도시가스 부취(付臭) 설비에서 증발식 부취에 관한 설명으로 옳지 않은 것은?
① 부취제의 증기를 가스 흐름 중에 혼합하는 방식으로 시설비가 싸다.
② 설치 장소는 압력 및 온도의 변화가 적고 관 내의 유속이 빠른 곳이 적당하다.
③ 부취제 첨가율을 일정하게 유지할 수 있으므로 가스량 변동이 큰 대규모 설비에 사용된다.
④ 바이패스 방식을 이용하므로 가스량의 변화로 부취제 농도를 조절하여 조절 범위가 한정되고 혼합 부취제는 쓸 수 없다.

해설 증발식 부취는 압력, 온도 변동이 적고 가스 유속이 큰 곳에 바람직하며 부취제 첨가율을 일정하게 유지하는 것이 어려워 유량의 변동이 작은 소규모 부취에 사용된다.

7. 설비 배관 도면에서 배관 내의 유체에 대한 도시 기호의 연결이 옳지 않은 것은?
① 물 – S
② 공기 – A
③ 유류 – O
④ 가스 – G

해설 물은 W로 나타낸다.

정답 1. ① 2. ① 3. ① 4. ② 5. ④ 6. ③ 7. ①

8. 배관의 화학적 세정 방법에서 부식억제제로 가장 적합한 것은?

① 구연산 ② 인히비터
③ 설퍼민산 ④ 제3인산소다

해설 부식억제제에는 인히비터, 알코올류, 알데히드류, 아민유도체 등이 있다.

9. 파형판과 평판을 교대로 겹쳐 배열시켜 두 판 사이로 유체가 흐르도록 한 것으로 전열면적이 크고 무게가 가벼워 최근 많이 사용하는 열교환기는?

① 판형 열교환기 ② 2중관식 열교환기
③ 코일형 열교환기 ④ U자관형 열교환기

해설 판형 열교환기는 다수의 평판과 파형판을 일정 간격으로 늘어놓고 그 통로에 하나씩 건너뛰어 다른 유체가 통과하도록 함으로써 열효율이 좋고 설치 면적을 작게 할 수 있다.

10. 다음 중 배수 트랩의 봉수가 없어지는 원인이 아닌 것은?

① 모세관 현상
② 자기 사이펀 작용
③ 감압에 따른 흡인 작용
④ 온도차에 다른 역류 작용

해설 트랩의 봉수 파괴 원인으로는 ①, ②, ③ 외에 흡출 작용, 분출 작용, 증발 및 운동량에 의한 관성 등을 들 수 있다.

11. 석유계 저급탄화수소의 혼합물이며 주요 성분으로는 프로판, 부탄, 부틸렌, 메탄, 에탄 등으로 이루어진 액화석유가스의 약자는?

① CNG ② LPG
③ LCG ④ LNG

해설 액화석유가스(Liquefied Petroleum Gas)는 약자로 LPG라 쓴다.

12. 액화천연가스에 관한 설명으로 옳지 않은 것은?

① 공기보다 무겁다.
② 액화 온도는 −162℃이다.
③ 메탄(CH_4)이 주성분이다.
④ 대규모 저장 시설이 필요하다.

해설 액화천연가스는 분자량이 16이므로 공기보다 가볍다.

13. 배관을 지지하는 점에서의 이동 및 회전을 방지하기 위하여 사용되는 리스트레인트의 종류인 것은?

① 앵커 ② 리지드 행어
③ 방진기 ④ 스프링 서포터

해설 리스트레인트에는 앵커, 스토퍼, 가이드 등이 있다.

14. 손으로 물건을 들어 올릴 때의 주의사항 중 틀린 것은?

① 절대로 장갑을 착용하지 말 것
② 거스러미 및 날카로운 모서리는 제거할 것
③ 기름기가 묻어 있는 물건은 기름기를 제거할 것
④ 물건을 들 때는 허리에 힘을 주고 바른 자세를 취할 것

해설 취급 물건의 종류에 따라서 예외일 경우는 있겠으나 장갑을 필히 착용해야 한다.

15. 보일러가 급수 부족으로 과열되었을 때의 안전 조치로 가장 적합한 방법인 것은?

① 댐퍼를 닫고 물을 모두 배출시킨다.
② 냉각수를 급속히 급수하여 냉각시킨다.
③ 화실에 물을 부어서 급히 소화 및 냉각시킨다.

정답 8. ② 9. ① 10. ④ 11. ② 12. ① 13. ① 14. ① 15. ④

④ 소화 후 안전밸브를 이용한 안전 장치를 작동시키면서 서서히 증기를 배출시키며 냉각시킨다.

[해설] 보일러가 급수 부족으로 과열되었을 때에는 소화 후 안전밸브를 이용한 안전 장치를 작동시키면서 서서히 증기를 배출시키며 냉각시킨다.

16. 전처리 작업 및 도장 시공에서 용해 아연 (알루미늄) 도장 시공 시 가장 적당한 온도와 습도는?

① 온도 10℃ 내외, 습도 46 % 정도
② 온도 10℃ 내외, 습도 76 % 정도
③ 온도 20℃ 내외, 습도 46 % 정도
④ 온도 20℃ 내외, 습도 76 % 정도

[해설] ㉠ 전처리는 도장의 시공상 아주 중요한 공정으로서 도장할 표면의 녹 제거 및 탈지를 하는 것이다.
㉡ 전처리 작업 공정은 작업 부위의 표면이 복잡할수록 성의 있는 시공이 필요하다.
㉢ 유지류가 부착되었을 때는 약품 세척을 한다.
㉣ 용해 아연(알루미늄) 도금은 용해한 금속에 의한 일종의 도금법이며 도장 시공 시 온도는 20℃ 내외, 습도는 76 % 정도가 가장 좋다.

17. 액화석유가스 저장 탱크 내벽에 10 cm² 정도의 다공성 알루미늄 합금 박판을 설치하는 주된 이유는?

① 폭발을 방지하기 위하여
② 액화와 기화를 돕기 위하여
③ 액화가스의 기화를 돕기 위하여
④ 재액화를 방지하여 증발을 돕기 위하여

18. 가스 용접과 절단 시 안전사항에 관한 설명으로 옳지 않은 것은?

① 직사광선이 없는 곳에 가스 용기를 보관한다.
② 가스 호스 연결부에 기름이 묻지 않도록 한다.
③ 가스 용기는 화기에서 1 m 정도 떨어지게 한다.
④ 용기는 뉘어 두거나 굴리는 등 충동, 충격을 주지 않는다.

[해설] 가스 용기는 화기에서 5 m 이상 떨어지게 해야 한다.

19. 기송배관에 쓰이는 동력원에 관한 다음 설명 중 잘못된 것은?

① 터보 블로어(blower)는 진공식 공기수송기에 사용되는 진공펌프이다.
② 루츠 블로어는 고압송식에 적합한 공기펌프이다.
③ 루츠 블로어는 압력이 변해도 기류의 변화가 터보 블로어보다 적다.
④ 공기압축기는 4~8 kgf/cm²의 왕복식 공기압축기를 사용한다.

[해설] 루츠 블로어(roots blower)는 저압송식에 적합한 공기펌프로서 흡입공기의 먼지가 회전자를 손상시켜 효율을 저하시키므로 진공식에는 부적합하다.

20. 가스 배관 설치 후 잔류 가스 처리 방법에 관한 설명으로 옳지 않은 것은?

① 흡수 처리는 중화, 흡수, 흡착 등의 방법을 이용한다.
② 잔류 가스의 연소 처리 시에는 가연성 성질을 지닌 암모니아, 시안화수소 등에 주의하며 연소시킨다.
③ 대기 방출 시 가스 방출관은 지상 1 m의 높이 또는 탱크 정상부의 50 cm 높이에서 가스를 서서히 방출한다.

정답 16. ④　17. ①　18. ③　19. ②　20. ③

④ 불활성 가스로 치환하는 법은 질소, 이산화탄소, 수증기 등의 불활성 기체를 압축기로 압입하면서 설비 상부로 방출한다.

해설 가스 방출관의 높이는 저장 탱크의 정상부로부터 2 m 이상, 지반면으로부터 5 m 이상 중 높은 것으로 한다.

21. 자연 순환식 수관 보일러의 종류에 속하지 않는 것은?

① 다쿠마 보일러 ② 스털링 보일러
③ 야로 보일러   ④ 벨록스 보일러

해설 벨록스 보일러는 강제 순환식 수관 보일러이다.

22. 개방식 팽창 탱크의 설치 위치는 최고층 방열기보다 몇 m 이상 높게 설치하는가?

① 0.1 m   ② 0.3 m
③ 0.5 m   ④ 1.0 m

해설 개방식 팽창 탱크의 설치 위치는 최고층 방열기보다 1 m 이상 높게 설치한다.

23. 화재 발생 시 덕트를 통하여 화재가 번지는 현상을 막기 위하여 덕트 내 특정 온도에 도달하면 퓨즈가 녹아서 덕트를 차단하는 구조로 되어 있는 것을 무엇이라고 하는가?

① 캔버스   ② 가이드 베인
③ 방화 댐퍼   ④ 풍량 조절 댐퍼

해설 방화 댐퍼는 화재 시에 불꽃, 연기 등을 차단하기 위해 덕트 내에 설치하는 장치로서 덕트가 방화 구획을 관통하는 부근에 설치된다. 온도가 상승하면 퓨즈가 녹아서 댐퍼가 자동적으로 닫힌다.

24. 진공 환수식 증기 난방법에서 환수관을 방열기 위쪽에 배관할 경우 또는 진공 펌프를 환수주관보다 높은 위치에 설치할 경우 다음 중 가장 적합한 배관법은?

① 하트포드 배관   ② 리프트 피팅 배관
③ 바이패스 배관   ④ 파일럿 라인 배관

해설 리프트 피팅 배관법이란 진공 환수식 증기 난방 배관 시공법에서 응축수를 보일러에 되돌려 보낼 때 낮은 곳에서 높은 곳으로 응축수를 끌어올리기 위해 설치하는 장치이다.

25. 섭씨온도 32℃를 절대온도로 환산하면 약 얼마인가?

① 241 K   ② 273 K
③ 305 K   ④ 345 K

해설 절대온도 (K) = 섭씨온도 (℃) + 273
    = 32 + 273 = 305 K

26. 강관의 용접 이음 방법에 관한 설명으로 옳지 않은 것은?

① 슬리브 용접 이음은 누수될 염려가 가장 크다.
② 플랜지 이음은 주로 65 A 이상의 관에 주로 사용한다.
③ 맞대기 용접을 하기 위해서는 관 끝을 베벨 가공한다.
④ 플랜지 이음의 볼트 길이는 완전히 조인 후 1~2산 남도록 한다.

해설 용접 이음법은 접합부의 강도가 강하여 기밀, 수밀에 뛰어나 누수될 염려가 없다.

27. 다음 중 2개의 체이서로 구성되어 소구경 강관의 나사 절삭에 사용되는 수공구의 형식인 것은?

① 리드형   ② 오스터형
③ 호브형   ④ 다이헤드형

28. 납용해용 냄비, 파이어 포트, 납물용 국자,

정답 21. ④ 22. ④ 23. ③ 24. ② 25. ③ 26. ① 27. ① 28. ②

산화납 제거기, 클립, 코킹정 등은 어떤 작업에 사용되는가?

① 동관의 확관 작업
② 주철관의 소켓 작업
③ 콘크리트관의 접합 작업
④ 강관의 용접식 플랜지 작업

29. 램식 파이프 벤딩기에 대한 설명으로 옳은 것은?

① 수동식(유압식)은 50~80 A까지의 관을 상온에서 굽힘할 수 있다.
② 수동식(유압식)은 80~100 A까지의 관을 상온에서 굽힘할 수 있다.
③ 모터를 부착한 동력식은 100 A 이상의 관을 상온에서 굽힘할 수 있다.
④ 모터를 부착한 동력식은 100 A 이하의 관을 상온에서 굽힘할 수 있다.

해설 램식 파이프 벤딩기는 현장용으로 많이 쓰이며 수동식(작키식)은 50 A, 모터를 부착한 동력식은 100 A 이하의 관을 상온에서 벤딩할 수 있다.

30. 다음 중 교류 용접기의 용량이 400 A일 때 용접기와 홀더 사이의 케이블 단면적으로 적합한 것은?

① 30 mm²   ② 60 mm²
③ 80 mm²   ④ 90 mm²

해설 케이블의 적정 크기

용접기 용량	200 A	300 A	400 A
1차측 케이블 (지름)	5.5 mm	8 mm	14 mm
2차측 케이블 (단면적)	38 mm²	50 mm²	60 mm²

31. 배관 용접 후 맞대기 용접 부위를 방사선 투과 시험하여 결함 여부를 판단하려고 할 때 표시하는 기호는?

① PT   ② UT   ③ MT   ④ RT

해설 PT : 침투 검사, UT : 초음파 검사, MT : 자기 검사, RT : 방사선 투과 검사

32. 내부 용적 40 L의 산소병에 9 MPa라고 압력 게이지에 나타났다면 이때 산소병에 들어 있는 산소의 양은?

① 3600 L   ② 4000 L
③ 5200 L   ④ 9000 L

해설 $9 \text{ MPa} = 90 \text{ kg/cm}^2$이므로
산소의 양 = 내용적×기압
= 40×90 = 3600 L

33. 수공구인 해머(hammer)는 일반적으로 크기를 무엇으로 구분하는가?

① 머리부의 지름
② 머리부의 지름과 자루의 길이
③ 자루를 제외한 머리부의 무게
④ 자루와 머리부의 길이를 합한 값

34. 다음 중 경질 염화비닐관의 이음 방법이 아닌 것은?

① 나사 이음   ② 플랜지 이음
③ 용접 이음   ④ 빅토리 이음

해설 경질 염화비닐관의 이음 방법으로는 나사접합, 냉간 삽입 접합, 열간 접합법, 플랜지 접합법, 테이퍼 코어 접합법, 용접법 등이 있다.

35. 스테인리스 강관 이음 중 MR 이음의 특징이 아닌 것은?

① 관의 나사내기 프레스 가공 등이 필요 없다.
② 배관 시공 시 작업이 복잡하여 숙련이 필

정답 29. ④ 30. ② 31. ④ 32. ① 33. ③ 34. ④ 35. ②

요하다.
③ 화기를 사용하지 않기 때문에 기존 건물 배관 공사에 적당하다.
④ 접속에 특수한 공구를 사용하지 않고 스패너만으로 간단히 접속시킨다.

[해설] MR 이음은 배관 시공 시 작업이 간단하여 숙련을 필요로 하지 않는다.

36. 다음 중 콘크리트관 이음에 속하지 않는 것은?

① 콤포 이음
② 인서트 이음
③ 칼라 신축 이음
④ 턴 앤드 글로브 이음

[해설] 콘크리트관 이음 방법에는 콤포 이음, 칼라 신축 이음, 심플렉스 이음, 턴 앤드 글로브 이음이 있다.

37. 석면 시멘트관의 이음 방법으로 2개의 플랜지, 2개의 고무 링, 1개의 슬리브로 이루어진 접합 방법은?

① 칼라 이음
② 콤포 이음
③ 기볼트 이음
④ 턴앤드 글로브 이음

[해설] 석면 시멘트관의 접합 방법에는 기볼트 접합, 칼라 접합 및 심플렉스 접합이 있다.

38. 배관 설비 시공 시 강관을 접합하는 일반적인 방법이 아닌 것은?

① 압축 접합
② 용접 접합
③ 나사 접합
④ 플랜지 접합

[해설] 압축 접합은 지름 20 mm 이하 동관을 배관할 때, 기계의 점검, 보수 등을 할 때 편리하게 하기 위하여 관 끝을 플레어링 툴셋으로 살짝 벌려 플레어 너트(압축 이음쇠)로 접합하는 방식으로 일명 플레어 접합이라고도 한다.

39. 나사용 패킹 재료가 아닌 것은?

① 납
② 페인트
③ 일산화연
④ 액상 합성수지

[해설] 나사용 패킹 재료에는 페인트, 일산화연, 액상 합성수지가 있다.

40. 동관의 용도로 가장 거리가 먼 것은?

① 급수용
② 냉난방용
③ 배수용
④ 열교환기용

[해설] 동관은 내식성이 우수하고 마찰저항이 작기 때문에 열교환기용 관, 냉난방기용 관, 압력계관, 급수관, 급탕관, 급유관으로 사용된다.

41. 다음 중 앵글 밸브에 관한 설명으로 옳은 것은?

① 스톱 밸브라고 한다.
② 슬루스 밸브라고도 부른다.
③ 극히 유량이 적거나 고압일 때 사용한다.
④ 엘보와 글로브 밸브의 조합형으로 직각형이다.

[해설] 앵글 밸브는 밸브를 지나는 유체의 흐름 방향을 직각으로 바꿔주는 밸브이다.

42. 수도용 경질염화비닐 이음관에 관한 설명으로 옳지 않은 것은?

① 경질염화비닐 이음관은 염화비닐 중합체에 안료, 안정제 등을 첨가한 것이다.
② 수도용 경질염화비닐 이음관에는 경질염화비닐 이음관과 내충격성 경질염화비닐 이음관이 있다.
③ A형 이음관은 압출성형기로, B형 이음관은 사출성형기로 성형된 원관을 가공하여 제조한 것이다.
④ 내충격성 경질염화비닐 이음관은 염화비

정답 36. ② 37. ③ 38. ① 39. ① 40. ③ 41. ④ 42. ③

닐 중합체에 안정제, 안료, 개질제 등을 첨가한 것이다.

해설 ③ A형 이음관은 사출성형기로, B형 이음관은 압출성형기로 성형된 원관을 가공하여 제조한 것이다.

43. 배관의 중간이나 밸브, 펌프, 열교환기 각종 기기의 접속 및 기타 보수 점검을 위하여 관의 해체, 교환을 필요로 하는 곳에 사용되는 이음쇠는?

① 티
② 엘보
③ 니플
④ 플랜지

해설 플랜지는 관 지름이 큰 관, 내부의 압력이 높은 관, 또는 자주 떼어낼 필요가 있는 배관접합 시 사용된다.

44. 합성수지 또는 고무질 재료를 사용하여 만든 다공질 제품으로 부드럽고 불연성이며 보온성과 보랭성이 우수한 것은?

① 펠트
② 코르크
③ 기포성 수지
④ 탄산마그네슘

해설 기포성 수지는 주원료인 고무나 합성수지에 발포제를 가하여 다공성 물질로 만든 것으로 보온·보랭성이 좋다.

45. 다음 중 비금속관에 관한 설명으로 옳지 않은 것은?

① 원심력 철근 콘크리트관은 흄관이라고도 한다.
② 석면 시멘트관은 0.1 MPa 이하에만 이용된다.
③ 석면 시멘트관은 보통 에터니트관이라고도 한다.
④ 석면 시멘트관은 금속관에 비해 내식성이 크며 내알칼리성이 우수하다.

해설 석면 시멘트관은 상용 압력 0.75 MPa 이하인 것과 0.45 MPa 이하인 것 2종류가 있다.

46. 일반적으로 경화제를 섞어서 사용하는 도료로 내열성, 내수성 및 전기 절연이 우수하여 도료 접착제, 방식용으로 사용되는 것은?

① 아스팔트
② 에폭시 수지
③ 산화철 도료
④ 알루미늄 도료(은분)

47. 수도용 입형 주철관의 관 표시 방법에서 보통압관의 표시 기호는?

① A
② B
③ LA
④ HA

해설 수도용 입형 주철관의 관 표시 방법에서 고압관은 B, 보통압관은 A, 저압관은 LA로 표시한다.

48. 가요관이라 하며, 스테인리스강의 가늘고 긴 벨로스의 바깥을 탄력성이 풍부한 구리망, 철망 등으로 피복한 것으로 굴곡이 많은 장소나 방진용으로 사용하는 신축 이음쇠는?

① 플렉시블 튜브
② 루프형 신축 이음쇠
③ 스위블형 신축 이음쇠
④ 볼 조인트형 신축 이음쇠

해설 플렉시블 튜브는 가요관이라 하며, 굴곡이 많은 장소나 방진용으로 사용되는 일종의 신축 이음쇠이다.

49. 열동식 트랩에 관한 설명으로 옳지 않은 것은?

① 열동식 트랩은 열역학적 트랩이다.

② 일반적으로 사용 압력은 0.1 MPa까지도 가능하다.
③ 열동식 트랩은 실로폰 트랩, 방열기 트랩으로 부르기도 한다.
④ 저온의 공기도 통과시키는 특성이 있어 에어 리턴식이나 진공 환수식 증기 배관의 방열기나 관말 트랩에 사용된다.

해설 증기 트랩의 분류
㉠ 온도 조절식 증기 트랩 : 열동식
㉡ 열역학적 증기 트랩 : 디스크형, 오리피스형
㉢ 기계식 증기 트랩 : 버킷형, 플로트형

50. 스테인리스 강관의 일반적인 특성에 관한 설명으로 옳지 않은 것은?
① 위생적이어서 적수, 백수, 청수의 염려가 없다.
② 한랭지 배관이 가능하며 동결에 대한 저항이 크다.
③ 내식성이 우수하여 계속 사용 시에도 안 지름이 축소되는 경향이 적다.
④ 나사식, 몰코식, 용접식, 타이톤식 이음법 등의 특수 시공법을 사용하면 시공이 간단하다.

해설 스테인리스 강관의 이음에는 나사 이음, 용접 이음, 플랜지 이음, 몰코 이음 등이 있으며, 타이톤 이음은 주철관 이음법 중의 하나이다.

51. 그림과 같이 제3각법으로 정투상한 도면에 적합한 입체도는?

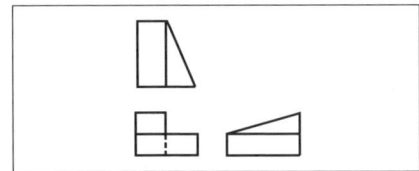

 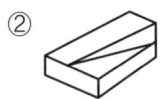
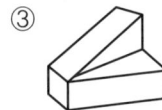 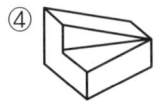

52. 다음 중 일반적인 판금 전개도의 전개법이 아닌 것은?
① 다각전개법   ② 평행선법
③ 방사선법   ④ 삼각형법

53. 다음 중 열간 압연 강판 및 강대에 해당하는 재료 기호는?
① SPCC   ② SPHC
③ STS   ④ SPB

해설 ㉠ SPCC : 냉간 압연 강판 및 강대
㉡ STS : 합금 공구강 강재

54. 동일 장소에서 선이 겹칠 경우 나타내야 할 선의 우선순위를 옳게 나타낸 것은?
① 외형선 > 중심선 > 숨은선 > 치수 보조선
② 외형선 > 치수 보조선 > 중심선 > 숨은선
③ 외형선 > 숨은선 > 중심선 > 치수 보조선
④ 외형선 > 중심선 > 치수 보조선 > 숨은선

해설 가는 선, 굵은 선 및 극히 굵은 선의 굵기의 비율은 1 : 2 : 4이며 실선과 은선이 겹칠 경우에는 실선을 택하여 그린다. 외형선은 굵은 실선, 중심선 및 치수 보조선은 가는 실선, 숨은선은 가는 파선으로 그린다. 또한 선의 우선순위는 외형선>숨은선>절단선>중심선>무게중심선>치수 보조선의 순이다.

55. 3각법으로 그린 투상도 중 잘못된 투상이 있는 것은?

정답 50. ④ 51. ② 52. ① 53. ② 54. ③ 55. ④

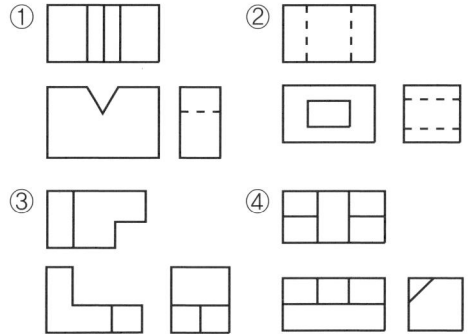

56. 다음 중 치수 보조 기호로 사용되지 않는 것은 어느 것인가?

① π   ② Sφ
③ R   ④ □

[해설] Sφ : 구의 지름, R : 반지름, □ : 정사각형의 변

57. 다음 중 그림과 같은 도면의 해독으로 잘못된 것은?

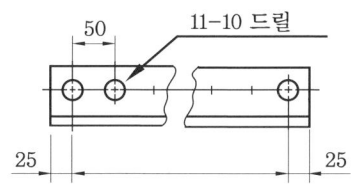

① 구멍 사이의 피치는 50 mm
② 구멍의 지름은 10 mm
③ 전체 길이는 600 mm
④ 구멍의 수는 11개

[해설] 전체 길이 = 50 × 10 + 25 + 25 = 550 mm

58. 나사의 감김 방향의 지시 방법 중 틀린 것은 어느 것인가?

① 오른나사는 일반적으로 감김 방향을 지시하지 않는다.
② 왼나사는 나사의 호칭 방법에 약호 "LH"를 추가하여 표시한다.
③ 동일 부품에 오른나사와 왼나사가 있을 때 왼나사에만 약호 "LH"를 추가한다.
④ 오른나사는 필요하면 나사의 호칭 방법에 약호 "RH"를 추가하여 표시할 수 있다.

59. 다음 냉동 장치의 배관 도면에서 팽창 밸브는?

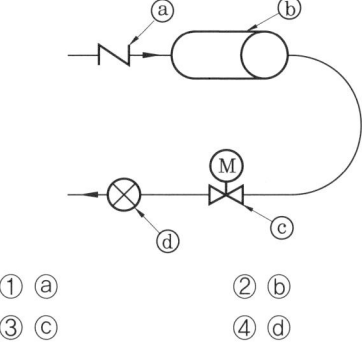

① ⓐ   ② ⓑ
③ ⓒ   ④ ⓓ

60. 다음 중 단면도에 대한 설명으로 틀린 것은?

① 부분 단면도는 일부분을 잘라내고 필요한 내부 모양을 그리기 위한 방법이다.
② 조합에 의한 단면도는 축, 핀, 볼트, 너트류의 절단면의 이해를 위해 표시한 것이다.
③ 한쪽 단면도는 대칭형 대상물의 외형 절반과 온단면도의 절반을 조합하여 표시한 것이다.
④ 회전 도시 단면도는 핸들이나 바퀴 등의 암, 림, 훅, 구조물 등의 절단면을 90도 회전시켜서 표시한 것이다.

[정답] 56. ① 57. ③ 58. ③ 59. ④ 60. ②

배관기능사
Craftsman Plumbing

2016년 1월 24일 시행

1. 공기 조화 장치에서 습도를 조절하는 방법으로 틀린 것은?

① 가습은 유동 공기 중으로 물이나 증기를 분사하여 가습한다.
② 감습은 히팅 코일에 의해 유동 공기의 온도를 높인다.
③ 가습은 가습 팬을 이용하여 증발에 의해 가습한다.
④ 감습은 습공기를 냉각시켜 수증기를 응축시킨다.

해설 감습은 냉각 코일에 의해 유동 공기의 온도를 노점 온도 이하로 낮추어 수증기를 응축 제거하는 방법이다.

2. 급수 배관법의 종류와 사용 건물의 설명으로 적합하지 않은 것은?

① 수도 직결식 배관법 : 2층 이하의 주택 등 소규모의 건물
② 고가 탱크식 배관법 : 3층 이상 건물 또는 대규모 건물의 전부
③ 압력 탱크식 배관법 : 수도압력이 낮은 주택, 소규모 고가 탱크식을 사용할 수 없는 경우
④ 가압 펌프식 배관법 : 소규모의 지역급수, 급수량이 일정하지 않은 공장

해설 ④ 가압 펌프식 배관법은 부스터식 급수 배관법으로서 대형건물, 공동주택 등에 적용된다.

3. 배관 시공 시 배관 구배에 관한 설명으로 틀린 것은?

① 펌프 배관 시 횡주관은 $\frac{1}{50} \sim \frac{1}{100}$의 구배를 준다.
② 급탕 배관 중력 환수관의 경우 $\frac{1}{150}$의 구배를 준다.
③ 복관 중력 환수식 증기난방법의 증기주관은 $\frac{1}{200}$ 정도의 구배를 준다.
④ 진공 환수식 증기난방의 환수관은 $\frac{1}{10} \sim \frac{1}{50}$의 구배를 준다.

해설 진공 환수식 증기난방의 환수관의 기울기는 $\frac{1}{200} \sim \frac{1}{300}$ 낮게 할 수 있으므로 대규모 난방에 적합하다.

4. 열교환기 구조상 단관식 열교환기의 형식이 아닌 것은?

① 탱크 가열기
② 트롬본형 냉각기
③ 코일형 열교환기
④ 고정관 판형 열교환기

해설 단관식 열교환기(single-pipe heat exchanger) : 전열부의 직관을 사용하여 return bend와 조합해서 교환열량에 필요한 전열면적의 직관을 사관형(蛇管形)으로 조립하는 형상의 열교환기이다.
㉠ 종형으로 하여 상부로부터 냉각수를 적하(滴下)시켜 전열관 내의 유체를 냉각하는 트롬본형 냉각기

정답 1. ② 2. ④ 3. ④ 4. ④

ⓒ 횡형으로 하여 탱크 저판(底板) 전체 면에 스팀을 유통해서 탱크 내의 유체를 가열하는 탱크 가열기

ⓒ 사각인 박스 내에 사관(蛇管)을 종횡(縱橫)으로 줄지어서 설치하고, 박스 내에 냉각수를 유입하여 전열관 내의 유체를 냉각하는 상자형 냉각기

ⓔ 전열면의 관을 코일 형태로 말아서 용기 내에 삽입하여 관 내 유체와 용기 내 유체를 열교환시키는 코일형 열교환기

5. 동력 나사 절삭기 사용 시 주의사항으로 틀린 것은?

① 나사 절삭 시 계속 절삭유를 공급한다.
② 절삭된 나사부는 맨손으로 만지지 않는다.
③ 기계 사용 후 척을 완전히 닫아 고정한다.
④ 기계 정비는 전원을 정지시킨 뒤 행한다.

해설 기계 사용 후 척을 완전히 닫지 않는다.

6. 배수관의 시공 방법으로 틀린 것은?

① 차고의 배수관은 가솔린 트랩으로 유도한다.
② 각 기구의 일수관은 배수관에 2중 트랩을 만들어서는 안 된다.
③ 빗물 배수 수직관에는 다른 배수관을 연결하지 않는다.
④ 배수 횡지관으로부터 통기관을 취출할 때 배수관 단면의 수직 중심으로 부터 90° 이내의 각도로 취출한다.

해설 통기관의 분지 방법 : 배수 수평관에서 통기관을 분지하는 경우는 배수관 단면의 수직 중심선 상부로 부터 45° 이내의 각도에서 분지하여야 한다.

7. 고압가스 용기에 도색되어 있는 색이 백색이었다면 이 용기 내의 가스는 어떤 가스인가?

① 액화석유가스
② 수소
③ 아세틸렌
④ 액화암모니아

해설 ① 액화석유가스 : 회색
② 수소 : 주황색
③ 아세틸렌 : 황색
④ 액화암모니아 : 백색

8. 관에 보온 공사를 끝낸 후 시공 검사를 하려고 할 때 점검하여야 할 사항으로 가장 거리가 먼 것은?

① 보온 공사가 시공 목표에 부합되는가를 점검한다.
② 보온재의 접합부, 팽창, 수축 조절부 상태는 확실한가를 점검한다.
③ 방습, 방수 처리는 완전한가 점검한다.
④ 외장재는 소음에 견디는가 점검한다.

9. 보일러의 부속 설비인 절탄기(economizer)에 대한 설명으로 가장 적합한 것은?

① 보일러 본체에서 발생한 습증기를 재가열하여 과열 증기로 만든다.
② 과열 증기를 사용함에 따라 포화 증기가 된 것을 재가열한다.
③ 연도 가스의 여열을 이용하여 연료 연소용 공기를 예열한다.
④ 연도 가스의 여열을 이용하여 급수를 가열한다.

10. 일반 도시가스 배관 시공에서 배관 이음부와 전기계량기, 전기개폐기를 설치할 때 최고 이격 거리는?

① 5 cm
② 25 cm
③ 45 cm
④ 60 cm

정답 5. ③ 6. ④ 7. ④ 8. ④ 9. ④ 10. ④

해설 배관 이음부(용접 이음매 제외)와 전기접속기와는 30cm 이상을 유지해야 하고, 배관 이음부와 전기계량기, 전기개폐기와는 60 cm 이상을 유지해야 한다.

11. 압축공기 배관 설비의 부속장치에 대한 설명으로 틀린 것은?
① 분리기는 외부에서 흡입된 습기를 압축에 의해 분리하는 장치이다.
② 공기탱크는 공기의 흡입측 압력을 증가시키기 위한 장치이다.
③ 공기여과기는 공기 속의 먼지를 제거하기 위한 장치이다.
④ 공기흡입관은 압축할 공기를 흡입하기 위한 관이다.

해설 공기탱크 : 왕복식 압축기에서 압축공기를 불연속적으로 토출함으로써 생기는 맥동(압력의 소리)을 균일하게 하려고 설치한다.

12. 그림과 같은 배관시공 평면도에 엘보만 사용한 파이프가 배열되어 있다면 필요한 엘보는 최소 몇 개인가?

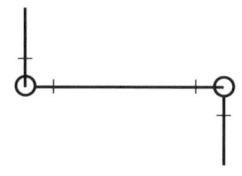

① 2개　　② 3개
③ 4개　　④ 5개

13. 폭발의 우려가 있는 가스, 증기 또는 분진이 발생하는 장소에 설치할 수 있는 장치로 가장 거리가 먼 것은?
① 환기 장치　　② 통풍 장치
③ 제진 장치　　④ 배수 장치

14. 배관계 지지 장치 설계 시 배관 지지점의 설정을 위하여 고려하여야 할 사항으로 틀린 것은?
① 밸브나 수직관 근처는 피한다.
② 가급적 기존 지지대 등을 이용한다.
③ 집중 하중이 걸리는 곳에 지지점을 정한다.
④ 과대 응력이 발생한 곳이나 드레인 배출에 지장이 없도록 한다.

해설 수직 배관에서는 상단에서 전체길이의 1/3되는 지점을 선정하며, 밸브 등의 집중 질량이 위치해 있는 경우 집중 질량 하부에 지지점을 설정한다.

15. 초고층 건물의 급수 배관법에 사용하는 조닝(zoning) 방식에 속하지 않는 것은?
① 층별식
② 중계식
③ 직결식
④ 조압 펌프식

해설 고층 건물에 있어서는 최상층과 최하층의 수압차가 일정치 않아 물을 사용하기가 곤란하다. 과대한 수압은 워터 해머링(water hammering)을 동반하고 그 결과 소음이나 진동이 일어나 건물 내의 공해 요인이 되기도 한다. 그러므로 급수계통을 건물의 상하층으로 구분하여 급수압이 고르게 될 수 있도록 급수 조닝(zoning)을 할 필요가 있다. 대개 급수 압력에 대한 조닝은 0.4~0.5 MPa 정도 이하가 되도록 하는 것이 바람직하다. 조닝 방식에는 층별식, 중계식, 조압 펌프식 등이 있다.

16. 다음 중 펌프의 설치 방법에 관한 설명으로 틀린 것은?
① 흡입 배관은 최단거리로 하고 관경은 반

정답　11. ②　12. ③　13. ④　14. ①　15. ③　16. ①

드시 토출 관경보다 작게 한다.
② 흡입부가 수평 배관일 때 에어포켓이 생기지 않도록 한다.
③ 흡입 배관에는 진공계를 설치한다.
④ 토출 배관에는 압력계를 설치한다.

해설 흡입 배관은 최단거리로 하고 관경은 반드시 토출 관경보다 크게 한다.

17. 압력계의 눈금이 0.5 MPa를 나타내고 있을 때 절대압력은 몇 MPa인가?
① 0.30332
② 0.40332
③ 0.50332
④ 0.60332

해설 절대압력 = 대기압 + 게이지압력
0.10332 + 0.5 = 0.60332 MPa

18. 도시가스 배관 시공 시 유의사항으로 틀린 것은?
① 배관 외부에는 사용가스 명칭, 최고사용압력 등을 표시해야 한다.
② 관은 적당한 구배를 주며 응축수가 원관에 유입되도록 한다.
③ 비상 시 공급 차단을 위해 필요 부분에 공급관 콕을 설치한다.
④ 내관은 유지관리상 건물 지하에 배관하지 않는다.

해설 관은 적당히 구배를 주며 응축수가 원관에 유입되지 않도록 드레인 빼기를 설치한다.

19. 액화석유가스 사용 시설에서 배관의 설치방법에 관한 설명으로 틀린 것은?
① 저장설비로 부터 중간밸브까지 배관은 강관을 이용하여 설치한다.
② 가스 배관의 접합에는 가스의 최고압력 가스관의 재료 용도 등에 적합한 방법을 선택해야 한다.
③ 배관은 건축물의 기초 밑이나 환기가 잘 되지 않는 장소에 설치하지 않는다.
④ 건축물의 벽을 관통하는 부분의 배관에는 보호관을 설치하지 않는다.

해설 건축물의 벽을 관통하는 부분의 배관에는 보호관을 설치한다.

20. 섭씨 40℃를 화씨온도로 환산하면?
① −40°F
② 32°F
③ 72°F
④ 104°F

해설 $F = \dfrac{9}{5} \times C + 32$
$F = \dfrac{9}{5} \times 40 + 32 = 104°F$

21. 급탕 배관 시공 시 강제순환식일 때의 배관 구배로 옳은 것은?
① 1/50
② 1/100
③ 1/150
④ 1/200

해설 ㉠ 중력순환식 : 1/150
㉡ 강제순환식 : 1/200

22. 압축공기 배관의 배수배관 시공 시 설치하여야 할 사항이 아닌 것은?
㉮ 드레인 밸브
㉯ 자동식 배수 트랩
㉰ 에어 포켓
㉱ 스케일 포켓

23. 짧고 작은 배관 및 평판 등에 사용하는 방법으로 장치에 설치하기 전에 세정할 대상물에 세정액을 채워 세정하는 방법은?
① 침적법
② 스프레이법
③ 순환법
④ 페이스트법

24. 내경 154 mm의 관으로 매 초 40 L의 물을 내보내고 있다면, 이때 유속은?

① 1.08 m/s ② 2.15 m/s
③ 3.62 m/s ④ 4.32 m/s

해설 $Q = A \times V$, $V = \dfrac{Q}{A}$

$V = \dfrac{Q}{A} = \dfrac{0.04}{\dfrac{\pi}{4} \times 0.154^2} = 2.15 \text{ m/s}$

25. 정제된 가스를 저장하여 가스의 질을 균일하게 유지하고 제조량과 수요량을 조절하는 저장탱크는?

① 정압기 ② 압송기
③ 분배기 ④ 가스홀더

26. 파이프 벤딩기에 관한 설명으로 옳은 것은?

① 현장용으로 로터리식(rotary type)이 많이 쓰인다.
② 로터리식 벤딩기로 관을 구부릴 경우에는 관에 심봉을 넣을 필요가 없다.
③ 램식(ram type)은 공장에서 동일 모양의 벤딩 제품을 다량 생산할 때 쓰인다.
④ 램식 중 수동식은 50 A, 모터를 부착한 동력식은 100 A 이하의 관을 상온 벤딩할 수 있다.

해설 ㉠ 램식(유압식) : 유압을 이용하여 관을 구부리는 것으로 현장용이다. 수동식은 50 A, 동력식은 100 A 이하의 관을 상온에서 구부릴 수 있다.
㉡ 로터리식 : 관에 심봉을 넣어 구부리는 것으로 공장 등에 설치하여 동일 치수의 모양을 다량 생산할 때 편리하며 상온에서도 단면의 변형이 없으며 두께에 관계없이 어느 관이라도 가공할 수 있으며, 굽힘반경은 관지름의 2.5배 이상이어야 한다.

27. 다음 중 가스절단에서 예열불꽃이 강할 때 나타나는 현상은?

① 드래그가 증가한다.
② 역화를 일으키기 쉽다.
③ 변두리가 용융되어 둥글게 된다.
④ 절단속도가 늦어지고 절단이 중단되기 쉽다.

28. 주철관 이음 방법인 기계식 이음(mechanical joint)에 관한 설명으로 틀린 것은?

① 기밀성이 좋다.
② 고압에 대한 저항이 크다.
③ 물 속에서도 작업이 가능하다.
④ 이음부가 구부러지면 쉽게 누수된다.

해설 지진, 기타 외압에 대한 가요성이 풍부하여 다소의 굴곡에도 누수되지 않는다.

29. 이종관 이음에 관한 설명으로 옳은 것은?

① 전해작용으로 인한 부식은 거의 없다.
② 강관과 주철관 이음은 나사 이음을 주로 사용한다.
③ 강관과 염화비닐관 이음은 플라스턴 이음을 주로 사용한다.
④ 신축량, 강도, 중량 등 관 재료에 다른 재료의 성질을 고려한다.

30. 콘크리트관 이음이 아닌 것은?

① 콤포 이음
② 칼라 신축 이음
③ 테이퍼 조인트 이음
④ 턴 앤드 글로브 이음

31. 강관 20 A를 R 100으로 굽힐 때, 굽힘형판(R 게이지)의 반지름은 몇 mm로 하여야 하는가? (단, 20 A 강관 외경은 27.2 mm이다.)

정답 24. ② 25. ④ 26. ④ 27. ③ 28. ④ 29. ④ 30. ③ 31. ③

① 68.4 ② 71.4
③ 86.4 ④ 120.1

해설 $R = 100 - \dfrac{27.2}{2} = 86.4$ mm

32. 배관시공 시 배관 및 구조물의 수평을 맞출 때 사용하는 측정 공구는?

① 수준기(level)
② 디바이더(divider)
③ 조합자
④ 플레어링 툴(flaring tool)

33. 폴리에틸렌관의 용착 슬리브 이음 시공 시 주의할 사항으로 틀린 것은?

① 용융 가열에 사용되는 지그는 이음관 및 관의 치수에 맞는 것을 사용한다.
② 가능한 한 용착 슬리브 이음용 지그의 재료는 철이나 구리로 만든 것을 사용한다.
③ 연질관의 경우에는 용융하기 쉬우므로 이음관보다 다소 늦게 관을 끼워서 가열하는 것이 좋다.
④ 이음관과 관을 가열하는 지그 치수는 허용차 ± 5 mm 정도로 하되 관과 지그의 사이가 적당하여야 한다.

해설 용착 슬리브 이음용 지그의 재료는 열전도율이 크고 균일한 Al합금으로 된 지그를 사용한다.

34. 산소 용접 토치의 취급에 관한 설명으로 틀린 것은?

① 토치 팁은 바닥에 놓지 말 것
② 점화된 토치의 안전 여부를 조사할 것
③ 작업량과 목적에 따라 팁을 선정하여 사용할 것
④ 토치는 항상 기름수포로 닦아 청결하게 할 것

35. 아들자와 어미자로 조합된 것으로 공작물의 외경, 내경, 깊이를 측정할 수 있는 측정기는?

① 수준기 ② 직각자
③ 디바이더 ④ 버니어캘리퍼스

36. 염화비닐관의 냉간이음법에 관한 설명으로 틀린 것은?

① 특별한 숙련이 필요 없다.
② 간편하고 경제적이며 안전한 이음 방법이다.
③ 용접을 통하여 접합하기 때문에 누수의 염려가 없다.
④ 일정한 테이퍼로 되어 있는 TS 이음관을 활용하여 접합한다.

해설 냉간이음법은 접착제를 발라 상온에서 접합하는 방법으로 접착제를 바르는 부분의 길이는 관 외경의 길이와 같게 한다.

37. 피복아크 용접의 아래보기 용접자세에서 용접선과 용접봉이 직선으로 진행 시 진행하는 방향의 가장 적당한 용접봉의 각도는?

① 45° 이하 ② 50~60°
③ 70~80° ④ 90° 이상

38. 강관의 가스 절단은 산소와 철과의 화학반응을 이용하는 절단 방법이다. 다음 중 가스 절단의 조건으로 틀린 것은?

① 금속산화물의 유동성이 좋을 것
② 모재의 연소 온도가 모재의 용융점보다 높을 것
③ 모재의 성분 중 연소를 방해하는 원소가 적을 것
④ 금속산화물의 용융 온도가 모재의 용융점보다 낮을 것

정답 32. ① 33. ② 34. ④ 35. ④ 36. ③ 37. ③ 38. ②

해설 모재의 산화 연소 온도가 그 재료의 용융점보다 낮아야 한다.

39. 배관용 탄소 강관(SPP)에 관한 설명으로 틀린 것은?
① 호칭지름은 6~600 A까지 있다.
② 관 1본의 길이는 4 m를 KS 규격으로 한다.
③ 흑관은 2.5 MPa의 수압시험에 결함이 없어야 한다.
④ 사용압력이 1 MPa 정도로 비교적 낮은 배관에 사용한다.
해설 관 1본의 길이는 6 m를 KS규격으로 한다.

40. 고온, 고압 증기의 옥외 배관에 많이 사용되며 설치 장소를 많이 차지하는 신축 곡관이라고도 하는 신축 이음은?
① 루프형   ② 벨로스형
③ 슬리브형   ④ 스위블형

41. 주철관의 이음 방법 약호에서 "M"을 나타내는 이음 방법은?
① 소켓 조인트
② 타이톤 조인트
③ 메커니컬 조인트
④ KP 메커니컬 조인트

42. 석면 시멘트관은 석면과 시멘트의 중량비가 어느 정도일 때 가장 적당한가?
① 1 : 2   ② 1 : 3
③ 1 : 4   ④ 1 : 5

43. 원심 펌프 등에 사용하는 액체 누설 방지용 그랜드 패킹으로 금속이나 탄소 등의 경질 재료로 만들며 물이나 기름, 알코올, 강산, 고온에서도 사용할 수 있는 것은?
① 네오프렌   ② 석면 편조
③ 메커니컬 실   ④ 플라스틱 패킹

44. 동관 이음쇠에서 이음쇠 외로 관이 들어가 접합되는 형태의 이음쇠 기호 표시는?
① C   ② F
③ Ftg   ④ M

45. 다음 중 유기질 보온재가 아닌 것은?
① 암면   ② 펠트
③ 코르크   ④ 기포성수지
해설 암면 : 무기질 보온재

46. PVC관에 관한 설명으로 틀린 것은?
① 배관의 가공이 용이하다.
② 저온 및 고온에서 약하다.
③ 호칭 지름 50 A의 외경은 60 mm이다.
④ 대표적인 폴리에틸렌관으로 염화비닐관이라고도 한다.
해설 PVC관의 대표는 경질염화비닐관이며 폴리에틸렌관은 염화비닐관보다 가볍다.

47. 수직 배관에서 역류 방지를 위한 적당한 밸브는 어느 것인가?
① 볼 밸브
② 스윙형 체크 밸브
③ 버터플라이 밸브
④ 리프트형 체크 밸브
해설 체크 밸브 : 역류 방지를 목적으로 설치하는 밸브
㉠ 리프트형 : 수평 설치용이며, 주 배관상에 설치
㉡ 스윙형 : 수평, 수직 설치용이며, 작은 배관에 설치

정답 39. ②　40. ①　41. ③　42. ④　43. ③　44. ③　45. ①　46. ④　47. ②

48. 스테인리스강은 그 종류에 따라 각각의 특정 환경에 대해 우수한 내식성을 가지고 있다. 스테인리스강의 금속 표면에 보호피막을 입혀서 내식성을 높이는 것을 무엇이라 하는가?
① 가교화 ② 부동태화
③ 라이닝 ④ 불활성 탄산연막

49. 증기, 물, 기름 등의 배관에 사용되며, 관내 찌꺼기 등을 제거하기 위한 목적으로 설치하는 것은?
① 배수 트랩 ② 스트레이너
③ 플로트 트랩 ④ 플로트 밸브

50. 연단을 아마인유와 혼합하여 만들어 녹을 방지하기 위해 사용되며, 페인트 밑칠 및 다른 착색 도료의 초벽으로 우수하고 풍화에도 잘 견디는 방청 도료는?
① 광명단 도료 ② 합성수지 도료
③ 산화철 도료 ④ 타르 및 아스팔트

51. 기계제도에서 도형의 생략에 관한 설명으로 틀린 것은?
① 도형이 대칭 형식인 경우에는 대칭 중심선의 한쪽 도형만을 그리고, 그 대칭 중심선의 양 끝 부분에 대칭 그림 기호를 그려서 대칭임을 나타낸다.
② 대칭 중심선의 한쪽 도형을 대칭 중심선을 조금 넘는 부분까지 그려서 나타낼 수도 있으며, 이때 중심선 양 끝에 대칭 그림 기호를 반드시 나타내야 한다.
③ 같은 종류, 같은 모양의 것이 다수 줄지어 있는 경우에는 실형 대신 그림 기호를 피치선과 중심선과의 교점에 기입하여 나타낼 수 있다.
④ 축, 막대, 관과 같은 동일 단면형의 부분은 지면을 생략하기 위하여 중간 부분을 파단선으로 잘라내서 그 긴요한 부분만을 가까이 하여 도시할 수 있다.

52. 배관용 탄소 강관의 종류를 나타내는 기호가 아닌 것은?
① SPPS 380 ② SPPH 380
③ SPCD 390 ④ SPLT 390

해설 ① 압력 배관용 탄소 강관
② 고압 배관용 탄소 강관
④ 저온 배관용 강관

53. 제3각법으로 정투상한 그림에서 누락된 정면도로 가장 적합한 것은?

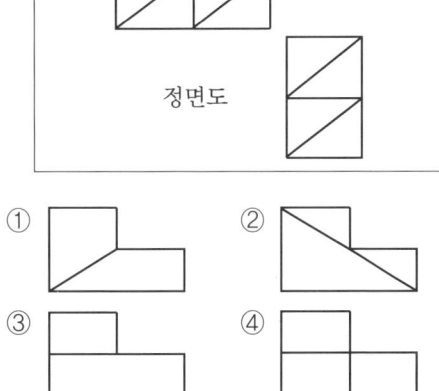

54. 다음 중 나사의 종류에 따른 표시기호가 옳은 것은?
① M – 미터 사다리꼴 나사
② UNC – 미니추어 나사
③ Rc – 관용 테이퍼 암나사
④ G – 전구나사

55. 모떼기의 치수가 2 mm이고 각도가 45°일 때 올바른 치수 기입 방법은?
① C2 ② 2C
③ 2-45° ④ 45°×2

56. 그림과 같은 용접 기호는 무슨 용접을 나타내는가?

① 심 용접 ② 비드 용접
③ 필릿 용접 ④ 점 용접

57. 다음 중 기계제도에서 가는 2점 쇄선을 사용하는 것은?
① 중심선 ② 지시선
③ 피치선 ④ 가상선

58. 다음 중 게이트 밸브를 나타내는 기호는?
① ②
③ ④

59. 다음 그림과 같은 제3각 정투상도에 가장 적합한 입체도는?

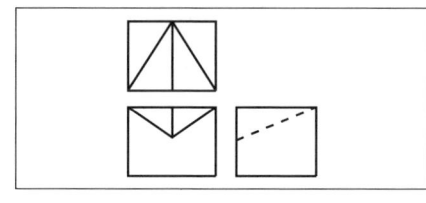

① ② ③ ④

60. 다음 중 도형의 도시방법에 관한 설명으로 틀린 것은?
① 소성가공 때문에 부품의 초기 윤곽선을 도시해야 할 필요가 있을 때는 가는 2점 쇄선으로 도시한다.
② 필릿이나 둥근 모퉁이와 같은 가상의 교차선은 윤곽선과 서로 만나지 않는 가는 실선으로 투상도에 도시할 수 있다.
③ 널링부는 굵은 실선으로 전체 또는 부분적으로 도시한다.
④ 투명한 재료로 된 모든 물체는 기본적으로 투명한 것처럼 도시한다.

정답 55. ① 56. ③ 57. ④ 58. ① 59. ① 60. ④

배관기능사
Craftsman Plumbing

2016년 4월 2일 시행

1. 공기 조화 장치에서 일리미네이터(eliminator)의 주된 설치 목적은?
① 먼지를 제거한다.
② 가습 작용을 한다.
③ 공기를 냉각시킨다.
④ 분무된 물이 공기와 함께 비산되는 것을 방지한다.

2. 압축공기 배관에서 실린더 면적이 30 cm²이라면 공기 흡입관(suction pipe)의 단면적을 어느 정도로 해야 마찰저항이 적게 되는가?
① 10 cm² ② 15 cm²
③ 45 cm² ④ 60 cm²

해설 공기 흡입관의 단면적을 감소시키기 위해서는 실린더 면적의 $\frac{1}{2}$ 가량은 되어야 한다.

3. 펌프의 설치 및 취급 시 주의사항으로 틀린 것은?
① 펌프와 전동기의 축 중심을 일직선상에 정확하게 일치시킨 후 체결한다.
② 수평관에서 관경을 변경할 경우에는 동심 리듀서를 사용한다.
③ 흡입 양정은 되도록 짧게, 굴곡 배관은 되도록 피한다.
④ 풋 밸브는 동수위면보다 흡입 관경의 2배 이상 물속에 들어가도록 한다.

해설 수평관에서 관경을 변경할 경우에는 편심리듀서를 사용한다.

4. 다음 중 급수 펌프를 선정할 때 고려하여야 할 사항으로 가장 거리가 먼 것은?
① 펌프 흡입 및 토출 양정
② 펌프 흡입구 지름
③ 펌프의 효율
④ 급수량

해설 급수 펌프 선정 시 고려사항
㉠ 펌프의 효율
㉡ 모터 출력
㉢ 전양정(흡입 양정+토출 양정)
㉣ 급수량(m³/s)

5. 보일러 마력이란 1기압 하에서 시간당 100℃의 물 몇 kgf을 증발시키는 능력을 의미하는가?
① 7.53 ② 75
③ 156 ④ 15.65

해설 보일러 마력 : 보일러의 용량을 나타내는 단위로서 기준 증발량 15.65 kg/h(34.5 lb/h)의 능력을 1보일러 마력으로 한 것이다.

6. 직경이 10 cm인 관에 물이 4 m/s의 속도로 흐르고 있다. 이 관에 출구 직경이 4 cm인 노즐을 장치한다면 노즐에서 분출되는 유속은?
① 25 m/s ② 100 m/s
③ 160 m/s ④ 125 m/s

해설 연속의 법칙에 의해
$Q = A_1 \times V_1 = A_2 \times V_2$
$\frac{\pi \times 0.1^2}{4} \times 4 = \frac{\pi \times 0.04^2}{4} \times V_2$
$\therefore V_2 = 25 \text{ m/s}$

정답 1. ④ 2. ② 3. ② 4. ② 5. ④ 6. ①

7. 플랜지 결합용 볼트를 고정하는 스패너 작업 시 안전상 유의할 점으로 틀린 것은?
① 스패너의 입이 너트의 치수에 맞는 것을 사용할 것
② 스패너 사용 시는 몸의 균형을 잘 잡을 것
③ 아주 세게 조여 힘으로 더 이상 조일 수 없을 때까지 조일 것
④ 무리한 힘을 가하지 않고, 볼트를 대각선 방향으로 조립 순서를 바꿔가며 체결력을 나누어 조일 것

해설 스패너 사용 시 너무 무리하게 조이지 않는다.

8. LP가스 공급 방식 중 부탄을 고온의 촉매로서 분해하여 메탄, 수소, 일산화탄소 등의 가스로 공급하는 방식으로 금속의 열처리나 특수 제품의 가열 등 특수 용도에 사용되는 방식은?
① 자연 기화 방식
② 공기혼합가스 공급 방식
③ 생가스 공급 방식
④ 변성가스 공급 방식

9. 암면 보온재 중 일반 건물의 간벽, 내벽, 천장에 주로 사용하고, 냉동 및 보온 단열과 결로 방지에 사용되며, 사용 온도 600°C, 밀도는 500 kg/m³ 정도의 보온재는?
① 홈 매트(home met)
② 코르크(cork)
③ 파이프 커버(pipe cover)
④ 하이 울(high wool)

10. 배관 작업 시 기계 및 공구의 취급상 안전 사항에 관한 설명으로 틀린 것은?
① 토치 램프를 사용할 때에는 화구를 예열, 점화한 후 100회 이상 펌핑(pumping)한 후 작업한다.
② 나사 절삭 시 나사 가공부에 절삭유를 충분히 공급하며 작업한다.
③ 고속 숫돌 절단기로 관을 절단 시 주변에 가연성 물질을 먼저 제거한 후 작업한다.
④ 해머는 좁은 곳에서 사용하지 않으며, 장갑을 끼지 않고 해머 작업을 해야 한다.

해설 100회 이상 펌핑 시 압력이 팽창하여 위험하므로 적당히 펌핑하여 사용한다.

11. 가스 공급 시설 중 제조 공장에서 정제된 가스를 저장하여 가스의 질을 균일하게 유지하고, 제조량과 소비량을 조절하는 장치는?
① 가스 정압기   ② 혼합 유닛
③ 가스 홀더   ④ 압송기

12. 오수 처리 방식에서 정화의 원리에 따른 분류로 가장 거리가 먼 것은?
① 물리적 처리
② 화학적 처리
③ 기계적 처리
④ 생물화학적 처리

해설 오수 처리 방식에서 정화의 원리에 따른 분류
㉠ 물리적 처리
㉡ 화학적 처리
㉢ 생물화학적 처리
㉣ 단독 처리 분뇨 정화조
㉤ 합병 처리 정화조

13. 다음 중 응축성 기체를 사용하여 잠열을 제거해 액화시키는 열교환기는?
① 증발기   ② 냉각기
③ 응축기   ④ 가열기

해설 ③을 콘덴서(condenser)라고도 한다.

정답 7. ③ 8. ④ 9. ① 10. ① 11. ③ 12. ③ 13. ③

14. 20 m 정수두의 수압은 약 몇 MPa 인가?

① 0.2 MPa   ② 2 MPa
③ 20 MPa   ④ 200 MPa

해설 $P = 0.1H = 0.1 \times 20$
$= 2\ \text{kgf/cm}^2 = 0.2\ \text{MPa}$

15. 섭씨 5℃의 물 1 L를 176°F로 올리는데 필요한 열량은?

① 65 kJ   ② 70 kJ
③ 75 kJ   ④ 314 kJ

해설 문제에서 온도가 5℃와 176°F로 주어져 있으므로 176°F 온도를 ℃로 바꿔 계산한다.

$℃ = \dfrac{5}{9} \times (176 - 32) = 80$

$Q = G \times C \times \Delta T$
$\quad = 1 \times 1(80 - 5) = 75\ \text{kcal}$
$75 \times 4.186 ≒ 314\ \text{kJ}$

16. 온수난방과 증기난방에 대해 비교 설명한 것으로 옳은 것은?

① 증기난방에 이용되는 난방열량은 온수가 갖고 있는 감열량 뿐이다.
② 온수난방은 열용량이 크므로 예열시간이 길며 장시간 사용에 적합하다.
③ 증기난방은 온수난방에 비해 실내 쾌감도가 좋다.
④ 증기보일러는 온수보일러보다 취급이 용이하다.

17. 열교환기의 사용 목적에 따른 분류로 가장 거리가 먼 것은?

① 가열기   ② 예열기
③ 탕비기   ④ 증발기

18. 일반적인 강관을 사용한 배관에 많이 쓰이는

바이패스관 도면에서 ①번에 공통적으로 들어가야 할 관 이음쇠는?

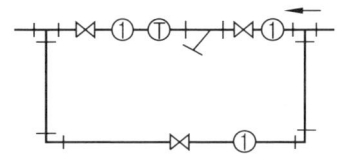

① 엘보   ② 유니언
③ 부싱   ④ 리듀서

해설 현장에 설치된 바이패스 배관처럼 유니언 대신 플랜지로 설치할 수 있다.

19. 도시가스 사용시설의 배관 설비 기준에 적합하지 않은 것은?

① 가스계량기(30 m³/h 미만인 경우)의 설치 높이는 지면으로부터 1.6 m 이상 2 m 이내의 높이에 수직, 수평으로 설치할 것
② 배관은 도시가스를 안전하게 사용할 수 있도록 하기 위하여 내압 성능과 기밀 성능을 가지도록 할 것
③ 배관의 고정 장치는 호칭지름이 13 mm 미만의 것에는 2 m마다, 33 mm 이상의 것에는 3 m마다 고정 장치를 할 것
④ 배관 등의 재료와 두께는 그 배관 등의 안전성을 확보하기 위해 사용하는 도시가스의 종류, 사용 온도 및 환경에 적절한 것일 것

해설 배관은 움직이지 않도록 고정 장치를 하여야 하는데 관경이 13 mm 미만인 배관은 1 m마다, 13~32 mm인 배관은 2 m마다, 33 mm 이상인 배관은 3 m마다 고정시킨다.

20. 보안경을 착용하는 주요 목적으로 가장 거리가 먼 것은?

정답 14. ① 15. ④ 16. ② 17. ③ 18. ② 19. ③ 20. ④

① 유해 약물로부터 눈을 보호하기 위해
② 칩의 비산으로부터 눈을 보호하기 위해
③ 유해 광선으로부터 눈을 보호하기 위해
④ 중량물 추락 시 눈을 보호하기 위해

21. 수격작용의 방지 방법으로 적절한 것은?

① 수압을 높인다.
② 가급적 관경을 작게 한다.
③ 급개폐 밸브류 가까이에 공기실(air chamber)을 설치한다.
④ 수평 통기관을 배수관에 이중으로 1 m 이상의 길이까지 연결한다.

해설 수격작용의 방지 방법
㉠ 관내 유속을 느리게 하고 관성력을 적게 한다.
㉡ 펌프에 fly wheel을 설치하여 펌프의 급 변속을 방지한다.
㉢ 상수도 또는 공업용수의 대규모 설비에는 서지 탱크를 설치하여 압력 변동을 방지한다.
㉣ 급개폐 밸브류 가까이에 공기실을 설치하여 충격파를 흡수한다.
㉤ 공기가 물에 녹아드는 것을 방지하기 위해 벨로스형 또는 에어백형의 수격방지기가 이용된다.
㉥ 자동 수압 조절밸브를 설치한다.

22. 급탕 배관 시공 시 상향식 공급 방식에서 급탕 수평주관의 배관 구배는?

① 선상향   ② 선하향
③ 좌상향   ④ 우하향

해설 공급방식
㉠ 상향식 : 급탕 수평주관은 선상향(앞올림) 구배로 하고, 복귀관은 선하향(앞내림) 구배로 한다.
㉡ 하향식 : 급탕관 및 복귀관 모두 선하향 구배로 한다.
㉢ 리버스 리턴 방식(역환수 방식) : 하향식의 경우 각 층의 온도차를 줄이기 위하여 층마다의 순환 배관 길이가 같도록 환탕관을 역회전시켜 배관한다.

23. 배관의 기계적 세정 방법에 대한 설명으로 틀린 것은?

① 복잡한 내부 구조의 경우 평균된 세정 효과를 얻을 수 있다.
② 실제 작업 시 장치의 해체 등 부대 공사가 수반되어 비용이 많이 든다.
③ 샌드 블라스트 세정법은 공기 압송 장치로 모래를 분사하여 스케일을 제거하는 세정법이다.
④ 물 분사기(water jet) 세정법은 고압 펌프로 물을 분사하여 스케일을 제거하는 세정법이다.

24. 공기 조화 장치에서 일반적인 공기 여과기(air filter)의 종류가 아닌 것은?

① 전자식 여과기   ② 건식 여과기
③ 점성식 여과기   ④ 습식 여과기

해설 공기 여과기는 여과작용에 따라 ①, ②, ③ 및 활성탄 흡착식 여과기로 분류된다.

25. 상수도 본관으로부터 급수관을 직접 분기하여 건물 내 필요한 곳에 급수하는 방식으로서 주로 소규모 건축물에 사용되는 급수법은?

① 고가 탱크식 배관법
② 압력 탱크식 배관법
③ 수도 직결식 배관법
④ 로 탱크식 배관법

26. 이종관의 접합 형태가 아닌 것은?

① 강관과 연관

정답 21. ③ 22. ① 23. ① 24. ④ 25. ③ 26. ②

② 동관과 동관
③ 강관과 주철관
④ 동관과 폴리에틸렌관

27. 판의 두께가 8 mm인 것을 가스 용접할 때, 가장 적합한 용접봉의 지름은?
① 2 mm
② 3 mm
③ 4 mm
④ 5 mm

해설 용접봉의 지름 = $\frac{T}{2}+1=\frac{8}{2}+1=5$

28. 주철관의 접합법 중 칼라(collar)를 관경이 350 mm 이하면 2등분, 400 mm 이상이면 4등분하여 볼트로 고정하고, 양 관 끝에 약간의 간격을 주어 시공하는 접합은?
① 소켓 접합
② 플랜지 접합
③ 기계적 접합
④ 빅토릭 접합

29. 플랜지 접합 시 주의사항으로 틀린 것은?
① 플랜지 결합 후 볼트의 여유 길이는 나사산의 5산 이상이 남는 정도로 한다.
② 플랜지는 볼트를 결합하기 쉬운 곳에 선택하여 장치한다.
③ 플랜지 접합 시 볼트를 한쪽 방향에서만 차례대로 죄는 일이 없도록 대칭적으로 조여야 한다.
④ 패킹 시트는 플랜지 재료, 압력, 온도, 유체의 성질 등에 따라 가장 적당한 것을 선택하여야 한다.

30. 다음 중 염화비닐관 이음 방법이 아닌 것은?
① 용접 이음법
② 냉간 이음법
③ 열간 이음법
④ 융착 슬리브 이음법

31. 동관의 끝을 확관하기 위해 사용하는 공구로 가장 적합한 것은?
① 익스팬더(expander)
② 튜브 벤더(tube bender)
③ 익스트랙터(extractors)
④ 플레어링 툴 세트(flaring tool sets)

해설 동관용 공구
㉠ 토치 램프 : 납땜, 동관 접합, 벤딩 등의 작업을 하기 위한 가열용 공구이다.
㉡ 튜브 벤드 : 동관 굽힘용 공구
㉢ 플레어링 툴 : 20 mm 이하의 동관의 끝을 나팔형으로 만들어 압축 접합 시 사용하는 공구
㉣ 사이징 툴 : 동관의 끝을 원형으로 정형하는 공구
㉤ 익스팬더(확관기) : 동관 끝을 넓히는 공구
㉥ 튜브 커터 : 동관 절단용 공구
㉦ 리머 : 튜브 커터로 동관 절단 후 내면에 생긴 거스러미를 제거하는 공구
㉧ 티 뽑기 : 동관 직관에서 분기관을 만들 때 사용하는 공구

32. 동관 이음 방법 중 압축 이음에 관한 설명으로 틀린 것은?
① 압축 이음을 플랜지 이음(flange joint)이라고도 한다.
② 동관 끝을 나팔형으로 넓히고 압축 이음쇠를 이용 체결하는 이음 방법이다.
③ 진동 등으로 인한 풀림을 방지하기 위하여 더블 너트(double nut)로 체결한다.
④ 관 지름 20 mm 이하 동관 이음할 때, 기계의 점검 보수 등의 필요한 장소에 사용한다.

해설 동관 이음에는 납땜 이음, 플레어 이음, 플랜지(용접) 이음 등이 있다.
㉠ 납땜 이음(soldering joint) : 확관된 관이나 부속 또는 스웨이징 작업을 한 동관을 끼워 모세관 현상에 의해 흡인되어 틈새 깊숙이 빨려드는 일종의 겹침 이음이다.

정답 27. ④ 28. ④ 29. ① 30. ④ 31. ① 32. ①

ⓒ 플레어 이음(압축 이음, flare joint) : 동관 끝부분을 플레어 공구(flaring tool)로 나팔 모양으로 넓히고 압축 이음쇠를 사용하여 체결하는 이음 방법으로 지름 20 mm 이하의 동관을 이음할 때, 기계의 점검 및 보수 등을 위해 분해가 필요한 장소나 기기를 연결하고자 할 때 이용된다.
ⓒ 플랜지 이음(flange joint) : 관 끝이 미리 꺾어진 동관을 용접하여 끼우고 플랜지를 양쪽으로 맞대어 패킹을 삽입한 후 볼트로 체결하는 방법으로서 재질이 다른 관을 연결할 때에는 동절연 플랜지를 사용하여 이음을 하는데 이는 이중 금속 간의 부식을 방지하기 위한 것이다.

33. 프로판(C_3H_8) 가스 절단에 대한 설명으로 틀린 것은?

① 슬래그 제거가 쉽다.
② 절단면 거칠기가 미세하며 깨끗하다.
③ 후판 절단 시 아세틸렌보다 절단 속도가 빠르다.
④ 포갬 절단 시 아세틸렌보다 절단 속도가 느리다.

해설 포갬 절단 시 아세틸렌보다 절단 속도가 빠르다.

34. 다음 중 각도측정기가 아닌 것은?

① 정반
② 테이퍼게이지
③ 사인바
④ 콤비네이션 각도기

해설 정반은 수평측정기이다.

35. 가스 절단에서 절단용 산소 중에 불순물이 증가할 경우 나타날 수 있는 현상으로 틀린 것은?

① 절단 홈의 폭이 좁아진다.
② 절단 속도가 늦어진다.
③ 산소 소비량이 많아진다.
④ 절단 개시 시간이 길어진다.

해설 절단 홈의 폭이 넓어진다.

36. 용접 비드의 가장자리 끝을 따라 모재가 패어지고 용착 금속이 채워지지 않고 홈으로 남아 있는 부분을 의미하는 결함은?

① 슬래그   ② 오버랩
③ 언더컷   ④ 용융 풀

해설 용접 결함의 종류
㉠ 용입 부족 : 용융 금속의 두께가 모재 두께보다 적게 용입이 된 상태
㉡ 균열 : 용접부에 금이 가는 현상
㉢ 언더컷 : 용접부 부근의 모재가 용접열에 의해 움푹 패인 현상
㉣ 언더필 : 용접이 덜 채워진 현상
㉤ 아크 스트라이크 : 용접봉을 모재에 대고 아크를 발생시킴으로 인해 모재 표면이 움푹 패인 현상
㉥ 기공 : 이물질이나 수분 등으로 인해 용접부 내부에 가스가 발생되어 외부로 빠져 나오지 못하고 내부에서 기포를 현상한 상태
㉦ 블루 홀 : 이물질이나 수분 등으로 인해 발생된 가스가 용접 비드 표면으로 빠져 나오면서 발생된 작은 구멍
㉧ 스패터 : 용접 시 조그마한 금속 알갱이가 튕겨나와 모재에 묻어있는 현상
㉨ 오버랩 : 용접 개선 절단면을 지나 모재 상부까지 용접된 현상

37. 도관 이음법에 대한 설명으로 틀린 것은?

① 도관의 형상은 한쪽 끝에는 소켓 모양으로 되어 있으며 다른 한쪽은 삽입구 모양을 갖고 있어 이를 결합한다.
② 주로 오수, 잡배수, 빗물배수 등 옥외 배수관에 사용된다.
③ 도관의 이음에는 관과 소켓 사이에 얀을 넣고 납을 채우는 방법과 납만 채우는 방

정답 33. ④ 34. ① 35. ① 36. ③ 37. ③

법이 있다.
④ 관의 길이가 짧아서 이음 개소가 많이 생기므로 접합 시 특히 주의를 요한다.

해설 도관의 접합 : 관과 관 사이의 접합부에 마(yarn)를 넣고 모르타르를 바르는 방법과 모르타르만 사용하여 접합하는 방법이 있다.

38. 프레스식 이음의 특징으로 옳은 것은?
① 작업시간이 단축된다.
② 관이 두꺼워서 중량 배관이 된다.
③ 화기를 사용하므로 화재 위험이 있다.
④ 전용 공구 사용으로 숙련이 필요하다.

39. 다음 중 화학공업용 수소 가스, 암모니아 가스, 초산 가스의 수송용에 사용할 수 있는 관으로 적합한 것은?
① 주철강
② 탄소 강관
③ 18 : 8 크롬니켈강
④ 크롬 몰리브덴 강관

해설 스테인리스강은 녹슬지 않도록 만든 합금강의 한 가지이다. 철에 니켈이나 크롬을 섞어 만든 스테인리스강이 가장 널리 쓰인다. 크롬이 약 13 % 들어 있는 크롬강과 크롬이 18 %, 니켈이 8 % 들어 있는 18-8 스테인리스강 등이 있다. 스테인리스강이 전혀 녹슬지 않는 것은 아니다. 보통 철강에 비하여 거의 녹슬지 않는다. 산에 강하고, 녹이 슬지 않기 때문에 다양한 용도로 사용되고 있다. 주로 화학공업용 기계나 파이프, 주방용 그릇 등을 만드는 데 널리 쓰이고 있다.

40. 식당 및 주택 등의 주방에서 배수 중에 지방질이 흘러 들어가는 것을 방지하기 위한 배수 트랩은?
① 벨
② 드럼
③ 가솔린
④ 그리스

해설 (1) 저집기(Intercepter) : 저집기는 배수 중에 혼입된 여러 가지 유해물질이나 기타 불순물 등을 분리 수집함과 동시에 트랩의 기능을 발휘하는 기구이다.
 ㉠ 그리스 저집기 : 주방 등에서 기름기가 많은 배수로부터 음식 찌꺼기와 기름기를 제거, 분리시키는 장치
 ㉡ 가솔린 저집기 : 자동차 정비소, 세차장 등에서 배수에 포함된 가솔린을 면 위에 뜨게 하여 통기관이나 환기를 통해 휘발시킴
 ㉢ 모래 포집기 : 배수 중의 진흙이나 모래를 다량 함유한 곳에서 모래를 침전 분리시키는 장치(모래 침전통의 크기는 여유 있게 할 것)
 ㉣ 모발 포집기 : 미용실, 수영장 등의 배수관에 설치해 모발 분리
 ㉤ 플라스터 포집기 : 정형외과나 치과 기공실 등의 배수에서 플라스터나 금, 은 등의 이물질을 분리(몇 개의 스크린이 설치됨)
 ㉥ 세탁장 포집기 : 영업용 세탁시설의 배수 중의 단추, 섬유 부스러기, 헝겊 조각 등을 분리(금속망의 눈금 13 mm 이하)
(2) 트랩의 구비 조건
 ㉠ 구조가 간단하여 배수의 흐름에 지장이 없고 오물이 체류하지 않을 것
 ㉡ 자체 유수로 배수로를 세정할 수 있을 것(자기 세정 작용)
 ㉢ 봉수가 쉽게 파괴되지 않을 것(유효 봉수 깊이를 가질 것)
 ㉣ 청소가 용이한 구조일 것
 ㉤ 내식, 내구성이 있을 것

41. 패킹 재료에 관한 설명으로 옳은 것은?
① 고무 패킹은 탄성이 좋고 흡수성이 없으나 열과 기름에 약한 것이 결점이다.
② 테프론은 천연고무와 성질이 비슷한 합성고무로 천연고무보다 더 우수한 성질을 가지고 있다.
③ 네오프렌은 합성수지 제품으로 탄성이 강

하나 기름에 침해된다.
④ 석면 패킹은 광물성의 섬유로 강인한 편이나 열에는 약하여 증기 배관에는 부적당하다.

42. 400 A 강관을 B(inch) 호칭으로 지름을 표시할 때 가장 적합한 호칭은?
① 4 B   ② 8 B
③ 16 B   ④ 20 B

43. 관의 바깥지름을 기본으로 하여 만든 주형을 회전시키면서 양질의 선철을 주입하여 주형을 원심력의 작용으로 주조하는 주철관은?
① 수도용 주철관 이형관
② 수도용 세로형 주철관
③ 수도용 원심력 금형 주철관
④ 수도용 원심력 사형 주철관

44. 동관에 관한 설명으로 틀린 것은?
① 강관보다 인장 강도가 대단히 크다.
② 담수에 대한 내식성은 크나 연수에는 부식된다.
③ 가성 소다 등 알칼리성에 대한 내식성이 우수하다.
④ 아세톤, 휘발유 등 유기약품에는 침식되지 않는다.
해설 강관보다 인장 강도가 작다.

45. 다음 중 신축 이음으로 거리가 먼 것은?
① 슬리브형   ② 루프형
③ 벨로스형   ④ 익스프레스형

46. 배관용 경질 염화비닐관의 종류에 속하지 않는 것은?

① VG_1 ② VG_2
③ SPP   ④ VE
해설 SPP : 배관용 탄소 강관

47. 도료로 칠했을 경우 생기는 핀 홀(pin hole) 등에 물이 고여도 주위의 철 대신 도료의 성분이 희생 전극이 되어 부식되므로 철의 부식을 방지하는 도료는?
① 광명단 도료
② 알루미늄 도료
③ 에폭시 수지 도료
④ 고농도 아연 도료

48. 다음 중 폴리부틸렌 이음관에서 이종관과의 접합 시에 사용되는 이음관은?
① 티
② 그립 링
③ 스페이스 와셔
④ 커넥터 & 어댑터

49. 밸브를 완전히 열면 유체 흐름의 단면 변화가 없어 마찰저항이 적어서 단순히 유체의 단속을 목적으로 배관에 주로 사용되는 밸브는?
① 감압 밸브   ② 게이트 밸브
③ 안전밸브   ④ 글로브 밸브
해설 ㉠ 감압 밸브 : 압력을 다운시키는 밸브
㉡ 안전밸브 : 규정 압력 이상이 되면 압력을 분사시키는 밸브
㉢ 글로브 밸브 : 유체의 유량 조절이 가능하나, 마찰저항이 크다.

50. 합성수지 또는 고무질 재료를 사용하여 다공질 제품으로 만든 것으로 열전도율이 낮고 흡수성은 좋지 않으나 굽힘성이 풍부한 보온재는?

정답 42. ③   43. ④   44. ①   45. ④   46. ③   47. ④   48. ④   49. ②   50. ④

① 석면 ② 코르크
③ 펠트 ④ 기포성수지

51. 판을 접어서 만든 물체를 펼친 모양으로 표시할 필요가 있는 경우 그리는 도면을 무엇이라 하는가?

① 투상도 ② 개략도
③ 입체도 ④ 전개도

52. 용접 보조기호 중 "제거 가능한 이면 판재 사용" 기호는?

① ⌈MR⌉ ② ―
③ ⌣ ④ ⌈M⌉

53. 재료 기호 중 SPHC의 명칭은?

① 배관용 탄소 강관
② 열간 압연 연강판 및 강대
③ 용접구조용 압연 강재
④ 냉간 압연 강판 및 강대

54. 다음 중 아주 굵은 실선의 용도로 가장 적합한 것은?

① 특수 가공하는 부분의 범위를 나타냄
② 얇은 부분의 단면도시를 명시
③ 도시된 단면의 앞쪽을 표현
④ 이동 한계의 위치를 표시

해설 특수한 용도의 선
(1) 가는 실선
  (가) 외형선 및 숨은선의 연장을 표시할 때 사용한다.
  (나) 평면이란 것을 나타내는 데 사용된다.
  (다) 위치를 명시하는 데 사용된다.
(2) 아주 굵은 실선: 얇은 부분의 단선 도시를 명시하는 데 사용된다.

55. 기계제도에서 사용하는 척도에 대한 설명으로 틀린 것은?

① 척도 표시 방법에는 현척, 배척, 축척이 있다.
② 도면에 사용한 척도는 일반적으로 표제란에 기입한다.
③ 한 장의 도면에 서로 다른 척도를 사용할 필요가 있는 경우에는 해당되는 척도를 모두 표제란에 기입한다.
④ 척도는 대상물과 도면의 크기로 정해진다.

56. 그림과 같이 기점 기호를 기준으로 하여 연속된 치수선으로 치수를 기입하는 방법은?

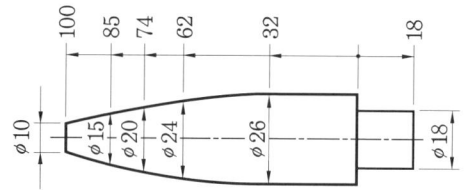

① 직렬 치수 기입법
② 병렬 치수 기입법
③ 좌표 치수 기입법
④ 누진 치수 기입법

57. 다음 중 나사 표시 방법의 설명으로 옳은 것은?

① 수나사의 골지름은 가는 실선으로 표시한다.
② 수나사의 바깥지름은 가는 실선으로 표시한다.
③ 암나사의 골지름은 아주 굵은 실선으로 표시한다.
④ 완전 나사부와 불완전 나사부의 경계선은 가는 실선으로 표시한다.

정답 51. ④ 52. ① 53. ② 54. ② 55. ③ 56. ④ 57. ①

58. 다음 입체도의 화살표 방향을 정면으로 한다면 좌측면도로 적합한 투상도는?

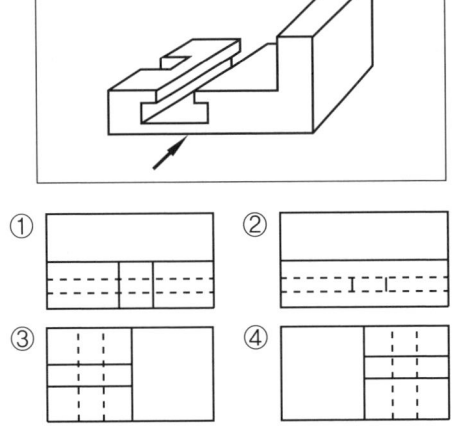

60. 다음 그림과 같은 입체도의 정면도로 적합한 것은?

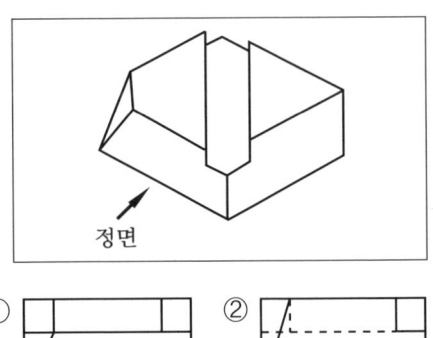

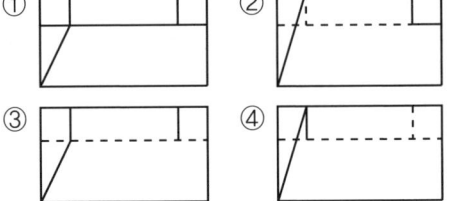

59. 배관 도시기호에서 유량계를 나타내는 기호는?

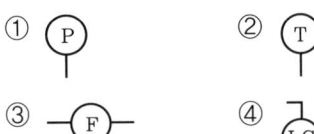

정답 58. ① 59. ③ 60. ②

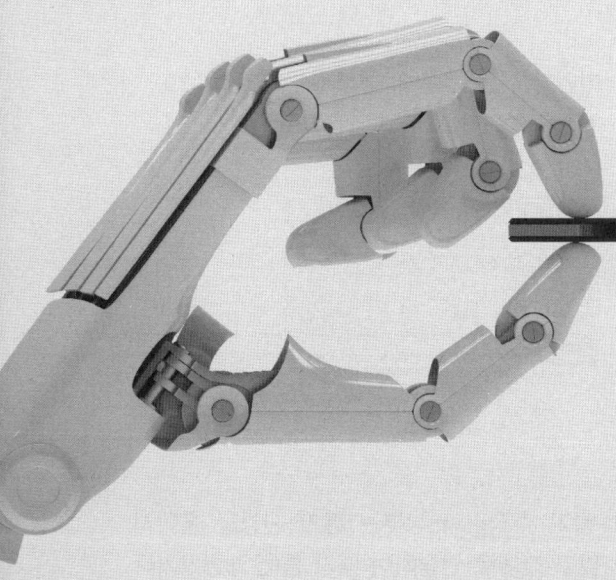

부록 2

CBT
실전 테스트

배관기능사
Craftsman Plumbing

CBT 실전 테스트 (1)

1. 상주 인원이 $n = 200$명인 아파트의 오수정화조에서 산화조의 용적은 약 몇 m³ 이상으로 하면 적당하겠는가? (단, 부패조 용량 V는 $V \geq 1.5 + 0.1(n-5)$ m³이고, 산화조 용량은 부패조의 1/20이다.)

① 1.5　　② 7.0
③ 10.5　　④ 28.5

해설 $V \geq 1.5 + 0.1(n-5)$
∴ $V \geq 1.5 + 0.1(200-5) = 21$ m³
따라서 산화조의 용량은 $21 \times \dfrac{1}{2} = 10.5$ m³
단, 상주인원이 500명 이상일 때는
$V \geq 51 + 0.075(n-500)$의 공식에 대입

2. 전 처리 작업 도장 시공 중에서 용해 아연(알루미늄) 도금 시 도장시공의 온도와 습도는 몇 % 정도가 가장 알맞은가?

① 온도 20℃ 내외, 습도 76 % 정도
② 온도 30℃ 내외, 습도 76 % 정도
③ 온도 10℃ 내외, 습도 55 % 정도
④ 온도 10℃ 내외, 습도 86 % 정도

3. 섭씨온도 30℃는 화씨온도로 몇 도인가?

① 62°F　　② 68°F
③ 84°F　　④ 86°F

해설 $F = \dfrac{9}{5}C + 32 = \dfrac{9}{5} \times 30 + 32 = 86$°F

4. 온도 20℃일 때 설치한 강관 20 m 길이로 100℃ 유체를 수송할 경우 배관의 신축량은 얼마인가? (단, 강관의 팽창계수 : 11.5×10^{-6} m/m·℃이다.)

① 9.2×10^{-3} m
② 14.6×10^{-3} m
③ 18.4×10^{-3} m
④ 36.8×10^{-3} m

해설 $\Delta l = \alpha l (t_2 - t_1)$
$= 11.5 \times 10^{-6} \times 20 \times (100-20)$
$= 18.4 \times 10^{-3}$ m

5. 통기 수직관의 상부는 통기 관경을 줄이지 않고 그대로 연장하여 대기 중에 개방하거나 제일 상층의 제일 높은 기구의 수면보다 몇 mm 이상 높이에 신정통기관에 연결하여야 하는가?

① 10　　② 50
③ 100　　④ 150

해설 신정통기관이란 최고층의 기구 배수관의 접속점에서 입상관을 연결하여 건물 밖으로 뽑아내는 방식으로 1관식 배관법에서 대체로 기구의 수가 적은 소규모 건물에 사용된다.

6. 고압 화학 배관용 금속재료는 고온고압에서 특히 부식이 심하며 관 내용물에 따라 부식의 종류도 다르므로 주의를 요한다. 부식의 종류를 열거한 것 중 아닌 것은?

① 수소에 의한 강의 탈탄(脫炭)
② 암모니아에 의한 강의 질화(質化)
③ 일산화탄소에 의한 금속의 카본화
④ 질화수소에 의한 부식

정답 1. ③　2. ①　3. ④　4. ③　5. ④　6. ④

[해설] 금속재료에서 흔히 볼 수 있는 부식의 종류에는 ①, ②, ③ 외에 황화수소에 의한 부식, 산소, 탄산가스에 의한 산화 등을 들 수 있다.

7. 유수식(流水式) 가스 홀더(gas holder)에 관한 설명 중 잘못된 것은?

① 물탱크와 가스탱크로 구성되어 있다.
② 단층식과 다층식으로 구분된다.
③ 다층식은 각층의 연결부를 봉수로 차단하여 누기를 방지한다.
④ 다층식은 고정된 원통형 탱크를 사용하므로 가스량이 변화하면 압력이 변화한다.

[해설] ④는 무수식 가스 홀더에 대한 설명이다.

8. 전열관의 부착이나 형상에 따라 분류할 때에 다관형 열교환기의 종류가 아닌 것은?

① 고정관판형   ② U자관형
③ 유동두형   ④ 2중관형

[해설] 다관원통형 열교환기에는 고정관판형, 유동두형, U자관형 외에 케틀형이 있다.

9. 안전색 중 녹색이 표시하는 사항은?

① 방화   ② 안전
③ 주의   ④ 위험

[해설] ㉠ 적색 : 방화, 정지
㉡ 녹색 : 안전, 구급
㉢ 노랑 : 주의
㉣ 주황(오렌지색) : 위험

10. 가스용접 작업에서 압력조정기 취급상 주의사항으로 틀린 것은?

① 조정기를 견고하게 설치한 다음 가스누설 여부를 냄새로 점검한다.
② 압력지시계가 잘 보이도록 설치하며 유리가 파손되지 않도록 주의한다.
③ 조정기를 취급할 때에는 기름이 묻은 장갑 등을 사용해서는 안 된다.
④ 압력조정기의 설치구 방향에는 아무런 장애물이 없어야 한다.

[해설] 가스누설 여부는 비눗물로 점검한다.

11. 일반적으로 열팽창에 대한 기기의 노즐의 보호를 안전밸브에서 분출하는 추력을 받는 곳, 신축 조인트와 내압에 의해서 발생하는 측방향의 힘을 받는 곳에 설치해야 하는 관지지장치로 가장 적합한 것은?

① 앵커 (anchor)
② 가이드 (guide)
③ 브레이스 (brace)
④ 스토퍼 (stopper)

[해설] 앵커, 스토퍼, 가이드는 리스트레인트에 속하고, 브레이스는 방진기와 충격 완화용으로 사용되는 완충기이다.

12. 온수난방의 배관 시공에서 배관 구배는 일반적으로 얼마 이상으로 하는가?

① 1/100   ② 1/150
③ 1/200   ④ 1/250

[해설] 배관 구배 : 공기빼기 밸브(air vent valve)나 팽창 탱크를 향해 1/250 이상 끝올림 구배를 준다.

13. 지하 매설도관의 부식원인을 열거한 다음 사항 중 아닌 것은?

① 금속 이온화에 외한 부식
② 중금속에 의한 전위차로 인한 부식
③ 진공·건조에 의한 부식
④ 외부누설 전류에 의한 부식

정답 7. ④ 8. ④ 9. ② 10. ① 11. ④ 12. ④ 13. ③

[해설] 금속의 화학적 또는 전기화학적 반응에 의하여 표면에서 소모되는 현상을 부식이라 한다.

14. 도시가스 배관 시 유의할 사항을 잘못 설명한 것은?

① 내식성이 있는 관이라 하더라도 절대 지중에 매설하지 않는다.
② 공동주택 등의 부지 내에서 배관을 지중매설 시 지면으로부터 60 cm 이상의 깊이에 설치한다.
③ 가스배관은 가능하면 곡선 배관을 피하고 직선 배관을 한다.
④ 가스설비를 완성한 후에는 반드시 설비의 완성검사를 행해야 한다.

[해설] 가스 배관 시공 시에는 다음 사항을 주의해야 한다.
㉠ 내식성이 있는 관 이외의 것은 지중에 매설하지 않는다(지중매설 시 지면으로부터 60 cm 이상의 깊이에 설치).
㉡ 경질관을 사용할 경우는 가스 조정기에 접속할 길이를 30 cm 미만으로 한다.
㉢ 배관은 가능하면 은폐배관을 한다.
㉣ 건물의 벽을 관통하는 부분의 배관에는 보호관 및 방식피복을 한다.
㉤ 배관은 움직이지 않도록 지지해 주어야 하며, 수평 배관 시 지지 간격은 다음 표와 같다.

관지름	지지 간격
10 mm 이상 13 mm 미만	1 m마다 1개소
13 mm 이상 33 mm 미만	2 m마다 1개소
33 mm 이상	3 m마다 1개소

㉥ 가스 공급관은 원칙적으로 최단거리로 설치해야 하며 관계법규를 따른다.
㉦ 산 붕괴 등의 염려가 있는 곳을 피해서 배관한다.
㉧ 건물 내부, 혹은 기초면 밑에 공급관을 설치하는 일은 금한다.
㉨ 가능하면 곡선배관은 피하고 직선배관을 한다.
㉩ 가스 설비를 완성한 후에는 설비의 완성검사를 반드시 해야 한다. 검사의 종류에는 내압시험, 기밀시험, 기능시험, 누설시험 등이 있다.

15. 화학배관설비에서 화학장치 재료의 구비조건으로 틀린 것은?

① 접촉 유체에 대하여 내식성이 커야 한다.
② 접촉 유체에 대하여 크리프 강도가 커야 한다.
③ 고온 고압에 대하여 기계적 강도를 가져야 한다.
④ 저온에서도 재질의 열화가 있어야 한다.

[해설] 고온·고압용 금속재료에는 5 % 크롬강, 9 % 크롬강, 스테인리스강 등이 사용되며 구비조건은 다음과 같다.
㉠ 유체에 대한 내식성이 클 것
㉡ 조작 중 고온에서 기계적 강도를 유지하고, 저온에서도 재질의 여림화(열화)를 일으키지 않을 것
㉢ 크리프(creep) 강도가 클 것
㉣ 가공이 용이하고 값이 쌀 것

16. 보일러 작동과 관련된 안전수칙으로 틀린 사항은?

① 수시로 안전 기능검사를 실시한 후 작업하도록 한다.
② 지정된 취급자 외의 다른 사람이 보일러를 취급하는 것은 엄금한다.
③ 보일러 수를 배출할 경우 노나 연도가 충분히 냉각되기 전에 급격히 배출하여야

정답 14. ① 15. ④ 16. ③

한다.
④ 제한 압력에서 안전밸브의 기능을 점검한다.

해설 보일러 수를 배출할 경우 노나 연도가 충분히 냉각된 후에 급격히 배출하여야 한다.

17. 증기난방의 단관 중력 환수식의 방열기 밸브는 어느 부분에 설치하는 것이 가장 적당한가?

① 공기밸브 상부 탱크에 부착
② 공기밸브와 평행하게 설치
③ 방열기 하부 태핑에 부착
④ 방열기 상부 태핑에 설치

18. 펌프의 흡입관과 토출관의 설치방법으로 틀린 것은?

① 수격작용을 방지하기 위해 서지탱크나 공기밸브 또는 체크밸브를 설치한다.
② 펌프의 설치는 유효통로 및 다른 기기와 돌출부로부터 600 mm 이상의 작업간격을 확보한다.
③ 흡입배관은 최단 길이로 굽힘을 적게 한다.
④ 편심리듀서를 설치할 경우 하부에서 흡입될 때는 아랫면이 수직되게 한다.

해설 펌프 설치 시공법으로 흡입관 수평부는 1/50~1/100의 끝올림 구배를 주며, 관지름을 바꿀 때는 편심 이음쇠를 사용한다.

19. 공기조화 장치에서 일리미네이터(eliminator)의 주된 역할은?

① 공기를 냉각시킨다.
② 가습작용을 한다.
③ 먼지를 제거시킨다.
④ 분무된 물이 공기와 함께 비산되는 것을 방지시킨다.

20. 터보형 압축기에 해당하는 것은?

① 회전식 압축기
② 축류식 압축기
③ 나사식 압축기
④ 다이어프램식 압축기

해설 압축기의 분류
㉠ 용적형(부피) 압축기 : 왕복식 압축기, 회전식 압축기, 스크루식 압축기, 다이어프램식 압축기
㉡ 터보형 압축기 : 원심식 압축기, 축류식 압축기, 혼류식 압축기

21. 가스미터의 종류에 속하지 않는 것은?

① 다이어프램식   ② 레이놀즈식
③ 습식   ④ 루트식

해설 레이놀즈식은 정압기의 종류 중 하나이다.

22. 일반적인 가동 보일러의 산세척 처리 순서로 다음 중 가장 적합한 것은?

① 수세 → 전처리 → 산액처리 → 수세 → 중화·방청처리
② 전처리 → 수세 → 산액처리 → 수세 → 중화·방청처리
③ 산액처리 → 수세 → 전처리 → 중화·방청처리 → 수세
④ 전처리 → 산액처리 → 수세 → 중화·방청처리 → 수세

23. 개방식 팽창탱크는 최고층 방열기로부터 팽창탱크 수면까지 얼마 이상 높이로 설치하는 것이 가장 적합한가?

① 10 cm   ② 30 cm
③ 50 cm   ④ 1 m

해설 개방식 팽창탱크는 최고층 방열기로부터 팽창탱크 수면까지 1 m 이상 높이로 설치한다.

정답   17. ③   18. ④   19. ④   20. ②   21. ②   22. ②   23. ④

24. 수도 본관의 수압을 이용하여 일반주택 및 소규모 건축물에 급수하는 방법은?
① 수도 직결식 ② 옥상 탱크식
③ 압력 탱크식 ④ 왕복 펌프식

해설 급수 설비 급수 배관법
㉠ 수도 직결식 : 1, 2층 정도의 낮은 건물 등에서 수도 본관으로부터 급수관을 직결하여 급수하는 방식이다.
㉡ 옥상 탱크식 : 수도 본관의 물을 지하 저수 탱크에 저장한 후, 양수 펌프로 옥상 탱크까지 인양, 급수관을 통해 각 수전에 급수하는 유일한 하향공급식 급수방식이다.
㉢ 압력 탱크식 : 지상에 밀폐 탱크를 설치하여 펌프로 물을 압입하면 탱크 내 공기가 압축되어 물이 압축공기에 밀려 높이 급수되는 방식이다.
㉣ 부스터(booster)식 : 옥상 탱크를 설치하지 않고 저수 탱크에서 급수 펌프로 건물 내의 수전에 직접 송수하는 방법으로 펌프의 토출 측에 압력이나 유량을 감지하는 검출기를 장치하여 운전하는 방식이다.

25. 배수, 통기배관 시공 후의 최종 단계기능 시험방법이 아닌 것은?
① 진공시험 ② 기밀시험
③ 만수시험 ④ 기압시험

해설 배수 · 통기배관(위생설비)
㉠ 수압시험 : 배관 내에 물을 충진시킨 후 3 m 이상의 수두에 상당하는 수압으로 15분간 유지한다.
㉡ 기압시험 : 공기를 공급해 0.035 MPa의 압력이 되었을 때 15분간 변하지 않고 그대로 유지하면 된다.
㉢ 기밀시험 : 배관의 최종단계 시험으로 연기시험과 박하시험이 있다.

26. 주철관 전용 절단공구로 가장 적합한 것은?
① 체인 파이프 커터
② 기계 톱
③ 링크형 파이프 커터
④ 가스절단 토치

해설 ① 체인 파이프 커터 : 강관
② 기계톱 : 강관
③ 링크형 파이프 커터 : 주철관
④ 가스절단 토치 : 강관

27. 동관의 끝을 나팔형으로 만들어 압축이음 시 사용하는 주 공구는?
① 튜브 벤더 ② 티 뽑기
③ 튜브 커터 ④ 플레어링 툴 세트

해설 ① 튜브 벤더 : 동관 굽힘
② 티 뽑기 : 동관 분기관
③ 튜브 커터 : 동관 커터
④ 플레어링 툴 세트 : 동관의 끝을 나팔형으로 만들어 압축이음

28. 석면시멘트관의 이음방법 중 심플렉스 이음에 관한 설명으로 틀린 것은?
① 칼라 속에 2개의 고무링을 넣고 이음한다.
② 프릭션풀러를 사용하여 칼라를 잡아당긴다.
③ 호칭지름 75~500 mm의 작은 관에 많이 사용한다.
④ 내식성은 풍부하나 수밀성과 굽힘성이 좋지 않은 결점이 있다.

해설 석면시멘트관의 심플렉스 이음방법은 석면 시멘트제 칼라와 2개의 고무링으로 접합 시공하며 사용 압력은 1.05 MPa 이상이고 굽힘성과 내식성이 우수하다.

29. 도관 이음 시 관과 소켓 사이에 채워주는 것은?
① 모래 ② 시멘트
③ 석면 ④ 모르타르

30. 스테인리스관의 접합 방법 중 몰코 이음에 대하여 설명한 것으로 틀린 것은?

정답 24. ① 25. ① 26. ③ 27. ④ 28. ④ 29. ④ 30. ②

① 파이프를 몰코 이음쇠에 끼우고 전용 공구로 10초간 압착해 주면 작업이 완료된다.
② 작업에 숙련이 필요하다.
③ 경량배관 및 청결 배관을 할 수 있다.
④ 화기를 사용하지 않고 접합을 하므로 화재의 위험성이 적다.

해설 작업에 숙련이 필요 없다.

31. 동관이음의 종류가 아닌 것은?
① 플레어 이음(flare joint)
② 용접 이음(soldering & brazing)
③ 플랜지 이음(flange joint)
④ 만다린 이음(mandarin duck joint)

해설 만다린 이음(mandarin duck joint)은 연관 이음방식 중 하나이다.

32. 관 제작에서 마이터를 제작하고자 할 때 절단선을 긋는 방법으로 현장에서 통상적으로 이용되며, 대체로 작은 관에 가장 적합한 것은?
① 계산에 의한 방법
② 전개도에 의한 방법
③ 마킹 테이프에 의한 방법
④ 스케치에 의한 방법

33. 주철관의 소켓 접합 시 얀을 삽입하는 이유로 다음 중 가장 중요한 것은?
① 납 양의 보충
② 납과 물의 직접 접촉 방지
③ 외압의 완화
④ 납의 이탈 방지

해설 ㉠ 얀 : 누수 방지
㉡ 납 : 얀의 이탈 방지

34. 일반적인 염화비닐관의 접합방법이 아닌 것은?

① 열간 이음법
② 플랜지 접합법
③ 냉간 이음법
④ 용착 슬리브 접합법

해설 용착 슬리브 접합법은 폴리에틸렌관의 접합방법이다.

35. 중공의 피복 용접봉과 모재 사이에 아크를 발생시켜 이 아크열을 이용한 가스 절단법은?
① 산소 아크 절단
② 플라스마 아크 절단
③ 탄소 아크 절단
④ 불활성 가스 아크 절단

36. 배관용 수공구인 줄(file)의 크기는 어떻게 표시하는가?
① 자루를 포함한 전체의 길이
② 자루를 제외한 전체의 길이
③ 자루를 제외한 전체 길이에 대한 눈금 수
④ 눈금의 거친 정도

해설 줄의 크기는 자루를 제외한 전체의 길이로 표시한다.

37. 모재 두께가 3.2 mm의 연강판을 가스 용접하려 할 때 용접봉의 지름은 얼마 정도가 가장 적당한가?
① ϕ1.6 mm
② ϕ2.6 mm
③ ϕ3.2 mm
④ ϕ3.6 mm

해설 용접봉의 지름 구하는 공식
$D = \dfrac{T}{2} + 1 = \dfrac{3.2}{2} + 1 = 2.6$ mm
여기서, D : 용접봉 지름 ϕ
T : 판두께(mm)

38. 전기 용접 시 발생되는 결함인 언더컷의

주요 원인으로 볼 수 없는 것은?

① 전류가 너무 낮을 때
② 아크 길이가 너무 길 때
③ 부적당한 용접봉을 사용했을 때
④ 용접속도가 적당하지 않을 때

해설 전류가 너무 낮을 때는 오버랩 현상이 일어난다.

39. 다음과 같은 제3각 투상도에서 누락된 정면도로 적합한 투상도는?

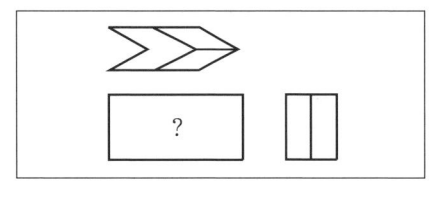

해설 3각법 : 눈 → 투상면 → 물체

40. 다음과 같이 제3각법으로 그린 정투상도에 적합한 입체도는?

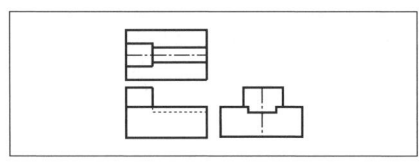

41. 다음과 같은 KS 용접기호의 해독으로 틀린 것은?

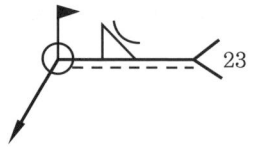

① 필릿용접이다.
② 용접부 형상은 오목하다.
③ 현장용접이다.
④ 점용접이다.

해설 점용접이 아니라 전둘레 현장용접이다.

42. $LA \times Bt_2 - L$로 표시된 형강의 설명으로 올바른 것은?

① 등변 ㄱ 형강
② 부등변 H 형강
③ A 길이부의 두께는 t_2
④ B는 형강의 두께

해설 형강의 치수 기입방법 : 단면 모양 기호, 너비×너비×두께−길이

43. 기계제도에서 단면도(sectional view)에 관한 설명으로 틀린 것은?

① 가려져서 보이지 않은 부분을 알기 쉽게 나타내기 위하여 단면도로 도시할 수 있다.
② 한쪽 단면도는 대칭형의 대상물을 외형도의 절반과 온 단면도의 절반을 조합하여 표시한다.
③ 개스킷, 박판 등과 같이 절단면이 얇은 경우는 절단면을 검게 칠하거나, 치수와 관계없이 한 개의 극히 굵은 실선으로 표시한다.
④ 단면에는 반드시 해칭 또는 스머징(smud-ging)을 해야 한다.

해설 단면임을 표시할 필요가 있을 경우에는 해칭 또는 스머징(smudging)을 해야 한다.

정답 ▶ 39. ① 40. ③ 41. ④ 42. ③ 43. ④

44. 다음 도면에서 (10)의 치수가 의미하는 것은 어느 것인가?

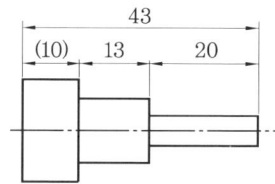

① 참고 치수
② 소재 치수
③ 중요 치수
④ 비례척이 아닌 치수

해설 참고 치수는 치수 수치에 괄호를 붙인다.

45. 배관의 간략이음의 도시기호 중 압력 지시계 도시기호는?

① 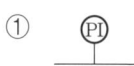 ②
③  ④

해설 ① : 압력 지시계
③ : 온도 지시계
④ : 유량 지시계

46. 다음과 같은 입체도를 정투상법에 의한 정면도, 평면도, 우측면도를 투상하여 순서에 관계없이 나열한 투상도 중 정면도, 평면도가 될 수 없는 투상도는?

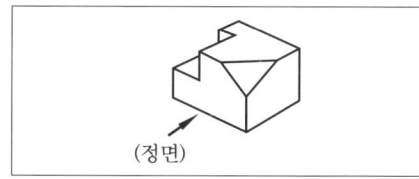

①  ②
③  ④

47. 물체에 인접하는 부분을 참고로 도시할 경우에 사용하는 선은?

① 가는 실선   ② 가는 파선
③ 가는 1점 쇄선   ④ 가는 2점 쇄선

해설 ㉠ 실선 : 치수선, 치수보조선, 지시선, 회전 단면선, 중심선, 수준면선
㉡ 파선 : 숨은선
㉢ 1점 쇄선 : 특수 지정선
㉣ 2점 쇄선 : 가상선

48. KS 나사 표시법에서 M20×13-6H-N으로 표시된 경우 P1.5은 나사의 무엇을 나타낸 것인가?

① 피치   ② 1인치 당 나사 산수
③ 등급   ④ 산의 높이

49. 다음 중 동관 이음쇠의 종류가 아닌 것은?

① 플레어 이음쇠
② 동합금 주물이음쇠
③ 동이음쇠
④ TS식 이음쇠

해설 TS식 이음쇠(TS joint)는 경질 염화비닐관의 접합법이다.

50. 관재료 중에서 흄관이라고 불리는 관은?

① 에터니트관
② 석면 시멘트관
③ 프리스트레스관
④ 원심력 철근 콘크리트관

해설 원심력 철근 콘크리트관을 흄관이라고도 한다. 또한 석면 시멘트관은 에터니트관이라고도 한다.

51. 난방용 방열기 등의 외면에 도장하는 알루미늄 도료는 열에 몇 ℃까지 견딜 수 있는가?

정답 44. ① 45. ① 46. ② 47. ④ 48. ① 49. ④ 50. ④ 51. ④

① 100~150℃ ② 170~250℃
③ 270~300℃ ④ 400~500℃

해설 알루미늄 도료(은분)
㉠ Al 분말에 유성 바니시(oil varnish)를 섞은 도료이다.
㉡ Al 도막이 금속광택이 있으며 열을 잘 반사한다.
㉢ 400~500℃의 내열성을 지니고 있고 난방용 방열기 등의 외면에 도장한다.
㉣ 은분이라고도 하며 방청효과가 매우 좋다.
㉤ 수분이나 습기가 통하기 어렵기 때문에 대단히 내구성이 풍부한 도막이 된다.
㉥ 더욱더 좋은 효과를 얻기 위해 밑칠용으로 수성페인트를 칠하는 것이 좋다.

52. 자유로이 굴곡되어 접속이 쉽고 내식성이 커서 배수용 및 내식용 관에 쓰이며 용도에 따라 1종은 화학공업용, 2종은 일반용, 3종은 가스용으로 구분하는 관은?
① 구리관 ② 연관
③ 강관 ④ 주철관

해설

종류	기호	용도	화학성분(%)
1종	PbP₁	화학공업용	Pb 99.9 이상
2종	PbP₂	일반용	Pb 99.5 이상
3종	PbP₃	가스용	Pb 99.5 이상

53. 스트레이너의 모양에 따른 일반적인 분류에 해당하지 않는 것은?
① Y형 ② U형
③ T형 ④ V형

해설 스트레이너(strainer) : 증기, 물, 유류배관 등에 설치되는 밸브, 기기 등의 앞에 설치하여 관 내의 불순물을 제거하는 데 사용하는 여과기로 형상에 따라 Y형, U형, V형 등이 있다.

54. 신축으로 인한 배관의 좌우, 상하 이동을 구속하고 제한하는 목적으로 사용되는 리스트레인트(restraint)의 종류가 아닌 것은?
① 앵커 ② 행어
③ 스토퍼 ④ 가이드

해설 행어는 배관 시공상 하중을 위에서 걸어 당겨 지지할 목적으로 사용되는 배관 지지쇠로 종류는 리지드 행어(rigid hanger), 스프링 행어(spring hanger), 콘스턴트 행어(constant hanger)가 있다.

55. 배관용 탄소강관에 아연을 도금한 강관으로 사용 정수두 100 m 이하의 수도배관에 주로 사용하는 관은?
① 배관용 합금
② 수도용 아연도금 강관
③ 구조용 합금 강관
④ 열교환기용 합금 강관

해설 ① 배관용 합금 : SPA
② 수도용 아연도금 강관 : SPPW
③ 구조용(기계구조용) 합금 강관 : SCM-TK
④ 열교환기용 합금 강관 : STHA

56. 다음 중 주철관의 사용 용도가 아닌 것은?
① 수도용 급수관 ② 난방용 코일관
③ 배수관 ④ 가스 공급관

해설 난방용 코일관에는 동관이 사용된다.

57. 배관설비용 금속 패킹 재료로서 적합하지 않은 것은?
① 구리 ② 납
③ 스테인리스강 ④ 가단주철

해설 금속 패킹 재료로 구리, 납, 연강, 스테인리스강제 금속이 사용된다.

정답 52. ② 53. ③ 54. ② 55. ② 56. ② 57. ④

58. 경질 염화비닐관에 대한 일반적인 특징 설명으로 틀린 것은?

① 전기 절연성이 좋고 전식 작용이 없다.
② 수도용 배관에는 사용할 수 없다.
③ 약품에 대한 내식성이 우수하다.
④ 관 내 마찰 손실이 적으며 가볍다.

해설 경질 염화비닐관은 수도용 배관에 사용할 수 있다.

59. 아스베스토스(asbestos)를 주원료로 만들며 균열이 생기지 않고 부서지지 않아 진동이 심한 선박이나 탱크 노벽에 사용하는 무기질 단열재는?

① 암면
② 규조토
③ 탄산마그네슘
④ 석면

해설 석면 보온재(아스베스트) : 사교암의 클리소 타일(백색)이나 각섬암계의 아모사이트 석면(갈색)을 보온재로 사용, 석면사로 주로 제조되며 패킹, 석면판, 슬레이트 등에 사용된다.

60. 다음 중 콕의 가장 중요한 장점인 것은?

① 개폐가 빠르다.
② 기밀을 유지하기 쉽다.
③ 고압 대유량에 적합하다.
④ 대유량 수송에 적당하다.

해설 콕(cock)은 유체의 급속개폐용으로 사용된다. 콕의 종류에는 2방 콕, 3방 콕, 4방 콕 등이 있다.

정답 58. ② 59. ④ 60. ①

배관기능사
Craftsman Plumbing

CBT 실전 테스트 (2)

1. 연소반응 시 발생하는 현상이 아닌 것은?
① 산화반응   ② 폭발반응
③ 열분해   ④ 환원반응

해설 연소반응 시 발생하는 현상
① 산화반응 : 연료가 산소를 얻는 반응으로서 발열반응을 말한다.
③ 열분해 : 석탄, 목재 혹은 고분자량의 가연성 고체로 열분해하여 발생한 가연성 가스가 연소하며, 이 열로 다시 열분해를 일으키게 된다.
④ 환원반응 : 공기 부족으로 인해 CO가 많은 상태의 반응을 말한다.

2. 석유화학 장치 제유소 배관시공에 관한 설명 중 올바른 것은?
① 가연소물을 취급하는 배관을 용접할 때는 불활성가스 아크용접을 해서는 안 된다.
② 용접작업 전에 전배관계통에서 가연물이 완전히 제거된 것을 검사 확인하여야 한다.
③ 위험한 배관로를 변경하는 작업을 할 때에는 작업구간의 차단장치를 설치해서는 안 된다.
④ 용접결함을 예방하기 위하여 용접부에 산소가스를 공급하며 시공한다.

3. 화학 배관에 사용된 강관의 직선길이가 20 m 일 때 온도가 20℃에서 120℃로 변하였다면 이 때 강관의 신축길이는 이론상 얼마인가? (단, $\alpha = 0.000012$이다.)

① 2~2.4 cm
② 4~4.8 cm
③ 2~2.4 mm
④ 4~4.8 mm

해설 $\Delta l = \pm \alpha (t_2 - t_1) l$
여기서, Δl : 신축길이
α : 철의 팽창계수
t_1 : 처음 온도
t_2 : 나중 온도
l : 처음 길이
위 공식에 대입해서 풀면
$\Delta l = \pm 0.000012 \times (120 - 20) \times 2000$
$= 2.4$ cm

4. 공기조화방식의 분류에서 물-공기 방식에 속하지 않는 것은?
① 덕트 병용 팬코일 유닛 방식
② 이중 덕트 방식
③ 유인 유닛 방식
④ 덕트 병용 복사 냉방 방식

해설 공기조화방식에는 열의 운반을 공기만으로 하는 공기 방식, 물과 공기를 병용하는 공기·물 방식, 물 방식, 냉매 방식 등이 있다.
※ ②는 중앙의 공기조화기로 온풍, 냉풍을 만들고 2개의 덕트로 별도 송풍해서 각 존에서 적당히 혼합하여 송풍하는 공기 방식에 속한다.

5. 급수설비에서 많이 발생하는 수격작용 방지법으로 틀린 것은?

정답 1. ② 2. ② 3. ① 4. ② 5. ①

① 관경을 작게 하고 유속을 빠르게 한다.
② 수전류 등의 폐쇄하는 시간을 느리게 한다.
③ 굴곡배관을 억제하고 될 수 있는 대로 직선 배관으로 한다.
④ 기구류 가까이에 공기실을 설치한다.

해설 수격작용은 펌프에서 물이 압송되고 있을 때 정전 등으로 급히 펌프가 멈추거나 수량조절 밸브를 급히 폐쇄할 때 관내 유속이 급속히 변화하면 물에 의한 심한 압력의 변화가 생기는 현상으로 방지법은 다음과 같다.
  ㉠ 관내의 유속을 낮게 한다(단, 관의 반지름을 크게 할 것).
  ㉡ 펌프에 플라이휠(flywheel)을 설치하여 펌프의 속도가 급격히 변화하는 것을 막는다(관성 모멘트 원리).
  ㉢ 조압수조(surge tank)를 관선에 설치한다(자동).
  ㉣ 밸브는 펌프 송출구 가까이에 설치하고, 적당히 제어한다.

6. 화학배관설비에서 화학장치용 재료의 구비조건이 아닌 것은?
① 접촉 유체에 대하여 내식성이 클 것
② 가공이 용이하고 가격이 쌀 것
③ 크리프(creep) 강도가 적을 것
④ 저온에서 재질의 열화가 없을 것

해설 고온·고압용 금속재료에는 5% 크롬강, 9% 크롬강, 스테인리스강 등이 사용되며 구비조건은 다음과 같다.
  ㉠ 유체에 대한 내식성이 클 것
  ㉡ 조작 중 고온에서 기계적 강도를 유지하고, 저온에서도 재질의 여림화(열화)를 일으키지 않을 것
  ㉢ 크리프(creep) 강도가 클 것
  ㉣ 가공이 용이하고 값이 쌀 것

7. 제조공장에서 정제된 가스를 저장하여 가스 품질을 균일하게 유지하면서 제조량과 수요량을 조절하는 장치는?
① 가스홀더
② 정압기
③ 집진장치
④ 계량기

해설 가스홀더의 종류에는 유수식, 무수식, 고압가스 홀더가 있다.

8. 유체를 증기 또는 장치 중의 폐열 유체로 가열하여 필요한 온도까지 상승시키기 위하여 사용하는 열교환기는?
① 예열기 ② 가열기
③ 재비기 ④ 증발기

해설 ① 예열기 : 연도 가스의 여열을 이용하여 연료 연소용 공기를 예열하는 장치
  ② 가열기 : 폐열 유체로 가열하여 필요한 온도까지 상승시키기 위하여 사용하는 열교환기
  ③ 재비기 : 장치 중에서 응축된 유체를 재가열하여 증발시킬 목적으로 사용된다.
  ④ 증발기 : 물에 다량 함유된 염화물(chloride)을 제거하기 위한 증류수를 만든다.

9. 다음 중 배관의 단열공사를 실시하는 목적이 아닌 것은?
① 열에 대한 경제성을 높인다.
② 온도조절과 열량을 낮춘다.
③ 온도변화를 제한한다.
④ 화상 및 화재방지를 한다.

해설 보온공사 시공 시 주의사항
  ㉠ 보온재는 내식성, 강도, 내약품성, 흡습성 등을 잘 분석하여 선정한다.
  ㉡ 보온 후 피시공체에 고정하는 방식을 잘 채택한다.
  ㉢ 효과적인 시공방법을 취한다.
  ㉣ 진동으로 인한 보온재의 탈락관계를 고려한다.

정답 6. ③ 7. ① 8. ② 9. ②

10. 도시가스 부취(付臭) 설비에서 증발식 부취에 대한 설명으로 틀린 것은?

① 부취제의 증기를 가스 흐름 중에 혼합하는 방식으로 시설비가 싸다.
② 설치장소는 압력 및 온도의 변화가 적고 관 내의 유속이 빠른 곳이 적당하다.
③ 부취제 첨가율을 일정하게 유지할 수 있으므로 가스량 변동이 큰 대규모 설비에 사용된다.
④ 바이패스 방식을 이용하므로 가스량의 변화로 부취제 농도를 조절하여 조절범위가 한정되고 혼합 부취제는 쓸 수 없다.

해설 도시가스의 부취 설비 방식의 분류
㉠ 증발식 : 부취제의 증기를 가스 흐름에 혼합하는 방식
㉡ 바이패스 증발식 : 바이패스 라인에 설치된 부취제 용기에 가스를 저 유속으로 통과시키면서 증발된 부취제가 혼합되도록 한 방식이다.
㉢ 위크(wick : 심지) 증발식 : 부취제 저장탱크에 심지의 한쪽 끝을 담가 놓고 한쪽 끝은 배관 내에 삽입하여 모세관 작용으로 심지를 통해 빨려 올라가는 액상의 부취제가 기화하여 가스 흐름에 공급되며 소규모용으로 적합하다.

11. 배수관에 트랩을 설치하는 목적은?

① 유체의 역류를 촉진하기 위해 설치한다.
② 배수를 잘 되게 하기 위해 설치한다.
③ 유취, 유해 가스의 역류를 방지하기 위해 설치한다.
④ 세정작용이 잘 되게 하기 위해 설치한다.

해설 배수 트랩은 하수관 및 건물 내의 배수관에서 발생하는 해로운 가스가 실내로 침입하는 것을 방지하기 위한 수봉식 기구이다.

12. LPG(Liquified Petroleum Gas)의 성분에 속하지 않는 것은?

① 프로판 (C_3H_8) ② 부탄 (C_4H_{10})
③ 프로필렌 (C_3H_6) ④ 메탄 (CH_4)

해설 메탄(CH_4)은 LNG에 속한다.

13. 일반적인 경우 중앙식 급탕기와 비교한 개별식 급탕법의 장점으로 가장 적합한 것은?

① 배관길이가 짧아 열손실이 적다.
② 값싼 중유, 벙커C유 등의 연료를 사용하여 급탕비가 적게 든다.
③ 대규모 설비이므로 열효율이 좋다.
④ 기계실에 설치되므로 관리가 쉽다.

해설 개별식 급탕법은 소규모 주택용으로, 가스, 전기, 증기 등을 열원으로 사용하고 있으며 다음과 같은 특성이 있다.
㉠ 배관 중 열손실이 적다.
㉡ 필요시 필요 개소에 간단하게 설비 가능하다.
㉢ 급탕 개소가 적을 때는 설비비가 싸다.

14. 배관설비 화학 세정약품으로 스케일 용해력은 작지만 금속과 반응된 후 금속염으로써 방청제가 되기 때문에 샌드블라스트 등의 물리적 세정이나 페이스트 세정 후의 방청제로 적합한 세정제는?

① 인산 ② 유기산
③ 질산 ④ 구연산

해설 산세정의 사용 약품은 염산, 황산, 인산, 질산, 광산 등이며 주로 염산을 사용한다.

15. 세면용 온수를 공급하기 위해 급탕탱크 내에 있는 10℃ 온수 40 L의 물 전량을 40℃로 올리고자 한다. 이때 필요로 하는 열량은 약 몇 kJ인가?

① 300 ② 1200
③ 2800 ④ 5023

정답 10. ③ 11. ③ 12. ④ 13. ① 14. ① 15. ④

해설 $Q = GC(t_2 - t_1)$
열량(kcal) = 무게(kg)×비열×온도차
따라서 $Q = 40 \times 1 \times (40-10) = 1200$ kcal
1 kcal = 4.186 kJ
$1200 \times 4.186 = 5023.2$ kJ

16. 배관의 상하 이동을 허용하면서 관 지지력을 일정하게 한 것으로 추를 이용한 중추식과 스프링을 이용한 스프링식이 있는 행어는?

① 콘스턴트 행어 ② 리지드 행어
③ 스프링 행어 ④ 턴 버클

해설 배관 시공상 하중을 위에서 걸어 당겨 지지할 목적으로 사용되는 행어는 다음과 같은 종류가 있다.
㉠ 리지드 행어(rigid hanger) : 수직방향에 변위가 없는 곳에 사용한다. 즉 지지점의 주위의 상황에 따라 이동이 다양한 곳에 사용된다.
㉡ 스프링 행어(spring hanger) : 스프링 행어의 이동거리(travel)는 0~120mm의 범위이다. 스프링 행어는 로크핀이 있으며 하중조정을 턴 버클로 행한다.
㉢ 콘스턴트 행어(constant hanger) : 지정 이동거리 범위 내에서 배관의 상하방향의 이동에 대해 항상 일정한 하중으로 배관을 지지할 수 있는 장치에 사용한다. 코일 스프링식과 중추식의 2가지가 있다.

17. 중량물을 인력(人力)에 의해 취급할 때 일반적인 주의사항으로 틀린 것은?

① 들어올릴 때는 가급적 허리를 내리고 등을 펴서 천천히 올린다.
② 안정하지 못한 곳에 내려놓지 말 것이며, 높은 곳에 무리하게 올려놓지 않는다.
③ 공동 작업을 할 때는 체력이나 기능 수준이 상대방과 전혀 다른 사람을 선택하여 운반한다.
④ 운반하는 통로는 미리 정돈해 놓고, 힘겨운 물건은 기중기나 운반차를 이용한다.

해설 공동 작업을 할 때는 체력이나 기능 수준이 상대방과 비슷한 사람을 선택하여 운반한다.

18. 정화조 시설의 부패 정화조 유입구에 T자관을 설치하는 가장 중요한 이유로 맞는 것은?

① 오수면의 흔들림을 줄이고 오수에 공기가 섞이는 것을 방지하기 위하여
② 공기를 원활히 공급하여 부패를 촉진시키기 위하여
③ 호기성 박테리아의 촉진을 위하여
④ 오수의 유입을 원활히 하기 위하여

해설 배설물 정화조 중 부패조(1차 처리장치)는 유입관의 선단에 T자관을 부착하여 상단은 수면 위로, 하단은 오수면의 1/3의 깊이까지 세워 놓는다.

19. 다음 중 방열기 설치 방법으로 옳은 것은?

① 방열기를 벽에서 50~60 mm 정도 간격으로 설치한다.
② 방열기를 벽체 내에 은폐 설치 시 전체 방열량 중 50~70 %가 손실된다.
③ 방열기는 대류작용을 위하여 바닥에서 75 mm 간격으로 설치한다.
④ 방열기는 외기를 접하지 않는 창문 반대쪽에 설치한다.

해설 방열기는 벽에서 50~60 mm 떨어지게 외기에 접한 창 밑에 설치한다.

20. 자원 에너지의 한계로 여러 가지 에너지 회수법이 도입되었다. 그 중 배수열을 회수하기 위해 밀봉된 용기와 워크 구조체 및 증기 공간으로 구성되며, 길이 방향으로 증발부, 단열부 및 응축부로 구성된 장치는?

① 콤팩트(compact) 열교환기

정답 16. ① 17. ③ 18. ① 19. ① 20. ②

② 히트 파이프(heat pipe)
③ 셸 튜브(shell and tube) 열교환기
④ 팬 코일 유닛(fan coil unit)

21. 가스 용접과 절단 시 안전사항에 대한 설명으로 틀린 것은?
① 용기는 뉘어 두거나 굴리는 등 충동, 충격을 주지 않는다.
② 가스호스 연결부에 기름이 묻지 않도록 한다.
③ 가스용기는 화기에서 1 m 정도 떨어지게 한다.
④ 직사광선이 없는 곳에 가스용기를 보관한다.

해설 가스병에 관한 가스 용접 및 절단 시 안전사항은 다음과 같다.
㉠ 가스병은 화기에서 5 m 이상 떨어지게 한다.
㉡ 기름과 접촉하지 말아야 한다.
㉢ 산소, 아세틸렌병에는 충격을 주지 않는다.
㉣ 산소병은 40℃ 이하에서 보관한다.

22. 플랜트 배관의 용접 부위에 대한 비파괴 검사 종류가 아닌 것은?
① X-ray 검사   ② 육안 검사
③ 자기 탐상 검사   ④ 연신율 검사

해설 ④는 파괴 검사 중 하나이다.

23. 관에 나사내기 작업 시 주의사항으로 틀린 것은?
① 관은 커터로 절단하며, 버(burr)는 손으로 제거한다.
② 나사부의 길이는 필요길이 이상 길게 하지 않는다.
③ 동력 나사절삭기 척은 사용 후 반드시 열어둔다.
④ 나사 내는 공구로 정확히 나사산을 만들어 접합하고 접합 후 나사산이 1~1.5산 정도 남도록 한다.

해설 강관에 나사내기 작업 시 주의사항으로 강관은 커터로 절단하며, 거스러미(burr)는 와이어 브러시로 제거한다.

24. 다음 그림과 같이 대형 덕트에 사용하는 댐퍼의 명칭은?

① 1매 댐퍼   ② 다익 댐퍼
③ 스프리트 댐퍼   ④ 방화 댐퍼

25. 25A 강관의 배관길이를 80 cm로 하려고 한다. 관의 양쪽에 90° 엘보 2개를 사용할 때 파이프 실제 길이는 얼마인가? (단, 엘보 단면까지 길이는 38 mm, 나사가 물리는 최소 길이는 15 mm이다.)
① 754 mm   ② 838 mm
③ 785 mm   ④ 815 mm

해설 $l = L - 2(A-a) = 800 - 2(38-15)$
$= 754\ mm$

26. 절단 종류 중에서 보통 가스 절단의 종류가 아닌 것은?
① 상온 절단   ② 고온 절단
③ 탄소 아크 절단   ④ 수중 절단

해설 보통 가스 절단에는 상온 절단, 고온 절단, 수중 절단, 겹치기 절단이 있으며 탄소 아크 절단은 아크 절단에 해당한다.

27. 연관의 접합방법 중 플라스턴 접합의 설명으로 맞는 것은?

정답 21. ③ 22. ④ 23. ① 24. ② 25. ① 26. ③ 27. ①

① 주석(40 %)과 납(60 %)의 합금을 녹여 연관을 접합하는 방식이다.
② 'T'형 지관 및 직각 엘보 모양에는 사용이 안 된다.
③ 수도설비에는 수압이 약하므로 적용 불가능하다.
④ 직선부위는 물론 Y-관 등에는 적절한 접합방법이 없어 적용하기가 곤란하다.

해설 플라스턴 접합(plastann joint)은 플라스턴 합금(Pb 60 %+Sn 40 %, 용융점 232℃)에 의한 접합방법이다.

28. 2개의 플랜지, 2개의 고무링 및 1개의 슬리브로 구성되어 있는 기볼트 이음의 접합방법에 사용되는 관은?
① 강관　　　　② 주철관
③ 석면 시멘트관　④ 폴리에틸렌관

해설 기볼트 접합은 석면 시멘트관(에터니트관)의 접합방법 중 하나이며 2개의 플랜지와 고무링, 1개의 슬리브로 접합하는 방식으로 신축성과 굴절성이 좋아 원심력 철근 콘크리트관의 칼라 조인트 5~10개소마다 1개의 기볼트 접합을 한다.

29. 용접 용어 중 융착부에 나타나는 비금속 물질을 뜻하는 것은?
① 가공　　　　② 언더컷
③ 은점　　　　④ 슬래그

30. 관지름 20 mm 이하의 동관을 이음할 때, 기계의 점검 보수 등 기타 관을 떼어내기 쉽게 하기 위한 동관의 이음 방법은?
① 플레어 이음　　② 슬리브 이음
③ 플랜지 이음　　④ 사이징 이음

해설 플레어 이음(flare joint : 압축 접합) : 기계의 점검 및 보수 또는 관을 분해할 경우를 대비한 동관의 접합 방법으로 관의 절단 시에는 동관 커터(tube cutter : 관지름이 20 mm 미만일 때) 또는 쇠톱(20 mm 이상일 때)을 사용한다.

31. 주철관의 기계식 접합에 대한 설명으로 틀린 것은?
① 가스 배관용으로 우수하며 고무링과 칼라만을 이용하여 접합한다.
② 150 mm 이하의 수도관용으로 소켓 접합과 플랜지 접합법의 장점을 취한 방법이다.
③ 지진, 기타 외압에 대한 굽힘성이 풍부하여 다소의 굴곡에도 누수되지 않는다.
④ 작업이 간단하며 수중 작업도 용이하다.

해설 가스 배관용으로 우수하며 고무링과 칼라만을 이용하여 접합하는 것은 빅토릭 이음법이다.

32. 내부용적 40 L의 산소병에 9 MPa의 압력이 게이지에 나타났다면 이때 산소병에 들어 있는 산소의 양은?
① 9000 L　　　② 3600 L
③ 4000 L　　　④ 5200 L

해설 산소량(L) = 40×90 = 3600 L

33. 강관용 파이프 벤딩 머신에 관한 설명으로 틀린 것은?
① 램과 로터리식으로 구분되며 그 중 현장용으로 많이 쓰이는 것은 로터리식이다.
② 로터리식은 관에 심봉을 넣고 구부리는 방식이다.
③ 로터리식 파이프 벤딩 머신으로 구부릴 수 있는 관의 구부림 반경은 관경의 2.5배 이상이어야 한다.
④ 램식은 수동식과 동력식으로 구분된다.

정답 28. ③　29. ④　30. ①　31. ①　32. ②　33. ①

해설 램식과 로터리식으로 구분되며 현장용으로 많이 쓰이는 것은 램식이다.

34. 동관용 공구로 직관에서 분기관 성형 시 사용하는 공구는?
① 사이징 툴 ② 플레어링 툴 세트
③ 티뽑기 ④ 리머

해설 ① 사이징 툴 : 동관의 끝부분을 원으로 정형한다.
② 플레어링 툴 세트 : 동관의 압축 접합용에 사용한다.
④ 리머 : 동관 절단 후 관의 내외면에 생긴 거스러미를 제거한다.

35. 강관의 용접접합에서 슬리브 이음 시 슬리브 길이는 접합하고자 하는 강관 지름의 몇 배 정도가 가장 적합한가?
① 0.5배 ② 0.5 ~ 1배
③ 1.2 ~ 1.7배 ④ 3.0배

36. 다음 중 용접용 열가소성 플라스틱으로 알맞은 것은?
① 폴리염화비닐 수지
② 페놀 수지
③ 멜라민 수지
④ 요소 수지

37. 강관의 용접이음 방법에 대한 설명 중 틀린 것은?
① 맞대기 용접을 하기 위해서는 관 끝을 베벨 가공한다.
② 슬리브 용접이음은 누수될 염려가 가장 크다.
③ 플랜지 이음은 주로 65 A 이상의 관에 주로 사용한다.
④ 플랜지 이음의 볼트 길이는 완전히 조인 후 1~2산 남도록 한다.

해설 슬리브 용접이음은 누수될 염려가 적다.

38. 도관(陶管)에 대한 설명이 틀린 것은?
① 점토를 주원료로 만든다.
② 보통관은 농업용, 일반 배수용으로 사용한다.
③ 후관은 도시 하수관용, 철도 배수관용으로 사용한다.
④ 보통 직관의 호칭지름은 50 A ~ 100 A 까지이고, 두꺼운 직관은 100 A ~ 500 A 까지 있다.

해설 도관(KS L 3208)은 보통 직관과 두꺼운 직관으로 분류되며, 보통 직관의 호칭지름은 50~300 mm까지이고 두꺼운 직관의 호칭지름은 100~450 mm까지 있다.

39. 일반적인 경우 도면을 접어서 보관할 때 접은 도면의 크기로 가장 적합한 것은?
① A0 ② A1
③ A2 ④ A4

해설 A4 용지이며 용지의 크기는 210×297 mm이다.

40. 도면에서 치수를 기입하기 위하여 도형으로부터 끌어내는 선은?
① 치수선 ② 치수보조선
③ 해칭선 ④ 기준선

해설 ① 치수선 : 가는 실선, 치수를 기입하기 위하여 쓰인다.
② 치수보조선 : 가는 실선, 치수를 기입하기 위하여 도형으로부터 끌어내는 데 쓰인다.
③ 해칭선 : 도형의 한정된 특정 부분을 다른 부분과 구별하는 데 사용한다.
④ 기준선 : 가는 1점 쇄선, 특히 위치 결정의 근거가 된다는 것을 명시할 때 쓰인다.

정답 34. ③ 35. ③ 36. ① 37. ② 38. ④ 39. ④ 40. ②

41. 다음 그림과 같은 입체도의 화살표 방향이 정면이고 좌우대칭일 때 우측면도로 가장 적합한 것은?

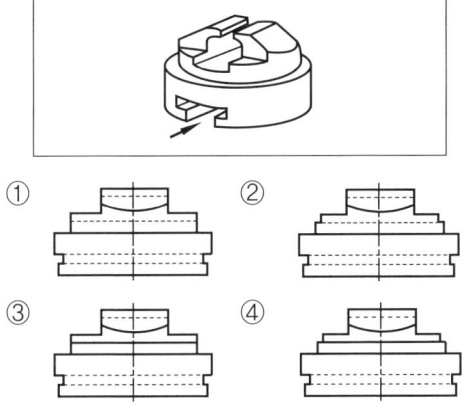

42. 다음 그림과 같은 구조물의 도면에서 (A), (B) 단면도의 명칭은?

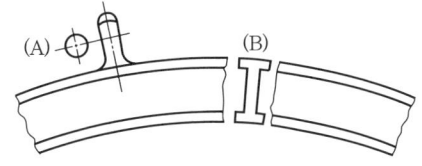

① 온단면도 ② 변환 단면도
③ 회전도시 단면도 ④ 부분 단면도

43. 다음 그림과 같은 용접 기호에서 a5는 무엇을 의미하는가?

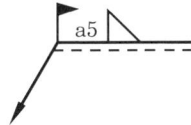

① 다듬질 방법의 보조 기호
② 점 용접부의 용접 수가 5개
③ 필릿 용접 목 두께가 5 mm
④ 루트 간격이 5 mm

44. 다음과 같이 제3각법으로 정투상도를 작도할 때 누락된 평면도로 적합한 것은?

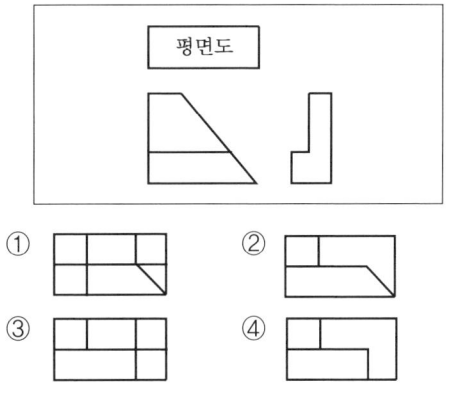

45. 그림과 같은 입체를 제3각법으로 나타낼 때 가장 적합한 투상도는? (단, 화살표 방향을 정면으로 한다.)

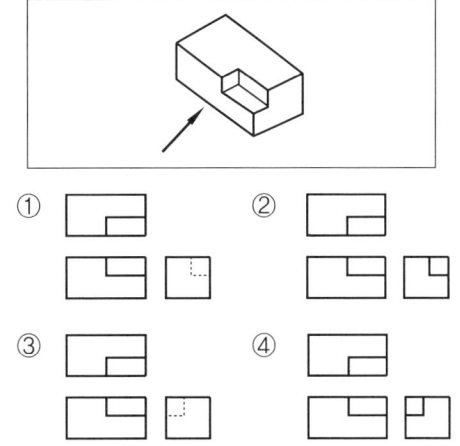

46. KS 재료 기호 중에서 용접 구조용 압연강재는?

① SS 490　② SCr 430
③ SPS 5A　④ SM 400A

해설　① SS : 일반 구조용 압연 강재
　② SCr : 크롬 강재
　③ SPS : 스프링 강재

정답　41. ②　42. ③　43. ③　44. ④　45. ④　46. ④

47. 다음과 같은 배관의 등각 투상도(isometric drawing)를 평면도로 나타낸 것으로 맞는 것은?

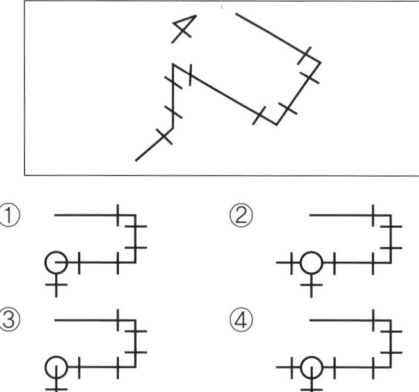

48. 나사 표시기호 'M50×2'에서 '2'는 무엇을 나타내는가?

① 나사산의 수   ② 나사의 등급
③ 1줄 나사   ④ 나사 피치

[해설] M50×2에서 2는 나사의 피치이며 M50은 나사의 호칭을 나타낸다.

49. 구리관에 대한 설명 중 틀린 것은?

① 담수에 대한 내식성은 크나 연수에는 부식된다.
② 아세톤, 휘발유 등 유기약품에는 침식되지 않는다.
③ 가성소다 등 알칼리성에 대한 내식성이 우수하다.
④ 강관보다 인장 강도가 대단히 크다.

[해설] 강관보다 인장 강도가 작다.

50. 베이킹 도료로 사용되며 내열성이 좋은 합성수지 도료는?

① 프탈산계   ② 염화비닐계
③ 산화철계   ④ 실리콘 수지계

[해설] ㉠ 프탈산계 : 상온에서 도막을 건조시키는 도료로 내후성, 내유성이 우수하다. 내수성은 불량하고 특히 5℃ 이하의 온도에서는 건조가 잘 되지 않는다.
㉡ 요소 멜라민계 : 내열성, 내유성, 내수성이 좋다. 특수한 부식에서 금속을 보호하기 위한 내열도료로 사용되고, 내열도는 150~200℃ 정도이며 베이킹 도료로 사용한다.
㉢ 염화비닐계 : 내약품성, 내유성, 내산성이 우수하여 금속의 방식도료로서 우수하다. 부착력과 내후성이 나쁘며, 내열성이 약한 것이 결점이다.
㉣ 실리콘 수지계 : 내열도료 및 베이킹 도료로 사용된다.
㉤ 합성수지 도료 : 증기관, 보일러, 압축기 등의 도장용으로 쓰인다.

51. 패킹재료 선택 시 고려사항으로 중요도가 가장 낮은 것은?

① 관 내 유체의 온도, 압력, 밀도 등 물리적 성질
② 관 내 유체의 부식성, 용해능력 등 화학적 성질
③ 교체의 난이도, 진동의 유무 등 기계적 조건
④ 사각형, 원형 등 형상적 조건

[해설] 패킹은 유체의 누설을 방지하기 위해 사용하는 것이다. 따라서 사각형, 원형 등 형상적 조건은 패킹재료 선택 시 고려사항으로 중요도가 가장 낮다.

52. 염화비닐관의 특성 설명으로 올바른 것은?

① 충격강도가 크다.
② 열팽창률이 작다.
③ 관 내 마찰 손실이 크다.
④ 저온 및 고온에서 강도가 약하다.

정답 47. ① 48. ④ 49. ④ 50. ④ 51. ④ 52. ④

해설 염화비닐관은 저온 및 고온에서 강도가 약한 결점이 있다. 취화온도 −18℃, 사용온도 10~50℃, 연화온도 70~80℃

53. 에이콘관이라고 알려져 있으며 가볍고 부식 및 충격에 대한 저항이 크고 작업성이 편리하여 위생배관 및 난방배관에 활용되는 합성수지관은?

① 폴리에틸렌관
② 경질염화비닐관
③ 가교화폴리에틸렌관
④ 폴리부틸렌관

해설 ① 폴리에틸렌관 : PE관
② 경질염화비닐관 : PVC관
③ 가교화폴리에틸렌관 : XL관
④ 폴리부틸렌관 : PB관

54. 무기질 단열재 아스베스토스(asbestos)를 주원료로 하며 균열, 부서지는 일이 없어 선박 및 진동이 심한 곳에 사용하며 400℃ 이하의 파이프 탱크, 노벽의 보온재로 적합한 것은?

① 석면
② 암면
③ 규조토
④ 탄산마그네슘

해설 석면 보온재(아스베스트) : 사교암의 클리소 타일(백색)이나 각섬암계의 아모사이트 석면(갈색)을 보온재로 사용, 석면사로 주로 제조되며 패킹, 석면판, 슬레이트 등에 사용된다. 보온재로는 판, 통, 매트, 끈 등이 있다.

55. 관 표시에 대한 설명으로 틀린 것은?

① 관의 두께는 스케줄 번호(sch)로 표시한다.
② 호칭지름 미터계는 A자를, 인치계는 B자를 붙여 부른다.
③ 동관, 알루미늄관 등의 굵기 표시는 내경 기준이다.
④ 관의 두께는 대체로 굵기와 종류에 따라 규격화되어 있다.

해설 동관, 알루미늄관 등의 굵기 표시는 외경이 기준이다.

56. 염기성 탄산마그네슘 85%와 석면 15%를 배합하여 접착제로 약간의 점토를 섞은 다음 형틀에 넣고 압축 성형하여 만든 것으로 250℃ 이하의 파이프, 탱크의 보랭용으로 사용하는 보온재는?

① 암면(岩綿)
② 규산칼슘 보온재
③ 산면(loose wool)
④ 탄산마그네슘 보온재

해설 탄산마그네슘 보온재 : 물반죽 또는 보온판, 보온통으로 사용된다.

57. 배관이 막히거나 고장이 발생하였을 때 쉽게 해체하였다가 재이음을 할 수 있는 배관 부속은?

① 티
② 소켓
③ 엘보
④ 플랜지

58. 회전이음, 지블이음, 지웰이음 등으로 불리며, 주로 증기 및 온수난방용 배관에 사용되고 2개 이상의 엘보를 사용하여 이음부의 나사 회전을 이용하는 신축이음은?

① 루프형 신축 이음쇠
② 벨로스형 신축 이음쇠
③ 슬리브형 신축 이음쇠
④ 스위블형 신축 이음쇠

해설 ㉠ 슬리브형 : 미끄럼형 이음쇠(slip type joint)라고도 한다.
㉡ 벨로스형(bellows type) : 팩리스(packless) 신축 이음쇠라고도 한다.
㉢ 루프형(loop type) : 신축 곡관이라고도 한다.

정답 53. ④ 54. ① 55. ③ 56. ④ 57. ④ 58. ④

59. 다음 중 밸브에 관한 일반적인 설명으로 틀린 것은?

① 글로브 밸브는 유량을 조절하는 기능에 알맞다.
② 리프트형 체크밸브는 50 mm 이상의 지름이 큰 관에 적합하다.
③ 슬루스 밸브는 완전 개폐 시 유체의 저항이 작다.
④ 체크밸브는 유체를 한쪽 방향으로만 유동시키고 역류를 방지한다.

해설 리프트형은 수평배관에만 사용되며 10~50 A의 것은 청동 나사이음형, 50~200 A의 것은 주철제 또는 주강제 플랜지형으로 되어 있다.

60. 최고사용압력 7.84 MPa, 관지름 50 A, 압력배관용 탄소강관의 인장강도가 42 kg/mm² 일 때 Sch.No로 가장 적합한 것은? (단, 안전율은 4이다.)

① 40 ② 60
③ 76 ④ 125

해설 허용응력 = $\dfrac{\text{인장강도}}{\text{안전율}} = \dfrac{42}{4}$
$= 10.5 \text{ kg/mm}^2 = 10.5 \times 9.8 \text{ MPa}$
$= 102.9 \text{ MPa}$

Sch. No $= 1000 \times \dfrac{\text{사용압력}}{\text{허용응력}}$
$= 1000 \times \dfrac{7.84}{102.9} = 76.19$
$≒ 76$

정답 59. ② 60. ③

CBT 실전 테스트 (3)

1. 정압기의 부속설비 중 정압기의 장해 원인이 되는 먼지, 흙, 물, 가스 등의 불순물을 제거하기 위하여 사용하는 장치는?

① 가스 필터
② 자동 중압장치
③ 수동식 안정기
④ 이상압력 상승 방지 장치

해설 정압기란 시간별 가스 수요량에 따라 공급 압력을 수요 압력으로 조정하는 장치이며, 불순물이 이동하면서 정압기 주밸브나 보조 정압기의 노즐 등에 부착되면 정압기(거버너) 고장의 원인이 되므로 가스 필터를 정압기 1차측에 설치하여 불순물을 제거한다.

2. 옥내 배수관에 트랩을 사용하는 가장 중요한 이유로 맞는 것은?

① 유해 가스의 역류를 방지하기 위해
② 배수관의 부식을 방지하기 위하여
③ 유해 가스의 통기 작용을 돕기 위해
④ 배수 속도를 일정하게 하기 위하여

해설 급수관은 공급되는 물이 항상 차 있다. 그러나 배수관, 오수관들은 오수를 보내는 곳이기에 오수를 버리지 않으면 항상 비어 있는 공간이므로 악취가 스며들게 된다. 이것을 방지하기 위해 트랩을 설치하고 트랩 안에 일정량의 물(봉수)을 채워넣어 악취의 역류를 방지한다.

3. 배관의 세정 수세 후 중화 방청처리제로 사용되지 않고 세정 시 투입하는 부식 억제제로 사용되는 것은?

① 탄산나트륨
② 수산화나트륨
③ 암모니아
④ 인히비터

해설 중화방청제 : 탄산소다, 인산소다, 가성소다, 히드라진, 암모니아

4. 다음 중 단관식 열교환기에 해당되지 않는 것은?

① 트롬본형
② 재킷형
③ 코일형
④ 탱크가열형

해설 단관식 열교환기(single-pipe heat exchanger) : 전열부의 직관을 사용하며, return bend와 조합해서 교환열량에 필요한 전열면적의 직관을 사관형으로 조립하는 형상의 열교환기이다.

5. 고압, 중압 보일러 급수용으로 임펠러 내부에 안내 날개를 두어 고양정 급수용으로 적합한 것은?

① 피스톤 펌프
② 터빈 펌프
③ 인젝터
④ 플런저 펌프

해설 원심 펌프의 종류에는 벌류트 펌프, 터빈 펌프가 있다. 벌류트 펌프는 안내 날개가 없기 때문에 임펠러가 직접 물을 케이싱으로 유도하여 저양정 펌프에 사용된다. 터빈 펌프는 임펠러 회전 운동 시 물을 일정하게 유도하는 안내 날개가 있으며, 고양정 펌프에 적용된다.

6. 다음 그림은 어떤 기기의 바이패스관의 조립도이다. 재료 산출이 잘못된 것은?

정답 1. ① 2. ① 3. ④ 4. ② 5. ② 6. ④

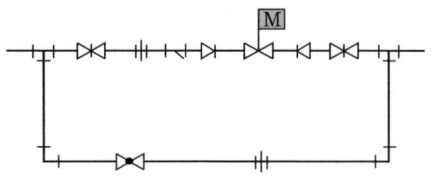

① 티 : 2개
② 리듀서 : 2개
③ 스트레이너 : 1개
④ 슬루스 밸브 : 1개

해설 슬루스 밸브 : 2개, 글로브 밸브 : 1개

7. 다음 중 1보일러 마력의 발열량(kcal/h)으로 가장 적합한 것은?

① 539 ② 5390 ③ 8435 ④ 33470

해설 1보일러 마력(B-HP)은 100℃의 포화수 15.65 kg을 100℃의 건조포화증기로 만드는 능력을 말한다. 이때 증발시킨 물의 양 15.65 kg이 상당증발량이다. 1보일러 마력은 상당증발량 15.65 kg에 물의 증발잠열 539 kcal를 곱한 값으로 8435 kcal/h가 된다.

8. 다음 그림과 같이 B단면에서의 유속이 8m/s이고, 단면적이 0.8m²이면 A단면에서 유속이 2m/s일 때 A단면의 면적은?

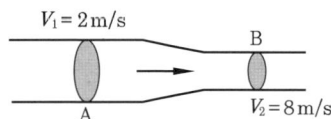

① 2 m² ② 3.2 m²
③ 20 m² ④ 32 m²

해설 연속의 법칙에 의해
$Q = A_1 V_1 = A_2 V_2$
$A_1 \times 2 = 0.8 \times 8, \ 2A_1 = 6.4$
$A_1 = 3.2$

9. 물의 정수법에서 수중의 부유물질이 중력에 의해 침강하는 현상을 무엇이라 하는가?

① 여과 ② 침전
③ 소독 ④ 부식

해설 중력에 의해 수중의 부유물질을 가라앉히는 방법은 침강이며, 하수처리의 방법에서는 중력침강이라고 한다.

10. 공기조화 장치에 사용되는 부속기기로 다수의 짧은 날개가 있는 시로코 팬이라고도 하는 저압용 송풍기는?

① 다익형 팬 ② 터보 팬
③ 에어포일 팬 ④ 축류형 팬

해설 원심 송풍기의 일종으로서 임펠러는 반지름 방향으로 낮고 폭이 넓으며 정면으로 향한 통상 64매의 다수의 날개를 가진다. 구조상 비교적 경량 소형인데, 날개가 약간 약하여 고속 운전에는 부적합하며, 풍압은 15~200 mmAq로서 저압이고, 일반적으로 큰 풍량과 풍속이 요구되는 경우의 압입 송풍기로서 사용된다.

11. 20℃의 물 20 kg을 72℃ 올리려면 몇 kJ의 열량이 필요한가?

① 1040 ② 1280 ③ 2800 ④ 4353

해설 $Q = G \times C \times (t_1 - t_2)$
$20 \times 1 \times (72 - 20) = 1040$ kcal이므로
1 kcal = 4.186 kJ
$1040 \times 4.186 ≒ 4353$ kJ

12. 펌프 배관에 대한 설명 중 틀린 것은?

① 흡입관은 되도록 길게 하고 굴곡 부분이 되도록 크게 하여야 한다.
② 수평관에서 관경을 바꿀 경우 편심 리듀서를 사용해서 파이프 내부에 공기가 차지 않도록 한다.
③ 풋 밸브는 동수위면보다 흡입 관경의 2배 이상 물속에 들어가야 한다.
④ 흡입쪽의 수평관은 펌프 쪽으로 올림 구배를 한다.

해설 흡입관은 되도록 짧게 하고 굴곡 부분이 되도록 작게 하여야 한다.

13. 온수 보일러 팽창탱크와 팽창관 설치 시 주의사항으로 틀린 것은?

① 난방인 경우 개방형 팽창탱크는 방열기나 방열 코일의 최고위보다 1m 이상 높게 설치한다.
② 밀폐형 팽창탱크는 보일러실의 적당한 위치에 설치한다.
③ 팽창탱크에 연결된 팽창관에는 체크밸브를 설치해야 한다.
④ 팽창관을 팽창탱크에 접속시는 수평 부분에 상향 구배를 준다.

해설 팽창탱크 설치 목적
㉠ 운전 중 장치 내의 온도 상승으로 생기는 물의 체적팽창과 그의 압력을 흡수한다.
㉡ 운전 중 장치 내를 소정의 압력으로 유지하여 온수온도를 일정하게 유지한다.
㉢ 팽창된 물의 배출을 방지하여 장치의 열손실을 방지한다.
㉣ 장치 휴지 중에도 배관계를 일정압력 이상으로 유지하여, 물의 누수 등으로 발생하는 공기의 침입을 방지한다.
㉤ 개방식 팽창탱크에 있어서는 장치 내의 공기를 배출하는 공기배출구로 이용되고, 온수보일러의 도피관으로도 이용된다.
㉥ 이러한 기능을 발휘하기 위하여 팽창탱크에는 팽창관 외에, 오버플로관 또는 안전밸브, 물보급장치 등을 갖추고 있다.

참고 팽창탱크에 연결된 팽창관에는 에어벤트나 체크밸브를 설치할 수 없다.

14. 다음 그림과 같이 호텔이나 주택 등에서 사용하는 세정장치의 방식은?

① 세정 탱크식
② 로 탱크식
③ 세정 밸브식
④ 기압 탱크식

15. 도시가스의 제조 공정에서 메탄(CH_4)을 주성분으로 한 천연가스를 -162°C까지 냉각하여 액화한 가스는?

① 액화 천연가스
② 석탄가스
③ 오프가스
④ 액화 석유가스

16. 다음 중 화학 공업용 강관의 접합 방법에 속하지 않는 것은?

① 용접접합
② 키볼트 접합
③ 나사접합
④ 플랜지 접합

해설 화학 공업용 배관의 접합방법 중 가장 많이 채용되는 것은 용접접합 방법이다. 용접법은 분해 조립검사를 필요로 하는 곳에는 부적합하나 누설에 대해서는 가장 완전한 방법이다.

17. 전기용접 작업 시 감전사고 위험이 가장 많은 곳은?

① 배전판
② 전격 방지기
③ 배선 부분
④ 홀더 노출부

18. 기송배관의 형식 중 압축기를 사용해서 공기를 밀어 넣고 송급기에서 운반물을 흡입해서 공기와 함께 수송한 다음, 수송관 끝에서 공기와 분리하여 외부에 취출하는 방식은?

① 진공식
② 압송식
③ 흡입식
④ 진공압송식

해설 기송배관이란 공기 수송기를 사용하여 고체 분말 또는 미립자를 운송하도록 시설하여 놓은 배관을 뜻한다.

19. 높은 곳에서 작업할 때의 주의사항 중 틀

린 것은?

① 작업자 이외에는 높은 곳에 오르지 않도록 한다.
② 사다리를 내려올 때는 사다리를 등지고 내려온다.
③ 높은 곳에서의 작업은 발판을 사용한다.
④ 반드시 안전대를 사용하도록 한다.

해설 사다리를 내려올 때는 사다리를 바라본 자세에서 사다리의 기둥 또는 발판을 잡고 내려와야 한다.

20. LPG 저장 설비 중 구형 저장탱크의 특징을 열거한 것이다. 아닌 것은?

① 강도가 크고 동일 용량으로는 표면적이 가장 크다.
② 구조가 간단하고 시설비가 싸다.
③ 드레인(drain)이 쉽고 악천후에도 유지관리가 용이하다.
④ 단열성이 높아서 −50℃ 이하의 산소, 질소, 메탄, 에틸렌 등의 액화가스 저장에 적합하다.

해설 구형 탱크의 특징
㉠ 모양이 아름답다.
㉡ 동일 용량의 가스 액체를 저상 시 표면적이 작고 강도가 높다.
㉢ 누설이 방지된다.
㉣ 건설비가 싸다.
㉤ 구조가 단순하고 공사가 용이하다.

21. 펌프 가동 시 발생하는 현상 중 입출구의 진공계 및 압력계의 바늘이 흔들리고, 송출유량이 주기적으로 변화하는 이상 현상은?

① 수격작용   ② 포밍 현상
③ 캐비테이션   ④ 서징 현상

22. 다음은 관을 배열하여 설치해 놓은 파이프 래크(pipe rack)상의 배관도이다. 그림에서 유틸리티 배관은 어디에 배치하는 것이 가장 이상적이겠는가?

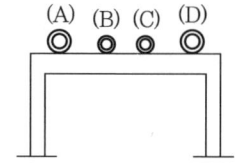

① (A)와 (B)   ② (B)와 (C)
③ (C)와 (D)   ④ (A)와 (D)

해설 ② 단층 래크일 경우 유틸리티 배관은 중앙에 설치한다.

23. 배관의 상하이동을 허용하면서, 관지지력을 일정하게 하는 것으로 추를 이용한 중추식과 스프링을 이용하는 방법이 있는 행어는?

① 턴버클 행어   ② 리지드 행어
③ 콘스턴트 행어 ④ 롤러 행어

24. 주철관의 소켓접합 시 납을 녹여 부을 때 납이 튀기는 가장 주된 원인은?

① 접합부에 물기가 있기 때문이다.
② 접합부가 너무 건조하기 때문이다.
③ 접합부가 깨끗하기 때문이다.
④ 접합부의 온도가 높기 때문이다.

25. 도장공사의 목적과 거리가 가장 먼 것은?

① 도장면의 미관을 목적으로 한다.
② 방식을 목적으로 한다.
③ 색 분별에 의한 식별을 목적으로 한다.
④ 재질의 변화를 목적으로 한다.

26. 일반적으로 가스용접에 사용되는 가스 종류가 아닌 것은?

① 산소-프로판가스
② 산소-수소가스

③ 산소-아세틸렌가스
④ 산소-질소가스

해설 질소는 무색, 무미, 무취의 기체로 액체나 고체 상태가 되었을 때도 무색이며, 다른 물질과 결합하지 않는다. 또한, 폭발성 기체와 결합하지 않는다.

27. 가스 절단 시 절단속도에 영향을 미치지 않는 인자는?

① 모재의 온도　　② 산소의 소비량
③ 산소의 압력　　④ 절단전압

해설 가스 절단 시 절단속도는 절단 산소의 압력이 높고 소비량이 많을수록 거의 비례적으로 증가하며, 모재의 온도가 높을수록 고속절단이 가능하다. 그 밖에 절단 산소의 순도, 분출상태 및 분출속도에 따라 절단속도에 영향을 미친다.

28. 배관용 수공구인 줄(file)의 크기(길이)는 어떻게 표시하는가?

① 자루를 포함한 전체의 길이
② 자루를 제외한 전체의 길이
③ 자루를 제외한 전체 길이에 대한 눈금 수
④ 눈금의 거친 정도

29. 지름 20mm 이하의 동관을 이음할 때, 기계의 점검 보수 등을 위해 관을 분해하기 쉽게 할 수 있는 동관 이음 방법은?

① 플레어 이음　　② 슬리브 이음
③ 타이톤 이음　　④ 플라스턴 이음

해설 플레어 접합 : 20 mm 이하 동관을 배관할 때, 기계의 점검·보수 등을 할 때 편리하게 하기 위하여 관 끝을 플레어링 툴 세트로 나팔관 모양으로 벌려 플레어 너트(압축 이음쇠)로 접합하는 방식이며 일명 압축 접합이라고도 한다(강관의 유니언에 의한 접합과 비슷).

30. 다음 그림과 같은 순서로 용접하여 변형과 잔류 응력을 적게 발생하도록 하기 위해 사용되는 용착법은?

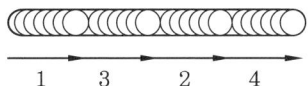

① 후진법　　② 전진법
③ 비석법　　④ 대칭법

해설 ㉠ 전진법 : 용접 시작 부분보다 끝나는 부분이 수축 및 잔류 응력이 커서 용접이음이 짧고 변형 및 잔류 응력이 그다지 문제가 되지 않을 때 사용한다.
㉡ 후진법 : 용접을 단계적으로 후퇴하면서 전체 길이를 용접하는 방법으로 수축과 잔류 응력을 줄이는 방법이다.
㉢ 대칭법 : 용접 전 길이에 대하여 중심에서 좌우로 또는 용접물 형상에 따라 좌우 대칭으로 용접하여 수축 응력을 경감한다.
㉣ 비석법 : 스킵법이라고도 하며, 짧은 용접 길이로 나누어 놓고 간격을 두면서 용접하는 방법으로 특히 잔류 응력을 적게 할 경우 사용한다.
㉤ 교호법 : 열 영향을 세밀하게 분포시킬 때 사용한다.

31. 호칭지름 20A의 강관을 곡률 반경 90mm로 90° 구부림을 할 경우 중심부 곡선 길이는 약 몇 mm인가?

① 141　　② 151
③ 167　　④ 177

해설 $R = 2 \times \pi \times r \times \dfrac{\theta}{360}$
$= 2 \times 3.14 \times 90 \times \dfrac{90}{360} = 141.3 \text{mm}$

32. 스테인리스 강관의 접합 방법에 관한 설명으로 틀린 것은?

① MR 이음은 관의 나사내기 작업이 필요

없고 배관작업이 간단하다.
② 스테인리스 강관의 이음 방식에는 나사식 이음, 납땜 이음, 플랜지 이음, 용접 이음 등이 있다.
③ 몰코 이음 방식은 프레스 공구를 사용하여 그립 조(grip jaw)가 이음쇠에 밀착되며 압착되어 이음이 완료된다.
④ 스테인리스 관의 용접은 TIG 용접이 많이 이용되며 일명 CO_2 용접이라고도 한다.

해설 특수용접 방법에는 티그 용접과 CO_2 용접이 있으며, TIG 용접은 아르곤 가스를 사용하므로 일명 아르곤 용접이라고 한다.

33. 관을 구부릴 때 사용하는 파이프 벤딩기의 종류가 아닌 것은?
① 램식(ram type)
② 폼식(former type)
③ 로터리식(rotary type)
④ 수동 롤러식(hand roller type)

34. 오수 및 잡배수, 빗물 배수 계통의 옥외배관에 사용되고 관의 길이가 짧아 이용개소가 많이 생기며 관과 소켓 사이에 모르타르를 채워 접합하는 이음은?
① PB관 이음   ② 용착 슬리브 이음
③ 도관 이음   ④ 인서트 이음

35. 하수 배관에서 콘크리트관이 많이 사용되고 있다. 다음 중 콘크리트관의 이음이 아닌 것은?
① 콤포 이음
② 몰코 이음
③ 칼라 신축 이음
④ 턴 앤드 글로브 이음

해설 몰코 이음은 스테인리스관의 결합 방법이다.

36. 주철관의 이음 방법 중 노허브 이음의 특징에 관한 내용으로 틀린 것은?
① 드라이버를 사용하여 쉽게 이음할 수 있다.
② 노허브 직관은 임의의 길이로 절단하여 사용할 수 있어 견적 및 시공이 편리하다.
③ 누수가 발생하면 고무패킹을 교환하거나 죔 밴드를 풀어 주면 된다.
④ 커플링 나사 결합으로 시공이 완료되어 공수를 줄일 수 있다.

해설 누수가 발생하면 고무패킹을 교환하거나 죔 밴드를 조여주면 된다.

37. 관 절단 후 절단된 관 단면의 안쪽에 생기는 거스러미 제거용으로 사용되는 공구는?
① 파이프 렌치   ② 파이프 커터
③ 파이프 리머   ④ 파이프 바이스

38. 폴리에틸렌관의 이음법 중 접합강도가 가장 확실하고 안전한 이음법은?
① 용착 슬리브 이음   ② 인서트 이음
③ 테이퍼 이음   ④ 나사 이음

39. 그림과 같은 판금 제품인 원통을 정면에서 투상하였을 때 진원인 구멍 1개를 제작하려고 한다. 전개한 현도 상의 진원 구멍 부분 형상으로 가장 적합한 것은?

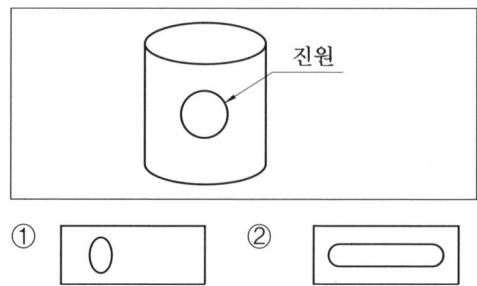

정답 33. ②　34. ③　35. ②　36. ③　37. ③　38. ①　39. ④

40. 파이프의 접속 표시를 나타낸 것이다. 관이 접속하지 않을 때의 상태는 어느 것인가?

41. 기계구조용 탄소 강관의 KS 재료 기호는?
① SPC ② SPS
③ SNP ④ STKM

42. 기계제도에서 대상물의 보이는 부분의 외형을 나타내는 선의 종류는?
① 가는 실선 ② 굵은 파선
③ 굵은 실선 ④ 가는 1점 쇄선

43. 다음 그림과 같은 투상도는 어떤 단면도를 사용하여 나타내고 있는가?

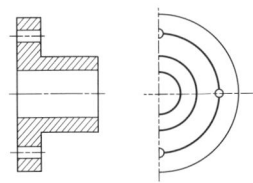

① 한쪽 단면도 ② 온 단면도
③ 부분 단면도 ④ 계단 단면도

44. 다음 그림의 KS 용접 보조기호를 올바르게 해독한 것은?

① 필릿 용접의 중앙부를 볼록하게 다듬질
② 필릿 용접부 토를 매끄럽게 다듬질
③ 필릿 용접 끝단부에 영구적인 덮개 판을 사용
④ 필릿 용접 중앙부에 제거 가능한 덮개 판을 사용

45. 일반적인 판금 전개도의 전개법이 아닌 것은 어느 것인가?
① 평행선법 ② 방사선법
③ 다각전개법 ④ 삼각형법

46. 플러그 용접 기호로 올바른 것은?

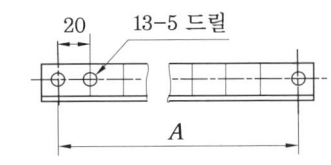

47. 다음 그림과 같은 도면에서 A 부분의 치수 값은 몇인가?

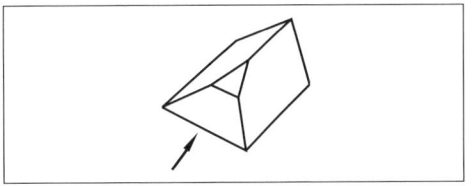

① 100 ② 120
③ 240 ④ 260

해설 13-5 드릴은 지름이 5mm인 구멍이 13개임을 의미하며, 원과 원 사이의 간격은 20 mm이므로 20×12 = 240 mm이다.

48. 다음 그림의 입체도에서 화살표 방향이 정면일 때 제3각법으로 투상한 것으로 옳은 것은?

정답 40. ① 41. ④ 42. ③ 43. ② 44. ② 45. ③ 46. ② 47. ③ 48. ①

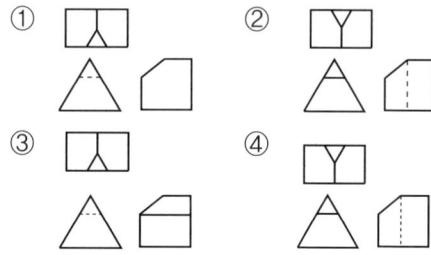

49. 구리관의 특징을 설명한 것으로 틀린 것은 어느 것인가?
① 담수에 대한 내식성은 크나 연수에는 부식된다.
② 열전도율이 좋아 냉난방 배관과 열교환기용 튜브 등의 용도로 사용된다.
③ 실온의 공기 및 탄산가스를 포함한 공기 중에서도 변하지 않는다.
④ 동관에는 무산소 동관, 인 탈산 동관 등이 있다.

50. 수도용 경질 염화비닐관의 종류가 아닌 것은 어느 것인가?
① TS관   ② 편수 컬러관
③ 직관   ④ U관

51. 폴리부틸렌관 이음에 필요한 부속을 나열하였다. 필요하지 않는 것은 다음 중 어느 것인가?
① 그래브 링(grab ring)
② 플랜지(flange)
③ 스페이스 와셔
④ O-링

52. 강관의 종류와 KS기호 표시가 올바르게 짝지어진 것은?
① 수도용 아연도금 강관 – STPW
② 압력배관용 탄소 강관 – SPPS
③ 고압배관용 탄소강 강관 – SPPT
④ 수도용 도복장 강관 – SPPW
해설 ① SPPW, ③ SPPH, ④ STPW

53. 다음 중 100℃ 이상의 고온 배관으로 사용할 수 없는 개스킷은?
① 네오프렌   ② 금속류
③ 천연고무   ④ 합성수지류
해설 ① 네오프렌: −46~121℃
② 금속류
 ㉠ 주석(Sn): 400℃
 ㉡ 구리(Cu): 300℃
 ㉢ 모넬메탈: 250℃
 ㉣ 크롬강: 650℃
④ 합성수지류: −260~260℃

54. 배관용 보온재 중 고순도의 알루미나와 실리카를 전기로에서 2000℃의 고온으로 용융시키고 그 고용융체를 증기 또는 공기의 고속 기체로 내뿜어 섬유화하는 방법으로 제조된 것은 어느 것인가?
① 블로 울(blow wool)
② 글라스 폼(glass foam)
③ 세락 울(cerak wool)
④ 슬래그 울(slag wool)

55. 신축이음에서 평면상의 변위 및 입체적인 범위까지 흡수하여 어떠한 형상에 의한 신축에도 배관이 안전한 신축이음쇠는?
① 볼조인트 신축이음쇠
② 루프형 신축이음쇠
③ 슬리브 신축이음쇠
④ 스위블 신축이음쇠
해설 신축이음쇠: 관의 팽창과 수축 등의 변형을 흡수하는 것을 목적으로 배관 중에 설치하는 이음쇠를 말한다.

정답 49. ③ 50. ④ 51. ② 52. ② 53. ③ 54. ③ 55. ①

56. 스테인리스 강관의 특성이 아닌 것은 어느 것인가?

① 내식성이 우수하다.
② 강관에 비해 기계적 성질이 우수하다.
③ 저온 충격에 약하다.
④ 위생적이어서 적수, 백수, 청수의 염려가 적다.

57. 다음 중 내열성, 내수성이 크고 전기절연도가 우수하며, 도료접착제, 방식용으로 널리 사용되는 도장재료는?

① 광명단 도료   ② 합성수지 도료
③ 알루미늄 도료 ④ 에폭시 수지

58. 다음 배수용 주철관 이형관의 설명 중 틀린 것은?

① 이음쇠 부분에 찌꺼기가 쌓이는 것을 방지하기 위해 분기관이나 Y자형으로 매끄럽게 만들어져 있다.
② 이음부는 주로 소켓 이음관으로서 여러 종류가 있다.
③ 배수용 주철관과 배수용 연관을 쉽게 접합할 수 있다.
④ 굴곡부는 주로 동관 엘보로 한다.

59. 다음 중 전동 밸브에 해당되는 것은 어느 것인가?

① 2방향 밸브
② 감압밸브
③ 안전밸브
④ 체크밸브

해설 전동 밸브 : 콘덴서 모터를 구동하여 감속된 회전운동을 링크기구에 의한 왕복운동으로 바꾸어서 제어 밸브를 개폐하며 일반 설비에 사용되는 각종 유체의 온도, 압력, 유량 등의 원격제어나 자동제어에 사용된다. 출입구 수에 따라 2방향 밸브와 3방향 밸브가 있다.

60. Y형 스트레이너는 45° 경사진 Y형 본체에 원통형 금속망을 넣어 불순물을 제거하는데 이 금속망의 개구 면적은 호칭 지름 단면적의 몇 배 정도가 적당한가?

① 약 4배
② 약 3배
③ 약 5배
④ 약 7배

정답 56. ③ 57. ④ 58. ④ 59. ① 60. ②

배관기능사
Craftsman Plumbing

CBT 실전 테스트 (4)

1. 스테인리스강, 황동, 인청동 등의 얇은 판으로 만든 격막이 상하면에 작용되는 압력차에 따라 변형되는 정도를 이용해 압력을 측정하는 것은?

① 다이어프램 압력계
② 경사관식 압력계
③ 부르동관 압력계
④ U자관 압력계

해설 탄성식 압력계의 종류
㉠ 다이어프램식 : 탄성체의 막판을 격막으로 사용하여 압력에 대한 탄성 변화를 이용하여 압력을 측정한다.
 – 재료 : 고무, 테플론, 스테인리스 등을 사용한다.
㉡ 벨로스식 : 원통으로 생긴 주름통의 탄성 변위를 이용하여 압력을 측정한다.
 – 재료 : 베릴륨 합금, 인청동, 스테인리스
㉢ 부르동관식 : 저압에서부터 고압까지 용이하게 측정할 수 있으나 측정의 정밀도는 그다지 높지 않다.
 – 재료
 • 저압용 : 인청동, 황동, 니켈, 청동
 • 고압용 : 합금강, 스테인리스강

2. 부피에 비하여 전열면적이 커서 전열 효과가 우수하므로 많이 사용되는 일반적인 열교환기로 여러 개의 직관 또는 U자관을 원통형 셸(shell) 속에 설치한 열교환기는?

① 단관식 열교환기
② 다관식 열교환기
③ 2중관식 열교환기
④ 2중관 고정형 열교환기

해설 다관식 열교환기는 고정관판형, 유동두형, U자관형, 케틀형 등이 있다.

3. 배수 및 통기설비 시공법에 관한 사항 중 틀린 것은?

① 통기관은 최고 기구 수면 이상까지 올려 세운 뒤 통기관에 연결한다.
② 이중트랩을 만들어서는 안 된다.
③ 가솔린 트랩의 통기관은 다른 일반 통기관에 연결하여 지붕 위까지 올려 세워 대기 중에 개구한다.
④ 빗물 수직관에 배수관을 연결하여서는 안 된다.

해설 통기관 출구는 그대로 옥상까지 수직으로 뽑아 올리거나 배수 신정 통기관에 연결한다.

4. 가연성 가스 취급 시 유의사항으로 틀린 것은 어느 것인가?

① 옥내 설치 시는 충분한 환기와 통풍이 되도록 조치한다.
② 아세틸렌이나 LPG 용접 시는 가연성 가스가 누설되지 않도록 한다.
③ 가연성 가스 주변에는 점화원이 없어야 한다.
④ 가연성 가스 용기는 반드시 눕혀서 저장한다.

해설 가연성 가스 용기는 반드시 세워서 보관한다.

5. 관의 절단에서 고속 숫돌 절단기 작업 시 안전사항으로 잘못된 것은?

① 보호안경을 끼고 작업한다.
② 절단기 주위에 가연성 물질이 있는가 확

정답 1. ① 2. ② 3. ③ 4. ④ 5. ④

인한다.
③ 절단 휠(wheel)은 완전히 고정한 후 진동이 없도록 한다.
④ 관은 바이스에 여러 개씩 물리고 절단하는 것이 경제적이고 안전하다.

해설 고속 숫돌 절단기 작업 시에는 절단하고자 하는 관을 바이스에 여러 개씩 물리고 한 번에 자르는 일이 없도록 해야 하며 무리한 힘을 가하여 절단하지 않는다. 또한 회전 중 절단 휠에 충격이 가지 않도록 주의하며 절단 휠 교체 시에는 균열 여부를 확실히 확인한다.

6. 저장탱크에서 열교환기로 액화가스를 공급하고 기화장치에서 기화된 가스를 조정기에 의해 감압하여 공급하는 기화 방식은 무엇인가?
① 자연기화 방식
② 가온감압 방식
③ 감압가열 방식
④ 저온기화 방식

7. 가스설비에서 긴급차단장치에 대한 설명 중 맞지 않는 것은?
① 배관 내의 가스 유출 시 누설 양을 감소시켜 피해를 최소한 줄이기 위한 장치이다.
② 탱크 주 밸브 외부에서 탱크 가까운 위치 또는 내부에 부착한다.
③ 작동 온도는 30℃에서 하도록 한다.
④ 조작위치는 탱크로부터 5 m 이상으로 방류둑 설치 시 외부에 설치한다.

해설 긴급차단장치 : 고압가스 설비에서 가스가 누설됐거나 화재가 발생했을 때 1차적인 재해의 확산을 방지하기 위해 설비를 구분하거나 원재료의 공급을 차단하여 2차적인 재해를 방지하기 위해 설치하는 안전장치를 말한다.
㉠ 역압, 기체압, 전기 또는 스프링 등을 동력원으로 이용하는 것으로 하며, 정전 시 등에도 정상적인 기능을 할 수 있도록 보완 전력을 갖추는 것으로 한다.
㉡ 배관 외면의 온도가 섭씨 110℃일 때에 자동적으로 작동될 수 있는 것으로 한다.
㉢ 조작할 수 있는 위치는 위험 개소로부터 5 m 이상 떨어진 안전한 것으로 한다.
㉣ 긴급 차단 밸브는 주 밸브와 병용하지 않는 것으로 한다.

8. 석유 화학 배관에서 부식, 마모 등으로 구멍이 생겨 유체가 누설된 경우 다른 방법으로 누설을 막기 곤란할 때 사용하는 방법은?
① 코킹법
② 인젝션법
③ 박스 설치법
④ 스토핑 박스법

해설 플랜트 배관설비의 응급조치법에는 ①, ②, ③, ④ 외에 호트태핑법과 플러깅법이 있다.
㉠ 코킹법 : 관 내의 압력과 온도가 비교적 낮고 누설부분이 작은 경우
㉡ 인젝션법 : 부식, 마모 등으로 구멍이 생겨 유체가 누설될 경우
㉢ 박스 설치법 : 내압이 높고 고온인 유체가 누설될 경우
㉣ 스토핑 박스법 : 밸브, 콕 등의 글랜드 부에서 보충 쬠을 해도 누설이 계속되고 더 이상 쬠 여분이 없을 경우
㉤ 호트태핑법 및 플러깅법 : 장치의 운전을 정지시키지 않고 유체가 흐르는 상태에서 고장을 수리하는 경우

9. 화씨 23°F와 가장 가까운 섭씨온도는 얼마인가?
① 19℃
② −19℃
③ −5℃
④ 5℃

해설 $℃ = (°F - 32) \times \left(\dfrac{5}{9}\right)$

$(23 - 32) \times \left(\dfrac{5}{9}\right) = -5℃$

10. 압축공기 배관시공에 대한 설명으로 옳은 것은?
① 압축공기 배관의 부속장치에는 공기 탱크, 공기 빼기관, 공기 토출관, 급수 탱크,

정답 6. ② 7. ③ 8. ② 9. ③ 10. ④

배수 트랩 등이 있다.
② 사용압력이 비교적 낮은 1 MPa 이하의 배관에는 보통 SPHT(고온 배관용 탄소강관)을 사용한다.
③ 고압용 배관이라 하더라도 유니언이나 플랜지로 관을 연결할 경우에는 패킹을 삽입할 필요가 없다.
④ 가급적 용접 개소는 적게 하고 라인의 중간에 여과기를 장착하여 공기 중에 섞인 이물질을 제거한다.

해설 압축공기 배관
㉠ 부속장치는 분리기, 후부 냉각기, 밸브, 공기 탱크, 공기 여과기, 공기 흡입관이 있다.
㉡ 1 MPa 이하의 배관은 저압용 배관으로 일반적인 가스관을 사용한다.

11. 고압증기의 관말트랩이나 유닛 히터 등에 많이 사용하는 것으로 상향식과 하향식이 있는 트랩은?

① 플로트 트랩 ② 버킷 트랩
③ 바이메탈식 트랩 ④ 벨로스 트랩

해설 버킷 트랩(기계식 트랩)은 상향식, 하향식이 있다.

12. 스테인리스관의 접합 방법 중 몰코 이음에 대한 설명으로 틀린 것은?

① 파이프를 몰코 이음쇠에 끼우고 전용 공구로 압착해 주면 작업이 완료된다.
② 작업에 숙련이 필요하다.
③ 경량 배관 및 청결 배관을 할 수 있다.
④ 화기를 사용하지 않고 접합을 하므로 화재의 위험성이 적다.

해설 몰코 이음은 화기 사용이 없는 만큼 안전하며 전용 공구만 있으면 누구나 작업이 가능하다.

13. 신축 이음쇠의 종류에 따른 설명이 틀린 것은?

① 슬리브형 신축 이음쇠는 호칭지름 50 A 미만은 주철제이고 50 A 이상은 청동제로 되어 있고, 설치공간을 루프형보다 많이 차지한다.
② 볼조인트형 신축 이음쇠의 종류는 나사식, 용접식, 플랜지식이 있다.
③ 루프형 신축 이음쇠는 고온 고압의 옥외 배관에 사용되며, 곡률 반경은 관지름의 6배 이상이 좋다.
④ 벨로스형 신축 이음쇠는 관의 신축에 따라 슬리브와 함께 신축하며, 슬라이드 사이에서 유체가 누설되는 것을 방지한다.

해설 슬리브형 신축 이음쇠는 50 A 이하의 것은 나사 결합식, 65 A 이상의 것은 플랜지 결합식이다.

14. 강관의 일반적인 접합법에 해당되지 않는 것은?

① 나사 이음 ② 용접 이음
③ 플랜지 이음 ④ 타이톤 이음

해설 타이톤 이음은 주철관 접합에 속한다.

15. 콘크리트관의 이음에서 지반이 갈라지거나 침하 또는 주행하중에 따른 진동에 대비한 이음으로 적합한 것은?

① 주철 이음
② 턴 앤드 글로브 이음
③ 기볼트 이음
④ 칼라 신축 이음

해설 칼라 접합 : 철근 콘크리트제 칼라로 소켓을 만든 후 콤포로 채워 접합하는 방식이다.

16. 순수한 것은 무색, 무취이며 산소와 혼합 연소되면 밝은 빛을 내면서 타고 알코올에는 6배, 아세톤에는 25배 정도 용해되는 성질을 가진 가스 용접에 사용되는 물질은?

① 질소
② 아세틸렌
③ 수소
④ 액체 석유 가스

17. 비교적 사용압력(1 MPa 이하)이 낮은 증기, 물, 가스 등의 유체의 배관에 가장 적합한 관은?

① 배관용 오스테나이트 스테인리스 강관
② 배관용 합금강 강관
③ 일반 구조용 강관
④ 배관용 탄소 강관

해설 ㉠ 배관용 탄소 강관 : 사용압력이 낮은 증기, 물, 기름, 가스 및 공기 등에 사용한다.
㉡ 배관용 합금강 강관 : 주로 고온도의 배관용으로 쓰인다.
㉢ 배관용 스테인리스 강관 : 내식용, 내열용 및 고온 배관용, 저온 배관용에 사용된다.
㉣ 일반 구조용 강관 : 토목, 건축, 철탑, 지주와 기타의 구조물용으로 사용되며, 모두 5종류로 나뉜다.

18. 동관의 종류에 해당되지 않는 것은?

① 이음매 없는 무산소 동관
② 이음매 없는 터프 피치 동관
③ 이음매 없는 인탈산 동관
④ 이음매 없는 황탈산 동관

19. 체크 밸브(check valve)에 관한 설명으로 틀린 것은?

① 해머리스형 체크 밸브는 역류 및 워터해머 발생을 방지하는 역할을 한다.
② 체크 밸브는 유체의 역류를 방지하기 위해 사용한다.
③ 스윙형 체크 밸브는 수평·수직 배관에 사용한다.
④ 리프트형 체크 밸브는 수직 배관에서만 사용한다.

해설 리프트형 체크 밸브는 수평 배관에만 사용되며, 스윙식 체크 밸브는 수직, 수평 배관에 모두 사용된다.

20. 나사용 패킹의 종류가 아닌 것은 어느 것인가?

① 일산화연
② 액상 합성수지
③ 메탈 패킹
④ 광명단 혼합 페인트

21. 기계 재료의 종류 번호 "SM 400A"가 뜻하는 것은?

① 일반 구조용 압연 강재
② 기계 구조용 압연 강관
③ 용접 구조용 압연 강재
④ 자동차 구조용 열간 압연 강판

해설 SM : 용접 구조용 압연 강재
400 : 최저 인장 강도

22. 고온고압 화학배관용 관재료로서 갖추어야 할 조건 중 틀린 것은?

① 관재료는 크리프 강도가 커야 하나 플랜지부는 크리프 강도가 약해도 좋다.
② 유체에 대한 내식성이 커야 한다.
③ 고온도에서는 기계적 강도를 유지하고 저온도에서는 재질의 여림화를 일으키지 않아야 한다.

정답 16. ② 17. ④ 18. ④ 19. ④ 20. ③ 21. ③ 22. ①

④ 가공이 용이하고 값도 저렴해야 한다.

[해설] ① 고온고압용 금속재료는 크리프 강도가 커야 한다.

23. 열교환기를 사용 목적에 따라 분류하였다. 설명이 잘못된 것은?

① 가열기 : 유체를 증기 또는 장치 중의 폐열 유체로 가열하여 필요한 온도까지 상승시킨다.
② 재비기 : 장치 중에서 증발된 유체를 응축시킬 목적으로 사용한다.
③ 응축기 : 응축성 기체를 사용하여 잠열을 제거하여 액화시킨다.
④ 예열기 : 유체에 미리 열을 줌으로써 다음 공정에서 열 이용률을 증대한다.

[해설] 재비기(reboiler) : 증류탑 본체와는 별도로 설치한 증류 가마 또는 재비등기라고도 한다. 증류탑의 바닥에서 추출한 끓는점이 높은 쪽의 성분이 풍부한 액을 가열 증발하여 발생한 증기를 증기탑의 탑저에 되돌려 잔류한 액을 관출액으로 추출하기 위한 증발 장치이다.

24. 급수 설비에서 옥상 탱크식 배관법과 압력 탱크식 배관법에 대한 설명으로 올바른 것은 어느 것인가?

① 압력 탱크식 배관법은 취급이 간단하고 고장이 없다.
② 특정한 장치에 고압의 급수를 필요로 하는 곳에는 압력 탱크식이 유리하다.
③ 수압이 너무 높아 관 등의 파손의 염려가 있을 경우에는 압력 탱크식 배관법을 사용한다.
④ 압력계, 수면계, 안전밸브 등이 구비되어야 하는 것은 옥상 탱크식 배관법이다.

[해설] 압력 탱크식 : 지상에 밀폐 탱크를 설치하여 펌프로 물을 압입하면 탱크 내 공기가 압축되어 물이 압축 공기에 밀려 높이 급수된다. 특정한 장치에 고압의 급수가 필요할 때 사용될 수 있으며 압력계, 수면계, 안전밸브 등이 구비되어 있어야 한다.

25. 오수 처리 방식에서 정화의 원리에 속하지 않는 것은?

① 기계적 처리
② 물리적 처리
③ 화학적 처리
④ 생물 화학적 처리

[해설] 오수 처리 방식에서 정화의 원리는 다음과 같다.
㉠ 물리적 처리 : 스크린, 침전, 교반, 여과
㉡ 화학적 처리 : 중화, 응집, 침전
㉢ 생물 화학적 처리 : 호기성, 혐기성, 통성 혐기성

26. 보통 방열기 주위 배관에 사용하는 신축이음으로 설비비가 싸고, 쉽게 조립해서 만들 수 있는 것으로 회전 이음이라고도 불리는 신축 이음쇠의 형식은?

① 슬리브형
② 벨로스형
③ 볼 조인트형
④ 스위블형

[해설] 스위블형 신축 이음
㉠ 2개 이상의 엘보를 사용하여 이음부의 나사 회전을 이용해서 배관의 신축을 흡수한다.
㉡ 굴곡부에서 압력 강하를 가져오고 신축량이 큰 배관에서는 나사 접합부가 헐거워져 누수의 원인이 된다.
㉢ 설비비가 싸고 쉽게 조립해서 만들 수 있다.

정답 23. ② 24. ② 25. ① 26. ④

ⓔ 신축의 크기는 직관 길이 30 m에 대하여 회전관 1.5 m 정도로 조립하면 된다.

27. 섭씨 10도의 물 10리터를 섭씨 100도의 물로 가열하는 데 필요한 열량은 몇 kJ인가?

① 10　　　② 90
③ 900　　　④ 3767

해설 (100−10)×10 = 900 kcal
900×4.186 ≒ 3767 kJ

28. 석면 시멘트관의 이음 방법 중 고무 개스킷 이음이라고도 하며, 사용압력이 1.05 MPa 이상으로 굽힘성과 내식성이 우수한 것은?

① 칼라 이음
② 심플렉스 이음
③ 기볼트 이음
④ 모르타르 이음

해설 ⊙ 심플렉스 이음 : 석면 시멘트제 칼라와 2개의 고무링으로 접합 시공한다. 사용압력은 1.05 MPa 이상이고 굽힘성과 내식성이 우수하다.
ⓒ 모르타르 이음 : 철근 콘크리트관의 접합 방법이다.

29. 동관의 일반적인 이음 방법이 아닌 것은?

① 압축 이음　　② 플랜지 이음
③ 납땜 이음　　④ 타이톤 이음

해설 동관 이음의 종류 : 압축 이음, 납땜 이음, 플랜지 이음

30. 벨로스(bellows)형 신축 이음쇠에 대한 설명으로 적당하지 않은 것은?

① 일명 팩리스(packless) 신축 이음쇠라고도 한다.
② 비교적 고압 배관에 적당하다.
③ 형식은 단식과 복식이 있다.
④ 벨로스는 잘 부식되지 않는 스테인리스강 또는 청동 제품 등을 사용한다.

해설 벨로스형 신축 이음쇠 특징
⊙ 미끄럼형 내관을 벨로스로 싸고 슬리브의 미끄럼에 따라 벨로스가 신축하기 때문에 패킹이 없어도 유체가 새는 것을 방지할 수 있다.
ⓒ 설치 장소가 작고 응력이 생기지 않으며 누설이 없다.
ⓒ 고압 배관에는 부적당하다.
ⓔ 벨로스의 주름이 있는 곳에 응축수가 괴면 부식되기 쉽다.

31. 배관 중에 조절 밸브를 설치하고자 할 때의 방법으로 옳지 못한 것은?

① 감압 밸브는 진동발생으로 인한 문제점에 대비하여 지상에 설치한다.
② 리듀서는 조절 밸브로부터 가급적 멀리 설치한다.
③ 배관 중에 조절 밸브를 설치할 경우에는 주관 및 기기 측에 경사를 주어 배관하지 않아도 무관하다.
④ 조절 밸브 등에 의해 감압되는 경우에는 조절 밸브의 아래 측에 안전 밸브를 설치한다.

해설 ③ 배관 중에 조절 밸브를 설치할 경우에는 스팀 응축에 의한 해가 일어나지 않도록 주관 및 기기측에 경사를 준 배관으로 시공한다.

32. 고압, 중압 보일러 급수용으로 임펠러 내부에 안내 날개를 두어 고양정 급수용으로 적합한 펌프는?

① 인젝터　　　② 터빈 펌프
③ 피스톤 펌프　④ 플런저 펌프

해설 회전 운동 펌프는 안내 날개의 유무에 따라 벌류트 펌프와 터빈 펌프로 나뉜다.
㉠ 벌류트 펌프(volute pump) : 임펠러 둘레에 안내 날개가 없이 스파이럴 케이싱이 있다. 양정 15 m 이하의 저양정 펌프이다.
㉡ 터빈 펌프(turbine pump) : 임펠러와 스파이럴 케이싱 사이에 안내 날개가 있는 펌프로서, 디퓨저 펌프(diffuser pump)라고도 한다. 양정 20 m 이상의 고양정 펌프이다.

33. 2개의 날이 1조로 되어 있으며, 날이 고정홈 뒷면에 4개의 조로 관의 중심을 맞출 수 있는 스크롤이 있고, 비교적 좁은 공간에서 작업이 가능한 나사 절삭기는?

① 리드형 나사 절삭기
② 비버형 나사 절삭기
③ 오스터형 나사 절삭기
④ 드롭헤드형 나사 절삭기

34. 다음 그림과 같이 런(run)의 길이가 300 mm이고, 대각선 길이가 500 mm일 때 오프셋 길이(L)는 몇 mm인가?

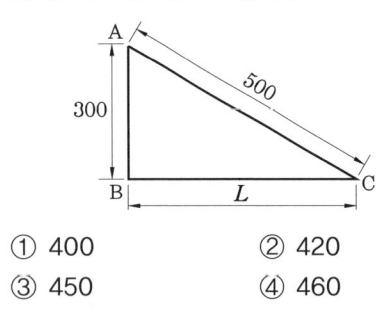

① 400
② 420
③ 450
④ 460

해설

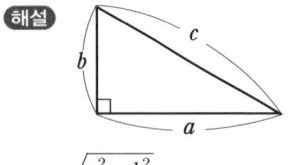

$a = \sqrt{c^2 - b^2}$
∴ $L = \sqrt{500^2 - 300^2} = \sqrt{160000} = 400$

35. 주철관의 플랜지 접합에 관한 설명으로 옳지 않은 것은?

① 고압 배관, 펌프 등의 기계 주위에 이용된다.
② 패킹 재료는 고무, 석면, 납판 등이 사용된다.
③ 패킹의 한쪽 면에만 그리스를 발라야 떼어 낼 때 편리하다.
④ 스패너로 조일 때는 조금씩 평균하여 대칭으로 죄어 간다.

해설 플랜지 분해 시 패킹이 잘 분리되도록 패킹의 양쪽 면에 그리스를 발라야 한다.

36. 폴리에틸렌관의 이음법 중 접합 강도가 가장 확실하고 안전한 이음법은?

① 나사 이음
② 인서트 이음
③ 테이퍼 이음
④ 용착 슬리브 이음

37. 석면 시멘트관의 이음 방법 중 심플렉스 이음에 관한 설명으로 옳지 않은 것은?

① 칼라 속에 2개의 고무링을 넣고 이음한다.
② 프릭션 풀러를 사용하여 칼라를 잡아 당긴다.
③ 호칭 지름 70~500 mm의 지름이 작은 관에 많이 사용한다.
④ 내식성은 풍부하나 수밀성과 굽힘성이 좋지 않은 결점이 있다.

38. 경질 염화비닐관에 관한 설명으로 옳지 않은 것은?

① 내식성이 크고 산, 알칼리 등의 부식성 약품에 거의 부식되지 않는다.

정답 33. ① 34. ① 35. ③ 36. ④ 37. ④ 38. ③

② 저온에 약하며 한랭지에서는 조금만 충격을 주어도 파괴되기 쉽다.
③ 열에 강하고 약 150℃에서 연화한다.
④ 열팽창률이 크기 때문에(강관의 7~8배) 온도 변화에 신축이 심하다.

해설 (1) 장점
   (가) 내식성, 내약품성, 내유성이 우수하다.
   (나) 가볍고 강인하다.
   (다) 관의 마찰저항이 적다.
   (라) 열의 불양도체이다.
   (마) 배관 가공이 용이하다.
(2) 단점
   (가) 열에 약하고 70~80℃부터 연화하기 시작한다. 일반적으로 사용 온도는 50~70℃ 범위이다.
   (나) 열팽창률이 심하다.
   (다) 충격 강도가 작다.

39. 동관을 두께별로 분류한 것이다. 가장 두꺼운 것은?
① K type   ② L type
③ M type   ④ N type

해설 동관을 두께별로 분류하면 K형(가장 두껍다) > L형(두껍다) > M형(보통 두께) > N형(얇은 두께)으로 나뉜다.

40. 형태에 따라 직관과 이형관으로 나누며 보통 흄(hume)관이라도 불리는 관은?
① 석면 시멘트관
② 콘크리트 이형관
③ 철근 콘크리트관
④ 원심력 철근 콘크리트관

해설 석면 시멘트관은 에터니트관이라고도 하며, 흄관은 원심력 철근 콘크리트관의 통칭이다.

41. 강관의 스케줄 번호와 가장 관계가 깊은 것은?

① 관의 종류   ② 관의 길이
③ 관의 두께   ④ 관의 호칭 지름

해설 스케줄 번호(Sch No.) : 강관의 두께를 표시하는 번호

42. 스트레이너는 배관에 설치되는 밸브, 트랩 등 중요 기기 앞에 설치하여 관 속의 유체에 섞여있는 이물질을 제거하는데 그 종류에 속하지 않는 것은?
① Y형   ② S형
③ U형   ④ V형

해설 스트레이너 종류 : Y형, U형, V형

43. 열을 잘 반사하여 난방용 방열기 등의 외면 도장에 적합한 도료는?
① 알루미늄 도료   ② 산화철 도료
③ 광명단 도료   ④ 타르 및 아스팔트

해설 알루미늄 도료(은분) : 알루미늄 분말에 유성 바니시를 섞은 도료이다. 알루미늄 도막은 금속 광택이 있으며 열을 잘 반사하고, 400~500℃의 내열성을 지니고 있어 난방용 방열기 등의 외면에 도장한다.

44. 보온재의 종류 선정 시 고려해야 할 사항이다. 틀린 것은?
① 안전 사용 온도 범위에 적합해야 한다.
② 열전도율이 가능한 한 작아야 한다.
③ 흡수성이 크고 가공이 용이해야 한다.
④ 물리적, 화학적 강도가 커야 한다.

해설 보온재의 구비 조건
㉠ 열전도율이 작을 것
㉡ 부피 및 비중이 작을 것
㉢ 다공성이며, 기공이 균일할 것
㉣ 흡수성 및 흡습성이 작을 것
㉤ 내구성 및 기계적 강도가 양호할 것
㉥ 물리적, 화학적 강도가 클 것

정답 39. ① 40. ④ 41. ③ 42. ② 43. ① 44. ③

45. 다음은 강관 플랜지의 시트(seat)의 종류이다. 이 중 위험성이 있는 유체의 배관 또는 매우 기밀을 요구할 때 사용되는 것은 어느 것인가?

① 전면 시트
② 대평면 시트
③ 소평면 시트
④ 홈꼴형 시트

해설 홈꼴형 시트 : 누설 위험성이 큰 유체 등을 이송할 때 플랜지에 사용하는 시트이다. 홈 시트 또는 채널형 시트라고도 한다.

46. 용접부의 도시기호가 "a4△3×25(7)"일 때의 설명으로 틀린 것은?

① △ – 필릿용접
② 3 – 용접부의 폭
③ 25 – 용접부의 길이
④ 7 – 인접한 용접부의 간격

해설 ㉠ △ : 필릿용접
㉡ a4 : 목 두께가 4 mm
㉢ 3 : 용접부 개소가 3개소
㉣ 25 : 용접부의 길이가 25 mm
㉤ 7 : 인접한 용접부 간의 거리가 7 mm

47. 배관의 세정 방법 중 기계적 세정 방법에 해당하는 것은?

① 순환 세정법
② 피그 세정법
③ 침적 세정법
④ 스프레이 세정법

해설 피그 세정법은 공기, 질소, 물, 약품 등을 이용하여 세정하는 방식이다.

48. 가스 배관 설비의 보수에서 잔류 가스를 처리하기 위한 방출관의 높이는 지상에서 몇 m 이상 높이로 설치하는가?

① 3   ② 4
③ 5   ④ 6

해설 가스 방출관의 높이는 저장 탱크의 정상부로부터 2 m 이상, 지반면으로부터 5 m 이상 높게 설치한다.

49. 보일러 급수에 용해되어 있는 공기 중 산소, 이산화탄소 등의 용존 기체를 제거하는 장치는?

① 환원기   ② 탈기기
③ 증발기   ④ 절탄기

해설 ① 환원기 : 응축수를 회수하여 보일러로 급수하는 장치
② 탈기기 : 보일러 급수처리에서 용존 산소나 가스 등의 활성가스를 제거하는 장치
③ 증발기 : 용액을 가열함으로써 용매를 기화하여 제거하는 장치
④ 절탄기 : 보일러에서 배출되는 배기 가스의 여열을 이용하여 급수를 예열하는 장치

50. 석면 시멘트관의 이음에서 칼라 속에 2개의 고무링을 넣고 이음하는 방식으로 고무 개스킷 이음이라고도 하는 이음법은?

① 콤포 이음
② 고무링 이음
③ 플레어 이음
④ 심플렉스 이음

해설 ④ 심플렉스 이음은 사용압력이 1.05 MPa 이상이고 굽힘성과 내식성이 우수하다.

51. 강관의 가스 절단에 대한 원리를 가장 정확하게 설명한 것은?

① LPG와 강관의 융화 반응을 이용하여 절단한다.

정답 45. ④ 46. ② 47. ② 48. ③ 49. ② 50. ④ 51. ③

② 질소와 강관의 탄화 반응을 이용하여 절단한다.
③ 산소와 강관의 화학 반응을 이용하여 절단한다
④ 아세틸렌과 강관의 역화 반응을 이용하여 절단한다.

해설 강관의 가스 절단에 대한 원리 : 절단 부분을 예열불꽃으로 가열하여 모재가 불꽃의 연소온도 약 800~900℃에 도달했을 때 고순도의 고압가스를 분출시켜 산소(O_2)와 철(Fe)과의 화학 반응을 이용하는 절단 방법이다.

52. 다음 중 동력 파이프 나사 절삭기가 아닌 것은?
① 호브식　　　② 로터리식
③ 오스터식　　④ 다이헤드식

해설 로터리식은 동력 파이프 벤딩 머신의 종류에 속한다.

53. 그래브 링(grab ring)과 O-링 부분에 실리콘 윤활유를 발라 준 후, 파이프를 연결 부속재에 가벼운 힘으로 수평으로 살며시 밀어 넣어 접합하는 관은?
① 폴리에틸렌관　　② 폴리부틸렌관
③ 폴리프로필렌관　④ 폴리에스테르관

해설 ② 폴리부틸렌(PB)관은 곡률 반경을 관경의 8배까지 굽힐 수 있고 나사 및 용접 배관을 하지 않고 관을 연결구에 삽입하여 그래브 링(grabring)과 O-링에 의한 특수 접합을 할 수 있다.

54. 주철관 이음에서 소켓 이음을 혁신적으로 개량한 것으로, 스테인리스강 커플링과 고무링만으로 쉽게 이음을 할 수 있는 접합 방법은?
① 빅토릭 접합　　② 기계적 접합
③ 플랜지 접합　　④ 노-허브 접합

해설 노 허브 접합의 특징
㉠ 드라이버 공구 하나로 쉽게 접합할 수 있다.
㉡ 커플링 나사 결합으로 시공이 완료되므로 공수를 줄일 수 있다.
㉢ 노 허브 직관은 임의의 길이로 절단하여 사용할 수 있어 견적 및 시공이 유리하다.
㉣ 유지 보수가 쉽다.

55. 배관용 패킹 재료를 선택할 때 고려하여야 할 사항으로 가장 거리가 먼 것은?
① 패킹 재료의 보온성
② 관 속에 흐르는 유체의 화학적인 성질
③ 관 속에 흐르는 유체의 물리적인 성질
④ 진동, 충격 등에 대한 기계적인 조건

해설 배관용 패킹 재료를 선택할 때 패킹 재료의 보온성은 고려하지 않아도 된다.

56. 신축으로 인한 배관의 좌우, 상하 이동을 구속하고 제한하는 목적으로 사용되는 리스트레인트(restraint)의 종류가 아닌 것은?
① 행어　　② 앵커
③ 스토퍼　④ 가이드

해설 행어(hanger)는 배관에 걸리는 하중을 위에서 걸어 당김으로써 지지하는 지지쇠이다.

57. 증기 트랩의 종류 중 열역학적 트랩에 해당되는 것은?
① 버킷 트랩　　② 플로트 트랩
③ 열동식 트랩　④ 디스크형 트랩

해설 열역학적 트랩에는 디스크형과 오리피스형이 있다.

58. 연단에 아마인유를 배합한 것으로 밀착력이 좋고 풍화에 강하며 다른 도료의 밑칠용

및 녹 방지용으로 사용하는 것은?

① 산화철 도료　② 알루미늄 도료
③ 광명단 도료　④ 합성수지 도료

해설 광명단 도료의 특징
㉠ 내수성이 강하고 흡수성이 작다.
㉡ 다른 착색 도료의 초벽용(밑칠)으로 우수하다.
㉢ 녹 방지에 널리 사용된다.

59. 다음 그림과 같은 용접 방법 표시로 맞는 것은?

① 삼각 용접　② 현장 용접
③ 공장 용접　④ 수직 용접

60. 전처리 작업 및 도장 시공에서 용해 아연 도장 시공 시 가장 적당한 온도와 습도는?

① 온도 10℃ 내외, 습도 46 % 정도
② 온도 10℃ 내외, 습도 76 % 정도
③ 온도 20℃ 내외, 습도 46 % 정도
④ 온도 20℃ 내외, 습도 76 % 정도

해설 ㉠ 전처리는 도장의 시공상 아주 중요한 공정으로서 도장할 표면의 녹 제거 및 탈지를 하는 것이다.
㉡ 전처리 작업 공정은 작업 부위의 표면이 복잡할수록 성의 있는 시공이 필요하다.
㉢ 유지류가 부착되었을 때는 약품 세척을 한다.
㉣ 용해 아연(알루미늄) 도금은 용해한 금속에 의한 일종의 도금법이며 도장 시공 시 온도는 20℃ 내외, 습도는 76 % 정도가 가장 좋다.

정답 59. ② 60. ④

배관기능사
Craftsman Plumbing

CBT 실전 테스트 (5)

1. 배관 접합법 중 납이 튀어 화상을 입을 우려가 가장 많은 작업으로 맞는 것은?

① 강관 나사 이음
② 주철관 타이톤 접합
③ 주철관 소켓 접합
④ PVC관 용접 작업

2. 도시가스 공급 설비에서 부취제(付臭劑)에 관한 설명으로 올바른 것은?

① 냄새를 제거하여 누설을 쉽게 감지할 수 없도록 하기 위함이다.
② 독성이 없고, 낮은 농도에서는 냄새 식별이 되지 않는 부취제이어야 한다.
③ 사용되는 부취제는 가스의 종류와 공급 지역에 따라 차이가 없도록 한다.
④ 가스의 누설을 초기에 발견하여 중독 및 폭발사고를 방지하기 위함이다.

[해설] 가스가 누설된 경우 초기에 발견하여 중독 및 폭발사고를 미연에 방지하기 위해 냄새로써 누설을 충분히 감지할 수 있도록 메르캅탄 등의 부취제를 주입한다.
부취제의 구비조건
㉠ 독성이 없고 낮은 농도에서 냄새 식별이 가능할 것
㉡ 화학적으로 안정되어 설비나 기구에 잘 흡착할 것
㉢ 완전연소가 가능하고 가격이 저렴할 것
㉣ 상온에서 응축되지 않을 것
㉤ 토양에 대한 투과성이 클 것

3. 압축공기 배관설비 부속장치에 대한 설명으로 틀린 것은?

① 분리기는 외부에서 흡입된 습기를 압축에 의해 분리하는 장치이다.
② 공기탱크는 공기의 흡입측 압력을 증가시키기 위한 장치이다.
③ 공기 여과기는 공기 속의 먼지를 제거하기 위한 장치이다.
④ 공기 흡입관은 압축할 공기를 흡입하기 위한 관이다.

[해설] 공기탱크 : 왕복식 압축기에서 압축공기를 불연속적으로 토출함으로써 생기는 맥동(압력의 소리)을 균일하게 하려고 설치한다.

4. 배관 라인에 대한 점검사항 설명으로 틀린 것은?

① 배관의 지지물이 완전한가 점검한다.
② 접합부는 외관상 이상이 없는가 점검한다.
③ 드레인 배출은 완전하게 되는가 점검한다.
④ 배관 라인에 에어 포켓이 발생되도록 구배를 점검한다.

[해설] 배관 라인에 에어 포켓이 발생되지 않도록 구배를 점검한다.

5. 스팀 사일런서(steam silencer)를 사용하여 증기를 직접 물속에 넣어 가열하는 급탕기로 맞는 것은?

① 전기 순간 온수기
② 저탕식 급탕기
③ 가스 순간 급탕기
④ 기수 혼합 급탕기

정답 1. ③ 2. ④ 3. ② 4. ④ 5. ④

6. 펌프에서의 캐비테이션(cavitation)의 발생 조건이 아닌 것은?
① 유체의 온도가 높을 경우
② 흡입양정이 짧을 경우
③ 날개 차의 원주속도가 클 경우
④ 날개 차의 모양이 적당하지 않을 경우

해설 캐비테이션을 일으키기 쉬운 조건
㉠ 흡입양정이 높을 경우, 액체의 온도가 높을 경우
㉡ 날개 차의 원주속도가 크고, 날개 차의 모양이 적당하지 않을 경우
㉢ 날개 차의 입구 부분과 출구 쪽에서는 틈새의 유동 부분과 안내 날개의 입구 부분 등에서 가장 많이 발생한다.

캐비테이션 방지책
㉠ 펌프의 설치 위치를 낮추고 흡입양정을 짧게 한다.
㉡ 펌프의 회전수를 낮추어서 흡입·비교 회전도를 적게 한다.
㉢ 단흡입 펌프를 양흡입 펌프로 바꾼다.
㉣ 흡입관 손실을 줄이기 위해서 흡입배관 관계는 관지름을 굵게, 굽힘을 적게 한다.

7. 화학 플랜트 배관 시 밸브의 부착요령이다. 다음 중 틀린 것은?
① 모든 밸브는 조작과 보수를 쉽게 할 수 있는 장소에 설치한다.
② 밸브의 높이는 조작면에서 밸브 중심까지 가능한 한 1.1 m가 좋다.
③ 감압 조절 밸브는 진동 대책상 지상에 설치하는 것이 좋다.
④ 안전 밸브는 그것이 부착되는 용기 또는 주배관에 가급적 멀리 설치한다.

해설 ④ 안전 밸브는 그것이 부착되는 용기 또는 주배관에 가급적 가깝게 설치한다.

8. 공기조화장치에서 공기 중 먼지나 매연을 제거, 공기를 세척하고 습도 조절의 기능이 있으며 입구에는 루버가 있고 출구에는 일리미네이터가 있는 것은?
① 가습기   ② 공기 송풍기
③ 공기 여과기 ④ 공기 세정기

9. 화학배관설비에서 화학장치 재료의 구비조건으로 틀린 것은?
① 접촉 유체에 대하여 내식성이 커야 한다.
② 접촉유체에 대하여 크리프 강도가 커야 한다.
③ 고온 고압에 대하여 기계적 강도를 가져야 한다.
④ 저온에서 재질의 열화가 있어야 한다.

10. 일반적인 손수레 사용 운반작업 시 주의사항으로 틀린 것은?
① 운전 중 질주나 돌진하지 않도록 한다.
② 전방이 안보일 정도로 적재하지 않는다.
③ 적재는 가능한 한 중심이 밑으로 오도록 한다.
④ 가벼운 화물은 적재 허용하중을 초과하여 적재한다.

11. 조절 밸브 등에 의해 감압되는 경우 조절 밸브의 불완전한 작동에 대한 위험을 방지하고자 조절 밸브의 하측에 무엇을 부착하여야 좋은가?
① 에어 체임버(air chamber)
② 안전 밸브(safety valve)
③ 콕(cock)
④ 역지 밸브(check valve)

12. 열교환기의 배관 시공상 유의사항으로 틀린 것은?

정답 6. ② 7. ④ 8. ④ 9. ④ 10. ④ 11. ② 12. ①

① 밸브는 가급적 열교환기의 노즐에서 멀리 부착하는 것이 좋다.
② 배관은 가급적 짧게 하고 불필요한 루프나 에어 포켓은 피한다.
③ 다관 원통형 열교환기에서 연속된 열교환기는 2단으로 겹쳐 설치하나, 3단으로 겹치는 것은 열응력을 고려해야 한다.
④ 열교환기는 보통 집단적으로 배치된다. 따라서 일관성과 보수공간이 필요하다.

해설 밸브는 가급적 열교환기의 노즐에서 가깝게 부착하는 것이 좋다.

13. 배수 관경이 100 A 이하일 때 일반적인 경우 청소구는 몇 m마다 1개소씩 설치하는가?
① 15   ② 40
③ 50   ④ 80

해설 청소구 설치
㉠ 배수 수평 주관과 배수 수평 분기관의 분기점
㉡ 길이가 긴 수평 배수관 중간 (관경이 100 A 이하일 때는 15 m마다, 100 A 이상일 때는 30 m마다 설치)
㉢ 배수관이 45℃ 이상의 각도로 방향을 전환하는 곳
㉣ 배수 수직관의 제일 밑부분 또는 그 근처
㉤ 청소구는 배수 흐름에 반대 직각방향으로 설치
㉥ 청소구의 크기는 배수 관경이 100 A 이하일 경우는 배수 관경과 동일하며, 100 A 이상일 때에는 100 A보다 크게 한다.
㉦ 땅속 매설관을 설치할 경우 청소할 수 있는 배수 피트를 시설하며, 배수 관경이 200 A 이하일 때에는 청소구로 대치한다.

14. 아크 용접작업에서 안전상 주의할 사항으로 틀린 것은?
① 우천 시는 우의로 몸을 감싸고 작업한다.
② 눈과 피부를 직접 노출시키지 않는다.
③ 슬래그 (slag) 제거 시는 보안경을 사용한다.
④ 홀더가 과열되면 냉각시킨 후 작업하도록 한다.

15. 설비작업 시에 생긴 유지분과 산화실리콘 (SiO_2)을 제거할 목적으로 주로 보일러 세정에 사용하는 화학세정의 종류로 가장 적합한 것은?
① 알칼리 세정   ② 소다 (soda) 세정
③ 유기용제 세정 ④ 중화 (中和) 세정

16. 정제된 가스를 저장하여 가스의 질을 균일하게 유지하고 제조량과 수요량을 조절하는 저장탱크는?
① 정압기   ② 압송기
③ 분배기   ④ 가스홀더

해설 가스홀더 : 도시가스의 공급설비로서 가스 수요의 시간적 변동에 대하여 제조자가 충분히 공급할 수 있는 가스량을 확보하기 위한 일종의 저장탱크이다. 정전, 배관공사 등 제조나 공급설비의 일시적 중단에 대하여 어느 정도 공급량을 확보하기 위한 것이며, 조성이 변동하는 제조가스를 넣어 혼합하고 공급가스의 성분, 열량, 연소성 등의 성질을 균일하게 하는 기능을 한다. 이것을 소비지역 근처에 설치하여 피크 시의 공급·수송효과를 얻을 수 있다.

17. 단독처리 정화조에서 오물정화처리 순서로 맞는 것은?
① 부패조 → 소독조 → 예비 여과조 → 산화조
② 예비 여과조 → 부패조 → 소독조 → 산화조
③ 소독조 → 부패조 → 예비 여과조 → 산화조
④ 부패조 → 예비 여과조 → 산화조 → 소독조

18. 배관설비계의 진동을 흡수하여 배관설비

를 보호하는 것이 주요 목적인 지지장치로 맞는 것은?

① 스톱 밸브   ② 거싯 스테이
③ 브레이스   ④ 하트 포트

19. 다음 중 배관의 부식방지법이 아닌 것은 어느 것인가?

① 금속 피복법   ② 비금속 피복법
③ 도장법   ④ 응력집중법

[해설] 배관의 부식방지법에는 금속 피복법과 비금속 피복법, 저접지물과의 절연법, 도장법 등을 들 수 있다.

20. 직경이 10 cm인 관에 물이 4 m/s의 속도로 흐르고 있다. 이 관에 출구 직경이 2 cm인 노즐을 장치한다면 노즐에서 분출되는 유속은 몇 m/s인가?

① 80   ② 100   ③ 120   ④ 125

[해설] 연속의 법칙에 의해
$Q = A_1 \cdot V_1 = A_2 \cdot V_2$
$\dfrac{\pi \times 0.1^2}{4} \times 4 = \dfrac{\pi \times 0.02^2}{4} \times V_2$
$\therefore V_2 = 100 \text{ m/s}$

21. 광명단 도료의 설명으로 맞는 것은?

① 산화철을 보일유 또는 아마인유로 갠 것으로 도막은 부드럽다.
② 알루미늄 분말을 유성 바니스와 혼합한 도료로서 방청효과가 우수하다.
③ 관의 벽면과 물 사이에 내식성의 도막을 만들어 물과의 접촉을 막기 위하여 쓰인다.
④ 연단(鉛丹)에 아마인유를 배합한 것으로 밀착력이 좋아 녹스는 것을 방지하기 위하여 사용한다.

22. 복사난방에 관한 설명으로 올바른 것은?

① 저온식은 패널의 표면 온도가 80~90℃이다.
② 실내 공기의 대류가 심하고 공기가 오염되기 쉽다.
③ 홀이나 공화당과 같이 천장이 높은 방에 적합하다.
④ 적외선식 복사난방은 공장이나 창고 또는 실외에서의 제한된 일부 구역을 난방할 수 없다.

[해설] 복사난방: 벽, 천장, 바닥 등에 관을 설비하고 그 속으로 온수나 온기를 보내어 방 안을 따뜻하게 하는 방법

23. LPG 가스배관 경로를 선정할 때 유의사항으로 잘못된 것은?

① 배관 거리를 최단 거리로 한다.
② 배관을 구부러지거나 오르내림을 적게 한다.
③ 배관을 은폐하거나 매설을 파한다.
④ 가능한 한 배관을 옥내에 설치한다.

[해설] 배관은 옥외에 설치한다.

24. 보일러의 부속품인 온도조절장치 배관에 관한 설명 중 틀린 것은?

① 조절 밸브의 구경은 배관의 관경보다 커야 한다.
② 밸브 앞쪽에는 스트레이너를 부착한다.
③ 스트레이너는 관경과 같은 호칭의 직경을 사용한다.
④ 스트레이너의 스크린을 제거할 수 있는 공간이 있어야 한다.

25. 다음 그림은 엘보를 2개 사용하여 나사 이음할 때의 치수를 나타낸 것으로 배관 중심선 간의 길이를 구하는 식은? (단, L = 배관의

정답 19. ④ 20. ② 21. ④ 22. ③ 23. ④ 24. ① 25. ①

중심선 간 길이, l = 관의 길이, A = 이음쇠의 중심에서 단면 끝까지의 거리, a = 나사가 물리는 최소길이)

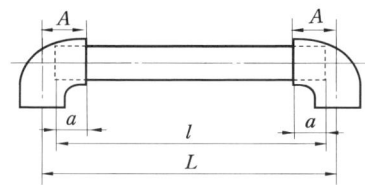

① $L = l + 2(A - a)$
② $L = A + 2(l - a)$
③ $L = a + 2(l - A)$
④ $L = l - 2(A + a)$

26. 호칭 지름 20 A인 강관을 2개의 45° 엘보를 사용해 그림과 같이 연결하고자 한다. 밑변과 높이가 똑같이 250 mm라고 하면, 빗변 연결부 관의 실제 소요되는 최소길이는 얼마인가? (단, 최소 물림 나사부의 길이는 13 mm로 한다.)

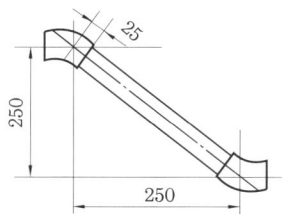

① 약 324 mm   ② 약 357 mm
③ 약 330 mm   ④ 약 378 mm

해설 배관 최소 길이 = $L - 2(A-a)$, 45° 배관에서 빗변 길이 계산은 250×1.414 = 353.5
353.5 - 2(25 - 13) = 354 - 24 = 330 mm

27. 이종관 이음에 대한 설명으로 맞는 것은?

① 재질이 다른 금속관의 이음은 부식에 주의한다.
② 강관과 주철관 이음은 나사 이음을 많이 사용한다.
③ 전해작용으로 인한 부식은 거의 없다.
④ 신축은 흡수되므로 고려할 필요가 없고 강도와 중량 등은 고려한다.

28. 동관용 공구 중 직관에서 분기관 성형 시 사용하는 공구는?

① 익스팬더   ② 튜브 커터
③ 티뽑기   ④ 튜브 벤더

29. 스테인리스 강관 몰코 이음 시 사용하는 공구로 맞는 것은?

① 전용 압착공구   ② 포밍 머신
③ 익스팬더   ④ 탄젠트 벤더

30. 다음 중 용해 아세틸렌 취급 시 주의사항으로 틀린 것은?

① 용해 아세틸렌 사용 후에는 잔압이 남지 않도록 하여야 한다.
② 용기에 충격이나 타격을 주지 않도록 한다.
③ 아세틸렌 용기는 반드시 똑바로 세워서 사용해야 한다.
④ 아세틸렌 용기는 화기에 가깝거나 온도가 높은 장소에 두지 말아야 한다.

해설 용해 아세틸렌 취급
㉠ 용기 온도는 40℃ 이하로 유지하며 보호캡을 씌운다.
㉡ 지붕은 경량으로 할 것
㉢ 동결 부분은 35℃ 이하 온수로 녹일 것
㉣ 용기 밸브를 열 때는 전용 핸들로 $\frac{1}{4} \sim \frac{1}{2}$ 회전만 시키고 핸들은 밸브에 끼워놓고 작업
㉤ 사용 후에는 반드시 잔압(0.01 MPa)을 남길 것
㉥ 용기의 가용 안전밸브는 105±5℃에서 녹게 되므로 끓는 물을 붓거나 난로 가까이 두지 말 것

31. 관을 절단 후 관 단면의 안쪽에 생기는 거스러미를 제거하는 공구는?
① 플레어링 공구 ② 정형기
③ 파이프 리머 ④ 절단 토치

32. 동관에서 플레어 이음은 일반적으로 관지름 몇 mm 이하의 관을 이음할 때 사용하는가?
① 20 mm ② 32 mm
③ 40 mm ④ 50 mm

33. 석면 시멘트관의 이음에서 2개의 고무링, 2개의 플랜지, 1개의 슬리브를 사용하여 이음하는 것은?
① 기볼트 이음
② 주철제 플랜지 이음
③ 주철제 칼라 이음
④ 심플렉스 이음

34. 오스터형 114R(104)번 나사 절삭기로서 절삭할 수 있는 강관의 최대 호칭지름은 얼마인가?
① 50 A ② 65 A
③ 80 A ④ 100 A

해설) 나사 깎기 114R (104)번은 15 ~ 50 A까지의 관의 나사가 절삭된다.

35. 염화비닐관의 고무링 이음법에 대한 설명 중 틀린 것은?
① 가열하거나 접착제를 사용해야 하므로 경비가 많이 든다.
② 시공이 간단하고 숙련도가 낮아도 시공이 가능하다.
③ 시공 속도가 빠르고 수압에 견디는 강도가 크다.
④ 신축 및 휨에 대하여 완전하며, 외부의 기후조건이 좋지 않아도 이음이 가능하다.

36. TIG 용접법에 대한 설명으로 틀린 것은?
① 금속 심선을 전극으로 사용한다.
② 텅스텐을 전극으로 사용한다.
③ 아르곤 분위기에서 한다.
④ 교류나 직류 전원을 사용할 수 있다.

해설) 용극식, 즉 금속 심선을 전극으로 사용하는 용접은 CO_2와 MIG, 서브머지드 용접이 있다.

37. 주철관의 기계식 이음(mechanical joint)의 특징에 관한 다음 설명 중 틀린 것은?
① 수중작업이 가능하다.
② 소켓 이음과 플랜지 이음의 장점을 택하였다.
③ 접합작업이 간단하여 스패너 하나로 시공할 수 있다.
④ 굴곡이 조금만 있어도 누수가 심하다.

해설) 기계식 이음의 특징
㉠ 기밀성이 좋고, 수중작업이 가능하다.
㉡ 간단한 공구로 신속하게 이음이 되며 숙련공이 필요하지 않다.
㉢ 고압에 대한 저항이 크고 지진 기타 외압에 대하여 굽힘성이 풍부하다.
㉣ 이음부가 다소 구부러져도 물이 새지 않는다.

38. 교류 아크 용접기의 2차측 무부하 전압은 보통 얼마 정도로 유지하여야 하는가?
① 약 20 ~ 30 V ② 약 40 ~ 50 V
③ 약 70 ~ 80 V ④ 약 190 ~ 400 V

39. 건물 내의 배수 수평주관의 끝에 설치하여 공공 하수관에서의 유독가스가 침입하는 것

정답) 31. ③ 32. ① 33. ① 34. ① 35. ① 36. ① 37. ④ 38. ③ 39. ④

을 방지하는 데 가장 적합한 트랩은?

① 열동식 트랩　　② P 트랩
③ S 트랩　　　　④ U 트랩

40. 밸브 측면에서의 마찰이 적고 열팽창을 적게 받는 밸브로 고온 고압에 가장 적합한 밸브는?

① 더블 디스크(double disk) 밸브
② 패럴렐 슬라이드(parallel slide) 밸브
③ 웨지 게이트(wedge gate) 밸브
④ 니들(needle) 밸브

41. 수도용 원심력 덕타일 주철관의 특징을 설명한 것으로 틀린 것은?

① 구상흑연 주철관이라고도 하며, 회주철관보다 수명이 길다
② 정수두에 따라 고압관, 보통압관, 저압관으로 나눈다.
③ 변형에 대한 가요성 및 가공성이 낮다.
④ 재질이 균일하며 강도와 인성이 크다.

42. 배관 재료 중에서 보통 흄관이라고 부르는 관은?

① 에터니트관
② 석면 시멘트관
③ 프리스트레스트관
④ 원심력 철근 콘크리트관

43. 다음 중 염화비닐관에 관한 설명으로 가장 적합한 것은?

① PVC 파이프로 불리며 경질과 연질 2종류가 있다.
② -60℃에서도 취화하지 않으므로 한랭지에 알맞다.
③ 그래브 링과 O-링으로 특수 접합한다.
④ 엑셀 온돌 파이프라고도 하며 유연성이 아주 좋다.

44. 동관에 대한 설명으로 맞는 것은?

① 두께별 분류로 K 타입이 가장 두껍다.
② 굽힘, 변형성이 나빠 작업성이 좋지 않다.
③ 내식성은 좋지만 관 내면에 스케일이 잘 생긴다.
④ 열전도율이 낮아 복사난방용 코일 재료로는 곤란하다.

해설 동관의 특성
㉠ 내식성이 강하고 중량이 가볍다.
㉡ 마찰손실이 적고 동결, 충격, 진동, 열변형에 강하다.
㉢ 가공성이 우수하고 경제적이다.
㉣ 시공하기가 용이하고 위생적이다.
㉤ 담수나 연수에 부식되나 알칼리에는 내식성이 크다.
㉥ 암모니아에는 부식되나 알칼리성 염류 수용액에 대해서는 내식성이 크다.
㉦ 동의 용융점은 1083℃이다.
㉧ 전기 및 열전도율이 우수하고 전연성, 내식성, 내후성이 우수하다.

45. 다음 중 유기질 보온재가 아닌 것은?

① 펠트　　　　② 규조토
③ 코르크　　　④ 기포성 수지

해설 보온재의 종류
㉠ 유기질 보온재 : 펠트(100℃ 이하), 코르크, 기포성 수지
㉡ 무기질 보온재 : 유리면(글라스 울), 암면, 규조토(500℃ 이하)

46. 비철 금속관에 대한 설명 중 올바른 것은?

① 연관은 내산성 및 내알칼리성이 좋다.
② 동관은 굽힘 및 절단 등의 가공이 어렵다.
③ 알루미늄관은 순도가 높을수록 가공성이 좋다.

정답 40. ②　41. ③　42. ④　43. ①　44. ①　45. ②　46. ③

④ 주석관은 가격은 저렴하나 묽은 산에 침식된다.

47. 보통 비스페놀과 에피클로로하이드린을 결합해서 얻어지며 내열성, 내수성이 크고 전기절연성도 우수하며, 도료 접착제용 및 방식용으로 널리 사용되는 것은?
① 광명단 ② 알루미늄
③ 아스팔트 ④ 에폭시 수지

48. 다음은 강관 플랜지의 시트(seat) 종류이다. 이 중 위험성이 있는 유체의 배관 또는 매우 기밀을 요구할 때 사용되는 것은 어느 것인가?
① 전면 시트 ② 대평면 시트
③ 소평면 시트 ④ 홈꼴형 시트

49. 다음 배관 부속 중 배관설비에서 사용 중 분해 수리 및 교체가 필요한 곳에 사용하는 것은?
① 플러그 ② 유니언
③ 부싱 ④ 니플

해설 배관설비에서 분해 수리 시 필요한 부속품: 유니언, 플랜지

50. 일명 팩리스(packless) 신축이음쇠라고도 하며 설치공간을 많이 차지하지 않으나, 고압배관에 부적당한 신축이음쇠는?
① 슬리브형 신축이음쇠
② 벨로스형 신축이음쇠
③ 스위블형 신축이음쇠
④ 루프형 신축이음쇠

해설 신축이음의 종류
㉠ 슬리브형 (미끄럼형)

㉡ 벨로스형 (팩리스형, 주름통형)
㉢ 루프형 (신축곡관)
㉣ 스위블형
㉤ 볼 조인트

51. 그림과 같은 제3각법 정투상도에서 미완성된 평면도를 바르게 투상한 도면은?

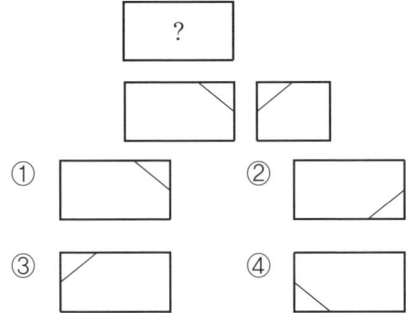

52. 다음 그림은 어떤 용접 기호인가?

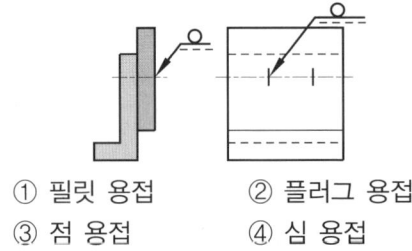

① 필릿 용접 ② 플러그 용접
③ 점 용접 ④ 심 용접

53. 단면도의 표시에 관한 설명으로 틀린 것은?
① 가려져서 보이지 않는 부분을 알기 쉽게 나타내기 위하여 단면도로 도시할 수 있다.
② 단면도의 도형은 절단면을 사용하여 대상물을 절단하였다고 가정하고 절단면의 앞부분을 제거하고 그린다.
③ 2개 이상의 절단면을 조합하여 하나의 단면도로 나타낼 수도 있다.
④ 얇은 단면의 경우 실제 단면 두께와 같은 선 굵기의 실선으로 표시한다.

해설 ④ 두께가 얇은 부분의 단면도: 개스킷,

박판, 형강 등에서 절단면이 얇을 경우에는 절단면을 검게 칠하고 실제 치수와 관계없이 하나의 굵은 실선으로 나타낸다.

54. 다음 그림은 누진 치수 기입 방법이다. 기준점에서 A 화살표(↓) 부분까지의 길이 치수는 얼마인가?

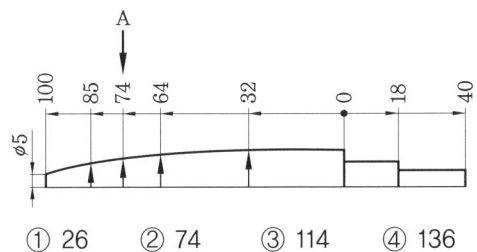

① 26　② 74　③ 114　④ 136

55. 그림과 같은 입체도의 제3각 정투상도로 가장 적합한 것은?

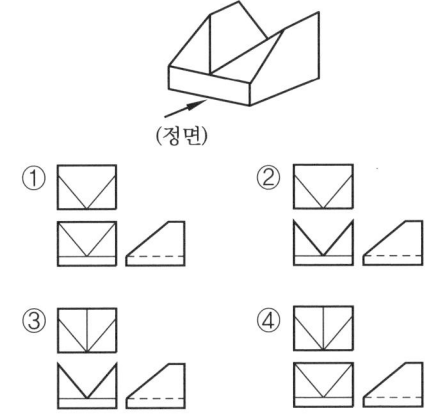

56. 다음 중 콕을 나타내는 기호는?

① ⋈ （엇갈림）　② ⋈
③ ⋈　④ ◇

57. 도면의 척도값 중 실제 형상을 축소하여 그리는 것은?

① 100 : 1　② $\sqrt{2}$: 1
③ 1 : 1　④ 1 : 2

해설 물체의 크기보다 축소하여 도면에 그릴 때 사용되는 척도를 축척이라고 하며 $\frac{1}{2}$, $\frac{1}{2.5}$, $\frac{1}{4}$, $\frac{1}{5}$, $\frac{1}{10}$, $\frac{1}{50}$, $\frac{1}{100}$ … 등으로 표시할 수 있다.

58. 길이 치수 허용차를 도면에 기입할 때 올바르게 나타낸 것은?

59. 나사 호칭 표시 "M20×2"에서 숫자 "2"의 뜻은?

① 나사의 등급　② 나사의 줄 수
③ 나사의 지름　④ 나사의 피치

60. 다음 도면에 관한 설명으로 틀린 것은? (단, 도면의 ㄱ형강 길이는 160 mm이다.)

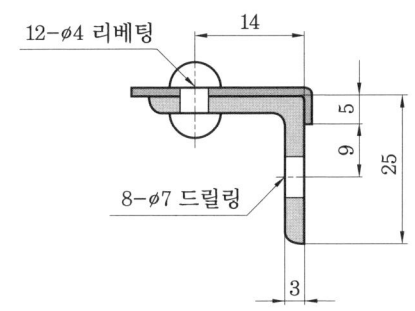

① ϕ4 리벳의 개수는 1개이다.
② ϕ7 구멍의 개수는 8개이다.
③ 등면 ㄱ형강의 호칭은 L 25×25×3-160 이다.
④ 리베팅의 위치는 14 mm인 위치이다.

해설 ① ϕ4 리벳의 개수는 12개

정답 54. ②　55. ③　56. ④　57. ④　58. ①　59. ④　60. ①

CBT 실전 테스트 (6)

1. 스테인리스강, 황동, 인청동 등의 얇은 판으로 만든 격막이 상하면에 작용되는 압력차에 따라 변형되는 정도를 이용해 압력을 측정하는 것은?
① 다이어프램 압력계
② 경사관식 압력계
③ 부르동관 압력계
④ U자관 압력계

해설 탄성식 압력계의 종류 : 다이어프램, 벨로스식, 부르동관식
㉠ 다이어프램식 : 탄성체의 막판을 격막으로 사용하여 압력에 대한 탄성 변화를 이용하여 압력을 측정한다.
 • 재료 : 고무, 테플론, 스테인리스 등을 사용한다.
㉡ 벨로스식 : 원통으로 생긴 주름통의 탄성 변위를 이용하여 압력을 측정한다.
 • 재료 : 베릴륨 합금, 인청동, 스테인리스
㉢ 부르동관식 : 측정 압력은 30 MPa로 가장 넓고 정도는 ±0.5~3으로 가장 낮다.
 • 재료
  ㈎ 저압용 : 인청동, 황동, 니켈, 청동
  ㈏ 고압용 : 합금강, 스테인리스강

2. 다음 중 파이프 래크상의 관 배열을 잘못 설명한 것은?
① 고압이고 중량이 큰 관은 래크의 중앙에 배치한다.
② 2단식 파이프 래크에서는 1단에는 프로세스관을, 2단에는 유틸리티관으로 배치한다.
③ 1단식 파이프 래크에서는 프로세스관을 양끝 쪽에, 유틸리티관을 중앙에 위치하도록 한다.
④ 고온관이 파이프 래크 위를 길게 지나가는 경우에는 열팽창을 고려하여 파이프 루프를 설치한다.

해설 ① 고압이고 중량이 큰 관은 래크의 외측에 배치한다.

3. 석유 화학 배관에서 부식, 마모 등으로 구멍이 생겨 유체가 누설된 경우 다른 방법으로 누설을 막기 곤란할 때 사용하는 방법은?
① 코킹법
② 인젝션법
③ 박스 설치법
④ 스토핑 박스법

해설 ㉠ 인젝션법 : 석유 화학 배관의 누설 시
㉡ 박스 설치법 : 플랜지의 누설 시

4. 부피에 비하여 전열면적이 커서 전열 효과가 우수하므로 많이 사용되는 일반적인 열교환기로 여러 개의 직관 또는 U자관을 원통형 셸(shell) 속에 설치한 열교환기는?
① 단관식 열교환기
② 다관식 열교환기
③ 2중식 열교환기
④ 2중관 고정형 열교환기

해설 열교환기
(1) 다관 원통형(셸 앤드 튜브형)
 ㉠ 고정관판형   ㉡ 유동두형
 ㉢ U자관형   ㉣ 케틀형
(2) 단관식
 ㉠ 트롬본형   ㉡ 탱크형
 ㉢ 코일형
(3) 이중관식

정답 1. ① 2. ① 3. ② 4. ②

5. 배수 및 통기설비 시공법에 관한 사항 중 틀린 것은?

① 통기관은 최고 기구 수면 이상까지 올려 세운 뒤 통기관에 연결한다.
② 이중트랩을 만들어서는 안 된다.
③ 가솔린 트랩의 통기관은 다른 일반 통기관에 연결하여 지붕 위까지 올려 세워 대기 중에 개구한다.
④ 빗물 수직관에 배수관을 연결하여서는 안 된다.

해설 통기관 출구는 그대로 옥상까지 수직으로 뽑아 올리거나 배수 신정 통기관에 연결한다.

6. 가연성 가스 취급 시 유의사항으로 틀린 것은 어느 것인가?

① 옥내 설치 시는 충분한 환기와 통풍이 되도록 조치한다.
② 아세틸렌이나 LPG 용접 시는 가연성 가스가 누설되지 않도록 한다.
③ 가연성 가스 주변에는 점화원이 없어야 한다.
④ 가연성 가스 용기는 반드시 눕혀서 저장한다.

해설 가연성 가스 용기는 반드시 세워서 보관한다.

7. 높은 곳에서 작업할 때 주의사항으로 틀린 것은?

① 이동식 사다리 사용 각도는 지면에서 85° 이내로 하고 사다리의 상단은 걸쳐놓은 지점으로부터 10 cm 이상 올라가도록 해야 한다.
② 작업을 할 때에는 안전벨트를 착용해야 한다.
③ 높은 곳에서 무리한 자세의 작업을 삼가하여야 한다.
④ 악천후에는 작업을 하지 말고 악천후 뒤에는 설치되어 있던 발판 및 사다리를 점검하고 사용하여야 한다.

해설 사다리 사용 시에는 각도를 지면에서 75° 이내로 하고 미끄러지지 않도록 설치한다.

8. 관의 절단에서 고속 숫돌 절단기 작업 시 안전사항으로 잘못된 것은?

① 보호안경을 끼고 작업한다.
② 절단기 주위에 가연성 물질이 있는가 확인한다.
③ 절단 휠(wheel)은 완전히 고정한 후 진동이 없도록 한다.
④ 관은 바이스에 여러 개씩 물리고 절단하는 것이 경제적이고 안전하다.

해설 고속 숫돌 절단기 취급 주의사항
㉠ 절단기 주위에 가연성 물질이 있는가 확인한다.
㉡ 보호안경을 끼고 작업한다.
㉢ 절단 휠은 플랜지로 완전히 고정한 후 진동이 없도록 주의한다.
㉣ 절단하고자 하는 관을 바이스에 여러 개씩 물리고 한 번에 자르는 일이 없도록 한다.
㉤ 무리한 힘을 가하여 절단하지 않는다.
㉥ 회전 중 절단 휠에 충격이 가지 않도록 주의한다.
㉦ 절단 휠 교체 시에는 균열 여부를 확실히 확인한다.

9. 급탕장치의 능력을 표시할 때 고체연료를 사용하는 보일러는 무엇으로 표시하는가?

① 화상 면적   ② 전열 면적
③ 방열 면적   ④ 연료 체적

해설 화상 면적 : 화격자 면적을 말한다. 보일러 출력은 석탄의 연소 발열량에 비례하고, 전체 발열량은 화격자 면적에 거의 비례하

정답 5. ③ 6. ④ 7. ① 8. ④ 9. ①

기 때문에 보일러의 출력을 높이려면 넓은 화실을 채용하여 화상 면적을 크게 한다.

10. 저장탱크에서 열교환기로 액화가스를 공급하고 기화장치에서 기화된 가스를 조정기에 의해 감압하여 공급하는 기화 방식은 무엇인가?

① 자연기화 방식 ② 가온감압 방식
③ 감압가열 방식 ④ 저온기화 방식

11. 복사 난방의 특징이 아닌 것은?

① 방열기가 없으므로 바닥면의 이용도가 높다.
② 쾌감도가 좋고 온도 분포가 비교적 균일하다.
③ 천장이나 벽을 가열면으로 하는 경우 문제가 발생하였을 때 정확한 위치를 찾아내기가 곤란하다.
④ 공기의 대류가 많으므로 바닥면의 먼지가 많이 상승한다.

해설 복사 난방의 특징
㉠ 바닥 이용률이 높다.
㉡ 쾌감도가 좋고 온도 분포가 균일하다.
㉢ 화상의 위험이 없다.
㉣ 공기의 대류가 적어 먼지의 상승이 없다.
㉤ 설비비가 많이 든다.
㉥ 고장 시 수리, 점검이 어렵다.

12. 베셀(Vessel), 열교환기 또는 펌프 등에서 유닛(unit) 경계까지의 생산 배관 라인을 무엇이라 하는가?

① 프로세스 배관 ② 유틸리티 배관
③ 현장 배관   ④ 증기 배관

해설 파이프 래크 : 파이프 래크의 종류로는 프로세스, 유틸리티 라인이 있으며, 프로세스 라인은 베셀, 열교환기에서 유닛 경계까지의 라인을 뜻한다.

13. 열팽창에 따른 기기의 손상과 배관계의 응력을 줄이기 위해 열팽창에 의한 배관의 이동을 구속하거나 제한하는 장치인 리스트레인트의 종류가 아닌 것은?

① 앵커(anchor)   ② 가이드(guide)
③ 스토퍼(stopper) ④ 브레이스(brace)

해설 ㉠ 리스트레인트 : 앵커, 스톱, 가이드
㉡ 행어 : 콘스턴트 행어, 스프링 행어, 리지드 행어
㉢ 서포트 : 롤러 서포트, 스프링 서포트, 리지드 서포트, 파이프 슈

14. 물의 경도를 설명한 것으로 가장 적합한 것은?

① 물속에 포함되어 있는 탄산 및 염류의 함유 비율을 의미한다.
② 물속에 탄산칼슘이 100만 분의 1이 포함되었을 때, 1 ppm이라 한다.
③ 물속에 탄산이 1000만 분의 1이 포함되었을 때, 1 ppm이라 한다.
④ 물의 구분은 경도에 따라 연수, 적수, 경수로 나누는데 경수는 일반적으로 단물이라고 한다.

해설 물의 경도 : 물에 포함되어 있는 칼슘과 마그네슘의 양을 탄산칼슘의 ppm으로 환산하여 나타낸 수치

15. 화학세정의 세정 순서를 올바르게 나열한 것은?

① 물세척 → 탈지세정 → 물세척 → 산세정 → 중화방청 → 물세척 → 건조
② 탈지세정 → 물세정 → 건조 → 중화방청 → 산세정 → 건조
③ 중화방청 → 물세척 → 탈지세정 → 물세척 → 건조
④ 산세정 → 물세정 → 탈지세정 → 물세척 →

정답 10. ② 11. ④ 12. ① 13. ④ 14. ② 15. ①

중화방청 → 건조

[해설] 화학세정의 순서 : 물세척 → 탈지세정 → 물세척 → 산세정 → 중화방청 → 물세척 → 건조

16. 가스설비에서 긴급차단장치에 대한 설명 중 맞지 않는 것은?
① 배관 내의 가스 유출 시 누설양을 감소시켜 피해를 최소한 줄이기 위한 장치이다.
② 탱크 주 밸브 외부에서 탱크 가까운 위치 또는 내부에 부착한다.
③ 작동 온도는 30℃에서 하도록 한다.
④ 조작위치는 탱크로부터 5 m 이상으로 방류둑 설치 시 외부에 설치한다.

[해설] 긴급차단장치 : 고압가스 설비에서 가스가 누설됐거나 화재가 발생했을 때 1차적인 재해의 확산을 방지하기 위해 설비를 구분하거나 원재료의 공급을 차단하여 2차적인 재해를 방지하기 위해 설치하는 안전장치를 말한다.
㉠ 역압, 기체압, 전기 또는 스프링 등을 동력원으로 이용하는 것으로 하며, 정전 시 등에도 정상적인 기능을 할 수 있도록 보완 전력을 갖추는 것으로 한다.
㉡ 배관 외면의 온도가 섭씨 110℃일 때에 자동적으로 작동될 수 있는 것으로 한다.
㉢ 조작할 수 있는 위치는 위험 개소로부터 5m 이상 떨어진 안전한 것으로 한다.
㉣ 긴급 차단 밸브는 주 밸브와 병용하지 않는 것으로 한다.

17. 배관의 단열공사를 실시하는 목적이 아닌 것은?
① 열에 대한 경제성을 높인다.
② 온도조절과 열량을 낮춘다.
③ 온도변화를 제한한다.
④ 화상 및 화재방지를 한다.

[해설] 단열시공의 목적
㉠ 열효율 향상
㉡ 온도변화 방지
㉢ 화상의 위험과 화재 위험을 예방

18. 진공 환수식에 대한 설명 중 틀린 것은?
① 증기 메인 파이프는 흐름의 방향에 1/200~1/300의 선단 하향구배를 만든다.
② 방열기 설치 위치에 제한을 받는다.
③ 환수관에 리프트 피팅을 만들어 응축수를 위로 배출시킨다.
④ 환수관 속은 항상 진공도가 유지되어 있다.

[해설] ㉠ 진공, 기계 환수식은 방열기 설치 위치에 제한을 받지 않는다.
㉡ 자연 환수식은 방열기 설치 위치에 제한이 있다.

19. 다음 중 도시가스의 원료가 아닌 것은?
① 석탄, 코크스   ② 나프타
③ 희가스   ④ 액화 천연가스

[해설] 도시가스의 원료 : 석탄, 코크스, 나프타, 원유, 중유, 액화 천연가스, LPG

20. 화씨 23°F와 가장 가까운 섭씨온도는 얼마인가?
① 19℃   ② −19℃
③ −5℃   ④ 5℃

[해설] $℃ = (°F - 32) \times \left(\dfrac{5}{9}\right)$

$(23 - 32) \times \left(\dfrac{5}{9}\right) = -5℃$

21. 다음은 파이핑 레이아웃 수행상 주의사항이다. 틀린 것은?
① 장치 전체가 미적 균형을 이루어야 한다.
② 경제성을 충분히 고려해야 한다.

③ 안전성보다는 내식성, 균형성 등을 더 고려해야 한다.
④ 설치 후 유지 관리에 대해서도 충분히 계획해야 한다.

22. 압력이 10 MPa일 때 이것을 수두(水頭)로 나타낸 것으로 맞는 것은?
① 10 m 정도
② 100 m 정도
③ 1000 m 정도
④ 10000 m 정도

해설 $H = 10 \times P = 10 \times 100 = 1000$ m

23. 압축공기 배관시공에 대한 설명으로 옳은 것은?
① 압축공기 배관의 부속장치에는 공기 탱크, 공기 빼기관, 공기 토출관, 급수 탱크, 배수 트랩 등이 있다.
② 사용압력이 비교적 낮은 1 MPa 이하의 배관에는 보통 SPHT(고온 배관용 탄소강관)을 사용한다.
③ 고압용 배관이라 하더라도 유니언이나 플랜지로 관을 연결할 경우에는 패킹을 삽입할 필요가 없다.
④ 가급적 용접 개소는 적게 하고 라인의 중간에 여과기를 장착하여 공기 중에 섞인 이물질을 제거한다.

해설 압축공기 배관
① 부속장치는 분리기, 후부 냉각기, 밸브, 공기 탱크, 공기 여과기, 공기 흡입관이 있다.
② 1 MPa 이하의 배관은 저압용 배관으로 일반적인 가스관을 사용한다.

24. 고압증기의 관말트랩이나 유닛 히터 등에 많이 사용하는 것으로 상향식과 하향식이 있는 트랩은?
① 플로트 트랩
② 버킷 트랩
③ 바이메탈식 트랩
④ 벨로스 트랩

해설 버킷 트랩(기계식 트랩) : 상향식, 하향식이 있다.

25. 정화조에서 산화조의 용량으로 적당한 것은 어느 것인가?
① 부패조 용량의 $\frac{1}{3}$ 이상
② 부패조 용량의 $\frac{1}{4}$ 이상
③ 부패조 용량의 $\frac{1}{2}$ 이상
④ 부패조 용량의 $\frac{1}{5}$ 이상

26. 스테인리스관의 접합 방법 중 몰코 이음에 대한 설명으로 틀린 것은?
① 파이프를 몰코 이음쇠에 끼우고 전용 공구로 압착해 주면 작업이 완료된다.
② 작업에 숙련이 필요하다.
③ 경량 배관 및 청결 배관을 할 수 있다.
④ 화기를 사용하지 않고 접합을 하므로 화재의 위험성이 적다.

해설 몰코 이음은 화기 사용이 없는 만큼 안전하며 전용 공구만 있으면 누구나 작업이 가능하다.

27. 피복 아크 용접봉의 설명으로 틀린 것은 어느 것인가?
① 홀더에 물릴 부분(약 25 mm 정도)에는 피복제가 없다.
② 사용 시 건조로에서 건조 후에 사용한다.
③ 용접 심선은 대체로 모재와 동일한 재료를 사용한다.
④ 직류 용접에만 사용한다.

해설 피복 아크 용접은 직류, 교류에도 사용된다.

28. 신축 이음쇠의 종류에 따른 설명이 틀린 것은?

① 슬리브형 신축 이음쇠는 호칭지름 50 A 이하는 주철제이고 50 A 이상은 청동제로 되어 있고, 설치공간을 루프형보다 많이 차지한다.
② 볼조인트형 신축 이음쇠의 종류는 나사식, 용접식, 플랜지식이 있다.
③ 루프형 신축 이음쇠는 고온 고압의 옥외 배관에 사용되며, 곡률 반경은 관지름의 6배 이상이 좋다.
④ 벨로스형 신축 이음쇠는 관의 신축에 따라 슬리브와 함께 신축하며, 슬라이드 사이에서 유체가 누설되는 것을 방지한다.

해설 슬리브형 신축 이음 : 슬리브형 신축 이음쇠는 50 A 이하의 것은 나사 결합식, 65 A 이상의 것은 플랜지 결합식이다.

29. 배관용 수공구인 줄(file)의 크기(길이)는 어떻게 표시하는가?

① 자루를 포함한 전체의 길이
② 자루를 제외한 전체의 길이
③ 자루를 제외한 전체 길이에 대한 눈금 수
④ 눈금의 거친 정도

30. 강관의 일반적인 접합법에 해당되지 않는 것은?

① 나사 이음   ② 용접 이음
③ 플랜지 이음 ④ 타이톤 이음

해설 타이톤 이음은 주철관 접합에 속한다.

31. 파이프 커터를 사용하여 절단한 강관의 끝부분에 생긴 거스러미를 절삭할 수 있는 공구의 명칭은?

① 파이프 바이스   ② 파이프 렌치
③ 파이프 리머   ④ 다이 스톡(die stock)

32. 콘크리트관의 이음에서 지반이 갈라지거나 침하 또는 주행하중에 따른 진동에 대비한 이음으로 적합한 것은?

① 주철 이음
② 턴 앤드 글로브 이음
③ 기볼트 이음
④ 칼라 신축 이음

해설 칼라 접합 : 철근 콘크리트제 칼라로 소켓을 만든 후 콤포로 채워 접합하는 방식이다.

33. 그림과 같이 강관 20 A로 이음 시 엘보 중심 간의 길이를 300 mm로 할 때 강관의 소요길이(L)는 얼마인가? (단, 20 A의 90° 엘보는 중심선에서 단면까지의 거리 A가 32 mm이고, 나사가 물리는 길이가 a = 13 mm이다.)

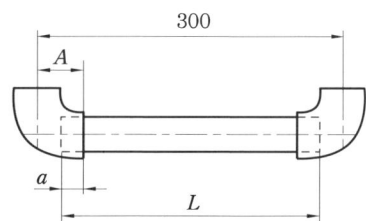

① 287 mm   ② 274 mm
③ 262 mm   ④ 236 mm

해설 $300 - 2(32 - 13) = 262$ mm

34. 주철관의 이음에서 노-허브 이음의 특징으로 틀린 것은?

① 드라이버 공구를 이용하여 쉽게 이음할 수 있다.
② 커플링 나사 결합으로 시공이 완료되어 공수를 줄일 수 있다.

③ 임의의 길이로 절단하여 사용할 수 없어 견적 및 시공이 어렵다.
④ 누수가 발생하면 고무패킹 교환이 쉬워 보수가 용이하다.

해설 주철관 이음은 임의 절단이 가능하며 시공이 쉽다.

35. 강관의 가스 절단에 대한 원리를 가장 정확하게 설명한 것은?
① 산소와 강과의 화학반응을 이용하여 절단한다.
② 수소와 강과의 탄화반응을 이용하여 절단한다.
③ 프로판과 강과의 융화반응을 이용하여 절단한다.
④ 아세틸렌과 강과의 역화반응을 이용하여 절단한다.

36. 스테인리스 강관의 MR 이음에 대한 특징을 설명한 것 중 틀린 것은?
① 관내 수온변화에 의한 이완현상으로 누수의 우려가 있다.
② 관의 나사내기 프레스 가공 등이 필요 없다.
③ 화기를 사용하지 않기 때문에 기존 건물 등의 배관 공사에 적당하다.
④ 접속에 특수한 공구를 사용하지 않고 스패너로만 간단히 접속시킨다.

해설 스테인리스 강관은 내식용, 내열용 및 고온 배관용, 저온 배관용에도 사용되며, 관내 수온변화에 의한 이완현상으로 누수의 염려가 적다.

37. 구리관, PVC관, 폴리에틸렌관 등의 소켓이음에서 접합부의 삽입길이는 관지름의 몇 배 정도인가?

① 0.7~1.0배
② 2.0~2.5배 정도
③ 1.5배
④ 2.5~3.0배 정도

38. 순수한 것은 무색, 무취이며 산소와 혼합 연소되면 밝은 빛을 내면서 타고 알코올에는 6배, 아세톤에는 25배 정도 용해되는 성질을 가진 가스 용접에 사용되는 물질은?
① 질소   ② 아세틸렌
③ 수소   ④ 액체 석유가스

39. 비교적 사용압력이 낮은(1 MPa 이하) 증기, 물, 가스 등의 유체의 배관에 가장 적합한 관은?
① 배관용 오스테나이트 스테인리스 강관
② 배관용 합금강 강관
③ 일반 구조용 강관
④ 배관용 탄소 강관

해설 ㉠ 배관용 탄소 강관 : 사용압력이 낮은 증기, 물, 기름, 가스 및 공기 등에 사용한다.
㉡ 배관용 합금강 강관 : 주로 고온도의 배관용으로 쓰인다.
㉢ 배관용 스테인리스 강관 : 내식용, 내열용 및 고온 배관용, 저온 배관용에도 사용된다.
㉣ 일반 구조용 강관 : 토목, 건축, 철탑, 지주와 기타의 구조물용으로 사용되며, 모두 5종류로 나뉜다.

40. 동관의 종류에 해당되지 않는 것은?
① 이음매 없는 무산소 동관
② 이음매 없는 터프 피치 동관
③ 이음매 없는 인탈산 동관
④ 이음매 없는 황탈산 동관

정답 35. ① 36. ① 37. ③ 38. ② 39. ④ 40. ④

해설 동관의 종류
㉠ 터프 피치동
㉡ 인탈산동
㉢ 무산소동

41. 주철관의 용도로 적합하지 않은 것은?
① 수도용 급수관 ② 가스 공급관
③ 오·배수관   ④ 난방용 코일관

해설 주철관의 용도 : 급수관, 배수관, 통기관, 케이블 매설관, 오수관, 가스 공급관, 광산용 양수관, 화학공업용 배관

42. 베이킹 도료로 사용되며 내열성이 좋은 합성수지 도료는?
① 프탈산계   ② 염화비닐계
③ 산화철계   ④ 실리콘 수지계

해설 실리콘 수지계 : 요소 멜라민계와 같이 내열 도료 및 베이킹 도료로 사용된다.

43. 배관용 탄소 강관의 제조 방법에 따라 분류한 것이 아닌 것은?
① 고압 배관용 탄소 강관
② 이음매 있는 강관
③ 이음매 없는 강관
④ 단접 강관

해설 고압 배관용 탄소 강관은 배관의 종류에 따른 분류에 포함된다.

44. 증기의 공급압력과 응축수의 압력차가 0.035 MPa 이상일 때에 한하여 사용할 수 있는 트랩으로 유닛 히터나 가열 코일에 적합한 트랩은?
① 플러시 트랩   ② 박스 트랩
③ 리프트 트랩   ④ 그리스 트랩

45. 체크 밸브(check valve)에 관한 설명으로 틀린 것은?
① 해머리스형 체크 밸브는 역류 및 워터 해머 발생을 방지하는 역할을 한다.
② 체크 밸브는 유체의 역류를 방지하기 위해 사용한다.
③ 스윙형 체크 밸브는 수평·수직 배관에 사용한다.
④ 리프트형 체크 밸브는 수직 배관에서만 사용한다.

해설 리프트형 체크 밸브는 수평 배관에만 사용되며, 스윙식 체크 밸브는 수직, 수평 배관에 모두 사용된다.

46. 다음 중에서 급·배수관 등으로 사용되며 재질이 부드럽고 전연성이 풍부하며 상온 가공이 용이하고 내식성이 우수한 관은 어느 것인가?
① 강관   ② 연관
③ 주철관   ④ 콘크리트관

해설 연관의 성질
㉠ 부식성이 적다.
㉡ 산에는 강하지만 알칼리에는 약하다.
㉢ 전연성이 풍부하고 굴곡이 용이하다.
㉣ 신축성이 매우 좋다.
㉤ 관의 용해나 부식을 방지한다.
㉥ 중량이 크다.
㉦ 초산이나 진한 염산에 침식되면 증류수, 극연수에 다소 침식되는 경향이 있다.

47. 폴리에틸렌관의 특징 설명으로 잘못된 것은 어느 것인가?
① 염화비닐관보다 화학적·전기적 성질이 우수하고, 비중도 가볍다.
② 염화비닐관보다 내한성이 우수하다.
③ 염화비닐관보다 인장강도가 크다.
④ 염화비닐관보다 상온에서 유연성이 풍부

정답 41. ④ 42. ④ 43. ① 44. ① 45. ④ 46. ② 47. ③

하다.

해설 폴리에틸렌관의 인장강도는 염화비닐관의 $\frac{1}{5}$ 정도로 매우 작다.

48. 나사용 패킹의 종류가 아닌 것은 어느 것인가?
① 일산화연
② 액상 합성수지
③ 메탈 패킹
④ 광명단 혼합 페인트

해설 나사용 패킹제
㉠ 페인트
㉡ 일산화연
㉢ 액상 합성수지

49. 배관의 도중에 설치하여 관 속을 흐르는 유체의 온도 변화에 따른 신축, 팽창으로 인한 사고를 막기 위해 설치하는 신축 이음쇠의 종류가 아닌 것은?
① 슬리브형 이음쇠 ② 루프형 이음쇠
③ 빅토릭형 이음쇠 ④ 스위블형 이음쇠

해설 배관의 신축 이음쇠
㉠ 슬리브형
㉡ 벨로스형
㉢ 루프형
㉣ 스위블형

50. 냉수, 냉매 배관 등의 보랭용에 사용되는 유기질 보온재로 맞는 것은?
① 코르크   ② 암면
③ 규조토   ④ 유리섬유

해설 탄화 코르크 : 코르크 입자를 금형으로 압축 충전하고 300℃ 정도로 가열 제조한다. 방수성을 향상시키기 위하여 아스팔트를 결합한 것을 탄화 코르크라 하며 우수한 보온, 보랭재이다.

51. 기계제도 치수 기입법에서 참고 치수를 의미하는 것은?
① $\overline{50}$ ② $\underline{50}$
③ (50)   ④ ≪50≫

52. 다음은 제3각법의 정투상도로 나타낸 정면도와 우측면도이다. 평면도로 가장 적합한 것은 어느 것인가?

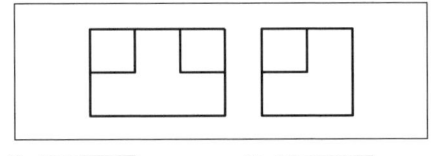

① 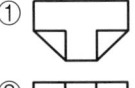   ②
③ 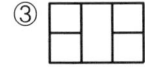   ④

해설

53. 구의 지름을 나타낼 때 사용되는 치수 보조 기호는?
① ϕ ② S
③ Sϕ ④ SR

해설 ① ϕ : 지름
② S : 구
③ Sϕ : 구의 지름
④ SR : 구의 반지름

54. 다음 그림과 같은 배관 접합(연결)기호의 설명으로 옳은 것은?

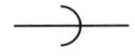

① 마개와 소켓 연결

정답 48. ③ 49. ③ 50. ① 51. ③ 52. ④ 53. ③ 54. ①

② 플랜지 연결
③ 칼라 연결
④ 유니언 연결

55. 물체의 일부분을 파단한 경계 또는 일부를 떼어낸 경계를 나타내는 선으로 불규칙한 파형의 가는 실선인 것은?

① 파단선
② 지시선
③ 가상선
④ 절단선

[해설] 파단선 : 대상물의 일부를 파단한 경계 또는 일부를 떼어낸 경계를 표시하는 데 사용한다.

56. 기계 재료의 종류 번호 "SM 400A"가 뜻하는 것은?

① 일반 구조용 압연 강재
② 기계 구조용 압연 강관
③ 용접 구조용 압연 강재
④ 자동차 구조용 열간 압연 강판

[해설] SM : 용접 구조용 압연 강재
400 : 최저 인장 강도

57. 구멍에 끼워 맞추기 위한 구멍, 볼트, 리벳의 기호 표시에서 양쪽면에 카운터 싱크가 있고, 현장에서 드릴가공 및 끼워 맞춤을 하는 것은 어느 것인가?

① 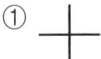 ②
③  (dup position) ④

58. 다음 투상도 중 1각법이나 3각법으로 투상하여도 정면도를 기준으로 그 위치가 동일한 곳에 있는 것은?

① 우측면도 ② 평면도
③ 배면도   ④ 저면도

59. 다음 그림과 같은 용접 도시 기호를 올바르게 설명한 것은?

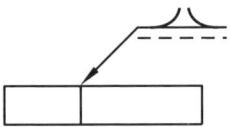

① 돌출된 모서리를 가진 평판 사이의 맞대기 용접이다.
② 평행(I형) 맞대기 용접이다.
③ U형 이음으로 맞대기 용접이다.
④ J형 이음으로 맞대기 용접이다.

60. 다음 도면에 관한 설명으로 틀린 것은 어느 것인가? (단, 도면의 등변 ㄱ형강 길이는 160 mm이다.)

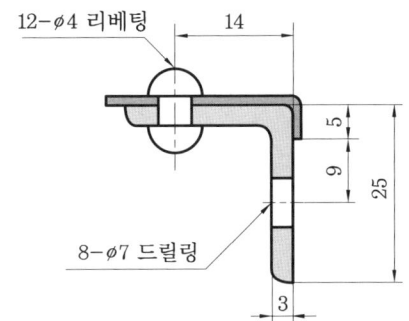

① 등변 ㄱ형강의 호칭은 L 25×25×3-160이다.
② φ4 리벳의 개수는 알 수 없다.
③ φ7 구멍의 개수는 8개이다.
④ 리베팅의 위치는 치수가 14 mm인 위치에 있다.

[해설] 12-φ4 리베팅 = φ4의 리벳 12개

정답 55. ① 56. ③ 57. ④ 58. ③ 59. ① 60. ②

배관기능사
Craftsman Plumbing

CBT 실전 테스트 (7)

1. 산소병의 메인 밸브가 얼었을 때 녹이는 방법으로 가장 적합한 것은?

① 100℃ 이상의 끓는 물을 붓는다.
② 가스 용접기의 불꽃으로 녹인다.
③ 40℃ 이하의 따뜻한 물로 녹인다.
④ 전기용접기의 아크열로 녹인다.

해설 메인 밸브가 얼었을 때는 40℃의 따뜻한 물이나 열습포로 녹여 주면 된다.

2. 다음 파이핑 레이아웃(piping layout)의 판단 기준사항이 아닌 것은?

① 배관재료 기준
② 기기설계도
③ 라인 인덱스
④ 프로세스 배관

해설 파이핑 레이아웃의 판단기준
㉠ 배관설계 기본조항
㉡ P & I 플로 다이어그램
㉢ 유틸리티 플로 다이어그램
㉣ 배관도
㉤ 라인 인덱스
㉥ 배관재료 기준
㉦ 기기설계도
㉧ 계기시방서

3. LP가스 공급방식 중 부탄을 고온의 촉매로서 분해하여 메탄, 수소, 일산화탄소 등의 가스로 공급하는 방식으로 금속의 열처리나 특수제품의 가열 등 특수 용도에 사용되는 방식은?

① 자연 기화방식
② 공기혼합가스 공급방식
③ 생가스 공급방식
④ 변성가스 공급방식

해설 ㉠ 자연 기화방식 : 소량 소비에 적당, 가스 조성의 변화가 큰 가스 공급방식으로 기화기에서 기화하며 발열량 변화가 크다.
㉡ 공기혼합가스 공급방식 : 기화기에서 기화된 부탄가스에 공기를 혼합하여 공급하는 방식으로 기화된 가스의 재액화 방지 및 발열량을 조절할 수 있으며 부탄을 다량 소비하는 경우에 사용된다.
㉢ 생가스 공급방식 : 기화기에 의하여 기화된 그대로의 가스를 공급하는 방식으로 부탄은 0℃ 이하가 되면 재액화되기 쉽기 때문에 가스 배관을 보온 처리한다.
㉣ 변성가스 공급방식 : 부탄을 고온의 촉매로서 분해하여 메탄, 수소, 일산화탄소 등의 연질 가스 등으로 변성시켜 공급하는 방식으로 금속의 열처리나 특수 제품의 가열 등 특수 용도에 사용하기 위해 이용되는 방식이다.

4. 평균 유속이 3 m/s, 파이프 내경이 30 mm일 때 한 시간당 유량은 약 몇 m³/h인가?

① 0.08   ② 0.84
③ 7.63   ④ 306.36

해설 $Q = \dfrac{(d^2 \times \pi \times v)}{4}$

$Q = \dfrac{((0.03)^2 \times 3.14 \times 3)}{4} = 0.0021195$

단위가 시간이므로 3600을 곱해 주면
$Q = 7.6302$

정답 1. ③ 2. ④ 3. ④ 4. ③

5. 기송 배관에서 대기 중에 분립체를 흡출시키는 흡출식과 압출시키는 압출식의 2종류가 있으며, 기송 배관의 마지막 부분에 설치되는 부속설비는 무엇인가?

① 송급기 ② 분리기
③ 수송관 ④ 압송기

6. 가스 또는 분진을 비산하는 옥내 작업장에서 공기의 농도를 적당히 유지하기 위한 조치로 적당하지 않은 것은?

① 배기장치 설치
② 분진발생 장치의 밀폐
③ 방화문의 설치
④ 생산 설비의 개선

7. 도시가스는 제조 공장의 제조 설비에서 공급 설비를 통하여 소비자에게 공급된다. 일반적인 도시가스의 공급방식이 아닌 것은?

① 저압 공급방식
② 중압 공급방식
③ 고압 공급방식
④ 자연순환 공급방식

[해설] 가스의 공급방식은 공급압력에 따라 ①, ②, ③으로 나뉜다.

8. 파이프 래크의 높이 결정조건과 가장 관계가 적은 것은?

① 타장치와의 연결높이
② 도로횡단 유무
③ 파이프 래크의 밑에 있는 기기의 배관에 대한 여유
④ 유닛 외에 있는 기기의 높이와의 관계

[해설] ④ 유닛 내에 있는 기기의 높이와의 관계

9. 증발기에서 증발한 냉매를 기계적인 압축이 아닌 용액으로의 흡수 및 방출에 의해 냉동시키는 것은?

① 압축식 냉동기
② 흡수식 냉동기
③ 흡착식 냉동기
④ 증기분사식 냉동기

[해설] 냉동기의 종류와 작용
㉠ 왕복식 : 소형에서 대형까지 여러 가지이며, 실린더 내를 피스톤이 왕복하면서 가스를 압축시킨다.
㉡ 터보식(원심식) : 진동, 소음이 왕복식에 비해 적으므로 대규모 공기 조화에 널리 사용된다.
㉢ 흡수식 : 취화리듐 수용액이 냉매로 사용된다.
㉣ 증기분사식 : 증기 이젝터에 의한 비교적 간단한 냉동기이다.

10. 아래 그림의 급탕 배관 중 환수관 A부분(약 45° 경사 배관)에는 어느 밸브를 부착하여야 하는가?

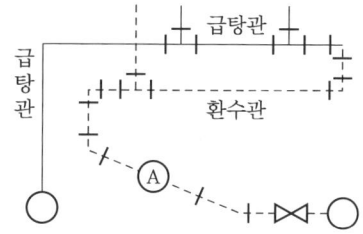

① 스톱 밸브
② 체크 밸브
③ 안전밸브
④ 증기 트랩

[해설] 환수관에는 역류방지를 위해 체크 밸브를 설치한다.

정답 5. ② 6. ③ 7. ④ 8. ④ 9. ② 10. ②

11. 자연순환식 수관 보일러의 종류에 속하지 않는 것은?

① 다쿠마 보일러
② 스털링 보일러
③ 야로 보일러
④ 벨록스 보일러

해설 ④는 강제순환식 수관 보일러에 속한다.

12. 정전 또는 단수 시에도 일정시간 동안 건물 내의 수전과 각 기구에 일정한 압력으로 물을 공급할 수 있는 급수 방식은?

① 수도직결식
② 옥상 탱크식
③ 압력 탱크식
④ 부스터식

해설 옥상 탱크식
㉠ 항상 일정한 수압으로 급수되므로 대규모 건물용으로 쓰인다.
㉡ 저수량을 확보하고 있어서 단수 대비가 가능하다.
㉢ 과잉 수압으로 인한 밸브류 등 배관 부속품의 파손을 방지할 수 있다.

13. 배관지지장치 시공에 관한 설명으로 잘못된 것은?

① 지지점은 관의 양쪽 끝부분보다 되도록 중앙을 택한다.
② 건물의 기둥, 기초, 가대 등의 기존 시설물을 이용한다.
③ 행어에는 리지드 행어, 스프링 행어, 콘스턴트 행어 등이 있다.
④ 밸브나 수직관이 있는 부분과 집중하중이 걸리는 부분에는 지지를 해 주어야 한다.

해설 배관의 지지점은 배관의 집중하중이 작용하는 곳에 가까운 지점으로 한다.

14. 보일러 내부 세정 방법 중 산이나 알칼리에 의한 세관의 특징이 아닌 것은?

① 부식 억제제와 같이 사용함으로 모재의 손상이 적다.
② 복잡한 내부 구조라도 평균된 세정효과를 얻을 수 있다.
③ 스케일 용해 능력이 크다.
④ 보일러 본체를 해체하여 세정한다.

해설 산세관의 특징
㉠ 위험성이 적고 취급이 용이하다.
㉡ 가격이 싸다.
㉢ 스케일 용해 능력이 크다.
㉣ 물에 대한 용해도가 크기 때문에 세정이 용이하다.
㉤ 부식 억제제의 종류가 다양하다.

15. 배관작업 시 안전에 관한 사항이다. 틀린 것은?

① 드릴작업 시에는 칩이 발생하므로 장갑을 끼고 작업한다.
② 동력나사 절삭기로 나사절삭 시에는 절삭유를 공급한다.
③ 고속 숫돌 절단기는 회전 중 절단 휠에 충격이 가지 않도록 주의한다.
④ 기계의 정비, 수리 등은 기계를 정지시킨 후 행한다.

해설 드릴링 머신 안전수칙
㉠ 장갑을 끼고 작업을 하지 않는다.
㉡ V벨트 전동 장치부에는 반드시 안전커버를 부착한다.
㉢ 드릴링 작업 중 절삭유는 반드시 공급한다.
㉣ 칩이 발생하므로 반드시 보안경을 착용한다.
㉤ 공작물은 반드시 드릴바이스에 고정한 후 작업을 한다.

정답 11. ④ 12. ② 13. ① 14. ④ 15. ①

16. 난방 배관 시험에 해당되지 않는 시험은?

① 수압시험   ② 연기시험
③ 진공시험   ④ 통기시험

17. 전기용접 시 주의할 점이다. 잘못된 것은?

① 반드시 차광 보호 기구를 착용하도록 한다.
② 가죽장갑 등 규정된 보호구를 착용한다.
③ 환기장치에 특별히 주의를 해야 한다.
④ 홀더나 용접봉은 맨손으로 취급한다.

[해설] 전격이 있으므로 홀더나 용접봉은 맨손으로 취급하지 않는다.

18. 펌프의 설치 및 취급 시 주의사항으로 틀린 것은?

① 펌프와 전동기의 축 중심을 일직선상에 정확하게 일치시킨 후 체결한다.
② 수평관에서 관경을 변경할 경우에는 동심 리듀서를 사용한다.
③ 흡입양정은 되도록 짧게, 굴곡배관은 되도록 피한다.
④ 풋 밸브는 동수위면보다 흡입관경의 2배 이상 물속에 들어가게 한다.

[해설] 수평관에서 관경을 변경할 경우에는 편심 리듀서를 사용한다.

19. 수요가에 공급되는 가스는 가스미터에 의해 사용량이 산출되는데, 가스미터의 종류가 아닌 것은?

① 습식 가스미터
② 다이어프램식 가스미터
③ 가스크로마토식 가스미터
④ 루트식 가스미터

[해설] 가스미터의 종류
㉠ 습식 가스미터
㉡ 막식 가스미터
㉢ 다이어프램식 가스미터
㉣ 벤투리식 가스미터
㉤ 루트식 가스미터

20. 20℃의 물 10리터를 80℃로 올리는 데 필요한 열량은?

① 60 kcal   ② 600 kcal
③ 160 kcal   ④ 1600 kcal

[해설] $Q = GC(t_2 - t_1)$
$= 10 \times 1 \times (80 - 20) = 600$

21. 대변기의 세정급수장치 중 하이 탱크식의 시스턴 밸브식에 대한 설명으로 틀린 것은?

① 사이펀관 대신 시스턴 밸브를 부착한 것이다.
② 탱크에는 볼 탭의 작용으로 일정한 물을 저장한다.
③ 밸브는 변기에서 40~50 cm 떨어진 곳에 부착한다.
④ 수압이 낮으므로 세정관의 지름을 크게 하여 단시간에 많은 물을 분출한다.

[해설] 높은 곳에 설치하는 하이 탱크식은 수압이 높다.

22. 게이지 압력이 0.14 MPa일 때 정수두는 몇 m인가?

① 0.14   ② 1.4   ③ 14   ④ 140

[해설] $0.14 \text{ MPa} = 1.4 \text{ kgf/cm}^2$이므로
$H = 10P = 10 \times 1.4 = 14$

23. 석유·화학 제조공정에서 점도가 높은 유체를 펌프로 수송하려면 열을 가해 점도를 낮추어야 한다. 이를 위한 장치로 관을 2중으로 하여 내관으로 유체를 흐르게 하고 내관과 외관 사이로 증기를 보내는 가열 배관의 형식은

어느 것인가?
① 외부 나선 포관 가열관
② 재킷(2중관) 가열관
③ 외측 포관 가열관
④ U자형 가열관

24. 진공 환수식 증기 난방법의 설명으로 맞는 것은?
① 응축수의 유속이 느려 환수관의 관경을 크게 하여야 한다.
② 자연순환식보다 증기의 순환이 느리다.
③ 방열기 설치장소에 제한을 받지 않는다.
④ 방열기 밸브의 개폐도 조절이 어려워 방열량을 조절하기 어렵다.

[해설] 진공 환수식 증기 난방법
㉠ 다른 방법보다 증기의 회전이 가장 빠르다.
㉡ 환수관의 지름을 가늘게 해도 된다.
㉢ 방열기의 설치장소에 제한을 받지 않는다.
㉣ 방열량이 광범위하게 조절된다.

25. 도장공사의 목적으로 가장 적당하지 않은 것은?
① 도장면의 미관을 목적으로 한다.
② 방식을 목적으로 한다.
③ 색 분별에 의한 식별을 목적으로 한다.
④ 재질의 변화를 목적으로 한다.

26. 가스용접의 특성에 대한 설명으로 틀린 것은 어느 것인가?
① 가열 시 열량 조절이 비교적 자유롭다.
② 폭발의 위험성이 적고 금속이 산화될 가능성이 적다.
③ 운반이 편리하고 설치비가 적게 든다.
④ 아크 용접에 비해 불꽃의 온도가 낮다.

[해설] 가스용접의 장단점
(1) 장점
㈎ 응용 범위가 넓다.
㈏ 비교적 가열, 조절이 자유롭다.
㈐ 운반이 편리하다.
㈑ 설비비가 싸다.
㈒ 유해광선이 아크 용접보다 적게 발생된다.
(2) 단점
㈎ 불꽃의 온도와 열효율이 낮다.
㈏ 폭발의 위험성이 크고 용접 금속이 탄화 및 산화될 염려가 많다.
㈐ 가열 범위가 커서 용접 응력이 크고 가열시간이 오래 걸린다.
㈑ 효율적인 용접이 어렵다.

27. 아크 에어 가우징에 사용하는 전극봉 재료로 가장 적합한 것은?
① 구리봉
② 토륨 텅스텐봉
③ 탄소봉
④ 순 텅스텐봉

[해설] 아크 에어 가우징 : 탄소봉을 전극으로 하여 아크를 발생시켜, 용융된 금속을 홀더의 구멍으로부터 탄소봉과 평행으로 분출하는 압축 공기로써 계속 불어내서 홈을 파는 방법이다.

28. 관용나사에서 나사의 각부의 명칭에 대한 설명으로 틀린 것은?
① 나사산 : 골과 골 사이의 높은 부분
② 골지름 : 수나사는 최소 지름, 암나사에서는 최대 지름
③ 피치지름 : 나사의 축에 직각으로 잰 최대 지름
④ 안지름 : 암나사의 최소 지름

[해설] 피치지름 : 인치 방식의 기어 이의 크기를 나타내는 값

29. 주철관 이음 시 누수가 발생하면 죔 밴드를 죄어 주거나 고무패킹만 교환하여 주면 쉽게 보수가 가능한 이음법은?

정답 24. ③ 25. ④ 26. ② 27. ③ 28. ③ 29. ②

① 빅토릭 이음 ② 노-허브 이음
③ 기계식 이음 ④ 타이톤 이음

해설 노-허브 이음 : 허브가 없는 관을 사용하여 개스킷과 밴드로 접합하는 것으로, 시공이 쉽기 때문에 많이 사용하고 있다.

30. 아들자와 어미자로 조합된 것으로 공작물의 외경, 내경, 깊이를 측정할 수 있는 측정기는 어느 것인가?

① 디바이더 ② 직각자
③ 수준기 ④ 버니어 캘리퍼스

31. 아크 용접에 대한 설명으로 적당하지 않은 것은?

① 용접 전 모재 표면에 부착되어 있는 녹, 스케일, 수분 등을 완전하게 제거해야 한다.
② 다층 용접 시는 슬래그를 완전히 제거해야 한다.
③ 용접봉은 잘 건조된 것을 선택한다.
④ 아크의 전압은 아크의 길이에 반비례한다.

해설 아크의 전압은 아크의 길이에 거의 비례해서 증가할 뿐 아니라, 또 피복제의 종류나 아크 전류의 크기에 큰 영향을 받는다.

32. 염화비닐관의 냉간 이음법에 대한 설명 중 틀린 것은?

① 특별한 숙련이 필요 없다.
② 간편하고 경제적이며 안전한 이음 방법이다.
③ 용접을 통하여 접합하기 때문에 누수의 염려가 없다.
④ 일정한 테이퍼로 되어 있는 TS 이음관을 활용하여 접합한다.

해설 PVC관 냉간 접합법
㉠ 나사 접합 : 금속관과의 연결부 접합법에 이용된다.
㉡ 냉간 삽입 접합 : 접착제를 발라 상온에서 접합하는 방법

33. 로터리 벤더에 의한 벤딩 시 관이 파손되는 결함의 원인이 아닌 것은?

① 굽힘 반지름이 너무 작다.
② 압력의 조정이 세고 저항이 크다.
③ 받침쇠가 너무 들어가 있다.
④ 재료에 결함이 있다.

해설 로터리 벤더에 의한 관의 파손 원인
㉠ 압력 조정이 세고 저항이 크다.
㉡ 받침쇠가 너무 나와 있다.
㉢ 굽힘 반지름이 너무 작다.
㉣ 재료에 결함이 있다.

34. 동관의 이음에 사용되는 순동 이음쇠의 특징으로 틀린 것은?

① 내면이 동관과 같아 압력 손실이 적다.
② 벽 두께가 균일하므로 취약 부분이 크다.
③ 용접 시 가열 시간이 짧아 공수 절감을 가져온다.
④ 외형이 크지 않은 구조이므로 배관 공간이 적어도 된다.

해설 벽 두께가 균일하면 취약 부분이 적다.

35. 폴리에틸렌관을 이음하는 방법으로 스테인리스강제 클립으로 죄어서 체결하는 이음법은 어느 것인가?

① 인서트 이음 ② 용착 슬리브 이음
③ 플라스턴 이음 ④ 플레어 이음

해설 인서트 접합 : 50 mm 이하의 폴리에틸렌관 접합용으로 가열 연화한 인서트를 끼우고 물로 냉각하여 클램프로 조인다. 클램프 대신 철사로 죌 때는 철사 위에 비닐테이프를 감아 부식을 방지한다.

정답 30. ④ 31. ④ 32. ③ 33. ③ 34. ② 35. ①

36. 고무 개스킷 이음이라고도 하는 이음법으로 내식성이 풍부하고 수밀성과 굽힘성이 좋은 석면 시멘트관의 이음법은?
① 빅토릭 이음　② 플랜지 이음
③ 심플렉스 이음　④ 메커니컬 이음

해설 심플렉스 이음 : 석면 시멘트관에 사용하는 이음으로, 석면 시멘트 칼라와의 사이에 2개의 고무링을 삽입해서 결합한다. 내식성이 풍부하고 가요성이 있다.

37. 관 공작용 기계 중 관의 절단에 사용되지 않는 것은?
① 고속 숫돌 절단기(abrasive cut off machine)
② 그루빙 조인트 머신
③ 기계톱(hack sawing machine)
④ 다이헤드식 동력나사 절삭기

해설 강관 절단용 기계
㉠ 동력나사 절삭기(오스터식, 호브식, 다이헤드식)
㉡ 핵 소잉 머신(기계톱)
㉢ 고속 숫돌 절단기

38. 구상흑연 주철관의 이음 방법이 아닌 것은 어느 것인가?
① 메커니컬 조인트
② KP 메커니컬 조인트
③ 타이톤 조인트
④ 레드 조인트

해설 구상흑연 주철관은 두께에 따라서 1종관, 2종관, 3종관, 4종관의 4종류로 나뉘고, 이음 방법은 메커니컬 조인트, KP 메커니컬 조인트, 타이톤 조인트(Tyton joint)를 사용한다.

39. 동관을 사용된 소재에 따라 분류하였을 때 일반 배관 재료로 가장 많이 사용하는 관은?
① 인 탈산 동관　② 터프 피치 동관
③ 무산소 동관　④ 동합금관

해설 인 탈산 동관 : 용접성이 우수하고 전기 전도성이 적어서 일반 배관용으로 사용한다.

40. 배관용 패킹 재료 선택 시 고려사항 중 기계적인 조건을 열거한 것이다. 틀린 것은 어느 것인가?
① 내압과 외압
② 진동의 유무
③ 패킹 재료 교체의 난이도
④ 관내 유체의 부식성 및 인화성

해설 관내 유체의 부식성 및 인화성은 기계적 조건에 해당되지 않는다.

41. 배수용 주철이형관의 종류에 해당되지 않는 것은?
① 곡관　② Y관
③ T관　④ W관

해설 주철이형관 종류 : T형관, +자관, Y자관, 각종 곡관, 편락관(테이퍼관), 이음관, 플랜지 소켓관, 플랜지관, 소화전관, 을(乙)자관, 나팔관

42. 배관용 보온재의 구비조건으로 적합하지 않은 것은?
① 열전도율이 가능한 적어야 한다.
② 부피, 비중이 커야 한다.
③ 물리적, 화학적 강도가 커야 한다.
④ 단위 체적에 대한 가격이 저렴해야 한다.

해설 배관 보온재 구비조건
㉠ 보온능력이 크고 열전도율이 작을 것
㉡ 비중이 작을 것
㉢ 장시간 사용온도에 견디며 변질되지 않을 것

정답　36. ③　37. ②　38. ④　39. ①　40. ④　41. ④　42. ②

ⓔ 다공질이며 기공이 균일할 것
ⓜ 시공 시 용이하고 확실하게 사용할 수 있을 것
ⓗ 흡습, 흡수성이 적을 것

43. 배관 도장 재료 중 내열·내유·내수성이 좋으며 특수한 부식에서 금속을 보호하기 위한 내열 도료로 사용되고, 내열온도가 150~200℃ 정도이며 베이킹 도료로 사용되는 것은?

① 프탈산계
② 산화철계
③ 염화비닐계
④ 요소 멜라민계

해설 합성수지 도료
㉠ 프탈산계
㉡ 요소 멜라민계 : 내열성, 내유성, 내수성이 좋다. 특수한 부식에서 금속을 보호하기 위한 내열도료로 사용되고, 내열도는 150~200℃ 정도이며 베이킹 도료로 사용한다.
㉢ 염화비닐계
㉣ 실리콘 수지계

44. 가옥 트랩 또는 메인 트랩으로서 건물 내 배수 수평 주관의 끝에 설치하여 공공 하수관에서의 유독가스가 침입하는 것을 방지하는데 가장 적합한 것은?

① S 트랩
② X 트랩
③ U 트랩
④ Y 트랩

해설 관트랩
㉠ S 트랩 : 위생기구를 바닥에 설치된 배수 수평관에 접속할 때에 사용된다.
㉡ P 트랩 : 벽면에 매설하는 배수 수직관에 접속할 때 사용한다.
㉢ U 트랩 : 가옥 트랩 또는 메인 트랩으로서 건물 안의 배수 수평 주관 끝에 설치하여 하수구에서 해로운 가스가 건물 안으로 침입하는 것을 방지한다.

45. 스테인리스강의 부동태 피막(보호 피막)은 크롬(Cr)과 무엇이 결합하여 형성되는가?

① 산소 또는 수산기
② 질소 또는 염산기
③ 산소 또는 염산기
④ 질소 또는 수산기

해설 STS 부동태 피막 : 스테인리스강 표면에는 크롬산화물로 된 치밀한 보호막이 형성되어 있으며 이것을 부동태 피막이라고 한다. 이 피막은 금속 모재와의 반응 생성물이기 때문에 파괴되더라도 금방 재생되는 성질을 가지고 있으며, 산소가 공급되는 조건에서 형성된다.

46. 2개 이상의 엘보를 사용, 나사 이음부의 회전을 이용하여 배관의 신축을 흡수하는 이음쇠는?

① 슬리브형 신축 이음쇠
② 스위블형 신축 이음쇠
③ 루프형 신축 이음쇠
④ 벨로스형 신축 이음쇠

해설 ① 슬리브형(미끄럼식)
② 스위블형(2개 이상의 엘보)
③ 루프형(신축 곡관)
④ 벨로스형(주름관식)

47. 신축 곡관이라고도 하며, 고온·고압용 배관에 많이 사용하는 신축 이음쇠는?

① 루프형 신축 이음쇠
② 스위블형 신축 이음쇠
③ 슬리브형 신축 이음쇠
④ 벨로스형 신축 이음쇠

48. 배수관으로 사용되는 보통압관과 송수관 등에 사용하는 압력관의 두 종류가 있으며, 보통 흄(hume)관이라고 부르는 관은?

① 원심력 철근 콘크리트관
② 석면 시멘트관
③ 프리스트레스드 콘크리트관
④ 철근 콘크리트관

정답 43. ④ 44. ③ 45. ① 46. ② 47. ① 48. ①

해설 흄관 : 원심력을 이용해서 콘크리트를 균일하게 살포하여 만든 철근 콘크리트제의 관

49. 내식용, 내열용, 고온용, 저온용의 배관에 사용되며, 특히 내식을 필요로 하는 화학 공업용 배관에 가장 적합한 배관용 강관은 어느 것인가?
① 알루미늄 도금 강관
② 고압배관용 탄소 강관
③ 배관용 스테인리스 강관
④ 고온배관용 탄소 강관

해설 배관용 스테인리스 강관 : 고온도의 배관에 적합한 내열, 내식성 있는 스테인리스 강제의 강관이다. 이음매 없는 강관과 용접 강관이 있는데, 주로 화학 관계용 배관에 사용된다. 저온용으로도 이용할 수 있다.

50. 관의 접합원리는 이음쇠 안쪽에 내장된 그래브 링(grab ring)과 O-링에 의한 삽입 접합이며, 이종관과의 접합 시는 커넥터(connector) 및 어댑터(adapter)를 사용하여 나사 이음하는 이음쇠는?
① 폴리에틸렌(PE)관 이음쇠
② 폴리부틸렌(PB)관 이음쇠
③ 가교화 폴리에틸렌관 이음쇠
④ TS식 이음쇠

해설 폴리부틸렌관 이음쇠 : 그래브 링과 O-링에 의한 삽입 접합 방법으로 에이콘관 이음쇠라고도 한다.

51. 배관설비 도면에서 관 속에 흐르는 유체의 종류 기호가 올바르게 짝지어진 것은?
① W = 물   ② G = 공기
③ U = 연료가스   ④ S = 연료유

해설 ㉠ G : 연료가스   ㉡ W : 물
㉢ O : 오일   ㉣ S : 증기

52. 그림은 제3각법으로 정투상한 도면이다. 누락된 우측면도로 가장 적합한 것은?

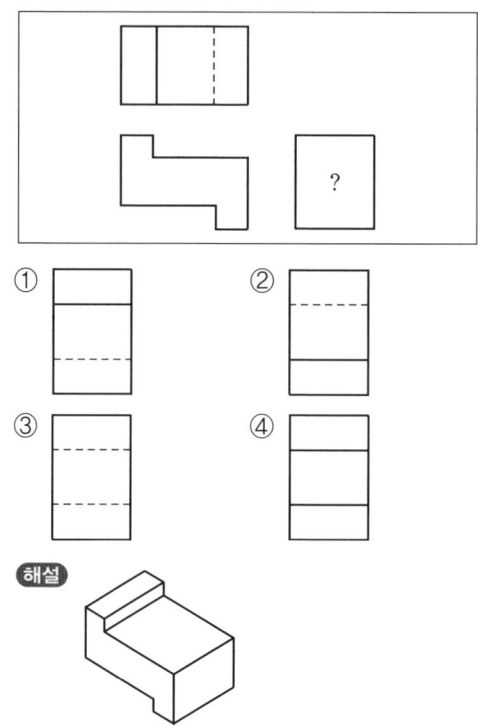

해설

53. 치수 기입 시 일반적인 주의사항으로 틀린 것은?
① 치수 수치를 나타내는 일련의 치수 숫자는 도면에 그린 선에서 분할되지 않는 위치에 쓰는 것이 좋다.
② 치수선이 인접해서 연속하는 경우에는 치수선은 동일 직선상에 가지런하게 기입하는 것이 좋다.
③ 치수 수치는 치수선과 교차되는 장소에 기입하면 안 된다.
④ 반지름 치수의 경우 다른 곳에 지시한 치수에 따라 자연히 결정될 때에도 치수 혼동을 막기 위해 반지름 기호와 함께 치수 수치도 기입하는 것이 좋다.

해설 다른 곳의 치수에 의해 반지름 치수가

정답 49. ③ 50. ② 51. ① 52. ① 53. ④

결정되는 경우 반지름을 기입하면 혼동되므로 둘 다 기입하는 것은 좋지 않다.

54. 다음 중 일반적으로 긴쪽 방향으로 절단하여 도시할 수 있는 것은?

① 리브 ② 기어의 이
③ 바퀴의 암 ④ 하우징

55. 공작물을 1:5의 척도로 그리려고 하는데 실제 길이는 50 mm이다. 도면에 공작물의 길이를 얼마의 크기로 그려야 하는가?

① 10 mm ② 25 mm
③ 50 mm ④ 250 mm

해설 $1:5 = x:50$
$x = 10$

56. 탄소강 단강품의 재료 표시기호 "SF 490 A"에서 "490"이 나타내는 것은?

① 최저 인장강도 ② 강재 종류 번호
③ 최대 항복강도 ④ 강재 분류 번호

해설 SF : 탄소강 단강품
490 : 최저 인장강도
A : 어닐링한 상태

57. 기계제도에서 가는 2점 쇄선을 사용하는 선에 해당하는 것은?

① 숨은선 ② 기준선
③ 피치선 ④ 가상선

해설 ① 숨은선 : 가는 파선 또는 굵은 파선
② 기준선 : 가는 1점 쇄선
③ 피치선 : 가는 1점 쇄선
④ 가상선 : 가는 2점 쇄선

58. 그림과 같이 경사지게 잘린 직원기둥의 전개 시에 가장 적합한 전개 방법은?

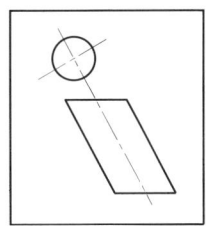

① 평행선 전개법 ② 방사선 전개법
③ 삼각형 전개법 ④ 타출 전개법

59. 그림과 같은 입체도를 제3각 정투상도로 가장 적합하게 나타낸 것은?

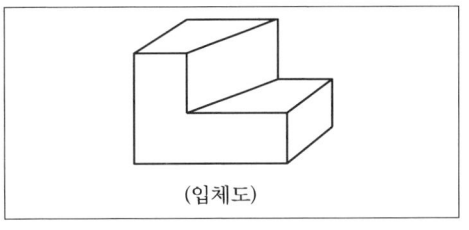

60. 보기와 같은 용접기호 도시방법에서 기호 설명이 잘못된 것은?

─〈보기〉─
$z \triangleright n \times l(e)$

① l : 용접부의 길이
② n : 용접부의 개수
③ e : 인접한 용접부 간격(피치)
④ z : 목 두께의 크기

해설 ① l : 용접부 길이(크레이터 제외)
② n : 용접부 개수
③ e : 인접한 용접부 간의 거리(피치)
④ z : 다리 길이(전단면에 내접하는 최대 이등변 삼각형의 변)

CBT 실전 테스트 (8)

1. 가스용접 및 절단작업의 안전사항으로 적당하지 않은 것은?
① 아연합금 또는 도금재료의 용접이나 절단할 때 발생하는 가스에 의해 중독의 우려가 있으므로 주의해야 한다.
② 가스용접 시에는 차광 안경을 착용하지 않아도 된다.
③ 용접작업 전 소화기를 준비하여 만일의 사고에 대비한다.
④ 작업 후에는 메인 밸브 및 콕 등을 완전히 잠가 준다.

2. 석유화학 장치배관의 계측기와 분리장치 및 특수장치에 관한 설명 중 틀린 것은 어느 것인가?
① 계측기의 중요기능에는 유체의 정지, 제어, 역류방지 등이 있으며 안전장치를 구비해야 한다.
② 계측기에는 수송유체 누설 시에 대비하여 자동개폐 및 바이패스 밸브를 설치해서는 안 된다.
③ 분리장치는 수송액체 속의 가스를 분리시키는 곳에 설치한다.
④ 원유는 점도가 높으므로 자동 가열장치를 설치하여 점도를 낮추어 수송한다.

해설 ② 계측기에는 수송유체 누설 시에 대비하여 자동개폐 및 바이패스 밸브를 설치한다.

3. 공기조화방식의 분류에서 물-공기방식에 속하지 않는 것은?
① 덕트 병용 팬 코일 유닛 방식
② 이중 덕트 방식
③ 유인 유닛 방식
④ 복사 냉난방 방식

해설 덕트 배관법에 따른 분류
㉠ 유인 유닛식
㉡ 단일 덕트식
㉢ 이중 덕트식
㉣ 각층 유닛식

4. 관 세정작업에서 세정 계통도를 따라 펌프를 사용하여 강제적으로 순환시켜 약액의 농도와 온도를 균일화하여 약액을 효과적으로 이용하여 세정하는 방법은?
① 서징법
② 순환법
③ 침적법
④ 계통법

해설 화학적 세관
㉠ 침적법 : 세정 대상물에 세정액을 채우고 그대로 정치하여 침적시키는 방법
㉡ 서징법 : 일정 시간 세정액을 채우고 난 후 배출하여 재세정액을 넣고 교반을 도모한다.
㉢ 순환법 : 펌프를 사용하여 강제적으로 순환 세정하는 방법

5. 오물 정화조의 구성요소가 아닌 것은?
① 연화조
② 부패조
③ 산화조

정답 1. ② 2. ② 3. ② 4. ② 5. ①

④ 여과조

해설 배설물 정화조
  ㉠ 부패조
  ㉡ 예비 여과조
  ㉢ 산화조
  ㉣ 소독조

6. 통기관의 연결 방법에서 위생기구의 수면보다 밑에서 수평 배수관을 보낼 경우에는 통기 수평 분기관은 통기 수직관에 연결하기 전에 해당 배수 계통의 위생기구의 수면보다 몇 mm 이상 위로 올려 연결하여야 하는가?

① 10 ② 150
③ 500 ④ 1000

해설 각 기구의 각개 통기관은 기구의 오버플로선보다 150 mm 이상 높게 세운 다음, 수직 통기관에 접속한다.

7. 기송 배관을 형식에 따라 분류하였을 때 해당되지 않는 것은?

① 진공식 배관
② 송풍 펌프식 배관
③ 압송식 배관
④ 진공 압송식 배관

8. 화학배관설비에서 화학장치용 재료의 구비조건으로 틀린 것은?

① 접촉 유체에 대하여 내식성이 클 것
② 가공이 용이하고 가격이 저렴할 것
③ 크리프(creep) 강도가 적을 것
④ 저온에서 재질의 열화가 없을 것

해설 크리프 강도 : 장시간의 하중으로 재료가 계속적으로 서서히 소성변형을 일으키는 것을 크리프라고 한다. 파단되는 순간의 최대 하중을 크리프 강도라고 한다.

9. 재해발생 원인 중 인적 원인(불안전한 행동)으로 볼 수 없는 것은?

① 가동 중인 장치를 정비
② 개인보호구 미착용
③ 잘못된 작업위치 및 자세
④ 작업장소의 밀집

10. 공기가 가열코일 속을 통과하면서 열을 받아 10℃에서 90℃까지 높아진다면 200 kg의 공기에 공급된 열량은 얼마인가? (단, 공기의 비열은 0.240 kcal/kg·℃이다.)

① 2040 kcal ② 2780 kcal
③ 3840 kcal ④ 4860 kcal

해설 $(90-10) \times 200 \times 0.240 = 3840$

11. 다음 그림은 엘보를 2개 사용하여 나사 이음할 때의 치수를 나타낸 것으로 배관 중심선 간의 길이를 구하는 식으로 맞는 것은? (단, L = 배관의 중심선 간 길이, l = 관의 길이, A = 이음쇠의 중심에서 단면 끝까지의 거리, a = 나사가 물리는 최소 길이)

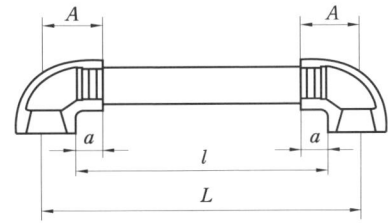

① $L = a + 2(l - A)$ ② $L = A + 2(l - a)$
③ $L = l + 2(A - a)$ ④ $L = l - 2(A + a)$

해설 관 길이 산정공식이 $l = L - 2(A - a)$ 이므로 $L = l + 2(A - a)$

12. 진공환수식 증기난방에 대한 설명으로 틀린 것은?

① 응축수의 유속이 빠르므로 환수관경을 작게 할 수 있다.
② 중력식에 비해 배관구배를 작게 할 수 있다.
③ 낮은 쪽의 응축수를 높은 곳으로 올릴 수 있는 리프트 피팅(lift fitting)이 가능하다.
④ 방열기 설치 위치에 제한을 받는다.

[해설] 진공환수식 증기난방
㉠ 다른 방법보다 증기의 회전이 가장 빠르다.
㉡ 환수관의 지름을 가늘게 해도 된다.
㉢ 방열기의 설치장소에 제한을 받지 않는다.
㉣ 방열량이 광범위하게 조절된다.

13. 플레이트판식 열교환기의 설명으로 맞는 것은?

① 유체가 판층 사이로 흐르고 열 교환량을 조정할 수 있지만 유로면적이 적다.
② 2장의 전열판을 소용돌이 모양으로 감은 것으로 큰 열팽창을 감쇠시킬 수 있다.
③ 파형판과 평판을 교대로 겹쳐 배열한 것으로 전열면적이 크고 무게가 가볍다.
④ 전열관 외면에 공기를 강제 통풍시켜 내부유체를 냉각시키는 구조이다.

14. 물이 관 속을 유동하고 있을 때 흐르는 물속 어느 부분의 정압이 그때 물의 온도에 해당하는 증기압 이하로 되어 증기가 발생, 진동과 소음을 발생시키고 관련 설비에 부식작용을 일으키는 현상은?

① 수격 현상   ② 공동 현상
③ 증발 현상   ④ 경화 현상

[해설] ㉠ 수격 현상 : 관 속에 유체가 꽉 찬 상태로 흐를 때 관 속 액체의 속도를 급격하게 변화시키면 액체에 압력변화가 생겨 관 내에 순간적인 충격압과 진동이 발생하는 현상을 말한다.
㉡ 공동 현상 : 유체 속에서 압력이 낮은 곳이 생기면 물속에 포함되어 있는 기체가 물에서 빠져나와 압력이 낮은 곳에 모이는데, 이로 인해 물이 없는 빈공간이 생긴 것을 가리킨다.
㉢ 서징 현상 : 펌프, 송풍기 등의 운전 중에 발생하며, 펌프인 경우 입구와 출구의 진공계, 압력계의 침이 흔들리고 동시에 송출유량이 변화하는 현상이다.

15. 보일러 수처리에서 원수 중의 탄산가스 및 황화수소 등을 제거하는 방법으로 가장 효과적인 것은?

① 침전법   ② 여과법
③ 응집법   ④ 폭기법

[해설] 폭기법으로 제거될 수 있는 물질 : 탄산가스, 망간, 철분, 황화수소

16. 압력 탱크식 급수법에서 사용되는 압력 탱크 주변 설비용 부속품이 아닌 것은?

① 압력계   ② 오버플로관
③ 수면계   ④ 안전밸브

[해설] 압력 탱크 주변 설비용 부속품 : 압력계, 수면계, 안전밸브, 압력 스위치

17. 관계(管系) 지지 장치에서 관 지지의 필요 조건으로 틀린 것은?

① 관과 관내의 유체 및 피복재의 합계 중량을 지지하는 데 충분한 재료일 것
② 외부에서의 진동과 충격에 대해서도 견고할 것
③ 배관시공에 있어서 구배의 조정이 될 수 없는 구조일 것
④ 온도변화에 따른 관의 신축에 대하여 적합할 것

18. 도시가스 공급설비에서 가스홀더의 종류

정답 13. ③ 14. ② 15. ④ 16. ② 17. ③ 18. ③

가 아닌 것은?
① 유수식 가스홀더
② 무수식 가스홀더
③ 증발식 가스홀더
④ 고압 가스홀더

19. 0℃ 얼음이 0℃의 물로 온도 변화는 없이 상태 변화를 일으키는 데 이용된 열량을 무엇이라 하는가?
① 비열 ② 잠열
③ 감열 ④ 반응열

해설 ① 비열 : 어떤 물질 1 kg의 온도를 1℃ 높이는 데 필요한 열량이다.
② 잠열 : 물질의 상태가 기체와 액체, 또는 액체와 고체 사이에서 변화할 때 흡수 또는 방출하는 열
③ 감열 : 물체의 온도 상승이나 하강에 따라서 출입하는 열량이다.
④ 반응열 : 화학반응에 수반하여 방출 또는 흡수되는 열량으로 반응물과 생성물의 에너지 차이를 말한다.

20. 급탕 배관에서 급탕관과 순환관 내의 물의 온도차에 의한 밀도차에 의하여 대류작용을 일으켜 자연 순환시키는 방식은?
① 대류식 ② 중력식
③ 기계식 ④ 강제식

해설 자연 순환식 급탕 배관
• 중력식 : 공기 조화 장치나 급수 · 급탕 설비에서 냉수 · 온수 등을 중력에 의한 압력차나 온도에 의한 밀도차로 대류 작용을 발생시켜 자연히 순환시키는 방식

21. 고압용 압축공기 배관에 쓰이는 밸브는 다음에서 어떤 재료가 가장 좋은가?
① 스테인리스제 ② 청동제
③ 황동제 ④ 아연제

해설 저압용 밸브에는 보통 청동제가 쓰이며 고압용 밸브에는 스테인리스제가 좋다. 스테인리스제는 고가이지만 내식성이 좋다는 큰 장점을 지니고 있다.

22. 파이프 래크의 폭을 결정할 때의 고려사항으로 틀린 것은?
① 파이프 래크의 실제 폭은 계산된 폭보다 20 % 정도 크게 한다.
② 파이프 래크상의 배관 밀도가 작아지는 부분에 대해서는 파이프 래크의 폭을 좁게 한다.
③ 고온 배관에서는 열팽창에 의하여 과대한 구속을 받지 않도록 충분히 간격을 둔다.
④ 인접하는 파이프의 외측과 다른 파이프의 외측 간의 최소 간격을 25 mm로 하여 래크의 폭을 결정한다.

해설 파이프 래크 : 여러 가닥의 파이프에 가로 방향으로 C형강이나 ㄷ형강 또는 ㄱ형강 등을 걸치고 U볼트 등에 고정하거나 가이드 슈 등을 설치하여 파이프를 고정하는 지지 장치
④ 최소 간격을 75 mm로 한다.

23. 배관작업 시 안전사항으로 잘못된 것은?
① 가스 토치로 관 가열 시 불꽃이 타인의 얼굴로 향하지 않도록 하여야 한다.
② 주철관 소켓접합 시에는 용융납을 주입하기 전 먼저 수분이 없는지 확인한다.
③ 높은 곳에서 배관작업 시에는 안전대(안전벨트)를 착용하지 않아도 무관하다.
④ 공구는 규격에 알맞은 것을 사용해야 한다.

24. 배관 도장공사의 목적으로 가장 거리가 먼 것은 어느 것인가?
① 도장면의 미관을 목적으로 한다.

정답 19. ② 20. ② 21. ① 22. ④ 23. ③ 24. ④

② 방식을 목적으로 한다.
③ 색 분별에 의한 식별을 목적으로 한다.
④ 재질의 변화를 목적으로 한다.

해설 배관의 방청
㉠ 부식을 방지하기 위해 수행되는 도장작업을 방청공사라 하며, 방청공사는 방청 도료에 의한 도장 외에 아연이나 알루미늄과 같은 금속용제에 의한 공법도 포함된다.
㉡ 방청의 목적 : 배관 식별, 부식 방지

25. 도시가스의 부취(付臭)제가 갖추어야 할 성질 설명으로 틀린 것은?

① 독성이 없고 낮은 농도에서 냄새 식별이 가능할 것
② 화학적으로 안정되어 설비나 기구에 잘 흡착할 것
③ 완전 연소가 가능하고 가격이 저렴할 것
④ 상온에서 응축되지 않으며 토양에 투과성이 클 것

해설 부취제가 갖추어야 할 성질
㉠ 독성이 없어야 한다.
㉡ 일상적인 생활의 냄새와는 명확하게 구분되어야 한다.
㉢ 저농도에서도 냄새가 나야 한다.
㉣ 가스 배관이나 가스 미터기에 흡착되지 말아야 한다.
㉤ 완전 연소되고 연소 후에는 유해하거나 냄새를 가지는 물질을 남기지 말아야 한다.
㉥ 배관 내에서 응축되지 말아야 한다.
㉦ 부식성이 없어야 하며, 화학적으로 안정하고, 물에 녹지 말아야 한다.
㉧ 토양에 대한 투과성이 좋고, 가격이 저렴하여야 한다.

26. 가스절단에 대한 설명으로 틀린 것은?

① 산소(O₂)와 철(Fe)과의 화학 반응을 이용한다.
② 강 또는 합금강의 절단에 널리 이용된다.
③ 양호한 절단면을 얻기 위해서는 산소 압력, 절단 주행 속도, 예열 불꽃의 세기 등이 알맞아야 한다.
④ 절단 속도, 산소의 소비량 등은 산소 중 불순물의 많고 적음과 아무런 관련이 없어 영향을 받지 않는다.

27. 도관 이음에 대한 설명으로 틀린 것은?

① 관의 길이가 비교적 짧아 이음 개소가 많이 생긴다.
② 도관에는 보통관, 후관, 특후관의 3종류가 있다.
③ 모르타르만을 채워서 이음하는 방법이 일반적으로 많이 사용된다.
④ 얀을 사용할 때는 소켓 속에 약 50mm 정도로 넣는다.

해설 도관의 얀 채움 길이는 삽입 길이의 1/4 정도가 알맞다.

28. 다음 중 각도 측정기가 아닌 것은?

① 사인바   ② 콤비네이션 각도기
③ 정반   ④ 테이퍼 게이지

해설 정반 : 정확하며 평활(平滑)하게 다듬질된 평면을 가진 금속의 튼튼한 블록 또는 테이블

29. 산소-아세틸렌 불꽃은 산소와 아세틸렌 혼합비에 의해 불꽃의 모양이 여러 모양으로 변하는데 아세틸렌 가스가 완전 연소하는 데 필요로 하는 이론적 산소량으로 맞는 것은?

① 0.5배   ② 1.5배
③ 2.5배   ④ 3.5배

30. 석면 시멘트관 이음에 속하지 않는 것은?

① 기볼트 이음   ② 인서트 이음
③ 심플렉스 이음 ④ 칼라 이음

정답 25. ② 26. ④ 27. ④ 28. ③ 29. ③ 30. ②

해설 석면 시멘트관(에터니트관의 접합)
  ㉠ 기볼트 접합 : 2개의 플랜지와 고무링, 1개의 슬리브로 되어 있다. 신축성과 굴절성이 좋아 원심력 철근 콘크리트관의 칼라 조인트 5~10개소마다 1개의 기볼트 접합을 한다.
  ㉡ 칼라 접합 : 주철제의 특수칼라를 사용하여 접합하는 방법으로 접합부 사이에 고무링을 끼워 수밀을 유지한다.
  ㉢ 심플렉스 접합 : 석면 시멘트제 칼라와 2개의 고무링으로 접합시공한다. 사용압력은 1.05 MPa 이상이고 굽힘성과 내식성이 우수하다.

31. 아크용접에서 전격방지를 위한 조치로 틀린 것은?
① 용접기의 내부에 함부로 손을 대지 않는다.
② 절연홀더의 절연 부분이 노출·파손되면 그 용접작업이 다 종료된 후에 보수하거나 교체한다.
③ 규정된 보호구를 반드시 착용한다.
④ 용접하지 않을 때는 금속 아크 용접봉을 홀더로부터 제거한다.

해설 절연 부분이 노출되면 그 즉시 작업을 중지하고 보수하거나 교체한다.

32. 배관공작용 공구에 관한 설명으로 잘못된 것은?
① 링크형 파이프 커터는 주철관 전용 절단 공구이다.
② 사이징 툴은 동관 끝의 확관용 공구이다.
③ 클립은 주철관의 소켓 접합 시 용융납을 주입할 때에 납의 비산을 방지하는 공구이다.
④ 리머는 관 절단 후 관 단면의 안쪽에 생기는 거스러미를 제거하는 공구이다.

해설 ㉠ 사이징 툴 : 동관의 끝부분을 원형으로 정형

㉡ 리머 : 동관 절단 후 관의 내외면에 생기는 거스러미 제거
㉢ 익스팬더 : 동관의 관끝 확관용 공구
㉣ 플레어링 툴 : 동관의 압축 접합용에 사용

33. 동관의 한쪽 끝을 확관할 때 사용하는 공구는?
① 드레서   ② 튜브커터
③ 익스팬더   ④ 리머

34. 경질 염화비닐관의 열간 이음 시 접합(삽입) 길이는 관경의 몇 배가 적당한가?
① 1.5~2   ② 3~3.5
③ 4~5   ④ 5.5~6.5

35. 다이헤드형 동력 나사절삭기로 할 수 없는 작업은?
① 파이프의 절단
② 나사 절삭
③ 관 내경 거스러미 제거
④ 파이프의 내경 확장

36. 주철관의 소켓 이음에 관한 설명 중 틀린 것은?
① 용융납을 부어 넣을 때 클립(clip)을 소켓 측면에 밀착시켜 설치한다.
② 용융납은 2~3회에 나누어 넣지 않고 단번에 부어 넣는다.
③ 마(얀)를 넣는 것은 납과 물이 직접 접촉하는 것을 방지하기 위함이다.
④ 마(얀) 삽입의 길이는 배수관의 경우 삽입 길이의 $\frac{1}{4}$ 정도가 알맞다.

해설 주철관 접합(소켓 이음)
 (1) 접합부 주위는 깨끗하게 유지한다.
 (2) 얀(누수방지용)과 납(얀의 이탈방지용)

의 양은 다음과 같다.

(가) 급수관일 때 : 깊이의 약 $\frac{1}{3}$을 얀, $\frac{2}{3}$를 납으로 한다.

(나) 배수관일 때 : 깊이의 약 $\frac{2}{3}$를 얀, $\frac{1}{3}$을 납으로 한다.

(3) 납은 충분히 가열한 후 산화납을 제거하고 접합부 1개소에 필요한 양을 단 한 번에 부어 준다.

(4) 납이 굳은 후 코킹(다지기) 작업을 정성껏 해 준다.

37. 다음 도면과 같은 배관에서 90° 벤딩 후 엘보에 나사 조립하기 위한 20 A 강관의 소요 길이는 약 얼마인가? (단, R = 100 mm, L_1 = 300 mm, L_2 = 400 mm, 20 A 엘보의 중심에서 나사가 조립되지 않은 여유 치수는 19 mm이다.)

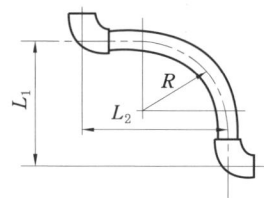

① 819 mm ② 719 mm
③ 619 mm ④ 657 mm

38. 동관의 열간 구부림 가공 시 가열온도는 몇 ℃ 정도가 가장 적당한가?

① 200~300℃ ② 300~450℃
③ 600~700℃ ④ 800~1200℃

해설 동관 벤딩 : 동관용 벤더를 사용하는 냉간법과 토치 램프에 의한 열간법이 있다. 냉간법의 경우 곡률 반경은 굽힘 반경의 4~5배 정도로 하며 열간 벤딩 시에는 600~700 ℃의 온도로 가열해 준다.

39. 알루미늄 분말에 유성 바니시를 섞어 만든 도료로서, 금속 광택이 있으며 열을 잘 반사하여 난방용 방열기 등의 외면에 도장하는 도료는 어느 것인가?

① 산화철 도료 ② 알루미늄 도료
③ 고농도 아연 도료 ④ 광명단 도료

해설 알루미늄 도료 (은분)
㉠ Al 분말에 유성 바니시를 섞은 도료이다.
㉡ Al 도막이 금속 광택이 있으며 열을 잘 반사한다.
㉢ 400~500℃의 내열성을 지니고 있고 난방용 방열기 등의 외면에 도장한다.
㉣ 은분이라고도 하며 방청 효과가 매우 좋다.
㉤ 수분이나 습기가 통하기 어렵기 때문에 대단히 내구성이 풍부한 도막이 된다.
㉥ 더욱더 좋은 효과를 얻기 위해 밑칠용으로 수성페인트를 칠하는 것이 좋다.

40. 평면상의 변위 및 입체적 변위까지도 안전하게 흡수하는 신축 이음쇠는?

① 슬리브형 신축 이음쇠
② 스위블형 신축 이음쇠
③ 볼조인트형 신축 이음쇠
④ 벨로스형 신축 이음쇠

해설 볼조인트 신축 이음쇠 : 관의 끝에 볼 부분을 만들어 케이싱으로 싸고, 그 틈새를 개스킷으로 밀봉한 것으로서, 볼 부분이 케이싱 내에서 자유롭게 회전할 수 있기 때문에 이 이음매를 2~3개 사용하면 관절 작용을 하여 입체적인 변위를 흡수할 수 있다.

41. 보통 흄(hume)관이라고 부르며, 원형으로 조립된 철근을 강재형 형틀에 넣고 소정량의 콘크리트를 투입하여 제조한 관으로 형태에 따라 직관과 이형관으로 구분되는 관은 어느 것인가?

① 원심력 철근 콘크리트관
② 철근 콘크리트관
③ 석면 시멘트관

④ 프리스트레스드 콘크리트관

해설 흄관(원심력 철근 콘크리트관) : 원심력을 이용해서 콘크리트를 균일하게 살포하여 만든 철근 콘크리트제의 관

42. 배관용 패킹 재료를 선택할 때는 관 속을 흐르는 유체의 성질을 고려해야 한다. 유체의 화학적 성질에 속하지 않는 것은?

① 점도   ② 인화성
③ 부식성   ④ 휘발성

43. 다음 중 열팽창계수가 가장 작은 관은 어느 것인가?

① 강관   ② 합성수지관
③ 동관   ④ 스테인리스강관

44. 가볍고 신축성이 있으며, 일명 엑셀 온돌 파이프라고도 하며 온수온돌 난방 코일용으로 많이 사용되는 관은?

① 염화비닐관
② 폴리에틸렌관
③ 폴리부틸렌관
④ 가교화 폴리에틸렌관

해설 가교화 폴리에틸렌관 : 폴리에틸렌 수지로 만들어진, 주로 급수관용의 파이프. 염화비닐관에 비해 인장 강도는 떨어지나 경량이고 내한성이 풍부하다.

45. 주철관의 종류별 사용압력을 최대 사용 정수두로 나타낸 것이다. 바르게 설명한 것은?

① 수도용 사형 주철관의 보통 압관은 최대 사용 정수두가 65 m이고, 기호는 B이다.
② 수도용 원심력 금형 주철관의 고압관은 최대 사용 정수두가 100 m이고, 기호는 B이다.
③ 수도용 원심력 금형 주철관의 보통 압관은 최대 사용 정수두가 45 m이고, 기호는 A이다.
④ 수도용 원심력 사형 주철관의 보통 압관은 최대 사용 정수두가 45 m이고, 기호는 LA이다.

해설 ㉠ 수도용 원심력 사형 주철관 : 고압관(최대 사용 정수두 100 m 이하), 보통 압관(75 m 이하) 및 저압관(45 m 이하)으로 나뉘며 종류 표시는 고압관은 B, 보통 압관은 A, 저압관은 LA로 한다.
㉡ 수도용 원심력 금형 주철관 : 고압관(최대 사용 정수두 100 m 이하), 보통 압관(75 m 이하)으로 분류된다.

46. 배수트랩에서 관 트랩의 종류가 아닌 것은 어느 것인가?

① U 트랩   ② P 트랩
③ S 트랩   ④ V 트랩

해설 관 트랩
㉠ S 트랩 : 위생기구를 바닥에 설치된 배수 수평관에 접속할 때 사용한다.
㉡ P 트랩 : 벽면에 매설하는 배수 수직관에 접속할 때 사용한다.
㉢ U 트랩 : 가옥 트랩 또는 메인 트랩으로서 건물 안의 배수 수평 주관 끝에 설치하여 하수구에서 해로운 가스가 건물 안으로 침입하는 것을 방지한다.

47. 밸브를 지나는 유체의 흐름 방향을 직각으로 바꿔 주는 밸브는?

① 체크 밸브   ② 앵글 밸브
③ 게이트 밸브   ④ 니들 밸브

해설 ① 체크 밸브 : 유체의 역류 방지
② 앵글 밸브 : 유체의 흐름을 직각으로 전환
③ 게이트 밸브 : 개폐용 밸브
④ 니들 밸브 : 관 속의 유량을 조절하는 밸브

48. 무기질 보온재로 발포제, 기포 안정제, 난

연재 등을 혼합 화학반응을 시켜 성형 또는 발포하여 사용되는 것으로 초저온에서부터 약 80℃까지 사용 가능한 보온재는?
① 세라크 울 ② 경질 폴리우레탄 폼
③ 글라스 폼 ④ 슬래그 섬유

49. 스테인리스강관의 이음법 중 전용 압착 공구(press tool)를 사용하여 접합하는 이음쇠는 어느 것인가?
① MR 조인트 이음쇠 ② 몰코 조인트 이음쇠
③ 용접식 이음쇠 ④ 플랜지 이음쇠

해설 몰코 이음쇠: 전용 압착 공구를 사용하며 접합이 쉽고, 작업자의 경력이 필요 없는 이음 방식이다.

50. 관 재료 중 열전도도가 비교적 크고 내식성과 굴곡성이 풍부해 열교환기용이나 냉난방관 등에 널리 사용되는 관은?
① 주철관 ② 강관
③ 동관 ④ 플라스틱관

해설 동관의 특징
㉠ 유연성이 커서 가공하기가 쉽다.
㉡ 내식성, 열전도율이 크다.
㉢ 마찰 저항 손실이 적다.
㉣ 무게가 가볍다.
㉤ 가공성이 매우 좋다.
㉥ 외부 충격에 약하다.
㉦ 값이 비싸다.

51. 그림과 같이 윗부분이 경사지게 잘린 정원뿔의 전개도로 가장 적합한 것은?

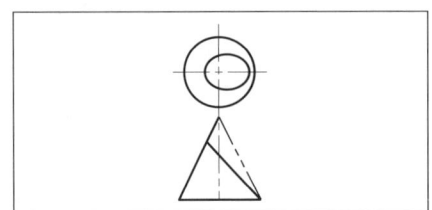

해설
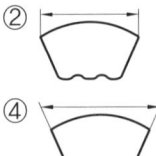

52. 부품의 긴 쪽 방향으로 절단할 경우 그 이해를 방해하거나 혹은 절단하여도 의미가 없는 경우 일반적으로 그 단면도를 나타내지 않는다. 이에 해당하지 않는 것은?
① 바퀴 암 ② 볼트
③ 하우징 ④ 축

53. 리벳의 호칭이 다음과 같이 표시된 경우 40의 의미는?

"KS B 1102 열간 접시 머리 리벳 16×40 SV 330"

① 리벳의 수량
② 리벳의 호칭 지름
③ 리벳 이음의 구멍 치수
④ 리벳의 길이

54. 현의 길이 치수 기입 방법으로 올바른 것은 어느 것인가?

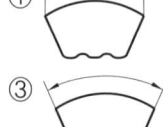

55. 아주 굵은 실선의 용도로 가장 적합한 것은 어느 것인가?
① 특수 가공하는 부분의 범위를 나타내는 데

사용
② 얇은 부분의 단면 도시를 명시하는 데 사용
③ 도시된 단면의 앞쪽을 표현하는 데 사용
④ 이동 한계의 위치로 표시하는 데 사용

해설 특수한 용도의 선
(1) 가는 실선
  (가) 외형선 및 숨은선의 연장을 표시하는 데 사용한다.
  (나) 평면이란 것을 나타내는 데 사용한다.
  (다) 위치를 명시하는 데 사용한다.
(2) 아주 굵은 실선 : 얇은 부분의 단선 도시를 명시하는 데 사용한다.

56. 그림과 같은 KS 배관 도시 기호가 나타내는 것은?

① 안전밸브
② 전동 밸브
③ 스톱 밸브
④ 슬루스 밸브

해설 ① 안전밸브 ② 전동 밸브

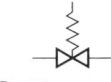

③ 글로브 밸브 ④ 슬루스 밸브

57. 그림의 3각법으로 그린 정투상도에서 우측면도로 가장 적합한 것은?

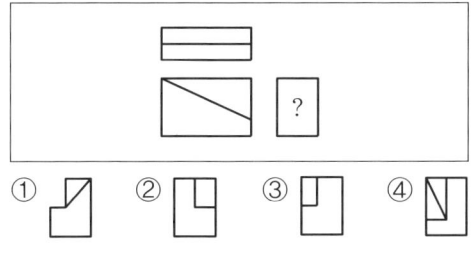

58. 제3각법에서 정면도를 그림에서와 같이 보았을 때 배면도를 그리는 방향은?

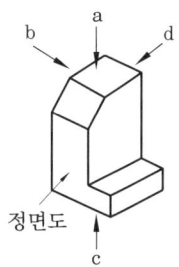

① a
② b
③ c
④ d

59. 용접부 너비는 c, 용접 길이는 l, 용접부 수는 n, 인접한 용접부 간격이 e인 단속 저항 심 용접부의 도시기호를 올바르게 나타낸 것은 어느 것인가?

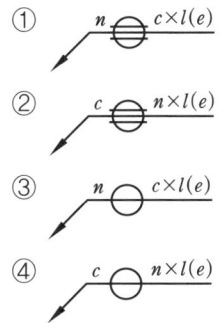

60. KS 기계 재료의 표시기호 SM 400 A의 명칭은?

① 냉간 압연 강판
② 보일러용 압연 강재
③ 열간 압연 강판
④ 용접 구조용 압연 강재

해설 ① 냉간 압연 강판 및 강재 : SPC
② 보일러용 압연 강재 : SBB
③ 열간 압연 연강판 및 강대 : SPH
④ 용접 구조용 압연 강재 : SM

정답 56. ① 57. ③ 58. ④ 59. ② 60. ④

CBT 실전 테스트 (9)

1. 급수배관에 관한 설명으로 옳지 않은 것은?
① 수평배관에서 물이 고일 수 있는 부분에는 진공방지 밸브를 설치하여야 한다.
② 수평배관에서 공기가 모일 수 있는 부분에는 공기빼기 밸브를 설치하여야 한다.
③ 수평배관은 상향 급수배관 방식의 경우 진행방향에 따라 올라가는 기울기로 한다.
④ 수평배관은 하향 급수배관 방식의 경우 진행방향에 따라 내려가는 기울기로 한다.

해설 ① 배니 밸브 또는 물빼기 밸브를 설치한다.

2. 화학공업배관용 다관 원통형 열교환기의 종류가 아닌 것은?
① U자관형 ② 트롬본형
③ 유동두형 ④ 고정관판형

해설 다관 원통형 열교환기의 종류에는 ①, ③, ④ 외에 케틀형이 있다.

3. 강관 이음쇠의 종류와 사용 용도의 연결이 옳지 않은 것은?
① 엘보 – 배관을 굴곡할 때
② 소켓 – 배관의 말단부를 막을 때
③ 크로스 – 배관을 도중에서 분기할 때
④ 니플 – 동일 관경의 배관을 직선 연결할 때

해설 소켓은 동경관을 직선 결합할 때 사용된다.

4. 배관 도장 시 주의사항으로 옳지 않은 것은?
① 도료가 완전히 건조할 때까지는 직사일광을 피한다.
② 저온 다습한 곳에서 도장 시에는 직사일광도 무방하다.
③ 도료의 성분을 충분히 이해하고 사용법에 따라서 잘 교반한다.
④ 한번에 두껍게 바르지 말고 수 회에 걸쳐서 바르며 건조는 매회 충분히 해준다.

해설 저온 다습한 곳에서 도장 시에는 직사일광을 피하는 것이 좋다.

5. 강관제 캐비닛 속에 들어 있는 알루미늄관에 열전도성이 우수한 핀(fin)을 붙인 가열기가 들어 있어 대류작용만으로 열을 이동시켜 난방하는 방열기로 대류방열기라고도 하는 것은?
① 컨벡터 ② 길드 방열기
③ 주형 방열기 ④ 벽걸이 방열기

6. 게이트 밸브라고도 하며 유체의 흐름을 단속하는 밸브로서 배관용으로 사용되는 것은?
① 콕 ② 감압밸브
③ 슬루스 밸브 ④ 글로브 밸브

7. 다음 중 수관식 보일러가 아닌 것은?
① 관류 보일러 ② 강제순환 보일러
③ 자연순환 보일러 ④ 노통연관 보일러

해설 ④는 원통 보일러이다.

8. 정압기를 조정압력에 따라 분류할 때 해당되지 않는 것은?

정답 1. ① 2. ② 3. ② 4. ② 5. ① 6. ③ 7. ④ 8. ④

① 저압용 정압기
② 중압용 정압기
③ 고압용 정압기
④ 초고압용 정압기

9. 위생기구의 봉수가 파괴되는 일반적인 원인이 아닌 것은?

① 자기 사이펀 작용
② 흡출 작용
③ 분출 작용
④ 봉수의 인성 운동 작용

해설 배수 트랩의 봉수 유실의 원인으로는 ①, ②, ③ 외에 모세관 현상 및 증발 작용을 들 수 있다.

10. 급탕배관에서 관의 신축을 고려한 조치사항으로 옳지 않은 것은?

① 강관일 때 직관 30m마다 1개씩 신축이음을 설치한다.
② 배관의 굽힘 부분에는 스위블 이음으로 접합한다.
③ 건물의 벽관통 부분의 배관에는 슬리브를 설치한다.
④ 이종금속 배관재의 접속 시에는 전식(電蝕)방지 이음쇠를 사용한다.

해설 급탕관의 신축 대책으로는 ①, ②, ③ 외에 마루바닥 통과 시에는 콘크리트 홈을 만들어 그 속에 배관한다.

11. 급탕설비에서 서모스탯(thermostat)은 어떤 용도로 사용되는가?

① 안전밸브 역할
② 유량분배 조절
③ 체적팽창 흡수
④ 온수온도 자동조절

12. 배관의 마찰저항에 관한 설명으로 옳지 않은 것은?

① 마찰저항은 유속에 반비례한다.
② 마찰저항은 관 길이에 비례한다.
③ 마찰저항은 관 내경에 반비례한다.
④ 마찰저항은 관 마찰계수에 비례한다.

해설 ① 마찰저항은 유속에 비례한다.

13. 주철제 보일러에 관한 설명으로 옳지 않은 것은?

① 내식성이 우수하여 수명이 길다.
② 규모가 작은 건물의 난방용으로 사용된다.
③ 재질이 강하여 고압용으로 주로 사용된다.
④ 주철제로 된 여러 장의 섹션을 난방부하의 크기에 따라 조립하여 사용한다.

해설 ③ 고압용으로 주로 사용되는 보일러는 수관식 보일러이다.

14. 기계적 세정방법에 관한 설명으로 옳지 않은 것은?

① 기계적 세정법에는 침적법, 서징법, 순환법 등이 있다.
② 플랜트 본체나 부분을 분해하거나 해체하여야 하는 어려움이 있다.
③ 복잡한 내부구조의 경우 화학적 세정방법에 비하여 효율적인 세정효과를 얻기 힘들다.
④ 스케일 해머, 스크레이퍼, 튜브 클리너 등을 이용하여 관이 손상되지 않게 스케일을 제거한다.

해설 ① 침적법, 서징법, 순환법 등은 화학적 세정방법이다.

정답 9. ④ 10. ④ 11. ④ 12. ① 13. ③ 14. ①

15. 도시가스와 비교한 LP가스의 특징으로 옳지 않은 것은?
① 가스압력을 자유로이 설정할 수 있다.
② 간단한 배관 시공으로 사용할 수 있다.
③ 열용량이 크기 때문에 관경이 작은 관으로 공급할 수 있다.
④ 특유의 증기압을 이용하여 쓸 수 있으므로 가압장치가 필요하다.

16. 저장탱크 및 용기는 온도상승에 의한 액팽창 때문에 파괴되는 것을 방지하기 위하여 상온에서 저장탱크 내의 액화가스 용량은 내부체적의 최소 얼마 이상의 안전공간이 필요한가?
① 10 %
② 20 %
③ 30 %
④ 40 %

17. 다음 중 일반적인 현장지시 압력계 설치 높이(바닥면에서 압력계 지시 눈금까지 높이)로 가장 적합한 것은?
① 0.1 m
② 0.3 m
③ 1.5 m
④ 2.2 m

해설 현장지시 압력계 설치 높이는 1.5m가 가장 적합하다.

18. 건구온도 및 습구온도에 관한 설명으로 옳은 것은?
① 습구온도는 항상 건구온도보다 높다.
② 포화공기는 건구온도와 습구온도가 같다.
③ 습구온도는 공기 중에 수분이 많을수록 낮다.
④ 건구온도와 습구온도의 차가 클수록 공기 중의 상대습도는 높다.

19. 공기 수송기를 이용하여 고체의 분말 또는 가는 입자를 수송하는 배관설비의 일반적인 명칭은?
① 집진배관설비
② 압축공기설비
③ 기송배관설비
④ 진공압축설비

20. 급탕배관의 시공방법에 관한 설명으로 틀린 것은?
① 건물 벽 관통부분의 배관에는 슬리브를 끼운다.
② 배관의 신축을 고려하여 신축 이음쇠를 설치한다.
③ 상향식 공급방식에서는 급탕관 및 복귀관을 모두 선상향 구배로 한다.
④ 하향식 공급방식에서는 급탕관 및 복귀관을 모두 선하향 구배로 한다.

해설 상향식 공급방식에서는 급탕관은 선상향 구배로, 복귀관은 선하향 구배로 한다.

21. 가단 주철제 관 이음쇠 중 동경의 관을 직선으로 연결할 때 사용하는 이음쇠가 아닌 것은?
① 소켓(socket)
② 엘보(elbow)
③ 유니언(union)
④ 니플(nipple)

해설 ②는 동경의 관을 곡선으로 연결할 때 쓰여진다.

22. 증기 트랩 중 오픈 트랩(open trap)이라고도 하며, 구조상 공기를 거의 배출할 수 없어 열동식 트랩을 병용하여 사용하는 것은?
① 다량 트랩
② 상향식 버킷 트랩
③ 바이메탈 트랩
④ 하향식 버킷 트랩

23. 배관의 접합방법 중 분해조립검사를 필요

정답 15. ④ 16. ④ 17. ③ 18. ② 19. ③ 20. ③ 21. ② 22. ① 23. ①

로 하는 곳에는 부적합하나 누설에 대해 가장 안전한 접합 방법은?

① 용접 접합 ② 플랜지 접합
③ 나사 접합 ④ 기계적 접합

24. 가스 자동 절단기에 속하지 않는 것은?

① 형 절단기 ② 고속 절단기
③ 직선 절단기 ④ 반자동 절단기

해설 가스 자동 절단기에는 ①, ③, ④ 외에 전자동 절단기가 있다.

25. 동관의 열간 벤딩 시 가열온도로 적당한 것은?

① 300∼400℃ ② 400∼500℃
③ 500∼600℃ ④ 600∼700℃

해설 동관의 열간 벤딩 시 가열온도는 600∼700℃이다.

26. 동관용 공구 중 직관에서 분기관 성형 시 사용하는 공구는?

① 티 뽑기 ② 튜브 벤더
③ 튜브 커터 ④ 익스팬더

해설 분기관 성형 시 사용되는 공구는 티 뽑기 또는 익스트랙터가 있다.

27. 강재 표면의 홈이나 개재물, 탈탄층 등을 제거하기 위하여 될 수 있는 대로 얇게 그리고, 타원형 모양으로 표면을 깎아내는 가공법을 의미하는 용어는?

① 드래그
② 가스 가우징
③ 스카핑
④ 아크 에어 가우징

28. 내용적 40 L 산소용기의 압력계가 120 kg/cm² 을 나타낸다면 용기 내 산소량은 얼마인가?

① 4000 L ② 4400 L
③ 4800 L ④ 5000 L

해설 용기 내 산소량 = 40 L × 120 kg/cm² = 4800 L

29. 통기관은 위생기구의 물 넘침선보다 최소 얼마 이상 높게 배관하여 연결하여야 하는가?

① 50 mm ② 100 mm
③ 150 mm ④ 200 mm

30. 용접부의 슬래그 섞임의 원인 및 방지대책에 대한 설명으로 옳지 않은 것은?

① 전류 과대, 운봉조작이 안전할 때 발생한다.
② 슬래그가 앞지르지 않도록 운봉속도를 유지한다.
③ 봉의 각도가 부적당할 때 용접방향에 적절하게 한다.
④ 슬래그의 유동성이 좋고 냉각하기 쉬울 때 발생한다.

해설 ① 전류 과소, 운봉조작이 불완전할 때 발생한다.

31. 히트 펌프에 관한 설명으로 옳지 않은 것은?

① 하나의 장치로 교체밸브의 조작으로 냉매의 흐름을 반대로 하여 난방용으로만 사용할 수 있다.
② 장치 내를 순환하는 작동매체인 냉매는 증발 → 압축 → 응축 → 팽창 → 증발의 변화를 반복한다.

정답 24. ② 25. ④ 26. ① 27. ③ 28. ③ 29. ③ 30. ① 31. ①

③ 냉동사이클에서 응축기의 방열량을 이용하기 위한 것으로 공기조화에서는 난방용으로 응용된다.
④ 기본적인 구성요소는 저온부의 열교환기인 증발기, 고온부의 열교환기인 응축기, 압축기, 팽창밸브 등이다.

해설 ① 하나의 장치로 교체밸브의 조작으로 냉매의 흐름을 반대로 하여 냉·난방의 어느 것에도 사용할 수 있다.

32. 스테인리스 강관에 관한 설명으로 옳지 않은 것은?
① 내식성이 우수하다.
② 저온 충격성이 크다.
③ 동결에 대한 저항이 크다.
④ 열전도율이 동관에 비해 크다.

해설 ④ 동관이 스테인리스 강관보다 열전도율이 크다.

33. 스테인리스 강관의 몰코(molco) 접합 시 사용하는 공구는?
① 봄볼   ② 토치램프
③ 맬릿   ④ 전용 압착공구

34. 관 지름 20A 이하의 동관 접합 방법 중 주로 관의 분해 및 해체를 필요로 하는 곳에 이용되는 방법은?
① 빅토릭 접합   ② 플레어 접합
③ 경납땜 접합   ④ 슬리브 접합

해설 ②는 동관의 압축 접합 방법의 하나로서 기계의 점검, 보수 또는 관을 분해할 경우를 대비한 접합법이다.

35. 장방형 덕트 단면의 아스펙트비는 원칙적으로 얼마 이하로 하여야 하는가?
① 2 : 1   ② 3 : 1
③ 4 : 1   ④ 5 : 1

해설 ③ 아스펙트비는 장방형 덕트 및 공기 취출구 등의 장변과 단변의 비를 말하며, 덕트의 경우 4 : 1 이하가 표준이다.

36. 다단펌프를 사용하는 가장 주된 목적은?
① 흡입양정이 큰 경우
② 토출량을 줄이기 위한 경우
③ 높은 토출양정이 필요한 경우
④ 수중에 펌프를 설치하는 경우

37. 석면 시멘트관의 이음에서 2개의 플랜지와 2개의 고무링 및 1개의 슬리브에 의하여 이음하는 방식은?
① 슬리브 이음
② 기볼트 이음
③ 심플렉스 이음
④ 턴 앤드 그루브 이음

38. 왕복식 압축기 사용 시 불연속적으로 공기를 토출하므로 압력에 고저가 생기는 것을 방지하기 위해 설치해야 하는 것은?
① 공기탱크(air receiver)
② 안전밸브(safty valve)
③ 공기여과기(air filter)
④ 공기흡입관(air suction pipe)

39. 수격 작용을 방지하기 위해 설치하는 것은 무엇인가?
① 체크밸브
② 스톱밸브

정답 32. ④ 33. ④ 34. ② 35. ③ 36. ③ 37. ② 38. ① 39. ④

③ 신축이음
④ 공기실

해설 ④는 관내에 이상 압력이 생기면 공기실내 공기가 압축되어 완충작용을 하게 함으로써 소음 및 충격 등을 감소시킨다.

40. 액상합성수지의 나사용 패킹에 대한 설명으로 틀린 것은?
① 화학약품에 강하다.
② 내유성이 약하다.
③ 내열범위가 −30～130℃이다.
④ 증기, 기름, 약품배관에 사용할 수 있다.

해설 ② 내유성이 크다.

41. 가교화 폴리에틸렌관의 특성에 대한 설명으로 틀린 것은?
① 동파, 녹, 부식이 없고 스케일이 생기지 않는다.
② 가볍고 신축성이 좋으며 유연성이 있어 배관시공이 용이하다.
③ 관의 길이가 길고 가격이 저렴하며 시공 및 운반비가 저렴하여 경제적이다.
④ 내열성, 내한성이 부족하다.

해설 ④ 내열성, 내한성이 우수하다.

42. 동관의 두께별 분류 중 가장 두꺼운 것은?
① K형 ② L형
③ M형 ④ N형

해설 ①은 의료배관용, ②,③은 의료배관, 급·배수배관, 급탕배관, 냉·난방배관, 가스배관용으로 사용된다.

43. 대구경의 관 이음쇠로서 관의 분해, 수리, 교체가 필요한 경우 사용하는 이음쇠는?
① 엘보 ② 리턴밴드
③ 니플 ④ 플랜지

44. 다음 중 통기효과가 가장 우수한 통기방식은?
① 각개 통기방식
② 루프 통기방식
③ 신정 통기방식
④ 결합 통기방식

해설 ①은 각 위생기구마다 설치하여 배수트랩의 봉수를 보호하는 통기관으로서 통기효과가 가장 우수하다.

45. 동합금 관 이음쇠로 외부는 납땜, 내부는 관용 나사이음을 하게 되어 있는 부속품의 명칭은?
① 엘보 C×C형
② 엘보 C×M형
③ 엘보 C×F형
④ 엘보 F×F형

46. 합성수지 도료의 종류가 아닌 것은?
① 프탈산계
② 요소 멜라민계
③ 염화비닐계
④ 산화철 도료계

해설 방청용 도료 중 합성수지 도료의 종류에는 ①, ②, ③ 외에 실리콘 수지계가 있다.

47. 열팽창에 의한 배관계통의 자유로운 움직임을 구속하거나 제한하기 위한 장치는?

정답 40. ② 41. ④ 42. ① 43. ④ 44. ① 45. ③ 46. ④ 47. ④

① 서포트 ② 브레이스
③ 파이프 수 ④ 레스트레인트

해설 ④의 종류에는 앵커, 스톱, 가이드 등이 있다.

48. 배관의 신축에 대응하기 위해 사용되는 신축이음에 속하지 않는 것은?

① 스위블형 ② 플로트형
③ 슬리브형 ④ 벨로즈형

해설 배관용 신축이음의 종류로는 ①, ③, ④ 및 루프형이 있다.

49. 인화성 액체, 가연성 액체, 타르, 오일, 유성도료, 솔벤트, 래커, 알코올 및 인화성 가스와 같은 유류가 타고 나서 재가 남지 않는 화재의 종류는?

① A급 화재 ② B급 화재
③ C급 화재 ④ D급 화재

해설 ①은 일반화재, ②는 유류화재, ③은 전기화재, ④는 금속화재를 뜻한다.

50. 양수량이 1.5m³/min, 전양정이 50m, 효율이 60%인 양수 펌프의 축동력은?

① 32.63 kW ② 20.42 kW
③ 3.70 kW ④ 2.42 kW

해설 $L = \dfrac{L_w}{\eta} = \dfrac{\gamma QH}{102 \times 60 \times \eta}$
$= \dfrac{1000 \times 1.5 \times 50}{102 \times 60 \times 0.6} = 20.42 \text{ kW}$

51. 다음 치수 중 참고 치수를 나타내는 것은?

① (50) ② □50
③ 50 ④ 50

52. 기계제도에서 물체의 보이지 않는 부분의 형상을 나타내는 선은?

① 외형선 ② 가상선
③ 절단선 ④ 숨은선

53. 그림의 입체도에서 화살표 방향을 정면으로 하여 제3각법으로 그린 정투상도는?

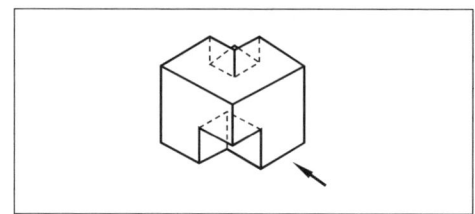

① ②
③ ④

54. 그림의 도면에서 x의 거리는?

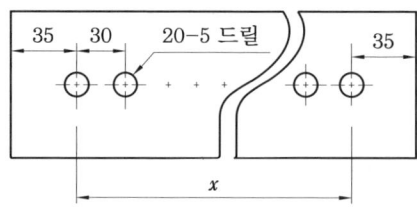

① 510 mm ② 570 mm
③ 600 mm ④ 630 mm

해설 "20-5 드릴"은 지름이 5mm되는 드릴로 구멍을 20개 뚫는다는 의미를 나타낸다.
∴ $x = 19 \times 30 = 570$ mm

55. 배관의 지지용 서포트(support)로 사용하기 위해 다음 그림과 같은 모양의 45° 앵글 브래킷(45° angle bracket)을 만들고자 한다. A와 B의 길이를 500 mm로 하려면 부재 C의 길이(mm)는?

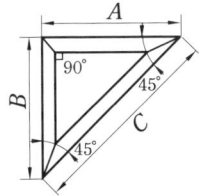

① 500 mm ② 628 mm
③ 707 mm ④ 1000 mm

[해설] $A = B$
$C = A \times 1.414$
$= 500 \times 1.414 = 707$ mm

56. 치수 보조기호 중 지름을 표시하는 기호는?
① D ② ϕ
③ R ④ SR

57. 그림과 같은 배관 도면에서 도시기호 S는 어떤 유체를 나타내는 것인가?

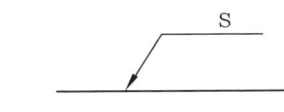

① 공기 ② 가스
③ 유류 ④ 증기

[해설] ① 공기 : A
② 가스 : G
③ 유류 : O

58. 주 투상도를 나타내는 방법에 관한 설명으로 옳지 않은 것은?
① 조립도 등 주로 기능을 나타내는 도면에서는 대상물을 사용하는 상태로 표시한다.
② 주 투상도를 보충하는 다른 투상도는 되도록 적게 표시한다.
③ 특별한 이유가 없을 경우, 대상물을 세로 길이로 놓은 상태로 표시한다.
④ 부품도 등 가공하기 위한 도면에서는 가공에 있어서 도면을 가장 많이 이용하는 공정에서 대상물을 놓은 상태로 표시한다.

[해설] ③ 특별한 이유가 없을 경우, 대상물을 가로 길이로 놓은 상태로 표시한다.

59. 다음 KS 배관 도시 기호 중 글로브 밸브 플랜지 이음을 표시한 것은?

①  ②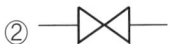
③  ④

[해설] ①은 슬루스 밸브 플랜지 이음, ②는 슬루스 밸브 나사 이음, ④는 글로브 밸브 나사 이음의 도시 기호이다.

60. 그림에서 나타난 용접기호의 의미는?

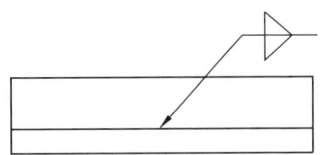

① 플레어 K형 용접 ② 양쪽 필릿 용접
③ 플러그 용접 ④ 프로젝션 용접

정답 55. ③ 56. ② 57. ④ 58. ③ 59. ③ 60. ②

배관기능사 필기

2022년 4월 15일 1판 1쇄
2025년 6월 15일 2판 1쇄

저자 : 최종만·김세철·하용범
펴낸이 : 이정일

펴낸곳 : 도서출판 **일진사**
www.iljinsa.com

(우) 04317 서울시 용산구 효창원로 64길 6
대표전화 : 704-1616, 팩스 : 715-3536
이메일 : webmaster@iljinsa.com
등록번호 : 제1979-000009호(1979.4.2)

값 30,000원

ISBN : 978-89-429-2029-7

* 이 책에 실린 글이나 사진은 문서에 의한 출판사의
동의 없이 무단 전재·복제를 금합니다.